Das große Mathematikbuch

Ein Ratgeber für
Schule und Berufsalltag

Das große Mathematikbuch

Ein Ratgeber für Schule und Berufsalltag

NAUMANN & GÖBEL

Das große Mathematikbuch
Ein Ratgeber für Schule und Berufsalltag

Redaktion: Annette Ostlaender
Autoren: Thomas Müller, Hans-Peter Rost, Diethart Wolf
Umschlaggestaltung: Lutz Kober
Herstellung: Wolfgang Linnenberg
Gesamtherstellung: Naumann & Göbel Verlagsgesellschaft mbH
ISBN 3-625-10435-0

Vorwort

Das vorliegende Buch stellt einen begleitenden Mathematik-Ratgeber für alle Schularten und viele Berufe dar.
Zugleich soll eine Hilfestellung beim Übergang auf solche Studiengänge gegeben werden, die die Mathematik als begleitendes Fach benötigen.

Ein Leitfaden dieses Ratgebers ist es, die wesentlichen Begriffe ohne Verzicht auf die erforderliche mathematische Strenge in einer einfachen und eingängigen Sprache zu vermitteln. Diese Konzeption wird unterstützt durch eine große Zahl von Graphiken und übersichtlichen Tabellen.

Viele durchgerechnete Beispiele erleichtern den Einstieg und das Verständnis für den Stoff. Übungsaufgaben mit Lösungen am Ende der meisten Kapitel ermöglichen eine sorgfältige Kontrolle des erworbenen Wissens.

Das Buch behandelt die einschlägigen Themen der Mathematik vom elementaren Rechnen über die höheren Rechenarten, der Geometrie, der Differential- und Integralrechnung, der Vektorrechnung bis hin zu den Differentialgleichungen und einer Einführung in die moderne Programmiersprache PASCAL.

Durch eine systematische Verbindung von Text und zugehöriger Graphik wird eine besonders günstige Übersicht und Transparenz der einzelnen Themen erreicht.

Wir danken der Lektorin Frau Annette Ostlaender für ihre sowohl fachlich als auch didaktisch sehr fundierte Arbeit und zugleich dem Verlag Naumann & Göbel für die Unterstützung bei der Erstellung dieses Buches.
Unser Dank gilt weiterhin den Fachschaften Mathematik und Informatik des Leibniz-Gymnasiums Bad Schwartau für die zahlreichen Hilfestellungen.
Die gesamte EDV-technische, gestalterische und graphische Entwicklung des vorliegenden Buches wurde von den beiden Mathematiklehrern Thomas Hollmann und Werner Basedow des Gymnasiums Friderico Francisceum in Bad Doberan durchgeführt. Wir danken unseren beiden Kollegen nicht nur für ihre monatelangen Arbeiten am Computer, sondern auch für die vielen wertvollen inhaltlichen Ratschläge, welche zu einer engen Verbindung von Graphik, Layout und mathematischem Inhalt geführt haben.

Unser besonderer Dank gilt unseren Ehefrauen für ihre ständige Bereitschaft, uns bei der Arbeit an diesem Buch durch kritische Hinweise, aufmunternde Worte und viel Verständnis zu unterstützen.

Bad Schwartau, im Mai 1992 Die Autoren

1. ELEMENTARES RECHNEN

1.1 DIE NATÜRLICHEN ZAHLEN

Die natürlichen Zahlen sind die Zahlen, die zum Abzählen verwendet werden. Es sind dies die Zahlen 1, 2, 3, 4, 5, ...
Die Menge der natürlichen Zahlen wird mit **N** bezeichnet:

$\mathbf{N} = \{ 1, 2, 3, 4, 5, ... \}$.

Oft wird auch die 0 dazugenommen, und man erhält die Menge $\mathbf{N}_0$:

$\mathbf{N}_0 = \{ 0, 1, 2, 3, 4, 5, ... \}$.

Die natürlichen Zahlen können sehr groß sein, allerdings sind sie dann schwer zu überblicken. Daher empfiehlt es sich, jeweils 3 Stellen durch einen Punkt oder durch Zwischenräume abzusetzen. **Beispiel:** 40.346.894 oder 40 346 894.
Bezeichnung großer Zahlen:

1 Million (1 Mio.)	=	1 000 000
1 Milliarde (1 Mrd.)	=	1 000 000 000
1 Billion	=	1 000 000 000 000
1 Billiarde	=	1 000 000 000 000 000

Auf einem *Zahlenstrahl* lassen sich die natürlichen Zahlen als Punkte darstellen und anordnen, z.B. 3 und 6: die größere Zahl 6 steht rechts von der 3.

Man schreibt für "3 ist kleiner als 6" kürzer: $3 < 6$, für "6 ist größer als 3": $6 > 3$.

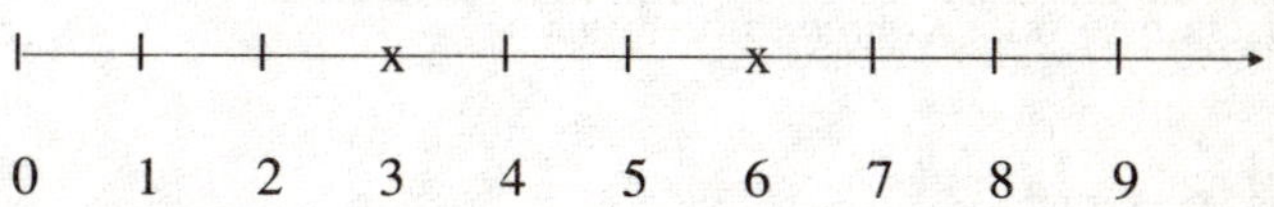

ADDITION

Das Addieren ist die einfachste Rechenart mit natürlichen Zahlen. Sie kann als fortgesetztes *Abzählen* aufgefaßt werden:
$4 + 3$
als
$4 + 1 = 5, 5 + 1 = 6, 6 + 1 = 7$.

Am Zahlenstrahl wird die Addition durch Aneinanderfügen von Pfeilen veranschaulicht: 4 + 3 = 7

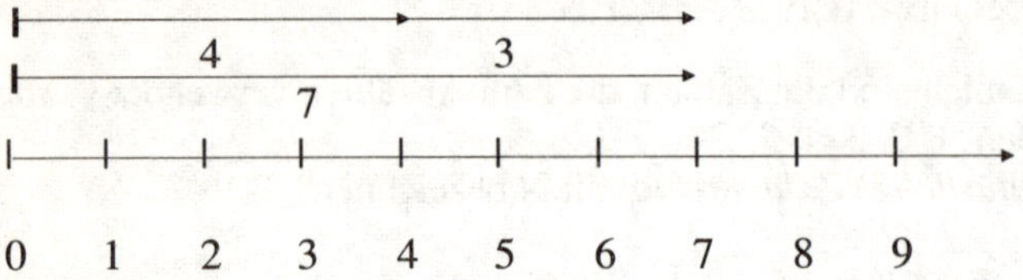

Die Bestandteile einer Additonsaufgabe sind die *Summanden* und die *Summe*:

4	+	3	=	7
Summand	plus	Summand	gleich	Summe

Unter Summe versteht man nicht nur das Ergebnis 7, sondern auch den Ausdruck 4 + 3.

Additionsregeln

1) Die Addition zweier natürlicher Zahlen läßt sich *immer* durchführen.

2) Die Reihenfolge der Summanden ist beliebig.

Beispiel:
4 + 3 = 3 + 4

Es gilt das Vertauschungs- oder *Kommutativgesetz*:

$$a + b = b + a$$

3) Sollen mehr als zwei Summanden addiert werden, so ist es unerheblich, welche der Zahlen man zunächst addiert. Vorhandene Klammern können weggelassen werden, es können aber auch Klammern beliebig gesetzt werden.

Beispiel: 5 + 4 + 7 = (5 + 4) + 7 = 9 + 7 = 16
= 5 + (4 + 7) = 5 + 11 = 16

Es gilt das Verbindungs- oder *Assoziativgesetz*:

$$(a + b) + c = a + (b + c) = a + b + c$$

4) Die Kleiner- und Größerbeziehung bleibt erhalten, wenn man auf beiden Seiten die gleiche Zahl addiert.
So gilt mit $3 < 6$ auch $3 + 5 < 6 + 5$ (*Monotonie*).

Schriftliches Addieren

Man schreibt die Summanden rechtsbündig so untereinander, daß Einer unter Einer, Zehner unter Zehner usw. stehen.

Beispiel:

```
    4 2 1 2 1
+   3 4 5 2 6
+   2 1 8 4 6
      1   1    .......  Übertrag
-------------
    9 8 4 9 3
```

Bei der Addition beginnt man rechts mit den Einern und addiert sie von unten nach oben. Erhält man ein zweistelliges Ergebnis (z.B. 13), so wird die letzte Ziffer (hier 3) unten notiert und die davorstehende Ziffer (hier 1) als Übertrag geschrieben. Für den Übertrag läßt man unter dem letzten Summanden eine Zeile frei.
In gleicher Weise verfährt man auch mit den Zehnern, Hundertern usw., indem man den vorangehenden Übertrag jeweils noch addiert.

SUBTRAKTION

Die Subtraktion kann als verkürztes Zurückzählen angesehen werden:
$7 - 3 = 4$, da: $7 - 1 = 6$, $6 - 1 = 5$, $5 - 1 = 4$.

Die Subtraktion läßt sich als Umkehrung der Addition auffassen.
Die Aufgabe $4 + 3 = 7$ läßt sich umkehren zu $7 - 3 = 4$.

Darstellung der Subtraktion am Zahlenstrahl:
Die Strecken werden entsprechend dem Zurückzählen voneinander abgetragen:

Beispiel: $7 - 3 = 4$

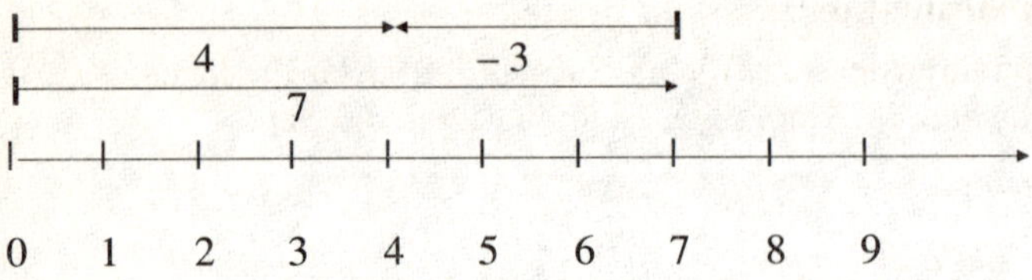

Bestandteile einer Subtraktionsaufgabe:
Die Zahl, von der subtrahiert wird, ist der *Minuend*. Die Zahl, die subtrahiert wird, ist der *Subtrahend*, das Ergebnis ist die *Differenz*. Unter der Differenz versteht man sowohl das Ergebnis 4, als auch den Ausdruck 7 – 3.

7	–	3	=	4
Minuend	minus	Subtrahend	gleich	Differenz

Subtraktionsregeln in N_0

1) Minuend und Subtrahend dürfen nicht vertauscht werden.

2) Nicht jede Subtraktionsaufgabe hat eine natürliche Zahl als Lösung (z.B.: 4 – 11).

3) Hat man von einer Zahl mehrere Zahlen zu subtrahieren, so spielt die Reihenfolge der abzuziehenden Zahlen keine Rolle:

Beispiel: 11 – 5 – 4 = 2
11 – 4 – 5 = 2

4) Ein beliebiges Klammersetzen entsprechend des Assoziativgesetzes bei der Addition ist nur bei Beachtung von Vorzeichenregeln möglich:

Beispiel: 11 – 5 – 4 = 2
falsch: 11 – (5 – 4) = 11 – 1 = 10!
richtig: 11 – (5 + 4) = 11 – 9 = 2
(Zu den Vorzeichenregeln bei Klammern vgl. Kap. 5.1)

Schriftliches Subtrahieren

Das übliche Verfahren der schriftlichen Subtraktion ist das Ergänzen. Dazu werden die Zahlen rechtsbündig, Einer unter Einer usw. geschrieben.
Beispiel:

```
     ZT  T H Z E
      6  4 8 2 7
  –   3  8 2 5 4
      1    1      ....... Übertrag
  ---------------
      2  6 5 7 3
```

Überlegung:

Einer (E):	von 4 bis 7 sind es 3.
Zehner (Z):	von 5 bis 2: nicht möglich, man setzt eine 1 der Hunderter dazu: von 5 bis 12 sind es 7, der verwendete Hunderter muß als Übertrag 1 notiert werden.
Hunderter (H):	Der Übertrag 1 muß ebenfalls von den Hundertern abgezogen werden: statt 2 müssen jetzt 1 + 2 = 3 abgezogen werden, 3 bis 8 gleich 5.
Tausender (T):	8 bis 14 sind 6. Übertrag 1.
Zehntausender (ZT):	1 + 3 = 4, 4 bis 6 gleich 2.

Sind mehrere Zahlen von einer Zahl zu subtrahieren, so addiert man diese zunächst stellenweise.
Beispiel:

```
    H Z E
    9 4 6
  – 2 6 4
  – 1 7 5
  – 2 5 2
    2 1     ....... Übertrag
  -------
    2 5 5
```

Überlegung:

Einer (E):	2 + 5 + 4 gleich 11. 11 bis 16 ist 5. Achtung! Übertrag: 1!
Zehner (Z):	1 + 5 + 7 + 6 = 19. 19 bis 24 gleich 5. Übertrag: 2.
Hunderter (H):	2 + 2 + 1 + 2 = 7. 7 bis 9 gleich 2.

MULTIPLIKATION

Ein mehrfaches Addieren gleicher Summanden führt zur Multiplikation:

$5 + 5 + 5 + 5 = 4 \cdot 5 = 20$

Die Bestandteile einer Multiplikationsaufgabe sind die *Faktoren* und das *Produkt*.

4	·	5	=	20
Faktor	mal	Faktor	gleich	Produkt

Sowohl der Ausdruck $4 \cdot 5$ als auch das Ergebnis 20 wird als Produkt bezeichnet.

Multiplikationsregeln

1) Die Multiplikation zweier natürlicher Zahlen liefert immer eine natürliche Zahl.

2) Die Multiplikation mit 0 liefert als Ergebnis immer 0.

3) Die Reihenfolge der Faktoren darf vertauscht werden.

Beispiel: $4 \cdot 5 = 5 \cdot 4$.

Es gilt das Kommutativgesetz:

$$a \cdot b = b \cdot a$$

4) Sind mehr als zwei Zahlen zu multiplizieren, so ist es für das Ergebnis unerheblich, welche Zahlen zuerst miteinander multipliziert werden, d.h. Klammern dürfen gesetzt oder weggelassen werden:

Beispiel: $4 \cdot 5 \cdot 6 = (4 \cdot 5) \cdot 6 = 4 \cdot (5 \cdot 6) = 120$

Es gilt das Assoziativgesetz:

$$(a \cdot b) \cdot c = a \cdot (b \cdot c)$$

5) Eine Kleiner- oder Größerbeziehung zwischen zwei Zahlen bleibt erhalten, wenn man beide Zahlen mit der gleichen natürlichen Zahl multipliziert: Mit $6 < 8$ gilt auch $6 \cdot 4 < 8 \cdot 4$ (*Monotonie*).

Schriftliches Multiplizieren

Beispiel:

$$\begin{array}{r} 417 \cdot 2 \\ \hline 834 \end{array}$$

Die Multiplikation erfolgt, indem der 1. Faktor zerlegt wird:

$2 \cdot 7 = 14$,	(Ziffer 4 notieren, Übertrag 1 merken),
$2 \cdot 1 +$ Übertrag $1 = 3$	(Ziffer 3 notieren),
$2 \cdot 4 = 8$	(Ziffer 8 notieren).

Hat der zweite Faktor mehrere Ziffern, so ist für jede Ziffer einzeln die Multiplikation nach obigem Beispiel durchzuführen. Die Zwischenprodukte (z.B. 834) sind rechtsbündig unter diejenige Ziffer (hier 2) zu schreiben, mit der man gerade multipliziert.
Man erhält das Endergebnis, indem man die Zwischenprodukte addiert.

Beispiel:

$$\begin{array}{r} 417 \cdot 23 \\ \hline 834 \\ 1251 \\ \hline 9591 \end{array}$$

Beim schriftlichen Multiplizieren ist es vorteilhaft, als rechten Faktor denjenigen zu wählen, bei dem Nullen oder gleiche Ziffern auftreten oder den mit der geringeren Stellenzahl.

DIVISION

Das Aufteilen von Gegenständen, z.B. von 20 Äpfeln auf 4 Personen, führt zur Division natürlicher Zahlen: 20 : 4 = 5 .
Sie ist die Umkehrrechnung zur Multiplikation: 4 · 5 = 20.

Bestandteile einer Divisionsaufgabe:
Die Zahl, die geteilt wird, heißt *Dividend*, die Zahl, durch die man teilt, heißt *Divisor*. Das Ergebnis ist der *Quotient*. Aber auch der Ausdruck 20 : 4 wird als Quotient bezeichnet.

20	:	4	=	5
Dividend	durch	Divisor	gleich	Quotient

Divisionsregeln

1) Die Division natürlicher Zahlen "geht nicht immer auf".

Beispiel: 20 : 5 = 4 "geht auf".
23 : 5 ergibt 4 Rest 3, da sich die 3 verbleibenden Einer nicht durch 5 teilen lassen.
Es ist zu beachten, daß gleiche Reste auf verschiedenene Weisen zustande kommen können: Die Aufgabe 19 : 4 hat auch einen Rest 3. Die Reste haben unterschiedliche Werte, wie die Bruchrechnung zeigt.
Obwohl die Division im Bereich der natürlichen Zahlen oft nicht aufgeht, wird sie häufig angewandt:

Beispiel: 100 DM sollen unter drei Geschwistern aufgeteilt werden. Die Rechnung ergibt, daß jedes Kind 33 DM erhält. Der Rest von 1 DM bleibt übrig.

2) Die Division durch 0 ist nicht zulässig.

3) Das Vertauschen von Dividend und Divisor führt zu unterschiedlichen Ergebnissen.

Schriftliches Dividieren

Bei der schriftlichen Division bildet man Vielfache des Divisors und vergleicht sie mit der aus den Anfangsziffern des Dividenden gebildeten Zahl.

Beispiel:

```
  3 4 9 2  :  1 2  =  2 9 1
 – 2 4
 ─────
   1 0 9
 – 1 0 8
 ─────
     1 2
   – 1 2
   ────
       0
```

Die einzelnen Ziffern des Ergebnisses ergeben sich aus:

1.Ziffer: Man vergleicht Vielfache von 12 mit 34: So ist $2 \cdot 12 = 24$ kleiner als 34, und $3 \cdot 12 = 36$ zu groß. Als 1. Ziffer des Ergebnisses notiert man also die 2. Man multipliziert zur Probe 2 mal 12 gleich 24 und subtrahiert 24 von 34. Man erhält den Rest 10, an den die nächste Ziffer des Dividenden, die 9 angehängt wird und erhält 109.

2. Ziffer: Man sucht wieder ein bestimmtes Vielfaches von 12, das kleiner als die Zahl 109 ist und nach Subtraktion einen Rest liefert, der kleiner als 12 ist. $8 \cdot 12 = 96$ ergibt den Rest $109 - 96 = 13$, d.h. der Faktor 8 ist also zu klein. $9 \cdot 12 = 108$ liefert den Rest 1. Man notiert als 2. Ziffer die 9. Aus dem Rest 1 mit der angehängten letzten Ziffer 2 ergibt sich 12.

3. Ziffer: 12 ist in 12 ein mal enthalten: Man notiert als letzte Ziffer 1. Der Rest ist 0. Die Aufgabe "geht auf".

VERBINDUNG DER VIER GRUNDRECHENARTEN

Werden mehrere natürliche Zahlen durch verschiedene Rechenzeichen verbunden, so sind *Vorrangregeln* für die verschiedenen Rechenarten zu beachten:

Beispiel: $400 + 9 \cdot 7 - 7$
Vorrang hat hier die Multiplikation, da sie eine verkürzte siebenfache Addition der Zahl 9 darstellt. Es gilt die bekannte Regel:

Punktrechnung geht vor Strichrechnung

Achtung: Die verführerische Möglichkeit, 7 – 7 zuerst zu berechnen, wird oft zur Falle.

Treten in einem Ausdruck Klammern auf, so sind diese vorrangig zu behandeln:

Klammern haben Vorrang

Beispiel:

$$
\begin{aligned}
5 + (85 + 15) \cdot 7 &= \\
5 + 100 \cdot 7 &= 5 + 700 \\
&= 705
\end{aligned}
$$

Im folgenden Beispiel ist die Reihenfolge wegen fehlender Klammern nicht eindeutig geklärt. Es ist i.allg. üblich, in diesen Fällen von links nach rechts zu rechnen.

Beispiel:

$$
\begin{aligned}
1024 : 2 \cdot 4 : 8 &= 512 \cdot 4 : 8 = \\
& 2048 : 8 = 256
\end{aligned}
$$

Enthält die Aufgabe verschachtelte Klammern, so beginnt man mit der innersten.

Beispiel:

$$
\begin{aligned}
480 &: [3 \cdot (20 - 12)] = \\
480 &: [3 \cdot 8] = \\
480 &: 24 = 20
\end{aligned}
$$

Man kann diese Aufgabe auch anhand eines *Rechenbaums* darstellen:

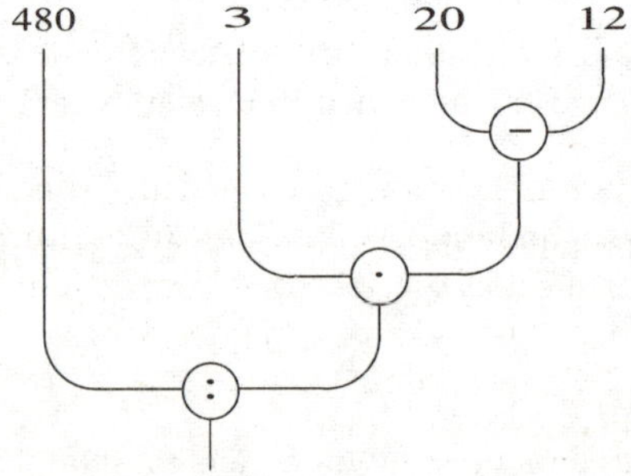

Zusammenfassung der Rechenregeln:

1. Klammern haben Vorrang (die innerste zuerst).
2. Punktrechnung geht vor Strichrechnung.

Ausmultiplizieren und Ausklammern

Ist das Produkt $203 \cdot 7$ zu berechnen, so kann man zur Vereinfachung die Zahl 203 in $200 + 3$ zerlegen. Jetzt multipliziert man einzeln und addiert dann die Teilergebnisse:
$7 \cdot 203 = 7 \cdot (200 + 3) = 7 \cdot 200 + 7 \cdot 3 = 1400 + 21 = 1421$.

Es gilt das Verteilungs- oder *Distributivgesetz:*

$$a \cdot (b + c) = a \cdot b + a \cdot c$$

Die Zahl a wird auf die Zahlen b und c "verteilt".

Das Distributivgesetz wird für Umwandlungen in beide Richtungen benutzt:
1) von links nach rechts: *Ausmultiplizieren*:
   $7 \cdot (200 + 3) = 7 \cdot 200 + 7 \cdot 3$
2) von rechts nach links: *Ausklammern*:
   $7 \cdot 200 + 7 \cdot 3 = 7 \cdot (200 + 3)$.

Die Berechnung von umfangreichen Aufgaben läßt sich mit dem Taschenrechner leicht durchführen. Der Taschenrechner bevorzugt i.allg. automatisch die Punktrechnung vor der Strichrechnung. Klammern, auch Mehrfachklammern müssen extra eingegeben werden. Eine Übersicht am Taschenrechner ist wegen der einzeiligen Anzeige nicht gegeben. Daher macht eine Überschlagsrechnung durch *Runden* und das Notieren von Zwischenwerten das Ergebnis zuverlässiger.

Runden

Oft wird bei der Angabe von Zahlen nicht der genaue, sondern ein ungefährer, gerundeter Wert genommen. Man rundet eine Zahl auf eine bestimmte Stelle z.B. auf Zehner, Hunderter usw. Dabei entscheiden die Ziffern, die hinter der zu betrachtenden Stelle stehen, ob auf- oder abgerundet wird:
bei den Ziffern 1, 2, 3, 4 wird abgerundet;
bei den Ziffern 5, 6, 7, 8, 9 wird aufgerundet.

Beispiel:
Die Zahl 7261 ist auf Hunderter zu runden.
Die Hunderterziffer 2 wird auf 3 aufgerundet, weil hinter ihr eine 6 steht. Die gerundete Zahl ist 7300.

1.2 ÜBUNGSAUFGABEN ZUM RECHNEN MIT NATÜRLICHEN ZAHLEN

1) In welcher Menge sind die Elemente 41, 100, 606, 33, 7, 0, 66, 200001 enthalten?

2) Schreiben Sie in Ziffern:
   a) 23 Billionen 606 Millionen
   b) 1200 Milliarden 490 Millionen 33 Tausend

3) Notieren Sie in Worten: 4 000 580 001 200

4) Berechnen Sie im Kopf:

a) 12 + 36	b) 46 + 26	c) 67 + 32
d) 98 + 134	e) 226 + 533	f) 455 + 522
g) 3760 + 5500	h) 24800 + 5900	i) 17000 + 74600

5) Setzen Sie das richtige Zeichen (" < " , " > " oder " = "):

a) 33001	8802	b) 57929912	100000000
c) 3567356	3567536	d) 404040	040404

6) Formulieren und lösen Sie die zugehörige Aufgabe:
   a) Der 1.Summand einer Summe ist 267. Die Summe beträgt 456.
   b) Addieren Sie zur Summe der Zahlen aus 160 und 234 die Zahl 575.
   c) In einer Summe ist der 1.Summand um 320 größer als der zweite. Der zweite Summand ist 268. Addieren Sie beide Summanden.

7) Welche Rechengesetze wurden hier angewandt?
   a) $16 + 57 + 84 = 57 + 16 + 84 = 157$
   b) $(43 + 86) + 14 = 43 + (86 + 14) = 143$

8) Berechnen Sie möglichst vorteilhaft, beachten Sie hierbei das Assoziativ- und das Kommutativgesetz:
   a) $9999 + 1111 + 1$
   b) $(8007 + 203) + 993$

9) Addieren Sie die größte 5stellige Zahl zur kleinsten 3stelligen Zahl.

10) Addieren Sie, indem Sie die Zahlen untereinandersetzen:
a) 458 + 27 + 81 + 1004 + 54
b) 23 + 57854 + 70020 + 111002 + 67
c) 1415 + 7524 + 876 + 9 + 765 + 753 + 18

11) Addieren Sie:

a)	b)	c)
2345	65432	84382
812	242790	23965
2462	26388	13256
34	46128	24188
42671	356	56789

12) a) Subtrahieren Sie von der Differenz von 65 und 23 die Summe aus 23 und 12.
b) Der Subtrahend ist 25, die Differenz ist 72. Wie groß ist der Minuend?

13) Berechnen Sie:

a)	b)	c)	d)
34467	786254	790243	665400
– 5670	– 12678	– 345275	– 492759

e)	f)	g)	h)
289876	542986	876562	754233
– 27653	– 27897	– 11896	– 7695
– 68904	– 266798	– 786546	– 125784
– 134854	– 81246	– 25458	– 134528

14) Um wieviel wird das Produkt $621 \cdot 823$ größer, wenn man beide Faktoren um 10 vergrößert?

15) Berechnen Sie möglichst geschickt, indem Sie die Klammern geeignet setzen:
a) $27 \cdot 2 \cdot 5$ b) $25 \cdot 4 \cdot 41$
c) $50 \cdot 25 \cdot 2 \cdot 17 \cdot 4$ d) $25 \cdot 963 \cdot 4$

16) Berechnen Sie: a) $3528 \cdot 72$ b) $27654 \cdot 133$ c) $4003 \cdot 21456$

17) Vermindern Sie den Quotienten aus 129654 und 54 um 26 und dividieren Sie das Ergebnis durch 19.

18) Um wieviel ist der Quotient aus 11280 und 235 kleiner als die Differenz der beiden Zahlen?

19) Berechnen Sie: a) 44918 : 37 b) 172398 : 354 c) 48642 : 121

20) Berechnen Sie:
a) $55 - 3 \cdot 4 + (25 \cdot 7) : 35$
b) $(52 + 4 \cdot 7) \cdot (5 \cdot 55 - 6 \cdot 20 - 75 \cdot 2)$
c) $51 - [13 \cdot 4 - (9 + 11) : 5]$
d) $14 - [(14 \cdot 14 - 14) : 14 - (14 + 14) : 14]$
e) $[(1103488 : 592 - 521) : 17] \cdot 241 - 240$

21) Berechnen Sie auf zwei verschiedene Weisen, wobei Sie einmal das Distributivgesetz verwenden:
a) $7 \cdot (100 - 9 - 15)$
b) $(17 + 53 + 11) \cdot 4$

LÖSUNGEN

1) $\mathbf{N}_0$
2) a) 23 000 606 000 000
b) 1200 490 033 000
3) 4 Billionen 580 Millionen 1Tausend 2 Hundert
4) a) 48 b) 72 c) 99 d) 232 e) 759
f) 977 g) 9260 h) 30700 i) 91600
5) a) > b) < c) < d) >
6) a) $267 + x = 456$; $x = 189$
b) $160 + 234 + 575 = 969$
c) $268 + 320 + 268 = 856$
7) a) Kommutativgesetz b) Assoziativgesetz
8) a) $9999 + 1 = 10000$; $10000 + 1111 = 11111$
b) $8007 + 993 = 9000$; $9000 + 203 = 9203$
9) $99999 + 100 = 100099$
10) a) 1624 b) 238966 c) 11360
11) a) 48324 b) 381094 c) 202580
12) a) $(65 - 23) - (23 + 12) = 7$
b) $x - 25 = 72$; $72 + 25 = 97$; $x = 97$
13) a) 28797 b) 773576 c) 444968 d) 172641 e) 58465
f) 167045 g) 52662 h) 486226
14) 14540
15) a) $27 \cdot 10 = 270$ b) $100 \cdot 41 = 4100$ c) $100 \cdot 100 \cdot 17 = 170000$
d) $100 \cdot 963 = 96300$
16) a) 254016 b) 3677982 c) 85888368
17) $2401 - 26 = 2375$; 125
18) $11045 - 48 = 10997$

19) a) 1214	b) 487	c) 402
20) a) 48	b) 400	c) 3
d) 3	e) 18799	
21) a) 532	b) 324	

1.3 DIE GANZEN ZAHLEN

EINFÜHRUNG DER GANZEN ZAHLEN

Ganze Zahlen kommen im Alltag häufig vor:
bei der Angabe von Temperaturen (+ 17°C ; – 5°C),
bei Wasserständen (– 3m statt 3m unter Normal),
bei Kontoständen (– 152 DM statt um 152 DM überzogen).

Die mit den Vorzeichen + und – versehenen natürlichen Zahlen zusammen mit der 0 nennt man die Menge der ganzen Zahlen **Z**.

Z = { . . . – 4 ; – 3 ; – 2 ; – 1 ; 0 ; + 1 ; + 2 ; + 3 ; . . . }

Man kann sie auf einer *Zahlengeraden* anordnen: z.B. + 3 und – 2

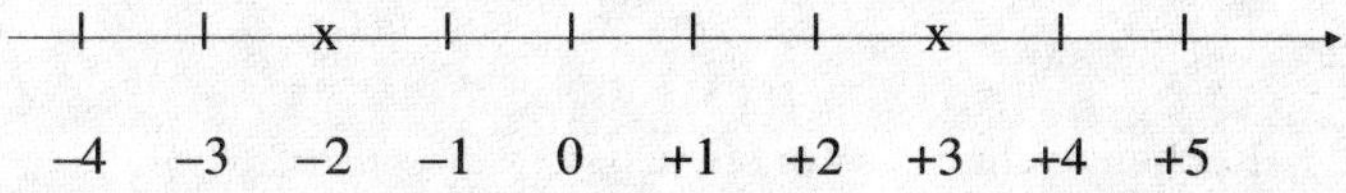

Rechts von der Null stehen die *positiven ganzen Zahlen* ($\mathbf{Z}^+$), links von der Null die *negativen ganzen Zahlen* ($\mathbf{Z}^-$).

Je weiter rechts eine Zahl steht, desto größer ist sie.
Achtung: – 3 ist größer als – 4 (da – 3 rechts von – 4 steht).

Positive ganze Zahlen werden oft auch ohne das Vorzeichen + geschrieben: z.B. statt + 3 kurz 3.

Gegenzahl
Ändert man das *Vorzeichen* einer ganzen Zahl, so erhält man die dazugehörige Gegenzahl:
+ 3, Gegenzahl dazu: – 3 ;
– 15, Gegenzahl dazu: + 15.

Betrag

Läßt man das Vorzeichen einer ganzen Zahl weg, so erhält man den Betrag dieser Zahl:

Zahl: – 4;	Betrag: 4.	Man schreibt $\lvert -4 \rvert = 4$. (lies: Betrag von minus 4 gleich 4)
Zahl: – 5;	Betrag: 5.	
Zahl: a;	Betrag: $\lvert a \rvert$.	

Die Striche links und rechts der Zahl nennt man *Betragsstriche*.
Es gilt allgemein:

$$\lvert a \rvert = a \quad \text{für } a > 0;$$
$$\lvert a \rvert = -a \quad \text{für } a < 0.$$

RECHNEN MIT GANZEN ZAHLEN

Viele Fehler beim Umgang mit ganzen Zahlen haben in den Vorzeichen ihre Ursache. Von den Vorzeichen + und – sind die Rechenzeichen +, –, · und : zu unterscheiden. Um Verwechslungen zu vermeiden, werden die Vorzeichen zusammen mit den Zahlen in Klammern gesetzt:

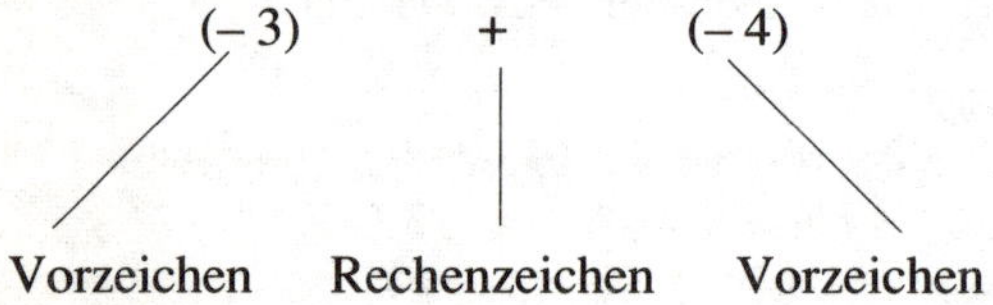

Addition ganzer Zahlen

Sind *beide* Zahlen *positiv*, so braucht man nur die Beträge zu addieren:
$(+3) + (+4) = 3 + 4 = 7$.

Sind *beide* Zahlen *negativ*, so addiert man die Beträge und setzt ein – davor:
$(-3) + (-4) = -(3 + 4) = -7$.

Haben die Zahlen *unterschiedliche* Vorzeichen , so sind die Beträge zu subtrahieren, wobei das Vorzeichen der Zahl mit dem größeren Betrag zu setzen ist.
$(-7) + (+3) = -(7 - 3) = -4$.

Dieses Verfahren ist sehr aufwendig und kann durch ein praktischeres ersetzt werden, wie im folgenden gezeigt wird.

Subtraktion ganzer Zahlen

Die Subtraktion läßt sich als Addition mit der *Gegenzahl* auffassen:
$(-3) - (+4) = (-3) + (-4) = -7$.

In der Praxis ist es sinnvoller, zunächst eine *Zusammenfassung* der Vorzeichen mit den Rechenzeichen vorzunehmen.
Dabei kann man von folgenden *Vorzeichenregeln* ausgehen:

Aus	$+(+)$	wird	$+$
Aus	$+(-)$	wird	$-$
Aus	$-(+)$	wird	$-$
Aus	$-(-)$	wird	$+$

Die Aufgabe $(-3) + (-4)$ wird verkürzt zu $-3 - 4$.
Am Zahlenstrahl bedeutet dies: Gehe von -3 aus um 4 nach links auf -7.
Also: $-3 - 4 = -7$.

Aus $(+3) - (-5)$ wird $3 + 5 = 8$.
Aus $(+4) - (+5)$ wird $4 - 5 = -1$.

Bei umfangreicheren Rechnungen sind folgende Rechengesetze nützlich:
Es gilt das Kommutativgesetz: $a + b = b + a$
und das Assoziativgesetz: $(a + b) + c = a + (b + c)$.

Beispiele:

$(+3) + (-4) - (-6) = 3 - 4 + 6 = 3 + 6 - 4 = 9 - 4 = 5$

$(-3) - (-4) - (+6) = -3 + 4 - 6 = 4 - 3 - 6 = 4 - 9 = -5$

$(-12) + (-18) - (-14) = -12 - 18 + 14$
$= 14 - 30 = -16$

$(-2) + (+10) - (+20) - (-30) + (-10) = -2 + 10 - 20 + 30 - 10$
$= 10 + 30 - 2 - 20 - 10$
$= 40 - 32 = 8$

Multiplikation ganzer Zahlen

Die Multipliklation ist bezüglich der Vorzeichenregeln einfacher:

1) Sind beide Faktoren positiv, so ist das Produkt - entsprechend der Addition natürlicher Zahlen - *positiv*:
$(+3) \cdot (+6) = 3 \cdot 6 = 18$
Regel: Plus mal plus ergibt plus.

2) Ändert man eines der Vorzeichen, so wird das Produkt *negativ*:
$(+3) \cdot (-6) = 3 \cdot (-6) = -18$
Dies ist plausibel, denn: das Dreifache von – 6 ist – 18.
Regel: Plus mal minus ergibt minus.
Minus mal plus ergibt minus.

3) Ändert man das zweite Vorzeichen auch in ein Minuszeichen, so wird das Produkt wieder *positiv*:
$(-6) \cdot (-3) = +6 \cdot 3 = 18$
Regel: Minus mal Minus ergibt Plus.

Kurzform:

+	mal	+	ergibt	+
+	mal	–	ergibt	–
–	mal	+	ergibt	–
–	mal	–	ergibt	+

Sind mehr als zwei Faktoren vorhanden, so zählt man die Minuszeichen ab: Bei ungerader Anzahl der Minuszeichen ist das Produkt negativ; bei gerader Anzahl positiv.

Beispiele:
$(-3) \cdot (-3) \cdot (+3) \cdot (-3) = -3 \cdot 3 \cdot 3 \cdot 3 = -81$
Das Ergebnis ist negativ, da die Anzahl der negativen Vorzeichen ungerade ist.

$(+4) \cdot (-2) \cdot (-1) \cdot (+2) = +4 \cdot 2 \cdot 1 \cdot 2 = 16$
Das Ergebnis ist positiv, da die Anzahl der negativen Vorzeichen gerade ist.

Für die Multiplikation ganzer Zahlen gelten die Rechengesetze der natürlichen Zahlen:
Das Kommutativgesetz: $a \cdot b = b \cdot a$
und das Assoziativgesetz: $(a \cdot b) \cdot c = a \cdot (b \cdot c)$

Beispiele:
$(-5) \cdot (-17) \cdot (-2) = (-5) \cdot (-2) \cdot (-17) = 10 \cdot (-17) = -170$
$19 \cdot (-4) \cdot (-25) = 19 \cdot 100 = 1900$

Multiplikation einer Kleiner- oder Größerbeziehung mit einer ganzen insbesondere negativen Zahl:
Bei der Multiplikation (und auch bei der Division) einer Kleiner- oder Größerbeziehung mit einer *negativen* Zahl ist ein " < " bzw. " > " Zeichen umzudrehen (*Inversionsregel*).

Beispiel:
Die Multiplikation beider Seiten von $4 < 6$ mit $(+2)$ ergibt
$4 \cdot (+2) < 6 \cdot (+2)$ d.h. $8 < 12$.
Die "Kleiner"-Beziehung ist erhalten geblieben.

Aber: Die Multiplikation beider Seiten von $4 < 6$ mit (-2) würde bei gleichem Vorgehen mit
$4 \cdot (-2) < 6 \cdot (-2)$ und damit $-8 < -12$ ergeben. Richtig ist: $-8 > -12$.

Allgemein gilt: Aus $a > b$ folgt $a \cdot c > b \cdot c$ für $c > 0$
Aus $a > b$ folgt $a \cdot c < b \cdot c$ für $c < 0$.

Division ganzer Zahlen

Die Rechenregeln für die Division orientieren sich an denen der natürlichen Zahlen und (als Umkehrrechnung der Multiplikation) an den Vorzeichenregeln der Multiplikation ganzer Zahlen.
Kurzform:

+	geteilt durch	+	ergibt	+
+	geteilt durch	–	ergibt	–
–	geteilt durch	+	ergibt	–
–	geteilt durch	–	ergibt	+

Beispiele:

$(+18) : (+6)$	$= +(18 : 6)$	$= +3$	$= 3$
$(+25) : (-5)$	$= -(25 : 5)$	$= -5$	
$(-81) : (+9)$	$= -(81 : 9)$	$= -9$	
$(-32) : (-8)$	$= +(32 : 8)$	$= +4$	$= 4$

Bei *Mehrfachprodukten* und *-quotienten* bestimmt man die Anzahl der Minuszeichen:

$(-3) \cdot (-5) \cdot (+2) \cdot (-7) : (-15) = +3 \cdot 5 \cdot 2 \cdot 7 : 15 = 14$

Die Aufgabe enthält 4 Minuszeichen - daher ist das Ergebnis positiv.

1.4 ÜBUNGSAUFGABEN ZU DEN GANZEN ZAHLEN

1) Berechnen Sie:
   a) $(-5) + (-13) - (-12) + (16) - (3)$
   b) $(-2) - (+17) + (-3) + (-15) + (-17)$
   c) $(-15) - (-112) - (-342) + (-513)$
   d) $-(-12) - [(+3) - (-15) - (+13) - (+60)]$

2) Berechnen Sie:
   a) $(-5) \cdot (-2) \cdot (+3) \cdot (+2) \cdot (+50)$
   b) $(-12) \cdot (-6) \cdot (-2) \cdot 5 \cdot (+3) \cdot (-12)$

3) Berechnen Sie:
   a) $(-625) : [(-5) \cdot (-5)]$
   b) $[1024 : (-8)] : (16)$
   c) $[(-2700) : (+18)] : [(-630) : (-42)]$

4) Berechnen Sie:
   a) $(-7) \cdot (-9) - \{[(-15) \cdot (-3) - 4] - (-18)\}$
   b) $(-3) + (-2) - [(-2) + (-5)]$
   c) $[(-12) : (-2) + 183 \cdot (-3)] - (-8)$

LÖSUNGEN

1) a) 7	b) – 54	c) – 74	d) 67
2) a) 3000	b) 25920		
3) a) – 25	b) – 8	c) – 10	
4) a) 4	b) 2	c) – 535	

2. BRUCHRECHNUNG

2.1 TEILBARKEIT NATÜRLICHER ZAHLEN

Dividiert man zwei natürliche Zahlen, so geht die Aufgabe nicht immer auf; es bleibt ein Rest.
Läßt sich eine Zahl a durch eine Zahl b ohne Rest teilen, so sagt man: b ist *Teiler* von a.

Beispiele:
75 : 25 = 3 ohne Rest, d.h. 25 ist Teiler von 75,
76 : 25 hat einen Rest 1, d.h. 25 ist kein Teiler von 76.

Man kann bei bestimmten Teilern vor einer Berechnung mit Hilfe von *Teilbarkeitsregeln* prüfen, ob eine Aufgabe einen Rest hat oder nicht.

TEILBARKEITSREGELN

Eine Zahl ist teilbar durch

2, wenn die letzte Ziffer eine gerade Zahl ist.

376 ist durch 2 teilbar, da 6 gerade ist; 661 ist nicht durch 2 teilbar, da 1 ungerade ist.

3, wenn die Quersumme durch 3 teilbar ist. Eine Quersumme wird gebildet, indem die einzelnen Ziffern einer Zahl addiert werden.

357 ist durch 3 teilbar, da die Quersumme 15 (3 + 5 + 7 = 15) durch 3 teilbar ist.

4, wenn die Zahl, die aus den letzten beiden Ziffern gebildet wird, durch 4 teilbar ist.

7312 ist durch 4 teilbar, da 12 : 4 = 3 ist.

5, wenn die letzte Ziffer eine 0 oder eine 5 ist.

715 ist durch 5 teilbar, da die letzte Ziffer eine 5 ist.

8, wenn die aus den letzten drei Ziffern gebildete Zahl durch 8 teilbar ist oder aus Nullen besteht.

57152 ist durch 8 teilbar, da 152 : 8 = 19 ist. 45000 ist durch 8 teilbar, da die letzten drei Ziffern Nullen sind.

9, wenn die Quersumme durch 9 teilbar ist.

756 ist durch 9 teilbar, da die Quersumme 7 + 5 + 6 = 18 durch 9 teilbar ist.

10, wenn die letzte Ziffer eine 0 ist.

150 ist durch 10 teilbar.

25, wenn die aus den letzten beiden Ziffern gebildete Zahl eine durch 25 teilbare Zahl darstellt oder aus Nullen besteht.

275 ist durch 25 teilbar, da 75 : 25 = 3 ist.

125, wenn die aus den letzten 3 Ziffern gebildete Zahl durch 125 teilbar ist oder aus Nullen besteht.
3375 ist durch 125 teilbar, da 375 : 125 = 3 ist.

Für einige weitere Teiler kann man die Regeln kombinieren: Da $6 = 2 \cdot 3$ ist, sind in 6 die Teiler 2 und 3 enthalten. Danach lassen sich weitere Teilbarkeitsregeln aufstellen:
Eine Zahl ist teilbar durch

6, wenn sie durch 2 und durch 3 teilbar ist.

12, wenn sie durch 4 und durch 3 teilbar ist.

PRIMZAHLEN UND PRIMFAKTOREN

Primzahlen sind Zahlen, die nur durch 1 und durch sich selbst teilbar sind. Die 1 wird aber nicht zu den Primzahlen gezählt.

Die Primzahlen bis 100 sind:

2 3 5 7 11 13 17 19 23 29 31 37 41 43 47 53 59 61 67 71 73 79 83 89 97

Jede andere natürlich Zahl (außer der 1) läßt sich als Produkt von Primzahlen darstellen: z.B. $40 = 4 \cdot 10 = 2 \cdot 2 \cdot 2 \cdot 5$. Eine derartige Zerlegung in Primzahlen nennt man *Primfaktorzerlegung.* Sie ist für eine Reihe von Rechnungen, z.B. der Berechnung des —> größten gemeinsamen Teilers zweier Zahlen von Nutzen.

Mit Hilfe der —> Potenzschreibweise läßt sich die Primfaktorzerlegung übersichtlicher schreiben.

Beispiel:

$$12600 = \underbrace{2 \cdot 2 \cdot 2}_{2^3} \cdot \underbrace{3 \cdot 3}_{3^2} \cdot \underbrace{5 \cdot 5}_{5^2} \cdot \underbrace{7}_{7}$$

Um eine Zahl in ihre Primfaktoren zu zerlegen, ist die Anwendung der Teilbarkeitsregeln häufig zweckmäßig.

Beispiele:

1) 98 ist zu zerlegen: 98 ist gerade, also durch 2 teilbar:
   $98 = 2 \cdot 49$
   $ = 2 \cdot 7 \cdot 7 = 2 \cdot 7^2$

2) 2535 ist zu zerlegen: 2535 ist durch 5 teilbar:
   $2535 = 5 \cdot 507$; 507 hat die Quersumme $5 + 0 + 7 = 12$ also ist 507 durch 3 teilbar:
   $2535 = 5 \cdot 3 \cdot 169$
   $ = 5 \cdot 3 \cdot 13 \cdot 13 = 3 \cdot 5 \cdot 13^2$

3) 12600 ist zu zerlegen: 12600 ist durch 100 teilbar:
   $12600 = 126 \cdot 100 = 126 \cdot 10 \cdot 10$
   $ = 126 \cdot 2 \cdot 5 \cdot 2 \cdot 5$
   126 hat die Quersumme $1 + 2 + 6 = 9$; d.h. 126 ist durch 9 teilbar:
   $126 = 9 \cdot 14 = 3 \cdot 3 \cdot 2 \cdot 7$ insgesamt ergibt sich:
   $12600 = 3 \cdot 3 \cdot 2 \cdot 7 \cdot 2 \cdot 5 \cdot 2 \cdot 5$
   $ = 2^3 \cdot 3^2 \cdot 5^2 \cdot 7$

GEMEINSAME TEILER

Die Primfaktoren und deren Produkte stellen die Teiler einer Zahl dar. Will man alle Teiler einer Zahl angeben, so zerlegt man sie in Primfaktoren und bildet alle möglichen Kombinationen. Dabei unterscheidet man *echte* und *unechte* Teiler.

Beispiel:
$36 = 2 \cdot 18 = 2 \cdot 2 \cdot 9 = 2 \cdot 2 \cdot 3 \cdot 3$
Echte Teiler: $2 , 3 , 2 \cdot 2 , 2 \cdot 3 , 2 \cdot 2 \cdot 3 , 2 \cdot 3 \cdot 3$
Unechte Teiler: 1, 36

Echte und unechte Teiler bilden gemeinsam die Menge aller Teiler von 36, kurz T(36).

$T(36) = \{ 1 , 2 , 3 , 4 , 6 , 12 , 18 , 36 \}$

Der größte gemeinsame Teiler (ggT)

Für die Bruchrechnung benötigt man oft die Kenntnis der gemeinsamen Teiler zweier oder mehrerer Zahlen, insbesondere den größten gemeisamen Teiler (kurz ggT).
Um die gemeinsamen Teiler herauszufinden, stellt man die Teilermenge jeder einzelnen Zahl fest und vergleicht sie miteinander.

Beispiel:
Gesucht wird der gemeinsame Teiler von 48 und 54

Zerlegung: $48 = 4 \cdot 12 = 2 \cdot 2 \cdot 3 \cdot 4 = 2 \cdot 2 \cdot 3 \cdot 2 \cdot 2 = 2^4 \cdot 3$

$54 = 6 \cdot 9 = 2 \cdot 3 \cdot 3 \cdot 3 = 2 \cdot 3^3$

$$T(48) = \{ 1 , 2 , 2 \cdot 2 , 2 \cdot 2 \cdot 2 , 2 \cdot 2 \cdot 2 \cdot 2 , 3 , 2 \cdot 3 , 2 \cdot 2 \cdot 3 , 2 \cdot 2 \cdot 2 \cdot 3 , 2 \cdot 2 \cdot 2 \cdot 2 \cdot 3 \} = \{ 1 , 2 , 4 , 8 , 16 , 3 , 6 , 12 , 24 , 48 \}$$

$$T(54) = \{ 1 , 2 , 3 , 3 \cdot 3 , 3 \cdot 3 \cdot 3 , 2 \cdot 3 , 2 \cdot 3 \cdot 3 , 2 \cdot 3 \cdot 3 \cdot 3 \} = \{ 1 , 2 , 3 , 9 , 27 , 6 , 18 , 54 \}$$

Gemeinsame Teiler sind: 1 , 2 , 3 , 6.

Der größte gemeinsame Teiler ist 6: ggT(48 , 54) = 6.

Ein einfacheres Verfahren ist es, die Primfaktorzerlegungen aufzulisten und die *gemeinsamen* Faktoren miteinander zu multiplizieren:

$48 = 2^4 \cdot 3$
$54 = 2 \cdot 3^3$

Der Faktor 2 kommt gemeinsam einmal, der Faktor 3 ebenfalls gemeinsam einmal vor. Also: ggT = $2 \cdot 3 = 6$.

Beispiel:
Gesucht wird der ggT von 480 und 12600:

$$480 = 2^5 \cdot 3 \cdot 5$$
$$12600 = 2^3 \cdot 3^2 \cdot 5^2 \cdot 7$$

Bei Potenzen mit gleicher Basis (2^3 und 2^5) ist die kleinere (hier: 2^3) zu nehmen. Also: ggT = $2^3 \cdot 3 \cdot 5 = 120$.

Euklidischer Algorithmus

Eine andere Methode zur Berechnung des ggT zweier Zahlen ist die des mehrfachen Dividierens, genannt Euklidischer Algorithmus:
Man teilt die größere der beiden Zahlen durch die kleinere. Bleibt ein Rest, so teilt man die kleinere durch den Rest. Dann teilt man den alten Rest durch den neuen Rest. Es erfolgen solange Divisionen, bis der Rest Null wird. Der vorletzte Rest ist dann der größte gemeinsame Teiler.

Beispiele:

1) Gesucht ist der ggT (48 , 54)

54 : 48 = 1 mit dem Rest 6
48 : 6 = 8 mit dem Rest 0

---

ggT (48 , 54) = 6

2) Gesucht ist der ggT (264 , 2520)

2520 : 264 = 9 mit dem Rest 144
264 : 144 = 1 mit dem Rest 120
144 : 120 = 1 mit dem Rest 24
120 : 24 = 5 mit dem Rest 0

---

ggT (2520 , 264) = 24

3) Gesucht ist der ggT (5 ; 29)

29 : 5 = 5 mit dem Rest 4
5 : 4 = 1 mit dem Rest 1
4 : 1 = 4 mit dem Rest 0

---

ggT (5 , 29) = 1

5 und 29 haben außer 1 keinen gemeinsamen Teiler. Sie sind teilerfremd.

GEMEINSAME VIELFACHE

Multipliziert man eine Zahl (z.B. 20) mit den natürlichen Zahlen 1 , 2 , 3 , usw. so erhält man Vielfache dieser Zahl: 20 , 40 , 60 usw., auch meist als Vielfachmenge von 20 geschrieben:
V (20) = { 20 , 40 , 60 , 80 , 100 , 120 , ... }

Die gemeinsamen Vielfachen zweier Zahlen erhält man, wenn man die Vielfachen auflistet und vergleicht:

Beispiel:
Gesucht sind die gemeinsamen Vielfachen von 8 und 12.
V (8) = { 8 , 16 , 24 , 32 , 40 , 48 , 56 , 64 , 72 , 80 , 88 , ... }
V (12) = { 12 , 24 , 36 , 48 , 60 , 72 , 84 , ... }

Gemeinsame Vielfache sind: 24 , 48 , 72 , usw.

Das kleinste gemeinsame Vielfache (kgV)

Oft wird das kleinste gemeinsame Vielfache (kgV) gesucht wie beispielsweise in der Bruchrechnung bei der Berechnung des —> Hauptnenners.

Mit Hilfe der Primfaktorzerlegung kommt man schnell zum kgV.

Beispiele:
1) Zu bestimen ist das kgV der Zahlen 4 , 8 , 15 , 10.
$4 = 2^2$
$8 = 2^3$
$15 = 3 \cdot 5$
$10 = 2 \cdot 5$

Man nimmt jetzt im Gegensatz zur Bestimmung des ggT die höchsten Potenzen aller *überhaupt* auftretenden Primfaktoren. Die Faktoren müssen also nicht mehr allen Zahlen *gemeinsam* sein.
Also: $kgV = 2^3 \cdot 3 \cdot 5 = 120$

2) Zu bestimmen ist das kgV von 40 und 36:
$40 = 2^3 \cdot 5$
$36 = 2^2 \cdot 3^2$

$kgV = 2^3 \cdot 3^2 \cdot 5 = 360$

2. 2 BRUCHZAHLEN

EINFÜHRUNG DER BRUCHZAHLEN

Teilt man ein Ganzes - z.B. eine Pizza - in 4 gleiche Teile, so erhält man als Bruchstücke Viertel:

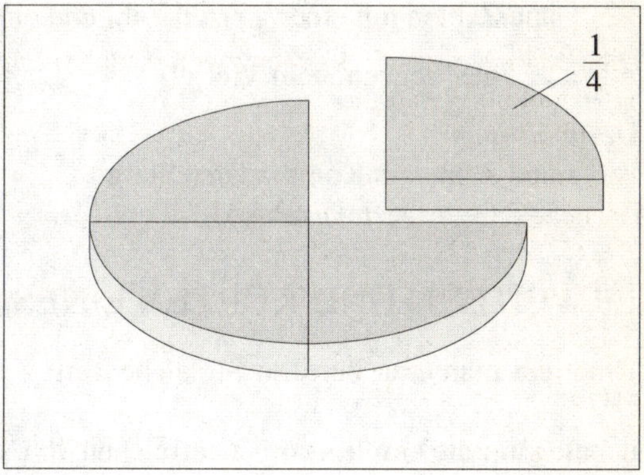

Für ein Viertel schreibt man kurz $\frac{1}{4}$. Nimmt man ein Viertel der aufgeteilten Pizza weg, so bleiben drei Viertel übrig, kurz $\frac{3}{4}$.

Die Anzahl der Teile, in die man ein Ganzes unterteilt, nennt man *Nenner* (hier 4). Er steht unter dem Bruchstrich.

Die Anzahl, die angibt, wieviele dieser Teile gemeint sind, nennt man *Zähler*. Er steht über dem Bruchstrich.

3	-	Zähler
–	-	Bruchstrich
4	-	Nenner

Der Bruchstrich wird oft auch schräg geschrieben: ¾.

Da die Teilung eines Ganzen der Division natürlicher Zahlen entspricht, kann man statt ¾ auch 3 : 4 schreiben. Diese Division geht in der Menge der natürlichen Zahlen nicht auf. Ausdrücke der Form ¾ nennt man *Brüche*.

Man unterscheidet verschiedene Arten von Brüchen:

Echte Brüche

sind Brüche, deren Zähler kleiner sind als der Nenner.

$\frac{3}{4}$; $\frac{5}{12}$

Stammbrüche

sind Brüche, deren Zähler 1 ist.

$\frac{1}{4}$; $\frac{1}{10}$

Unechte Brüche

sind Brüche, deren Zähler größer ist als der Nenner.

$\frac{5}{4}$; $\frac{13}{2}$

Gemischte Zahlen

sind Zahlen mit einer ganzen Zahl und einem Bruch.

$3\frac{1}{4}$ (gesprochen 3 ein Viertel)

Dezimalbrüche

sind Zahlen in Kommadarstellung.

3,42 (—> Dezimalzahlen)

ERWEITERN UND KÜRZEN EINES BRUCHES

Unterteilt man eine Pizza in 8 gleiche Teile - je $\frac{1}{8}$ -, so muß man 2 dieser Teile nehmen um die Größe von $\frac{1}{4}$ zu erreichen, d.h. es gilt: $\frac{1}{4} = \frac{2}{8}$.

Zähler und Nenner werden mit 2 multipliziert (erweitert). Der Bruch behält dabei den gleichen Wert.

Erweitern eines Bruches

Ein Bruch wird erweitert, indem man den Zähler und den Nenner mit derselben natürlichen Zahl (außer 0) multipliziert.

$$\frac{a}{b} = \frac{a \cdot c}{b \cdot c};\; c \neq 0 \qquad \frac{3}{4} = \frac{3 \cdot 2}{4 \cdot 2} = \frac{6}{8}$$

Beispiel:

$\frac{5}{12}$ ist so zu erweitern, daß im Nenner 72 steht:

$$\frac{5}{12} = \frac{5 \cdot 6}{12 \cdot 6} = \frac{30}{72}$$

Die Umkehrung des Erweiterns führt auf das Kürzen von Brüchen.

Kürzen eines Bruches

Ein Bruch wird gekürzt, indem man den Zähler und den Nenner durch dieselbe natürliche Zahl (außer 0) dividiert.

$$\frac{a:c}{b:c}=\frac{a}{b};\ c\neq 0 \qquad \frac{10}{15}=\frac{2\cdot 5}{3\cdot 5}=\frac{2}{3}$$

Um einen Bruch zu kürzen, sind gemeinsame Teiler von Zähler und Nenner zu suchen. Sie ergeben die Zahl, mit der man kürzen kann.

Beispiele:

1) Der Bruch $\frac{6}{8}$ ist zu kürzen.

$$\frac{6}{8}=\frac{3\cdot 2}{4\cdot 2}=\frac{3}{4}$$

2) Der Bruch $\frac{50}{125}$ ist zu kürzen.

$$\frac{50}{125}=\frac{25\cdot 2}{25\cdot 5}=\frac{2}{5}$$

Beim Kürzen werden die Zahlen des Zählers und des Nenners verkleinert. Es empfiehlt sich daher zur Vereinfachung der Rechnungen, die Brüche möglichst zu kürzen.

Rationale Zahlen
Läßt sich ein Bruch nicht weiter kürzen, so liegt er in der *Grunddarstellung* vor. Die Grunddarstellung und alle ihre Erweiterungen z.B. 1/4, 2/8, 3/12, usw. werden zu einer Zahl zusammengefaßt, die man eine *rationale* Zahl nennt. Die Menge der rationalen Zahlen wird mit **Q** bezeichnet. Zähler oder Nenner können auch negativ sein, wobei man die Vorzeichenregeln der Division —> ganzer Zahlen auch hier anwenden kann.

Beispiele:

1) $\frac{-2}{4}=(-2):(+4)=-(2:4)=-\frac{2}{4}$

2) $\frac{2}{-4}=(+2):(-4)=-(2:4)=-\frac{2}{4}$

3) $\frac{-2}{-4} = (-2) : (-4) = +(2 : 4) = +\frac{2}{4} = \frac{2}{4}$

Zur Menge der rationalen Zahlen gehören also alle negativen und positiven Brüche sowie auch ganze Zahlen, da:

$\frac{2}{1} = 2\,;\ \frac{15}{5} = 3\,;\ -\frac{12}{4} = -3\,;\ \frac{0}{4} = 0$

Zahlengerade

Die rationalen Zahlen lassen sich ebenfalls auf der Zahlengeraden veranschaulichen:

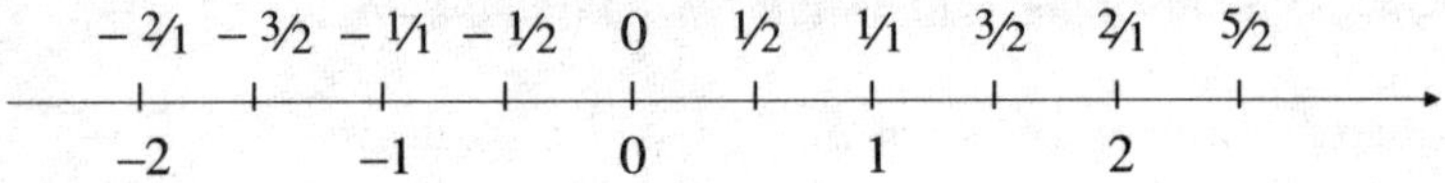

Hierbei sind nur die Grunddarstellungen notiert. An der Stelle $\frac{1}{2}$ können auch $\frac{2}{4}$, $\frac{4}{8}$ usw. stehen. Bei zwei rationalen Zahlen läßt sich immer ein Bruch finden, der genau zwischen den beiden liegt.

Beispiel:

Gesucht ist ein Bruch, der zwischen $\frac{2}{5}$ und $\frac{3}{5}$ liegt. Dazu sind die Brüche zu erweitern:

$\frac{2}{5} = \frac{4}{10}\,;\ \frac{3}{5} = \frac{6}{10}$. Der gesuchte Bruch ist $\frac{5}{10}$. Man schreibt $\frac{4}{10} < \frac{5}{10} < \frac{6}{10}$.

2.3 RECHNEN MIT BRÜCHEN

GLEICHNAMIGMACHEN VON BRÜCHEN

Beim Rechnen mit Brüchen ist es oft notwendig, die Brüche auf den gleichen Nenner zu bringen. Brüche mit demselben Nenner nennt man gleichnamig. Zwei oder mehrere ungleichnamige Brüche bringt man auf den gleichen Nenner, indem man sie erweitert. Das geschieht z.B. so, daß man alle Nenner miteinander multipliziert. (schnelles, aber ungünstiges Verfahren).

Beispiel:

Gesucht ist der gemeinsame Nenner von: $\frac{1}{2}, \frac{1}{3}, \frac{1}{4}$

gemeinsamer Nenner: $2 \cdot 3 \cdot 4 = 24$.

Die Brüche sind nun so zu erweitern, daß sie alle den gleichen Nenner 24 erhalten. Die dazu notwendige Erweiterungszahl ist der Quotient aus neuem und altem Nenner.

Für $\frac{1}{2}$ ergibt sich aus 24 : 2 = 12 die Erweiterungszahl 12: $\frac{1}{2} = \frac{12}{2 \cdot 12} = \frac{12}{24}$,

für $\frac{1}{3}$ ergibt sich aus 24 : 3 = 8 die Erweiterungszahl 8: $\frac{1}{3} = \frac{8}{3 \cdot 8} = \frac{8}{24}$,

für $\frac{1}{4}$ ergibt sich aus 24 : 4 = 6 die Erweiterungszahl 6: $\frac{1}{4} = \frac{6}{4 \cdot 6} = \frac{6}{24}$.

Hauptnenner

Meist gibt es einen Nenner, der kleiner ist, als das Produkt der einzelnen Nenner. Den kleinsten gemeinsamen Nenner nennt man Hauptnenner. Er ergibt sich aus dem —> kgV der einzelnen Nenner.

Beispiele:

1) Für das obige Beispiel gilt: kgV (2 , 3 , 4) = 12 d.h.
$\frac{1}{2} = \frac{6}{2 \cdot 6} = \frac{6}{12}$; $\frac{1}{3} = \frac{4}{3 \cdot 4} = \frac{4}{12}$; $\frac{1}{4} = \frac{3}{4 \cdot 3} = \frac{3}{12}$.

2) Die Brüche $\frac{5}{18}$ und $\frac{7}{24}$ sollen gleichnamig gemacht werden. Zu berechnen ist als erstes ihr Hauptnenner.
Zerlegung: $18 = 2 \cdot 9 = 2 \cdot 3^2$
$24 = 3 \cdot 8 = 2^3 \cdot 3$
$kgV = 2^3 \cdot 3^2 = 8 \cdot 9 = 72$
Nun werden die Brüche auf den Nenner 72 erweitert:
$\frac{5}{18} = \frac{5 \cdot 4}{18 \cdot 4} = \frac{20}{72}$
$\frac{7}{24} = \frac{7 \cdot 3}{23 \cdot 3} = \frac{21}{72}$

ADDITION UND SUBTRAKTION VON BRÜCHEN

Brüche mit gleichen Nennern werden addiert oder subtrahiert, indem man die Zähler addiert oder subtrahiert und den gemeinsamen Nenner beibehält. Sind die Brüche ungleichnamig, so muß man sie zuerst gleichnamig machen.

$$\frac{a}{b}+\frac{c}{b}=\frac{a+c}{b}$$

Beispiele:

1) $\frac{1}{4}+\frac{2}{4}=\frac{1+2}{4}=\frac{3}{4}$

2) $\frac{5}{8}+\frac{6}{8}-\frac{3}{8}=\frac{11}{8}-\frac{3}{8}=\frac{8}{8}=1$

3) $\frac{3}{4}+\frac{6}{8}+\frac{1}{12}=\frac{3\cdot 6+6\cdot 3+1\cdot 2}{24}=\frac{38}{24}$

Der Hauptnenner 24 ergibt sich aus dem kgV von 4, 8, und 12.

MULTIPLIKATION VON BRÜCHEN

Brüche werden miteinander multipliziert, indem man Zähler mit Zähler und Nenner mit Nenner multipliziert.

$$\frac{a}{b}\cdot\frac{c}{d}=\frac{a\cdot c}{b\cdot d}$$

Beispiele:

1) $\frac{3}{4}\cdot\frac{5}{7}=\frac{3\cdot 5}{4\cdot 7}=\frac{15}{28}$

2) $\frac{1}{5}\cdot\frac{3}{4}\cdot\frac{7}{5}=\frac{1\cdot 3\cdot 7}{5\cdot 4\cdot 5}=\frac{21}{100}$

Wird ein Bruch mit einer ganzen Zahl multipliziert, so kann diese in einen Bruch mit dem Nenner 1 umgewandelt werden.

Beispiel:

$$2 \cdot \frac{5}{3} = \frac{2}{1} \cdot \frac{5}{3} = \frac{10}{3}$$

Man kann den Zähler aber auch unmittelbar mit der ganzen Zahl multiplizieren.

Beispiele:

1) $2 \cdot \frac{5}{3} = \frac{2 \cdot 5}{3} = \frac{10}{3}$

2) $\frac{10}{7} \cdot 3 = \frac{10 \cdot 3}{7} = \frac{30}{7}$

Bevor Brüche miteinander multipliziert werden, sollte man sie, wenn möglich, kürzen, da die Rechnung mit kleineren Zahlen einfacher ist.

Beispiel:

$$\frac{3}{8} \cdot \frac{4}{5} \cdot \frac{10}{3} = \frac{\overline{3} \cdot 4 \cdot 10}{8 \cdot 5 \cdot \underline{3}} = \frac{\overline{4} \cdot 10}{\underline{8} \cdot 5} = \frac{\overline{10}}{2 \cdot \underline{5}} = \frac{\overline{2}}{\underline{2} \cdot 1} = 1$$

Das Kürzen erfolgt i. allg. schrittweise. Im gemeinsamen Bruch ist der Faktor 3 im Zähler und im Nenner enthalten und gegeneinander zu kürzen. Im darauf folgenden Bruch wird die 4 gegen die 8 gekürzt, da in beiden der Faktor 4 enthalten ist. Ferner werden 10 gegen 5 und 2 gegen 2 gekürzt.
Die zu kürzenden Zahlen sind hier durch Über- bzw. Unterstreichung gekennzeichnet.

Werden gemischte Zahlen miteinander multipliziert, sind sie vorher in Brüche umzuwandeln.

Beispiele:

1) $5\frac{2}{3} \cdot \frac{4}{9} = \frac{17}{3} \cdot \frac{4}{9} = \frac{68}{27}$

2) $3\frac{1}{7} \cdot 2\frac{1}{3} = \frac{22}{7} \cdot \frac{7}{3} = \frac{22}{3}$

Achtung: Die Zahlen $3\frac{1}{4}$ und $3 \cdot \frac{1}{4}$ haben unterschiedliche Werte.

$3\frac{1}{4}$ bedeutet $3+\frac{1}{4}=\frac{12}{4}+\frac{1}{4}=\frac{13}{4}$

$3\cdot\frac{1}{4}$ bedeutet $\frac{3}{1}\cdot\frac{1}{4}=\frac{3}{4}$

Durch undeutliche Schreibweise können hier Fehler auftreten.

DIVISION VON BRÜCHEN

Zur Division von Brüchen ist der *Kehrwert* eines Bruches notwendig. Man erhält den Kehrwert, wenn man Zähler und Nenner eines Bruches miteinander vertauscht.

Bruch $\frac{5}{7}$ —> Kehrwert $\frac{7}{5}$

Zwei Brüche werden durcheinander dividiert, indem man den ersten Bruch mit dem Kehrwert des zweiten Bruches multipliziert.

$$\frac{a}{b}:\frac{c}{d}=\frac{a}{b}\cdot\frac{d}{c}$$

Beispiele:

1) $\frac{1}{2}:\frac{5}{7}=\frac{1}{2}\cdot\frac{7}{5}=\frac{7}{10}$

2) $\frac{6}{5}:\frac{18}{25}=\frac{6}{5}\cdot\frac{25}{18}=\frac{6\cdot 25}{5\cdot 18}=\frac{25}{5\cdot 3}=\frac{5}{3}$

3) $2\frac{1}{3}:\frac{14}{5}=\frac{7}{3}\cdot\frac{5}{14}=\frac{7\cdot 5}{3\cdot 14}=\frac{5}{3\cdot 2}=\frac{5}{6}$

4) $4\frac{1}{2}:7\frac{1}{3}=\frac{9}{2}:\frac{22}{3}=\frac{9}{2}\cdot\frac{3}{22}=\frac{27}{44}$

Doppelbrüche

In der Divisionsaufgabe $\frac{7}{3}:\frac{5}{2}$ kann man das Divisionszeichen durch einen Bruchstrich ersetzen:

Beispiel: $\frac{7}{3}:\frac{5}{2}=\frac{\frac{7}{3}}{\frac{5}{2}}$

Einen solchen Bruch nennt man *Doppelbruch*. Die Berechnung erfolgt gemäß der Division zweier Brüche. Man bildet den Kehrwert des Nennerbruchs und multipliziert damit den Zähler:

$$\frac{\frac{7}{3}}{\frac{5}{2}} = \frac{7}{3} \cdot \frac{2}{5} = \frac{14}{15}$$

Steht im Zähler oder im Nenner eine ganze Zahl, so ist diese zunächst in einen Bruch mit dem Nenner 1 umzuwandeln. Der mittlere Bruchstrich wird deutlich abgesetzt (länger oder in Höhe des Gleichzeichens). Achtung: Bei gleichen Zahlen aber unterschiedlichem Hauptbruchstrich ergeben sich unterschiedliche Ergebnisse!

Beispiele:

1) $$\frac{4}{\frac{3}{5}} = \frac{4}{1} : \frac{3}{5} = \frac{4}{1} \cdot \frac{5}{3} = \frac{20}{3}$$

2) $$\frac{\frac{4}{3}}{5} = \frac{4}{3} : \frac{5}{1} = \frac{4}{3} \cdot \frac{1}{5} = \frac{4}{15}$$

Rechengesetze der vier Grundrechenarten bei Brüchen

Es gelten die Rechengesetze der ganzen Zahlen, nämlich das Kommutativgesetz, das Assoziativgesetz und das Distributivgesetz. In der Menge der Bruchzahlen ist jede Division ausführbar.

DAS RECHNEN MIT GEMISCHTEN ZAHLEN

Eine gemischte Zahl ist eine Kurzform für die Addition eines echten Bruches mit einer ganzen Zahl.

Beispiel:

$$2\frac{5}{8} = 2 + \frac{5}{8}$$

Umwandlung eines unechten Bruchs in eine gemischte Zahl

Man wandelt einen unechten Bruch in eine gemischte Zahl, indem man ihn in zwei Summanden aufspaltet, wobei der erste die ganze Zahl ergibt und der zweite ein echter Bruch ist.

Beispiel:

$$\frac{14}{3} = \frac{12}{3} + \frac{2}{3} = 4 + \frac{2}{3} = 4\,\frac{2}{3}$$

Man kann auch über die Division 14 : 3 = 4 mit dem Rest 2 zu einer gemischten Zahl kommen: $14 : 3 = 4 + \frac{2}{3}$, da der Wert des Restes $\frac{2}{3}$ ist.

Umwandlung einer gemischten Zahl in einen Bruch

Man wandelt die ganze Zahl in einen Bruch mit dem Nenner 1 um. Dann erweitert man auf den Nenner des echten Bruches und addiert beide miteinander.

Beispiel:

$$5\,\frac{1}{3} = \frac{5}{1} + \frac{1}{3} = \frac{15}{3} + \frac{1}{3} = \frac{16}{3}$$

Gemischte Zahlen werden addiert, indem man die Brüche sowie die ganzen Zahlen für sich addiert.

Beispiel:

$$5\,\frac{1}{2} + 4\,\frac{3}{4} + 2\,\frac{1}{3} = 5 + 4 + 2 + \frac{6 + 9 + 4}{12}$$

$$= 11 + \frac{19}{12} = 11 + 1\,\frac{7}{12} = 12\,\frac{7}{12}$$

Bei der Subtraktion sind gegebenenfalls ganze Zahlen in Brüche umzuwandeln.

Beispiel:

$$5\,\frac{1}{2} - 3\,\frac{3}{4} = 2 + \frac{1}{2} - \frac{3}{4} = 2 + \frac{2}{4} - \frac{3}{4}$$

$$= 1 + \frac{4}{4} + \frac{2}{4} - \frac{3}{4} = 1\,\frac{3}{4}$$

2. 4 DEZIMALBRÜCHE

EINFÜHRUNG DER DEZIMALBRÜCHE

Bei der Darstellung der natürlichen Zahlen hat die letzte Stelle den Stellenwert 1 (Einer). Der Wert der Einer betägt 1/10 der Zehner. Setzt man diese Abstufung über die Einer nach rechts hinaus fort, so ist der Wert der Stelle nach den Einern 1/10, der der nächsten Stelle 1/100. Zwischen Einern und Zehnteln wird ein Komma gesetzt.

Beispiel:

```
1 5 , 1 3
| |   | |
| |   | 3 Hundertstel
| |   1 Zehntel
| 5 Einer
1 Zehner
```

gesprochen: fünfzehn - Komma - eins - drei

Der Wert dieser Zahl ist $15 + \frac{1}{10} + \frac{3}{100}$.

Man nennt Zahlen dieser Form *Dezimalbrüche* oder *Dezimalzahlen.* Die Stellen hinter dem Komma nennt man *Dezimale* oder *Dezimalstellen.* In der 1. Dezimalen stehen die Zehntel, in der 2. die Hundertstel usw.. Ist die Zahl kleiner als 1, so schreibt man eine 0 vor das Komma, z.B. 0,13.

Man unterscheidet:

endliche Dezimalbrüche: 15,13 und

periodische Dezimalbrüche: 0,14444.....

Man schreibt hierfür kurz $0{,}1\overline{4}$ (gesprochen: null - Komma - eins - Periode 4). Die Periode wird mit einem Strich über der unendlich zu wiederholenden Ziffernfolge geschrieben:

Beispiele:

$$3{,}\overline{51} = 3{,}51\,51\,51...$$
$$0{,}\overline{014} = 0{,}014\,014\,014...$$
$$12{,}555\overline{4} = 12{,}5554444...$$

Periodische Zahlen treten bei der Umwandlung von Brüchen mit bestimmten Nennern in Dezimalzahlen auf.

UMFORMUNG VON BRÜCHEN IN DEZIMALZAHLEN

Brüche, deren Nenner Potenzen von 10 sind

Zehnerbrüche, d.h. Brüche, deren Nenner 10, 100, 1000 usw. beträgt, sind leicht umzuwandeln:

Man schreibt die Ziffer des Zählers an die vom Nenner bestimmte Stelle der Dezimalzahl, wobei 10 Hundertstel als ein Zehntel, 10 Zehntel als 1 Einer verrechnet werden.

Beispiele:

1) $\frac{5}{100} = 0{,}05$ d.h. die 5 an die Stelle der Hundertstel

2) $\frac{15}{100} = \frac{10}{100} + \frac{5}{100} = \frac{1}{10} + \frac{5}{100} = 0{,}15$

3) $\frac{315}{100} = \frac{300}{100} + \frac{10}{100} + \frac{5}{100} = 3 + \frac{1}{10} + \frac{5}{100} = 3{,}15$

Brüche, die man auf 10, 100 usw. erweitern kann

Es sind dies Brüche, deren Nenner die Primzahlen 2 oder 5 enthalten.

Erweiterung auf Zehntel

Die Erweiterungszahl ergibt sich daraus, daß zum Primfaktor 2 des Nenners die Erweiterungszahl 5 gehört und umgekehrt.

Beispiel:

$\frac{1}{2} = \frac{1 \cdot 5}{2 \cdot 5} = \frac{5}{10} = 0{,}5$

Erweiterung auf Hundertstel

Die Primfaktorzerlegung von 100 ist $100 = 2 \cdot 2 \cdot 5 \cdot 5$. Es lassen sich alle Nenner, die aus den Primfaktoren oder deren Teilprodukten (z.B. $2 \cdot 2 = 4$; $2 \cdot 5 = 10$ usw.) bestehen, auf 100 erweitern. Die Erweiterungszahl ergibt sich aus dem Quotienten von 100 und dem alten Nenner.

Beispiele:

1) $\frac{1}{4} = \frac{1 \cdot 25}{4 \cdot 25} = \frac{25}{100} = 0{,}25$

2) $\frac{1}{20} = \frac{1 \cdot 5}{20 \cdot 5} = \frac{5}{100} = 0{,}05$

Erweiterung auf Tausendstel
Es ist hierbei ebenso zu verfahren. Die Primfaktorzerlegung ist
$1000 = 2 \cdot 2 \cdot 2 \cdot 5 \cdot 5 \cdot 5$.

Beispiel:

$$\frac{3}{8} = \frac{3 \cdot 125}{8 \cdot 125} = \frac{375}{1000} = 0{,}375$$

Der Nenner $8 = 2 \cdot 2 \cdot 2$ ist in der Zerlegung enthalten. Die Erweiterungszahl ist $5 \cdot 5 \cdot 5 = 125$.

Brüche mit anderen Nennern

Brüche, die sich nicht durch Erweitern in Zehnerbrüche umwandeln lassen, werden entsprechend der Division natürlicher Zahlen in eine Dezimalzahl verwandelt, indem man die Division durch wiederholtes Anhängen einer Null fortsetzt. Das Komma wird gesetzt, wenn der Rest (vor dem Anhängen einer Null) kleiner ist, als die Zahl, durch die man teilt.

Beispiel:

$$\frac{19}{12} = 19 : 12$$

```
  1 9  :  1 2  =  1 , 5 8 3 3 . . .
- 1 2
 ----
    7 0
  - 6 0
   ----
    1 0 0
    - 9 6
     ----
        4 0
      - 3 6
       ----
        4 0   usw.
```

Überlegungen:
- 19 : 12 = 1 mit dem Rest 7
- 7 ist kleiner als 12, daher Komma,
- 0 anhängen, 70 : 12 = 5 mit dem Rest 10
- 0 anhängen, 100 : 12 = 8 mit dem Rest 4
- 0 anhängen, 40 : 12 = 3 mit dem Rest 4
- 0 anhängen, 40 : 12 = 3 mit dem Rest 4

usw.

Da ständig der gleiche Rest auftritt, setzt sich die Zahl 3 unendlich fort und bildet damit die Periode: $1{,}5833... = 1{,}58\overline{3}$.
Diese Zahl nennt man auch gemischt periodisch, da hinter dem Komma Ziffern stehen, die nicht zur Periode gehören.
Die Methode läßt sich auch auf jeden anderen Bruch anwenden.

Beispiel:

$\frac{3}{8} = 3 : 8 = 0{,}375$

$$\begin{array}{l} 3 : 8 = 0{,}375 \\ 30 \\ -24 \\ \hline \quad 60 \\ \quad -56 \\ \hline \qquad 40 \\ \qquad 40 \\ \hline \qquad\ 0 \end{array}$$

UMFORMUNG VON DEZIMALZAHLEN IN BRÜCHE

Endliche Dezimalbrüche

Da jede Stelle hinter dem Komma einem bestimmten Zehnerbruch entspricht (1. Stelle = $\frac{1}{10}$, 2.Stelle = $\frac{1}{100}$, usw.), kann man sie leicht in einzelne Brüche umwandeln, die dann addiert werden müssen.

Beispiel:

$1{,}35 = 1 + \frac{3}{10} + \frac{5}{100} = \frac{100}{100} + \frac{30}{100} + \frac{5}{100} = \frac{135}{100}$

Periodische Dezimalbrüche

a) *reinperiodische Brüche*

Man vergleicht die umzuwandelnde Zahl mit ähnlichen, aber einfacheren Brüchen: Die Division 1 : 9 liefert das Ergebnis $0{,}\overline{1}$, d.h. es ist $0{,}\overline{1} = \frac{1}{9}$. Vielfache davon sind:

$0{,}\overline{2} = \frac{2}{9}$, $0{,}\overline{3} = \frac{3}{9}$ usw.

Beispiel:

$0{,}\overline{7} = \frac{7}{9}$

Die Division 1 : 99 liefert das Ergebnis $0,\overline{01}$, d.h. es ist $0,\overline{01} = \frac{1}{99}$. Vielfache davon sind: $0,\overline{02} = \frac{2}{99}$, $0,\overline{03} = \frac{3}{99}$ usw.

Beispiel:

$0,\overline{43} = \frac{43}{99}$ (Vergleich: $0,43 = \frac{43}{100}$!)

b) gemischtperiodische Brüche

Nicht zur Periode gehörende Ziffern spaltet man ab und formt sie so um, daß reinperiodische Brüche entstehen. Hierbei ist von der Regel Gebrauch gemacht worden, daß bei der Abspaltung eines Faktors $\frac{1}{10}$ das Komma um eine Stelle nach rechts springt.

Beispiel:

$$0,3\overline{14} = 0,3 + 0,0\overline{14} = 0,3 + 0,\overline{14} \cdot \frac{1}{10} = 0,3 + \frac{14}{99} \cdot \frac{1}{10}$$

$$= \frac{3}{10} + \frac{14}{990} = \frac{3 \cdot 99 + 14}{990} = \frac{311}{990}$$

RECHNEN MIT DEZIMALBRÜCHEN

Gebräuchlich ist nur das Rechnen mit endlichen Dezimalzahlen. Periodische Dezimalzahlen rundet man daher mit ausreichender Genauigkeit (z.B. statt $0,\overline{51}$ näherungsweise 0,52).

Addition und Subtraktion

Das Verfahren entspricht dem der natürlichen Zahlen. Man schreibt die Dezimalbrüche stellengerecht Komma unter Komma, wobei ein Auffüllen der Lücken mehr Übersicht bringt. Nun kann man wie gewohnt addieren und subtrahieren. Im Ergebnis setzt man das Komma in die gleiche Position.

Beispiele:

1)
$$\begin{array}{r} 56,100 \\ +\ 1,077 \\ +\ 3,430 \\ \hline 60,607 \end{array}$$

2)
$$
\begin{array}{r}
108{,}500 \\
-\ 14{,}230 \\
-\ \ 0{,}008 \\
\hline
94{,}262
\end{array}
$$

Multiplikation

Dezimalzahlen werden wie natürliche Zahlen miteinander multipliziert - zunächst ohne Beachtung der Kommata. Im Ergebnis werden dann soviel Stellen von rechts nach links mit Komma abgetrennt, wie alle Faktoren zusammen an Nachkommastellen besitzen.

Beispiele:

1)
$$
\begin{array}{r}
4{,}31 \cdot 12{,}2 \\
\hline
431 \\
862 \\
862 \\
\hline
52{,}582
\end{array}
$$

4,31 hat zwei Nachkommastellen, 12,2 hat eine, zusammen ergibt dies also drei Nachkommastellen für das Produkt.

2)
$$
\begin{array}{r}
0{,}0042 \cdot 0{,}12 \\
\hline
42 \\
84 \\
\hline
0{,}000504
\end{array}
$$

Bilden die Faktoren mehr Nachkommastellen, als das Produkt an Ziffern hat, so schreibt man entsprechend viele Nullen davor (4 + 2 = 6 Nachkommastellen).

Bei der Multiplikation mit Zehnerpotenzen verschiebt sich das Komma "je Null" um eine Stelle nach rechts.

Beispiele:

1) $12{,}345 \cdot 10 = 123{,}45$

2) $12{,}345 \cdot 100 = 1234{,}5$

Division

Bei der Divison zweier Dezimalzahlen verschiebt man das Komma sowohl beim Divisor als auch beim Dividenden um gleiche Schritte nach rechts, bis der Divisor (die Zahl, durch die man teilt) zu einer ganzen Zahl wird. Dieses Vorgehen entspricht dem Erweitern eines Bruches mit 10, 100 usw.

Beispiel:

5,13 : 0,4 kann als Bruch geschrieben und mit 10 erweitert werden:

$$5{,}13 : 0{,}4 = \frac{5{,}13}{0{,}4} = \frac{5{,}13 \cdot 10}{0{,}4 \cdot 10} = \frac{51{,}3}{4} = 51{,}5 : 4$$

Statt 5,13 : 0,4 kann man also 51,3 : 4 schreiben. Die Division wird nun zunächst wie bei natürlichen Zahlen ausgeführt. Wird das Komma überschritten, so setzt man im Ergebnis an dieser Stelle ein Komma. Durch weiteres Anhängen von Nullen wird die Division fortgesetzt, bis die Aufgabe aufgeht oder die Periodizität erkennbar wird.

$$\begin{array}{l}
\;\;51{,}3 : 4 = 12{,}825 \\
-4 \\
\hline
\;\;11 \\
\;-8 \\
\hline
\;\;\;33 \\
\;-32 \\
\hline
\;\;\;\;10 \\
\;\;\;-8 \\
\hline
\;\;\;\;\;20 \\
\;\;\;-20 \\
\hline
\;\;\;\;\;\;0
\end{array}$$

Ist der Dividend kleiner als der Divisor, so beginnt das Ergebnis mit 0,....

Beispiel:
0,00048 : 0,03, erweitern mit 100 ergibt 0,048 : 3

```
0 , 0 4 8   :   3   =   0 , 0 1 6
    0
  ———
      4
    – 3
    ———
      1 8
    – 1 8
    ———
        0
```

Bei der Division mit Zehnerpotenzen verschiebt sich das Komma "je Null" um eine Stelle nach links.

Beispiele:
1) 1234,5 : 10 = 123,45
2) 1234,5 : 100 = 12,345

2.5 ÜBUNGSAUFGABEN ZUR TEILBARKEIT UND BRUCHRECHNUNG

1) Prüfen Sie, ob die Zahlen a) 210 b) 175 c) 462 d) 4095 durch 3 , 6 oder 9 teilbar sind.

2) Prüfen Sie, ob die Zahlen a) 153 b) 163 c) 183 d) 199 Primzahlen sind.

3) Zerlegen Sie die Zahlen aus Aufgabe 1 in Primfaktoren.

4) Berechnen Sie den ggT von: a) 42 und 28 b) 84, 36 und 120

5) Geben Sie gemeinsame Vielfache von 15 und 12 an

6) Geben Sie das kgV von: a) 18 und 12 b) 21 und 35 an

7) Bringen Sie die Brüche $\frac{4}{15}$, $\frac{7}{25}$, $\frac{19}{40}$ auf den Hauptnenner.

8) Kürzen Sie folgende Brüche: $\frac{16}{24}$, $\frac{135}{315}$, $\frac{144}{180}$, $\frac{21}{60}$, $\frac{121}{44}$

9) Berechnen Sie:

a) $\frac{2}{3}+\frac{1}{2}+\frac{7}{1}+\frac{7}{8}+\frac{8}{9}$
b) $3+\frac{5}{12}+2\,\frac{2}{5}+11+3\,\frac{15}{2}$

c) $\frac{7}{8}-\frac{6}{12}$
d) $\frac{900}{7}-20$

e) $3\,\frac{5}{8}-2\,\frac{4}{5}$
f) $\frac{4}{3}\cdot\frac{15}{9}$

g) $\frac{5}{350}\cdot\frac{49}{20}$
h) $\frac{35}{36}\cdot 72$

i) $2\,\frac{4}{5}\cdot\frac{6}{7}\cdot 4\,\frac{1}{2}$
j) $\frac{2}{105}:\frac{6}{5}$

k) $2\,\frac{4}{7}:\frac{18}{21}$
l) $\dfrac{5-4\,\frac{1}{3}}{2\,\frac{1}{6}+1\,\frac{1}{9}}$

10) Berechnen Sie:

a) $5+4{,}28+11{,}505+42{,}30$
b) $0{,}00376+42{,}5603+0{,}01526$
c) $53{,}426-22{,}13-1{,}309$
d) $14{,}78-2{,}9$
e) $4{,}32\cdot 1{,}51$
f) $0{,}035\cdot 0{,}021$
g) $4{,}763\cdot 100$
h) $0{,}004:25$
i) $308{,}762:52{,}6$

LÖSUNGEN

1) a) Teiler 3 und 6 b) - c) 3,6 d) 3 und 9
2) a) nein b) ja c) neind) ja
3) a) $2\cdot3\cdot5\cdot7$ b) $5\cdot5\cdot7$ c) $2\cdot3\cdot7\cdot11$ d) $3\cdot3\cdot5\cdot7\cdot13$
4) a) $42=2\cdot3\cdot7$, $28=2\cdot2\cdot7$, ggT $=2\cdot7=14$
b) $84=2\cdot2\cdot3\cdot7$, $36=2\cdot2\cdot3\cdot3$, $120=2\cdot2\cdot2\cdot3\cdot5$
ggT(84 , 36 , 120) = 12
5) z.B.: 60 , 120 , 180 , ...
6) a) kgV(18 , 12) = 36 b) kgV(21 , 35) = 105

7) Hauptnenner: 600

$\frac{4}{15} = \frac{160}{600}$, $\frac{7}{25} = \frac{168}{600}$, $\frac{19}{40} = \frac{285}{600}$

8) $\frac{2}{3}$, $\frac{3}{7}$, $\frac{4}{5}$, $\frac{7}{20}$, $\frac{11}{4}$

9) a) $\frac{715}{72}$ b) $27\frac{19}{60}$ c) $\frac{3}{8}$ d) $108\frac{4}{7}$ e) $\frac{33}{40}$

f) $\frac{20}{9}$ g) $\frac{7}{200}$ h) 70 i) $\frac{54}{5}$ j) $\frac{1}{63}$

k) 3 l) $\frac{12}{59}$

10) a) 63,085 b) 42,57932 c) 29,987 d) 11,88 e) 6,5232
f) 0,000735 g) 476,3 h) 0,00016 i) 5,87

2.6 RECHNEN MIT EINHEITEN

Oft werden Zahlen mit Einheiten wie Meter, Kilogramm, Sekunden versehen: 4,5 m, 3 kg, 5 DM, 16 min. Man nennt diese Ausdrücke *Größen.* Sie bestehen aus der *Maßzahl* und der *Maßeinheit* (kurz: Einheit).

Beispiel:

12 DM	=	12	·	1 DM
Größe	=	Maßzahl	·	Maßeinheit

Die Addition und Subtraktion von Größen gleicher Einheit erfolgt so, daß die Maßzahlen addiert bzw. subtrahiert werden und die gemeinsame Maßeinheit erhalten bleibt:

Beispiel: 5 DM + 12 DM = 17 DM

Zu beachten ist allerdings, daß bei Vorliegen verschiedener Einheiten in einer Aufgabe z.B. m, cm, mm in eine *gemeinsame* Einheit umgerechnet werden muß.

Beispiel:
In der Aufgabe: 13 cm – 6 mm ist die Größe 13 cm zunächst in mm umzuwandeln: 130 mm – 6 mm = 124 mm.

Die Multiplikation und Division einer Größe mit einer Zahl bezieht sich nur auf die Maßzahl:

Beispiel: 15 m : 5 = 3 m. Die Einheit bleibt erhalten.

Will man eine Größe durch eine Größe derselben Art dividieren, so muß man sie zunächst auf die gleiche Einheit bringen. Das Ergebnis der Division von Maßzahlen hat dann keine Einheit mehr:

Beispiel: 12 DM : 25 Pf = 1200 Pf : 25 Pf = 48. Dh. 25 Pf sind in 12 DM 48 mal enthalten.

Ist eine Einheit in eine andere umzurechnen, so ersetzt man die gegebene Einheit durch die neue Einheit mit dem entsprechenden *Umrechnungsfaktor*.

Nützlich ist auch ein anderes Umrechnungsverfahren:
Bei einem Wechsel von einer größeren zu einer kleineren Einheit wird das Komma nach *rechts* verschoben, wobei die Anzahl der zu verschiebenden Stellen dem Umrechnungsfaktor entspricht.

Beispiel: 9,4 km = 9,4000 km = 9400,0 m = 9400 m
(3 Stellen entsprechend dem Umrechnungsfaktor 1000: 1km = 1000 m).

Bei einem Wechsel von einer kleineren zu einer größeren Einheit erfolgt eine Verschiebung des Kommas nach *links*:
9400 m = 9400,0 m = 9,400 km (Verschiebung um 3 Stellen).

LÄNGEN

Längeneinheiten sind: Kilometer (km), Meter (m), Dezimeter (dm), Zentimeter (cm), Millimeter (mm).

Die Normeinheit unseres sog. metrischen Maßsystems ist der Meter, abgekürzt: 1 *m*.
In einigen Fachgebieten (vor allem in der Computertechnik) und Ländern ist die Längeneinheit 1 inch (Zoll) gebräuchlich.
Die Umrechnung ist: 1 inch = 25,4 mm.

Umrechnungen:

1 m	=	10 dm	=	100 cm	=	1000 mm
		1 dm	=	10 cm	=	100 mm
				1 cm	=	10 mm
1 km	=	1000 m				

Bei Umrechnungen von kleineren Einheiten in größere können Bruchteile von Einheiten entstehen:

1 mm	=	0,1 cm	=	0,01 dm	=	0,001 m
		1 cm	=	0,1 dm	=	0,01 m
				1 dm	=	0,1 m

Beispiele:

1) 25 cm sind in mm umzuwandeln:

$$25 \text{ cm} = 25 \cdot (1 \text{ cm}) = 25 \cdot (10 \text{ mm}) = 250 \text{ mm}$$

2) 25 cm in m:

$$25 \text{ cm} = 25 \cdot (1 \text{ cm}) = 25 \cdot (0{,}01 \text{ m}) = 0{,}25 \text{ m}$$

3) 9400 m in km:

$$9400 \text{ m} = 9400 \cdot (0{,}001 \text{ km}) = 9{,}4 \text{ km}$$

FLÄCHENINHALTE

Flächeneinheiten sind:
Quadratkilometer (km^2), Hektar (*ha*), Ar (*a*), Quadratmeter (m^2), Quadratdezimeter (dm^2), Quadratzentimeter (cm^2), Quadratmillimeter (mm^2).

1 m^2 ist der Flächeninhalt eines Quadrates mit den Seitenlänge von 1 *m*.

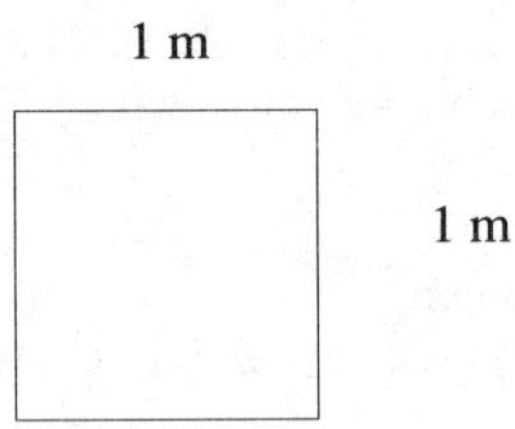

Umrechnungen:
In einem Quadrat von 1m Seitenlänge sind genau 100 Quadrate von je 1 dm Seitenlänge enthalten:

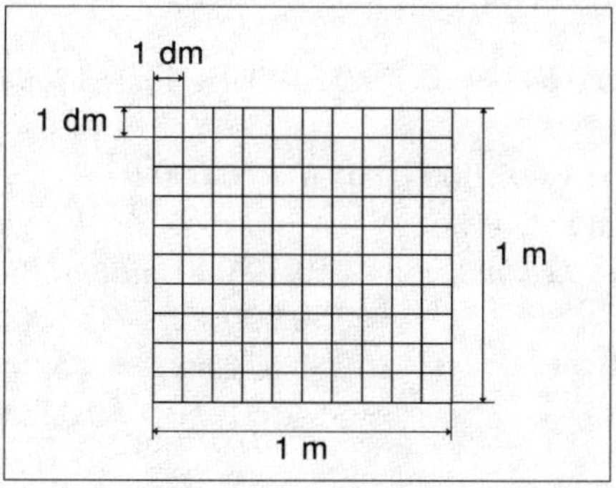

$1\,m^2 = 100\,dm^2$

1 *a* ist gleich dem Flächeninhalt eines Quadrates mit den Seitenlängen von 10 *m*, also $1\,a = 100\,m^2$.

1 *ha* ist gleich dem Flächeninhalt eines Quadrates mit den Seitenlängen von 100 *m*, also $1\,ha = 10\,000\,m^2$.

$1\,km^2$	=	$100\,ha$	=	$10\,000\,a$	=	$1\,000\,000\,m^2$
		$1\,ha$	=	$100\,a$	=	$10\,000\,m^2$
				$1\,a$	=	$100\,m^2$
$1\,m^2$	=	$100\,dm^2$	=	$10\,000\,cm^2$	=	$1\,000\,000\,mm^2$
		$1\,dm^2$	=	$100\,cm^2$	=	$10\,000\,mm^2$
				$1\,cm^2$	=	$100\,mm^2$
$1\,mm^2$	=	$0{,}01\,dm^2$	=	$0{,}0001\,dm^2$	=	$0{,}000\,001\,m^2$
		$1\,cm^2$	=	$0{,}01\,dm^2$	=	$0{,}0001\,m^2$
				$1\,dm^2$	=	$0{,}01\,m^2$

Beispiele:
1) cm^2 in mm^2:

$$4\,cm^2 = 4 \cdot (1\,cm^2) = 4 \cdot (100\,mm^2) = 400\,mm^2$$

2) m^2 in dm^2:

$$18\,m^2\ 99\,dm^2 = 18\,m^2 + 99\,dm^2 = 18 \cdot 100\,dm^2 + 99\,dm^2 = 1899\,dm^2$$

3) ha in a:

$$120\,ha\ 1\,a = 120\,ha + 1\,a = 120 \cdot 100\,a + 1\,a = 12001\,a$$

4) m^2 in a:

$$1\,000\,000\,m^2 = 1\,000\,000 \cdot 0{,}01\,a = 10\,000\,a$$

5) dm^2, cm^2, mm^2 in m^2:

$$\begin{aligned} 35\,dm^2\ 26\,cm^2\ 71\,mm^2 &= 35 \cdot 10\,000\,mm^2 + 26 \cdot 100\,mm^2 + 71\,mm^2 \\ &= 350\,000\,mm^2 + 2\,600\,mm^2 + 71\,mm^2 \\ &= 352\,671\,mm^2 = 3\,526{,}71\,cm^2 \\ &= 35{,}2671\,dm^2 = 0{,}352\,671\,m^2 \end{aligned}$$

Praktisches Beispiel:
Die Gesamtfläche eines landwirtschaftlichen Betriebes besteht aus:

Ackerland	: 25 ha
Weideland	: 6 ha
2 Forstgebiete zu je 1,5 ha	: 3 ha
Hof- und Gebäudefläche	: 21 a
3 Baugrunstücke zu je 1000 m^2	: 3000 m^2.

Gesamtfläche: $25\,ha + 6\,ha + 3\,ha + 21\,a + 3000\,m^2$

$$= 34\,ha + 2100\,m^2 + 3000\,m^2$$
$$= 340\,000\,m^2 + 5100\,m^2$$
$$= 345\,100\,m^2$$

RAUMINHALTE

Raumeinheiten sind:
Kubikmeter (m^3), Kubikdezimeter (dm^3), Kubikzentimeter (cm^3), Kubikmillimeter (mm^3),
ferner: Hektoliter (hl), Liter (l), Zentiliter (cl), Milliliter (ml).

1 m^3 ist gleich dem Rauminhalt eines Würfels mit den Kantenlängen von 1 m.

Umrechnungen:
In einen Würfel von 1 dm^3 Kantenlänge passen genau 1000 Würfel mit den Kantenlängen von 1 cm^3.

$1\,dm^3 = 1000\,cm^3$.

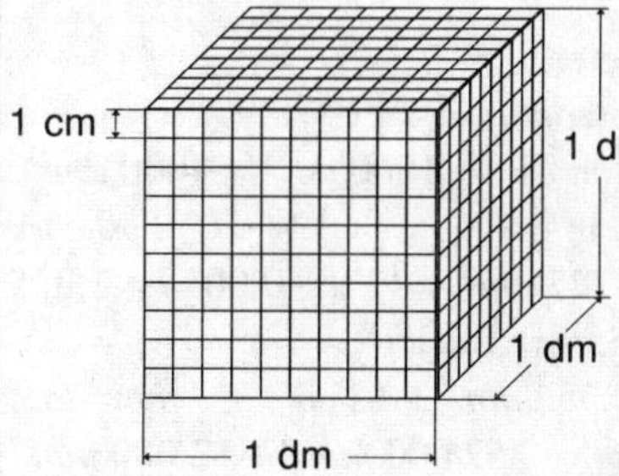

$$1\,m^3 = 1000\,dm^3$$
$$1\,dm^3 = 1000\,cm^3$$
$$1\,cm^3 = 1000\,mm^3$$

$$1\,mm^3 = 0{,}001\,cm^3$$
$$1\,cm^3 = 0{,}001\,dm^3$$
$$1\,dm^3 = 0{,}001\,m^3$$

$$1\,hl = 100\,l$$
$$1\,l = 10\,dl$$
$$1\,dl = 10\,cl$$
$$1\,cl = 10\,ml$$

$$1\,ml = 0{,}1\,cl$$
$$1\,cl = 0{,}1\,dl$$
$$1\,dl = 0{,}1\,l$$
$$1\,l = 0{,}01\,hl$$

$$1\,ml = 1\,cm^3$$

Einige Umrechnungen kommen besonders häufig vor:
$1\ m^3 = 1000\ l$, $1\ l = 1000\ cm^3$, $1\ dm^3 = 1\ l$.

Beispiele:
1) m^3 in dm^3:
$4\ m^3 = 4 \cdot 1000\ dm^3 = 4000\ dm^3$
2) cm^3 in l:
$1325\ cm^3 = 1325 \cdot 0{,}001\ l = 1{,}325\ l$
3) dm^3, cm^3 in mm^3:
$0{,}352\ dm^3 + 12\ cm^3 + 7\ mm^3$
$= 352\,000\ mm^3 + 12\,000\ mm^3 + 7\ mm^3$
$= 364\,007\ mm^3$.

GELDWERTE

Die Grundeinheit unserer Währung ist 1 DM, die Untereinheit 1 Pf. Die Umrechnungen sind:

1 DM	=	100 Pf
1 Pf	=	0,01 DM

Beispiele:
1) Der Betrag ist in DM und Pf anzugeben:
241 Pf = 2 DM 41 Pf
2) Der Betrag ist nur im DM anzugeben:
241 Pf = 2,41 DM
3) 4,34 DM + 212 Pf = 4,34 DM + 2,12 DM = 6,46 DM
4) 17,05 DM – 4 DM 50 Pf = 17,05 DM – 4,50 DM = 12,55 DM.

Praktisches Beispiel:
19 DM sind unter 4 Freunden aufzuteilen. 19 : 4 ergibt einen Rest. Die Umwandlung in Pfennige ergibt: 1900 Pf : 4 = 475 Pf.

GEWICHTE

Gewichtseinheiten sind:
1 Tonne (1 t), 1 Kilogramm (1 kg), 1 Gramm (1 g),
1 Milligramm (1 mg).

Umrechnungen:

1 t	=	1000 kg
1 kg	=	1000 g
1 g	=	1000 mg
1 mg	=	0,001 g
1 g	=	0,001 kg
1 kg	=	0,001 t

Beispiele:

1) kg in g: $0{,}4\ \text{kg} = 0{,}4 \cdot 1000\ \text{g} = 400\ \text{g}$

2) g in kg: $45\ \text{g} = 45 \cdot 0{,}001\ \text{kg} = 0{,}045\ \text{kg}$

3) mg in g: $1200\ \text{mg} = 1200 \cdot 0{,}001\ \text{g} = 1{,}2\ \text{g}$.

ZEITEN

Zeiteinheiten sind:

1 Tag (1 d), 1 Stunde (1 h), 1 Minute (1 min), 1 Sekunde (1 s), .

Umrechnungen:

Die Umrechnung bei Zeiten basiert *nicht* auf dem Dezimalsystem!

1 d	=	24 h
1 h	=	60 min
1 min	=	60 s
1 s	=	1 / 60 min
1 min	=	1 / 60 h
1 h	=	1 / 24 d
1 Woche	=	7 d
1 Jahr	=	365 d

Beispiele:

1) 8 min sind in s umzuwandeln:

$8\ \text{min} = 8 \cdot 60\ \text{s} = 480\ \text{s}$

2) 2 h in s:

$2\ \text{h} = 2 \cdot 60\ \text{min} = 2 \cdot 60 \cdot 60\ \text{s} = 7200\ \text{s}$

3) 480 min in h:

$480\ \text{min} = 480 \cdot 1/60\ \text{h} = 8\ \text{h}$

4) 200 s in min und s:

Es ist $200 = 60 \cdot 3 + 20$ (da: $200 : 60 = 3$ mit dem Rest 20)

$200\ \text{s} = 3\ \text{min}\ 20\ \text{s}$

5) 4300 s in h, min und s:

Es ist $4300\ \text{s} = 60\ \text{s} \cdot 71 + 40\ \text{s}$ (da: $4300 : 60 = 71$ mit dem Rest 40)

$4300\ \text{s} = 71\ \text{min} + 40\ \text{s} = 1\ \text{h}\ 11\ \text{min}\ 40\ \text{s}$

6) 100 h in d und h:

$100\ \text{h} = 24\ \text{h} \cdot 4 + 4\ \text{h}$ daher: $100\ \text{h} = 4\ \text{d}\ 4\ \text{h}$

Bei der Addition und der Subtraktion sind die Werte der Überträge und der jeweiligen Einheit zu beachten und gegebenenfalls umzurechnen.

Beispiele:

1)
$$\begin{array}{r} 8\ \text{h}\ 42\ \text{min} \\ +\ 11\ \text{h}\ 37\ \text{min} \\ \hline 19\ \text{h}\ 79\ \text{min} \end{array} \quad = \quad 20\ \text{h}\ 19\ \text{min}$$

2)
$$\begin{array}{r} 5\ \text{h}\ 35\ \text{min}\ 56\ \text{s} \\ +\ 3\ \text{h}\ 30\ \text{min}\ 25\ \text{s} \\ \hline 8\ \text{h}\ 65\ \text{min}\ 81\ \text{s} \end{array} \quad = \quad 9\ \text{h}\ 6\ \text{min}\ 21\ \text{s}$$

3)
$$\begin{array}{r} 12\ \text{h}\ 5\ \text{min} \\ -\ 5\ \text{h}\ 24\ \text{min} \\ \hline \end{array} \quad ==> \quad \begin{array}{r} 11\ \text{h}\ 65\ \text{min} \\ -\ 5\ \text{h}\ 24\ \text{min} \\ \hline 6\ \text{h}\ 41\ \text{min} \end{array}$$

2.7 ÜBUNGSAUFGABEN ZUM RECHNEN MIT EINHEITEN

1) Rechnen Sie um:

a) in cm: 314 mm; 0,35 dm; 0,85 m; 37 dm; 62,5 mm; 0,08 m;

b) in m: 2,74 dm; 3,5 km; 0,5 mm; 3468 mm; 10800 cm

2) Addieren Sie in cm:
4,32 m + 39 cm + 0,14 mm + 0,02 dm + 0,087 dm + 22,2 cm

3) Eine Bohrung von 1 3/4 inch Durchmesser soll um 4 mm vergrößert werden. Wie groß ist der neue Durchmesser?

4) Rechnen Sie um:
a) in cm^2: 150 mm^2; 1,7 m^2; 0,03 dm^2
b) in m^2: 1,5 *ha*; 0,5 *a*; 4500 dm^2

5) Rechnen Sie um:
a) in m^3: 2000 cm^3; 500 dm^3; 7200 *l*
b) in cm^3: 0,12 dm^3; 10 *ml*; 4000 mm^3

6) Addiern Sie:
5,30 DM + 0,12 DM + 14 Pf + 4631 Pf

7) Rechnen Sie um:
a) in kg: 5002 g; 30,4 g; 4000 mg
b) in g: 1,2 kg; 0,032 kg

8) Rechnen Sie um:
a) in s: 50 min; 0,1 h; 6,2 min
b) in h und min: 435 min; 10,5 h

LÖSUNGEN

1) a) 31,4 cm; 3,5 cm; 85 cm; 370 cm; 6,25 cm, 8 cm
b) 0,274 m; 3500 m; 0,0005 m; 3,468 m; 108,00 m
2) 494,284 cm
3) neuer Durchmesser: 48,45 mm
4) a) 1,5 cm^2, 17000 cm^2, 3 cm^2 b) 15000 m^2, 50 m^2, 45 m^2
5) a) 2 m^3, 0,5 m^3, 7,2 m^3 b) 120 cm^3, 10 cm^3, 4 cm^3
6) 51,87 DM
7) a) 5,002 kg , 0,0304 kg , 0,004 kg b) 1200 g , 32 g
8) a) 3000 s , 360 s , 372 s b) 7 h 15 min , 10 h 30 min

3. TASCHENRECHNER

3.1 ÜBERBLICK

Taschenrechner haben überall im täglichen Leben ihren Einzug gehalten. Sei es als Rechenhilfe beim Einkaufen, Berechnen der Mehrwertsteuer, als Hilfe für Schüler, für Geschäftsleute, Ingenieure und Wissenschaftler. Er hat den Rechenschieber und die Rechentafeln überflüssig gemacht. Auch eine Reihe von mathematischen Lösungsverfahren haben ihren Anwendungsbereich verloren, da mit Hilfe des Taschenrechners bestimmte Probleme, z.B. die Lösung von Gleichungen höheren Grades einfacher durchgeführt werden können.
Entsprechend der Breite der Anwendungsmöglichkeiten ist auch die Palette der unterschiedlichsten Taschenrechner. Die Herstellerfirmen entwickeln die Taschenrechner ständig weiter, so daß eine Empfehlung für den einen oder anderen schnell überholt ist. Obwohl jeder Taschenrechner zumindest bezüglich der Grundrechenarten universell einsetzbar ist, eignet sich nicht jedes Modell für eine bestimmte Anwendung. Viele Modelle haben inzwischen eine Stromspeisung über Solarzellen. Es entfällt ein oft kostspieliger Batteriewechsel und das Rechenergebnis bleibt lange ablesbar, allerdings lassen sich Daten nicht permanent speichern.

Einfache Taschenrechner

Sie verfügen über die 4 Grundrechenarten, eine Quadrattaste und eine Wurzeltaste. Wer darüber hinaus keine Rechnungen durchführen will, sollte einen solchen Taschenrechner wählen. Sie sind preislich günstiger und in der Bedienung übersichtlich.

Schulrechner

Die Aufgabenbereiche der allgemeinbildenden Schulen lassen sich meist nicht mehr mit einfachen Taschenrechnern abdecken. Die Rechner sollten über zusätzliche Funktionen verfügen. Neben der abrufbaren Zahl π, den trigonometrischen Funktionen wie Sinus, Kosinus, Tangens, (sin, cos, tan), den logarithmischen Funktionen (log, ln) und der Potenzfunktion (y^x) sollte der Rechner über Klammereingabe, Exponentialdarstellung (EE) und einen Speicher für Zwischenergebnisse verfügen. Ein Beispiel eines Taschenrechners, der bis in die Oberstufe der Gymnasien hinein verwendbar ist, stellt die folgende Zeichnung dar.
Anspruchsvolle Modelle gestatten die Berechnung komplexer Zahlen, die Eingabe von Formeln, um z.B. eine Polynomdivision durchzuführen, die Nullstellenberechnung, das Rechnen in anderen Zahlensystemen, die Umrechnung von Maßeinheiten und schließlich die Darstellung mehrerer Kurven im Display. Sie bieten die Möglichkeit, statistische Berechnungen wie Steigungsmaß und Korrelationskoef-

fizienten durchzuführen, Permutationen und Kombinationen zu errechnen oder physikalische Konstanten abzurufen.

Programmierbare Taschenrechner

Programmierbare Taschenrechner gestatten die Durchführung von aufwendigen, vielschrittigen Rechenabläufen. Sie sind über übliche Programmiersprachen z.B. BASIC einprogrammierbar. Es gibt auch Rechner, die eine Speicherung auf Magnetkarten ermöglichen.

Besondere, taschenrechnerähnliche Geräte

Kopfrechentrainer

Zu den Rechenhilfen zählt z.B. der *Little Professor*. Mit Hilfe eines Zahlengenerators stellt er Rechenaufgaben der 4 Grundrechenarten, die im Display erscheinen. Vom Bediener sind nun die Lösungen einzugeben, wobei vom Rechner eine Bewertung erfolgt. Der Schwierigkeitsgrad ist einstellbar. Das Gerät trainiert in motivierender Weise das Kopfrechnen.

Elektronischer Notizblock

Es gibt Geräte, die erlauben, Daten, wie Adressen, Termine, Listen einzuspeichern und auch zu den vorprogrammierten Zeiten Signale abzugeben.

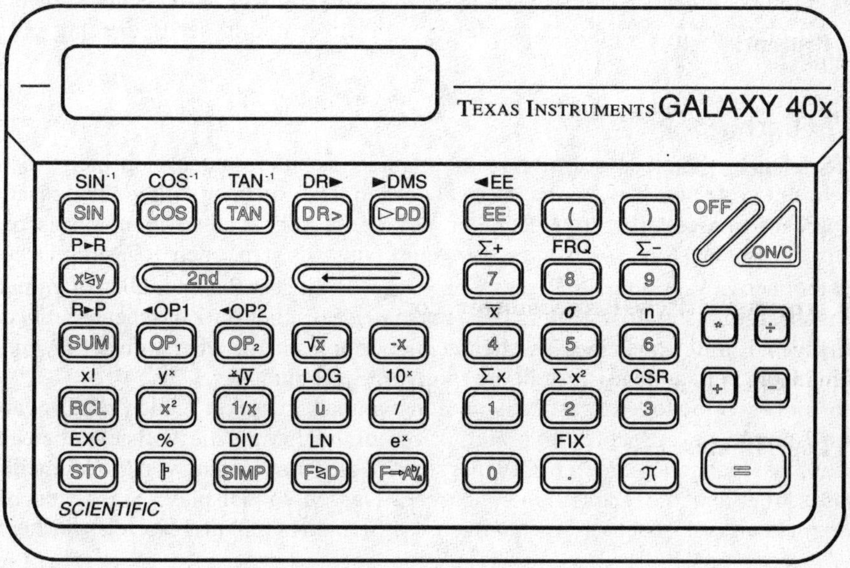

3.2. BEDIENUNG EINES TASCHENRECHNERS

Die Vielfalt der Hersteller von Taschenrechnern und deren Produktpalette erlaubt es nicht, eine allgemeine Bedienungsanleitung zu geben. Die den Taschenrechnern beiliegenden Beschreibungen zeigen anhand von Beispielen, wie man die Geräte einsetzt. Hier sollen nur die Rechenoperationen beschrieben werden, die bei allen Taschenrechnern ähnlich abgerufen werden. Im folgenden werden die Tastenfolgen an Beispielen notiert. Dabei stehen die eingerahmten Tasten für Funktionstasten. Die Anzeige im Display ist jeweils in der rechten Einrahmung ablesbar.

1) Vier Grundrechenarten: 4 + 6 : 2

[**ON**] 4 [+] 6 [÷] 2 [=]   [7]

Der Rechner berücksichtigt die Regel Punktrechnung vor Strichrechnung.

2) Klammerausdrücke: (4 + 6) : 2

[( ] 4 [+] 6 [ )] [÷] 2 [=]   [5]

3) Potenzen: $34{,}2^{2{,}5}$

34.2 [**2nd**] [y^x] 2.5 [=]   [6840.144322]

4) Prozent: 52,40 + 14 %

52.40 [+] 14 [**2nd**] [%] [=]   [59.736]

5) Speichern: 12

12 [**STO**] , Abrufen [**RCL**]   [12]

6) Trigonometrische Berechnungen: $\cos \frac{\pi}{4}$

π [÷] 4 [=] [**cos**]   [0.707106781]

7) Logarithmus: ln 2

2 [**ln**]   [0.693147181]

4. PROPORTIONALITÄT UND DREISATZ

Ist eine Größe von einer anderen Größe abhängig, so spricht man von einer *Zuordnung*. Die Literzahl beim Tanken ist beispielsweise dem Gesamtpreis zugeordnet. Es gibt viele Arten von Zuordnungen. Zwei besonders wichtige sind die *Proportionalität* und die *umgekehrte Proportionalität*.

Der Typ einer Zuordnung wird aus einer graphischen Darstellung im *rechtwinkligen Koordinatensystem* besonders deutlich und soll zunächst erläutert werden.

Rechtwinkliges Koordinatensystem

Ein rechtwinkliges (auch kartesisches) Koordinatensystem besteht aus zwei Zahlengeraden, die rechtwinklig zueinander stehen. Die nach *rechts* gerichtete Gerade heißt *x-Achse*, die nach *oben* gerichtete Achse heißt *y-Achse*. Ihr Schnittpunkt ist der Nullpunkt oder der *Ursprung* des Koordinatensystems.

Die Lage eines Punktes im Koordinatensystem wird durch einen x- und einen ihm zugeordneten y-Wert bestimmt.

Beispiel:
Um zu P zu gelangen, geht man 3 Einheiten in x - Richtung und 2 Einheiten in y - Richtung.
Man sagt: der Punkt P hat die x - Koordinate 3 und die y - Koordinate 2. Kurzform: P (3 ; 2) oder allgemein P (x ; y).

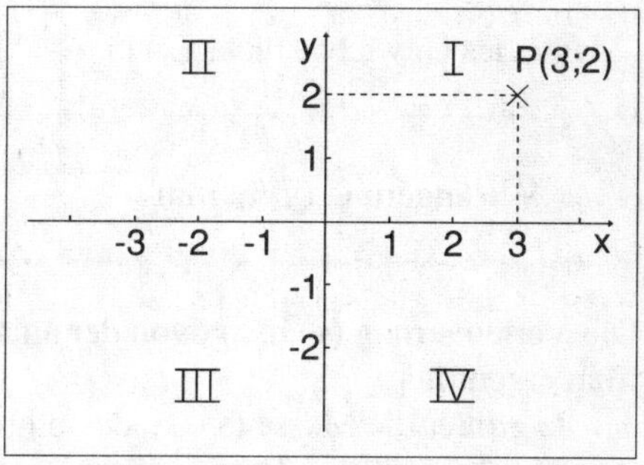

Quadranten
Die beiden Achsen eines Koordinatensystems teilen die Ebene in vier Felder oder Quadranten. Sind die x - und y - Werte nur positiv, so liegen die entsprechenden Punkte im 1. Quadranten (I), der für die Darstellung von Proportionalitäten genügt. Die Lage der anderen Quadranten II bis IV geht aus der Abbildung hervor.

4.1 PROPORTIONALITÄT

Beispiel:
Eine Spiralfeder wird durch Anhängen von Gewichtsstücken verlängert. Es werden nacheinander 10 g, 20 g, 30 g, 40 g, 50 g, angehängt.

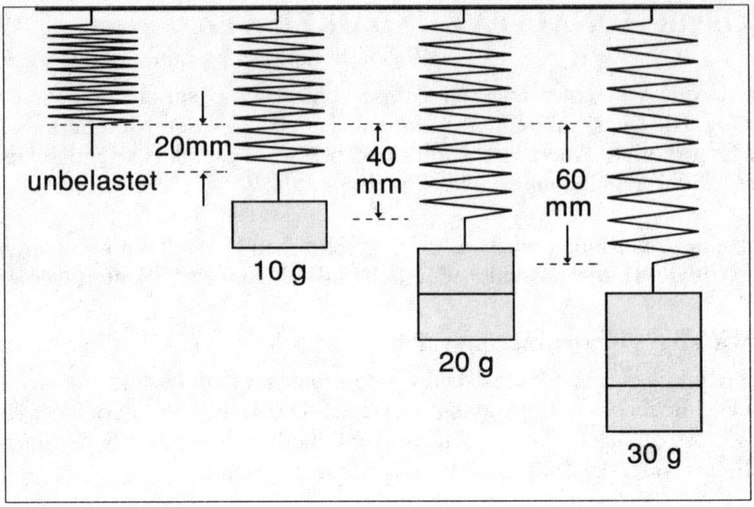

Es ergeben sich aus Messungen die angegebenen Verlängerungen:

Masse des Gewichtsstücks (x) in g	10	20	30	40	50
Verlängerung (y) in mm	20	40	60	80	100

Die Verlängerung (y) hängt von der angehängten Masse (x) ab.
Man erkennt:

1) Je größer die Masse (x) ist, desto größer ist die Verlängerung (y). Es ist eine "*je größer - desto größer*" Beziehung.

2) Die Zahlenwerte von y erhält man, wenn man die Werte von x jeweils mit dem gleichen Faktor 2 multipliziert ($10 \cdot 2 = 20$; $20 \cdot 2 = 40$ usw.).
   Man sagt: y ist proportional zu x;
   In Kurzform geschrieben: $y \sim x$,
   oder als Gleichung: $y = 2 \cdot x$.

Für eine Proportionalität gilt:
Jeder y-Wert ergibt sich durch Multiplikation des x-Wertes mit *ein und derselben Zahl k.*

$y = k \cdot x$; k ist die Proportionalitätskonstante

Man kann die Formel so umstellen, daß man k durch Einsetzen von x und zugeordnetem y errechnen kann, dazu dividiert man die Gleichung durch x:

$k = \frac{y}{x}$,

d.h. das Verhältnis oder der Quotient der beiden Größen y und x ist konstant.

Um den Zusammenhang zwischen zwei Größen im Koordinatensystem graphisch darzustellen, ordnet man jedem Meßwertepaar (x ; y) einen Punkt zu. Für die Meßwerte der Feder ergibt sich nebenstehende Abbildung.

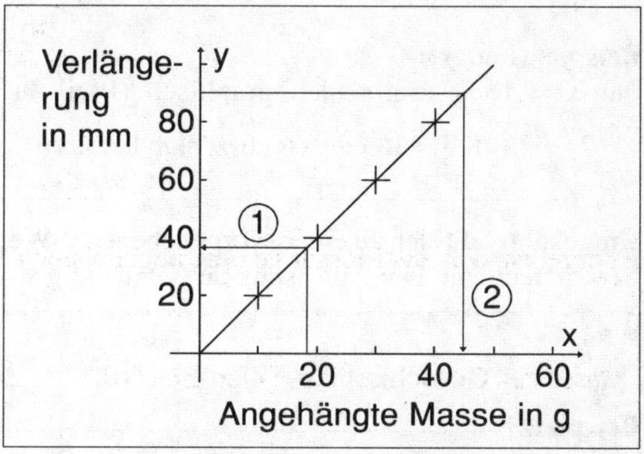

Verbindet man die Punkte miteinander, so ergibt sich eine Gerade, die durch den Nullpunkt geht.

Prüfung auf Proportionalität

Um zu prüfen, ob einer Meßwertreihe eine Proportionalität zugrunde liegt, untersucht man

a) die graphische Darstellung,

b) den Quotienten $k = \frac{y}{x}$ für jedes Meßwertepaar (x ; y).

Einer Geraden durch den Nullpunkt entspricht die Eigenschaft, daß die Quotienten stets gleich sind. Da eine Messung aber meistens mit *Meßfehlern* behaftet ist, werden die k-Werte schwanken, bzw. die Punkte nicht exakt auf einer Nullpunktsgeraden liegen. Für die Aufstellung der Gleichung berechnet man daher den *Mittelwert* der k - Werte (Mittelwert: Summe der Meßwerte geteilt durch deren Anzahl). Im Koordinatensystem erreicht man eine Mittelung dadurch, daß man eine Gerade einzeichnet, die den Punkten möglichst nahe kommt.

Formel mit Einheiten

Eine vollständige Beschreibung erhält man erst, wenn man die *Einheiten* mit berücksichtigt:
Für die Feder gilt:
$k = \frac{20mm}{10g} = 2\,\frac{mm}{g}$ und somit $y = 2\,\frac{mm}{g}\,x$

Ermittlung von Zwischenwerten

Aus der Geraden und der Formel erhält man zusätzliche Aussagen über x - und y - Werte, die nicht gemessen worden sind.

Beispiel (Feder):
Für x = 18 g ergibt sich graphisch (Pfeil 1) y = 36 mm; aus der Formel
$y = 2\,\frac{mm}{g} \cdot 18\ g = 36\ mm$. (g kürzt sich heraus)

Umgekehrt läßt sich zu einem vorgegebenen y-Wert der zugehörige x-Wert ablesen bzw. berechnen. Die Auflösung der Gleichung y = k · x nach x ergibt:
$x = \frac{y}{k}$.

Beispiel:
$y = 90\ mm\ ,\quad x = \frac{90\ mm}{2\,\frac{mm}{g}} = 45\ \frac{mm}{1} \cdot \frac{g}{mm} = 45\ g$

Dieser Wert ist auch aus der Zeichnung ablesbar (Pfeil 2).

Um den proportionalen Zusammenhang zweier Größen zu verdeutlichen, folgen noch einige **Beispiele:**

1) Weg (y) und Zeit (x) bei gleichbleibender Geschwindigkeit:
   Für die Geschwindigkeit 20 km/h lautet die Gleichung $y = 20\,\frac{km}{h}$.

2) Kosten (y) und Anzahl (x) bei gleichbleibendem Stückpreis:
   Bei einem Preis von 124,9 Pf/Liter für Benzin ergibt sich $y = 124{,}9\,\frac{Pf}{Liter}\,x$.

3) Lohn (y) und Arbeitszeit (x) bei gleichbleibendem Stundenlohn:

Bei einem Stundenlohn von 15,70 DM ergibt sich $y = 15{,}70 \frac{DM}{Stunde} x$.

PROPORTION

Eine Gleichung der Form

a : b = c : d (gelesen: a verhält sich zu b, wie c zu d.)

nennt man Verhältnisgleichung oder Proportion.

Zwischen Proportionalität und *Proportion* besteht ein enger Zusammenhang. Die Proportionsgleichung sagt aus, daß die Quotienten a : b und c : d *gleich* sind. Diese Bedingung erfüllen grundsätzlich auch alle Zahlenpaare (a ; b) und (c ; d) einer Proportionalität.

Beispiel:
Für die Meßwertpaare (20 ; 40) und (50 ; 100) (s. Meßtabelle der Spiralfeder) ergibt sich a = 20, b = 40, c = 50 und d = 100. Die Quotienten a : b = 20 : 40 = 0,5 und c : d = 50 : 100 = 0,5 haben gleiche Werte.

Sind 3 der 4 Größen a, b, c, d, gegeben, so läßt sich die 4. Größe aufgrund der Proportionsbedingung leicht ausrechnen.

Dazu können folgende Umrechnungen hilfreich sein:

Umkehren oder stürzen der Brüche: statt $\frac{a}{b} = \frac{c}{d}$ auch $\frac{b}{a} = \frac{d}{c}$

Seiten vertauschen: statt $\frac{a}{b} = \frac{c}{d}$ auch $\frac{c}{d} = \frac{a}{b}$

Beispiel:
a = 10, b = 20, c = 18, gesucht: d

$10 : 20 = 18 : d$ oder $\frac{10}{20} = \frac{18}{d}$

Da die Unbekannte d im Nenner steht, stürzt man die Gleichung und vertauscht die Seiten:

Aus $\frac{10}{20} = \frac{18}{d}$ wird $\frac{20}{10} = \frac{d}{18}$ und $\frac{d}{18} = \frac{10}{20}$

Die Multiplikation mit 18 ergibt $d = \frac{20}{10} \cdot 18 = 36$.

Mehrfache Proportionen a : b : c = d : e : f lassen sich *einzeln* schreiben:
a : b = d : e, b : c = e : f, a : c = d : f.

Proportionen kommen u.a. bei der Behandlung des —> Strahlensatzes oder beim —> Sinussatz vor.

UMGEKEHRTE PROPORTIONALITÄT

Beispiel:
Ein Heizölvorrat von 3000 Litern reicht bei einem Tagesverbrauch von 20 Litern 150 Tage, bei einem Tagesverbrauch von 40 Litern jedoch nur 75 Tage. Die Zahlenwerte verhalten sich anders, als es bei einer Proportionalität zu erwarten wäre (300 Tage).

Weitere Werte enthält die Tabelle:

Verbrauch pro Tag (x) in Litern	10	20	30	40	50
Heizdauer (y) in Tagen	300	150	100	75	60

Die Heizdauer hängt vom Tagesverbrauch ab.
Man erkennt:

1) Je größer der Tagesverbrauch ist, desto kürzer ist die Heizdauer.
   Es ist eine "*je größer - desto kleiner*" Beziehung zwischen den Größen x und y.
2) Das Produkt von Tagesverbrauch und Heizdauer hat immer den Wert 3000 ($10 \cdot 300 = 3000$; $20 \cdot 150 = 3000$ usw.)
   Man sagt: y ist umgekehrt proportional zu x.
   Es gilt $x \cdot y = 3000$ oder, nach y aufgelöst $y = \frac{3000}{x}$.

Für eine umgekehrte Proportinalität gilt:

$$y = \frac{k}{x}$$

Jeder y - Wert ergibt sich durch Division von ein und derselben Zahl durch einen x - Wert.
Die *graphische Darstellung* ergibt keine Gerade wie bei der Proportionalität, sondern eine Hyperbel.
Der Verlauf macht deutlich, daß zu größeren x - Werten hin die y - Werte sinken - zu kleineren x-Werten hin die y - Werte ansteigen. Die Hyperbel schneidet die Achsen nicht.

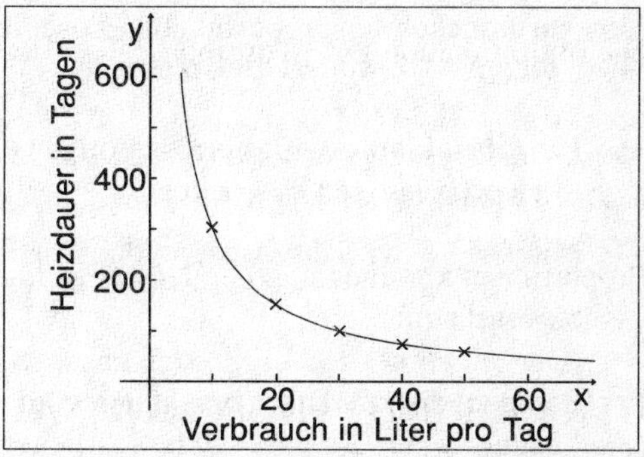

Prüfung auf umgekehrte Proportionalität

Nicht jeder Hyperbel liegt eine umgekehrte Proportionalität zugrunde. Die graphische Darstellung kann hier nur einen Überblick verschaffen. Es muß die Gleichung $y = \frac{k}{x}$ bzw. $y \cdot x = k$ erfüllt sein, d.h. man prüft, ob für alle Zahlenpaare das Produkt $x \cdot y$ gleich ist.

Beispiel:
Die folgenden Meßwerte sind auf Proportionalität oder umgekehrte Proportionalität zu untersuchen:

x	4	5	6	7	8
y	0,40	0,32	0,27	0,23	0,20

Dazu legt man darunter eine weitere Spalte an, um die Quotienten $\frac{y}{x}$ (Proportionalität) oder die Produkte x · y (umgekehrte Proportionalität) zu notieren.
Da bei wachsendem x die y-Werte kleiner werden, kann keine Proportionalität vorliegen. Es genügt also, die Produkte x · y zu notieren und zu vergleichen:
Die Abhängigkeit ist als umgekehrte Proportionalität mit y = 1,6 · x anzusehen (4 · 0,40 = 1,6; 5 · 0,32 = 1,6 usw.).

Um den umgekehrten proportionalen Zusammenhang zweier Größen zu verdeutlichen, folgen noch weitere **Beispiele:**

1) Um einen Platz zu pflastern, benötigen 6 Arbeiter 32 Stunden. Wieviel Stunden benötigen 8 Arbeiter?
   Mit $y = \frac{192}{x}$ wird der Anzahl von Arbeitern (x) die Stundenzahl (y) zugeordnet.
   (Der Faktor k = 192 ergibt sich aus $6 \cdot 32 = 192$, das ist die Anzahl der Stunden, die 1 Arbeiter benötigen würde.
   Lösung: y = 192 : 8 = 24, d.h. 8 Arbeiter benötigen 24 Stunden.)

2) Eine Wand, die mit 25 Paneelen von je 16 cm Breite verkleidet ist, soll mit neuen Paneelen versehen werden. Es sind jedoch nur noch Paneele von 20 cm Breite erhältlich. Wieviele werden benötigt?
   Mit $y = \frac{400}{x}$ wird der Breite der Paneele (x) die Anzahl (y) der Paneele zugeordnet.
   (Der Faktor k = 400 ergibt sich aus $25 \cdot 16 = 400$, das ist die Breite der Wand in cm.
   Lösung: y = 400 : 20 = 20, d.h. es werden 20 Paneele benötigt.)

4.2 DREISATZ

Viele Sachaufgaben lassen sich mit dem sog. *Dreisatz* lösen. Vor der Anwendung ist zu prüfen, ob hinter dem Sachverhalt eine *Proportionalität* oder eine *umgekehrte Proportionalität* steckt, denn dadurch ergeben sich grundsätzlich zwei verschiedene Ansätze.

Das Dreisatzverfahren bei einer Proportionalität

Beispiel:
5 kg Mehl kosten 3,50 DM. Wieviel kosten 7 kg?

Es liegt eine Proportionalität vor: zu *höherem* kg - Wert gehört auch ein *höherer* Preis.
Bei Verdopplung des kg - Wertes verdoppelt sich auch der Preis.

Rechnung:

1. Satz:	5 kg Mehl kosten	3,50 DM.
2. Satz:	1 kg Mehl kostet	$\frac{3,50}{5}$ DM.
3. Satz:	7 kg Mehl kosten	$7 \cdot \frac{3,50}{5}$ DM.

$$7 \cdot \frac{3,50}{5} = 7 \cdot 0,7 = 4,90$$

Antwortsatz:
7 kg kosten 4,90 DM.

Das Dreisatzverfahren bei einer umgekehrten Proportionalität

Beispiel:
Ein voller Benzintank reicht 25 Tage, wenn man täglich 20 km fährt. Wie lange reicht er, wenn man täglich 50 km fährt?

Es liegt eine umgekehrte Proportionalität vor: Bei *größerer* Fahrstrecke pro Tag reicht der Tank eine *geringere* Zahl von Tagen.
Bei Verdopplung der Fahrstrecke halbiert sich die Anzahl der Tage.

1. Satz: Bei 20 km reicht das Benzin	25	Tage.
2. Satz: Bei 1 km reicht das Benzin	$25 \cdot 20$	Tage.
3. Satz: Bei 50 km reicht das Benzin	$\frac{25 \cdot 20}{50}$	Tage.

Rechnung: $\frac{25 \cdot 20}{50} = 10$

Antwortsatz: Bei 50 km reicht das Benzin 10 Tage.
Achtung: Beim Dreisatz werden die Sätze so geschrieben, daß die gesuchte Größe jeweils am Ende des Satzes steht.
Der Dreisatz in Kurzform geschrieben:

I	$5\text{ kg} \mathrel{\hat{=}} 3,50\text{ DM}$	(sprich: 5 kg entspricht 3.50 DM)
II	$1\text{ kg} \mathrel{\hat{=}} \frac{3,50}{5}\text{ DM}$	
III	$7\text{ kg} \mathrel{\hat{=}} 7 \cdot \frac{3,50}{5}\text{ DM}$	

4.4 ÜBUNGSAUFGABEN ZU PROPORTIONALITÄT UND DREISATZ

1) Welche der folgenden Paare sind quotientengleich?
a) (2 ; 0,7) b) (6 ; 2,7) c) (8 ; 2,8)
d) (38 ; 17,1) e) (26 ; 9,1) f) (44 ; 17,4)

2) Prüfen Sie, ob die Kosten proportional zur Länge sind:
5 m kosten 62,50 DM; 7 m kosten 87,50 DM; 11 m kosten 137,50 DM

3) Füllen Sie die Tabelle aus und geben Sie den k-Wert an:
a)

x	2,5	5	12		
y		8	19,2	16	14

b)

x	0,8	6	4			
y		4	6	8	12	200

4) 250 g Butter kosten 1,75 DM. Wieviel kosten 1,5 kg?

5) Ein Maurer kann einen Rohbau in 14 Tagen fertigstellen, wenn er täglich 8 Stunden arbeitet. Wie lange braucht er, wenn er täglich 10 Stunden arbeitet?

6) Für 8 Gläser Marmelade benötigt man 6 kg Johannisbeeren. Wieviel benötigt man für 15 Gläser?

7) Ein Reiterhof mit 12 Pferden hat Futter für 180 Tage. Es werden 3 Pferde zusätzlich untergestellt. Wie lange reicht das Futter?

8) Geben Sie 3 Zahlenpaare an, die zur Proportionalität mit k = 0,4 passen.

LÖSUNGEN

1) I: a) c) e) II: b) d)
2) ja, Kosten pro Meter 12,50 DM.
3) a) k = 1,6; y: 4; x: 10; 8,75
   b) k = 24; y: 30; x: 3; 2,5; 0,12
4) 10,50 DM 5) 12 (11,2) Tage
6) 11,25 kg 7) 144 Tage
8) (1 ; 0,4); (2 ; 0,8); (3 ; 1,2)

4.4 PROZENTRECHNUNG

GRUNDBEGRIFFE

In vielen Bereichen des täglichen Lebens findet man *Prozentangaben* (%).

Beispiele:
1) Die Rente von Herrn Schulz wird um 4 % erhöht.
2) Die FDP erreichte bei den letzten Wahlen 10 %.
3) Die Hypothekenzinsen liegen z.Z. bei 7%.

Mit der Prozentangabe wird ein *Vergleich* dargestellt. Bei diesem Vergleich bezieht man sich auf eine Bezugsgröße - genannt *Grundwert*.
1% bedeutet $\frac{1}{100}$ dieses Grundwertes.

Beispiel:

Bei 800 DM sind 4 % dieses Betrages $\frac{4}{100} \cdot 800 = 32$ DM.

800 DM ist der *Grundwert G*.
32 DM ist der *Prozentwert W*.
Die Zahl 4 (ohne % Zeichen) nennt man den *Prozentsatz p*.

Die Prozentangaben sind rechnerisch als Angaben eines Bruches mit dem *Nenner 100* anzusehen.
Folglich kann man das Verhältnis *Prozentwert : Grundwert* als Bruch schreiben und durch Kürzen oder Erweitern auf den Nenner 100 bringen. Es ergibt sich:

$$\frac{32\,DM}{800\,DM} = \frac{4}{100} = 4\ \%$$

Die Einheit DM kürzt sich heraus.

FORMEL ZUR PROZENTRECHNUNG

$$\frac{W}{G} = \frac{p}{100} = p\ \%$$

W: Prozentwert

G: Grundwert

p: Prozentsatz

Die Formel gestattet es, eine *fehlende* Größe zu berechnen, wenn die beiden anderen gegeben sind. Es gibt somit 3 Aufgabentypen in der Prozentrechnung, nämlich die Berechnung des Prozentwertes W, des Prozentsatzes p oder des Grundwertes G.

Für die einzelnen Berechnungen gibt es zwei unterschiedliche Lösungsverfahren:

1) *direkt* in Anlehnung an den Dreisatz,
2) *nach* der obigen *Formel,* die man nach den gesuchten Größen auflöst.

Auflösung der Formel nach

Prozentwert:	Prozentsatz:	Grundwert:
$W = \frac{p}{100} \cdot G$	$p = \frac{W}{G} \cdot 100$	$G = \frac{W}{p} \cdot 100$

In den untenstehenden Beispielen erfolgt die Berechnung der gesuchten Größen jeweils mit Hilfe beider Lösungsverfahren.

Berechnung des Prozentwertes W

Eine Waschmaschine kostet 1400 DM. Bei Barzahlung wird ein Preisnachlaß von 3 % gewährt. Wieviel spart man bei Barzahlung?

(1) Direkt: Man errechnet zunächst 1 % von 1400 DM.
$\frac{1}{100} \cdot 1400\ DM = 14\ DM$. Multipliziert mit 3 ergibt sich:
$3 \cdot 14\ DM = 42\ DM.$
Man spart 42 DM.

(2) Mit Formel: p = 3; G = 1400 DM.

$$W = \frac{3}{100} \cdot 1400\,DM = 42\,DM\,.$$

Berechnung des Prozensatzes p

Die Wohnungsmiete von 450 DM wird um 90 DM erhöht. Wieviel Prozent macht die Mieterhöhung aus?

(1) Direkt: Der Prozentwert beträgt 90 DM. 90 DM von 450 DM schreibt man als Bruch und berechnet den Dezimalbruch: $\frac{90}{450} = 0{,}2$. Dieses Ergebnis läßt sich leicht durch Multiplikation mit 100 in einen Hunderterbruch erweitern:

$$0{,}2 \cdot \frac{100}{100} = \frac{20}{100} = 20\,\%$$

Die Miete wird um 20 % erhöht.

(2) Mit Formel: G = 450 DM; W = 90 DM

$$p = \frac{90\,DM}{450\,DM} \cdot 100 = 20$$

Berechnung des Grundwerts G

Auf einer Rechnung ist ein Rabatt von 15 % mit 39 DM aufgeführt. Wie groß war der eigentliche Preis?

(1) Direkt:

$$15\,\% \mathrel{\hat{=}} 39\,DM$$

$$1\,\% \mathrel{\hat{=}} \frac{39}{15}\,DM$$

$$100\,\% \mathrel{\hat{=}} 100 \cdot \frac{39}{15}\,DM$$

Der eigentliche Preis betrug 260 DM.

(2) Mit Formel: p = 15; W = 39 DM

$$G = \frac{39\,DM}{15} \cdot 100 = 260\,DM\,.$$

Promille

Bei Alkoholtests oder Versicherungsprämien kommen Angaben vor, die häufig kleiner als $\frac{1}{100}$ des Grundwertes sind. Daher rechnet man hier oft mit Tausendsteln.

Statt $\frac{1}{1000}$ schreibt man auch 1 ‰ - gesprochen ein Promille.

Beispiel:
Eine Feuerversicherung verlangt einen Prämiensatz von 0,8 ‰. Wie hoch ist die Jahresprämie bei einem Immobilienwert von 200 000 DM?

$\frac{1}{1000}$ von 200 000 sind 200. 0,8 von 200 sind $0{,}8 \cdot 200 = 160$ DM.
Die Jahresprämie beträgt 160 DM.

Das gleiche Ergebnis erhält man auch anhand der Formel $W = \frac{p}{1000} \cdot G$.

4.5 ZINSRECHNUNG

Bringt man einen bestimmten Geldbetrag (genannt *Kapital*) zur Bank, so erhält man dafür *Zinsen.* Die Höhe der Zinsen richtet sich nach dem *Zinssatz.* Er gibt an, wieviel Prozent des Kapitals in einem Jahr an Zinsen gewährt werden. Das Kapital entspricht dem Grundwert in der Prozentrechnung, der Zinssatz dem Prozentsatz und der Jahreszins dem Prozentwert. Meist wird ein *Monat mit 30 Tagen* und ein *Jahr mit 360 Tagen* berechnet.

Beispiel:
Bei einem Kapital von 2000 DM und einem Zinssatz von 5 % berechnet man die Zinsen wie folgt:

$\frac{5}{100}$ von 2000: $\frac{5}{100} \cdot 2000 = 100$ DM
Die Zinsen betragen für ein Jahr 100 DM.

Wie in der Prozentrechnung ergeben sich auch in der Zinsrechnung *verschiedene Grundtypen* von Aufgabenstellungen. Hinzu kommt hier noch die Berechnung von *Laufzeiten.*

Die folgenden Beispiele berücksichtigen die gesuchten Größen jeweils einzeln:

Berechnung der Zinsen

Zu berechnen sind die Zinsen bei einem Kapital von 400 DM und einem Zinssatz von 5 %.

1) für 1 Jahr $400\,DM \cdot \frac{5}{100} = 20\,DM$

2) für 7 Monate $400\,DM \cdot \frac{5}{100} \cdot \frac{7}{12} = 11{,}67\,DM$

3) für 220 Tage $400\,DM \cdot \frac{5}{100} \cdot \frac{220}{360} = 12{,}22\,DM$

Berechnung des Kapitals

Welches Kapital bringt bei einem Zinssatz von 8 %

1) jährlich 1000 DM?
1 % vom Kapital sind 1000 DM : 8 = 125 DM;
100 % sind dann 125 DM · 100 = 12 500 DM.

2) in 5 Monaten 31 DM?
In 1 Monat sind es $\frac{31}{5}\,DM$, in 12 Monaten $\frac{31 \cdot 12}{5}\,DM = 74{,}40\,DM$,
d.h. 8% vom Kapital sind in einem Jahr 74,40 DM.
1 % sind 74,40 : 8 = 9,30 DM.
100 % sind 930 DM.

Berechnung des Zinssatzes

Bei welchem Zinssatz bringen 500 DM in 10 Monaten 25 DM?

In 12 Monaten sind es $25 \cdot \frac{12}{10} = 30\,DM$.

30 DM von 500 DM entsprechen $\frac{30}{500} = \frac{3}{50} = 0{,}06 = 6\,\%$.

Berechnung der Laufzeit

In welcher Zeit bringen 260 DM bei 5,5 % 11,44 DM Zinsen?

Zinsen pro Jahr $260 \cdot \frac{5{,}5}{100} = 14{,}30\,DM$.

$$14{,}30\ \text{DM} \mathrel{\hat{=}} 360\ \text{Tage}$$

$$1\ \text{DM} \mathrel{\hat{=}} \frac{360}{14{,}30}\ \text{Tage}$$

$$11{,}44\ \text{DM} \mathrel{\hat{=}} \frac{360}{14{,}30} \cdot 11{,}44\ \text{Tage} = 288\ \text{Tage}.$$

Entsprechend der Prozentrechnung lassen sich die fehlenden Größen auch mit einer *einfachen Zinsformel* berechnen:

$$Z = \frac{K \cdot p}{100}$$

Z: Zinsen	(Prozentwert)
K: Kapital	(Grundwert)
p: Zinssatz	(Prozentsatz)

Beispiel:
Kapital: 500 DM; Zinssatz 4 %;
gesucht: Zinsen

$$Z = \frac{500 \cdot 4}{100} = 20\,DM$$

ZINSESZINS

Läßt man nach einem Jahr Laufzeit Kapital und Zinsen auf dem Sparkonto, so werden die Zinsen zum Kapital gerechnet. Die Zinsen erbringen selbst wieder Zinsen, man nennt sie *Zinseszinsen.*

Beispiel:
100 DM werden bei einem Zinssatz von 6 % 3 Jahre festgelegt. Nach einem Jahr kommen zu den 100 DM die Zinsen in Höhe von 6 DM dazu.
Neues Kapital: 106 DM.

Nach dem 2. Jahr kommen $\frac{6}{100} \cdot 106\,DM = 6{,}36\,DM$ an Zinsen dazu:

Neues Kapital nach 2 Jahren: 106 DM + 6,36 DM = 112,36 DM.

Die nebenstehende Graphik zeigt den Anstieg des Kapitals innerhalb von 30 Jahren mit und ohne Berechnung des Zinseszins bei einem Zinssatz von 6 %.

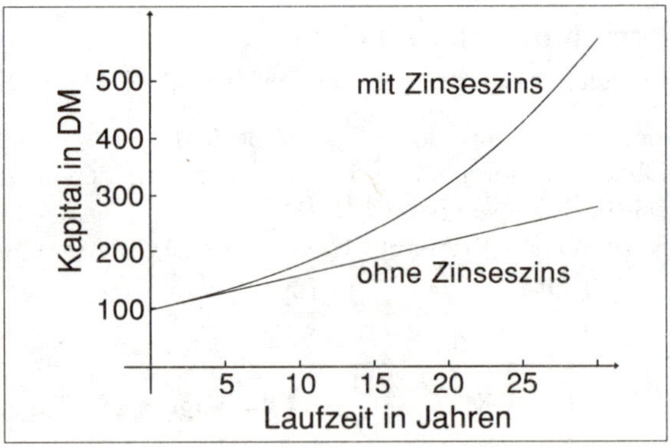

Das Endkapital K_n nach n Jahren mit Zinseszins läßt sich auch einfacher mit einer Formel berechnen:

$$K_n = K_0 \cdot \left(1 + \frac{p}{100}\right)^n$$

p: Zinssatz

K_0: Anfangskapital

K_n: Kapital nach n Jahren

Der Faktor $1 + \frac{p}{100}$ ist der *Aufzinsungsfaktor*, er wird mit q bezeichnet.

$\left(1 + \frac{p}{100}\right)^n$ bedeutet, daß $\left(1 + \frac{p}{100}\right)$ n mal mit sich selbst multipliziert werden muß.

Die Taste $\boldsymbol{y^x}$ gestattet diese Berechnung mit dem Taschenrechner.

Beispiel:
K = 100 DM für n = 30 Jahre bei 6% (p = 6):

$$K = 100\,DM \cdot \left(1 + \frac{6}{100}\right)^{30} = 575{,}34\,DM$$

Tastenfolge beim Taschenrechner:

TR:	1	+	0,06	=	y^x	30	=	x	100	=

Ohne eine Berechnung des Zinseszins ergeben sich:
Jährliche Zinsen bei 6%: 6 DM
Kapital nach 30 Jahren: 100 DM + 6 DM · 30 = 280 DM.

4.5 KAUFMÄNNISCHES RECHNEN AN AKTUELLEN BEISPIELEN

Die Finanzierung von Wohneigentum und Gebrauchsgütern geschieht oft durch die Aufnahme von Krediten bei einer Bank. Eine wichtige Rolle spielt hierbei der *effektive Zinssatz*.

EFFEKTIVER ZINSSATZ

Bei Krediten muß zwischen dem *nominellen* und dem *tatsächlichen (effektiven)* Zinssatz unterschieden werden.

Der Unterschied entsteht u.a. dadurch, daß die Zinsen oft *monatlich* oder *vierteljährlich* abgerechnet werden - obwohl die Zinszahlung erst am Ende des Jahres fällig wäre. Der Zinsertrag ist für den Kreditgeber auf diese Weise höher, als bei einer jährlichen Abrechnung. Der effektive Zinssatz ist der Zinssatz, den der Kreditgeber bei für ihn gleichem Zinsertrag bei jährlicher Zinszahlung ansetzen müßte.

Der effektive Zinssatz bei m Zinsabrechnungen im Jahr errechnet sich näherungsweise nach:

$$p_{eff} \approx \left(\frac{p}{100} + \frac{m-1}{2m} \cdot \left(\frac{p}{100} \right)^2 \right) \cdot 100$$

p_{eff} : effektiver Zinssatz

p : nomineller Zinssatz

Beispiel:
Bei einem effektiven Zinssatz für eine Hypothek von 9 % Zinsen und monatlicher Abrechnung ist p = 9 und m = 12:

$$p_{eff} \approx \left(\frac{9}{100} + \frac{11}{24} \cdot \left(\frac{9}{100} \right)^2 \right) \cdot 100 = 9{,}37$$

Der effektive Zinssatz liegt bei 9,37 %!

Disagio

Darlehn werden oft nicht in voller Höhe ausgezahlt. Der fehlende Betrag wird auf die Jahre der Verzinsung gleichmäßig verteilt. Dieser Betrag wird als *Disagio* bezeichnet und in % angegeben. Den effektiven Zinssatz berechnet man nun nach der Formel:

$$p_{eff} = \frac{Zinssatz \cdot 100\,\%}{Auszahlungskurs} + \frac{Disagio}{Laufzeit\ in\ Jahren}$$

Beispiel: Das Kreditangebot einer Bank über 135 000 DM lautet:
Zinsatz 6 %, 97 % Auszahlung, Laufzeit 4 Jahre.
Damit ergibt sich das Disagio zu 3 % und der effektive Zinssatz:

$$p_{eff} = \frac{6 \cdot 100\,\%}{97} + \frac{3\,\%}{4} = 6{,}94\,\%$$

Der effektive Zinssatz liegt bei 6,94 %.

KREDITE

Zinsen einer Hypothek

Bei der Aufnahme eines Kredites werden die Rückzahlungsbedingungen festgelegt. Die Zahlung setzt sich meistens aus einer Tilgungsrate und den Zinsen zusammen. Die Summe daraus nennt man Annuität (a). Allgemein üblich sind die folgenden beiden Rückzahlungsmodelle.

Gleichbleibende Tilgungsrate

In jedem Jahr soll ein gleicher Betrag getilgt werden. Die Zinsen nehmen von Jahr zu Jahr ab.

Für ein Darlehn von 10 000 DM beträgt die jährliche Tilgungsrate bei einem Abzahlungszeitraum von 10 Jahren 1000 DM, der Zinssatz ist auf 6 % festgelegt.
Nach dem 1. Jahr sind *600 DM Zinsen* und *1000 DM* Tilgung zu zahlen.
Nach dem 2. Jahr 6 % von 9000 DM also *540 DM Zinsen* und *1000 DM Tilgung* usw.
Insgesamt ergeben sich bis zur vollständigen Rückzahlung 3300 DM Zinsen!

Gleichbleibende Annuität

Die Summe aus Tilgungsrate und Zinsen bleibt gleich, d.h. der Darlehnsnehmer hat in jedem Jahr den gleichen Betrag zu bezahlen.
Die Annuität wird berechnet nach der Formel:

$$a = K_0 \cdot q^n \cdot \frac{(q-1)}{q^n - 1} \qquad q = 1 + \frac{p}{100}$$

K_0: Darlehenshöhe
n: Anzahl der Tilgungen bei einer jährlichen Abrechnung
q: Zinsfaktor

Beispiel:
Ein Darlehn von 10 000 DM zu 6 % soll mit 10 gleichen Annuitäten getilgt werden. Wieviel ist zu zahlen?

$$q = 1{,}06\,; \quad K_0 = 10000 \text{ DM}$$

$$a = 10000 \cdot 1{,}06^{10} \cdot \frac{1{,}06 - 1}{1{,}06^{10} - 1} \text{ DM}$$

$$a = 1358{,}68 \text{ DM}$$

Insgesamt ergeben sich bis zur vollständigen Rückzahlung 3586,80 DM Zinsen, da innerhalb von zehn Jahren 13586,80 DM bezahlt werden.

Hausfrauendarlehn

Für eine neue Küche soll ein Kredit von 6000 DM aufgenommen werden.

Eine Bank offeriert folgendes Angebot:

Die Kreditgebühren betragen 0,65 % pro Monat, die Laufzeit 36 Monate, die Abschlußkosten einmalig 156 DM und die Monatsrate 210 DM.

Die Monatsrate errechnet sich wie folgt:
0,65 % von 6000 DM sind 39 DM, in 36 Monaten ergibt dies
$36 \cdot 39\,DM = 1404\,DM$. Addiert man die Abschlußkosten von 156 DM und die Kreditsumme von 6000 DM dazu, so erhält man die Gesamtkosten von 7560 DM. Daraus ergibt sich die monatliche Rate zu 7560 DM : 36 = 210 DM.
Zieht man von den Gesamtkosten die Kreditsumme von 6000 DM ab, so sind für die Küche 1560 DM mehr zu bezahlen.

Leasing

Die Vermietung von meist betrieblichen Gegenständen wird oft *Leasing* genannt. Statt der Zinsen wird eine monatliche Miete vereinbart, mit der Möglichkeit, anschließend den Gegenstand zu einem geringeren Preis zu erwerben.
Vorteile können sein: Liquidität des Leasingnutzers, Steuerersparnis und schnelle Erneuerung der Anlage.
Nachteile: Verzinsung, Verwaltungs- und Abschreibungskosten müssen durch die Mieter gedeckt werden.

Beispiel:
Für das Leasen eines neuen Kastenwagens wird folgendes Angebot gemacht:

Monatliche Rate 189,- DM bei einer Sonderzahlung von 4980 DM zuzüglich Überführungskosten von 680 DM.
Die Leasinglaufzeit beträgt 36 Monate, die Kilometerleistung bis zu 50 000 km.

Die Gesamtkosten errechnen sich wie folgt:

36 Raten zu 189 DM ergeben 36 · 189 DM = 6804 DM. Dazu sind die Sonderzahlung und die Überführungskosten zu addieren:
6804 DM + 4980 DM + 680 DM = 12 464 DM.
Dem steht der Neupreis von 20 610 DM gegenüber.

4.6 ÜBUNGSAUFGABEN ZU PROZENT- UND ZINSRECHNUNG

1) Berechnen Sie: a) 7,5 % von 84 DM b) 80 % von 4,5 kg

2) Wieviel Prozent sind a) 24 kg von 60 kg b) 54 m von 72 m?

3) Beim Kauf eines Grundstücks sind 2 % Grunderwerbssteuer zu zahlen, das sind 1350 DM. Wie teuer ist das Grundstück?

4) Eine Ware wird um 25 % teurer und kostet jetzt 150 DM. Wieviel kostete sie vor der Preisanhebung?

5) Wie hoch sind die Jahreszinsen bei einem Kapital von 5500 DM und einem Zinssatz von 8,5 %?

6) Welches Kapital bringt einen Jahreszins von 715 DM bei 6,5 %?

7) 5000 DM werden bei 7 % 5 Jahre festgelegt. Berechnen Sie das Endkapital mit Zinseszins.

8) Ein Darlehn von 150 000 DM soll zu 7,2 % in 30 Jahren mit gleichen Annuitäten getilgt werden. Wieviel ist zu zahlen?

9) Ein Hausfrauenkredit über 8000 DM wird für 2 Jahre bei 0,65 % pro Monat und 180 DM Vermittlungsgebühr abgeschlossen. Wie hoch sind die Mehrkosten?

10) Ein Kreditangebot einer Bank B über 135 000 DM lautet: Zinssatz 6,2 %, Auszahlung 98 %, Laufzeit 5 Jahre. Berechnen Sie den Effektivzins. Vergleichen Sie diesen mit dem der Bank A aus dem Beispiel "Disagio".

LÖSUNGEN

1) a) 6,30 DM b) 3,6 DM
2) a) 40 % b) 75 %
3) 67 500 DM
4) 125 % enspr. 150 DM 1 % entspr. 150/125 DM
100 % entspr. 100 · 150 / 125 = 120 DM
5) 467,50 DM
6) 11 000 DM
7) 7012,76 DM
8) q = 1,072 a = 12 331,72 pro Jahr
9) 2 Jahre = 24 Monate:
0,65 % von 8000 DM sind 0,65 % · 8000 DM · 24 = 1248 DM.
Kosten 1248 DM + 180 DM = 1428 DM
10) $p_{eff} = \frac{6{,}2\,\% \cdot 100}{98\,\%} + \frac{2\,\%}{5} = 6{,}7265\,\%$
Das Angebot ist günstiger.

5. HÖHERE RECHENARTEN

5.1 ELEMENTARE ALGEBRA

In der Algebra rechnet man mit *Buchstaben* anstatt mit Zahlen. Ein Buchstabe kann für natürliche Zahlen, Bruchzahlen aber auch für alle anderen *reellen* Zahlen stehen. Die Buchstaben können wie die Zahlen mit Rechenzeichen verbunden werden, z.B. $a + (b - c) \cdot d$.
Einen derartigen Ausdruck bezeichnet man als *Term*. Zahlen oder Buchstaben sind einfache Terme. Ein Ausdruck, der ein Gleichheitszeichen oder ein Kleiner - Größer - Zeichen enthält, wird *nicht* als Term bezeichnet. Die in einem Term vorkommenden Buchstaben nennt man auch *Variable*.
Für Terme gelten diejenigen Rechengesetze, die auch für die Zahlen gelten, die für die enthaltenen Buchstaben (Variablen) stehen. So lassen sich z.B. die Rechengesetze der natürlichen Zahlen oder der Bruchzahlen direkt übernehmen. Fehlen in einer Aufgabe diesbezügliche Angaben, so stehen die Buchstaben für reelle Zahlen. Allerdings sind die Rechnungen nicht so durchführbar wie bei Zahlen, denn dort konnte als Ergebnis eine einzige Zahl angegeben werden.
Terme mit Variablen lassen sich allenfalls in gleichwertige (*äquivalente*) Terme umformen. Sie sind äquivalent, wenn sie bei Einsetzen aller zugelassenen Zahlen das gleiche Ergebnis haben.

VARIABLE

Vielfache einer Variablen:

Statt a schreibt man auch $1 \cdot a$ oder $1\,a$.
Statt $a + a + a$ schreibt man $3 \cdot a$ oder $3\,a$. Das Malzeichen wird meistens weggelassen. Die Zahl vor der Variablen wird als *Vorzahl* oder *Koeffizient* bezeichnet.

Addieren und Subtrahieren von Variablen

a) Gleiche Variable werden addiert oder subtrahiert, indem man die Vorzahlen addiert oder subtrahiert und die Variable dazuschreibt.

   Beispiele:
   $5\,a + 3\,a = (5 + 3) \cdot a = 8\,a$ gemäß: "5 Äpfel und 3 Äpfel sind 8 Äpfel."
   $3\,b - 5\,b = (3 - 5) \cdot b = (-2)\,b = -2\,b$

b) Ungleiche Variable in einer Summe oder Differenz lassen sich nicht zusammenfassen.

Beispiel:
$2\,a + 3\,b$ kann nicht vereinfacht werden. "2 Äpfel und 3 Birnen sind ... ?"

Für die Addition von Variablen gelten die für die reellen Zahlen üblichen Rechengesetze:
1) Kommutativgesetz: $a + b = b + a$
2) Assoziativgesetz: $a + (b + c) = (a + b) + c$

Diese Regeln gelten auch für die Subtraktion, da man jede Subtraktion in eine Addition umwandeln kann, indem man das Minuszeichen als Vorzeichen schreibt.

Beispiel: $a - b = a + (-b)$

Damit sind Umformungen von Summen und Differenzen möglich.

Beispiele:
1) $5\,a + \mathbf{7\,b} - \mathbf{3\,a} + 2\,b = 5\,a - \mathbf{3\,a} + \mathbf{7\,b} + 2\,b = (5 - 3)\,a + (7 + 2)\,b$
$= 2\,a + 9\,b$
Hierbei ist die Position von **7 *b*** mit **– 3 *a*** nach dem Kommutativgesetz vertauscht worden.
2) $16\,x - 5\,y + 6\,x + 0{,}5\,y - 1{,}5\,x = (16 + 6 - 1{,}5)\,x + (-5 + 0{,}5)\,y$
$= 20{,}5\,x - 4{,}5\,y$

Multiplikation und Division von Variablen

Variable kann man als Produkte oder Quotienten schreiben.

Beispiele:
$a \cdot a$, $4\,a \cdot a$, $-5\,a \cdot 6\,a$, $a \cdot b$, $2\,a \cdot (-4\,b)$, $(-3)\,b \cdot b$
$a \cdot b \cdot c$, $x \cdot y \cdot 2$, $a : a$, $a : b$, $2\,a : 4\,b$

Für die Multiplikation von Variablen gelten die Gesetze:

1) Kommutativgesetz: $a \cdot b = b \cdot a$
2) Assoziativgesetz: $a \cdot (b \cdot c) = (a \cdot b) \cdot c$

Diese Regeln lassen sich auch auf die Division übertragen, da man jeden Quotienten als Produkt schreiben kann, indem man den Kehrwert des Divisors als Faktor nimmt.

Beispiel:

$a : b = a \cdot \frac{1}{b}$

Kommen in einem Produkt neben Variablen auch Zahlen vor, so kann man die Zahlen miteinander multiplizieren.

Beispiel:

$5\,a \cdot 6\,b = 5 \cdot \boldsymbol{a} \cdot \mathbf{6} \cdot b = 5 \cdot \mathbf{6} \cdot \boldsymbol{a} \cdot b = 30 \cdot a \cdot b = 30\,a\,b$

Die Position von ***a*** und **6** ist vertauscht worden.

Kommt in einem Produkt die gleiche Variable *mehrfach* vor, so schreibt man sie kürzer, indem man die Anzahl gleicher Variabler als *Hochzahl* (*Exponent*) schreibt.

Beispiele:

1) $a \cdot a = a^2$ (gesprochen: *a* Quadrat)
2) $a \cdot a \cdot a = a^3$ (gesprochen: *a* hoch 3)

Produktterme werden zur besseren Übersicht so geschrieben, daß zuerst die Vorzahl und dann in lexikographischer Reihenfolge die Variablen aufgeführt werden.

Beispiel:

$x \cdot 2\,b \cdot 3\,a \cdot 4\,x \cdot x = 2 \cdot 3 \cdot 4 \cdot a \cdot b \cdot x \cdot x \cdot x = 24 \cdot a \cdot b \cdot x^3 = 24\,a\,b\,x^3$

KLAMMERN

In Summen und Differenzen von Variablen können *Klammern* auftreten.

Beispiel:

$2\,a + (3\,a + 4\,b - 5\,c)$

Zur Vereinfachung von Termen sind die Klammern aufzulösen. Steht ein *Pluszeichen* vor der Klammer, so kann man diese einfach weglassen:

$2\,a + (3\,a + 4\,b - 5\,c) = 2\,a + 3\,a + 4\,b - 5\,c$

Steht jedoch ein *Minuszeichen* vor der Klammer, so kann man sie nur weglassen, wenn alle Vor - und Rechenzeichen in der Klammer umgekehrt werden.

Beispiel:

$2\,a - (3\,a + 4\,b - 5\,c) = 2\,a - (+\,3\,a + 4\,b - 5\,c) = 2\,a - 3\,a - 4\,b + 5\,c$

Achtung: Das Vorzeichen unmittelbar hinter der Klammer muß beachtet werden:

$+3\,a$ statt $3\,a$.

Es gelten die bei den ganzen Zahlen üblichen Regeln der Vor - und Rechenzeichen. Kurzform:

Zeichen vor der Klammer	Zeichen in der Klammer		
+	(+ a)	=	a
+	(− a)	=	− a
−	(+ a)	=	− a
−	(− a)	=	a

Treten verschachtelte Klammern auf, so sind die inneren zuerst aufzulösen:

Beispiel:

$$3\,x-\big(5\,y+(3\,y-4\,x)\big)=3\,x-\big(5\,y+3\,y-4\,x\big)=3\,x-\big(8\,y-4\,x\big)$$
$$=3\,x-8\,y+4\,x=3\,x+4\,x-8\,y=7\,x-8\,y$$

Multiplikation einer Variablen mit einer Klammer

Steht vor oder hinter einer Klammer eine Variable, so läßt sich diese nach dem Distributivgesetz $a\cdot(b+c)=a\cdot b+a\cdot c$ auflösen. Hierbei wird der Faktor a auf b und c "verteilt".

Beispiele:

1) $x\cdot(2\,a+3\,b)=x\cdot 2\,a+x\cdot 3\,b=2\,a\,x+3\,b\,x$

2) $-2\,x\cdot(2\,a-3\,b)=(-2\,x)\cdot 2\,a+2\,x\cdot 3\,b=-4\,a\,x+6\,b\,x$

3) $(-2\,a+3\,b)\cdot 5\,x=-10\,a\,x+15\,b\,x$

Multiplikation von Klammern

Für die im Distributivgesetz vorkommenden Variablen a, b und c können auch Summen oder komplexe Rechenausdrücke eingesetzt werden. Bei der Auflösung ist das Distributivgesetz mehrfach anzuwenden. Man stellt sich die erste Klammer als eine Variable vor, und "verteilt" sie auf die Summanden der 2. Klammer.

Beispiel:

$$(\boldsymbol{a}+\boldsymbol{b})\cdot(2\,x+3\,y)=(\boldsymbol{a}+\boldsymbol{b})\cdot 2x+(\boldsymbol{a}+\boldsymbol{b})\cdot 3\,y=a\cdot 2\,x+b\cdot 2\,x+a\cdot 3\,y+b\cdot 3\,y$$

In der Regel wird dieser Weg abgekürzt, indem man jedes Glied der 1. Klammer mit jedem Glied der 2. Klammer multipliziert und die Produkte addiert.

Beispiel:

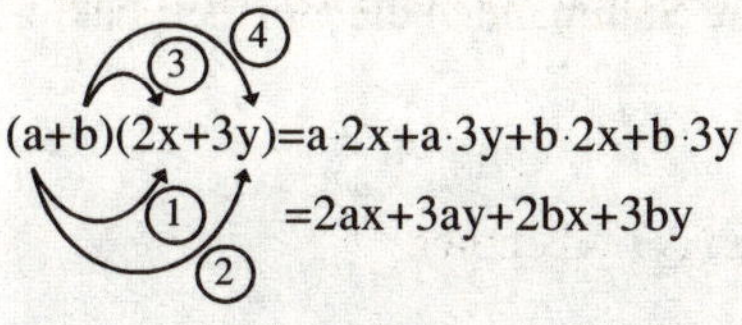

Die Zahlen ① bis ④ zeigen eine sinnvolle Reihenfolge der Rechenschritte. Sind mehr als 2 Summanden beteiligt, so ergeben sich auch mehr Produkte.

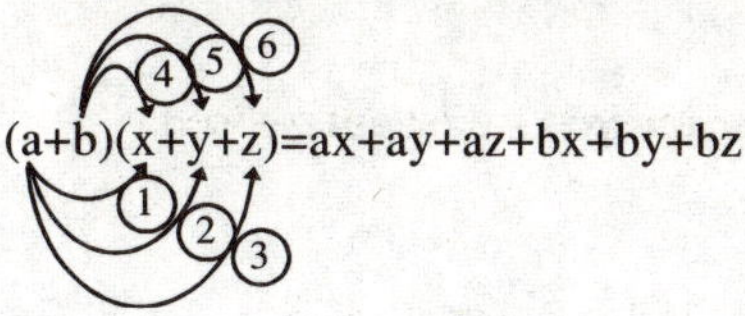

Bei mehr als 2 Klammern multipliziert man zunächst 2 Klammern miteinander und dann das Ergebnis mit der 3. Klammer.

Beispiel:

$$(a+b)\cdot(x+y)\cdot(k+l) = (ax+ay+bx+by)\cdot(k+l)$$
$$= axk+axl+ayk+ayl$$
$$+ bxk+bxl+byk+byl$$

Die in den Klammern auftretenden Vor - und Rechenzeichen müssen entsprechend den oben genannten Regeln für die ganzen Zahlen verrechnet werden. Zu beachten ist, daß bestimmte negative Faktoren z.B. $(-\boldsymbol{y})$ zur besseren Lesbarkeit zuerst mit Klammern versehen werden müssen.

Beispiele:

1) $(-3a+b)\cdot(2x-y) = -3a\cdot 2x-3a\cdot(-\boldsymbol{y})+b\cdot 2x+b(-\boldsymbol{y})$
$= -6ax+3ay+2bx-by$

2) $-(a+b)\cdot(-x-y) = -\big(a\cdot(-x)+a\cdot(-y)+b\cdot(-x)+b\cdot(-y)\big)$

oder

$-(a+b)\cdot(-x-y) = (-a-b)\cdot(-x-y) = ax+ay+bx+by$

Ausklammern

Eine wichtige Umformung von Summen für das Lösen von Gleichungen stellt das Ausklammern dar. Es ist möglich, wenn mehrere Summanden die gleichen Faktoren enthalten. Die Summanden in $a \cdot b + a \cdot c$ enthalten beide den Faktor a, der sich gemäß dem Distributivgesetz in umgekehrter Richtung vor eine Klammer setzen läßt.

> Ausklammern
>
> $$a \cdot b + a \cdot c = a \cdot (b + c)$$

Beispiele:

1) $a\,x - a\,y = a\,(x - y)$
2) $4\,a\,x - 4\,a\,y = 4\,a\,(x - y)$
3) $a\,x + b\,x = x\,(a + b)$
4) $12\,a\,x + 36\,b\,x = 12\,a\,x + 3 \cdot 12\,b\,x = 12\,x\,(a + 3\,b)$
5) $-12\,a\,x + 36\,b\,x = 12\,x\,(-a + 3\,b)$
6) $x + 3\,x = x\,(1 + 3)$

Für manche Rechnungen ist es auch sinnvoll, den Faktor 1 abzuspalten.

Beispiel:

$a\,x + x = a\,x + 1\,x = x\,(a + 1)$

In Sonderfällen lassen sich sogar gleiche Summen ausklammern. Das erfolgt in mehreren Schritten.

Beispiel:

$$\begin{aligned} \mathbf{2\,x}\,a + \mathbf{2\,x}\,b + 4\,y\,a + 4\,y\,b &= \mathbf{2\,x}\,(a + b) + 4\,y\,a + 4\,y\,b \\ &= 2\,x\,(\boldsymbol{a} + \boldsymbol{b}) + 4\,y\,(\boldsymbol{a} + \boldsymbol{b}) \\ &= (\boldsymbol{a} + \boldsymbol{b})\,(2\,x + 4\,y) \end{aligned}$$

BRUCHTERME

Division von Termen

Terme können durch einen einfachen Term ($2\,a, 4\,b\,x, -3$) oder durch eine Summe dividiert werden. Die Divisionsaufgabe kann auch wie bei den rationalen Zahlen als Bruch geschrieben werden, den man Bruchterm nennt.

Beispiel:

$$(15\,x\,y + 25\,x^2\,z) : 5\,x = \frac{15\,x\,y + 25\,x^2\,z}{5\,x}$$

Division durch einen einfachen Term
Man schreibt die Divisionsaufgabe zur besseren Übersicht in Bruchschreibweise. Gemeinsame Faktoren in der Summe klammert man aus und kürzt gegebenenfalls.

Beispiel:

$$(15\,x\,y + 25\,x^2 z) : 5\,x = \frac{15\,x\,y + 25\,x^2 z}{5\,x}$$

$$= \frac{5\,x\,(3\,y + 5\,x\,z\,)}{5\,x} = 3\,y + 5\,x\,z$$

Man kann auch jeden Summanden einzeln durch den Divisior teilen und dann kürzen.

Beispiel:

$$\frac{15\,x\,y + 25\,x^2 z}{5\,x} = \frac{15\,x\,y}{5\,x} + \frac{25\,x^2 z}{5\,x} = 3\,y + 5\,x\,z$$

Achtung:
Ein häufiger Fehler ist das unvollständige Kürzen innerhalb einer Summe (Spruch "Summen kürzen nur die Dummen").
Im obigen Beispiel wäre es falsch, wenn man nur $15\,x\,y$ gegen $5\,x$ kürzt und den Term $25\,x^2 z$ beläßt.

Division eines Terms durch eine Summe
Die Division eines Terms durch eine Summe ist möglich, wenn der Term und die Summe gleiche Variablen enthalten.
Eine Summe gleicher Variablen mit verschiedenen Hochzahlen nennt man *Polynome*.

Beispiele:
1) $3\,x - 2 + 5\,x^3$ (ungeordnet)
2) $5\,x^3 + 3\,x - 2$ (nach der Größe der Exponenten geordnet)

Die Division solcher Polynome erfolgt nach dem Muster der Division natürlicher Zahlen. Man nennt sie Polynomdivision.

Beispiel:

$$
\begin{array}{l}
(\mathbf{12\,x^3} + 10\,x^2 + 11\,x + 3) : (\mathbf{3\,x} + \mathbf{1}) = \mathbf{4\,x^2 + 2\,x + 3} \\
-(12\,x^3 + 4\,x^2) \qquad\qquad\qquad \textbf{(2)} \\
\hline
0 \quad + 6\,x^2 + 11\,x \\
 -(6\,x^2 + 2\,x) \qquad\qquad \textbf{(1)} \\
\hline
 0 \quad + 9\,x + 3 \\
 -(9\,x + 3) \\
\hline
 0
\end{array}
$$

In den beiden geordneten Polynomen vergleicht man die ersten Terme $12\,x^3$ und $3\,x$. Man erkennt, daß man $3\,x$ mit $4\,x^2$ multiplizieren muß, um $12\,x^3$ zu erhalten. Man notiert $4\,x^2$ und multipliziert der Reihe nach **(1)** $4\,x^2 \cdot 3\,x = 12\,x^3$ und **(2)** $4\,x^2 \cdot 1 = 4\,x^2$, notiert die Terme unter dem Dividenden und zieht sie ab. Man setzt dazu eine Klammer mit einem Minuszeichen davor.
Der Restterm $6\,x^2$ wird durch $11\,x$ aus dem Dividenden ergänzt und $6\,x^2$ mit $3\,x$ verglichen. $3\,x$ muß mit $2\,x$ multipliziert werden, um $6\,x^2$ zu erhalten usw.
Die Division geht auf, da $3\,x + 1$ im Restterm $9\,x + 3$ genau 3 mal enthalten ist.

Geht eine Division nicht auf, so wird der Quotient von Rest und Divisor im Ergebnis addiert.

Beispiel:

$$
\begin{array}{l}
(x^2 + 2\,x + 5) : (x - 2) = x + 4 + \dfrac{13}{x-2} \\
-(x^2 - 2\,x) \\
\hline
 4\,x + 5 \\
-(4\,x - 8) \\
\hline
 13 \quad \text{(Rest)}
\end{array}
$$

Addition und Subtraktion von Bruchtermen

Haben die Bruchterme den gleichen Nenner, so addiert oder subtrahiert man die Zähler und behält den Nenner bei. Dabei ist jeder Zähler wie ein geklammerter Term zu behandeln.

Beispiel:

$$\frac{4a+b}{2x^2}-\frac{2a-b}{2x^2}=\frac{(4a+b)-(2a-b)}{2x^2}$$
$$=\frac{4a+b-2a+b}{2x^2}=\frac{2a+2b}{2x^2}$$
$$=\frac{2(a+b)}{2x^2}=\frac{a+b}{x^2}$$

Liegen ungleichnamige Bruchterme vor, so muß man sie erst durch Erweitern auf den Hauptnenner bringen.

Beispiel:

$$\frac{a}{3x^2}+\frac{b}{6y}=\frac{a\cdot 2y}{3x^2\cdot 2y}+\frac{b\cdot x^2}{6y\cdot x^2}$$
$$=\frac{2ay}{6x^2y}+\frac{bx^2}{6x^2y}=\frac{2ay+bx^2}{6x^2y}$$

Komplizierte Nenner zerlegt man in Faktoren, um den Hauptnenner zu ermitteln. Er ergibt sich als das —> kleinste gemeinsame Vielfache der Nenner.
Im obigen Beispiel ergibt sich das kgV mit $6x^2\cdot y$ aus $3x^2$ und $6y$. Der Faktor 3 ist sowohl in $3x^2$ als auch in $6y$ enthalten.

Multiplikation und Division von Bruchtermen

Bruchterme werden multipliziert, indem man Zähler mit Zähler und Nenner mit Nenner multipliziert. Kürzungsmöglichkeiten sollten in jedem Fall genutzt werden.

Beispiel:

$$\frac{16x^2}{25a}\cdot\frac{5b}{8x}=\frac{16x^2\cdot 5b}{25a\cdot 8x}=\frac{2xb}{5a}$$

Bruchterme werden dividiert, indem man Zähler und Nenner des zweiten Bruchterms vertauscht (Kehrwert) und mit dem 1. Bruchterm multipliziert.

Beispiel:

$$\frac{6xy}{5ab} : \frac{3x^2}{25b^2} = \frac{6xy}{5ab} \cdot \frac{25b^2}{3x^2} = \frac{6xy \cdot 25b^2}{5ab \cdot 3x^2} = \frac{2y \cdot 5b}{a \cdot x} = \frac{10by}{ax}$$

5.2 BINOMISCHE FORMELN

Die binomischen Formeln stellen einen wichtigen Sonderfall der Multiplikation von zwei Summen dar.

Es ist

$$(a+b)\cdot(a+b) = a^2 + ab + ba + b^2 = a^2 + 2ab + b^2$$
$$(a-b)\cdot(a-b) = a^2 - ab - ba + b^2 = a^2 - 2ab + b^2$$
$$(a+b)\cdot(a-b) = a^2 - ab + ba - b^2 = a^2 - b^2$$

Wendet man die Potenzschreibweise an, so schreibt man statt $(a+b)\cdot(a+b)$, kürzer $(a+b)^2$ (gesprochen: a plus b in Klammern zum Quadrat)

Damit ergeben sich die drei binomischen Formeln:

1. $(a+b)^2 = a^2 + 2ab + b^2$
2. $(a-b)^2 = a^2 - 2ab + b^2$
3. $(a+b)\cdot(a-b) = a^2 - b^2$

Sie gestatten es ohne erneutes Ausmultiplizieren, das *Quadrat* einer Summe zu berechnen. Dabei sind die Variablen *a* und *b* durch die entsprechenden Summanden zu ersetzen.

Beispiele:

1) $(3x+5y)^2 = (3x)^2 + 2\cdot 3x \cdot 5y + (5y)^2$
$= 9x^2 + 30xy + 25y^2$
Hier wird für *a* der Term 3 *x* und für *b* der Term 5 *y* eingesetzt.

2) $(3x-5y)^2 = (3x)^2 - 2\cdot 3x \cdot 5y + (5y)^2$
$= 9x^2 - 30xy + 25y^2$

Wendet man die Formeln von rechts nach links an, so läßt sich in besondern Fällen eine Summe in ein Produkt verwandeln.

Beispiele:

1) $x^2 + 2xy + y^2 = (x+y)^2$

2) $$\begin{aligned} 25x^2 - 60xy + 36y^2 &= (5x)^2 - 2 \cdot 5x \cdot 6y + (6y)^2 \\ &= (5x - 6y)^2 \end{aligned}$$

Die 3. binomische Formel dient häufig dazu, die Differenz zweier Quadrate in ein Produkt umzuwandeln.

Beispiel:

$$\begin{aligned} 81x^2 - 64y^2 = (\mathbf{9x})^2 - (\mathbf{8y})^2 &= (9x + 8y) \cdot (9x - 8y) \\ \boldsymbol{a}^2 - \boldsymbol{b}^2 &= (a+b) \cdot (a-b) \end{aligned}$$

Terme wie $(a+b)^3$ lassen sich schrittweise berechnen:

$$\begin{aligned} (a+b)^3 &= (a+b) \cdot (a+b)^2 = (a+b) \cdot (a^2 + 2ab + b^2) \\ &= a^3 + 2a^2b + ab^2 + ba^2 + 2ab^2 + b^3 \\ &= a^3 + 3a^2b + 3ab^2 + b^3 \end{aligned}$$

5.3 POTENZEN

Die *Potenz* ist die verkürzte Schreibweise eines Produktes gleicher Faktoren. Statt $5 \cdot 5 \cdot 5 \cdot 5$ schreibt man kürzer 5^4; gesprochen: 5 hoch 4.
Allgemein gilt:

$$a \cdot a \cdot a \cdot a \cdot \ldots \cdot a = a^n$$

Der Faktor *a* tritt **n** - mal auf.

a ist die *Basis* oder *Grundzahl* der Potenz, *n* ist die *Hochzahl* oder der *Exponent*.

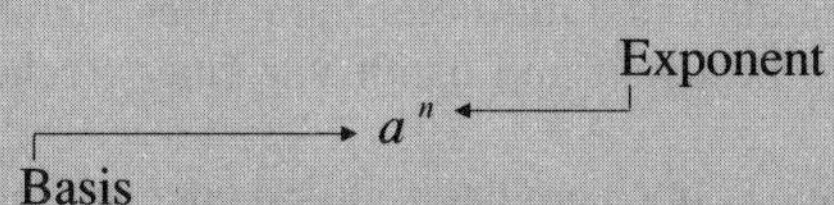

Beispiele:
1) $10^5 = 10 \cdot 10 \cdot 10 \cdot 10 \cdot 10 = 100000$

2) $\left(\frac{1}{2}\right)^3 = \frac{1}{2} \cdot \frac{1}{2} \cdot \frac{1}{2} = \frac{1}{8}$

Ist bei negativer Basis der Exponent gerade, so hat die Potenz einen positiven Wert.

Beispiel:
$(-1)^4 = (-1) \cdot (-1)(-1) \cdot (-1) = 1$

Ist bei negativer Basis der Exponent ungerade, so hat die Potenz einen negativen Wert.

Beispiel:
$(-1)^3 = (-1) \cdot (-1) \cdot (-1) = -1$

Zusätzlich sind folgende *Erweiterungen* des Potenzbegriffs sinnvoll:

Ist der Exponent 0, so ist der Wert der Potenz 1.
Beispiel: $5^0 = 1$

$$a^0 = 1$$

Für $\frac{1}{a^n}$ schreibt man auch a^{-n}.

Beispiel: $3^{-2} = \frac{1}{3^2} = \frac{1}{9}$

$$\frac{1}{a^n} = a^{-n}$$

Der Exponent kann auch ein Bruch sein.
Beispiel: $a^{1/2}$

Potenzen mit Brüchen im Exponenten haben besondere Bedeutung beim Rechnen mit Wurzeln.

RECHNEN MIT POTENZEN

Die vier Grundrechenarten sind mit Potenzen immer ausführbar, wenn Basis und Exponent aus Zahlen bestehen und damit vor einer Rechenoperation berechnet werden können.
Potenzen mit Variablen können nur dann addiert oder subtrahiert werden, wenn die Basen und die Exponenten gleich sind.

Beispiel:
$5\,x^2 + 3\,x^2 = 8\,x^2$

Eine Multiplikation oder Division von Potenzen mit Variablen ist dagegen durchführbar, wenn die Basen oder die Exponenten gleich sind.

Multiplikation und Division von Potenzen mit gleichen Exponenten

Potenzen mit gleichen Exponenten werden multipliziert oder dividiert, indem man die Basen multipliziert oder dividiert.

Es gilt:

$$a^n \cdot b^n = (a \cdot b)^n \qquad \frac{a^n}{b^n} = \left(\frac{a}{b}\right)^n$$

Beispiele:
1) $a^3 \cdot b^3 = (a \cdot b)^3$
2) $x^4 : y^4 = (x : y)^4$
3) $2^3 \cdot 5^3 = (2 \cdot 5)^3 = 10^3 = 1000$

Umgekehrt läßt sich die Potenz eines Produktes auch in Einzelfaktoren auflösen.

Beispiel:
$(4\,a\,b)^2 = 4^2 \cdot a^2 \cdot b^2 = 16\,a^2\,b^2$

Multiplikation und Division von Potenzen mit gleicher Basis

Potenzen mit gleicher Basis werden multipliziert, indem man die Exponenten addiert und die Basis beibehält.

Es gilt:

$$a^n \cdot a^m = a^{n+m}$$

Beispiele:
1) $a^5 \cdot a^3 = a^{5+3} = a^8$
2) $10^3 \cdot 10^2 = 10^{3+2} = 10^5 = 10000$
3) $10^3 \cdot 10^{-5} = 10^{3-5} = 10^{-2} = \dfrac{1}{10^2} = 0{,}01$

Potenzen mit gleicher Basis werden dividiert, indem man die Exponenten subtrahiert und die Basis beibehält.

Es gilt:

$$\frac{a^m}{a^n} = a^{m-n}\,; \quad a \neq 0$$

Beispiele:

1) $a^5 : a^3 = a^{5-3} = a^2$

2) $\frac{x^6}{x^2} = x^{6-2} = x^4$

3) $\frac{10^2}{10^6} = 10^{2-6} = 10^{-4} = \frac{1}{10^4} = 0{,}0001$

4) $\frac{10^{-4}}{10^2} = 10^{-4-2} = 10^{-6} = 0{,}000001$

Potenzieren von Potenzen

Potenzen werden potenziert, indem man die Exponenten multipliziert und die Basis beibehält.

Es gilt:

$$(a^m)^n = a^{m \cdot n}$$

Beispiele:

1) $(2^2)^3 = 2^{2 \cdot 3} = 2^6 = 64$

2) $(x^2)^{-3} = x^{-6}$

3) $(-3x^3)^2 = (-3)^2 \cdot (x^3)^2 = (-3)^2 \cdot x^6 = 9 \cdot x^6$

5.4 WURZELN

Die Umkehrrechnung zum Quadrieren ist das Ziehen der Quadratwurzel.

Quadratwurzel

Unter der Quadratwurzel aus einer Zahl (z.B. 9) versteht man diejenige Zahl, die mit sich selbst malgenommen eben diese Zahl ergibt (9).
Man schreibt: $\sqrt{9}$ (gesprochen: Wurzel aus 9).

Es gilt: $\sqrt{9} \cdot \sqrt{9} = 9$, d.h. $\sqrt{9} = 3$ wegen $3 \cdot 3 = 9$.

Die Zahl, aus der die Wurzel gezogen werden soll, nennt man *Radikand*. Er ergibt sich aus dem Quadrat der Wurzel, da man statt $\sqrt{9} \cdot \sqrt{9}$ auch $(\sqrt{9})^2 = 9$ schreiben kann. Daher nennt man die so definierte Wurzel Quadratwurzel.

Allgemein gilt:

$$\sqrt{a} \cdot \sqrt{a} = a\,; \quad a \geq 0$$

Einige Werte von Quadratwurzeln:

$\sqrt{16} = 4$	$\sqrt{a^2} = a$
$\sqrt{0{,}25} = 0{,}5$	$\sqrt{x^6} = x^3$
$\sqrt{1/100} = 1/10$	$\sqrt{0} = 0.$

Kubikwurzeln

Unter der Kubikwurzel einer Zahl (z.B. 27) versteht man diejenige Zahl, die dreimal mit sich selbst malgenommen eben diese Zahl (27) ergibt.
Man schreibt: $\sqrt[3]{27}$ (gesprochen: 3. Wurzel aus 27)

Es gilt $\sqrt[3]{27} \cdot \sqrt[3]{27} \cdot \sqrt[3]{27} = 27$ d.h. $\sqrt[3]{27} = 3$ wegen $3 \cdot 3 \cdot 3 = 27$.

Mit der Potenzschreibweise schreibt man auch kürzer: $(\sqrt[3]{27})^3 = 27$

Entsprechend definiert man höhere Wurzeln:

$\sqrt[n]{a}$ n - te Wurzel aus a

Für sie gilt: $(\sqrt[n]{a})^n = a$

Ist n gerade, so dürfen nur nichtnegative Radikanden eingesetzt werden.

Beispiele:

1) $\sqrt[4]{64} = 4$; da $4 \cdot 4 \cdot 4 \cdot 4 = 64$ ist.
2) $\sqrt[4]{-64}$ ist nicht definiert, da es keine Zahl gibt, die 4 mal mit sich selbst malgenommen -64 ergibt.

Ist n ungerade, so dürfen auch negative Radikanden eingesetzt werden.

Beispiel:

$\sqrt[3]{-8} = -2$; da $(-2) \cdot (-2) \cdot (-2) = -8$ ist.

In dem Ausdruck $(\sqrt[n]{a})^n = a$ wird die n-te Wurzel aus a mit n potenziert, und man erhält wieder a. Daraus ergibt sich:

1) Das Potenzieren macht das Wurzelziehen wieder rückgängig.
2) Schreibt man statt $\sqrt[n]{a}$ die Potenz $a^{1/n}$, so erhält man

$$(\sqrt[n]{a})^n = (a^{1/n})^n = a^{1/n \cdot n} = a^1 = a$$

Wurzeln lassen sich daher durch Potenzen mit *Bruchzahlen als Exponenten* schreiben. $1/n$ ist der Wurzelexponent.

Beispiel:

$\sqrt[3]{4} = 4^{1/3}$

Ist der Radikand eine Potenz, so läßt sich der Exponent mit dem Wurzelexponenten zusammenfassen.

Allgemein gilt:

$$\sqrt[n]{a^m} = a^{m/n}$$

Beispiele:

1) $\sqrt[3]{5^4} = (5^4)^{1/3} = 5^{4 \cdot 1/3} = 5^{4/3}$

2) $\sqrt[4]{a^{-3}} = a^{-3 \cdot 1/4} = a^{-3/4} = \dfrac{1}{a^{3/4}}$

Haben der Wurzelexponent und die Potenz des Radikanden einen gemeinsamen Teiler (t), so kann auch im Exponent gekürzt werden.

Es gilt:

$$\sqrt[t \cdot m]{a^{tn}} = a^{\frac{tn}{tm}} = a^{\frac{n}{m}}$$

Beispiel:

$\sqrt[3]{a^6} = (a^6)^{\frac{1}{3}} = a^{6 \cdot \frac{1}{3}} = a^{\frac{6}{3}} = a^2$

RECHNEN MIT WURZELN

Die Rechenregeln für Wurzeln entsprechen denen der Potenzen, da sich jede Wurzel als Potenz schreiben läßt.

Addition und Subtraktion von Wurzeln

Die Addition oder Subtraktion von Wurzeln ist nur möglich, wenn gleiche Wurzeln vorliegen.

Beispiele:

1) $5\sqrt{3} + 6\sqrt{3} = 11\sqrt{3}$

2) $5\sqrt[3]{a^2} - 2\sqrt[3]{a^2} = 3\sqrt[3]{a^2}$

Multiplikation und Division von Wurzeln

Wurzeln lassen sich nur multiplizieren oder dividieren, wenn sie den gleichen Wurzelexponenten haben.

Es gilt:

$$\sqrt[n]{a} \cdot \sqrt[n]{b} = \sqrt[n]{a \cdot b} \quad ; \quad \frac{\sqrt[n]{a}}{\sqrt[n]{b}} = \sqrt[n]{\frac{a}{b}}$$

Beispiele:

1) $\sqrt[3]{3} \cdot \sqrt[3]{9} = \sqrt[3]{3 \cdot 9} = \sqrt[3]{27} = 3$

2) $\frac{\sqrt[3]{625}}{\sqrt[3]{5}} = \sqrt[3]{\frac{625}{5}} = \sqrt[3]{125} = 5$

Ist der Radikand ein Bruch mit dem Zähler 1, so kann man die Wurzel in den Nenner schreiben:

$$\sqrt[n]{\frac{1}{a}} = \frac{1}{\sqrt[n]{a}}$$

Beispiel:

$$\sqrt[3]{\frac{1}{8}} = \frac{1}{\sqrt[3]{8}} = \frac{1}{2}$$

Wurzel aus einer Wurzel

Die Berechnung einer Wurzel aus einer Wurzel ist durch Umformung in Potenzen möglich.

Es gilt:

$$\sqrt[n]{\sqrt[m]{a}} = \sqrt[n]{a^{\frac{1}{m}}} = \left(a^{\frac{1}{m}}\right)^{\frac{1}{n}} = a^{\frac{1}{m \cdot n}} = \sqrt[m \cdot n]{a}$$

Die Reihenfolge des Wurzelziehens ist beliebig, da in $a^{\frac{1}{m \cdot n}}$ die Reihenfolge von m und n nicht vorgeschrieben ist.

Beispiel:

$$\sqrt[2]{\sqrt[5]{1024}} = 1024^{\frac{1}{5} \cdot \frac{1}{2}} = 1024^{\frac{1}{10}} = \sqrt[10]{1024} = 2$$

Teilweises Wurzelziehen

Enthalten Produkte unter dem Wurzelzeichen Quadrate, so kann man sie durch teilweises Ziehen der Quadratwurzel vereinfachen und vor das Wurzelzeichen schreiben.

Beispiele:

1) $\sqrt{9x} = \sqrt{9} \cdot \sqrt{x} = 3 \cdot \sqrt{x}$
2) $\sqrt{25ax^2} = \sqrt{25} \cdot \sqrt{x^2} \cdot \sqrt{a} = 5 \cdot x \cdot \sqrt{a} = 5x\sqrt{a}$
3) $\sqrt{x^3} = \sqrt{x^2 \cdot x} = \sqrt{x^2} \cdot \sqrt{x} = x\sqrt{x}$
4) $\sqrt{\frac{1}{4}a} = \frac{1}{2}\sqrt{a}$

Entsprechendes gilt auch für höhere Wurzeln.

Beispiel:

$\sqrt[3]{ax^3} = x \cdot \sqrt[3]{a}$

Rationalmachen des Nenners

Wurzelausdrücke im Nenner erschweren die Berechnung eines Bruches. Daher versucht man den Bruch so umzuformen, daß der Nenner zu einer rationalen Zahl wird.

Beispiele:

1) $\frac{3}{\sqrt{2}}$ Man erweitert den Bruch mit $\sqrt{2}$ und erhält

$$\frac{3 \cdot \sqrt{2}}{\sqrt{2} \cdot \sqrt{2}} = \frac{3\sqrt{2}}{2} = \frac{3}{2}\sqrt{2}$$

Im Nenner steht keine Wurzel mehr.

2) $\frac{1}{\sqrt[3]{2}}$ In diesem Fall ist der Bruch mit $\sqrt[3]{2} \cdot \sqrt[3]{2}$ zu erweitern:

$$\frac{1 \cdot \sqrt[3]{2} \cdot \sqrt[3]{2}}{\sqrt[3]{2} \cdot \sqrt[3]{2} \cdot \sqrt[3]{2}} = \frac{(\sqrt[3]{2})^2}{2}$$

Besteht der Nenner aus einer Summe, ist ein besonderes Verfahren anzuwenden:

Beispiel:

$\frac{1}{1+\sqrt{2}}$ Multipliziert man den Nenner mit dem Ausdruck $(1-\sqrt{2})$, so ergibt sich nach der 3. binomischen Formel

$(1+\sqrt{2})\,(1-\sqrt{2}) = 1^{2} + \sqrt{2}^{\,2} = 1 - 2 = -1.$

Der Term $(1+\sqrt{2})$ ist also durch diese Multiplikation rational geworden. Um einen Bruch mit obigem Nenner rational zu machen, ist er daher mit $(1-\sqrt{2})$ zu erweitern:

$$\frac{1\cdot\mathbf{(1-\sqrt{2})}}{(1+\sqrt{2})\,\mathbf{(1-\sqrt{2})}} = \frac{1-\sqrt{2}}{1^{2}-(\sqrt{2})^{2}} = \frac{1-\sqrt{2}}{1-2} = \frac{1-\sqrt{2}}{-1} = -1+\sqrt{2}$$

5.5 LOGARITHMEN

Bestimmte Fragestellungen der Potenzrechnung führen zu den *Logarithmen.*
Die Potenz 10^{2} hat die Basis 10 und den Exponenten 2.
Der *Wert* der Potenz ergibt sich aus $10 \cdot 10 = 100$.
Ist von einer Potenz der Wert bekannt, aber der *Exponent* gesucht, so ist es nur in wenigen Fällen möglich, die Hochzahl direkt anzugeben. Sie wird im folgenden mit x bezeichnet.

Beispiele:

1) $10^{x} = 1000$. Der gesuchte Exponent ist $x = 3$, wegen $10 \cdot 10 \cdot 10 = 1000$
2) $2^{x} = 32$. Der gesuchte Exponent ist $x = 5$, wegen $2 \cdot 2 \cdot 2 \cdot 2 \cdot 2 = 32$

Die Aufgabe $10^{x} = 32$ allerdings ist ohne weiteres nicht mehr lösbar. Man kann abschätzen, daß der Exponent x zwischen 1und 2 liegen muß, da $10^{1} = 10$ und $10^{2} = 100$ ist.
Man nennt die Zahl, mit der man 10 potenzieren muß, um 32 zu erhalten, den *Logarithmus* von 32 zur Basis 10.
Für x in $10^{x} = 32$ schreibt man:
$x = \log_{10} 32$ (gesprochen: x ist gleich dem Logarithmus von 32 zur Basis 10)

Die Basis schreibt man als Index hinter das log - Zeichen.
Allgemein gilt:

$$a^{x} = b\;;\;\; x = \log_{a} b\;;\;\; b > 0$$

Der Logarithmus von b zur Basis a ist diejenige Zahl, mit der man a potenzieren muß, damit sich b ergibt.

Als Basis a sind nur positive Zahlen zugelassen. Die Zahl 1 als Basis ist nicht sinnvoll, da 1 potenziert immer 1 ergibt. b wird als *Numerus* bezeichnet.

Beispiele:
Gesucht ist jeweils der Exponent einer Potenz.
1) $2^x = 64$ ist gleichbedeutend mit $x = \log_2 64$
Es ist $x = 6$, da $2^6 = 64$ ist.
2) $10^x = 0{,}1$ ist gleichbedeutend mit $x = \log_{10} 0{,}1$.
Es ist $x = -1$, da $10^{-1} = \frac{1}{10} = 0{,}1$ ist.

Logarithmen zur Basis 10 nennt man *Zehnerlogarithmen* oder *dekadische Logarithmen*. Den Zehnerlogarithmus von *a* schreibt man kurz *lg a*.

Neben der Basis 10 kommen in der höheren Mathematik z.B. bei der Beschreibung von Wachstums- und Zerfallsprozessen Potenzen und Logarithmen mit der Basis 2,7182818... vor. Diese Zahl nennt man die *Eulersche Zahl*, sie wird mit *e* bezeichnet und ist eine nichtabbrechende, nichtperiodische Dezimalzahl.
Die Logarithmen zur Basis *e* nennt man die natürlichen Logarithmen. Den natürlichen Logarithmus von *a* zur Basis *e* schreibt man ln *a*.
Für diese beiden Basen ist die Berechnung mit dem Taschenrechner direkt möglich. Die Tastenbezeichnung für den Zehnerlogarithmus ist **lg** oder **log** und für den natürlichen Logarithmus **ln**.

Beispiele:
1) $10^x = 32$ ist gleichbedeutend mit $x = \log_{10} 32 = lg\ 32$.
Tastenfolge [**32**] [**lg**], x = 1,5051...
2) $e^x = 5$ ist gleichbedeutend mit $x = \log_e 5 = \ln 5$.
Tastenfolge [**5**] [**ln**], x = 1,6094...
3) $10^x = 0{,}2$ ist gleichbedeutend mit $x = \log_{10} 0{,}2 = lg\ 0{,}2$.
Tastenfolge [**0,2**] [**lg**], x = – 0,6989...

Sonderfälle:

1) $\log_a 1 = 0$, da $a^0 = 1$ gilt

2) $\log_a a = 1$, da $a^1 = a$ ist

3) $\log_a a^n = n$, da $a^n = a^n$ ist

Logarithmen zu anderen Basen

Beispiel:

Logarithmen zur Basis 2

Für die Basis 2 sind einige Werte für $\log_2 b$ tabelliert:

b	0,5	1	2	4	8
$\log_2 b = y$	-1	0	1	2	3

Trägt man die Wertepaare in ein Koordinatensystem, so ergibt sich der typische Verlauf einer Logarithmuskurve.

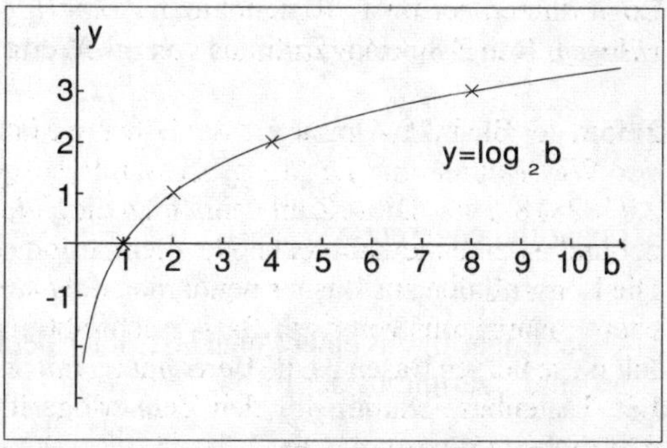

Die Kurve schneidet die x - Achse in b = 1. Wird b kleiner als 1, so werden die Werte negativ. Für b = 0 ist der Logarithmus nicht definiert.

RECHNEN MIT LOGARITHMEN

Es gibt im wesentlichen drei Umformungsgesetze für Logarithmen. Sie gelten für alle Basen.

1. Logarithmengesetz

> Der Logarithmus eines Produktes ist gleich der Summe der Logarithmen der einzelnen Faktoren.
>
> $$\log (a \cdot b) = \log a + \log b$$

Beispiele:

1) $\log_2 (2 \cdot 4) = \log_2 2 + \log_2 4$

2) $\log x\, y\, z = \log x + \log y + \log z$

2. Logarithmengesetz

Der Logatithmus eines Quotienten ist gleich der Differenz der Logarithmen von Zähler und Nenner.

$$\log \frac{a}{b} = \log a - \log b$$

Beispiele:

1) $\log_2 \frac{8}{2} = \log_2 8 - \log_2 2 = 3 - 1$ (vergl. Werte der Tabelle)

2) $\log \frac{3\,x}{4\,y} = \log 3\,x - \log 4\,y$

3. Logarithmengesetz

Der Logarithmus einer Potenz ist gleich dem Produkt des Exponenten und dem Logarithmus der Basis.

$$\log a^{n} = n \cdot \log a$$

Beispiele:

1) $\log_2 2^{3} = 3 \cdot \log_2 2 = 3 \cdot 1 = 3$

2) $\log a^{5} = 5 \log a$

3) $\log \sqrt{a} = \log a^{\frac{1}{2}} = \frac{1}{2} \log a$

In den folgenden Beispielen werden mehrere Logerithmengesetze angewendet:

1) $\log (a \cdot \sqrt{b}) = \log a + \log \sqrt{b} = \log a + \log b^{1/2}$
$= \log a + 1/2 \log b$

2) $\log \frac{a+b}{a \cdot b} = \log (a+b) - (\log a + \log b)$
$= \log (a+b) - \log a - \log b$

3) $\log (x \cdot y)^{3} = 3 \log (x \cdot y) = 3 (\log x + \log y)$

4) $\log \left(4 \cdot \sqrt[3]{a^{2}}\right) = \log 4 + \log a^{2/3} = \log 4 + 2/3 \log a$

5) $\frac{1}{3} \log 27 + \frac{1}{2} \log 144 \quad = \log \sqrt[3]{27} + \log \sqrt{144}$

$= \log 3 + \log 12 = \log 3 \cdot 12 = \log 36$

Berechnung von Logarithmen anderer Basen mit Hilfe von Zehnerlogarithmen

Mit Hilfe des Taschenrechners lassen sich Logarithmen der Basen 10 und e direkt berechnen. Sind Logarithmen mit anderen Basen zu berechnen, so sind sie mit Hilfe einer Umrechnungsformel in eine andere Basis umzurechnen.

Es gilt die Umrechnungsformel:

Der Logarithmus zur Basis b wird in einen Quotienten zweier Zehnerlogarithmen umgewandelt.

$$\log_b a = \frac{lg\, a}{lg\, b}$$

Beispiel:

$\log_5 7 = \frac{lg\, 7}{lg\, 5} = \frac{0{,}845098}{0{,}698970} = 1{,}209062$

5.6 ÜBUNGSAUFGABEN

Vereinfachen Sie die folgenden Terme:

1) $a - \{[a - (a + b)] + b\}$
2) $8y - \{16x - [3y - (12x - y) - 8x] + y\}$
3) $x - \{2x - [3y - (4z - 2x)]\}$

Lösen Sie die Klammern auf:

4) $(5a + 3b) \cdot 2a^{2}$
5) $(yz + zx - xy) \cdot xyz$
6) $(x^{2} + xy + y^{2}) \cdot (x^{2} - xy + y^{2})$

7) $(a-7\,b)\cdot(a-8\,b)$
8) $(m^2+2\,m-2)^2$

Klammern Sie geeignete Faktoren aus:

9) $12\,b\,a^3-9\,a\,b^2$
10) $50\,a\,x^2-25\,a\,b\,x+75\,a^2x^2$

Schreiben Sie in ein Produkt von zwei Klammern:

11) $a^2+5\,a+3\,a+15$

Berechnen Sie die Quotienten:

12) $(15\,a^5-25\,a^4):(-5\,a^3)$
13) $(8\,x^3-y^3):(2\,x-y)$
14) $(y^2-7\,y+12):(y-3)$

Vereinfachen Sie die Terme:

15) $\dfrac{a-4}{a-2}-\dfrac{a-7}{a-5}$
16) $\dfrac{2\,a}{a^2-b^2}-\dfrac{1}{a+b}$

Formen Sie die Terme mit Hilfe der binomischen Formeln um:

17) $(2\,x+4\,y)^2$
18) $(0{,}5\,a-2\,b)^2$
19) $a^2\cdot b^2-36$
20) $(3\,x^2+11)\cdot(3\,x^2-11)$

Formen Sie nach Potenzgesetzen um:

21) a) $(a^2b^3)^2$ b) $a^2\cdot b^2$ c) $a^2:b^2$ d) $a^2-3\,a^2$
e) $a\cdot a^7$

Berechnen bzw. vereinfachen Sie die folgenden Wurzeln:

22) a) $\sqrt{400}$ b) $\sqrt{a^8}$ c) $\sqrt{0{,}49}$ d) $\sqrt{25\,a^2\,y^4}$ e) $\sqrt{a^2+b^2}$
23) a) $10\sqrt{14}-14\sqrt{14}$ b) $\sqrt{144\,x}$ c) $\sqrt{x^2\,y^4} : \sqrt{z^6}$

Formen Sie die Terme so um, daß der Nenner rational wird:

24) $\frac{\sqrt{3}}{\sqrt{5}}$

25) $\frac{\sqrt{5}+2}{\sqrt{5}-1}$

Formen Sie die Terme nach den Logarithmengesetzen um:

26) a) $\log a^2 b$ b) $\log \sqrt{x}$ c) $\log\left(\frac{x}{y^2}\right)$ d) $\log 2 - \log 3$

Berechnen Sie folgende Logarithmen zur Basis 3:

27) a) $\log 27$ b) $\log\left(\frac{1}{81}\right)$ c) $\log 3^{-3}$ d) $\log(-1)$

LÖSUNGEN

1) a
2) $11\,y-36\,x$
3) $x+3\,y-4\,z$
4) $10\,a^3+6\,a^2\,b$
5) $x\,y^2\,z^2+x^2\,y\,z^2-x^2\,y^2\,z$
6) $x^4+x^2\,y^2+y^4$
7) $a^2-15\,a\,b+56\,b^2$
8) $m^4+4\,m^3-8\,m+4$
9) $3\,a\,b\cdot(4\,a^2-3\,b)$
10) $25\,a\,x\,(2\,x-b+3\,a\,x)$
11) $a\,(a+5)+3\,(a+5)=(a+3)\cdot(a+5)$
12) $-3\,a^2+5\,a$
13) $4\,x^2+2\,x\,y+y^2$ (Polynomdivision)
14) $y-4$

15) Hauptnenner: $(x-2)\,(x-5)$ Lösung: $\frac{6}{(x-2)\,(x-5)}$

16) Hauptnenner: $a^2 - b^2 = (a+b)\,(a-b)$ nach der 3. bin. Formel

Lösung: $\frac{1}{a-b}$

17) $4x^2 + 16xy + 16y^2$

18) $0{,}25\,a^2 - 2ab + 4b^2$

19) $(ab+6)\,(ab-6)$

20) $9x^4 - 121$

21) a) $a^4 b^6$ b) $(a \cdot b)^2$ c) $(a : b)^2$ d) $-2a^2$ e) a^8

22) a) 20 b) a^4 c) 0,7 d) $5ay^2$ e) nicht ausführbar, da die Wurzel nicht aus einer Summe gezogen werden kann.

23) a) $-4\sqrt{14}$ b) $12 \cdot \sqrt{x}$ c) $(x \cdot y^2) : z^3$

24) $\frac{\sqrt{15}}{5}$

25) Erweitern mit $\sqrt{5} + 1$ Lösung: $\frac{7 + 3\sqrt{5}}{4}$

26) a) $2 \log a + \log b$ b) $\frac{1}{2} \log x$ c) $\log x - 2 \log y$ d) $\log \frac{2}{3}$

27) a) 3 b) -4 c) -3 d) nicht definiert

6. MENGENLEHRE

In der Umgangssprache wird das Wort Menge in unterschiedlicher Bedeutung gebraucht:

1. Eine Menge von Neugierigen umringt das Fahrzeug.
2. Die Menge der Fahrgäste im verunglückten Fahrzeug.

Im 1. Fall hat das Wort Menge die Bedeutung von viele, im zweiten bezeichnet es eine Zusammenfassung von Einzelobjekten - hier die Fahrgäste - zu einer Gesamtheit. In diesem letzteren Sinne wird der Begriff Menge in der Mathematik verwendet.

6.1 MENGE - ELEMENT - TEILMENGE

Eine *Menge* ist eine Zusammenfassung von Dingen (Objekten), die man genau voneinander unterscheiden kann, zu einem Ganzen. Die Objekte, aus denen die Menge besteht, heißen ihre *Elemente*.
Somit ist eine Menge M eindeutig bestimmt, wenn man für jedes beliebige Element entscheiden kann, ob es zu M gehört oder nicht.
Mengen werden mit großen Blockbuchstaben A, B, C, ..., Elemente mit kleinen Buchstaben a, b, c, ..., bezeichnet. Gehört ein Element a zur Menge A, so schreibt man kurz : $a \in A$ (lies: a Element von A), gehört es nicht zu A: $a \notin A$ (lies: a ist nicht Element von A).

Zwei Mengen A und B heißen gleich: $A = B$, wenn sie dieselben Elemente enthalten. Im anderen Fall heißen sie verschieden (ungleich): $A \neq B$.

Darstellungformen

Aufzählende Form

Besteht eine Menge B aus den Elementen a, b, c und d, so schreibt man kurz $B=\{a, b, c, d\}$.
Die Elemente der Menge werden zwischen Mengenklammern {...} aufgezählt, wobei die einzelnen Elemente durch Kommas getrennt werden.

Beispiel:
Zu bestimmen ist die Menge M der natürlichen Zahlen von 1 bis 7 (einschließlich) in aufzählender Form: $M = \{1, 2, 3, 4, 5, 6, 7\}$
Dabei gilt: $5 \in M$, $8 \notin M$.

Die aufzählende Form wird hauptsächlich auf endliche Mengen (Mengen, mit endlich vielen Elementen) angewandt. Bei unendlichen Mengen werden nur so viele Elemente aufgezählt wie erforderlich, um die Menge genau anzugeben, die

übrigen Elemente werden nur durch Punkte angedeutet. So läßt sich z.B. die Menge der natürlichen Zahlen schreiben als: N = { 1, 2, 3, 4, ... }. Tritt ein Element mehrfach auf, so wird es nur einmal genannt, auch wenn es durch verschiedene Symbole dargestellt ist.
So lautet die Menge C der Ziffern der Zahl 10 099 009
C = {1, 0, 0, 9, 9, 0, 0, 9} = {1, 0, 9}.

Beipiel:
Gesucht ist die aufzählende Form der Menge D, die aus den Elementen
10^0, 19 – 16, 2, 1^5, 12 : 4 und 2^1 besteht.
Es gilt D = {10^0, 19 – 16, 2, 1^5, 12 : 4, 2^1} = {1, 2, 3}.

Beschreibende Form
Die Elemente, die die Menge bilden, werden durch eine gemeinsame, charakteristische Eigenschaft beschrieben. Diese Eigenschaft wird i. allg. durch eine *Aussageform* angegeben.
So ergibt sich beispielsweise die beschreibende Form der Menge E der natürlichen Zahlen von 1 bis 7 (einschließlich) als:

Platzhalter für alle Elemente aus G,
deren Zugehörigkeit zu E überprüft werden soll
Aussageform für Eigenschaft: o ist kleiner als 8

E = {o | o < 8, o ∈ **N**} = {o | o < 8}**N**

Grundmenge G = **N**

Trennstrich

Venn-Diagramm
Hierbei handelt es sich um eine bildhafte Darstellung der einzelnen Elemente innerhalb einer geschlossenen Linie.
Die Menge der natürlichen Zahlen von 1 bis 7 (einschließlich) hat dann folgendes Aussehen:

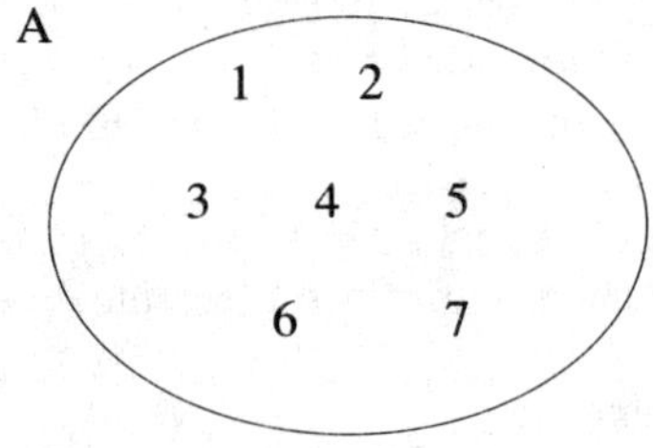

Beispiele:
1)Die Menge A der ganzzahligen Lösungen der Gleichung $x^2 - 4 = 0$ ist in den drei Formen darzustellen:
1. A = {– 2, + 2} 2. A = { $x \mid x^2 - 4 = 0$} 3.

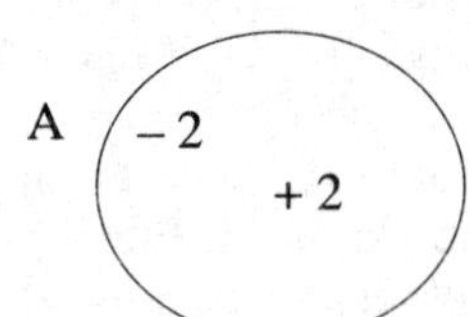

2)Die folgenden Mengen sind auf Gleichheit zu prüfen.
E = { o | o ist ein Teiler von 4}, F = {• | • < 4}
Es ist E = {1, 2, 4} und F = {1, 2, 3}. Somit gilt E ≠ F.

Spezielle Mengen

Da einige Mengen häufig und stets in derselben Zusammensetzung gebraucht werden, ist es sinnvoll ihnen feste Bezeichnungen zuzuordnen:

$\mathbf{N}$	=	{1, 2, 3, 4, ...}	Menge der natürlichen Zahlen
$\mathbf{N}_0$	=	{0, 1, 2, 3, 4, ...}	
$\mathbf{Z}$	=	{..., – 2, – 1, 0, 1, 2, 3, ...}	Menge der ganzen Zahlen
$\mathbf{Z}^+$	=	$\mathbf{N}$	
$\mathbf{Z}_0^+$	=	$\mathbf{N}_0$	
$\mathbf{Z}^-$	=	{..., – 3, – 2, – 1}	Menge der negativen ganzen Zahlen
$\mathbf{Q}$	=	{a/b | a, b ∈ **Z**, b ≠ 0}	Menge der rationalen Zahlen (Brüche)
$\mathbf{R}$		Menge der reellen Zahlen	
$\mathbf{C}$		Menge der komplexen Zahlen	
$\mathbf{P}$		Menge der Primzahlen	
$\mathbf{T}_n$		Menge der Teiler der Zahl n.	
$\mathbf{V}_n$		Menge der Vielfachen der Zahl n.	

Intervalle

Die Menge aller reellen Zahlen, die zwischen zwei fest gewählten reellen Zahlen a und b liegt, heißt ein Intervall mit den Rändern (Randpunkten) a und b.
Anschaulich bedeutet ein Intervall einen zusammenhängenden Teil des Zahlenstrahls.
Man unterscheidet folgende Fälle:

1. Abgeschlossene Intervalle (die Randpunkte gehören mit zum Intervall)
   $[\,a\,,b\,] = \{\,x \mid a \le x \le b\,\}_{\mathbf{R}}$

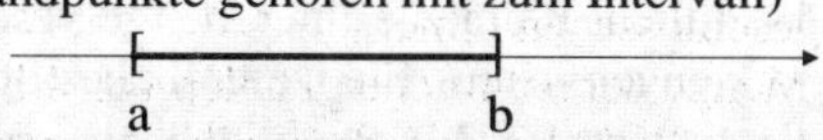

2. Offene Intervalle (die Randpunkte gehören nicht zum Intervall)
   $]\,a\,,b\,[= \{\,x \mid a < x < b\,\}_{\mathbf{R}}$

3. Halboffene Intervalle (nur ein Randpunkt gehört jeweils zum Intervall)
   $]\,a\,,b\,] = \{\,x \mid a < x \le b\,\}_{\mathbf{R}}$

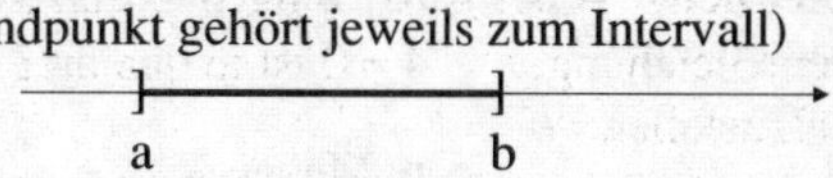

   $[\,a\,,b\,[= \{\,x \mid a \le x < b\,\}_{\mathbf{R}}$

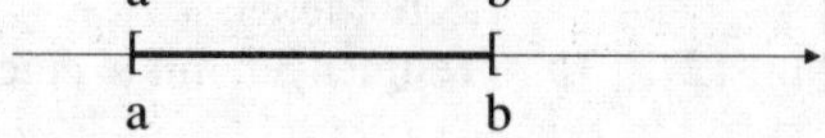

Teilmenge

Gehören sämtliche Elemente einer Menge A auch zu einer zweiten Menge B, so nennt man A eine *Teilmenge* von B. Dafür schreibt man kurz: $A \subseteq B$ (lies: A ist Teilmenge von B).
Somit gilt auch:

Jede Menge M ist stets Teilmenge von sich selbst: $M \subseteq M$

Ist A nicht Teilmenge von B, dann enthält A mindestens ein Element, das nicht auch zu B gehört:
$A \not\subseteq B$ (lies: A ist nicht Teilmenge von B).
Ist A Teilmenge von B und enthält B mindestens ein Element, das nicht ebenfalls zu A gehört, so heißt A echte Teilmenge von B: $A \subset B$ (lies: A ist echte Teilmenge von B).
Sind beispielsweise die Mengen $A = \{ x \mid x^2 - 6x + 9 = 0 \}$, $B = \{3\}$ und $C = \{ o \mid o < 3, o \text{ ist Primzahl} \}$ gegeben, so gilt: $A \subseteq B$, $A \subset C$ und $B \subset C$ mit $A = \{3\}$, $B = \{3\}$ und $C = \{2, 3\}$.

Eine Menge M, die kein Element enthält, heißt *leere Menge*: $M = \{ \}$.

Die leere Menge ist Teilmenge jeder Menge.

Beispiel:
Gesucht ist die Menge B der reellen Lösungen der Gleichung $x^2 + 1 = 0$.
Da die Gleichung keine reelle Lösung besitzt, gilt $B = \{ \}$.

Potenzmenge

Sind sämtliche Elemente einer Menge M selbst auch wieder Mengen, so nennt man M ein Mengensystem. Ein wesentliches Beispiel für ein solches Mengensystem ist die *Potenzmenge* P(M). Sie besteht aus sämtlichen Teilmengen der Menge M.

Beispiel:
Gesucht ist die Potenzmenge der Menge $A = \{1, 2, 3\}$. Sie besteht aus den Teilmengen:

1. $\{ \}$	leere Menge
2. $\{1\}, \{2\}, \{3\}$	Teilmengen mit je einem Element

3. $\{1, 2\}, \{1, 3\}, \{2, 3\}$ Teilmengen mit je zwei Elementen
4. $\{1, 2, 3\}$ Menge A selbst

Insgesamt gibt es $8 = 2^3$ Teilmengen.

Eine Menge mit n Elementen hat 2^n Teilmengen.

Mächtigkeit von Mengen

Unter der *Mächtigkeit* einer Menge M versteht man die Anzahl ihrer Elemente: $|M| = n$ (lies: M hat n Elemente).
Damit ist die Mächtigkeit einer Menge mit endlich vielen Elementen stets eine natürliche Zahl. Die Mächtigkeit der leeren Menge ist Null: $|\{\ \}| = 0$.
Die Mächtigkeit einer unendlichen Menge ist unendlich und somit keine natürliche Zahl mehr.

Beispiele:
Zu bestimmen ist die Mächtigkeit folgender Mengen:

	Menge in aufzählender Form	Mächtigkeit
$A = \{ x \mid x^2 - 1 = 0\}_{\mathbf{Z}}$	$A = \{-1, +1\}$	$\lvert A\rvert = 2$
$B = \{ y \mid y \text{ ist Primzahl}\}$		$\lvert B\rvert = "\infty"$
$C = \{ o \mid o < 1000\}_{\mathbf{N}}$	$C = \{1, 2, 3, ..., 998, 999\}$	$\lvert C\rvert = 999$
$D = \{ x \mid x^2 + 1 = 0\}_{\mathbf{R}}$	$D = \{\ \}$	$\lvert D\rvert = 0$
$E = \{ \bullet \mid \bullet \text{ ist Teiler von } 25\}$	$E = \{1, 5, 25\}$	$\lvert E\rvert = 3$

6. 2 RECHNEN MIT MENGEN

Die wichtigsten Verknüpfungen für das Rechnen mit Mengen sind die Bildung der Schnitt-, der Vereinigungs- und der Restmenge.

Schnittmenge

Die *Schnittmenge* zweier Mengen A und B enthält sämtliche Elemente, die zu A *und* zu B gehören, also beiden gemeinsam sind.
Die Schnittmenge $A \cap B$ (lies: A geschnitten mit B) läßt sich schreiben als:

$$A \cap B = \{\, x \mid x \in A \wedge x \in B \,\}$$

Mit dem Zeichen $\wedge$ ersetzt man die Verknüpfung "und".
Die Schnittmenge läßt sich recht gut über ein Venn-Diagramm veranschaulichen.

Beispiele:
Zu bestimmen ist jeweils die Schnittmenge der gegebenen Mengen.

1) $A = \{1, 2, 3, 4, 5, 6, 7\}$
$B = \{\, x \mid x^2 - 1 = 0 \}_{\mathbf{Z}}$

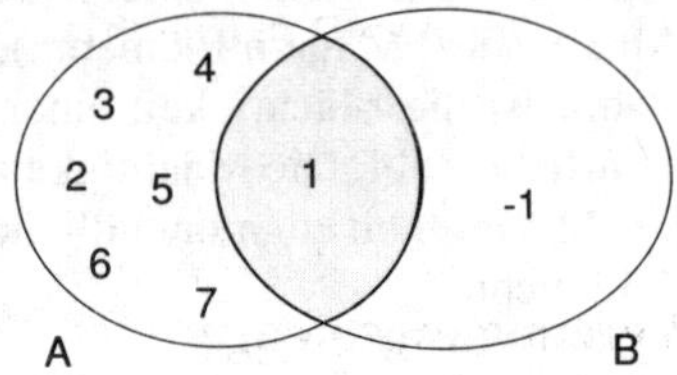

Es gilt $B = \{-1, +1\}$. Damit ergibt sich die Schnittmenge als $A \cap B = \{1\}$.
$A \cap B$ enthält alle gemeinsamen Elemente aus A *und* aus B.

2) $A = \{\, x \mid x < 6 \,\}_{\mathbf{N}}$
$B = \{\, o \mid o \text{ ist eine gerade Primzahl} \}$

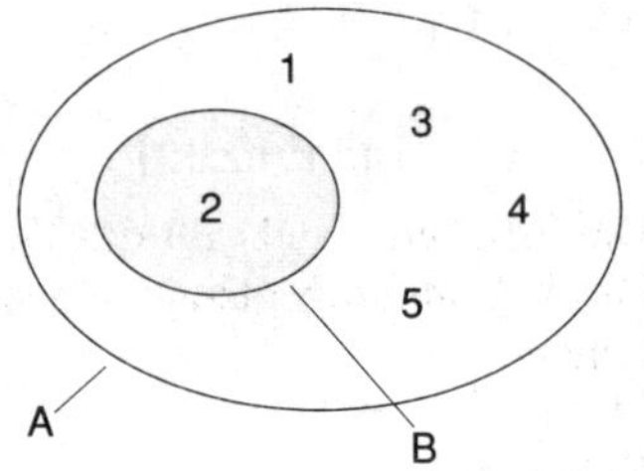

Es gilt $A = \{1, 2, 3, 4, 5\}$, $B = \{2\}$ und somit $B \subset A$.
Damit ergibt sich die Schnittmenge zu $A \cap B = \{2\} = B$.

3) $A = \{2, 4, 6, 8, ...\}$
$B = \{\, x \mid x \text{ ist eine Primzahl ungleich } 2 \,\}$

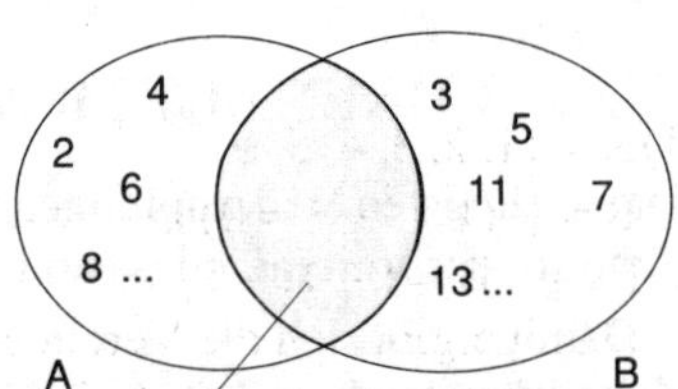

A und B haben kein gemeinsames Element

Da 2 die einzige gerade Primzahl ist, haben A und B kein Element gemeinsam, also ist $A \cap B = \{\ \}$.
Die Mengen A und B heißen in diesem Fall *elementfremd* oder *disjunkt*.
A und B haben kein gemeinsames Element.

Die Schnittmengenbildung ist auch auf mehr als zwei Mengen anwendbar.

4) $A = \{ x \mid x$ ist Vielfaches von 5 kleiner $30 \} = \{ 5, 10, 15, 20, 25 \}$
$B = \{ y \mid y$ ist Primzahl kleiner $10 \} = \{2, 3, 5, 7\}$
$C = \{ z \mid z$ ist Teiler von $25 \} = \{1, 5, 25\}$
Es gilt:

$A \cap B = \{5\}$
$A \cap C = \{5, 25\}$
$B \cap C = \{5\}$ und
$A \cap B \cap C = \{5\}$

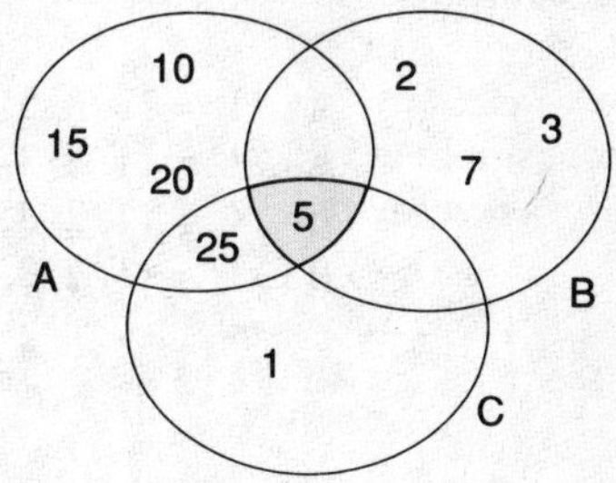

Vereinigungsmenge

Die *Vereinigungsmenge* zweier Mengen A und B enthält sämtliche Elemente, die zu A oder zu B gehören, also mindestens einer der beiden oder beiden Mengen angehören.
Die Vereinigungsmenge $A \cup B$ (lies: A vereinigt mit B) läßt sich schreiben als:

$$A \cup B = \{ x \mid x \in A \vee x \in B \}$$

Das Zeichen $\vee$ steht für die Verknüpfung "oder".
Die Vereinigungsmenge läßt sich recht gut über ein Venn-Diagramm veranschaulichen.

Beispiele:
Gesucht ist jeweils die Vereinigungsmenge der gegebenen Mengen.

1) $A = \{1, 2, 3, 4, 5, 6\}$
$B = \{ x \mid x^2 - 1 = 0\}\mathbf{z}$
Es gilt $B = \{ -1, +1\}$.
Damit ergibt sich die Vereinigungsmenge zu
$A \cup B = \{ -1, 1, 2, 3, 4, 5, 6\}$.

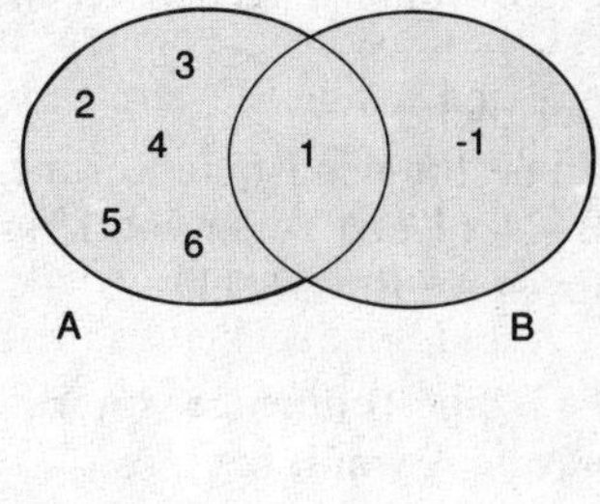

Die Vereinigungsmenge ist auch auf mehr als zwei Mengen anwendbar.

2) A = { x | x ist Vielfaches von 5 kleiner 30 } = { 5, 10, 15, 20, 25}
B = { y | y ist Primzahl kleiner 10} = {2, 3, 5, 7}
C = { z | z ist Teiler von 6} = {1, 2, 3, 6}
Es gilt:

$$A \cup B = \{2, 3, 5, 7, 10, 15, 20, 25\}$$
$$A \cup C = \{1, 2, 3, 5, 6, 10, 15, 20, 25\}$$
$$B \cup C = \{1, 2, 3, 5, 6, 7\}$$
$$A \cup B \cup C = \{1, 2, 3, 5, 6, 7, 10, 15, 20, 25\}$$

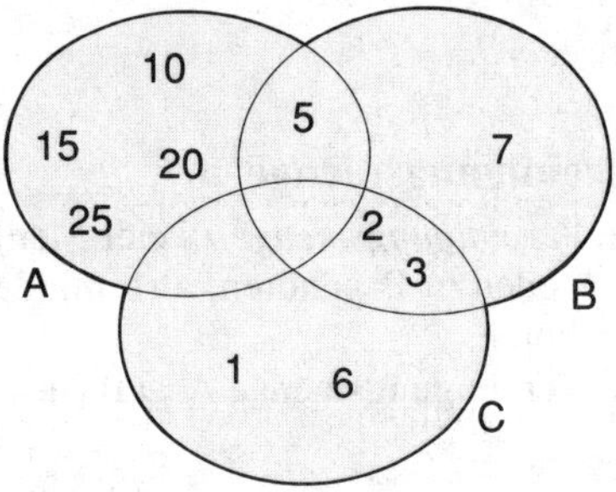

Restmenge - Komplementmenge

Die *Restmenge* der Menge A bzgl. der Menge B enthält sämtlich Elemente aus A, die nicht gleichzeitig zu B gehören.
Die Restmenge A \ B (lies: A ohne B) läßt sich schreiben als:

$$A \setminus B = \{ x \mid x \in A \wedge x \notin B \}$$

Die Restmenge läßt sich recht gut über ein Venn-Diagramm veranschaulichen.

Beispiel:
Zu bestimmen ist die Restmenge der Menge A = {1, 3, 5, 7, 11} bzgl. der Menge B = { x | x ist Teiler von 15} = {1, 3, 5, 15}
Es ist A \ B = {7, 11}.

Ist B eine Teilmenge von A, so nennt man die Restmenge A \ B auch *Komplementmenge* $\overline{A}$ von B bzgl. A.

Beispiel:

Gesucht ist die Komplementmenge von B bzgl. A
für A = {1, 5, 10, 15, 20, 25} und
B = {1, 5, 25}.

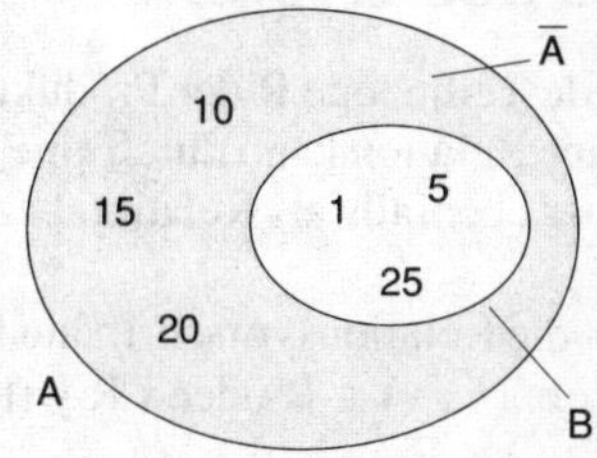

Es ist $\overline{A} = A \setminus B = \{10, 15, 20\}$ mit
$B \cup \overline{A} = B \cup (A \setminus B) = A$

Produktmenge

Geordnete Paare

Ein *geordnetes Paar* (a ; b) ist eine Anordnung von zwei Elementen, bei der a eindeutig als erstes und b als zweites Element festgelegt ist. Eine Vertauschung der beiden Elemente ist i.allg. nicht zulässig.
Zwei geordnete Paare $(a_1 ; b_1)$ und $(a_2 ; b_2)$ sind genau dann gleich, wenn $a_1 = a_2$ und $b_1 = b_2$ ist.

Beispiele:

1) Jede komplexe Zahl läßt sich als geordnetes Paar (a ; b) schreiben. Dabei ist $a \in \mathbf{R}$ der Real- und $b \in \mathbf{R}$ der Imaginärteil der —> komplexen Zahl.
2) Jeder Punkt der euklidischen Ebene kann eindeutig durch ein Zahlenpaar (x ; y) mit $x, y \in \mathbf{R}$ beschrieben werden. Dabei bedeutet x die erste und y die zweite —> Koordianate.

Die Produktmenge $M \times N$ (lies: kartesisches Produkt von M und N) zweier Mengen M und N enthält sämtliche geordneten Paare (a ; b) mit $a \in M$ und $b \in N$.
Im weiteren sollen nur Produktmengen der Form $M \times M$ betrachtet werden, da sie - wie die obigen Beispiele bereits andeuten - die häufigste Anwendungsform darstellen.

Beispiele:

1) Die Menge der komplexen Zahlen **C** läßt sich als kartesisches Produkt der Menge der reellen Zahlen mit sich $\mathbf{R} \times \mathbf{R} = \mathbf{R}^2$ auffassen (s.o.).
2) Die Menge der Punkte der euklidischen Ebene ist ebenfalls als kartesisches Produkt $\mathbf{R} \times \mathbf{R} = \mathbf{R}^2$ darstellbar (s.o.).

6.3 RELATIONEN

Jede Teilmenge R der Produktmenge $M \times M$ heißt eine *Relation* in M.
Eine Relation kann durch eine Relationsvorschrift bestimmt sein. Diese wird i.allg. aber ebenfalls als Relation bezeichnet.

Ist die Relationsvorschrift auf zwei Elemente $x, y \in M$ anwendbar, so schreibt man kurz: $(x ; y) \in R$ oder x R y (lies: x steht in in Relation zu y); im anderen Fall gilt $(x ; y) \notin R$.

Dabei heißt die Menge aller vorkommenden x-Werte der Vorbereich V(R) und die der vorkommenden y-Werte der Nachbereich N(R) der Relation.

Beispiel:
Für die Menge A = {1, 2, 3, 6} führt die Relationsvorschrift "x ist Teiler von y" auf folgende Relation:
R = {(1, 1), (1, 2), (1, 3), (1, 6), (2, 2), (2, 6), (3, 3), (3, 6), (6, 6)}
mit V(R) = {1, 2, 3, 6} und N(R) = {1, 2, 3, 6}.

Ein Relation ist sehr anschaulich als Pfeildiagramm darstellbar.

Für die Relation $R = \{ (x ; y) \mid x|y \}_{A \times A}$
(Menge aller Paare (x ; y) mit der Eigenschaft: x teilt y)
mit A = {1, 2, 3, 6} ergibt sich:

(Ringpfeil: jede Zahl a teilt sich selbst
gerader Pfeil: a teilt b)

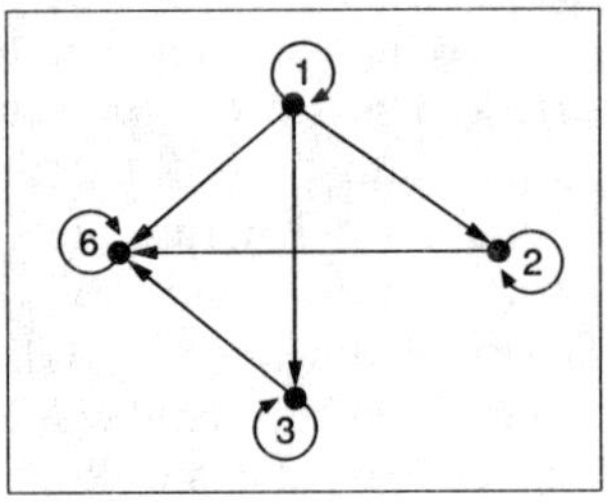

Zu jeder Relation R gibt es eine Umkehrrelation (inverse Relation)
$R^{-1} = \{ (y ; x) \mid (x ; y) \in R \}_{M \times M}$.
Die zugehörigen Paare lassen sich leicht durch Vertauschen der x- und y- Werte angeben.

Beispiele:
1) R_1: a ist Teiler von b (durch einen Pfeil dargestellt)
für T_{10} = { 1, 2, 5, 10 }

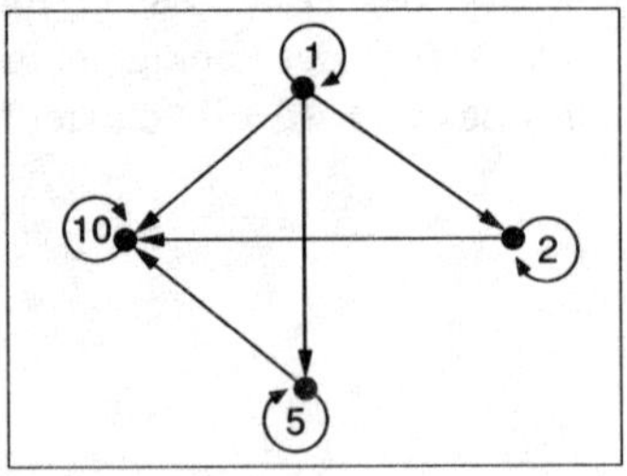

R_1^{-1}: b ist Vielfaches von a
(durch einen gestrichelten Pfeil dargestellt)
für T_{10} = { 1, 2, 5, 10 }

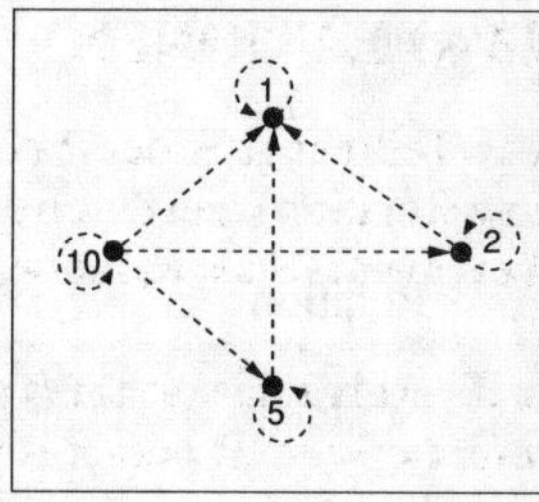

2) R_2: a ist größer als b
für A = { 2, 4, 6, 8 }

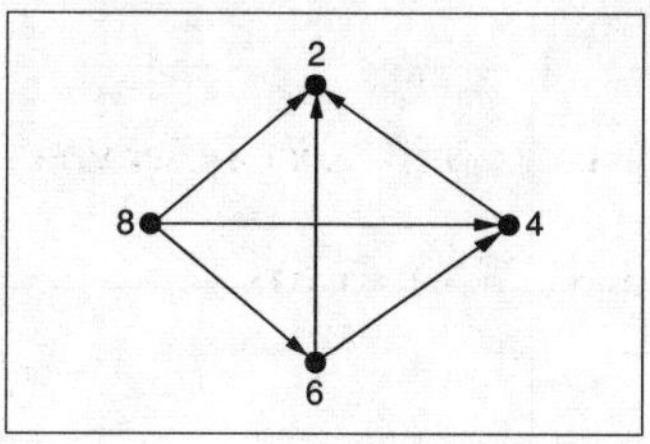

R_2^{-1}: b ist kleiner als a
für A = {2, 4, 6, 8 }

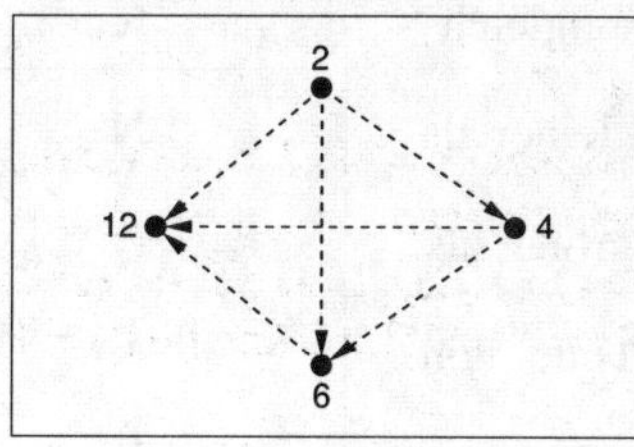

EIGENSCHAFTEN VON RELATIONEN

Die wichtigsten Eigenschaften , die eine Relation haben kann, sind Reflexivität, Symmetrie und Transitivität. Diese Eigenschaften sind der folgenden Übersicht zusammengestellt.

Eigenschaft	Bedingung	Darstellung im Pfeildiagramm
reflexiv	Für alle x ∈ M gilt: x R x	 JedesElement hat einen Ringpfeil
symmetrisch	Für alle x, y ∈ M gilt: aus x R y folgt stets y R x	x ⇄ y Zu jedem Pfeil gibt es stets einen "Rückpfeil"
transitiv	Für alle x, y, z ∈ M gilt: wenn x R y und y R z so folgt stets x R z	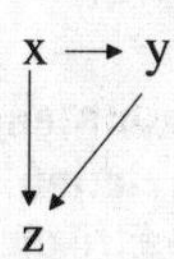 Gibt es einen Pfeil von x nach y und einen von y nach z, so gibt es stets einen Pfeil direkt von x nach z.

Beispiele:

Relation	in Menge	Eigenschaft reflexiv	symmetrisch	transitiv
ist gleich	**N**	+	+	+
ist gleich	**Z**	+	+	+
ist ungleich	**N**	–	+	–
ist ungleich	**R**	–	+	–
ist kleiner als	**N**	–	–	+
ist größer als	**Q**	–	–	+
ist Teiler von	**N**	+	–	+
ist Vielfaches von	**R**	+	–	+
ist echte Teilmenge von	P(A) mit A ≠ { }	–	–	+

Äquivalenzrelationen

Ist eine Relation in einer Menge M reflexiv, symmetrisch und transitiv, so nennt man sie eine *Äquivalenzrelation.* Gilt bei einer solchen Relation für zwei beliebige Elemente a, b ∈ M die Beziehung a R b, so heißen die Elemente a und b äquivalent bzgl. R oder äquivalent mod R. Dafür schreibt man kurz: a ~ b (mod R).

Beispiele:

1) Gleichheitsrelation in einer Menge M
2) Parallelität von Geraden in einer Menge von Geraden der euklidischen Ebene
3) Quotientengleichheit in der Menge **Q** der rationalen Zahlen
4) Kongruenzrelation in einer Menge von Dreiecken

Ordnungsrelationen

Ist eine Relation R in einer Menge M reflexiv, transitiv und *asymmetrisch*, so nennt man sie eine Ordnungsrelation.
Eine Relation ist asymmetrisch, wenn es keine Elemente x, y ∈ M mit x R y und y R x gibt. Anschaulich bedeutet dies, daß es keine "Rückpfeile" gibt.

Beispiel:
R = { (x , y) | x|y }$_{A \times A}$ mit A = { 2, 4, 6, 12 }

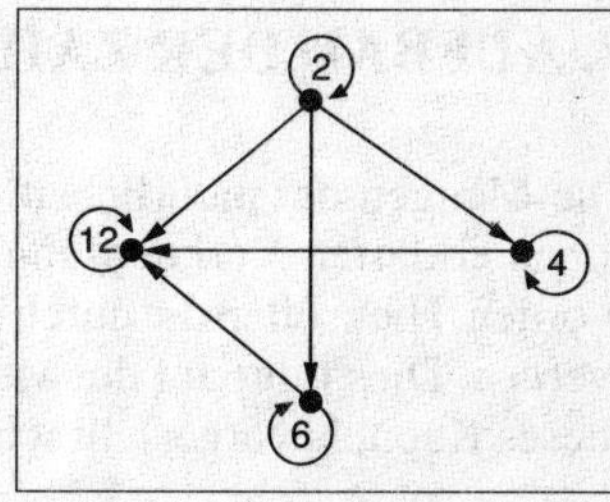

R ist 1. reflexiv
2. asymmetrisch
3. transitiv
und damit eine Ordnungsrelation.

Ist eine Relation in einer Menge M asymmetrisch, transitiv und *antireflexiv*, so nennt man sie eine *strenge Ordnungsrelation*.
Eine Relation ist antireflexiv, wenn es kein x mit x R x gibt. Anschaulich bedeutet dies, daß es für kein x ∈ R einen Ringpfeil gibt.

Beispiel:
R = { (x , y) | x < y }$_{B \times B}$ mit B = { 1, 2, 3, 6 }

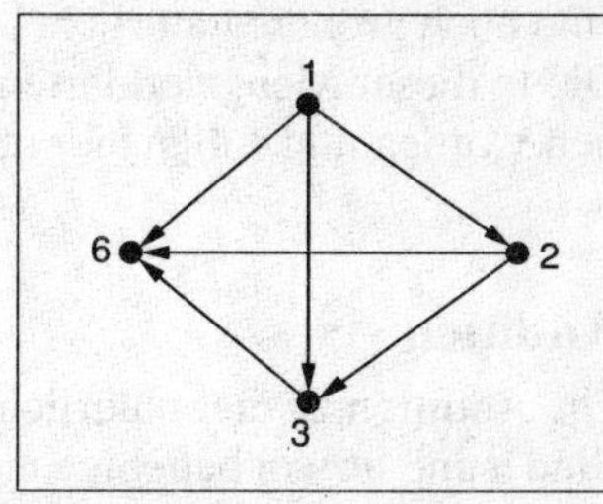

R ist 1. antireflexiv
2. asymmetrisch
3. transitiv
und damit eine strenge Ordnungsrelation.

7. AUFBAU DER ZAHLBEREICHE

Die Mengen der natürlichen, ganzen, rationalen und reellen Zahlen sowie die in ihnen erklärten Verknüpfungen sind in den ersten Kapiteln eingehend behandelt worden. Hier sollen die durch sie gegebenen Möglichkeiten und Grenzen betrachtet werden. Dies führt auf die Menge der komplexen Zahlen, die im letzten Abschnitt dieses Kapitels vorgestellt wird.

7.1 DIE MENGE N DER NATÜRLICHEN ZAHLEN

Die Menge der natürlichen Zahlen $\mathbf{N} = \{ 1, 2, 3, ... \}$ enthält unendlich viele Elemente.
Es gibt keine größte natürliche Zahl. Durch die Addition von z.B. 1 erhält man stets eine noch größere natürliche Zahl.
Die in dieser Menge erklärten Verknüpfungen sind in Kapitel 1 eingehend behandelt worden und sollen hier nur wiederholend zusammengestellt werden.

Addition

Die Addition zweier natürlicher Zahlen ist stets eindeutig ausführbar.
Sind a und b zwei beliebige natürliche Zahlen, so ist deren Summe $s = a + b$ wieder eine eindeutig bestimmte natürliche Zahl.

Rechenregeln der Addition

Für alle $a, b, c \in \mathbf{N}$ gilt:

1. $a + (b + c) = (a + b) + c$ (Assoziativgesetz)
2. $a + b = b + a$ (Kommutativgesetz)

Subtraktion

Die Subtraktion zweier natürlicher Zahlen ist nur beschränkt ausführbar, d.h. die Gleichung $a - b = d$ mit $a, b, d \in \mathbf{N}$ ist nur dann in **N** lösbar, wenn a größer b ist: $a > b$.

Multiplikation

Die Multiplikation zweier natürlicher Zahlen ist stets ausführbar.
Sind a und b zwei beliebige natürliche Zahlen, so ist deren Produkt $p = a \cdot b$ eine eindeutig bestimmte natürliche Zahl.

Rechenregeln der Multiplikation

Für alle a, b, c $\in$ **N** gilt:

1. $a \cdot (b \cdot c) = (a \cdot b) \cdot c$ (Assoziativgesetz)
2. $a \cdot b = b \cdot a$ (Kommutativgesetz)

Außerdem gilt das Distributivgesetz, das die Multiplikation mit der Addition verknüpft:

$$a \cdot (b + c) = a \cdot b + a \cdot c.$$

Dies gilt auch beschränkt in der Form

$$a \cdot (b - c) = a \cdot b - a \cdot c, \text{ wenn } b > c \text{ ist.}$$

Division

Die Division zweier natürlicher Zahlen ist nur beschränkt ausführbar, d.h. die Gleichung $a : b = q$ mit a, b, q $\in$ **N** ist nur dann lösbar, wenn a ein natürliches Vielfaches von b ist: $a = q \cdot b$ mit q $\in$ **N**.
Dann gilt $a : b = (q \cdot b) : b = q$.

1. ZAHLENBEREICHSERWEITERUNG $\mathbf{N_0}$

Es ist ein Grundprinzip der Mathematik, daß bei einer Erweiterung des Zahlenbereichs, die ursprünglichen Zahlen eine Teilmenge der neuen Menge bilden und die Verknüpfungen und Rechenregeln der ursprünglichen Zahlen auch weiterhin gültig bleiben. (*Permanenzprinzip*)
Die Erweiterung des Zahlenbereichs von **N** auf $\mathbf{N_0}$ führt zu einer kleinen, aber wesentlichen Ergänzung:

$$\mathbf{N_0} = N \cup \{ 0 \} = \{ 0, 1, 2, 3, ... \}.$$

Die Gleichung $a - b = d$ mit a, b, d $\in \mathbf{N_0}$ ist nun genau dann lösbar, wenn a größer oder gleich b ist: $a \geq b$. Man kann in dieser Menge auch zwei gleiche Zahlen subtrahieren, z.B. $q - q = 0$.
Die Besonderheit der Null wird dadurch deutlich, daß sie zu einer beliebigen natürlichen Zahl a addiert, den Wert dieser Zahl nicht verändert: $a + 0 = 0 + a = a$.
Stellt man die Menge $\mathbf{N_0}$ auf den Zahlenstrahl dar, so erhält man folgendes Bild:

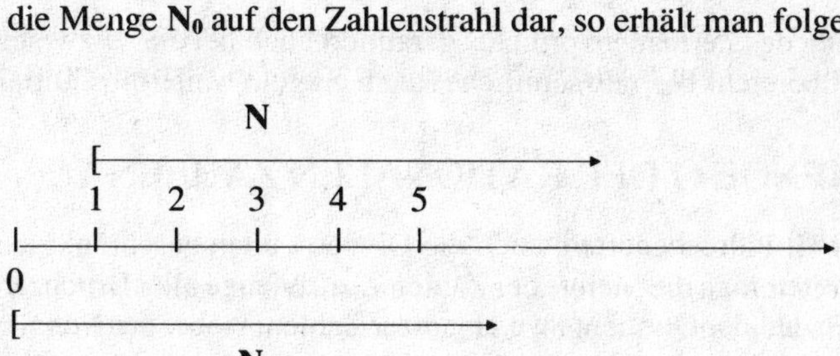

Die Einhaltung des Permanenzprinzips garantiert, daß man in der Menge $\mathbf{N}_0$ ebenso rechnen kann, wie bisher in der Menge der natürlichen Zahlen. Die Subtraktion und Division sind weiterhin nur bedingt möglich.
Durch schrittweise Erweiterung des Zahlenbereichs $\mathbf{N}_0$ werden auch diese Beschränkungen abgebaut.

7.2 DIE MENGE **Z** DER GANZEN ZAHLEN

Um eine uneingeschränkte Subtraktion zu ermöglichen, erweitert man die Menge $\mathbf{N}_0$ um die negativen Zahlen: – 1, – 2, – 3, – 4, ... Dies führt auf die *Menge* ***Z*** *der ganzen Zahlen*:
$\mathbf{Z} = \{ ..., -3, -2, -1, 0, 1, 2, 3, ... \}$
Auf dem Zahlenstrahl ergibt sich dann folgende Darstellung:

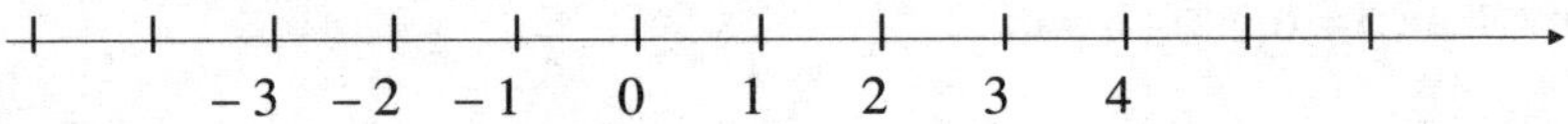

In dieser Menge sind Addition und Subtraktion uneingeschränkt ausführbar. Zu zwei beliebigen ganzen Zahlen a und b gibt es stets eine ganze Zahl $s = a + b$, die Summe und eine weitere ganze Zahl $d = a - b$, die Differenz der Zahlen a und b. Dabei läßt sich die Subtraktion in **Z** stets auf die Addition zurückführen, z.B. gilt $15 - 7 = 15 + (-7) = 8$.

Zu jeder ganzen Zahl $a \in \mathbf{Z}$ gibt es eine Gegenzahl $-a \in \mathbf{Z}$, deren Summe den Wert Null ergibt: $a + (-a) = 0$.

Von den Punktrechenarten ist nur die Multiplikation uneingeschränkt ausführbar.

Für die Division bleibt die Einschränkung noch bestehen z.B, gilt: $(-8) : x = 4$ hat die ganzzahlige Lösung $x = -2$, während $(-7) : x = 4$ in **Z** nicht lösbar ist.

Die Beachtung des Permanenzprinzips garantiert auch bei dieser zweiten Erweiterung des Zahlbereichs $\mathbf{N}_0$, daß sämtliche Rechenregeln weiterhin Gültigkeit haben.

7.3 DIE MENGE **Q** DER RATIONALEN ZAHLEN

Um alle vier Grundrechenarten, auch die Division uneingeschränkt ausführen zu können, erweitert man die Menge der Zahlen **Z** zur Menge aller Bruchzahlen. Dabei ist jede Bruchzahl der Quotient zweier ganzer Zahlen, wobei der Nenner nicht Null sein darf. Die Menge aller Brüche nennt man die *rationalen Zahlen* ***Q***:

$\mathbf{Q} = \{\frac{a}{b} \mid a, b \in \mathbf{Z}, b \neq 0\}$. Jede ganze Zahl a ∈ Z läßt sich dabei in der Form $\frac{a}{1}$ schreiben. In diesem Sinne sind die ganzen Zahlen Teilmenge der rationalen Zahlen **Q**. Stellt man die rationalen Zahlen auf dem Zahlenstrahl dar, so ergibt sich folgende Graphik:

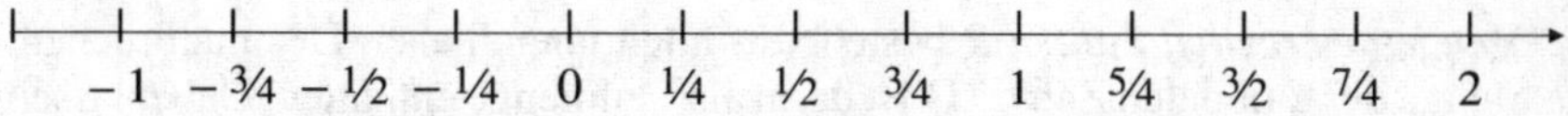

Jeder Bruch $\frac{a}{b}$ läßt sich entweder als endliche oder als periodische Dezimalzahl schreiben, z.B.

$\frac{1}{4} = 0{,}25$; $\frac{5}{8} = 3{,}625$; $\frac{1}{3} = 0{,}333 \ldots 333 \ldots = 0{,}\overline{3}$ oder

$\frac{1}{7} = 0{,}142857\ 142857 \ldots = 0{,}\overline{142857}$

Diese Darstellung ist von Taschenrechner her bekannt. Es werden dort aber stets endliche Dezimalbrüche ausgegeben, auch im Falle von periodischen und somit unendlichen Dezimalbrüchen.

Zu jeder rationalen Zahl $\frac{a}{b} \in \mathbf{Q}$ gibt es eine Zahl $\frac{b}{a} \in \mathbf{Q}$, der Kehrwert von $\frac{a}{b}$ genannt, deren Produkt stets den Wert 1 hat: $\frac{a}{b} \cdot \frac{b}{a} = \frac{a \cdot b}{b \cdot a} = 1$.

Alle vier Grundrechenarten, auch die Division, sind in dieser Menge uneingeschränkt ausführbar.

Sind $\frac{a}{b}$ und $\frac{c}{d}$ zwei beliebige rationale Zahlen, so in deren Qotient $q = \frac{a}{b} : \frac{c}{d}$ wieder eine eindeutig bestimmte rationale Zahl. Dabei läßt sich die Division in **Q** stets auf die Multiplikation zurückführen, z.B. gilt: $\frac{1}{2} : \frac{2}{3} = \frac{1}{2} \cdot \frac{3}{2} = \frac{1 \cdot 3}{2 \cdot 2} = \frac{3}{4}$.

Ebenso gelten sämtliche Rechenregeln nach wie vor ohne Einschränkung.

Trotzdem bleiben noch Wünsche offen: Die Kreiszahl π = 3,141 592... ist weder endlich noch periodisch und somit nicht rational. Mit modernen Rechenanlagen hat man diese Zahl schon auf mehrere Millionen Stellen hinter dem Komma berechnet. Hier eine Angabe mit den ersten 30 Nachkommastellen:

π = 3,141 592 653 897 932 384 626 433 832 795 ...

Die Gleichung $x^2 - 2 = 0$ hat die Lösung $x = \pm\sqrt{2}$. Man kann zeigen, daß auch die Zahl $\sqrt{2}$ nicht rational ist, d.h. sie ist weder durch einen endlichen noch durch einen periodischen Dezimalbruch darstellbar.

7.4 DIE MENGE **R** DER REELLEN ZAHLEN - GRENZEN

Die Menge der reellen Zahlen ***R*** besteht aus allen unendlichen Dezimalbrüchen. Die Menge der rationalen Zahlen **Q** ist darin als Teilmenge enthalten. Dabei lassen sich die endlichen Dezimalbrüche durch anhängen von Nullen als unendliche Dezimalbrüche darstellen, z.B.

$$\frac{5}{4} = 1{,}2 = 1{,}20000 \ldots 000 \ldots \qquad \text{oder} \qquad \frac{4}{1} = 4 = 4{,}0000 \ldots 00 \ldots$$

Für die periodischen Dezimalbrüche entfällt dieses Auffüllen der Nachkommastellen, da sie bereits unendlich sind, z.B.

$$\frac{2}{9} = 0{,}\overline{2} = 0{,}22222 \ldots 222 \ldots \qquad \text{oder} \qquad 7\,\tfrac{1}{3} = 7{,}\overline{3} = 7{,}333 \ldots 333 \ldots$$

In der Menge der reellen Zahlen sind sämtliche vier Grundrechenarten stets eindeutig ausführbar und die entsprechenden Rechenregeln gelten uneingeschränkt. Außerdem sind Potenzieren mit ganzzahligen Hochzahlen und Wurzelziehen aus positiven Zahlen stets ausführbar. Eine Einschränkung, die in **R** bestehen bleibt, ist das Ziehen von Wurzeln aus negativen Zahlen. Die Gleichung $x^2 + 1 = 0$ hat keine reelle Lösung.

7.5 DIE MENGE C DER KOMPLEXEN ZAHLEN

Beispiele für in R unlösbare Gleichungen

Die Gleichung $x^2 = -1$ hat keine reelle Lösung x, da das Quadrat jeder reellen Zahl *nie negativ* ist.

Eine Gleichung vom Typ $x^2 + px + q = 0$ heißt quadratische Gleichung, ihre Lösung kann mit einer Lösungsformel, der sogenannten "p - q - Formel", ermittelt werden. Die Anwendung dieser p - q - Formel auf die quadratische Gleichung $x^2 - 2x + 5 = 0$ führt auf die beiden Aussagen $x_1 = 1 + \sqrt{-4}$ und $x_2 = 1 - \sqrt{-4}$; wegen des negativen Radikanden – 4 sind x_1 und x_2 somit *keine reellen* Lösungen. Nicht lösbare Probleme von der oben gezeigten Art weisen auf die Notwendigkeit einer *Zahlenbereichserweiterung der reellen Zahlen* hin.

Zahlenbereichserweiterung

Aus dem Permanenzprinzip folgt, daß $x_1 = \sqrt{-1}$ eine Lösung der Gleichung $x^2 = -1$ in einem erweiterten Zahlenbereich sein muß; somit wird die neue Zahl i definiert:

> $i = \sqrt{-1}$ ist Lösung von $x^2 = -1$, es gilt also $i^2 = -1$.
> i heißt die *imaginäre Einheit*.

Auch die Regel $\sqrt{a \cdot b} = \sqrt{a} \cdot \sqrt{b}$ soll bei einer Zahlbereichserweiterung gültig bleiben. Somit folgt $\sqrt{-4} = \sqrt{(-1) \cdot 4} = \sqrt{-1} \cdot \sqrt{4} = i \cdot 2$.
Ein Term vom Typ $i \cdot r$, $r \in$ **R** heißt eine *imaginäre Zahl.*

Als (zunächst formelle) Lösungen der Gleichung $x^2 - 2x + 5 = 0$ treten somit die Terme $x_1 = 1 + 2i$ und $x_2 = 1 - 2i$ auf. Dieses macht die Einführung der folgenden Definition naheliegend.

> Definition: Ein Term $a + i \cdot b$ mit reellen Zahlen a, b und der imaginären Einheit i heißt eine *komplexe Zahl*.

a ist der Realteil von $z = a + i \cdot b$, kurz: a = Re (z), b ist der Imaginärteil von z, b = Im (z).
Die Menge aller komplexen Zahlen wird durch das Symbol **C** bezeichnet.

Beispiel für komplexe Zahlen:

$z_1 = 2 - i$; $t_2 = 2 + 0{,}5\,i$; $z_3 = 2i$; $z_4 = 3\ (= 3 + 0 \cdot i)$; $z_5 = 4i\ (= 0 + 4 \cdot i)$

Einbettung von R in C

Jede reelle Zahl r kann als eine spezielle komplexe Zahl gedeutet werden: $z = r + 0 \cdot i$; in diesem Sinne ist **R** eine Teilmenge von **C**.

Paarschreibweise

Eine andere, seltenere Schreibweise für $z = a + i \cdot b$ ist die Darstellung als geordnetes Paar: z = (a ; b).

Beispiele:

2 – 3 i = (2 ; 3), i = (0 ; 1), a = (a ; 0) für reelles a.

Gleichheit komplexer Zahlen

Zwei komplexe Zahlen z_1, z_2 sind genau dann gleich, wenn ihre Real- und Imaginärteile jeweils übereinstimmen.
Aus $a + i \cdot 2\,b = 3 + i \cdot 2$ folgt dann: a = 3 und 2 b = 2;
aus $1 + 2\,i = x + 3 + (3 - y) \cdot i$ folgt: 1 = x + 3 und 2 = 3 – y.

Keine Anordnung (<) möglich

Zwei reelle Zahlen $x \neq y$ lassen sich stets durch die Relation < ordnen.
Die Einführung dieser Relation in **C** würde sofort auf mathematische Widersprüche stoßen und ist somit nicht möglich. Das Fehlen einer Anordnungsrelation für die komplexen Zahlen hat zur Folge, daß sich die Zahlenmenge **C** nicht auf einer Zahlengeraden veranschaulichen läßt.

8. GLEICHUNGEN

8.1 ÜBERBLICK

Sind Terme mit einem Gleichheitszeichen verbunden, so spricht man von Gleichungen. Sie enthalten in der Regel Buchstaben oder Variable. Gilt eine Gleichung für alle Werte der vorkommenden Buchstaben, so nennt man sie *identische Gleichung* oder *allgemeingültig*: $a + b = b + a$.

Gleichungen, die nur für einen oder mehrere Werte gültig sind, nennt man dagegen *Bestimmungsgleichungen*, wobei die Variable x meist als Unbekannte bezeichnet wird: $x - 2 = 0$

Die Zahlenmenge, aus der x gewählt werden kann, ist die *Grundmenge*. Die Menge aller Werte, die die Gleichung erfüllen, nennt man die *Lösungsmenge*.
Bestimmungsgleichungen können Variable oder Zahlen enthalten, aber auch an der Stelle der Zahlen weitere Variable, die als *Formvariable* bezeichnet werden:
$a x^2 + b x - c = 0$
x ist die Unbekannte; a, b und c sind Formvariable. Sie stehen für fest vorgegebene Zahlen, die man in die Bestimmungsgleichung oder in die Lösung einsetzen kann.
Sind die Terme einer Bestimmungsgleichung Polynome, d.h. bestehen sie aus einer Summe von Potenzen der Variablen x, so nennt man die Gleichung *algebraisch*:
$x^3 + 2x^2 + 3x - 2 = 0$

Sie hat die allgemeine Form:

$$a_n x^n + a_{n-1} x^{n-1} + a_{n-2} x^{n-2} + \ldots + a_1 x^1 + a_0 = 0$$

n ist die höchste vorkommende Potenz und bestimmt die *Ordnung* oder den *Grad* der Gleichung.
a_n, a_{n-1} usw. sind die *Koeffizienten* der Potenzen,
a_0 das *absolute Glied* (ohne Variable).
Eine algebraische Gleichung, in der die Variablen nur in der 1. Potenz vorkommen, nennt man *linear*:
$2x + 4 = 0$

Ist die höchste Potenz einer Variablen ein Quadrat, so nennt man die Gleichung *quadratisch*:
$2x^2 - 4x - 6 = 0$

Eine Gleichung 3. Grades ist eine *kubische* Gleichung:
$x^3 + 2x^2 - 1 = 0$

Ein spezieller Gleichungstyp 4. Grades ist die *biquadratische* Gleichung. Sie enthält als Potenzen der Variablen nur x^4 und x^2:
$x^4 - 2x^2 - 3 = 0$

Neben Gleichungen mit einer Unbekannten gibt es es auch solche mit mehreren:
$-2x + y = -3$

Sollen mehrere Gleichungen gleichzeitig erfüllt sein, so spricht man von *Gleichungssystemen*:

I	$-2x$	$+y$	$=$	-3
II	x	$+2y$	$=$	4

Enthält eine Gleichung Nenner mit algebraischen Termen, so handelt es sich um eine *Bruchgleichung*:

$$\frac{x}{x+2} + \frac{4}{x+6} = 1$$

Gleichungen mit Wurzelausdrücken nennt man *Wurzelgleichungen*
$x + \sqrt{5x + 10} = 8$

Treten in einer Gleichung *transzendente* Terme auf, wie etwa Exponential- und Logarithmusfunktionen oder trigonometrische Funktionen, so nennt man die Gleichung *transzendent*:
$lg\,(3x) = 2 + lg\,(x - 1)$

Sind Terme mit einem Kleiner- oder Größerzeichen verbunden, so nennt man den Ausdruck *Ungleichung*:
$4x + 3 < 5$

8.2 ALLGEMEINE HINWEISE ZUR LÖSUNG VON BESTIMMUNGSGLEICHUNGEN

Gleichungen mit *einer* Variablen werden im allgemeinen gelöst, indem man sie soweit umformt, bis die Variable x *allein* auf der *linken* Seite des Gleichheitszeichens steht, z.B. $x = 3$.
Die Umformungsschritte dürfen die Lösungsmenge einer Gleichung nicht verändern. Die umgeformte Gleichung muß *äquivalent* zur vorhergehenden Gleichung sein. Ihre *Äquivalenz* kennzeichnet man mit dem sog. *Äquivalenzpfeil* $\Leftrightarrow$.

Beispiel:
$2x + 4 = 0 \Leftrightarrow 4 + 2x = 0$ bedeutet:
$2x + 4 = 0$ ist äquivalent zu $4 + 2x = 0$, d.h. sie haben die gleiche Lösungsmenge.

Äquivalente Umformungen

a) Umformungen auf *einer Seite* einer Gleichung:

Beispiele:

1) Ausführung einer Addition
$3 + 5 + 2x = 0 \Leftrightarrow 8 + 2x = 0$

2) Anwendung des Kommutativgesetzes
$2x + 5 = 7 \Leftrightarrow 5 + 2x = 7$

3) Anwendung des Distributivgesetzes
$5 \cdot (3x - 4) = 0 \Leftrightarrow 15x - 20 = 0$

4) Anwendung der Potenzgesetze
$2x^2 \cdot x^3 + 4 = 0 \Leftrightarrow 2x^5 + 4 = 0$

b) Die Addition oder Subtraktion einer Zahl auf beiden Seiten einer Gleichung:

Beispiel:
Addition der Zahl 2 auf beiden Seiten:
$5x - 2 = 8 \Leftrightarrow 5x - 2 + 2 = 8 + 2$

Man notiert Rechenoperationen, die beide Seiten einer Gleichung betreffen, hinter derselben, indem man die Operation mit einem Strich abtrennt.

$5x - 2 = 8 \quad | +2$
$5x - 2 + 2 = 8 + 2$

c) Die Addition oder Subtraktion von Vielfachen einer Variablen:

Beispiel:
$5x - 2 = 8 \quad | +2x$
$5x - 2 + 2x = 8 + 2x$

d) Die Multiplikation oder Division beider Seiten mit einer Zahl. Diese Zahl darf nicht Null sein!

Beispiel:

$$5x-2 = 8 \quad | \cdot 2$$

$$(5x-2)\cdot 2 = 8 \cdot 2$$

e) Das Vertauschen der beiden Seiten einer Gleichung:

$$4x^2-2=5x \Leftrightarrow 5x=4x^2-2$$

Bei bestimmten Gleichungen (z.B. Wurzelgleichungen) sind zu ihrer Lösung Umformungen notwendig, die nicht äquivalent sind, wie etwa das *Quadrieren* oder *Wurzelziehen* beider Seiten einer Gleichung. In diesen Fällen ist die Wirkung der Operation auf die Lösungsmenge mit einer *Probe* zu untersuchen.
Die Lösung oder Lösungen gibt man entweder als Lösungsmenge an, oder mit Variablen, die mit einem *Index* versehen sind.

Beispiel:
Die Gleichung $x^2 = 4$ hat die Lösungen 2 und – 2. Man schreibt entweder $\boldsymbol{L} = \{2\,;\,-2\}$ oder $x_1 = 2$ und $x_2 = -2$.

Hat eine Gleichung *keine* Lösung, so schreibt man dies in Worten oder mit $\boldsymbol{L} = \varnothing$, d.h. die Lösungsmenge ist leer.

Hat die Gleichung die Grundmenge als Lösungsmenge, so schreibt man $\boldsymbol{L} = \boldsymbol{G}$.

Achtung:
Gleiche Gleichungen mit unterschiedlichen Grundmengen können auch unterschiedliche Lösungsmengen haben.

Beispiel:
$2x = 5$ hat in der Grundmenge der rationalen Zahlen die Lösung $x = 2{,}5$, in der Grundmenge der natürlichen Zahlen keine Lösung.

Für die unterschiedlichen Gleichungstypen gibt es spezielle Lösungsverfahren. Die wichtigsten sind im folgenden dargestellt.

8.3 LINEARE GLEICHUNGEN

LINEARE GLEICHUNGEN MIT EINER VARIABLEN

Bei diesen Gleichungen kommt die Variable x nur in der 1. Potenz vor.

Beispiel:
$2x - 3 = 0$
Die 2 ist der Koeffizent von x, die Zahl -3 das absolute Glied.

Allgemeine lineare Gleichung: $ax + b = 0 \; ; \; a \neq 0$

Andere lineare Gleichungen kann man
durch äquivalente Umformungen auf diese allgemeine Form bringen.

Beispiel:

$$\begin{aligned} 4x - 6 &= 2x + 5 && \mid -2x \\ 4x - 2x - 6 &= 2x - 2x + 5 \\ 2x - 6 &= 5 \\ 2x - 6 - 5 &= 5 - 5 && \mid -5 \\ 2x - 11 &= 0 \end{aligned}$$

Eine lineare Gleichung hat *genau* eine Lösung, die man durch schrittweise äquivalente Umformung erhält:

Beispiel:

$$\begin{aligned} 2x - 11 &= 0 && \mid +11 \\ 2x - 11 + 11 &= 11 \\ 2x &= 11 && \mid :2 \\ x &= 5{,}5 \end{aligned}$$

Allgemeine Lösung: $ax + b = 0 \; ; \; a \neq 0 \; ;$ hat die Lösung $x = -\dfrac{b}{a}$

Graphisches Lösungsverfahren

Eine weitere Lösungsmethode stellt das *graphische* Verfahren dar. Es ist auch bei anderen Gleichungstypen anwendbar.

Beispiel:
$2x - 3 = 0$
Der Term $2x - 3$ durchläuft bei Einsetzen verschiedener x-Werte Zahlen, die man einer Variablen y zuordnen kann.

Für $x = -2$ ergibt sich $y = 2 \cdot (-2) - 3 = -7$.
Weitere Werte sind:

x	– 1	0	1	2	3	4
$y = 2x - 3$	– 5	– 3	– 1	1	3	5

Trägt man die Wertepaare in ein Koordinatensystem, so ergibt sich eine Gerade.

Der Term $2x - 3$ nimmt für $x = 1{,}5$ den Wert 0 an, d.h. die Lösung der Gleichung $2x - 3 = 0$ ist die x - Koordinate der Stelle, an der die Gerade die x - Achse schneidet. Sie wird *Nullstelle* genannt.

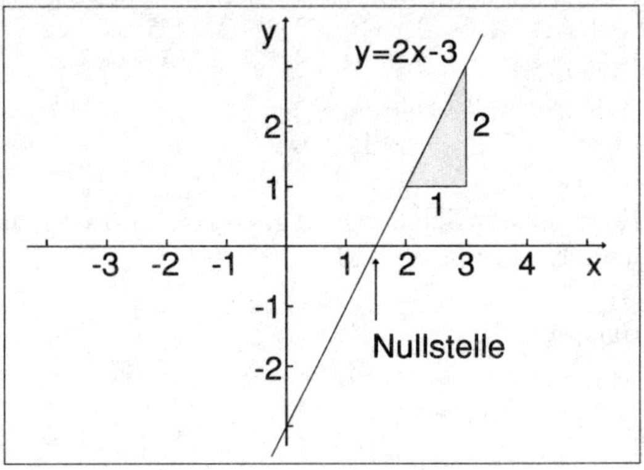

Allgemein gilt:
Die Lösung einer linearen Gleichung $ax + b = 0$ ist die Nullstelle der zugehörenden Geraden mit $y = ax + b$.

$y = ax + b$ ist die *Geradengleichung*, wobei a die Steigung (hier $a = 2$) der Geraden angibt, nämlich um wieviel der y - Wert steigt (a positiv) oder fällt (a negativ), wenn man um *eine* Einheit in x - Richtung geht.
Im Koordinatensystem ist dies mit Hilfe des Steigungsdreiecks mit den Seitenlängen 1 und 2 an einer beliebigen Stelle der Geraden veranschaulicht. Ist a Null, so verläuft die Gerade parallel zur x - Achse. Der Wert b ist der *y - Achsenabschnitt*, der den Schnittpunkt der Geraden mit der y - Achse (hier $b = -3$) angibt. Ist b Null, verläuft die Gerade durch den Nullpunkt.

LINEARE GLEICHUNGEN MIT MEHREREN VARIABLEN

Beispiel:
$y - 2x = -3$ (2 Variable)

Die Lösungsmenge besteht aus allen Zahlenpaaren (x ; y), die diese Gleichung erfüllen. Es sind unendlich viele Paare möglich, z.B. (2 ; 1) also x = 2, y = 1, da die Gleichung 1 – 2 · 2 = – 3 erfüllt ist. Die Lösungsmenge wird graphisch durch die Punkte einer Geraden veranschaulicht.

Beispiel:
$0{,}25\,x + 0{,}5\,y + 0{,}25\,z = 1$ (drei Variable)

Die Lösungsmenge besteht aus allen 3 er - Zahlensätzen (x ; y ; z), die diese Gleichung erfüllen, z.B. (2 ; 1 ; 0) also x = 2, y = 1, z = 0.
Die Lösungen erhält man, wenn man zwei der Variablen beliebig vorgibt, in die Gleichung einsetzt und sie nach der 3. Variablen auflöst.

Beispiel:
Für y = 0, z = 0 ergibt sich
$0{,}25\,x = 1$, d.h. $x = 4$.
Eine Lösung ist also (4 ; 0 ; 0).
Weitere Beispiele sind: (0 ; 2 ; 0), (0 ; 0 ; 4).
Die Lösungsmenge wird durch alle Punkte einer Ebene im Raum veranschaulicht.

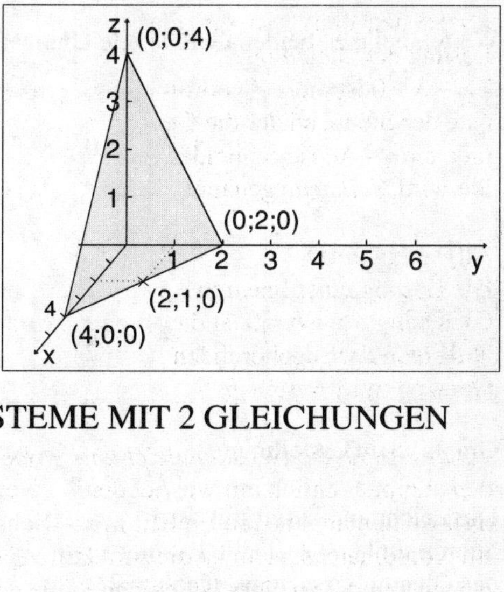

LINEARE GLEICHUNGSSYSTEME MIT 2 GLEICHUNGEN UND 2 UNBEKANNTEN

Beispiel:
I $-2x + y = -3$
II $x + 2y = 4$

Gesucht sind alle Wertepaare (x ; y), die beide Gleichungen erfüllen.

Allgemeine Form eines Gleichungssystems:

I $a_1 x + b_1 y + c_1 = 0$
II $a_2 x + b_2 y + c_2 = 0$

Für das Beispiel ergibt sich nach Addition der Gleichung I mit + 3 und der Gleichung II mit (– 4) die allgemeine Form:

I a $\quad -2x + \quad y + 3 = 0$

II a $\quad\quad x + 2y - 4 = 0$

Graphisches Lösungsverfahren

Entsprechend einer linearen Gleichung mit einer Unbekannten, trägt man die Wertepaare beider Gleichungen in ein Koordinatensystem ein.

Durch Umformung der obigen Gleichungen erhält man die Geradengleichungen:

I $\quad -2x + \quad y = -3 \quad | +2x \quad\quad \Leftrightarrow y = \quad 2x - 3$

II $\quad\quad x + 2y = \quad 4 \quad | -x \quad | :2 \quad \Leftrightarrow y = -\tfrac{1}{2}x + 2$

Wertetabelle zu beiden Geradengleichungen:

x	– 1	0	1	2	3	4
I $\quad 2x+3$	– 5	– 3	– 1	1	3	5
II $\; -\tfrac{1}{2}x+2$	2,5	2	1,5	1	0,5	0

Graphische Darstellung:

Die Zeichnung liefert mit dem Schnittpunkt S (2 ; 1) die Lösung des Gleichungssystems, also x = 2 und y = 1. Es ist die einzige Lösung. Der Wert ist auch der Tabelle zu entnehmen.

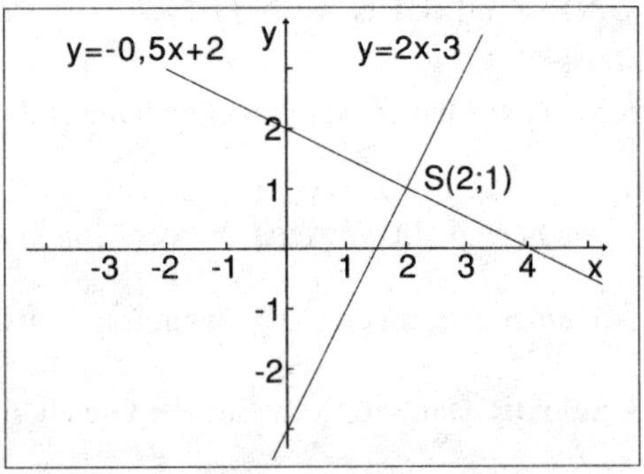

Allgemein sind 3 Fälle von Lösungen möglich, die in der graphischen Darstellung besonders deutlich werden.

Fall 1 Die beiden zum Gleichungssystem gehörenden Geraden schneiden sich: Es gibt genau einen Schnittpunkt, also ein Zahlenpaar, das die Gleichungen erfüllt.

Fall 2 Die beiden Geraden verlaufen parallel. Sie haben keinen Punkt gemeinsam, d. h. es gibt kein Lösungspaar.

Fall 3 Die beiden Geraden liegen aufeinander, sie sind identisch. Jeder Punkt auf der Geraden entspricht einem Zahlenpaar (x ; y) als Lösung. Es gibt unendlich viele Lösungen.

Rechnerische Lösungsverfahren

Das graphische Verfahren liefert nur eine angenäherte Lösung. Die rechnerischen Verfahren liefern die genauen Lösungen. In einem ersten Schritt ist eine der zwei Unbekannten zu eliminieren und dann die verbleibende lineare Gleichung mit einer Unbekannten zu lösen. Die Lösung wird dann in eine der Gleichungen eingesetzt und die 2. Unbekannte errechnet. Dies ist auf verschiedenen Wegen möglich.

Einsetz- oder Substitutionsverfahren

I $-2x + y = -3$

II $x + 2y = 4$

---

1. Schritt: Man löst eine der Gleichungen nach x oder y auf: zB. I nach y

I $-2x + y = -3 \quad | +2x$

Ia $y = 2x - 3$

2. Schritt: Man ersetzt y in Gleichung II durch $2x - 3$

IIa $x + 2(2x - 3) = 4$

$x + 4x - 6 = 4 \quad | +6$

$5x = 10 \quad | :5$

$x = 2$

3. Schritt: Man setzt x in eine der Gleichungen z.B. in I ein:

$-2 \cdot 2 + y = -3 \quad | +4$

$y = 1$

Die Lösungsmenge ist: $\boldsymbol{L} = \{2 ; 1\}$.

Das Verfahren ist dann besonders günstig, wenn in einer der beiden Gleichungen nur eine Unbekannte steht.

Das Gleichsetzungsverfahren

I $4x + y = 17$
II $7x - y = 38$

1. Schritt: Man löst beide Gleichungen nach einer Unbekannten auf z.B. nach y:

Ia $y = 17 - 4x$
IIa $y = 7x - 38$

2. Schritt: Man setzt jeweils die rechten Seiten gleich. (Ia = IIa)

$$17 - 4x = 7x - 38 \quad | +4x$$
$$17 = 11x - 38 \quad | +38$$
$$55 = 11x \quad | \text{ Seiten vertauschen}$$
$$11x = 55 \quad | :11$$
$$x = 5$$

3. Schritt: Man setzt x in eine der Gleichungen ein: x in I:

$$4 \cdot 5 + y = 17$$
$$y = 17 - 20 = -3$$

Die Lösungsmenge ist $\boldsymbol{L} = \{5\,;\, -3\}$.

Das Verfahren ist dann besonders günstig, wenn eine oder beide Gleichungen bereits nach y oder x aufgelöst sind.

Das Additionsverfahren

I $6x - 5y = -8{,}5$
II $-2x + y = 3{,}5$

1. Schritt: Man multipliziert eine oder beide Gleichungen so mit einem Faktor, daß bei der Addition beider Terme links vom Gleichheitszeichen eine Unbekannte wegfällt.

$$\begin{array}{lrl} \text{I} & 6x - 5y = -8{,}5 & \\ \text{II} & -2x + y = 3{,}5 & \mid \cdot 3 \end{array}$$

$$\begin{array}{lr} \text{I} & 6x - 5y = -8{,}5 \\ \text{IIa} & -6x + 3y = 10{,}5 \end{array}$$

2. Schritt: Beide Gleichnungen werden addiert.

$$\begin{array}{lrl} \text{I + IIa} & -2y = 2 & \mid :(-2) \\ & y = -1 & \end{array}$$

3. Schritt: Man setzt y in eine der Gleichungen ein. y in II:

$$\begin{array}{rl} -2x - 1 = 3{,}5 & \\ -2x = 4{,}5 & \mid :(-2) \\ x = -2{,}25 & \end{array}$$

Die Lösungsmenge ist $\boldsymbol{L} = \{-2{,}25\ ;\ -1\}$.

Das Verfahren wird ist dann günstig, wenn alle Unbekannten in den Gleichungen mit Koeffizienten vorkommen.
Oft müssen beide Gleichungen mit einem Faktor multipliziert werden.

Beispiel:

$$\begin{array}{ll} \text{I} & -5x + 6y = 18 \\ \text{II} & 12x - 9y = 0 \end{array}$$

Will man y eliminieren, so kann man die Gleichung I mit 3 und die Gleichung II mit 2 multiplizieren, damit sich der Koeffizient 18 bzw – 18 ergibt.

$$\begin{array}{lrl} \text{I} & -5x + 6y = 18 & \mid \cdot 3 \\ \text{II} & 12x - 9y = 0 & \mid \cdot 2 \\ \hline \text{Ia} & -15x + 18y = 54 & \\ \text{IIa} & 24x - 18y = 0 & \\ \hline \text{Ia + IIa} & 9x = 54 & \mid :9 \\ & x = 6 & \end{array}$$

x in I eingesetzt ergibt:

$$\begin{array}{rl} -30 + 6y = 18 & \mid +30 \\ 6y = 48 & \mid :6 \\ y = 8 & \end{array} \qquad \boldsymbol{L} = \{(6\ ;\ 8)\}.$$

Lösung nach Lösungsformel

Das allgemeine Gleichungssystem

I $a_1 x + b_1 y = c_1$
II $a_2 x + b_2 y = c_2$

---

hat *genau* ein Lösungspaar (x ; y)

$$x = \frac{c_1 b_2 - c_2 b_1}{a_1 b_2 - a_2 b_1}$$

$$y = \frac{a_1 c_2 - a_2 c_1}{a_1 b_2 - a_2 b_1}$$, wenn der Nenner nicht 0 ist.

$\boldsymbol{L} = \{ (x ; y) \}$.

Beispiel:
Ia $-2x + y = -3$
IIa $x + 2y = 4$

Also $a_1 = -2$ $b_1 = 1$ $c_1 = -3$
$a_2 = 1$ $b_2 = 2$ $c_2 = 4$

In die Formeln eingesetzt ergibt sich:

$$x = \frac{-3 \cdot 2 - 4 \cdot 1}{-2 \cdot 2 - 1 \cdot 1} = \frac{-10}{-5} = 2$$

$$y = \frac{-2 \cdot 4 - 1 \cdot (-3)}{-2 \cdot 2 - 1 \cdot 1} = \frac{-5}{-5} = 1$$

Ist der Nenner 0, so gibt es 2 Möglichkeiten:
1. Sind die Zähler nicht 0, so gibt es *keine* Lösung. $\boldsymbol{L} = \varnothing$

2. Sind die Zähler 0, so gibt es *unendlich viele* Lösungen. Man notiert in der Lösungsmenge eine der beiden Gleichungen:
$\boldsymbol{L} = \{ (x ; y) \mid a_1 x + b_1 y = c_1 \}$.

Ein weiteres Lösungsverfahren kann auch mit Hilfe von Determinanten erfolgen.

TEXTAUFGABEN ZU LINEAREN GLEICHUNGEN

Textaufgaben werden meist durch Aufstellen von Gleichungen gelöst. Bei der Lösung sind i.allg. fünf Schritte notwendig. Sie werden anhand eines Beispiels erläutert.

Beispiel:
Eine Reisegruppe umfaßt 47 Personen. Unter den Teilnehmern sind 5 mehr Männer als Frauen. Wie viele weibliche Teilnehmer sind dabei?

1. *Die gesuchten Größen werden mit Variablen belegt.*
   Die Anzahl der weiblichen Teilnehmer ist die Unbekannte x.

2. *Die Angaben im Text werden dann in mathematische Beziehungen, meist Gleichungen übersetzt.*

   Anzahl der männlichen Teilnehmer: $x + 5$
   Zusammen ergeben sich: $x + x + 5 = 47$.

3. *Die Gleichung ist unter Beachtung der sich aus dem Text ergebenden Grundmenge zu lösen.*
   $$x + x + 5 = 47 \Leftrightarrow \quad 2x + 5 = 47 \quad | -5$$
   $$2x = 42 \quad | :2$$
   $$x = 21$$

4. *Die Lösung der Gleichung wird anhand des Textes durch eine Probe überprüft.*
   Hier: $x = 21$; $21 + 26 = 47$

5. *Die Lösung wird durch einen Antwortsatz abgeschlossen.*
   Die Anzahl der weiblichen Teilnehmer beträgt 21, die der männlichen Teilnehmer 26.

Das obere Beispiel läßt sich *auch* durch Aufstellen von 2 Gleichungen mit 2 Unbekannten lösen.

1. x: Anzahl der weiblichen Teilnehmer
   y: Anzahl der männlichen Teilnehmer

2. I $x + y = 47$
   II $y = x + 5$

3. y aus II in I (Einsetzverfahren) ergibt:
   $x + x + 5 = 47 \Leftrightarrow 2x + 5 = 47 \Leftrightarrow 2x = 42$
   $x = 21$ und $y = 26$.

Nach Prüfung der Lösung durch eine Probe (4.) wird ebenfalls ein Antwortsatz formuliert (5.).

8.4 QUADRATISCHE GLEICHUNGEN

Jede quadratische Gleichung läßt sich auf ihre *allgemeine Form* bringen.

Allgemeine Form:

$$ax^2 + bx + c = 0 \;;\; a \neq 0$$

Man schließt a = 0 aus, da sonst eine lineare Gleichung vorliegen würde. Teilt man die allgemeine Form durch a, so erhält man die dazu äquivalente *Normalform* einer quadratischen Gleichung.

Normalform:

$$x^2 + px + q = 0 \;;\; p = \frac{b}{a} \;;\; q = \frac{c}{a}$$

Beispiel:

$$2x^2 - 4x - 6 = 0 \qquad | :2$$
$$x^2 - 2x - 3 = 0 \qquad \text{(Normalform)}$$

Zwei Spezialfälle quadratischer Gleichungen lassen sich elementar lösen.

REINQUADRATISCHE GLEICHUNGEN

Fehlt der lineare Term, d.h. der Term mit der Variablen x, so nennt man die Gleichnung *reinquadratisch.*

Allgemeine reinquadratische Gleichung:

$$x^2 + q = 0$$

q kann negativ, positiv oder 0 sein.

Beispiele:

1) $x^2 - 3 = 0$ (q negativ)

$x^2 - 3 = 0 \quad | +3$

$x^2 = 3$

Gesucht ist die Zahl, die mit sich selbst malgenommen 3 ergibt. Das ist sowohl $\sqrt{3}$, als auch $-\sqrt{3}$, da $\sqrt{3} \cdot \sqrt{3} = 3$ und $(-\sqrt{3}) \cdot (-\sqrt{3}) = 3$ ist.
Daher ergeben sich 2 Lösungen:
$x_1 = \sqrt{3}$ und $x_2 = -\sqrt{3}$ oder zusammenfassend:
$x_{1,2} = \pm\sqrt{3}$

2) $x^2 + 3 = 0$ (q positiv)

$x^2 = -3$

Die Gleichung ist nicht lösbar, da es keine Zahl ergibt, die, mit sich selbst malgenommen, eine negative Zahl ergibt.

3) $x^2 = 0$ (q ist Null)

Die Gleichung hat die einzige Lösung $x = 0$.

QUADRATISCHE GLEICHUNGEN OHNE ABSOLUTES GLIED

Allgemeine Form:

$$x^2 + p\,x = 0$$

Eine solche Gleichung wird gelöst, indem man x *ausklammert*.

Beispiel:

$x^2 - 2x = 0$
$x(x - 2) = 0$
Das Produkt $x \cdot (x - 2)$ ist dann 0, wenn entweder der

1. Faktor 0 ist, d.h. $x = 0$, oder der
2. Faktor 0 ist; d.h. $x - 2 = 0$.

Daraus ergeben sich die zwei Lösungen
$x_1 = 0$ und $x_2 = 2$.

VOLLSTÄNDIGE QUADRATISCHE GLEICHUNGEN

Im folgenden werden verschiedene Lösungsmethoden anhand von drei quadratischen Gleichnungen vorgestellt:

(1) $y = x^2 - 2x - 3$

(2) $y = x^2 - 2x + 1$

(3) $y = x^2 - 2x + 3$

Graphische Lösung

Trägt man die Werte des Terms $x^2 + px + q$ für verschiedene x - Werte in ein Koordinatensystem, so erhält man eine nach oben geöffnete *Parabel.* Die Schnittpunkte der Parabel mit der x - Achse geben mit ihren x - Koordinaten die Lösungen der Gleichung an.

Das folgende Bild zeigt die graphische Darstellung der drei obigen Gleichungen.

Die Lösungen sind aus den Schnittpunkten der Parabeln mit der x - Achse unmittelbar ablesbar. Die Parabel (1) hat 2 Schnittpunkte mit der x - Achse (2 Lösungen), die Parabel (2) berührt die x-Achse und hat daher einen gemeinsamen Punkt (1 Lösung) und die Parabel (3) hat keinen Schnittpunkt (keine Lösung).

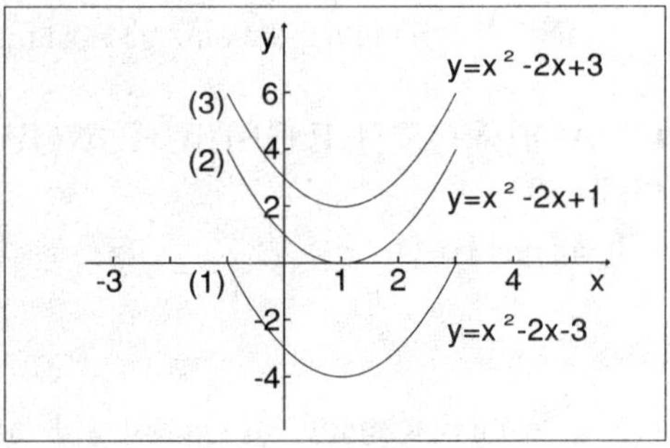

Lösung mit der p - q - Formel

Quadratische Gleichungen werden i. allg. durch eine Lösungsformel, die *p - q - Formel* gelöst. Für ihre Anwendung muß die Gleichung in der Normalform vorliegen.

p - q - Formel:

$x^2 + px + q = 0$ hat die Lösungen

$$x_{1,2} = -\frac{p}{2} \pm \sqrt{\left(\frac{p}{2}\right)^2 - q}$$

Der Term unter dem Wurzelzeichen wird *Diskriminante* genannt und mit D abgekürzt.

$$D = \left(\frac{p}{2}\right)^2 - q$$

Ist D > 0, so ergeben sich 2 Lösungen,
D = 0, so ergibt sich genau 1 Lösung,
D < 0, so ergibt sich keine Lösung.

Beispiele:

1) $x^2 - 2x - 3 = 0$

Um p und q abzulesen, formt man die Gleichung entsprechend der Normalform in eine Summe um:

$x^2 + (-\mathbf{2})\,x + (-\mathbf{3}) = 0$

$\quad\;\; \boldsymbol{p} \qquad\quad \boldsymbol{q}$

Es ist $p = -2$ und $q = -3$.

In die Lösungsformel eingesetzt ergibt sich:

$$\begin{aligned} x_{1,2} &= -\frac{-2}{2} \pm \sqrt{\left(\frac{-2}{2}\right)^2 - (-3)} \\ &= 1 \pm \sqrt{1+3} \\ &= 1 \pm \sqrt{4} \\ &= 1 \pm 2 \\ x_1 &= 1 + 2 = 3 \\ x_2 &= 1 - 2 = -1 \end{aligned}$$

Die Gleichung hat 2 voneinander verschiedene Lösungen. Die Diskriminante D ist positiv (D = 4).

2) $x^2 - 2x + 1 = 0$

Es ist p = – 2 und q = 1

$$x_{1,2} = -\frac{-2}{2} \pm \sqrt{\left(\frac{-2}{2}\right)^2 - 1} = 1 \pm \sqrt{1-1} = 1$$

Die Gleichung hat genau eine Lösung, da die Diskriminante Null ist.

3) $x^2 - 2x + 3 = 0$

Es ist p = – 2 und q = 3

$$x_{1,2} = -\frac{-2}{2} \pm \sqrt{\left(\frac{-2}{2}\right)^2 - 3} = 1 \pm \sqrt{1-3} = 1 \pm \sqrt{-2}$$

Die Gleichung hat keine Lösung, da die Diskriminante negativ ist. (D = – 2).

Lösung mit quadratischer Ergänzung

Dieses Verfahren basiert auf der Möglichkeit, mit Hilfe der 1. oder 2. binomischen Formeln eine Summe z.B. $x^2 - 2x + 3$ in ein Quadrat der Form $(a+b)^2$ umzuformen.

Beispiel:
$x^2 + 6x - 7 = 0$

Nach der 1. binomischen Formel gilt:

$(a+b)^2$	=	a^2	+	$2ab$	+	b^2
		|		|		|
Man vergleicht		x^2		$6x$		?

x^2 wird für a^2 bzw. x für a gesetzt.
$6x$ entspricht $2ab$. Aus $6x$ ist der Faktor b zu ermitteln:
Zerlegt man $6x$ in $2 \cdot x \cdot 3$, so kann man $b = 3$ ablesen. Man erhält b auch, indem man 6 aus $6x$ durch 2 dividiert. Ergänzt man $x^2 + 6x$ durch $b^2 = 3^2 = 9$, so ergibt sich:

$$x^2 + 6x + 9 = (x+3)^2$$

Aus dem Quadrat läßt sich dann leicht die Wurzel ziehen.

Das Verfahren wird nun im einzelnen anhand des Beispiels vorgeführt. *Kursiv* geschriebene Schritte gelten für alle quadratischen Gleichungen in Normalform.

1. *Man dividiert den Koeffizienten von x durch 2:*
   $6 : 2 = 3$
   Die Zahl 3 entspricht also dem b.

2. *Die erhaltene Zahl wird quadriert.*
   $3^2 = 9$
   Damit erhält man $b^2 = 9$. Die so ermittelte Zahl wird *quadratische Ergänzung* genannt.

3. *Zur linken Seite der Gleichung wird die quadratische Ergänzung addiert und gleichzeitig subtrahiert.*
   Damit die Umformung äquivalent bleibt, ergänzt man insgesamt den Ausdruck 9 – 9, der den Wert 0 hat:
   $x^2 + 6x + 9 - 9 - 7 = 0$

4. *Die ersten 3 Summanden werden nach der 1.oder 2. binomischen Formel zusammengefaßt.*
   $\mathbf{x^2 + 6x + 9} \quad - 9 - 7 \quad = 0$
   $\mathbf{(x + 3)^2} \quad - 16 \quad = 0$

5. *Die erhaltene reinquadratische Gleichung wird gelöst.*
   $(x + 3)^2 = 16$
   Es wird diejenige Zahl gesucht, die mit sich selbst malgenommen 16 ergibt. Es sind dies 4 und – 4. Daher ergibt sich
   1. $x + 3 = 4 \quad \Leftrightarrow \quad x = 4 - 3 \quad \Leftrightarrow \quad x = 1$
   2. $x + 3 = -4 \quad \Leftrightarrow \quad x = -4 - 3 \quad \Leftrightarrow \quad x = -7$

Quadratische Gleichungen in Linearfaktorform

Ein *Linearfaktor* hat die Form (x + a). Eine quadratische Gleichung kann als Produkt von Linearfaktoren vorliegen.

Beispiel:
$(x - 3) \cdot (x + 1) = 0$

Man erkennt dies daran, daß sich durch Ausmultiplizieren die Normalform einer quadratischen Gleichung ergibt:
$x^2 + x - 3x - 3 = 0$
$x^2 - 2x - 3 = 0$
Die Lösung der Gleichung ergibt sich einfach durch Nullsetzen der einzelnen Faktoren, da dann das Produkt auch Null wird:
1. $(x - 3) = 0$ ergibt $x = 3$
2. $(x + 1) = 0$ ergibt $x = -1$.

Die Lösungsmenge ist $\boldsymbol{L} = \{3\,;\,-1\}$.

Allgemein gilt:

> Zum Linearfaktor (x – a) einer Gleichung gehört die Lösung x = a.

TEXTAUFGABEN ZU QUADRATISCHEN GLEICHUNGEN

Bei quadratischen Gleichungen ergeben sich meist zwei verschiedene Lösungen, die beide im Text zu überprüfen sind.

Beispiel:
Zwei Freunde multiplizieren ihr Alter miteinander. Das Ergebnis ist 600. Ein Freund ist um 1 Jahr älter als der andere. Wie alt sind sie?

1. *Benennung der Unbekannten*
   Das Alter des jüngeren sei die Unbekannte x.

2. *Aufstellung der Gleichung*
   $x + 1$ ist das Alter des älteren Freundes.
   $x \cdot (x+1) = 600$

3. *Lösung*
   $$x \cdot (x+1) = 600$$
   $$x^2 + x = 600$$
   $$x^2 + x - 600 = 0 \qquad \text{(Lösung mit p - q - Formel)}$$
   $$x_{1,2} = -0{,}5 \pm \sqrt{0{,}25 + 600}$$
   $$= -0{,}5 \pm 24{,}5$$
   $$x_1 = -0{,}5 + 24{,}5 = 24$$
   $$x_2 = -0{,}5 - 24{,}5 = -25$$

4. *Überprüfung der Lösung*
   Die 2. Lösung $x_2 = -25$ kommt nicht als Lösung in Frage, da das Alter nicht negativ sein kann.

5. *Antwortsatz*
   Die beiden Freunde sind 24 und 25 Jahre alt.

BIQUADRATISCHE GLEICHUNGEN

Gleichungen 4. Grades, in denen die Variable nur in der 2. und 4. Potenz vorliegt, nennt man *biquadratisch.* Sie haben maximal 4 Lösungen.

Beispiel:
$x^4 - 2x^2 - 3 = 0$

Verfahren:
Man ersetzt x^2 durch z und demzufolge x^4 durch z^2 ; so erhält man eine quadratische Gleichung mit der Unbekannten z:

$z^2 - 2z - 3 = 0$

Die Lösungen sind $z_1 = 3$ und $z_2 = -1$.

Damit sind die Lösungen der Ausgangsgleichung jedoch noch nicht errechnet.
Es sind, da $z = x^2$ ist, noch die Gleichungen
$z_1 = 3$ also $x^2 = 3$ und
$z_2 = -1$ also $x^2 = -1$ zu lösen.
Aus $x^2 = 3$ folgt $x_1 = \sqrt{3}$ und $x_2 = -\sqrt{3}$
Aus $x^2 = -1$ ergeben sich keine weiteren Lösungen.

8.5 WURZELGLEICHUNGEN

Wurzelausdrücke in Gleichungen lassen sich oft durch einfaches *Quadrieren* beseitigen.
Das Verfahren umfaßt 3 Schritte:

1. *Wurzel isolieren*
   Die Gleichung wird so umgeformt, daß der Wurzelausdruck allein auf einer Seite steht.

   Beispiel:

   $$x + \sqrt{5x + 10} = 8 \qquad | -x \qquad \text{(Wurzel isolieren)}$$
   $$\sqrt{5x + 10} = 8 - x$$

2. *Gleichung quadrieren*
   Beide Seiten der Gleichung werden mit sich selbst malgenommen. Dies

wird mit dem Zeichen $()^2$ gekennzeichnet. Nun kann die Lösung ermittelt werden.

$$\sqrt{5x+10} = 8 - x \qquad | \; ()^2 \quad \text{(Quadrieren)}$$
$$5x + 10 = (8-x)^2$$
$$5x + 10 = 64 - 16x + x^2 \qquad | \; -5x - 10$$
$$0 = 54 - 21x + x^2$$
$$x^2 - 21x + 54 = 0$$
$$x_{1,2} = \frac{21}{2} \pm \sqrt{\left(\frac{21}{2}\right)^2 - 54}$$
$$= \frac{21}{2} \pm \sqrt{\frac{441}{4} - \frac{216}{4}}$$
$$= \frac{21}{2} \pm \sqrt{\frac{225}{4}}$$
$$= \frac{21}{2} \pm \frac{15}{2}$$
$$x_1 = \frac{21}{2} + \frac{15}{2} = \frac{36}{2} = 18$$
$$x_2 = \frac{21}{2} - \frac{15}{2} = \frac{6}{2} = 3.$$

3. *Probe*
Da das Quadrieren einer Gleichung keine äquivalente Umformung ist, sind alle Lösungen zu überprüfen, indem man sie in die Ausgangsgleichung einsetzt.
Für $x_1 = 18$ ergibt sich:
$18 + \sqrt{5 \cdot 18 + 10} = 28 \neq 8$ d.h. $x_1 = 18$ ist *keine* Lösung der Gleichung.

Für $x_2 = 3$ ergibt sich:
$3 + \sqrt{5 \cdot 3 + 10} = 3 + 5 = 8$ d.h. $x_2 = 3$ ist eine Lösung der Gleichung.

Die Lösungsmenge ist $\boldsymbol{L} = \{3\}$.

Achtung:
Quadriert man die Ausgangsgleichung direkt, also ohne die Wurzel zu isolieren, so ergibt sich beim Auflösen des Klammerausdrucks nach der 1. oder 2. binomischen Formel wieder ein Wurzelterm:

$$x + \sqrt{5x + 10} = 8 \qquad | \; ()^2$$
$$(x + \sqrt{5x + 10})^2 = 8^2$$
$$x^2 + 2x\sqrt{5x + 10} + 5x + 10 = 64$$

Die Gleichung ist komplizierter geworden.

Bei einigen Wurzelgleichungen, die *zwei* Wurzelterme enthalten, ist ein wiederholtes Quadrieren notwendig.

8.6 BRUCHGLEICHUNGEN

Gleichungen, die Nenner mit Polynomen enthalten, werden gelöst, indem man beide Seiten der Gleichung mit dem *Hauptnenner* multipliziert. Durch diese Multiplikation können Lösungen entstehen, die nicht alle die Ausgangsgleichung erfüllen. Daher ist stets wie bei den Wurzelgleichungen eine Probe vorzunehmen. Dabei ist besonders auf Werte zu achten, für die der Nenner Null wird. Sie gehören nicht zur Definitionsmenge.

Beispiel:

$$\frac{x}{x+2} + \frac{4}{x+6} = 1 \qquad | \; \cdot (x+2)(x+6)$$

Die Multiplikation mit dem Hauptnenner ergibt

$$x(x+6) + 4(x+2) = (x+2)(x+6)$$
$$x^2 + 6x + 4x + 8 = x^2 + 6x + 2x + 12$$
$$x^2 + 10x + 8 = x^2 + 8x + 12 \qquad | \; -x^2$$
$$10x + 8 = 8x + 12 \qquad | \; -8x - 8$$
$$2x = 4 \qquad | \; :2$$
$$x = 2$$

Probe: $\frac{2}{2+2} + \frac{4}{2+6} = 1$

$x = 2$ ist Lösung der Gleichung.

8.7 GLEICHUNGEN HÖHEREN GRADES

Nur wenige Gleichungen höheren Grades sind elementar lösbar. Für Gleichungen 3. und 4. Grades hat man aufwendige Lösungsverfahren entwickelt. Mit Hilfe numerischer Methoden unter Einsatz des Taschenrechners oder Computers gelangt man in der Praxis aber schneller zu den Lösungen..

GLEICHUNGEN 3. GRADES

Eine Gleichung 3. Grades kann man auf die Form

$$x^3 + a x^2 + b x + c = 0$$

bringen. Sie hat maximal 3 Lösungen, die sich durch die *Cardanischen Formeln* berechnen lassen. Das Verfahren ist sehr aufwendig und soll hier nicht behandelt werden. Einige Spezialfälle sind aber elementar lösbar:

Rein kubische Gleichung

$$x^3 + a = 0$$

Sie hat die Lösung $x = \sqrt[3]{-a}$

Kubische Gleichung ohne absolutes Glied

$$x^3 + a x^2 + b x = 0$$

Man klammert x aus und erhält

$$x(x^2 + a x + b) = 0$$

Die Gleichung ist erfüllt, wenn das Produkt 0 ist. Dies gilt für:

1. $x = 0$
2. $x^2 + a x + b = 0$

Die Lösungen der kubischen Gleichung sind $x_1 = 0$ und die Lösungen der quadratischen Gleichung $x^2 + a x + b = 0$, die sich aus der p-q-Formel ergeben .

Kubische Gleichung mit einer bekannten Lösung

Ist eine Lösung x_1 einer kubischen Gleichung bekannt, so bildet man mit x_1 den Linearfaktor $(x - x_1)$. Mit Hilfe der Polynomdivision durch $(x - x_1)$ kann man den Grad der Gleichung reduzieren. Man erhält eine quadratische Gleichung.

Beispiel:

$x^3 + 3x^2 + 3x + 1 = 0$, eine Lösung ist $x_1 = -1$

$$\begin{array}{l} (x^3 + 3x^2 + 3x + 1) : (x+1) = x^2 + 2x + 1 \\ -(x^3 + x^2) \\ \hline \quad 2x^2 + 3x \\ \quad -(2x^2 + 2x) \\ \hline \qquad x + 1 \end{array}$$

Die kubische Gleichung läßt sich nun als Produkt schreiben:
$x^3 + 3x^2 + 3x + 1 = (x^2 + 2x + 1)(x + 1) = 0$
Das Nullsetzen des 1. Faktors führt auf die quadratische Gleichung
$x^2 + 2x + 1 = 0$
Sie hat ebenfalls die Lösung $x = -1$.
Der 2. Faktor gehört zur vorgegebenen Lösung $x = -1$.
$x = -1$ ist daher die einzige Lösung.

NÄHERUNGSVERFAHREN

Bei nicht oder nur aufwendig lösbaren Gleichungen lassen sich die Lösungen näherungsweise z.B. mit dem Verfahren *regula falsi* berechnen.

Man löst die Gleichung so auf, daß auf einer Seite nur 0 steht. Der Ausdruck auf der anderen Seite wird als Term y aufgefaßt. Durch Probieren sucht man einen Wert x_1 mit negativem y_1 - Wert und einen Wert x_2 mit positivem y_2 - Wert.
Würde man nun in einer graphischen Darstellung die Punkte $P_1 (x_1 ; y_1)$ und $P_2 (x_2 ; y_2)$ durch eine Gerade verbinden, so ergibt sich ein Schnittpunkt mit der x - Achse bei x_3.
x_3 stellt eine näherungsweise Lösung der Gleichung dar. Sie läßt sich berechnen nach:

$$x_3 = x_2 - \frac{x_2 - x_1}{y_2 - y_1} \cdot y_2$$

Man wiederholt das Verfahren zur Erhöhung der Genauigkeit, indem man bei positivem y_3 P_2 durch P_3 ersetzt, bei negativem y_3 P_1 durch P_3.

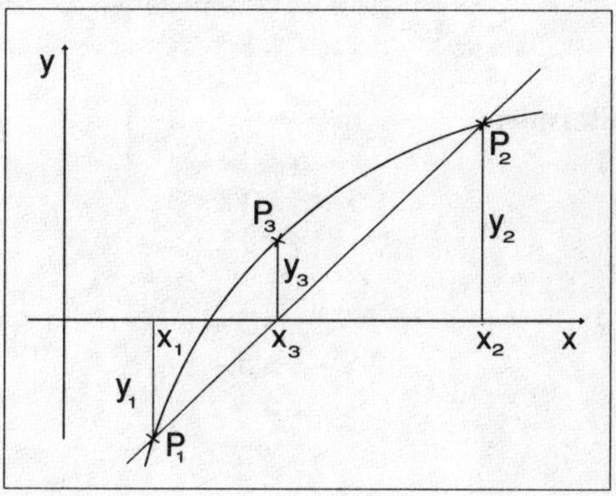

Beispiel:

Zu berechnen ist die Lösung der Gleichung $\frac{x^2-4}{x^2+2}=0$

$x_1 = 1 \qquad y_1 = \frac{1-4}{1+2} = -1$

$x_2 = 3 \qquad y_2 = \frac{9-4}{9+2} = 0,\overline{45}$

$x_3 = 3 - \frac{3-1}{0,4545-(-1)} \cdot 0,4545$

$x_3 = 2,375$ ist ein Näherungswert einer Lösung.

8.8 UNGLEICHUNGEN

Eine *Ungleichung* beschreibt, daß zwei Terme nicht gleich sind. Die Terme a, b und c können in verschiedenen Beziehungen zueinander stehen:

a ist größer als b:	$a > b$
a ist kleiner als b:	$a < b$
b ist kleiner als c aber größer als a:	$a < b < c$
a ist kleiner oder gleich b:	$a \leq b$
a ist größer oder gleich b:	$a \geq b$

Umformungsregeln für Ungleichungen

Addition und Subtraktion

Das Größer-Kleiner-Zeichen bleibt erhalten, wenn auf beiden Seiten der Ungleichung eine Zahl oder eine Variable addiert oder subtrahiert wird.

Mit $a < b$ gilt auch $a + c < b + c$ für beliebiges c

Beispiele:

1)
$$5 < 12 \quad | +3$$
$$5 + 3 < 12 + 3$$
$$8 < 15$$

2)
$$2x > 5 + x \quad | -x$$
$$2x - x > 5 + x - x$$
$$x > 5$$

Multiplikation und Division
Das Größer - Kleiner - Zeichen bleibt erhalten, wenn beide Seiten der Ungleichung mit einer positiven Zahl multipliziert oder durch sie dividiert werden.

Mit $a < b$ gilt auch	$a \cdot c < b \cdot c$	oder
	$a : c < b : c$	für positives c.

Beispiel:

$$\begin{aligned} 5 &< 12 \quad | \cdot 5 \\ 5 \cdot 5 &< 12 \cdot 5 \\ 25 &< 60 \end{aligned}$$

Das Zeichen dreht sich um, wenn beide Seiten der Ungleichung mit einer negativen Zahl multipliziert oder durch sie dividiert werden (Inversionsregel).

Mit $a < b$ gilt	$a \cdot c > b \cdot c$	oder
	$a : c > b : c$	für negatives c.

Beispiel:

$$\begin{aligned} 5 &< 12 \quad | \cdot (-5) \\ 5 \cdot (-5) &> 12 \cdot (-5) \quad ! \\ -25 &> -60 \end{aligned}$$

LÖSUNGSMENGEN VON UNGLEICHUNGEN

Zur Ermittlung der Lösungsmenge ist die Ungleichung unter Beachtung der Rechengesetze so lange umzuformen, bis die Unbekannte allein auf der linken Seite steht.

Lineare Ungleichungen

Beispiel:

$$\begin{aligned} 25 - 10\,x &\leq 70 + 5\,x \quad && | -5\,x \\ 25 - 15\,x &\leq 70 && | -25 \\ -15\,x &\leq 45 && | :(-15) \quad \text{Achtung: Inversion!} \\ x &\geq -3 \end{aligned}$$

Die Ungleichung wird von allen Zahlen, die größer oder gleich – 3 sind erfüllt. Man schreibt kurz:
$L = \{ x \mid x \leq -3 \}$.
Die Lösungsmenge läßt sich auch graphisch am *Zahlenstrahl* durch einen *Pfeil* veranschaulichen, der bei – 3 beginnt. (Grenzzahl – 3)

Die nach rechts zur Lösungsmenge geöffnete Klammer "[" bei – 3 deutet an, daß – 3 mit zur Lösungsmenge gehört. Zeigt sie nicht zur Lösungsmenge, also in die andere Richtung, so gehört die Grenzzahl nicht mehr dazu (z.B. $x > -3$).

UNGLEICHUNGEN MIT FALLUNTERSCHEIDUNGEN

Fallunterscheidungen sind vorzunehmen, wenn die Ungleichung mit einer Unbekannten multipliziert wird:
Ist diese positiv, bleibt das Zeichen erhalten; ist sie negativ, kehrt sich das Zeichen gemäß der Inversionsregel um.

Bruchungleichungen

Beispiel:

$$\frac{5x-20}{x} < 3 \qquad \mid \cdot x \; ; \quad x \neq 0$$

1. Fall: $x > 0$
Das Zeichen bleibt erhalten. Nach der Multiplikation ergibt sich:

$$\begin{aligned} 5x - 20 &< 3x & \mid +20 \\ 5x &< 3x + 20 & \mid -3x \\ 2x &< 20 & \mid :2 \\ x &< 10 \end{aligned}$$

Zur Lösungsmenge gehören alle positiven Zahlen, die kleiner als 10 sind:
$0 < x < 10$: $L_1 = \{ x \mid 0 < x < 10 \}$.

2. Fall: $x < 0$
Das Zeichen kehrt sich um! Nach der Multiplikation ergibt sich:

$$\begin{aligned} 5x - 20 &> 3x && \mid +20 \\ 5x &> 3x + 20 && \mid -3x \\ 2x &> 20 && \mid :2 \\ x &> 10 \end{aligned}$$

Eine Zahl die größer als 10 und kleiner als 0 ist, gibt es nicht. Negative Zahlen gehören daher nicht zur Lösungsmenge: $\boldsymbol{L_2} = \varnothing$.
Insgesamt ergibt sich also die Lösungsmenge $\boldsymbol{L} = \{ x \mid 0 < x < 10 \}$.

8.9 EXPONENTIAL- UND LOGARITHMUSGLEICHUNGEN

Exponentialgleichungen sind Gleichungen, die die Unbekannte im Exponenten enthalten. Sie lassen sich mit Hilfe des Logarithmus lösen. Das Logarithmengesetz $\log a^x = x \log a$ erlaubt es, die Unbekannte x aus dem Exponenten zu nehmen und die Gleichung nach ihr aufzulösen.

Beispiele:

1) $5^x = 100$

Man *logarithmiert* beide Seiten der Gleichung. Vorzugsweise wählt man hierbei den Zehnerlogarithmus, da er mit dem Taschenrechner berechnet werden kann.

$$\begin{aligned} 5^x &= 100 && \mid lg \\ lg\, 5^x &= lg\, 100 && \text{wegen } lg\, a^x = x\, lg\, a \\ x \cdot lg\, 5 &= lg\, 100 && \mid :lg\, 5 \\ x &= \frac{lg\, 100}{lg\, 5} \\ x &= \frac{2}{lg\, 5} \approx 2{,}86 \end{aligned}$$

2)

$$\begin{aligned} 2^{x+2} &= 5^{3x} \cdot 3 && \mid lg \\ lg\, 2^{x+2} &= lg\, (5^{3x} \cdot 3) \\ (x+2) \cdot lg\, 2 &= lg\, 5^{3x} + lg\, 3 && \text{wegen } lg\,(a \cdot b) = lg\, a + lg\, b \\ x \cdot lg\, 2 + 2\, lg\, 2 &= 3x\, lg\, 5 + lg\, 3 && \mid -3x\, lg\, 5 - 2\, lg\, 2 \\ x \cdot lg\, 2 - 3x\, lg\, 5 &= lg\, 3 - 2\, lg\, 2 && (x \text{ ausklammern}) \\ x\,(lg\, 2 - 3\, lg\, 5) &= lg\, 3 - 2\, lg\, 2 \\ x &= \frac{lg\, 3 - 2\, lg\, 2}{lg\, 2 - 3\, lg\, 5} = 0{,}0695696 \end{aligned}$$

Logarithmische Gleichungen enthalten die Unbekannte ausschließlich im Argument des Logarithmus. Einige Geichungen lassen sich durch Anwendung der Logarithmengesetze lösen.

Beispiel:
$lg\,(3\,x) = 2 + lg\,(x-1)$

Man bringt die Logarithmenterme auf eine Seite und formt um.

$$lg\,(3\,x) - lg\,(x-1) = 2$$
$$lg\,\frac{3\,x}{x-1} = 2$$

Die Gleichung wird zur Basis 10 *exponiert*, da diese Operation den *lg* aufhebt ($10^{lg\,x} = x!$).

$$\frac{3\,x}{x-1} = 10^2 \qquad | \cdot (x-1)$$
$$3\,x = 100 \cdot (x-1)$$
$$3\,x = 100 \cdot x - 100 \qquad | -100\,x$$
$$-97\,x = -100$$
$$x = \frac{100}{97}$$

8.10 ÜBUNGSAUFGABEN

1) Bestimmen Sie die Lösungsmenge der linearen Gleichungen.
   a) $3 + 2\,x = 16 - (2\,x - 3)$
   b) $2\,(x-3) = 2\,x - 1 + 5\,(x+1)$
   c) $(x+1)^2 - x\,(2\,x+1) = (x^2 - 1) - 2\,(x+2)\,(x+1) + 20$
   d) $(a+b)\,x - a^2 = -\,(a-b)\,x$

2) Bestimmen Sie die Lösungsmenge der linearen Gleichungssysteme.
   a) $3\,x + y = 14 \;,\; 2\,y + x = 13$
   b) $4\,x - y/2 = 11 \;,\; 2\,x - 3\,y = 0$

3) Die Differenz zweier Zahlen ist 8. Addiert man 2 zur größeren, so ergibt sich das Dreifache der kleineren.
   Berechnen Sie die Zahlen.

4) Zwei Freundinnen A und B gehen einkaufen. A hat 100 DM und B 48 DM. Nach dem Einkauf hat A doppelt soviel ausgegeben wie B. A hat noch dreimal soviel wie B.
Wieviel hat jeder ausgegeben?

5) Berechnen Sie die Lösungsmenge der quadratischen Gleichung.
a) $8x - 5x^2 = -21$
b) $x^2 = 9x + 220$

6) Berechnen Sie die Lösungsmenge der biquadratischen Gleichung.
$x^4 - 9x^2 + 20 = 0$

7) Bestimmen Sie die Lösungsmenge der Wurzelgleichung.
$\sqrt{x+11} - \sqrt{x} = 1$

8) Bestimmen Sie die Lösungsmenge der Bruchgleichung.
$\frac{4x+17}{x+3} + \frac{3x-10}{x-4} = 7$

9) Bestimmen Sie die Lösungsmenge der kubischen Gleichung.
$x^3 - 7x + 6 = 0$ mit einer vorgegebenen Lösung $x = 1$.

10) Bestimmen Sie die Lösungsmenge der Ungleichung.
a) $7x - 3 > 32$
b) $96 + 3x < 4x + 60$
c) $2x^2 + 8x - 8 > 0$

11) Bestimmen Sie die Lösungsmenge der Exponentialgleichung.
a) $3^{2x} - 2 \cdot 3^{x+1} - 7 = 0$, Hinweis: Setzen Sie $3^x = y$.
b) $\sqrt[x]{500} = 40$

LÖSUNGEN

1) a) 4 b) -2 c) 2 d) $a/2$
2) a) $x = 3$, $y = 5$ b) $x = 3$, $y = 2$
3) $x - y = 8$, $x + 2 = 3y$, $x = 13$, $y = 5$
4) $x = 2y$, $100 - x = 3 \cdot (48 - y)$, $x = 88$, $y = 44$
5) a) $p = -8/5$, $q = -21/5$, $x_1 = 3$, $x_2 = -7/5$
b) $p = -9$, $q = -220$, $x_1 = 20$, $x_2 = -11$
6) $\pm\sqrt{5}$, ± 2

7) $$\sqrt{x+11} = 1 - \sqrt{x} \quad | \; ()^2$$
$$x + 11 = 1 + 2\sqrt{x} + x$$
$$\sqrt{x} = 5$$
$$x = 25$$

Probe!

8) Hauptnenner $(x+3)(x-4)$, $x = 2$

9) $x_1 = 1$, $x_2 = 2$, $x_3 = -3$

10) a) $x > 5$ b) $x > 36$

c) $x^2 + 4x - 12 = 0$, $x_1 = 2$, $x_2 = -6$

$\boldsymbol{L_1} = \{x \mid x > 2\}$, $\boldsymbol{L_2} = \{x \mid x < -6\}$, $\boldsymbol{L} = \{x \mid x > 2 \textit{ oder } x < -6\}$

11) a) $(3^x)^2 - 2(3^x) \cdot 3^1 - 7 = 0$, $3^x = y$ führt auf die quadratische Gleichung $y^2 - 6y - 7 = 0$. $y_1 = 7$, $y_2 = -1$

Aus $7 = 3^x$ folgt $x = \dfrac{lg\,7}{lg\,3} = 1{,}7712$. $y_2 = -1$ liefert keine weitere Lösung, da 3^x nicht negativ sein kann.

b) $500^{\frac{1}{x}} = 40$, $lg\,500 = x \cdot lg\,40$, $x = \dfrac{lg\,500}{lg\,40} = 1{,}6846$

9. FUNKTIONEN

9.1 GRUNDBEGRIFFE

EINFÜHRUNG DES FUNKTIONSBEGRIFFS

In Technik, Naturwissenschaft und Wirtschaft kommt es häufig vor, daß eine Größe (y) von einer anderen Größe (x) abhängt.

Beispiele: Die Herstellungskosten eines Produktes hängen von der produzierten Stückzahl ab. Der Luftdruck hängt von der Höhe ab. Der Beförderunspreis für ein Postpaket ist abhängig von dessen Gewicht. Die Umdrehungszahl eines Elektromotors wird von der angelegten Spannung gesteuert.

Die mathematische Darstellung solcher Abhängigkeiten zwischen 2 Größen ist das eigentliche Anliegen einer Funktion.

Beispiel: Eine Firma produziert Lötkolben. Je größer die insgesamt produzierte Stückzahl (z) ist, desto geringer sind die Herstellungskosten (k) für jeden einzelnen Lötkolben. Die Abhängigkeit der Herstellungskosten pro Stück (k) von der produzierten Stückzahl (z) kann durch eine Tabelle dargestellt werden.

Anzahl (z)	1000	5000	10000	15000	20000	25000
Herstellungskosten pro Stück (k) in DM	32	28,38	24,43	21,03	18,10	15,58

Der Zusammenhang zwischen den beiden Größen z und k kann auch durch einen Graphen dargestellt werden .

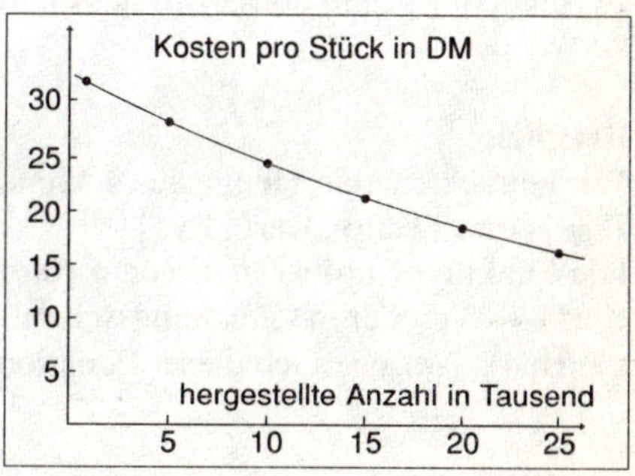

In der Mathematik ist heute die *funktionale* Betrachtungsweise für die Abhängigkeit zwischen 2 Größen x, y üblich. Hierbei besteht eine Funktion (f) im wesentlichen aus einer *Zuordnungsvorschrift*, welche der Größe (x) den zugehörigen *Funktionswert* (y) zuordnet.

Im obigen Beispiel können wir den Graphen als Zuordnungsvorschrift betrachten, welche jedem Wert z aus dem Bereich der für die Firma möglichen Produktionszahlen $1000 \leq z \leq 25000$ die zugehörigen Herstellungskosten (k) pro Stück zuordnet.
Die hier möglichen z-Werte sind auf die Menge D der natürlichen Zahlen mit $1000 \leq z \leq 25000$ beschränkt. Die Herstellungskosten (k) liegen alle im Intervall W = [0 ; 32].
Durch die Angabe einer Zuordnungsvorschrift und zweier Mengen D und W für die beiden Variablen ist eine Funktion bestimmt.

Allgemein:

Zwei Mengen D und W sind vorgegeben.

Wird jedem Element $x \in D$ durch eine Zuordnungsvorschrift *genau ein* Element $y \in W$ zugeordnet, so heißt f eine *Funktion* von der Menge D in die Menge W.

D ist der *Definitionsbereich*, W der *Wertebereich* der Funktion f. x ist die *unabhängige Variable* oder auch das *Argument*, y ist die *abhängige Variable* oder auch der *Funktionswert*.

Symbolische Schreibweisen für die Funktion:
f : x |——> y (Pfeilschreibweise)
y = f(x) (Gleichungsschreibweise; gesprochen: y gleich f von x).

Funktionen werden üblicherweise durch kleine Buchstaben bezeichnet. Statt der Bezeichnung "Funktion" wird häufig auch der gleichwertige Begriff "*Abbildung*" verwendet.

Beispiele:
Wir betrachten eine Menge aus 4 Namen als Definitionsbereich:
D = {Lena , Thilo , Karl , Eva}.
Die Funktion f ordnet hier jedem Namen die Anzahl seiner Buchstaben zu, z.B. Karl |——> 4 oder in Gleichungsschreibweise: f(Karl) = 4 (gesprochen: f von Karl gleich 4). Wertebereich dieser Funktion: W = {1 , 2 , 3 , 4 , 5}.

Darstellung der Funktion f durch ein Pfeildiagramm:

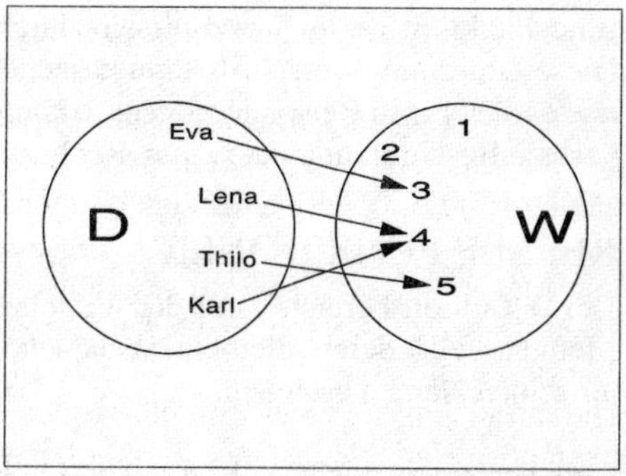

Nicht jedes Element des Wertebereichs W muß also unbedingt von einem Zuordnungspfeil getroffen werden; W kann in diesem Sinne überzählige Elemente besitzen. Auch die Mengen $W_2 = \{3\ ,4\ ,5\ ,6\}$ oder $W_3 = \{3\ ,4\ ,5\}$ wären mögliche Wertebereiche; W_3 stellt hier den kleinstmöglichen Fall dar.

Die Zuordnungsvorschrift einer Funktion kann durch die Vorgabe eines *Rechenterms* erfolgen.

Beispiel:
D = {–2 ; –1 ; 0 ; 1 ; 2}, W = {–2 ; –1 ; 2}.
Zuordnungsvorschrift: q : $x \longmapsto x^2 - 2$ (Pfeilschreibweise)
$y = x^2 - 2$ oder auch $q(x) = x^2 - 2$ (Gleichungsschreibweise).

Wir haben für diese Funktion die Bezeichnung "q" gewählt, um das Quadrat von x im Rechenterm zu betonen. Die Wahl der Funktionsbezeichnung ist grundsätzlich nicht vorgeschrieben, sie sollte aber zweckmäßig erfolgen.

Die Funktion q kann durch ein *Pfeildiagramm* dargestellt werden. Es ist zulässig, daß verschiedene Pfeile das gleiche Zielelement haben.

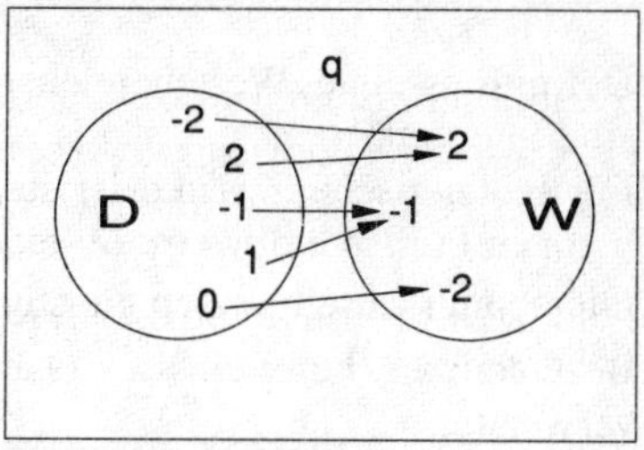

Die Funktion q kann auch durch Angabe von 5 Punkten in einem *Koordinatensystem* dargestellt werden. Hierbei entspricht jedem Punkt ein Zahlenpaar (x ; y). Die unabhängige Variable x wird auf der horizontalen Achse abgetragen, die abhängige Variable y auf der vertikalen Achse. Eine "Verbindungskurve" durch die 5 Punkte ist hier nicht zulässig, da Kurven aus unendlich vielen Punkten bestehen.

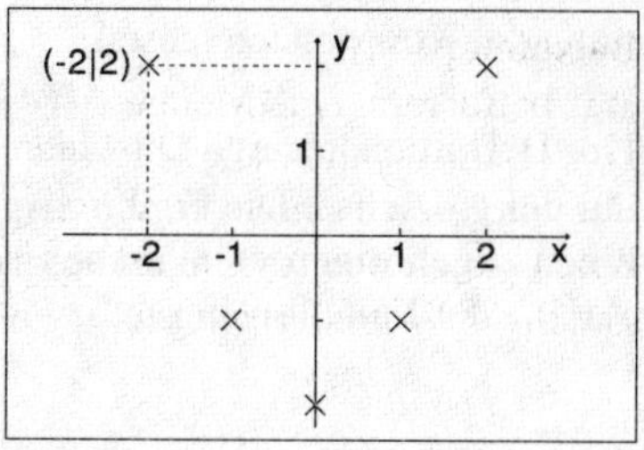

Eine Funktion ist im wesentlichen durch eine Zuordnungsvorschrift bestimmt. Diese Zuordnungsvorschrift kann je nach Aufgabentyp sehr verschieden aussehen, wie es die obigen Beispiele zeigen; so kann sie durch eine Tabelle, eine Kurve, eine verbale Beschreibung oder einen Rechenterm dargestellt werden.

REELLE FUNKTIONEN

Der Definitionsbereich D und der Wertebereich W einer Funktion können beliebige Mengen sein, deren Elemente beispielsweise aus natürlichen Zahlen oder aus einzelnen Namen bestehen.

Eine besonders wichtige Klasse von Funktionen sind die *reellen* Funktionen, bei denen sowohl der Definitions- als auch der Wertebereich Teilmengen der reellen Zahlen sind.

Die *Graphische Darstellung* einer reellen Funktion in einem kartesischen (rechtwinkligen) Koordinatensystem soll an einem Beispiel erläutert werden. Beim kartesischen Koordinatensystem bezeichnet man die erste (meistens horizontal gezeichnete) Achse als *x - Achse* oder als *Abzissenachse*, die zweite Achse als *y - Achse* oder als *Ordinatenachse*.

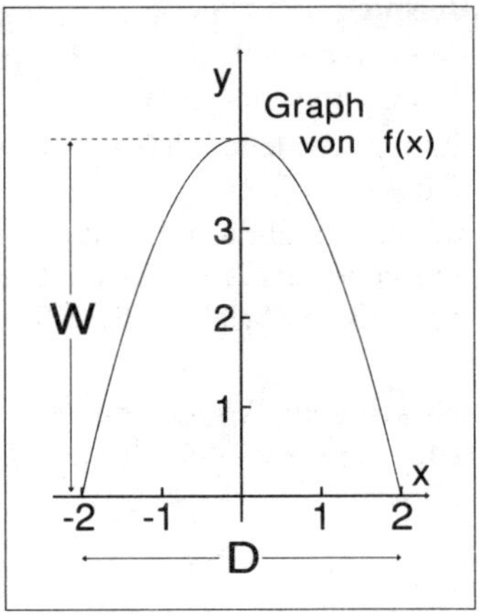

Beispiel: f : x |——> $4 - x^2$

D = [–2 ; 2], W = [0 ; 4]

Definitions- und Wertebereich dieser Funktion sind Intervalle.
Für rechnerische Zwecke ist statt der oben genannten Pfeilschreibweise oft eine der folgenden Gleichungsschreibweisen günstiger: $f(x) = 4 - x^2$ oder auch $y = 4 - x^2$.

Die zuletzt genannte x - y - Schreibweise findet ihre Begründung in der Bezeichnung der Koordinatenachsen.

Der Definitionsbereich D ist hier auf der x - Achse zu finden, der Wertebereich W auf der y - Achse. Die Funktionsgleichung $y = 4 - x^2$ ordnet jedem x - Wert aus D einen zugehörigen y - Wert aus W zu. Die so festgelegten Paare (x ; y) bilden die Punkte der Funktionskurve bzw. des Graphen von f.

Zur *Zeichnung der Funktionskurve* kann es nützlich sein, vorher eine *Wertetabelle* anzulegen. Die x-Werte sind hierbei frei in D wählbar, die zugehörigen y-Werte ergeben sich durch Einsetzen der x-Werte in die Funktionsgleichung $y = 4 - x^2$.

Rechenbeispiel:
Wir wählen $x = -0{,}5$; zugehöriger y-Wert: $f(-0{,}5) = 4 - (-0{,}5)^2 = 4 - 0{,}25 = 3{,}75$.
Wertetabelle zum obigen Graphen:

x	−2	−1	0	1	2
y	0	3	4	3	0

Graph einer reellen Funktion
Es wird nun allgemein eine reelle Funktion f von D nach W betrachtet. Jedem x aus D wird über die Zuordnung $y = f(x)$ ein Wert y aus W zugeordnet; das so festgelegte Paar (x ; y) bestimmt einen *Punkt des Funkionsgraphen*. Die Menge aller Punkte (x ; y) ist der *Graph* oder auch die *Kurve* von f.

Im obigen Beispiel sind D und W begrenzte (auch: "beschränkte") Mengen.
Oft aber wird eine reelle Funktion nur durch Angabe der Funktionsgleichung oder der entsprechenden Pfeilschreibweise angegeben, es wird kein zugehöriger Definitionsbereich genannt. In diesem Fall wird meistens für D die gesamte Menge **R** der reellen Zahlen stillschweigend vorausgesetzt.

Monotone Funktionen

Eine Funktion f heißt auf ihrem Definitionsbereich D *monoton wachsend*, wenn mit wachsenden x-Werten auch die zugehörigen y-Werte größer werden.

Allgemeine Definition:
seien $x_1, x_2 \in D$;
f heißt auf D *monoton wachsend*,
wenn
$x_1 < x_2$ stets $f(x_1) < f(x_2)$
zur Folge hat.
Entsprechend heißt eine Funktion f monoton fallend auf D,
wenn $x_1 < x_2$ stets $f(x_1) > f(x_2)$
zur Folge hat.

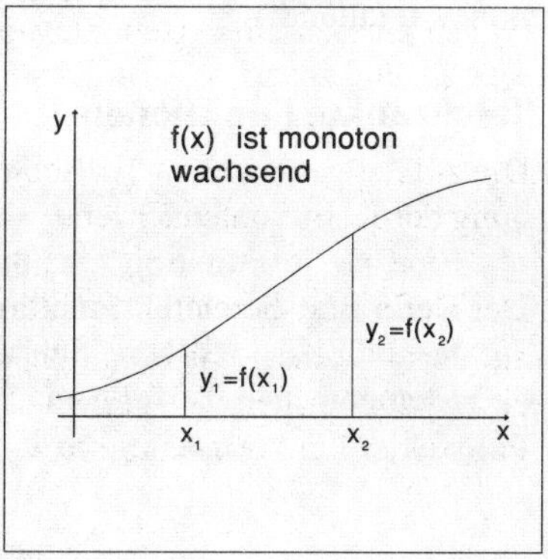

Häufig wird eine Funktion schon dann als monoton wachsend bezeichnet, wenn statt der oben gewählten "kleiner"-Relation ($<$) die "kleiner-oder-gleich"-Relation ($\leq$) vorliegt.

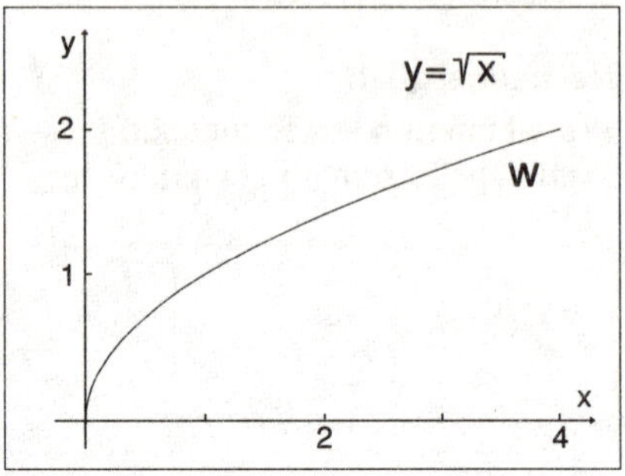

Beispiele:

(1) $w: x \longmapsto \sqrt{x}$

$D = [0 ; 4], \ W = [0 ; 2]$

w ist monoton steigend.

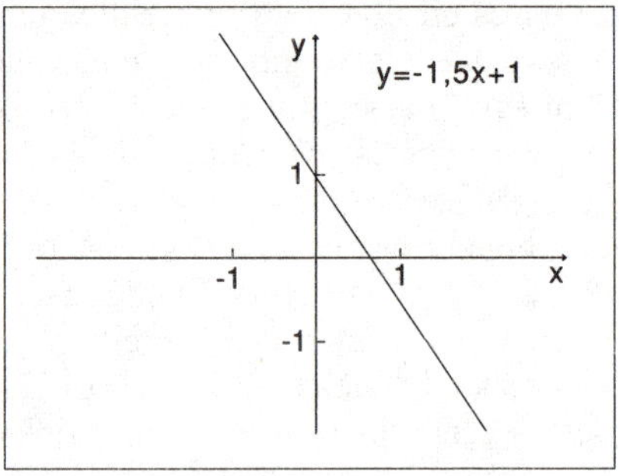

(2) $g: x \longmapsto -1{,}5\,x + 1$

$D = \mathbf{R}, \ W = \mathbf{R}$

g ist monoton fallend.

Eine Funktion kann auf einem Teilbereich ihres Definitionsbereiches D monoton wachsend, auf einem anderen Teilbereich von D monoton fallend sein.
Die Funktion f: $y = 4 - x^2$ hat als Graph eine nach unten geöffnete Parabel; f ist auf dem Teilbereich $-2 \leq x \leq 0$ monoton steigend, auf dem Teilbereich $0 \leq x \leq 2$ monoton fallend.

Beschränkte Funktionen

Eine reelle Funktion f heißt auf ihrem Definitionsbereich beschränkt, wenn ihre gesamten Funktionswerte f(x) betragsmäßig unterhalb einer festen Zahl s ("obere Schranke") liegen; $|f(x)| \leq s$ muß also für alle Elemente $x \in D$ erfüllt sein.

Beispiele:
Im folgenden sollen eine beschränkte und eine unbeschränkte Funktion dargestellt werden.

(1) Funktion des Halbkreises

$k : x \longmapsto \sqrt{4 - x^2}$

$D = [-2 ; 2]$, $W = [0 ; 2]$

Die Funktion k (Halbkreis) ist beschränkt, da alle Funktionswerte unter der Schranke s = 2 liegen.
Es gilt: $| k(x) | \leq 2$ für alle $x \in D$.

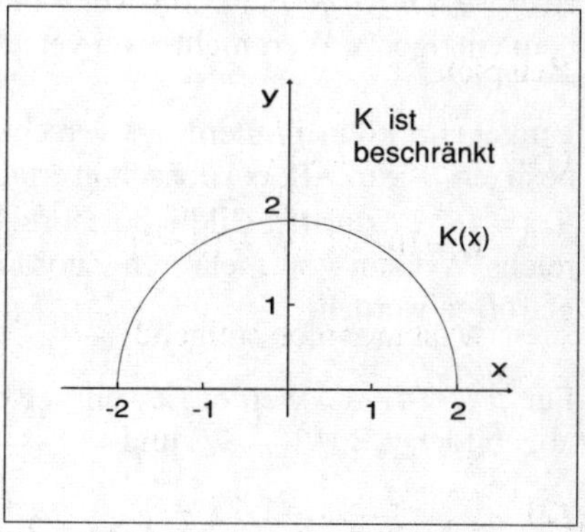

(2) Hyperbelfunktion

$h : x \longmapsto \frac{1}{x}$

$D = [-4 ; 4] \setminus \{0\}$

D ist das Intervall aller reellen Zahlen von – 4 bis 4 ohne die Null;
$W = \mathbf{R}$

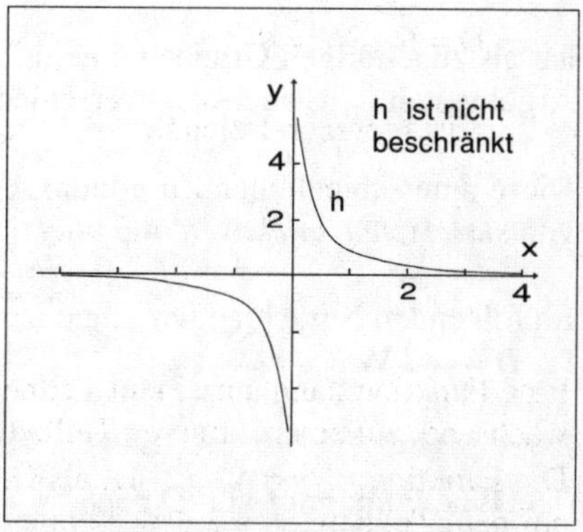

Die Hyperbelfunktion hat in der Umgebung des Nullpunktes eine *Sprungstelle*; sie nimmt hier unbegrenzt große y-Werte an.
Z.B. ist h(–0,0005) = –2000; h(0,0005) = 2000; h(0,00001) = 100000. Man sagt auch, an der Stelle x = 0 "springt die Kurve der Hyperbel h vom negativen Unendlichen ins positive Unendliche".
Sprungstellen dieser Art bezeichnet man auch als *Polstellen*.

Monotonie und Beschränktheit sind Eigenschaften, die speziell für reelle Funktionen von Bedeutung sind. Es gibt nun weitere wichtige Eigenschaften, die allgemein gültig sind.

ALLGEMEINE EIGENSCHAFTEN VON FUNKTIONEN

Funktionen (Abbildungen) müssen eine eindeutige Zuordnung der Variablen x zum zugehörigen Funktionswert y gewährleisten; ein bestimmter x-Wert darf also *nicht zwei verschiedene* Funktionswerte besitzen. Anschaulich gesehen dürfen von einem einzigen x-Wert nicht zwei verschiedene Pfeile ausgehen.

Umgekehrt können allerdings verschiedene x-Werte den gleichen Funktionswert besitzen, wie es z.B. bei der schon erläuterten Funktion mit der Funktionsgleichung $f(x) = 4 - x^2$ zutrifft. Bildlich gesprochen: Ein bestimmtes Element des Wertebereichs W kann von mehreren Zuordnungspfeilen aus dem Definitionsbereich D getroffen werden.

Für $f(x) = 4 - x^2$ werden jeweils zwei verschiedene x-Werte auf einen y-Wert abgebildet, z.B. $1 \longmapsto 3$ und $-1 \longmapsto 3$.

Die Funktion g : $x \longmapsto -1{,}5\,x + 1$, $D = \mathbf{R}$, $W = \mathbf{R}$

hat als zugehörigen Graphen eine fallende Gerade. Hier liegen zu verschiedenen Argumenten x_1, x_2 auch stets verschiedene y-Werte y_1, y_2 vor.

Diese unterschiedlichen Zuordnungseigenschaften führen zu der Unterscheidung von *surjektiven*, *injektiven* und *bijektiven* Funktionen.

Im folgenden betrachten wir allgemein eine Funktion
f : D $\longmapsto$ W .

Eine Funktion f von D nach W heißt *surjektiv*, wenn zu jedem Element y aus W *mindestens ein* Argument x aus D gehört. Man sagt dann auch: f ist eine Funktion von D *auf* W.

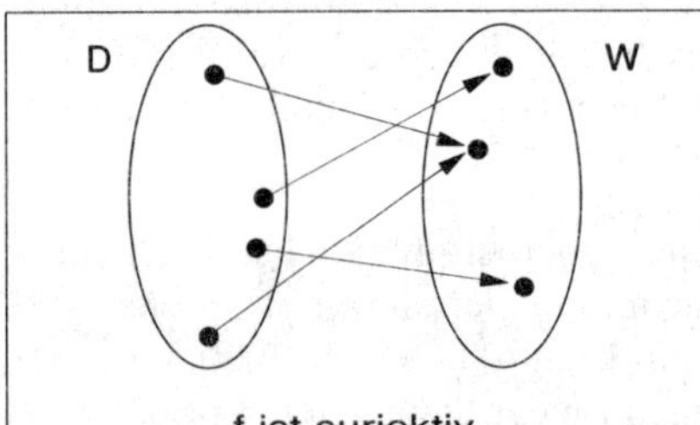

f ist surjektiv

Bei einer surjektiven Funktion wird also jedes y aus W von mindestens einem Pfeil getroffen.

Eine Funktion f heißt *injektiv* (auch: *eineindeutig*), wenn zu jedem *Funktionswert* y aus W *genau ein* Argument x aus D gehört.

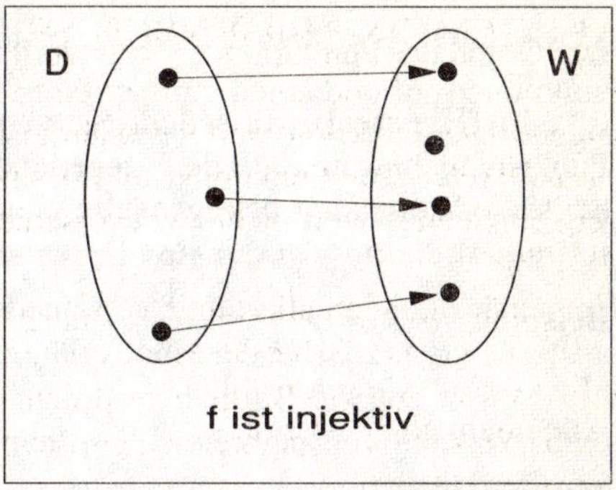

Bei einer injektiven Funktion kann also jedes Element y aus W von höchstens einem Pfeil getroffen werden. Es können aber y - Werte in W liegen, die von keinem Pfeil getroffen werden, also keinen Zuordnungspartner x aus D besitzen und somit keine Funktionswerte sind.
Wird nun sogar jedes Element y aus W von genau einem Pfeil getroffen, so ist die Abbildung injektiv und zugleich surjektiv.

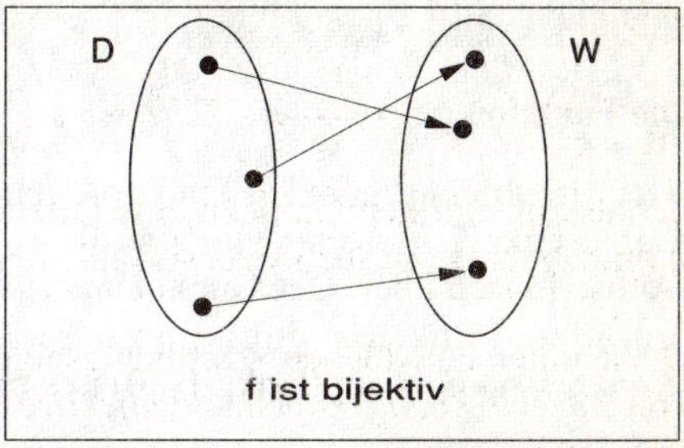

f heißt *bijektiv*, wenn f injektiv und surjektiv ist.

Gerade und ungerade Funktionen

Die Graphen der Funktionen $f:\ y = 4 - x^2$ (nach unten geöffnete Parabel) und $k:\ y = \sqrt{4 - x^2}$ (Halbkreis) verlaufen beide achsensymmetrisch (klappsymmetrisch) zur y-Achse. Zwei betragsgleiche x-Werte aus D auf beiden Seiten des Nullpunkts (z.B. 1,5 und –1,5) müssen also den gleichen y-Wert (Funktionswert) haben.

Beispiel:

$f(1{,}5) = 4 - (1{,}5)^2 = 1{,}75$;
$f(-1{,}5) = 4 - (-1{,}5)^2 = 1{,}75$; also ist
$f(1{,}5) = f(-1{,}5)$.
k und f sind gerade Funktionen.
Allgemein gilt:

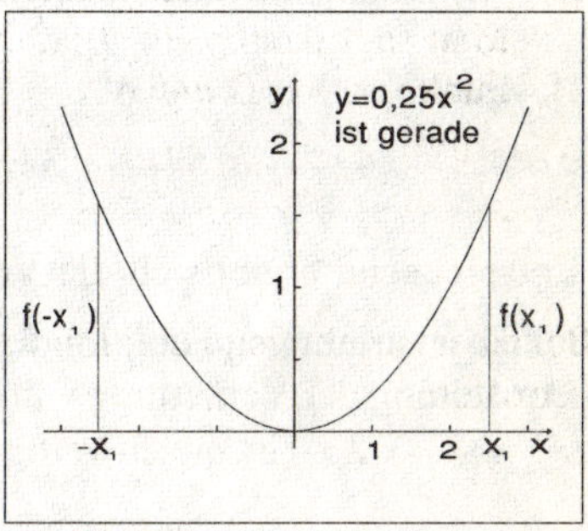

Eine Funktion f heißt *gerade*, wenn für jeden x - Wert des Definitionsbereiches D die Gleichung $\boldsymbol{f(-x) = f(x)}$ erfüllt ist.

Der Graph der Funktion $h: \ y = \frac{1}{x}$ verläuft punktsymmetrisch zum Nullpunkt (0 ; 0) (Hyperbel). Zu jedem Kurvenpunkt (x ; f(x)) erhält man durch eine Punktspiegelung an (0;0) den "gegenüberliegenden" Kurvenpunkt (–x ; f(–x)); die beiden y-Werte sind betragsmäßig gleich, nur verschieden im Vorzeichen; kurz formuliert: $f(-x) = -f(x)$. Diese Hyperbelfunktion ist ungerade.

Beispiel: $h(-x) = \frac{1}{(-x)} = -\frac{1}{x} = -h(x)$

Allgemein gilt:

> Eine Funktion f heißt *ungerade*, wenn für jeden x-Wert aus D die Gleichung $\boldsymbol{f(-x) = -f(x)}$ erfüllt ist.

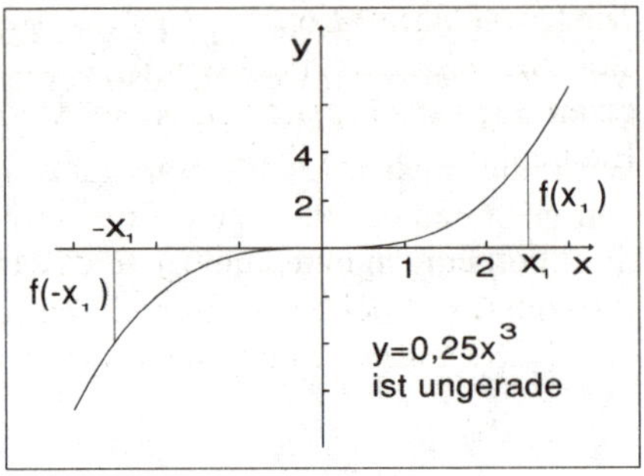

Der Graph einer geraden Funktion geht durch eine *Achsenspiegelung* an der y-Achse in sich über. Der Graph einer ungeraden Funktion geht durch eine *Punktspiegelung* am Punkt (0 ; 0) in sich über.

VERKETTUNG UND UMKEHRFUNKTION

Wir definieren zwei reelle Funktionen q und d:

q : $x \longmapsto x^2$ (bzw. $q(x) = x^2$) und d : $x \longmapsto 2x$ (bzw. $d(x) = 2x$), der Definitionsbereich sei in beiden Fällen die Menge aller reellen Zahlen.

Diese beiden Funktionen können nun zu einer neuen Funktion zusammengesetzt ("verkettet") werden:

Zuerst wenden wir auf einen x-Wert die Funktion q an, auf das so erhaltene Ergebnis q(x) wird dann nochmals die Funktion d angewendet.

Beispiel: **q** **d**

x = 4; $4 \longmapsto 16 \longmapsto 32$, oder $d(q(4)) = d(16) = 32$.

Entsprechend ergibt sich die Verkettungsfunktion v (kurz: "Verkettung") beider Funktionen: $v(x) = d(q(x)) = d(x^2) = 2x^2$.

Darstellung der Verkettung v in Pfeil- und Gleichungsschreibweise:

v : $x \longmapsto 2x^2$ ist gleichwertig mit $v = 2x^2$ oder auch $v(x) = 2x^2$.

Achtung:

Die Vertauschung der Reihenfolge ändert das Ergebnis: $q(d(x)) = q(2\,x) = 4\,x^2$.

Seien nun allgemein f, g zwei reelle Funktionen; die Funktion **v : x |—> g(f(x))** heißt Verkettung von g mit f und wird auch häufig mit v = g ° f (gesprochen: "g nach f") bezeichnet.
Die Verkettungen g ° f und f ° g sind i.allg. verschiedene Funktionen, da ihre Ergebnisse zumeist nicht übereinstimmen. Nur bei einigen Spezialfällen von Funktionenpaaren ist die Vertauschung der Reihenfolge ohne Auswirkung.

Die Umkehrfunktion
Bei einer *bijektiven* Funktion f : D —> W wird jedes Element y ∈ W von genau einem Pfeil aus D getroffen. Jeder dieser Pfeile kommt von jeweils einem einzigen Element x ∈ D, es gilt y = f(x).

Ordnet man nun jedem y ∈ W dasjenige x ∈ D zu, für welches f(x) = y gilt (f ist bijektiv !), so erhält man die **Umkehrfunktion** f^{-1} zur Funktion f. Die Umkehrfunktion wird auch als *inverse* Funktion zu f bezeichnet.

Anschauliche Deutung: Die Umkehrfunktion entsteht durch das Umdrehen aller Pfeilrichtungen; ist (x ; y) ein Paar mit y = f(x), so bewirkt f die Zuordnung x |—> y und f^{-1} die umgekehrte Zuordnung y |—> x.

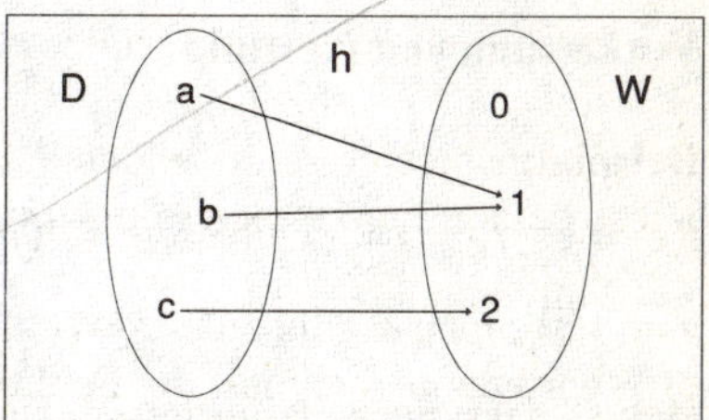

h ist nicht injektiv/ nicht surjektiv

Die Funktion h (Abb.) ist nicht surjektiv, da das Element 0 aus W von keinem Pfeil getroffen wird.
h ist auch nicht injektiv, da auf das Element 1 aus W 2 Pfeile treffen.
Die Umkehr aller Pfeilrichtungen würde hier überhaupt keine Funktion mehr liefern, da von der 1 dann 2 Pfeile ausgehen würden (Verstoß gegen die *Eindeutigkeit* der Zuordnung) und zudem vom Element 0 *kein* Pfeil starten könnte (eine Funktion ordnet *jedem* Argument einen Funktionswert zu). Die Funktion h ist nicht bijektiv.

Aus dieser Betrachtung wird ersichtlich:

Umkehrfunktionen können nur von bijektiven Funktionen gebildet werden.

Beispiel:
Die Funktion $f(x) = x^2$, D = [0 ; 2], W = [0 ; 4] ist bijektiv; der zugehörige Graph ist ein Parabelausschnitt.

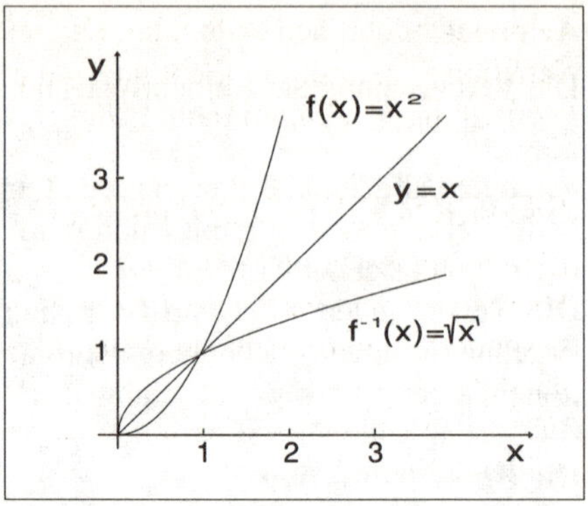

Zu dieser Funktion ist die Wurzelfunktion $f^{-1}(x) = \sqrt{x}$ die zugehörige Umkehrfunktion.

Das Prinzip der "Pfeilumkehr" bei der Bildung der Umkehrfunktion soll hier an einem Zahlenbeispiel verdeutlicht werden:
$f(1{,}5) = 1{,}5^2 = 2{,}25$ bzw. $1{,}5 \longmapsto 2{,}25$; $f^{-1}(2{,}25) = \sqrt{2{,}25} = 1{,}5$; $2{,}25 \longmapsto 1{,}5$.

Graph der Umkehrfunktion
Aus der obigen Abbildung ist ersichtlich: Die beiden Graphen von f und f^{-1} gehen durch Spiegelung an der eingezeichneten Winkelhalbierenden (Graph zur Funktion y = x) ineinander über.

Man erhält *allgemein* die Funktionskurve der Umkehrfunktion f^{-1} durch *Spiegelung* der Kurve von f an der Geraden y = x.

Verkettung von f^{-1} und f

Beispiel:
$f(x) = x^2$; $f^{-1}(x) = \sqrt{x}$; dann ist $f^{-1}(f(2)) = f^{-1}(4) = \sqrt{4} = 2$; die Verkettung läßt x = 2 unverändert.

Gemäß der obigen Definition der Umkehrfunktion stellt die Verkettung von f^{-1} und f anschaulich für jedes abzubildende x ein "Hin- und Zurücklaufen auf dem gleichen Pfeil" dar.

Die Verkettung $f^{-1} \circ f$ ist also eine Funktion, welche jedes Argument x auf sich selbst abbildet (und somit unverändert läßt).

Die Funktion i: $x \longmapsto x$, welche jeden x - Wert auf einen gleichen y - Wert

($y = x$) abbildet, heißt Identität. Die Verkettung der Funktion f mit ihrer Umkehrfunktion f^{-1} ergibt die Identität; in diesem speziellen Fall ist die Reihenfolge der Verkettung von Funktion und Umkehrfunktion ohne Bedeutung.

STÜCKWEISE DEFINIERTE REELLE FUNKTIONEN

Eine reelle Funktion kann stückweise (abschnittsweise) definiert sein.
Hierbei ist der Definitionsbereich D unterteilt; auf jedem Teilbereich ist eine gesonderte Zuordnungsvorschrift gültig.

Für die folgenden 3 Funktionen ist der Definitionsbereich stets die Menge aller reellen Zahlen.

Betragsfunktion

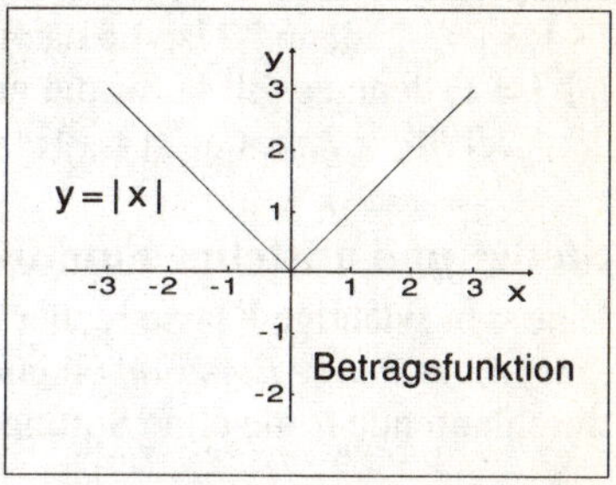

$$x \longmapsto \begin{cases} x & \text{für } x \geq 0 \\ -x & \text{für } x < 0 \end{cases}$$

übliche Kurzschreibweise:

$x \longmapsto |x| \quad x \in \mathbf{R}$

Signumfunktion

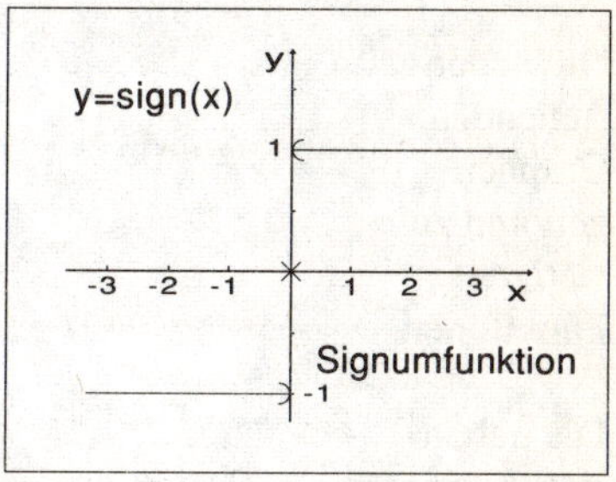

$$x \longmapsto \begin{cases} 1 & \text{für } x > 0 \\ 0 & \text{für } x = 0 \\ -1 & \text{für } x < 0 \end{cases}$$

übliche Kurzschreibweise:

$x \longmapsto \text{sign}(x) \quad x \in \mathbf{R}$

Bei der Signumfunktion ist der Definitionsbereich in 3 Teilmengen unterteilt; die kleinen Bögen am Graphen der Signum-Funktion sollen betonen, daß der jeweilige Kurvenast der y-Achse beliebig nahe kommt, ohne sie aber zu treffen.

Gaußsche Klammerfunktion

Diese Funktion ordnet jeder reellen Zahl x die größte *ganze* Zahl z = [x] zu, die *kleiner oder gleich* x ist.

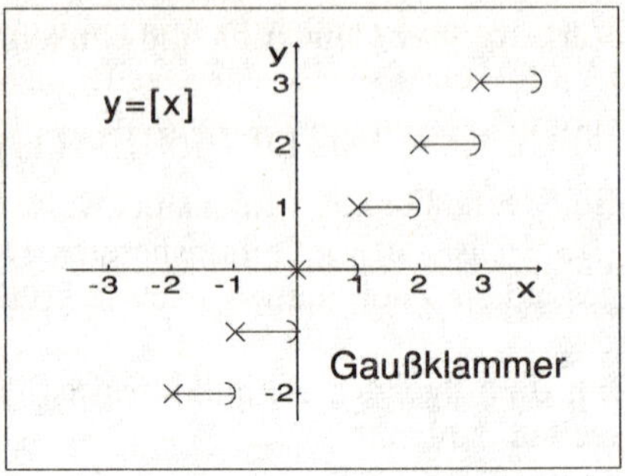

Für "[x]" spricht man "Gaußklammer von x".

Beispiele:
[–1,3] = –2, denn –2 ist die nächst kleinere ganze Zahl unter –1,3.
[1] = 1, denn es gilt ja für die ganze Zahl 1 auch noch "1 ist kleiner oder gleich 1". [2,999] = 2; [–0,04] = –1; [–2] = –2 .

Stetige und unstetige Funktionen

Eine sehr wichtige Klasse reeller Funktionen sind die *stetigen Funktionen* (Stetigkeit). Eine *stetige Funktion* erkennt man typischerweise daran, daß ihr Graph eine durchlaufende Linie ohne Sprungstellen ist.

Die nebenstehenden Graphen gehören zu *stetigen* Funktionen.

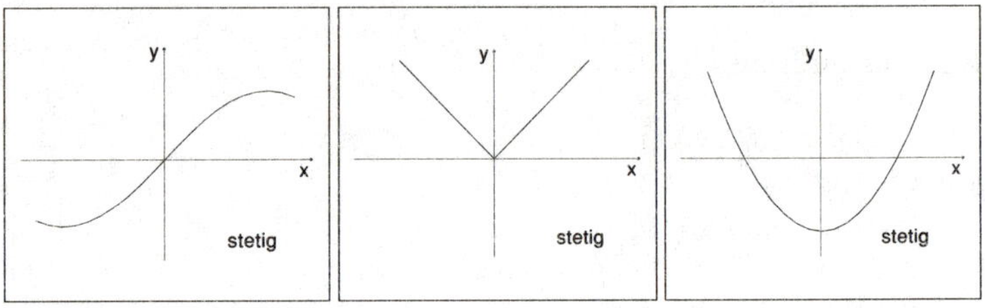

Die nebenstehenden Graphen gehören zu den *unstetigen* Funktionen.

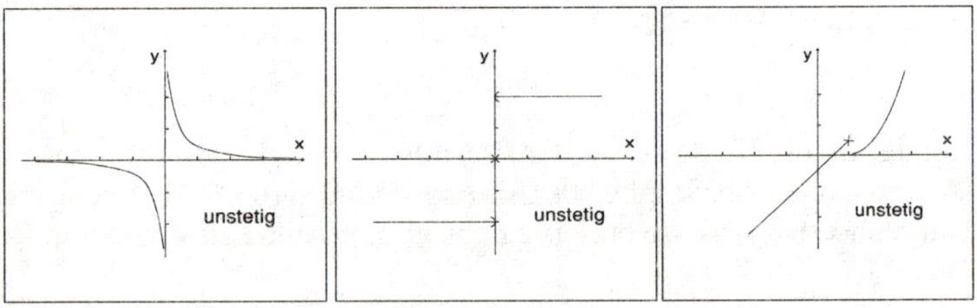

Eine Funktion, deren Graph eine Sprungstelle hat, ist unstetig.

9.2 BEISPIELE UND ANWENDUNGEN

In den vorangehenden Beispielen wurden die Funktionen überwiegend mit Hilfe der Pfeilschreibweise dargestellt; diese Darstellungsart betont insbesondere den Zuordnungsvorgang (Abbildung) eines Argumentes x zu einem Funktionswert y.

Für die praktischen Anwendungen und Rechnungen ist jedoch die Gleichungsschreibweise von Funktionen erheblich günstiger, daher soll dieser Schreibweise im folgenden der Vorzug gegeben werden.

Wir vereinbaren: Wenn der Definitionsbereich **D** einer Funktion *nicht genannt wird*, ist stets die gesamte Menge **R** der *reellen Zahlen* gemeint, also: **D = R**.

Am Aussehen der im folgenden Abschnitt betrachteten Funktionskurven mit D=R ändert sich nichts, wenn statt der Menge **R** die Menge **Q** der rationalen Zahlen als Definitionsbereich D gewählt wird (die rationalen Zahlen liegen beliebig "dicht", also "lückenlos" auf dem Zahlenstrahl).

LINEARE FUNKTIONEN

Beispiel:

Die beiden reellen Funktionen

$g_1: \; y = -2x + 3$

$g_2: \; y = 1{,}5x - 1$

haben *Geraden* als zugehörige Graphen.

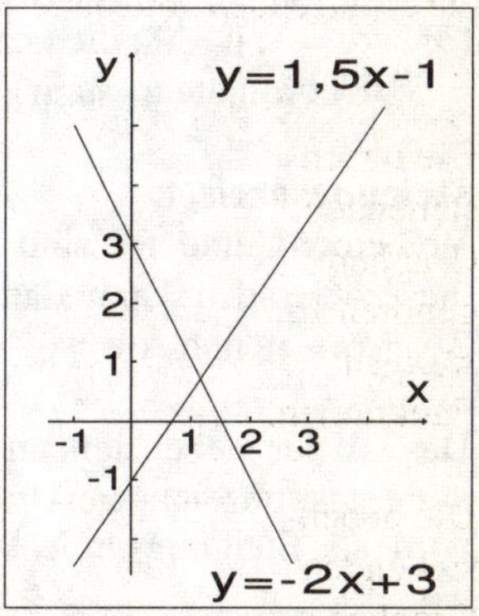

Die Faktoren –2 bzw. 1,5 kennzeichnen die *Steigung* der jeweiligen Geraden. Die Summanden 3 bzw. –1 bestimmen den Punkt, in dem die Gerade die y-Achse schneidet.

Die Gerade g_1 fällt mit wachsenden x-Werten, sie hat eine *negative* Steigung; g_2 steigt mit wachsenden x-Werten an, ihre Steigung ist *positiv*.

Eine *lineare* Funktion ("Geradengleichung") hat allgemein die Zuordnungsvorschrift bzw. Funktionsgleichung: $\boldsymbol{y = m \cdot x + b}$
Zugehörige Pfeilschreibweise: $x \longmapsto m \cdot x + b$.
Jede Funktion von diesem Typ hat als *zugehörigen Graphen eine Gerade*; aus diesem Grund bezeichnet man eine solche Gleichung auch häufig als "*Geradengleichung*".

Die beiden Konstanten m, b kennzeichnen die Lage der jeweiligen Gerade vollständig. m heißt *Steigungsfaktor* der Gerade.

Wählt man $x = 0$, so ergibt sich als zugehöriger Funktionswert $y = b$; geometrische Deutung: die Gerade schneidet die y-Achse im Punkt(0 ; b). Daher wird b als "*y-Achsenabschnitt*" der Gerade bezeichnet.

Sonderfälle

(1) **m = 0** : die Funktion $y = 0 \cdot x + b$ wird üblicherweise in der Kurzfassung $y = b$ dargestellt. Der zugehörige Graph ist eine Parallele zur x-Achse, welche die y-Achse im Punkt (0 ; b) schneidet.

(2) **b = 0** : $y = m \cdot x$ ist eine Gerade durch den Ursprung (0 ; 0).

(3) **m = 1, b = 0** : die Gerade $y = x$ ist eine Winkelhalbierende im vorliegenden Koordinatensystem.

Steigungsdreieck

Von einer Geraden g sind 2 Punkte $A(x_A\,;\,y_A)$, $B(x_B\,;\,y_B)$ bekannt. Die Steigung m dieser Geraden kann dann über das Verhältnis der Koordinaten-Differenzen $\Delta y = y_B - y_A$ und $\Delta x = x_B - x_A$ berechnet werden (für "Δy" spricht man "delta-y").

Das in der nebenstehenden Abbildung gekennzeichnete Dreieck an g wird als Steigungsdreieck bezeichnet.

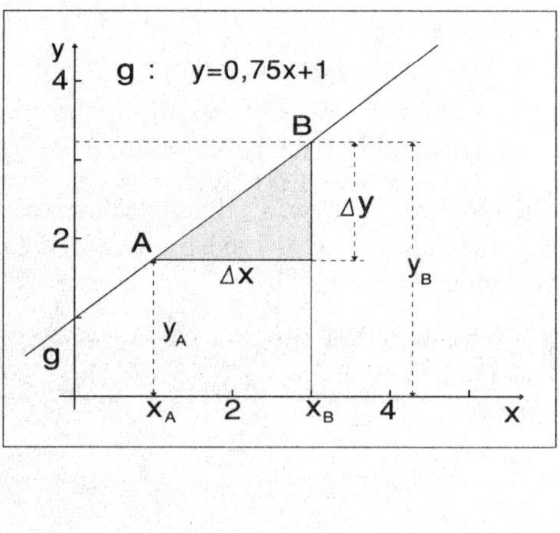

Für die Geradensteigung m gilt:

$$m = \frac{y_B - y_A}{x_B - x_A}$$

oder kürzer: $m = \dfrac{\Delta y}{\Delta x}$

Beispiel:
Die Steigung m der Gerade durch die Punkte A(1 ; 1,75) und B(3 ; 3,25) ist zu berechnen.

$$\Delta y = 3{,}25 - 1{,}75 = 1{,}5;\ \Delta x = 3 - 1 = 2;\ m = \frac{\Delta y}{\Delta x} = \frac{1{,}5}{2} = 0{,}75$$

0,75 ist die gesuchte Steigung m.

Die Steigung m einer Geraden g ist unabhängig von der Größe und der Lage des Steigungsdreiecks an g. Dieses soll am folgenden Beispiel erläutert werden.

Beispiel:
Punkte: A(–1 ; 1,5) B(1 ; 2,5) C(2 ; 3) D(1 ; 0,5) E(2 ; –2)

$g_1:\ y = 0{,}5 \cdot x + 2$

$g_2:\ y = -2{,}5 \cdot x + 3$

Zunächst wird die Steigung der ersten Gerade über zwei verschiedene Steigungsdreiecke bestimmt.

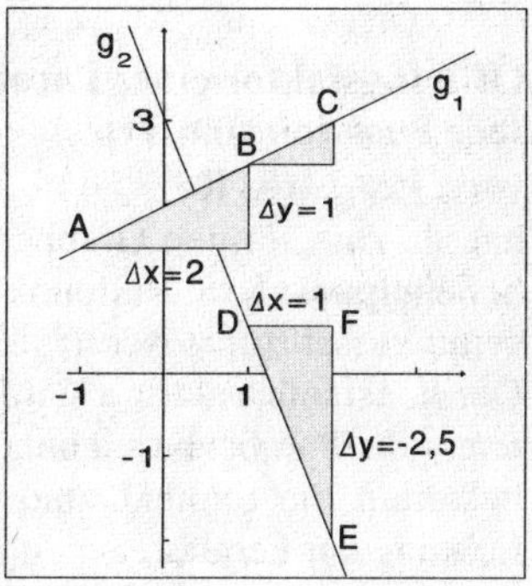

(1) Steigungsdreieck an A, B:

$$m = \frac{2{,}5 - 1{,}5}{1 - (-1)} = 0{,}5$$

(2) Steigungsdreieck an B, C:

$$m = \frac{3 - 2{,}5}{2 - 1} = 0{,}5$$

Man erkennt: Die Steigung ist unabhängig von Lage und Größe des Steigungsdreiecks.

(3) Steigung von g_2:
Im Steigungsdreieck DEF wählen wir die Durchlaufrichtung von D über F nach E, es folgt dann:

$$m = \frac{y_E - y_D}{x_E - x_D} = \frac{(-2) - 0{,}5}{2 - 1} = -2{,}5$$

Verschiedene Formen der Geradengleichung
Die Gleichung $y = m \cdot x + b$ bezeichnet man als *Normalform* der Geradengleichung.

Die Gleichung $\boldsymbol{c \cdot x + d \cdot y = e}$ mit den beiden variablen Größen x, y und den Konstanten c, d, e, wobei d ungleich 0 sein muß, ist die *implizite* Form der Geradengleichung. Sie läßt sich stets in die Normalform umrechnen.

Beispiel:
$x + 2y = 2$; $0{,}5x + y = 1$; $y = -0{,}5x + 1$. Beide Gleichungen haben die gleichen Lösungspaare (x ; y) und bestimmen ein- und dieselbe Gerade g.

QUADRATISCHE FUNKTIONEN

Reinquadratische Funktion und Normalparabel

Die Reinquadratische Funktion hat die Zuordnungsvorschrift bzw. Funktionsgleichung: $\boldsymbol{y = x^2}$. Der zugehörige Graph heißt *Normalparabel.* Der tiefste Punkt dieser Kurve heißt *Scheitelpunkt*; in diesem Falle ist es der Punkt (0 ; 0).
Die Parabel liegt achsensymmetrisch zur y-Achse.

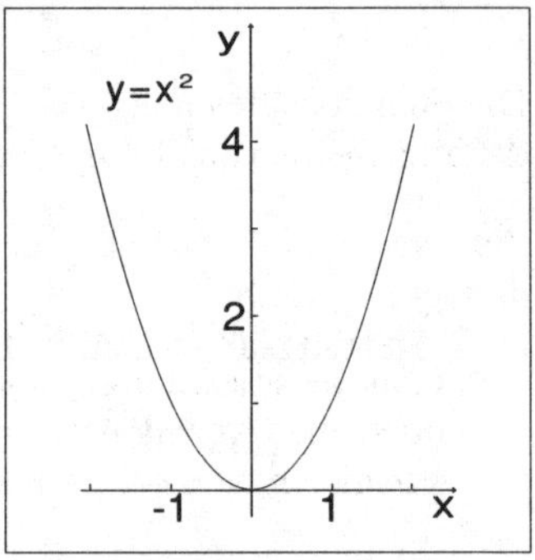

Öffnungsfaktor einer Parabel

Jede Funktion vom Typ:
$\boldsymbol{y = a \cdot x^2}$, $\mathbf{a \in R}$
hat als zugehörigen Graphen eine Parabel, deren Scheitelpunkt S im Nullpunkt liegt und die achsensymmetrisch zur y-Achse verläuft.
Der konstante Faktor a wird als *Öffnungsfaktor* der Parabel bezeichnet. Dieser Faktor bestimmt die Steilheit und die Öffnungsrichtung der Parabel.
Für positives a ist die Parabel nach oben, für negatives a nach unten geöffnet. Je größer der Betrag von a ist, desto steiler verläuft die zugehörige Parabel.

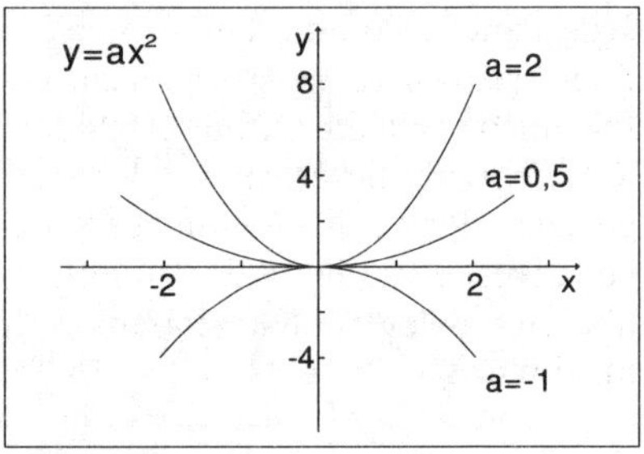

Parabeln in beliebiger Scheitelpunktslage

Beispiel:
Zuordnungsvorschrift bzw. Funktionsgleichung: $\boldsymbol{y = 0{,}5x^2 - x - 1{,}5}$
Die Zeichnung des zugehörigen Graphen kann hier mit Hilfe einer Wertetabelle erfolgen.

x	–2	–1	0	1	2	3	4
y	2,5	0	–1,5	–2	–1,5	0	2,5

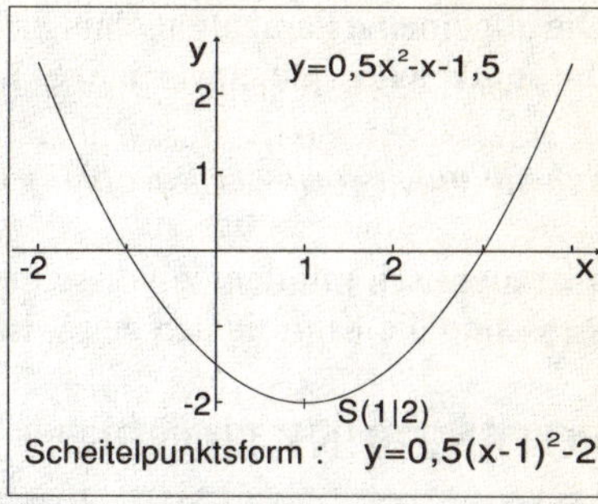

Nullstellen

Die Schnittpunkte des Graphen mit der x-Achse heißen die *Nullstellen* der Funktion $y = f(x)$. Zur deren Bestimmung muß der Funktionsterm gleich Null gesetzt werden. Man erhält mit $f(x) = 0$ eine Gleichung zur Berechnung der Nullstellen.

Die Nullstellen der obigen Parabel ergeben sich aus der *quadratischen Gleichung*: $0 = 0{,}5\,x^2 - x - 1{,}5$ (Lösung: s. Aufgabe Nr.7, Seite ...).

Die Funktionsgleichung $y = 0{,}5\,x^2 - x - 1{,}5$ aus dem letzten Beispiel ist vom Typ der allgemeinen quadratischen Funktion.

Die *allgemeine quadratische Funktion* hat die Zuordnungsvorschrift bzw. Funktionsgleichung: $\boldsymbol{y = a\,x^2 + b\,x + c}$
mit reellen Konstanten a, b, c. Hierbei muß der sogenannte *Öffnungsfaktor* a ungleich Null sein, ansonsten würde eine lineare Funktion vorliegen.

Jede Parabel von diesem Typ verläuft mit ihrer *Symmetrieachse* parallel zur y-Achse. Für einen positiven Öffnungsfaktor a ist der *Scheitelpunkt* dieser Parabel der am tiefsten gelegene Punkt (Minimum der Kurve), für negatives a ist der *Scheitelpunkt* der am höchsten gelegene Kurvenpunkt (Kurvenmaximum).

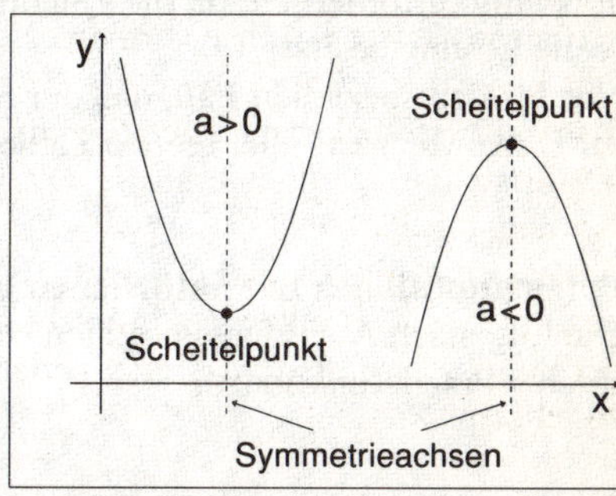

Aus den Konstanten a, b, c der allgemeinen Parabelfunktion $y = a\,x^2 + b\,x + c$ lassen sich die *Scheitelpunktskoordinaten* $(x_S\,;\,y_S)$ unmittelbar berechnen.

Scheitelpunkt: $(x_S\,;\,y_S) = \left(-\dfrac{b}{2\,a}\;;\;c - \dfrac{b^2}{4\,a}\right)$

Die allgemeine Parabelgleichung kann mit Hilfe der Scheitelpunktskoordinaten in die äquivalente (gleichwertige) Scheitelpunktsform umgeschrieben werden.

Scheitelpunktsform der Parabel: $\boldsymbol{y = a \cdot (x - x_S)^2 + y_S}$

a ist identisch mit dem zuvor schon behandelten Öffnungsfaktor, die Konstanten x_S, y_S sind die Koordinaten des Scheitelpunkts.

POTENZFUNKTIONEN

Funktionen mit der Zuordnung $\boldsymbol{y = x^r}$, wobei r eine *reelle Zahl* ist, heißen Potenzfunktionen.

Definitionsbereich
Läßt man für den Exponenten r eine beliebige reelle Zahl zu, so muß man (zur Vermeidung von Widersprüchen) den Definitionsbereich D auf die Menge $\mathbf{R}^+$ der positiven reellen Zahlen beschränken.

Beispiel:
$r = \frac{1}{2}$; $y = x^{\frac{1}{2}}$ kann auch als $y = \sqrt{x}$ geschrieben werden. Als maximaler Definitionsbereich ist hier $D = \{x \in R : 0 \leq x\}$ zulässig. Die Einschränkung $0 \leq x$ ist hier unbedingt erforderlich, da die Quadratwurzel $\sqrt{x}$ aus einer negativen Zahl keine reelle Lösung besitzt.
Nur für den speziellen Fall, daß der Exponent eine natürliche Zahl ist, kann man für D die Menge **R** aller reellen Zahlen wählen.

Potenzfunktionen mit natürlichen Exponenten
Die folgenden Abbildungen zeigen Graphen solcher Potenzfunktionen.

Die Funktionen sind ungerade, unbeschränkt und über dem ganzen Zahlenstrahl monoton steigend.

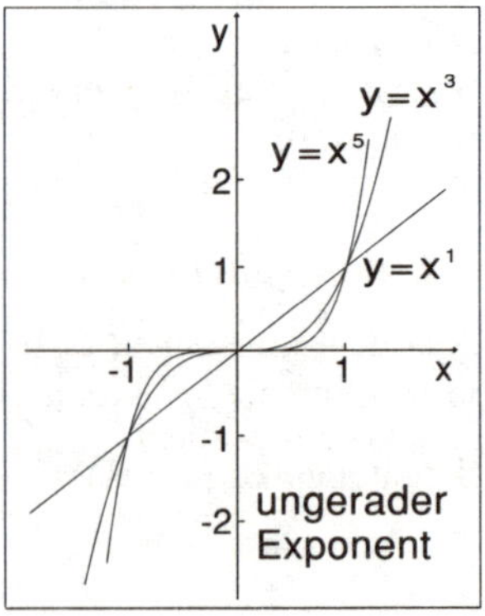

Die Funktionen sind gerade,
unbeschränkt,
für $x < 0$ monoton fallend und
für $x > 0$ monoton steigend.

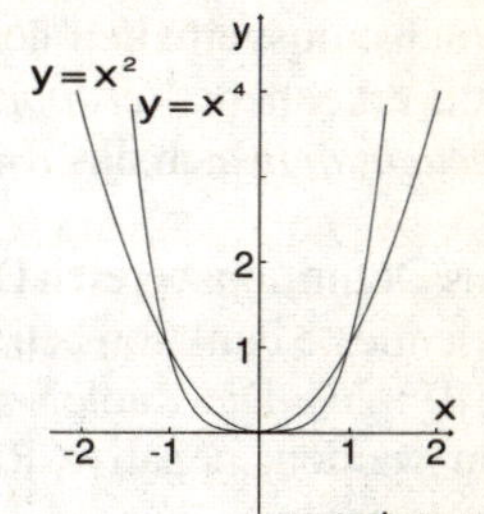

Das besondere Wachstumsverhalten der Potenzfunktion $y = x^n$ soll für ein Beispiel mit $n = 3$ (*kubische* Potenzfunktion) erläutert werden.

Beispiel:
Ein kugelförmiger Luftballon wird durch Luftzufuhr stetig vergrößert. Hierbei soll der Radius (halber Durchmesser) des Ballons höchstens 25 cm groß werden.

Ein kugelförmiger Ballon wird durch Luftzufuhr vergrößert, die Kugelform bleibt erhalten

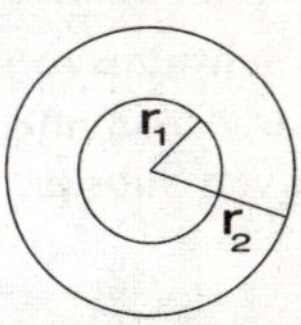

Radius r_1 verdoppelt:
$r_2 = 2 \cdot r_1$

DasVolumen V hängt vom Radius r ab gemäß der folgenden Zuordnungsvorschrift:

$$V(r) = \frac{4}{3}\pi r^3$$

oder in der Pfeilschreibweise:

$$r \longmapsto \frac{4}{3}\pi r^3.$$

Funktionstabelle für einige kennzeichnende Wertepaare:

Ballonradius r in cm	5	10	15	20	25
Volumen in cm^3	523,6	4188,8	14137	33510	65450

Die Zahlenwerte in der Tabelle lassen das typische Wachstumsverhalten der kubischen Potenzfunktion erkennen: *Verdoppelt* man den Radius, so *verachtfacht* sich das Kugelvolumen.

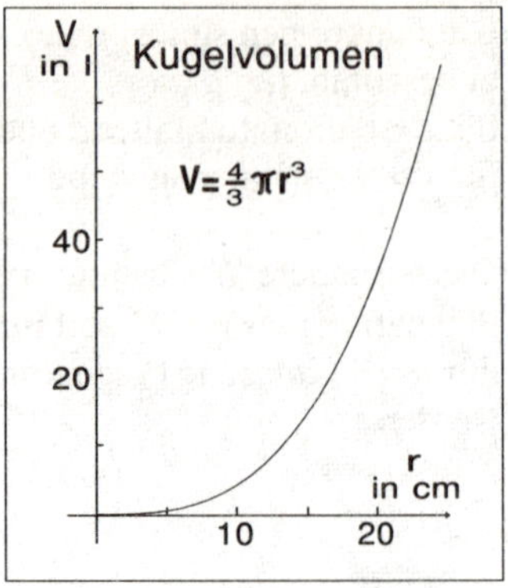

Als Definitionsbereich D für diese am Experiment orientierte Funktion betrachten wir das Intervall D = [0 ; 25]. Die Radien sollen nicht größer als 25 cm werden; negative Radien sind hier physikalisch sinnlos.

EXPONENTIALFUNKTIONEN

Viele Wachstumsvorgänge und natürliche Abläufe (z.B. Wachstum einer Bakterienkultur, Abkühlung eines Behälters, Zuwachs eines Waldbestandes, Zerfall einer radioaktiven Substanz) lassen sich durch Exponentialfunktionen erfassen.

Funktionen mit der Zuordnung $\boldsymbol{y = a^x}$, wobei x eine beliebige *reelle* Zahl und a eine *positive reelle* Zahl ist, heißen *Exponentialfunktionen.*

Im Unterschied zu den Potenzfunktionen ist bei den Exponentialfunktionen die Hochzahl (Exponent) variabel.

Funktionstabelle für die Exponentialfunktion $\boldsymbol{y = 2^x}$:

x	–3	–2	–1	0	1	2	3
y	0,125	0,25	0,5	1	2	4	8

Der Graph der Funktion $y = 2^x$ verläuft nur überhalb der x-Achse, die Funktion ist monoton steigend und unbeschränkt. Auch für negative x-Werte liegen positive y-Werte vor, hierzu zwei Rechenbeispiele.

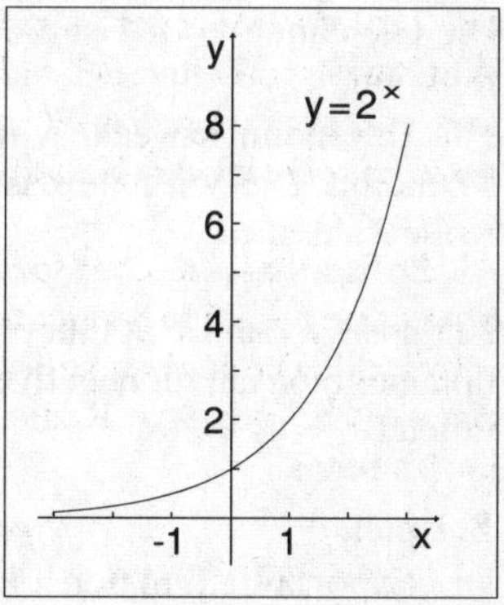

Gemäß dem Potenzgesetz $a^{-n} = \frac{1}{a^n}$ gilt:

$2^{-3} = \frac{1}{2^3} = \frac{1}{8} = 0{,}125$;

$2^{-5} = \frac{1}{2^5} = \frac{1}{32} = 0{,}03125$

Die folgende Abbildung zeigt die Graphen für einige Exponentialfunktionen:

Alle Graphen laufen durch den gleichen Punkt (0 ; 1) auf der y-Achse, denn es gilt $a^0 = 1$ für jede positive reelle Zahl a.

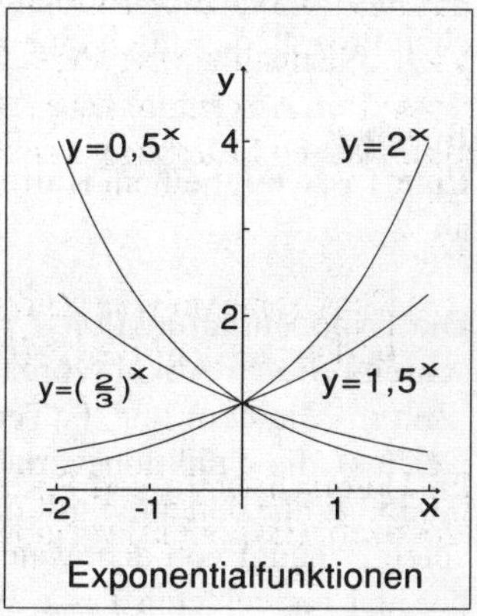

Exponentialfunktionen

Alle Graphen verlaufen *oberhalb der x-Achse*.

Eine Exponentialfunktion ist für $a > 1$ monoton steigend, für $0 < a < 1$ monoton fallend.

Für praktische Anwendungen der Funktion $y = a^x$ sind die Basiswerte $a = 10$, $a = 2$ oder $a = e$ ($e = 2{,}71828...$ ist die *Eulersche Zahl*) besonders wichtig.

In den naturwissenschaftlichen und technischen Anwendungen der Exponentialfunktion wird für die Basis a überwiegend die Eulersche Zahl e verwendet. Exponentialfunktionen mit der Basis e bezeichnet man auch als "*e - Funktionen*", Sie dienen häufig zur Beschreibung von *natürlichen Wachstumsvorgängen*.

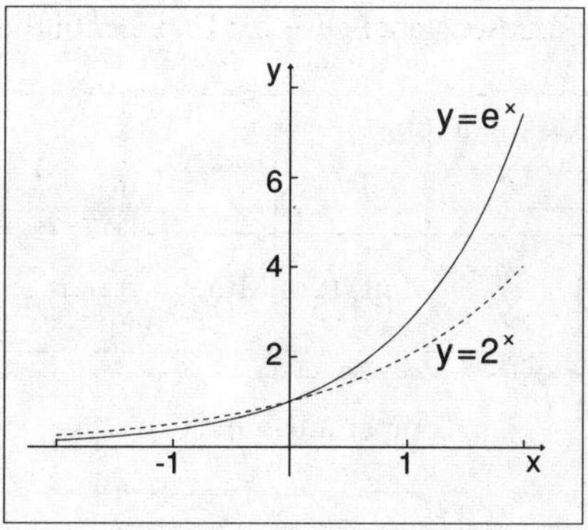

Die Gleichung $\boldsymbol{y = a^x}$ ist die einfachste Form ("Normalform") einer Exponentialfunktion.
Für Anwendungszwecke wird oft die Form $\boldsymbol{y = r \cdot a^{sx}}$ mit reellen Konstanten r und s benötigt. Die Variable x ist eine *beliebige reelle* Zahl, die Basis a eine *positive* reelle Zahl.

Ist r positiv, dann steigt für positives s die Funktion monoton an; für negatives s ist sie monoton fallend.

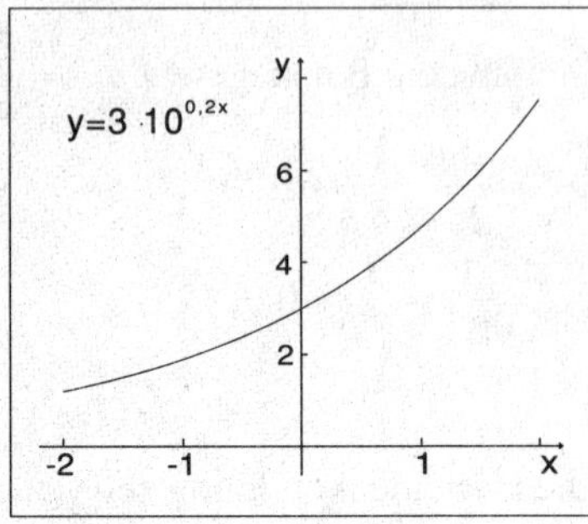

Beispiel:
Die Exponentialfunktion $y = 3 \cdot 10^{0,2x}$ ist monoton wachsend.

Der im folgenden beschriebene Abkühlvorgang ist ein Beispiel für einen natürlichen Prozeß, der durch eine Exponentialfunktion erfaßt werden kann.

Beispiel:
Eine Tasse mit heißem Kaffee kühlt innerhalb von 15 Minuten von 90°C auf 53°C ab.

Die Exponentialfunktion $\boldsymbol{T = 90 \cdot e^{-0,0353\,t}}$ beschreibt diesen Abkühlvorgang; hierbei sind t (Zeit in Minuten) und T (Temperatur in Grad Celsius) die Funktionsvariablen. Der Faktor 0,0353 im Exponenten gilt nur für dieses Beispiel, er hängt von den Materialeigenschaften der hier betrachteten Tasse ab.

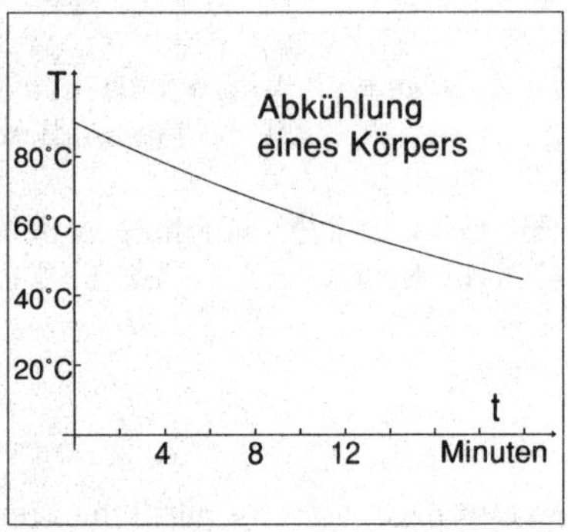

Wertetabelle:

Zeit (t) in Min	0	5	10	15
Temperatur T in °C	90	75,44	63,23	53

LOGARITHMUSFUNKTIONEN

Zur Einführung der Logarithmusfunktion soll im folgenden die Definition des Logarithmus wiederholt werden. Weiterhin sollen spezielle Rechenbeispiele den Logarithmusbegriff für die hier benötigten Grundlagen vorbereiten.

a, b und r sind reelle Zahlen, $a > 0$; in der Gleichung $\boldsymbol{a^r = b}$ nennt man die Hochzahl **r** auch den *Logarithmus* von b zur Basis (Grundzahl) a und schreibt hierfür $\boldsymbol{r = \log_a b}$ (lies: "a-Logarithmus von b") oder auch $r = \log_a(b)$.

Gemäß dieser Erklärung (Definition) kann die Gleichung $4^x = 64$ auch in die hierzu inhaltlich gleichwertige, logarithmische Schreibweise umgeschrieben werden: $x = \log_4 64$ (lies: "Vierer-Logarithmus von 64") oder auch $x = \log_4(64)$. In beiden Fällen ist $x = 3$ die Lösung.

Weitere Beispiele:
$5^x = 625$ ist gleichwertig mit $x = \log_5 625$, die Lösung ist beidesmal $x = 4$.
$\log_{10} 10000 = 4$, denn $10^4 = 10000$; $\log_2 32 = 5$, denn $2^5 = 32$.

Grundsätzlich kann jede positive reelle Zahl a als Basis eines Logarithmus verwendet werden. In der Praxis sind nun die drei Zahlen 2, 10 und e = 2,71828... (Eulersche Zahl) als Basen von Logarithmen besonders wichtig. Die hierzu gehörigen Logarithmen erhalten daher eigenständige Bezeichnungen:

lg $b = \log_{10} b$("Zehner"- oder "dekadischer" Logarithmus);
ln $b = \log_e b$("natürlicher" Logarithmus, "logarithmus naturalis");
ld $b = \log_2 b$("Zweier"- oder "binärer" Logarithmus).

Erstellung von logarithmischen Tabellen
Einfache Logarithmen wie z.B. *lg* 100 = 2, $\log_4 64 = 3$, *ld* 16 = 4 lassen sich ohne Hilfsmittel berechnen. Die meisten Logarithmen sind jedoch komplizierte Zahlen (z.B. *lg* 8 = 0,90308...), zu ihrer Berechnung kann ein Taschenrechner verwendet werden.
Auf einem Taschenrechner sind zumeist nur der Zehner-Logarithmus (Taste "log") und der natürliche Logarithmus (Taste "ln") verfügbar.

Zur Umrechnung auf beliebige Logarithmen kann die nebenstehende Formel verwendet werden.

$$\log_b(u) = \frac{\log_a(u)}{\log_a(b)}$$

Beispiel: $\log_8 15 = \frac{\ln(15)}{\ln(8)} = 1{,}302$

Die logarithmischen Tabellen kann man zur Erstellung von Funktionsgraphen der im folgenden Abschnitt behandelten Funktionen verwenden.

Der Logarithmus $r = \log_a b$ ist nur für positive Zahlen $b > 0$ erklärt.

Die Funktion $y = lg\,(x)$
Für die Basis $a = 10$ schreibt man $r = lg\ b$ oder $r = lg\,(b)$; die letztere Schreibweise betont die Betrachtungsweise "lg **von** b" des Logarithmus.

Ersetzt man b durch x und r durch y, so erhält man die Zuordnungsgleichung des Zehnerlogarithmus in ihrer üblichen funktionalen Bezeichnungsweise $y = lg\,(x)$.

Für jede positive Zahl x können wir mit der Taste "log" des Taschenrechners den zugehörigen Zehner-Logarithmus $y = lg\,(x)$ berechnen.

Die Logarithmuskurve verläuft nur im Bereich *positiver x-Werte*. Im Bereich des Nullpunktes nähert sich die Kurve der y-Achse beliebig nahe, *ohne* sie zu schneiden.

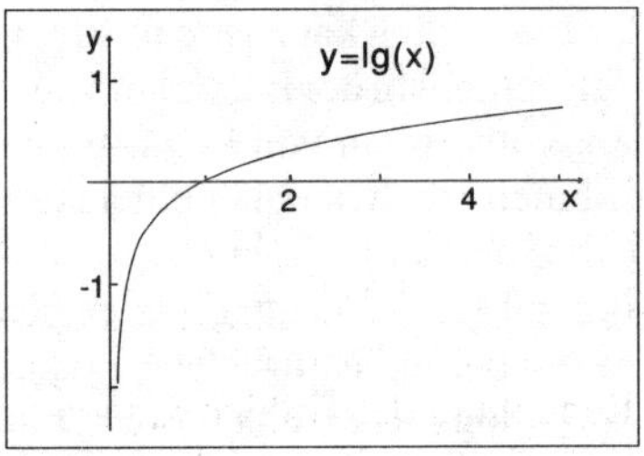

Der Logarithmus ist für jede positive, reelle Basis a erklärt.
Allgemeine Logarithmusfunktion: $\mathbf{y = \log_a (x)}$; hierbei ist die unabhängige Variable x eine positive reelle Zahl.

Der Graph der Funktion $y = ld\,(x)$ (Zweier-Logarithmus) ergibt sich durch *Spiegelung* des Graphen von $y = 2^x$ an der Winkelhalbierenden $y = x$.
Man erhält allgemein die Kurve der Umkehrfunktion f^{-1} durch Spiegelung der Kurve von f an der Winkelhalbierenden $y = x$ (S. ...).

Daraus wird ersichtlich, daß die Funktion $y = ld\,(x)$ die Umkehrfunktion zur Exponentialfunktion $y = 2^x$ ist.

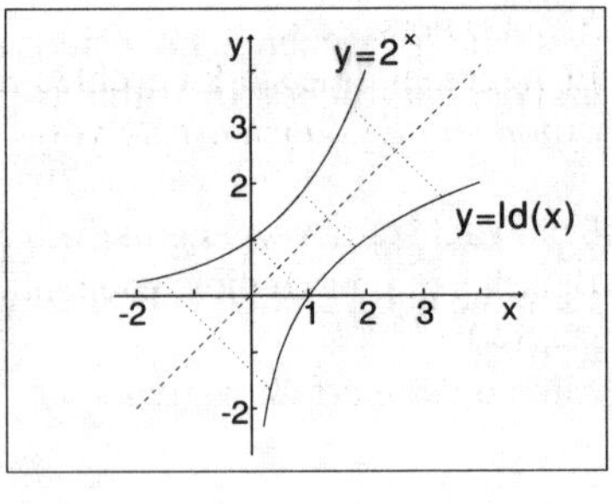

Allgemein gilt:

$y = \log_a(x)$ ist die *Umkehrfunktion* zur Exponentialfunktion $y = a^x$.

BEISPIELE AUS NATUR UND TECHNIK

Exponentielles Bevölkerungswachstum

In einem Staat der 3. Welt mit einem sehr geringen Bruttosozialprodukt wurde über einen Zeitraum von 40 Jahren eine Bevölkerungsstatistik geführt. Die Zahlen in der folgenden Tabelle beziehen sich auf einen ländlichen, stark nach außen isolierten Bezirk mit sehr geringen Zu- oder Abwanderungstendenzen.

Jahr	1950	1960	1970	1980	1990
x	0	10	20	30	40
y	340	504	748	1109	1644

Bedeutung der Größen x, y:
x ist die Anzahl der Jahre seit 1950; y ist die Bevölkerungszahl in Tausend (1950 lebten also 340000 Menschen in diesem Bezirk).

Neuzuwachs von 1950 bis 1960:
164000 Personen;
Neuzuwachs von 1970 bis 1980:
535000 Personen.
Es liegt hier eine stark beschleunigte, *exponentielle Zuwachsrate* vor.

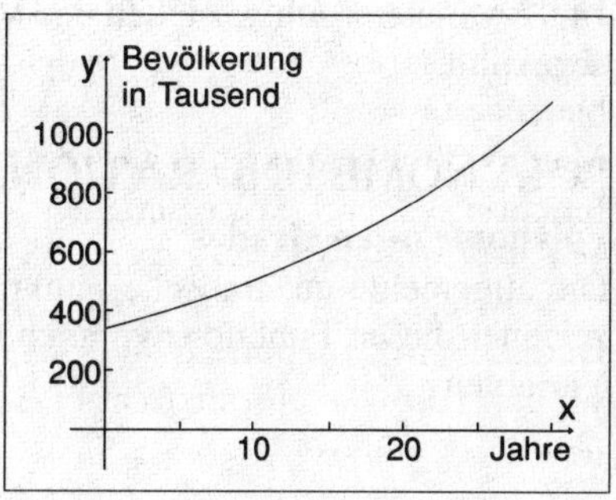

Der Wachstumsvorgang in diesem Bezirk kann durch die Exponentialfunktion
$\boldsymbol{y = 340\, e^{0{,}0394\, x}}$
zahlenmäßig erfaßt werden.

Abkühlung eines Motors

Wenn Sie nach längerer Autofahrt Ihren Wagen parken und den Motor abstellen, so ist dieser noch stark erwärmt.

Der Zylinderblock im Inneren des Motors kühlt in den ersten 10 Minuten von der Temperatur $T_1 = 350°C$ auf die Temperatur $T_2 = 95°C$ ab (diese Zahlen sind hier für Beispielszwecke gewählt).

Der Abkühlvorgang wird durch die Funktion $\boldsymbol{T = 350\, e^{-0{,}1304\, t}}$ erfaßt; hierbei ist T die Temperatur, t die Zeit in Minuten nach dem Abstellen des Motors.

Nach welcher Zeit t_3 ist der Zylinderblock auf 50 Grad abgekühlt?

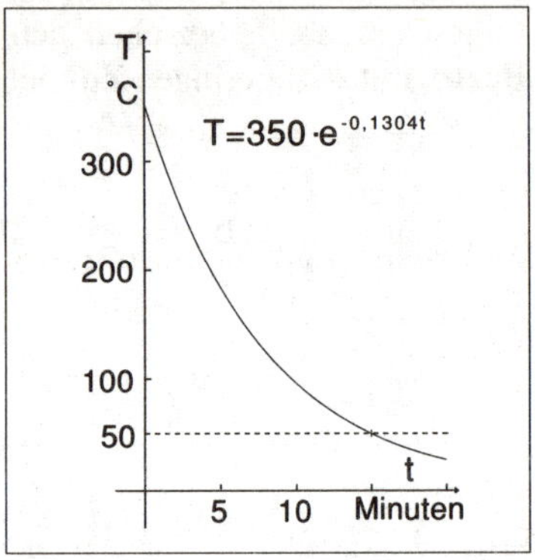

$50 = 350\, e^{-0{,}1304\, t_3}$; nach Division dieser Gleichung durch 350 und Logarithmieren beider Gleichungsseiten folgt:

$$\ln\left(\frac{1}{7}\right) = \ln\left(e^{-0{,}1304\, t_3}\right)$$

Die Anwendung des allgemeinen Logarithmusgesetzes

$\log\left(u^k\right) = k \cdot \log(u)$ ergibt dann

$$\ln\left(\frac{1}{7}\right) = -0{,}1304 \cdot t_3 \cdot \ln(e),$$

wegen $\ln(e) = 1$ ist $t_3 = \dfrac{\ln(0{,}1429)}{-0{,}1304} = 14{,}92$

14,92 Minuten nach Abstellen des Motors hat sich der Zylinderblock auf 50 Grad abgekühlt.

POLYNOME UND RATIONALE FUNKTIONEN

Polynome n-ten Grades

Die allgemeine quadratische Funktion hat die Form $y = a\,x^2 + b\,x + c$; man bezeichnet diesen Funktionstyp auch als eine *Polynomfunktion 2. Grades* mit der Variablen x.

Eine Funktionsgleichung der Art $\boldsymbol{y = x^3 - 3x^2 + 3x - 0{,}5}$ bezeichnet man als eine *Polynomfunktion 3. Grades.*
Die Funktion $y = -0{,}2x^4 + 3x$ ist eine *Polynomfunktion 4. Grades.*

Allgemein heißt eine Funktionsgleichung von der Form

$$\boldsymbol{y = a_n x^n + a_{n-1} x^{n-1} + \ldots + a_2 x^2 + a_1 x^1 + a_0}$$

eine Polynomfunktion vom Grad n mit der Variablen x; der Grad n ist hierbei die höchste auftretende Potenz von x. Die Koeffizienten $a_0, a_1, a_2, \ldots, a_n$ sind reelle Zahlen, a_n ist ungleich 0.

Der *Term* auf der rechten Gleichungsseite heißt ein Polynom vom Grad n (bzw. von n-ter Ordnung).

Nullstellen der Polynomfunktion
Die x-Werte einer Funktion $y = f(x)$, die $y = 0$ als zugehörigen Funktionswert besitzen, heißen *Nullstellen* dieser Funktion. Die Nullstellen kennzeichnen die *Schnittpunkte* der zugehörigen Funktionskurve mit der *x-Achse.*

Beispiel:
Die Polynomfunktion 3. Grades $p(x) = x^3 - 3x^2 + 4$ hat die beiden Nullstellen $x_1 = -1$ und $x_2 = 2$; nach Einsetzen dieser x-Werte in die Funktionsgleichung folgt $p(1) = -1 - 3 + 4 = 0$ und $p(2) = 8 - 12 + 4 = 0$.

Die folgende Aussage stellt einen bedeutsamen mathematischen Satz dar:

Eine Polynomfunktion vom Grad n hat *höchstens n verschiedene* Nullstellen.

Rationale Funktionen

Eine Funktion, deren Funktionsterm ein *Quotient aus 2 Polynomen* ist, heißt eine *rationale* Funktion.

Beispiel:

$$f(x) = \frac{0{,}5\,x^2}{x^3 - 3\,x^2 + 4}$$

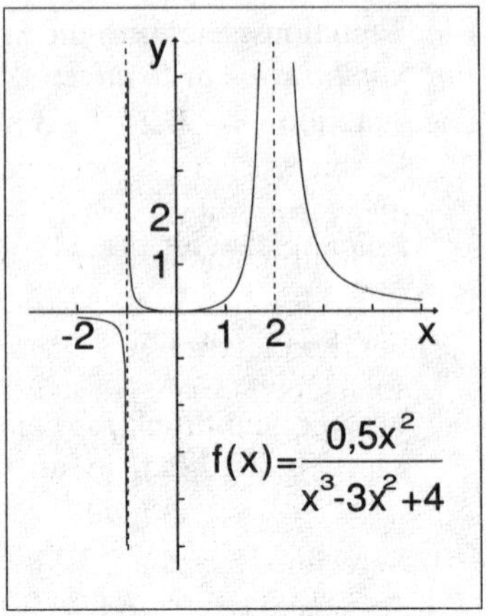

Hier steht im Nenner ein Polynom vom Grad 3, im Zähler ein (einfach gebautes) Polynom vom Grad 2.

x-Werte, in deren Umgebung die Funktion f(x) betragsmäßig beliebig große y-Werte annimmt, bezeichnet man als *Polstellen* dieser Funktion. Der Funktionsgraph verläuft an solchen Polstellen extrem steil nach oben oder nach unten; die Funktion ist hier unbeschränkt.

In unserem Beispiel hat die rationale Funktion $f(x)$ die beiden Polstellen $x_1 = -1$ und $x_2 = 2$; diese Werte sind zugleich die Nullstellen des Nennerpolynoms.

9.3 ÜBUNGSAUFGABEN

1) Zeichnen Sie die Gerade g, die durch die beiden Punkte A(0 ; –1) und B(2 ; 3) geht. Geben Sie die zugehörige Geradengleichung $y = m\,x + b$ an. Welcher der beiden Punkte (100 ; 199), (400 ; 801) liegt auf der Geraden g?

2) Rechnen Sie die Gleichung $2\,y + 4\,x = 2\,(2 - x)$ in die Normalform $y = m\,x + b$ der Geradengleichung um.

3) Berechnen Sie den Schnittpunkt der beiden Geraden g: $y = 2\,x - 1$ und h: $y = -x + 5$. Geben Sie weiterhin den Schnittpunkt der Geraden g mit der x-Achse an. Ist die obige Funktionsgleichung der Geraden h gleichwertig mit der folgenden Gleichung $3\,y + 2\,x - 5 = 5 + y$?

4) Zeichnen Sie den Graphen der Funktion $y = 0{,}5\,x^2 - 2$, erstellen Sie zuvor eine Wertetabelle mit den x-Werten –3, –2, –1, 0, 1, 2, 3.

5) Berechnen Sie die Schnittpunkte der Parabel $y = x^2 + 2\,x - 1$ mit der Geraden $y = 3\,x + 1$.

6) Zeichnen Sie den Graphen zu der Hyperbelfunktion $y = \frac{2}{x}$, erstellen Sie zuvor eine Wertetabelle mit den x-Werten –4; –3; –2; –1; –0,5; 0,5; 1; 2; 3; 4.

Bestimmen Sie dann die Schnittpunkte dieser Hyperbel mit der Geraden $y = 1{,}5\,x - 2$ a) zeichnerisch und b)rechnerisch.

7) Rechnen Sie die Scheitelpunktsform der Parabel $y = 0{,}5\,(x-1)^2 - 2$ um in die Normalform $y = a\,x^2 + b\,x + c$. Berechnen Sie dann die Nullstellen (Schnittpunkte mit der x-Achse) dieser Parabel.

8) Für die Funktion $y = 0{,}5 \cdot e^{0{,}5\,x}$, D = [–1 ; 4] ist zunächst eine Wertetabelle anzugeben (Wahl der x-Werte: x = –1, 0, 1, 2, 3, 4). Zeichnen Sie nun den zugehörigen Funktionsgraphen. Bestimmen Sie mit Hilfe der Zeichnung denjenigen x-Wert, ab welchem die Funktionswerte größer als 2,5 sind.

9) Berechnen Sie den Schnittpunkt der beiden Exponentialfunktionen $f(x) = 4 \cdot 10^{-0{,}2\,x}$ und $g(x) = 2^{0{,}5\,x}$.

10) Jeder der folgenden x-Werte (Logarithmen) läßt sich als einfache ganze Zahl angeben (Kopfrechnen).

a) $x = \log_4 (0{,}25)$ b) $x = ld\,(1/8)$ c) $x = lg\,(100) + lg\,(0{,}1)$

d) $x = 5 \cdot \ln\left(e^2\right)$ e) $x = 5 \cdot \log_5 (0{,}2) + \log_5 (5)$

11) Welche der folgenden Funktionen sind jeweils injektiv, surjektiv oder bijektiv?

a) $f(x) = 2^x$, D = $\mathbf{R}$, W = Menge aller positiven reellen Zahlen.

b) (1) $y = x^2$, $D_1 = [-1\,;\,1]$; $W_1 = [0\,;\,1]$
(2) $y = x^2$, $D_2 = [0\,;\,1]$; $W_2 = [0\,;\,1]$

c) $b(x) = |\,x\,|$ (Betragsfunktion) D = [–2 ; 2]; W = [0 ; 2]

d) $g(x) = 0{,}5 \cdot x$, D = [0 ; 2]; W = [0 ; 2]

12) Die Quersumme q(n) einer natürlichen Zahl n ist die Summe ihrer Ziffern. Beispiele: n = 17, q(17) = 8; n = 429, q(429) = 15. Für diese Zuordnungsvorschrift q(n) mit der unabhängigen Variablen n wählen wir den Definitionsbereich D = 20, 21, 22, ... , 29, 30 und den Wertebereich W = {2, 3, 4, ... , 10, 11}. Ist diese Funktion injektiv, surjektiv oder bijektiv?

LÖSUNGEN

1) $y = 2x - 1$; die Steigung $m = \frac{\Delta y}{\Delta x} = \frac{4}{2} = 2$ folgt aus dem hier gewählten Steigungsdreieck (Abb.).
Der x-Wert vom Punkt (100 ; 199) wird in die Gleichung eingesetzt:
$2 \cdot 100 - 1 = 199$; also liegt dieser Punkt auf g. Wegen $2 \cdot 400 - 1 = 799$ liegt der Punkt (400 ; 801) nicht auf g.

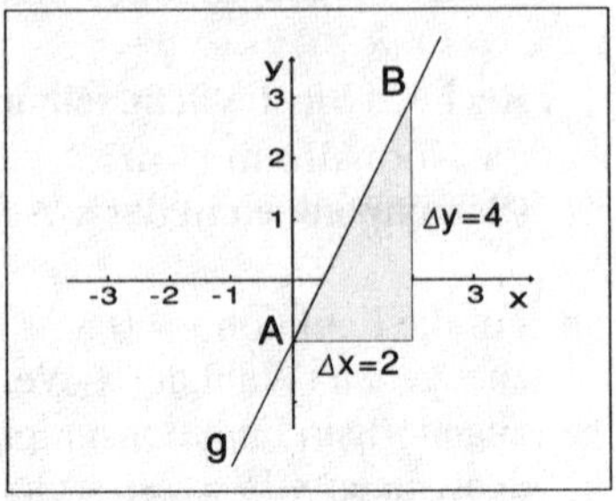

2) $2y + 4x = 2(2 - x)$, $2y + 4x = 4 - 2x$, $2y = 4 - 6x$, $y = -3x + 2$

3) Der Schnittpunkt ergibt sich durch die Gleichsetzung der y-Werte beider Funktionen:
$2x - 1 = -x + 5$, $3x - 1 = 5$, $3x = 6$, $x = 2$;
zu $x = 2$ gehört der y-Wert $2 \cdot 2 - 1 = 3$, Schnittpunkt: (2 ; 3).
Schnittpunkt von g mit der x-Achse: $y = 0$ setzen.
$0 = 2x - 1$, $2x = 1$, $x = 0{,}5$; g schneidet die x-Achse im Punkt (0,5 ; 0).
$3y + 2x - 5 = 5 + y$, $3y + 2x = 10 + y$, $3y = 10 + y - 2x$,
$2y = -2x + 10$, $y = -x + 5$; ja, beide Funktionsgleichungen sind gleichwertig zueinander.

4)

x	–3	–2	–1	0	1	2	3
y	2,5	0	–1,5	–2	–1,5	0	2,5

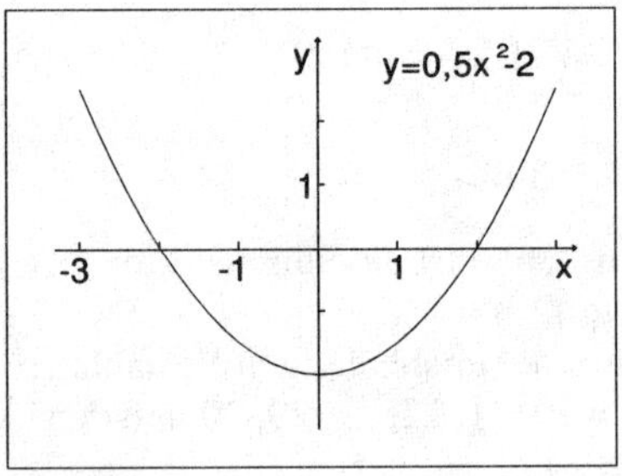

5) y-Werte gleichsetzen: $x^2 + 2x - 1 = 3x + 1$. Diese Gleichung muß nun auf die Normalform $x^2 + px + q = 0$ umgeformt werden: $x^2 + 2x - 2 = 3x$, $x^2 - x - 2 = 0$ es ist p = − 1, q = − 2; $x_{1,2} = 0{,}5 \pm \sqrt{2{,}25} = 0{,}5 \pm 1{,}5$, $x_1 = 2$, $x_2 = -1$, die gesuchten Schnittpunkte sind (2 ; 7) und (− 1 ; − 2).

6) Schnittpunkte berechnen:

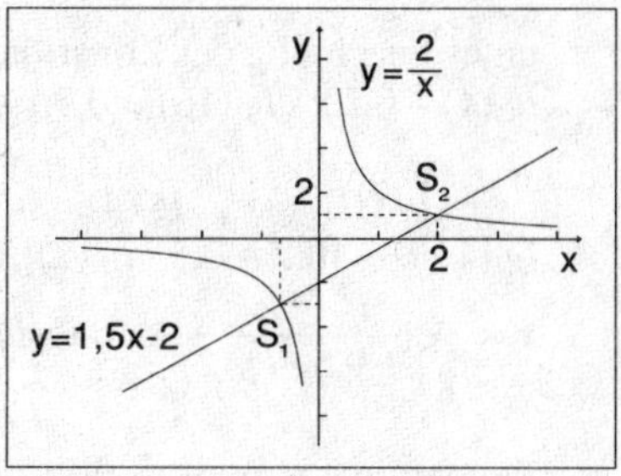

$1{,}5x - 2 = \frac{2}{x}$,

$1{,}5x^2 - 2x = 2$,

$1{,}5x^2 - 2x - 2 = 0$,

wir rechnen nun mit Brüchen weiter:

$\frac{3}{2}x^2 - 2x - 2 = 0$,

$x^2 - \frac{4}{3}x - \frac{4}{3} = 0$,

$x_{1,2} = \frac{2}{3} \pm \sqrt{\frac{4}{9} - \left(-\frac{4}{3}\right)} = \frac{2}{3} \pm \frac{4}{3}$

$x_1 = 2$, $x_2 = -\frac{2}{3}$, Schnittpunkte: (2 ; 1) und $\left(-\frac{2}{3} ; -3\right)$.

7) $y = 0{,}5(x-1)^2 - 2 = 0{,}5(x^2 - 2x + 1) - 2 = 0{,}5x^2 - x + 0{,}5 - 2$ somit ist $y = 0{,}5x^2 - x - 1{,}5$ die zugehörige Normalform. Nullstellen: $0 = 0{,}5x^2 - x - 1{,}5$; auf Normalform der quadratischen Gleichung bringen: $0 = x^2 - 2x - 3$ $x_{1,2} = 1 \pm \sqrt{4} = 1 \pm 2$; $x_1 = 3$, $x_2 = -1$.

8)

x	–1	0	1	2	3	4
y	0,303	0,5	0,824	1,36	2,24	3,69

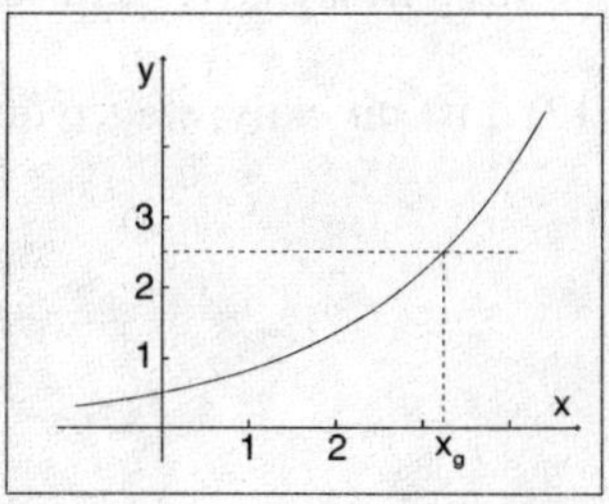

Aus der Zeichnung folgt:
$x_g = 3{,}2$
(exakter Rechenwert:
$x_g = 2 \cdot \ln(5) = 3{,}219$)

9) Zur Berechnung des Schnittpunktes setzt man zunächst die y-Werte gleich:

$4 \cdot 10^{-0{,}2\,x} = 2^{0{,}5\,x}$, $lg\,(4 \cdot 10^{-0{,}2\,x}) = lg\,(2^{0{,}5\,x})$,

$lg\,(4) + lg\,(10^{-0{,}2\,x}) = lg\,(2^{0{,}5\,x})$,

unter Beachtung des Logarithmus-Gesetzes $\log(u^r) = r \cdot \log(u)$ folgt dann
$lg\,(4) - 0{,}2\,x \cdot lg\,(10) = 0{,}5\,x \cdot lg\,(2)$.

Es ist $lg\,(10) = 1$; $lg\,(4) = 0{,}2\,x + 0{,}5\,x \cdot lg\,(2)$;
$lg\,(4) = x \cdot [0{,}2 + 0{,}5 \cdot lg\,(2)]$,
$x = \dfrac{lg\,(4)}{0{,}2 + 0{,}5 \cdot lg\,(2)}$ der Taschenrechner liefert $x = \dfrac{0{,}6021}{0{,}3505} = 1{,}718$.

Zugehöriger y-Wert : $y = f(1{,}718) = 4 \cdot 10^{-0{,}2 \cdot 1{,}718} = 1{,}814$
$S = (1{,}718\,;\,1{,}814)$ ist der Schnittpunkt.

10) a) $x = -1$, da $4^{-1} = \frac{1}{4} = 0{,}25$

b) $x = -3$, da $2^{-3} = \frac{1}{2^3} = \frac{1}{8}$

c) $x = 2 - 1 = 1$, da $10^2 = 100$ und $10^{-1} = 0{,}1$

d) $x = 10 \cdot \ln(e) = 10$

e) $x = 5 \cdot (-1) + 1 = -4$, da $5^{-1} = 0{,}2$ und $5^1 = 5$

11) a) f(x) ist bijektiv.
b) Fall (1): diese Funktion ist surjektiv, aber nicht injektiv.
Fall (2): diese Funktion ist surjektiv.
c) b ist surjektiv, nicht injektiv.
d) g ist injektiv, nicht surjektiv.

12) q ist surjektiv; wegen q(21) = q(30) = 3 ist q nicht injektiv.

10. ALGEBRAISCHE STRUKTUREN UND LOGIK

10.1 VERKNÜPFUNGSGEBILDE UND GRUPPEN

In der Mathematik gibt es viele Gebiete, die äußerlich sehr verschiedene Erscheinungsformen haben, aber in ihren wesentlichen Prinzipien verwandt sind.
Die Addition natürlicher Zahlen und die Multiplikation rationaler Zahlen beispielsweise sind auf den ersten Blick sehr unterschiedliche Rechenarten. Sie haben aber bestimmte Gesetzmäßigkeiten gemeinsam, so gilt z.B. für beide das Assoziativgesetz.
Nach diesem algebraischen Gesetz ist die *Reihenfolge* beim Berechnen von Termen der Art $k + m + n$ in **N** bzw. $p \cdot q \cdot r$ in **Q** *ohne Bedeutung* für das Endergebnis.

Beispiel:

Die beiden Terme $13 + 7 + 3$ und $\frac{2}{5} \cdot \frac{10}{3} \cdot \frac{3}{8}$ können jeweils in verschiedener Reihenfolge berechnet werden, dabei wird die Reihenfolge der Rechenschritte durch Klammern festgelegt.

	Addition in **N**	Multiplikation in **Q**
1. Weg	$(13 + 7) + 3 = 20 + 3 = 23$	$\left(\frac{2}{5} \cdot \frac{10}{3}\right) \cdot \frac{3}{8} = \frac{4}{3} \cdot \frac{3}{8} = \frac{1}{2}$
2. Weg	$13 + (7 + 3) = 13 + 10 = 23$	$\frac{2}{5} \cdot \left(\frac{10}{3} \cdot \frac{3}{8}\right) = \frac{2}{5} \cdot \frac{5}{4} = \frac{1}{2}$

Der bisher verwendete Begriff "Rechenart" soll nun verallgemeinert werden:

Sei M eine Menge von Elementen. Eine *Verknüpfung* $*$ in dieser Menge ist eine Zuordnungsvorschrift, welche jedem beliebig ausgewählten Paar (a , b) von Elementen aus M ein weiteres Element c aus M eindeutig zuordnet.
Man schreibt für diese Zuordnung $c = a * b$.
Die Menge M zusammen mit der Verknüpfung $*$ heißt *Verknüpfungsgebilde*; dieses kennzeichnet man durch die Schreibweise $(M\,;\,*)$.

Beispiele:

(1) Die Menge der natürlichen Zahlen mit der Addition ist ein Verknüpfungsgebilde (**N** ; +).

(2) Die Menge der rationalen Zahlen mit der Multiplikation ist ein Verknüpfungsgebilde (**Q** ; ·).

(3) Die Menge **N** mit der Subtraktion ist kein Verknüpfungsgebilde, da nicht für alle natürlichen Zahlen n, m die Differenz n – m wieder in **N** liegt.

Statt der Bezeichnung "Verknüpfungsgebilde" verwendet man auch häufig den Begriff "*algebraische Struktur*".

Bei der Definition der Verknüpfung ist zu beachten, daß für ein beliebiges Paar (a , b) das Element c = a ∗ b wieder ein Element aus der *gleichen* Menge M ist; man sagt hierzu auch, daß M *abgeschlossen* bezüglich der Verknüpfung ist.

Zuordnungsprinzip bei der Verknüpfung

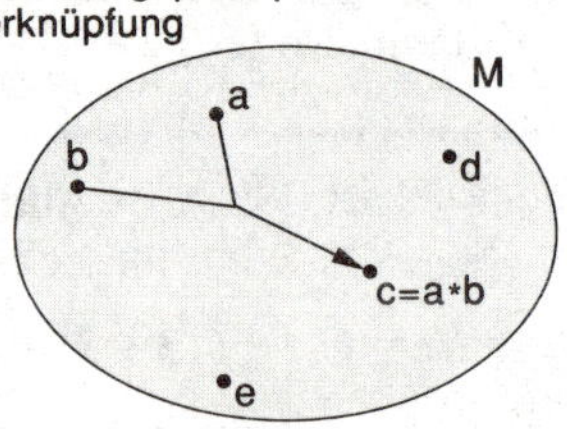

Eine Verknüpfung ist eine spezielle Funktion, welche jeweils zwei Elementen aus M wieder ein Element aus M zuordnet.

EIGENSCHAFTEN VON VERKNÜPFUNGSGEBILDEN

Die Menge M, in welcher eine Verknüpfung betrachtet wird, muß nicht notwendig aus Zahlen bestehen. Ihre Elemente können beispielsweise auch Buchstaben oder Funktionen sein.

Wir betrachten die Menge **L** aller reellen linearen Funktionen; jedes Element aus **L** hat eine Funktionsgleichung vom Typ y = m x + b.

Beispiel:
f: y = 2 x + 3 und g: y = – x + 1 sind 2 Elemente aus **L**.

In **L** kann man die Verkettung ° zweier Funktionen f und g als Verknüpfung wählen. h = g ° f ("g nach f") ist wieder eine Funktion, deren Wirkung der Ausführung von f und g hintereinander entspricht.

Mit der Verkettung $h(x) = (g \circ f)(x) = g[f(x)]$ der obigen Funktionen soll die Zahl $x = 1$ abgebildet werden:
$h(1) = g[f(1)] = g(2 \cdot 1 + 3) = g(5) = -5 + 1 = -4.$

Die Verkettung $h = g \circ f$ läßt sich wieder in der Form $y = m\,x + b$ angeben:

$$h(x) = (g \circ f)(x) = g[f(x)] = -(2\,x + 3) + 1 = -2\,x - 2.$$

Vertauscht man die Reihenfolge der Verkettung, so erhält man ein anderes Ergebnis:
$k(x) = (f \circ g)(x) = f[g(x)] = f(-x + 1) = 2\,(-x + 1) + 3 = -2\,x + 5.$

Man kann in ähnlicher Weise zeigen, daß die Verkettung zweier *beliebiger* linearer Funktionen wieder eine lineare Funktion ergibt. Die Menge **L** ist also bezüglich der Verkettung $\circ$ *abgeschlossen.*

Eine Verknüpfung $*$ in einer Menge M ist allgemein nicht vertauschbar, da es Beispiele gibt, wo die Terme $a * b$ und $b * a$ verschiedene Werte haben. Die Verkettung von Abbildungen aus L ist ein Beispiel für eine nicht vertauschbare Verknüpfung.
Vertauschbare Verknüpfungen wie z.B. die Addition reeller Zahlen haben in der Mathematik eine besondere Bedeutung.

> Sei $(M\,;\,*)$ ein Verknüpfungsgebilde.
> Die Verknüpfung $*$ in der Menge M heißt *kommutativ*, wenn für *alle* Elemente a, b aus M gilt: $a * b = b * a$ (Kommutativgesetz).

Beispiele:
Addition und Multiplikation natürlicher Zahlen sind kommutative Verknüpfungen.

Die Menge aller reellen linearen Funktionen ist bezüglich der Verkettung $\circ$ ein nicht kommutatives Verknüpfungsgebilde (**L** ; $\circ$).

> Sei $(M\,;\,*)$ ein Verknüpfungsgebilde.
> Die Verknüpfung $*$ in der Menge M heißt *assoziativ*, wenn für *alle* Elemente a, b, c aus M gilt: $(a * b) * c = a * (b * c)$ (Assoziativgesetz).

Beispiele:
Die Verknüpfungsgebilde (**N** ; +), (**Q** ; ·), (**L** ; °) sind assoziativ.

Wählt man in der Menge **Q** \ {0} aller rationalen Zahlen ohne die Null die Division als Verknüpfung, so erhält man ein Verknüpfungsgebilde. Die Null muß ausgeschlossen werden, da nicht durch Null geteilt werden darf.
(**Q** \ {0}; :) ist *nicht assoziativ*,
da z.B. gilt: (20 : 4) : 5 = 5 : 5 = 1 und 20 : (4 : 5) = 20 : 0,8 = 25; die Berechnung des Terms 20 : 4 : 5 ist also von der Beklammerung abhängig.

Ein assoziatives Verknüpfungsgebilde (M ; ∗) bezeichnet man als Halbgruppe.

Um im konkreten Fall nachzuweisen, daß eine Menge mit einer Verknüpfung ∗ eine Halbgruppe ist, muß man
(1) die Abgeschlossenheit
(2) das Assoziativgesetz für die vorgegebene Verknüpfung bestätigen.

Die Möglichkeiten, in der Menge **R** der reellen Zahlen oder in einer ihrer Teilmengen Verknüpfungen zu konstruieren, sind vielfältiger Art.

Beispiel:
Wir ordnen zwei reellen Zahlen a, b ihren Mittelwert $c = \frac{a+b}{2}$ zu, c ist wieder eine reelle Zahl. Für diese Zuordnung schreiben wir nun c = a & b, das (von uns hier selbst gewählte) Verknüpfungszeichen & bewirkt also die Mittelwertbildung der beiden Zahlen, zwischen denen es steht.

Die Verknüpfung & ist kommutativ, da stets
$\frac{a+b}{2} = \frac{b+a}{2}$ zutrifft. Sie ist nicht assoziativ, da z.B. gilt:

$$(4 \,\&\, 8) \,\&\, 10 = \left(\frac{4+8}{2}\right) \& \, 10 = 6 \,\&\, 10 = \frac{6+10}{2} = 8$$

$$4 \,\&\, (8 \,\&\, 10) = 4 \,\&\left(\frac{8+10}{2}\right) = 4 \,\&\, 9 = \frac{4+9}{2} = 6{,}5$$

(**R** ; &) ist ein kommutatives, nicht assoziatives Verknüpfungsgebilde.

Darstellung von Verknüpfungen durch Verknüpfungstafeln

In den bisherigen Beispielen hatte die Grundmenge M stets unendlich viele Elemente. Wir wählen nun eine Grundmenge **B** = {a , b , e}, deren Elemente 3

Buchstaben sind. In **B** führen wir eine Verknüpfung mit Hilfe einer *Verknüpfungstafel* ein. Diese Tafel ordnet jedem Paar x, y von Elementen aus **B** wieder ein Element $z = x * y$ aus **B** zu (die Variable x kann hier die 3 Werte a, b oder e annehmen, das Gleiche gilt für die Variablen y und z).

In einer Verknüpfungstafel werden die einzelnen Verknüpfungen gemäß folgender Vorschrift eingetragen:
Ist x ein Element der vertikalen Randspalte und y ein Element der horizontalen Randzeile, so liegt das Element $z = x * y$ im Schnitt der zugehörigen Zeile und Spalte.

		y	
x		z	

Aus der ersten Zeile sind die folgenden Verknüpfungen ablesbar:
$a * a = b$, $a * b = e$, $a * e = a$,

aus der zweiten Zeile folgt:
$b * a = e$, $b * b = a$, $b * e = a$,

aus der dritten Zeile folgt:
$e * a = a$, $e * b = b$, $e * e = e$.

*	a	b	e
a	b	e	a
b	e	a	b
e	a	b	e

(**B**, ∗) ist eine kommutative Halbgruppe.
Wir können direkt aus der Tafel ablesen: $x * y = y * x$ gilt für alle x, y aus **B**,die Verknüpfung ist somit kommutativ.

Die Assoziativität soll nur für einen Fall bestätigt werden:
$(a * b) * a = e * a = a$, $a * (b * a) = a * e = a$.

Der Nachweis, daß die Verknüpfung assoziativ ist, erfordert die Überprüfung
$(x * y) * z = x * (y * z)$ für alle x, y, z aus **B**.

Verknüpfungstafeln kommen beispielsweise in der Geometrie vor, hier sind die Elemente der Grundmenge geometrische Abbildungen wie z.B. Drehungen oder Spiegelungen.

Neutrales Element

In der zuvor dargestellten Halbgruppe (**B**, $*$) mit **B** = {a , b , e} hat das Element e eine besondere Eigenschaft: Die Verknüpfung eines beliebigen Elementes x mit e läßt x unverändert: $x * e = e * x = x$ gilt für alle x aus **B**.

Eine zu e analoge Bedeutung hat die Zahl 0 in der Halbgruppe (**N** ; +): Es gilt $n + 0 = 0 + n = n$ für alle natürlichen Zahlen n aus **N**.

Die Bedeutung dieser beiden Zahlen e bzw. 0 soll nun allgemeiner in einem Verknüpfungsgebilde betrachtet werden.

Sei M eine Menge mit einer Verknüpfung $*$. Ein Element e aus M heißt *neutrales* Element von (M ; $*$), wenn die Gleichung $a * e = e * a = a$ für *alle* Elemente a aus M erfüllt ist.

Beispiele:

(1) In (**B** ; $*$) ist e das neutrale Element.

(2) (**N** ; +) hat 0 als neutrales Element.

(3) (**R** ; $\cdot$) hat das neutrale Element 1, da $x \cdot 1 = 1 \cdot x = x$ für alle reellen Zahlen gilt.

(4) In dem Verknüpfungsgebilde (**L** ; °) der linearen Funktionen ist die Identität i: y = x das neutrale Element.

Die Identität bildet einen x - Wert auf einen gleichen y - Wert ab: $y = i(x) = x$.

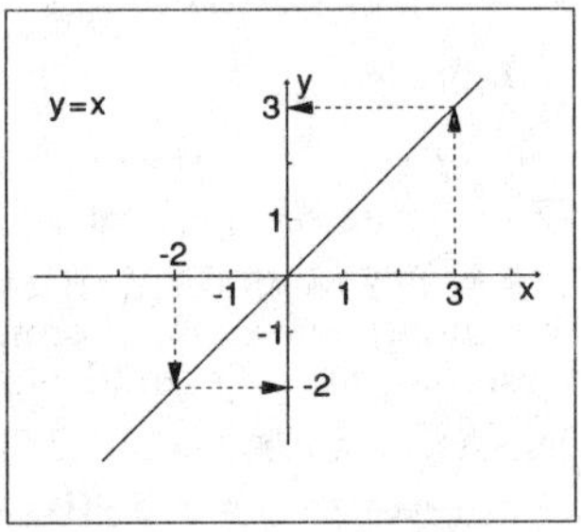

Inverses Element

Das Produkt einer beliebigen Bruchzahl mit ihrem Kehrwert ergibt stets 1, wobei 1 das neutrale Element bezüglich der Multiplikation ist.

Der hier genannte Begriff des Kehrwertes in der Bruchrechnung soll nun allgemeiner betrachtet werden.

In dem Verknüpfungsgebilde (M ; $*$) sei e ein neutrales Element.

Zu einem Element a aus M heißt $\bar{a}$ aus M das *inverse* Element, wenn die Verknüpfungen $\bar{a} * a$ und $a * \bar{a}$ jeweils das neutrale Element ergeben:

$\bar{a} * a = a * \bar{a} = e.$

Die Unterscheidung $a * \bar{a}$, $\bar{a} * a$ ist bei einer kommutativen Verknüpfung nicht erforderlich.

Beispiele:

(1) In der Menge $M = \mathbf{R} \setminus \{0\}$ (reelle Zahlen ohne 0) ist 1 das neutrale Element bezüglich der Multiplikation; zu jedem x aus M ist der Kehrwert x^{-1} das zugehörige inverse Element. Die Null hat keinen Kehrwert.

(2) In (**Z** ; +) ist 0 das neutrale Element; zu jeder ganzen Zahl z ist die negierte Zahl (– z) das zugehörige inverse Element, da z + (– z) = 0 ergibt.

(3) In (**L** ; °) ist die Identität das neutrale Element. Zu jeder linearen Abbildung f ist die Umkehrfunktion f^{-1} das zugehörige inverse Element, da die Verkettungen $f \circ f^{-1}$ und $f^{-1} \circ$ f die Identität ergeben.

Beispiel:

Zu $f(x) = \frac{1}{2}x - 1$ ist $f^{-1}(x) = 2x + 2$ das inverse Element; es gilt

$(f^{-1} \circ f)(x) = f^{-1}[f(x)] = f^{-1}\left(\frac{1}{2}x - 1\right) = 2 \cdot \left(\frac{1}{2}x - 1\right) + 2 = x\,,$

somit ist $f^{-1} \circ f$ die Identität.

GRUPPEN

Eine Menge **G** mit einer Verknüpfung $*$ heißt eine *Gruppe*, wenn die folgenden 4 Kriterien erfüllt sind:

(g1) **G** ist bezüglich der Verknüpfung *abgeschlossen*; jede Verknüpfung $a * b$ ist also wieder in G enthalten.

(g2) Die Verknüpfung $*$ ist *assoziativ*.

(g3) **G** besitzt ein *neutrales Element*.

(g4) Zu *jedem* Element a aus G gibt es ein *inverses Element* $\bar{a}$.

Die Gruppe heißt kommutativ oder auch *Abelsche Gruppe*, wenn die Verknüpfung $*$ kommutativ ist.

Beispiele:

(1) Die Menge **Z** der ganzen Zahlen mit der Addition ist eine kommutative Gruppe (**Z** ; +) mit dem neutralen Element 0.

(2) $\mathbf{R} \setminus \{0\}$ mit der Multiplikation als Verknüpfung bildet eine kommutative Gruppe; das neutrale Element ist hier 1.

(3) Das mittels einer Verknüpfungstafel erklärte Verknüpfungsgebilde (**B** ; $*$) ist eine kommutative Gruppe. Ähnliche Verknüpfungstafeln können bei der Verkettung geometrischer Abbildungen gebildet werden.

(4) (**L** ; °) ist eine nicht kommutative Gruppe mit der Identität als neutralem Element.

(5) Die Menge aller quadratischen Matrizen gleicher Zeilenzahl bildet zusammen mit der Matrixmultiplikation eine nicht kommutative Gruppe

(6) Die Menge aller Vektoren des Raumes bildet bezüglich der Vektoraddition eine Gruppe.

Untergruppen

Innerhalb einer Gruppe (**G** , ∗) kann es eine Teilmenge U ⊂ **G** geben, die bezüglich der Verknüpfung ∗ abgeschlossen ist. Eine Verknüpfung u ∗ v von beliebigen Elementen u, v aus U ist dann wieder in U enthalten. (U ; ∗) selbst kann möglicherweise eine Gruppenstruktur besitzen.

> Vorgegeben ist eine Gruppe (**G** ; ∗); eine Teilmenge U ⊂ **G** heißt *Untergruppe* von **G**, wenn (U ; ∗) eine Gruppe bildet.

Beispiele:

(1) Die Menge **Z** der ganzen Zahlen ist eine Teilmenge der rationalen Zahlen **Q**. (**Z** ; +) ist eine Untergruppe von (**Q** ; +).

(2) Wir bezeichnen mit U die Menge aller linearen Funktionen von der speziellen Form y = m · x; jede Funktion aus U hat als zugehörigen Graphen eine Gerade durch den Nullpunkt.
U ist eine Teilmenge der Menge **L** aller linearen Funktionen, (U ; °) ist ein Untergruppe von (**L** ; °).
Begründung:
Die Verkettung zweier Elemente aus U ist wieder ein Element aus U:
f(x) = a · x, g(x) = b · x, (g ° f)(x) = g[f(x)] = g(a · x) = b · a · x = c · x;
die Verkettung ergibt die Funktion y =c · x, sie ist somit in U enthalten.

Die Identität y = x (genauer: y = 1 · x) als neutrales Element von (L ; °) ist zugleich in U enthalten.

Zu $f(x) = a \cdot x$ ist $f^{-1}(x) = \frac{1}{a} \cdot x$ das inverse Element, $f^{-1}(x)$ ist wieder von der Form $y = m \cdot x$ und somit ein Element von U.

RINGE UND KÖRPER

In einer Menge M können zwei verschiedene Verknüpfungen ∗ und ° erklärt sein; z.B. sind in der Menge **Z** der ganzen Zahlen die beiden Verknüpfungen + und · definiert.
Quadratische Matrizen von gleicher Größe können addiert und auch miteinander multipliziert werden, also sind auch in der Menge aller quadratischen Matrizen von gleicher Größe zwei verschiedene Verknüpfungen erklärt.

Zwischen den beiden Verknüpfungen ∗ und ° in M kann eine Beziehung bestehen;

in der Menge **Z** ist diese Beziehung zwischen den beiden Verknüpfungen + und · durch das Distributivgesetz gegeben.

Eine Menge **R** mit den beiden Verknüpfungen ∗ und ° heißt ein *Ring* (**R** ; ∗ , °), wenn die folgenden Kriterien erfüllt sind:

(r1) (R ; ∗) ist eine kommutative Gruppe.

(r2) (R ; °) ist eine Halbgruppe.

(r3) Für alle Elemente a, b, c aus R gilt das Distributivgesetz:
$a \circ (b * c) = a \circ b * a \circ c$
$(b * c) \circ a = b * a \circ c * a.$

Der Ring heißt kommutativ, wenn die zweite Verknüpfung ° kommutativ ist; in diesem Fall ist nur eine der beiden Gleichungen für (r3) erforderlich.

Beispiele:

(1) (**Z** ; + , ·) ist der Ring der ganzen Zahlen.
(**Z** ; +) ist eine kommutative Gruppe, (Z ; ·) ist eine kommutative Halbgruppe. Für alle ganzen Zahlen gilt das Distributivgesetz
$a \cdot (b + c) = a \cdot b + a \cdot c.$

(2) Die Menge aller quadratischen Matrizen von gleicher Größe bildet bezüglich der hier erkärten Addition und Multiplikation einen Ring (sogn. Matrizenring).

Körper

Die Menge **Q** der rationalen Zahlen ist bezüglich der Addition eine kommutative Gruppe. Die Menge **Q** \ {0} (**Q** ohne 0) ist bezüglich der Multiplikation eine kommutative Gruppe.
In einer Gruppe muß zu *jedem* Element a der Grundmenge ein inverses Element $\bar{a}$ vorhanden sein. In der Menge **Q** \ {0} gilt bezüglich der Multiplikation $\bar{a} = \frac{1}{a}$ (Kehrwert); die Null hat hier kein inverses Element.

Eine Menge K mit den beiden Verknüpfungen $*$ und $\circ$ heißt ein Körper $(K ; *, \circ)$, wenn die folgenden Kriterien erfüllt sind:

(k1) $(K ; *)$ ist eine kommutative Gruppe. (0 sei das neutrale Element bezüglich der Verknüpfung $*$)

(k2) $(K \setminus \{0\} ; \circ)$ ist eine kommutative Gruppe.

(k3) Für alle Elemente a, b, c gilt das Distributivgesetz:
$a \circ (b * c) = a \circ b * a \circ c$.

Beispiele:

(1) $(\mathbf{Q}, +, \cdot)$ ist ein Körper (Körper der rationalen Zahlen).

(2) $(\mathbf{R}, +, \cdot)$ ist ein Körper (Körper der reellen Zahlen).

(3) In der Menge **C** der komplexen Zahlen ist eine Addition und eine Multiplikation erklärt.
$(\mathbf{C}, +, \cdot)$ ist ein Körper (Körper der komplexen Zahlen).

10.2 AUSSAGENLOGIK

Elementare Aussagen, die eindeutig als wahr oder falsch zu benennen sind, können miteinander verbunden werden. Es entstehen somit umfangreichere, oft auch inhaltlich kompliziert erscheinende Aussagen.
Die Aussagenlogik liefert formale Methoden, um den Wahrheitswert (wahr oder falsch) solcher Aussagen festzustellen.
Diese Aufgabenstellung stammt ursprünglich aus der Philosophie. Die hier entwickelten formalen Methoden haben heute jedoch in vielen Anwendungsbereichen Bedeutung erlangt, beispielsweise in der Elektronik, der Computertechnik und der Informatik.

AUSSAGEN UND AUSSAGEFORMEN

In der Mathematik, aber auch in anderen Wissenschaften und in der Umgangssprache erscheinen sprachliche Gebilde, für die *prinzipiell* entscheidbar ist, ob sie wahr oder falsch sind.

Sprachliche Gebilde, welche genau eine der beiden Entscheidungen "wahr" oder "falsch" *objektiv* zulassen, heißen Aussagen.

Der Begriff der Aussage wird hier im wissenschaftlichen Sinne festgelegt und darf nicht verwechselt werden mit dem gleichlautenden umgangssprachlichen Begriff. Der umgangssprachliche Satz "Heute ist ein wunderschöner Tag!" ist keine Aussage im Sinne der Aussagenlogik, da diese Äußerung im hohen Maße von den augenblicklichen persöhnlichen Empfindungen des Sprechers abhängt.

Beispiele für Aussagen:
(1) 7 ist ein Teiler von 63. (wahre Aussage)
(2) $1 + 1 = 3$. (falsche Aussage)
(3) Hunde sind Säugetiere. (wahre Aussage)
(4) Köln liegt am Rhein. (wahre Aussage)
(5) 8 ist größer als 9. (falsche Aussage)

Jede Aussage hat genau einen der beiden *Wahrheitswerte wahr* oder *falsch*; man schreibt für diese Wahrheitswerte oft die Kurzformen w, f oder auch 1, 0.

Die folgenden Beispiele sind keine Aussagen im Sinne der Aussagenlogik:
(6) Guten Morgen, meine Lieben!
(7) $15 + x < 100$.
(8) Annette mag keine alten Autos.
(9) $(4 + 5) \cdot 7$
(10) Köln ist eine schöne Stadt.

Beispiel (9) ist ein Term, keine Aussage; hier kann nicht "wahr" oder "falsch" entschieden werden.
Beispiel (7) ist keine Aussage, da auch hier nicht "wahr" oder "falsch" entschieden werden kann. Erst nach Einsetzen eines Zahlenwertes für x wird die vorliegende Ungleichung zu einer Aussage. (7) ist ein Beispiel für eine Aussageform.

Durch die Belegung der Variablen in der Ungleichung $15 + x < 100$ mit einem Zahlenwert erhalten wir eine Aussage.
Man erklärt allgemein:
Variable sind Zeichen, für die verschiedene Elemente aus einer zugehörigen Grundmenge eingesetzt werden können.

Ein Gebilde mit Variablen, das durch die Belegungen von allen Variablen zu einer Aussage wird, bezeichnet man als *Aussageform.*

Beispiele:
(1) Die F ist ein Fluß in Deutschland.
(2) $30 < 10 \cdot \$ < 100 + \$$.
(3) t ist ein Teiler von 12.
(4) $15 + x < 20 + y$.
(5) $2 + 4 \cdot x = 14$.

Zu den hier genannten Variablen F, \$, t, x, y können bestimmte *Grundmengen* angegeben werden, aus welchen die einzusetzenden Elemente auswählbar sind.

Beispiele:
zu (1): G = {Elbe, Saale, Loire, Seine, Donau}.
zu (2) bis (5): G = Menge der natürlichen Zahlen.

Setzt man in (1) für F = Elbe, so wird (1) zu einer wahren Aussage.
Setzt man in (4) $x = 100$, $y = 2$, so wird (4) zu einer falschen Aussage.

Diejenigen Elemente der Grundmenge, die aus der vorliegenden Aussageform eine *wahre* Aussage machen, bilden die zugehörige *Erfüllungsmenge* (auch: *Lösungsmenge*).

Beispiel:
Zur Aussageform (3) ist $E = \{1, 2, 3, 4, 6, 12\}$ die zugehörige Erfüllungsmenge.

Regeln für das Einsetzen in Variable
Erscheint eine Variable mehrfach in einer Aussageform, so darf für sie überall nur ein- und dasselbe Element eingesetzt werden.

Beispiel:
In (2) muß für die Variable \$ an beiden Stellen die gleiche natürliche Zahl eingesetzt werden.

Sind mindestens zwei verschiedene Variable in einer Aussageform, so können diese mit verschiedenen Elementen, aber auch alle mit dem gleichen Element belegt werden.

Beispiel:
In (4) kann für $x = 1$ und für $y = 2$ gesetzt werden; es ist aber auch zulässig, daß für $x = 1$ und zugleich für $y = 1$ gewählt wird.

AUSSAGENLOGISCHE VERKNÜPFUNGEN

Vorgegebene Aussagen können unter Verwendung der Wörter "und" bzw. "oder" zu neuen Aussagen verknüpft werden.
Die Wahrheitswerte dieser neuen Aussagen sollen durch die Wahrheitswerte der ursprünglichen Aussagen eindeutig festgelegt sein. Zu diesem Zweck werden die Verknüpfungen mit "und" bzw. "oder" nicht dem umgangssprachlichen Empfinden überlassen, sondern in *Wahrheitstafeln* formal definiert.

Aus den elementaren Aussagen

(1) 5 ist Teiler von 7. (f)
(2) 5 ist Teiler von 10. (w)
(3) Fische sind wechselwarme Tiere. (w)

bilden wir zwei Verknüpfungen:

(4) 5 ist Teiler von 7 und 5 ist Teiler von 10.
(5) 5 ist Teiler von 7 oder Fische sind wechselwarme Tiere.

Die verknüpfte Aussage (4) können wir gemäß unserem sprachlichen Empfinden als logisch falsch bewerten, bei der Aussage (5) ist die umgangssprachliche Bewertung schon schwieriger.

Die verknüpfte Aussage (5) zeigt zudem noch einen typischen Unterschied zwischen formallogischen Aussagen und umgangssprachlichen Sätzen:
Aus der Sicht der Aussagenlogik ist (5) eine völlig normale Aussage mit dem Wahrheitswert "wahr". Die Aussagenlogik fragt hier nur nach der *formalen Struktur* der Verknüpfung, nicht nach ihrer inhaltlichen (semantischen) oder stilistischen Bedeutung.
Dagegen bewerten wir Aussage (5) *umgangssprachlich* als "unsinnig" bzw. "bedeutungslos".

Um in der Algebra allgemeine Gesetzmäßigkeiten zu formulieren, benutzt man keine Zahlen, sondern Buchstaben (Variable).
In ähnlicher Weise muß man auch in der Aussagenlogik vorgehen. Zur Formulierung allgemeingültiger Regeln bezüglich des Umgangs mit Aussagen müssen nicht die einzelnen Aussagen, sondern Terme mit speziellen Variablen (sog. *Aussagenvariable*) verwendet werden.
Aussagenvariable sind Zeichen, für die eine Aussage eingesetzt werden kann. Wir benutzen im folgenden große Buchstaben A, B, C, ... für Aussagenvariable.

Verknüpfung durch "und"

Die Verknüpfung zweier Aussagen durch "und" heißt *Konjunktion*, für "und" schreibt man symbolisch " $\wedge$ ". Sind A, B zwei Aussagen, so ist A $\wedge$ B (gesprochen: "A und B") deren Konjunktion.

Die Konjunktion A $\wedge$ B ist nur dann wahr, wenn beide Variable A, B mit einer wahren Aussage belegt sind.

Beispiel:
Wir belegen A mit der Aussage "4 ist eine gerade Zahl", B mit "11 ist eine Primzahl".
Dann bedeutet die Konjunktion A $\wedge$ B: "4 ist eine gerade Zahl und 11 ist eine Primzahl." (w)

Die Variablen A, B können jeweils mit einer wahren oder einer falschen Aussage belegt werden. Für A $\wedge$ B sind damit 4 verschiedene Belegungstypen möglich: (w,w); (w,f); (f,w); (f,f); diese werden in einer *Wahrheitstafel* zusammengefaßt (1. und 2. Spalte).

In der 3. Spalte legt man fest, welchen Wahrheitswert die Konjunktion für jeden der 4 Fälle besitzt.

A	B	A $\wedge$ B
w	w	w
w	f	f
f	w	f
f	f	f

Die Festlegung der Wahrheitswerte berücksichtigt zwar das umgangssprachliche Empfinden für die Verknüpfung mit "und", ist aber im eigentlichen Sinne eine formale Festlegung bzw. eine Definition.

Beispiel:
Wir belegen die Variablen A, B mit Aussagen:
A: 4 ist ein Teiler von 12. (w)
B: 9 ist ein Vielfaches von 2. (f)
Dann bedeutet A $\wedge$ B: 4 ist ein Teiler von 12 und 9 ist ein Vielfaches von 2.

Um den Wahrheitswert dieser verknüpften Aussage formallogisch festzustellen, benutzen wir unsere Wahrheitstafel. Die Belegung von (A, B) ist hier vom Typ (w,f), dieser steht in der 2. Zeile der Wahrheitstafel; aus der 3. Spalte können wir ablesen, daß A $\wedge$ B hier eine falsche Aussage ist.

Verknüpfung durch "oder"

Die umgangssprachliche Verwendung von "und" stimmt i.w. mit der formallogischen Konjunktion "und" überein. Das Wort "oder" hat dagegen in der Umgangssprache mindestens 2 prinzipiell verschiedene Bedeutungen:

(1) Ausschließendes "oder" (lateinisch: aut):
"Der Leistungskurs Physik schreibt seine 3. Klausur am Montag oder am Dienstag."
Hier kann genau eine der beiden Möglichkeiten zutreffen.

(2) Nicht ausschließendes "oder" (lateinisch: vel):
"Schüler, die Klavier oder Geige spielen, werden bevorzugt zum Kurs 'Mozarts Werke' zugelassen."
Zugelassen werden hier (insbesondere) diejenigen, bei denen beide Möglichkeiten zugleich zutreffen.

In der Aussagenlogik wird "oder" in der nicht ausschließenden Bedeutung definiert.

Die Verknüpfung zweier Aussagen durch "oder" heißt *Disjunktion*, für "oder" schreibt man symbolisch " $\vee$ ".
Sind A, B zwei Aussagen, so ist $A \vee B$ (gesprochen: "A oder B") deren Disjunktion.

Die Disjunktion $A \vee B$ ist genau dann wahr, wenn mindestens eine der beiden Aussagen A, B wahr ist.

Die verschiedenen Belegungsmöglichkeiten von $A \vee B$ und die zugehörigen Wahrheitswerte können aus der folgenden Wahrheitstafel entnommen werden.

Beispiel:
Wir belegen die beiden Variablen A, B mit den folgenden Aussagen:
A: 7 ist eine gerade Zahl. (f)
B: 7 ist ein Teiler von 21. (w)

Dann bedeutet die Disjunktion $A \vee B$:
7 ist eine gerade Zahl
oder 7 ist ein Teiler von 21. (w)
Diese verknüpfte Aussage ist wahr, da B wahr ist.

A	B	$A \vee B$
w	w	w
w	f	w
f	w	w
f	f	f

Die Disjunktion $A \vee B$ ist dann falsch, wenn sowohl A als auch B falsch sind. (4. Zeile)

Negation einer Aussage

Eine Aussagenvariable A kann mit einer wahren oder einer falschen Aussage belegt werden.
Die Negation von A bewirkt die Umkehrung des jeweils vorliegenden Wahrheitswertes (aus "w" wird "f", aus "f" wird "w").

Symbolische Schreibweise für die Negation von A: $\neg A$ (gesprochen: "non A").

Die Negation kann in einer Wahrheitstafel dargestellt werden.

A	$\neg A$
w	f
f	w

Beispiele:
A: Pferde sind Säugetiere. (w)
Die Negation ist $\neg A$: Pferde sind keine Säugetiere. (f)

B: Alle Teiler von 12 sind gerade. (f)
Die Negation ist $\neg B$: Nicht alle Teiler von 12 sind gerade. (w)

Beim Negieren einer Aussage ist oft Vorsicht geboten:
Z.B. ist die Negation der Aussage C: "Alle Vielfachen von 10 sind gerade." (w) nicht etwa: "Alle Vielfachen von 10 sind nicht gerade.", sondern richtig ist $\neg C$: "Nicht alle Vielfachen von 10 sind gerade." (f).

Das Verhalten einer einfachen elektrischen Schaltung, bestehend aus einer Lampe, einer Batterie und 2 Schaltern S1, S2, kann durch die Konjunktion vollständig beschrieben (bzw. "simuliert") werden.

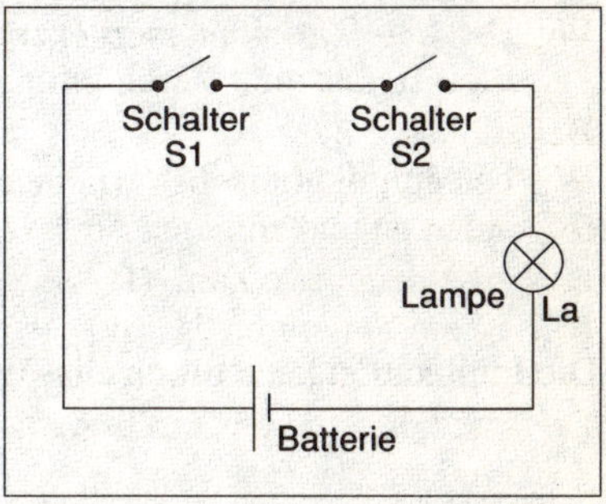

Wir belegen die beiden Aussagenvariablen A, B mit den folgenden Aussagen:

A: Schalter S1 ist geschlossen.
B: Schalter S2 ist geschlossen.

Dann bedeutet z.B.die Negation $\neg A$:
Schalter S1 ist geöffnet.

Die Lampe in unserer Schaltung leuchtet nur dann, wenn beide Schalter geschlossen sind; in diesem Falle ist die Konjunktion $A \wedge B$ wahr.

Zu den 3 anderen Schaltkombinationen, bei denen die Lampe nicht leuchtet (z.B. S1 geöffnet, S2 geschlossen), ist dann die zugehörige Konjunktion $A \wedge B$ ein falsche Aussage.

In ähnlicher Weise können technisch erheblich kompliziertere Abläufe durch entsprechende (oft sehr umfangreiche) logische Verknüpfungen simuliert werden. Als ein Beispiel sei die Koordinierung der Personentransporte durch eine Fahrstuhlanlage in einem mehrstöckigen Kaufhaus genannt.

IMPLIKATION UND ÄQUIVALENZ

Die Umgangssprache hat viele Beispiele, in denen zwei Sätze durch die Satzkonstruktion "wenn ... dann ..." miteinander verknüpft werden. Das Beispiel "Wenn der Zinssatz fällt, dann kaufe ich mir ein Haus" kann als die Verknüpfung der beiden einfacheren Sätze "Der Zinssatz fällt" und "Ich kaufe mir ein Haus" gedeutet werden.
In der Umgangssprache verknüpfen wir nur solche Einzelsätze, die in einem bestimmten inhaltlichen (semantischen) Zusammenhang stehen.
Eine Verknüpfung von der Art: "Wenn Frösche keine Säugetiere sind, dann liegt Hamburg nicht an der Donau" ergibt umgangssprachlich keinen Sinn, ist aber formallogisch anerkannt.
Die formale Logik fragt nicht nach der inhaltlichen oder sinnbezogenen Bedeutung; sie geht rein schematisch vor unter Verwendung von Wahrheitswerten und definierten Verknüpfungseigenschaften.

Die im folgenden erklärte Implikation hat eine gewisse Ähnlichkeit mit der umgangssprachlichen "wenn ... dann ..." - Verknüpfung.

Die *Implikation* $A \Rightarrow B$ (gesprochen: "wenn A, dann B" oder auch "A Pfeil B") ist eine Verknüpfung der beiden Aussagen A, B.

Die Implikation $A \Rightarrow B$ ist nur dann falsch, wenn für A eine wahre Aussage und zugleich für B eine falsche Aussage eingesetzt wird.

Die Implikation kann durch eine Wahrheitstafel festgelegt werden.

Um den Wahrheitswert einer speziellen Implikation A ⇒ B festzustellen, betrachtet man diejenige Zeile in der Wahrheitstafel, welche die beiden einzelnen Wahrheitswerte von A und B hat. In der 3. Spalte ist dann der zugehörige Wahrheitswert von A ⇒ B zu finden.

A	B	A ⇒ B
w	w	w
w	f	f
f	w	w
f	f	w

Beispiele:

(1) 20 ist durch 4 teilbar (w) ⇒ 20 ist eine gerade Zahl. (w)
Diese Implikation ist wahr; die zweite Aussage ist hier im allgemeinen Sprachgebrauch allerdings keine Folgerung aus der ersten Aussage.

(2) 20 ist durch 4 teilbar (w) ⇒ 20 ist eine ungerade Zahl. (f)
Hier ist A ⇒ B falsch, da für A, B der Fall (w,f) in der Wahrheitstafel auftritt.

(3) 20 ist nicht durch 4 teilbar (f) ⇒ 20 ist eine ungerade Zahl. (f)
Die Implikation A ⇒ B ist hier wahr, da für A, B der Fall (f,f) in der Wahrheitstafel auftritt.

Das letzte Beispiel können wir aus umgangssprachlicher Sicht nicht ohne weiteres nachvollziehen, es muß formallogisch betrachtet werden.

In der Umgangssprache sind zwei Aussagen oft so miteinander verknüpft, daß sie entweder beide zugleich zutreffen oder aber keine von beiden zutrifft.

Beispiel:
Genau dann, wenn Sven die Führerscheinprüfung besteht, erlaubt Vater ihm die Benutzung seines Autos.

Dieses Beispiel kann in gewisser Weise die im folgenden beschriebene logische Gleichwertigkeit ("Äquivalenz") zweier Aussagen veranschaulichen.

Die Äquivalenz A ⇔ B (gesprochen: "A ist äquivalent zu B") ist eine Verknüpfung beider Aussagen.

A ⇔ B ist nur dann wahr, wenn für A und B Aussagen mit gleichem Wahrheitswert eingesetzt werden.

$A \Leftrightarrow B$ ist also genau dann wahr, wenn A und B beide mit wahren Aussagen oder beide mit falschen Aussagen belegt sind.

A	B	$A \Leftrightarrow B$
w	w	w
w	f	f
f	w	f
f	f	w

Beispiele:
Welche der folgenden 3 Äquivalenzen $A \Leftrightarrow B$ sind wahr?

(1) $5 < 10$ (w) $\Leftrightarrow$ $7 < 12$ (w)

(2) $3 + 4 = 5$ (f) $\Leftrightarrow$ $5 + 6 = 7$ (f)

(3) 9 ist durch 3 teilbar (w) $\Leftrightarrow$ 5 ist eine gerade Zahl. (f)

Zur Bestimmung der Wahrheitswerte dieser Äquivalenzen verwenden wir die Wahrheitstafel. Die Aussagen A, B haben in (1) die Wahrheitswerte (w,w), in (2) die Werte (f,f); somit sind die Äquivalenzen (1) und (2) beide wahr.
Die Äquivalenz (3) ist falsch, da A und B unterschiedliche Wahrheitswerte besitzen.

10.3 ÜBUNGSAUFGABEN

1) Welche der folgenden Paare (Menge, Rechenzeichen) sind Verknüpfungsgebilde?
a) ($\mathbf{N}$; :) b) ($\mathbf{N}$; +) c) ($\mathbf{Z}$; $\cdot$) d) ($\mathbf{Z}$; –) e) ($\mathbf{N}$; $\cdot$) f) ($\mathbf{Z}$; :)

2) Zeigen Sie am Beispiel der linearen Funktionen $f(x) = -x + 2$ und $g(x) = 3x + 1$, daß die Gruppe (L ; °) nicht kommutativ ist!

3) Nennen Sie die neutralen Elemente der Gruppen
a) ($\mathbf{Z}$; +) b) ($\mathbf{L}$; °) c) ($\mathbf{Q}$; +) d) ($\mathbf{Q} \setminus \{0\}$; $\cdot$)!

4) Bestimmen Sie die inversen Elemente zu – 0,5 / 2 / 0,25 / 10 / – 1,25 in
a) ($\mathbf{Q}$; +) b) ($\mathbf{Q}$; $\cdot$)!

5) Warum ist (Z ; + , $\cdot$) kein Körper?

6) Die Verknüpfung a & b bezeichne den Mittelwert von a und b (eigene Festlegung). Berechnen Sie die beiden Terme
a) (2 & 3) & 4 b) 2 & (3 & 4)!

7) Welche der folgenden Gebilde sind Aussagen? Nennen Sie ggf. den Wahrheitswert!
   a) $x \in \mathbf{N}$
   b) 7 ist ein Teiler von 10.
   c) Köln liegt am Rhein.
   d) $2 + x = 5$
   e) $19 < 20$
   f) $19 < 20 + z$ gilt für alle ganzen Zahlen z.
   g) Ich fahre sehr gerne Fahrrad!

8) Welche der folgenden Aussagen sind wahr?
   a) 8 ist ein Vielfaches von $2 \wedge 2 \cdot 5 = 11$.
   b) $27 < 28 \vee 5$ ist Teiler von 7.
   c) 7 ist eine gerade Zahl $\Rightarrow$ alle Fische sind Säugetiere.
   d) 8 ist negativ $\Leftrightarrow -8$ ist eine rationale Zahl.
   e) 3 ist eine Primzahl $\Leftrightarrow$ 2 ist eine Primzahl.
   f) 2 ist eine Primzahl $\wedge$ 2 ist negativ.
   g) 2 ist eine Primzahl $\vee$ 2 ist negativ.
   h) 20 ist eine gerade Zahl $\Rightarrow$ 20 ist durch 5 teilbar.
   i) Der Mensch ist ein Säugetier $\Rightarrow$ 3 ist eine Primzahl.
   j) Der Mensch ist ein Säugetier $\Rightarrow$ es gibt Säugetiere, die Menschen sind.

LÖSUNGEN

1) a) nein, z.B. ist $2 : 4 = 0{,}5$ keine natürliche Zahl.
   b) ja c) ja d) ja e) ja
   f) nein, z.B. ist $(-4) : 16 = -0{,}25$ keine ganze Zahl.

2) Die Verkettungen $g[f(x)] = -3x + 7$ und $f[g(x)] = -3x + 1$ sind verschiedene lineare Abbildungen.

3) a) 0 b) Identität $y = x$ c) 0 d) 1

4) a) 0,5 / – 2 / – 0,25 / – 10 / 1,25
   b) – 2 / 0,5 / 4 / 0,1 / – 0,8

5) $(\mathbf{Z} \setminus \{0\}; \cdot)$ ist keine Gruppe, somit fehlt die 2. Gruppenstruktur in **Z**.

6) a) $2{,}5 \,\&\, 4 = 3{,}25$ b) $2 \,\&\, 3{,}5 = 2{,}75$

7) a) nein
   b) falsche Aussage
   c) wahre Aussage
   d) nein (es liegt eine Aussageform vor)
   e) wahre Aussage
   f) falsche Aussage
   g) nein (nicht objektiv entscheidbar).

8) a) falsche Aussage
   b) wahre Aussage
   c) wahre Aussage (Inhalt ohne Bedeutung, die Wahrheitstafel entscheidet formal)
   d) falsche Aussage; der Fall (f,w) bei der Äquivalenz ergibt "f").
   e) wahre Aussage
   f) falsche Aussage (Konjunktion)
   g) wahre Aussage (Disjunktion)
   h) wahre Aussage; (man darf hier nicht die fehlenden inhaltlichen Beziehungen berücksichtigen).
   i) wahre Aussage (der Fall (w,w) in der Wahrheitstafel entscheidet, sonst nichts).
   j) wahre Aussage.

11. GEOMETRIE

11. 1 GRUNDBEGRIFFE

Der Name Geometrie stammt aus dem Griechischen und bedeutet soviel wie Erd- bzw. Landvermessung. Schon während der Blütezeit der griechischen Mathematik wurde sie zu jener Disziplin, die Größe und Form der Dinge des anschaulichen Raumes behandelte. Obwohl heute viele weitere Gebiete zur Geometrie hinzugekommen sind, soll hier die klassische, euklidische Geometrie den Vorrang haben.

EBENE, PUNKT, GERADE

Punkte und Geraden sind "Grundbausteine" der Elementargeometrie - jeder weiß, was darunter zu verstehen ist - und werden somit nicht genauer erklärt.
Punkte kennzeichnet man stets durch große Blockbuchstaben A, B, C, D, ...

Ebene

Denkt man sich ein Zeichenblatt in jeder Richtung beliebig weit verlängert, so erhält man die *Ebene* (Zeichenebene), die das Zeichenblatt als Teilfigur enthält.
Eine Ebene E ist stets eine unendliche Punktmenge. Jeder Teil der Ebene heißt eine ebene Figur und kann eine endliche (einzelne oder mehrere Punkte) oder eine unendliche Punktmenge sein (Strecke, Gerade...).

Gerade

Eine *Gerade* g ist eine unendliche Punktmenge. Sie ist durch zwei auf ihr liegende Punkte A und B eindeutig bestimmt und wird mit g_{AB} oder mit Gerade AB bezeichnet. Wenn nicht ausdrücklich betont werden soll, daß sie durch die Punkte A und B verläuft, werden Geraden durch kleine Buchstaben g, h, i, k, ... gekennzeichnet.

Strecke

Eine *Strecke* $\overline{AB}$ ist der Teil einer Geraden AB, der aus den Punkten besteht, die von A nach B führen, einschließlich der beiden Randpunkte A und B.
$\overline{AB}$ ist eine echte, unendliche Teilmenge von g_{AB} und stellt die kürzeste Verbindung zwischen A und B dar.
Die Länge des Abstandes zwischen den Punkten A und B bezeichnet man kurz $|\overline{AB}|$.
Streng genommen müßte man stets zwischen der Strecke $\overline{AB}$ und ihrer Länge |AB| unterscheiden. Es ist aber gängige Praxis, in beiden Fällen nur von $\overline{AB}$ zu sprechen.

Strahl - Halbgerade

Die einseitig unbegrenzte Verlängerung einer Strecke $\overline{AB}$ heißt *Halbgerade* bzw.

Strahl. Ein Strahl besitzt damit einen Anfangspunkt, aber keinen Endpunkt. Diese unendliche Punktmenge ist ebenfalls eine echte Teilmenge der Geraden g_{AB}.

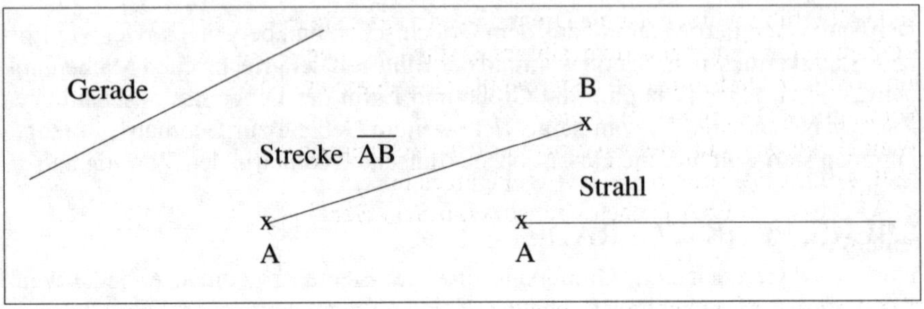

Gemeinsame Punktmengen von Geraden in der Ebene

Haben die Geraden g und h

1. keinen Punkt gemeinsam, so heißen sie parallel:
   g ∥ h (lies: g parallel h)
2. einen Punkt S gemeinsam, so schneiden sie sich in diesem Punkt:
   g ∦ h (lies: g nicht parallel h)
3. mehr als einen Punkt gemeinsam, so sind sie identisch:
   g = h. Auch in diesem Fall sind g und h parallel.

Parallele Geraden sind:
g ∥ l ; h ∥ i ; h ∥ k ; i ∥ k

Nicht parallele Geraden schneiden sich in einem Punkt. Es gilt:
g ∦ h ; g ∦ i ; g ∦ k ;
l ∦ h ; l ∦ i ; l ∦ k

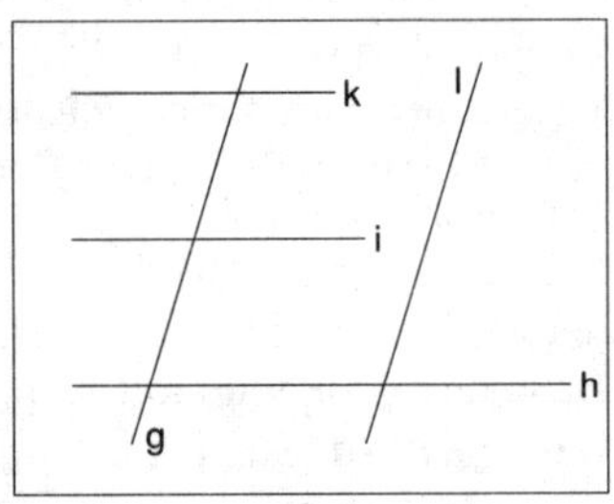

Gehen mehrere Geraden durch einen gemeinsamen Punkt, bilden sie ein *Geradenbüschel*, verlaufen sie sämtlich parallel, bilden sie eine *Parallelenschar*.

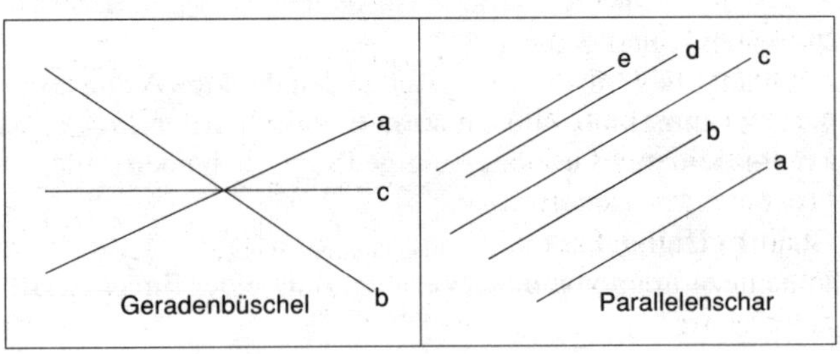

Winkel

Zwei Strahlen a und b (*Schenkel*) mit einem gemeinsamen Anfangspunkt S (*Scheitelpunkt*) schließen einen *Winkel* <) (*a* , *b*) = α ein.

Die Schenkel a und b können durch eine Drehung ineinander überführt werden. Ist die Drehung von a auf b eine Linksdrehung (entgegen dem Uhrzeigersinn), so liegt ein positiver Drehsinn vor, anderenfalls ein negativer. Somit gilt: <) (a , b) = – <) (b , a).

Winkel werden mit kleinen griechischen Buchstaben α, β, γ, δ, … oder durch 3 Punkte gekennzeichnet: <) ASB bzw. <) BSA je nach Drehsinn mit S als Scheitelpunkt.

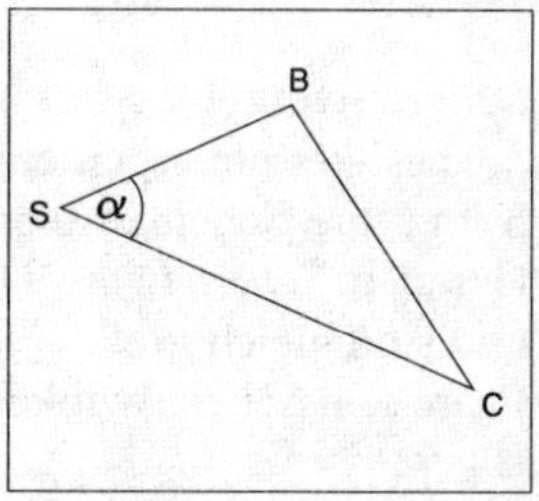

Tabelle einiger griechischer Buchstaben:

Symbol	Aussprache	Symbol	Aussprache
α	alpha	μ	my
β	beta	ν	ny
γ	gamma	π	pi
δ	delta	ρ	rho
ε	epsilon	σ	sigma
η	eta	τ	tau
θ	theta	φ	phi
λ	lambda	ω	omega

Die Größe eines Winkels ist der Unterschied der beiden Schenkelrichtungen. Sie wird mit

| α | = | <) (*a* , *b*) |
= | <) *ASB* |

bezeichnet. Streng genommen müßte man stes zwischen dem Winkel α und seiner Größe | α | unterscheiden. Es ist aber gängige Praxis, in beiden Fällen von α zu sprechen.

Einteilung der Winkel nach ihrer Größe

Name	Darstellung	Größe
Nullwinkel		α = 0°
spitzer Winkel		α < 90°
rechter Winkel		α = 90°
stumpfer Winkel		90° < α < 180°
gestreckter Winkel		α = 180°
überstumpfer Winkel		180° < α < 360°
Vollwinkel		α = 360°

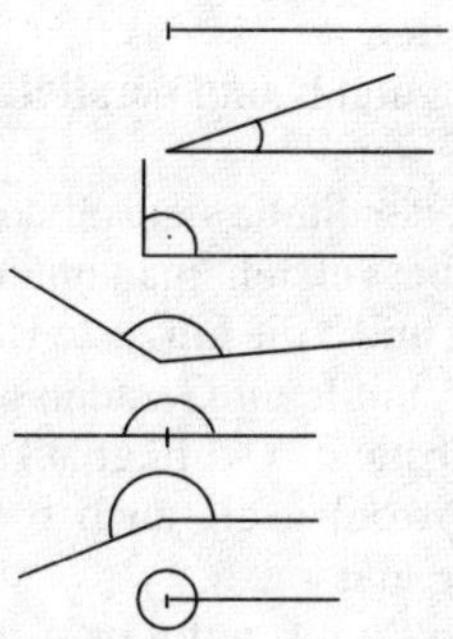

Winkel an sich schneidenden Geraden
Nicht parallele Geraden bilden stets vier Schnittwinkel. Dabei unterscheidet man zwischen Scheitel- und Nebenwinkeln.

Scheitelwinkel
Sie besitzen einen gemeinsamen Scheitelpunkt S und ihre Schenkel liegen auf gemeinsamen Geraden. *Scheitelwinkel* liegen sich gegenüber und sind gleich groß.
Paare von Scheitelwinkeln:
$\alpha = \gamma$; $\beta = \delta$

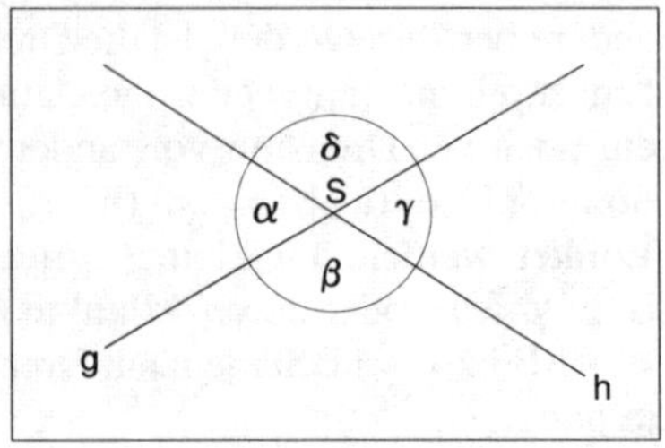

Nebenwinkel
Nebenwinkel haben den Scheitelpunkt S und einen Schenkel gemeinsam. Sie liegen nebeneinander und ergänzen sich zu 180°.
Paare von Nebenwinkeln:
α *und* β mit $\alpha + \beta = 180°$
α *und* δ mit $\alpha + \delta = 180°$

Winkel, die sich zu 90° ergänzen heißen *Komplementwinkel.*
Winkel, die sich zu 180° ergänzen heißen *Supplementwinkel.*

Orthogonale Geraden
Bilden die Geraden g und h vier rechte Winkel miteinander, so sind sie *orthogonal*:
$g \perp h$ (lies: g orthogonal h)

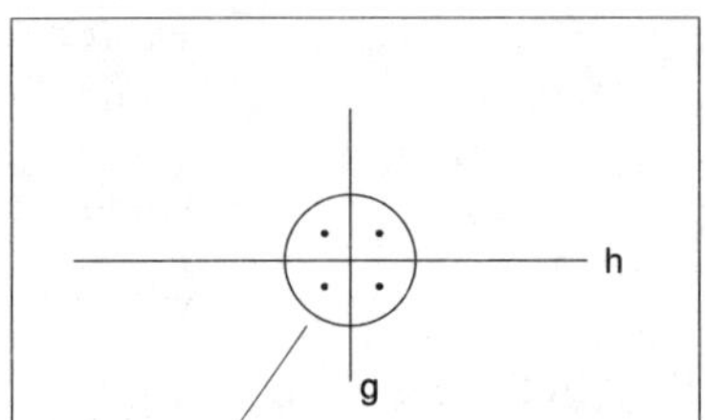

Übliche Darstellung für rechte Winkel

Parallele Geraden
Zwei Geraden g und h sind parallel, wenn sie sich nicht schneiden.
Sie haben an jeder Stelle denselben Abstand zueinander. Dabei versteht man unter Abstand der Parallelen g und h die kürzeste Entfernung eines Punktes A auf h zur Geraden g.
Der kürzeste Abstand AA' liegt auf einer Geraden k, die sowohl g als auch h senkrecht schneidet: $k \perp g$ und $k \perp h$.
Dies gilt für alle Punkte auf g bzw. auf h.

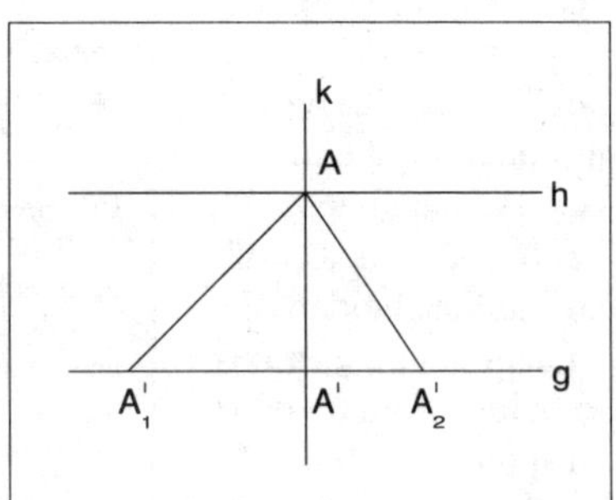

Winkel an geschnittenen Parallelen
Die Winkel α', β', γ *und* δ zwischen den Parallelen heißen *innere*,
α, β, γ', δ' *äußere* Winkel.

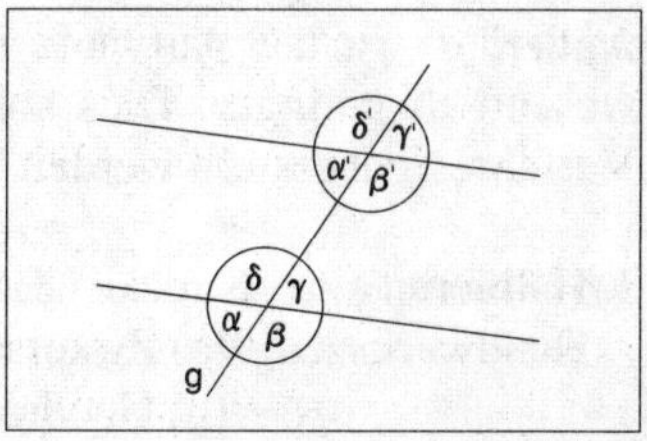

Stufenwinkel
Einen inneren und einen äußeren Winkel auf derselben Seite der schneidenden Geraden g nennt man *Stufenwinkel*.
Sie sind gleich groß.

Paare von Stufenwinkeln:
α = α', β = β', γ = γ', δ = δ'

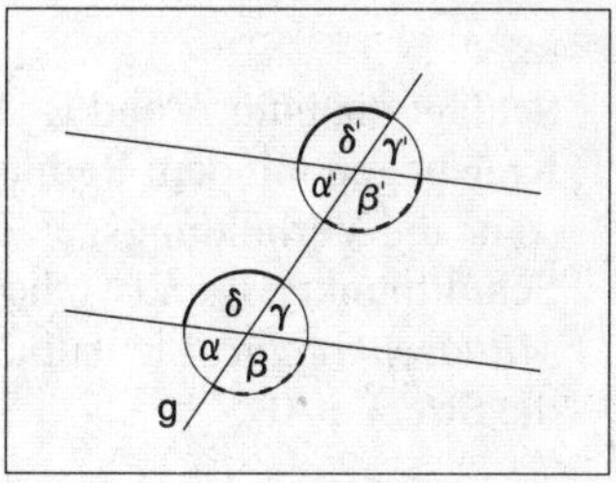

Wechselwinkel
Zwei innere oder zwei äußere Winkel auf verschiedenen Seiten der schneidenden Geraden g heißen *Wechselwinkel*.
Sie sind gleich groß.

Paare von Wechselwinkeln:
α = γ', γ = α'
β = δ', δ = β'

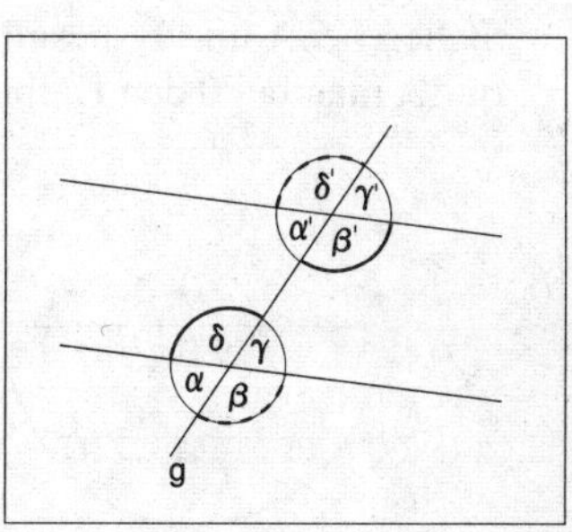

Geometrische Grundkonstruktionen
Geometrische Grundkonstruktionen wurden bisher mit Zirkel und Lineal erstellt. Seit der Erfindung des Geodreiecks haben diese Hilfsmittel an Bedeutung verloren, da die Genauigkeit, die das Geodreieck ermöglicht, normalerweise ausreichend ist.

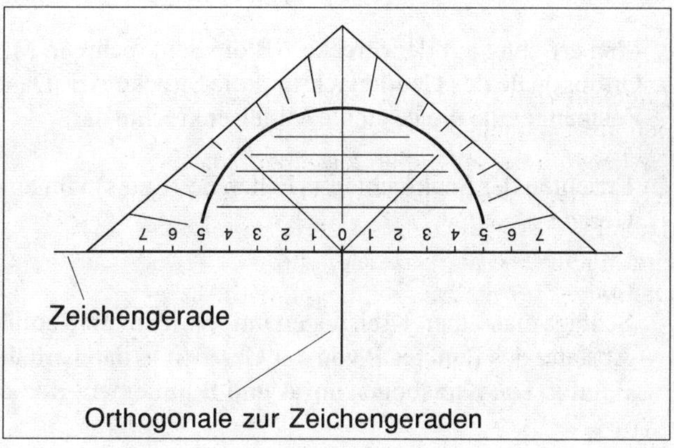

Außerdem ist der Aufwand im Gegensatz zum Einsatz von Zirkel und Lineal wesentlich geringer. Dies soll an zwei Beispielen durch den Vergleich beider Verfahren dargestellt werden.

1) Halbieren einer Strecke - Errichten der Mittelsenkrechten auf $\overline{AB}$

Handwerkszeug: (a) Zirkel und Lineal
(b) Geodreieck

(a)
Schlägt man um A und B je einen Kreisbogen mit dem Radius $r > \frac{1}{2}\overline{AB}$, so ist die Verbindungsgerade der Schnittpunkte S_1 und S_2 die gesuchte *Mittelsenkrechte*. Sie halbiert außerdem die Strecke $\overline{AB}$.

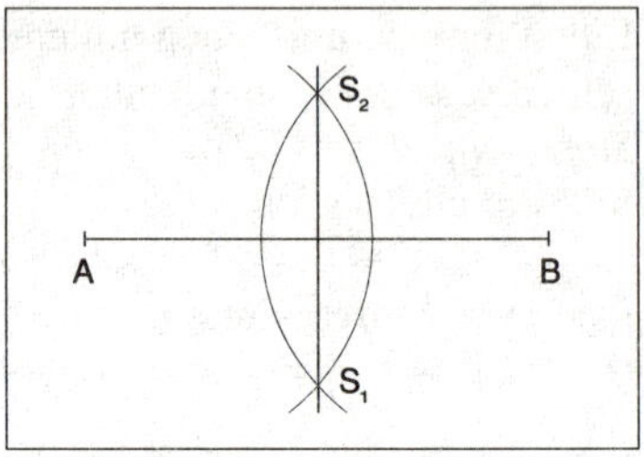

(b)
Stehen bei A und B dieselben Zahlen, - im dargestellten Beispiel 5 cm - so findet man bei 0 den Halbierungspunkt M.

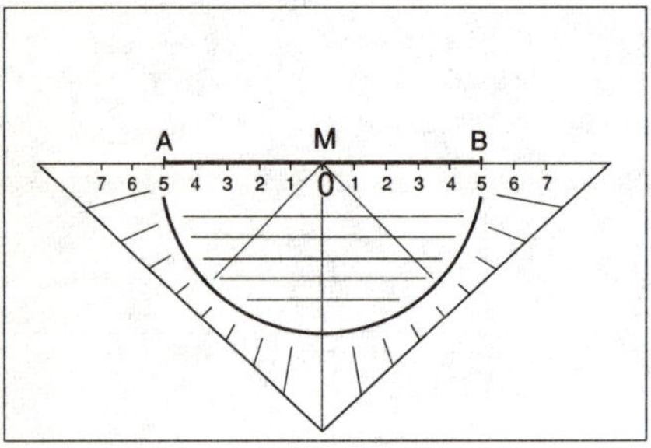

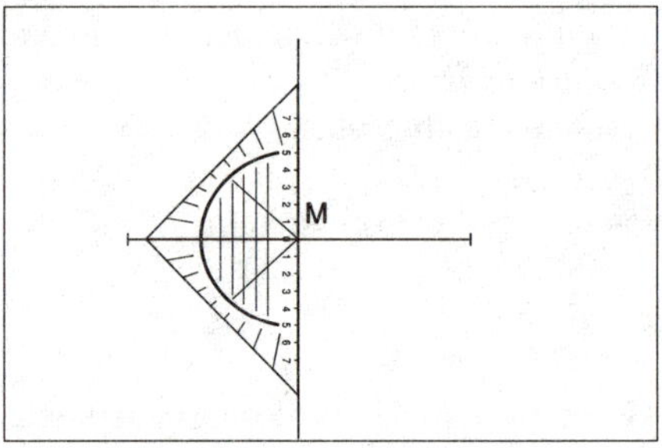

Man errichtet auf der Strecke $\overline{AB}$ die Senkrechte in M. Dazu legt man die Orthogonale des Geodreiecks auf die Strecke $\overline{AB}$. Dann stellt die Zeichengerade die gesuchte Mittelsenkrechte dar.

2) Errichten der Senkrechten - (Fällen des Lotes) von einem Punkt $P \notin g$ auf eine Gerade g.

(a)
Schlägt man einen Kreisbogen um P mit einem Radius, der größer ist als der Abstand des Punktes P von der Geraden g, dann erhält man die Punkte A und B auf g. Die Kreisbögen um A und B mit einem Radius $r > \frac{1}{2}\overline{AB}$ schneiden

sich im Punkt S. Die Strecke PM ist die gesuchte Senkrechte.
Sie ist Teil der Strecke PS.

(b)
Man legt das Geodreieck mit der Orthogonalen zur Zeichengeraden so auf die Gerade g, daß die Zeichengerade genau durch den Punkt P verläuft. Sie ergibt dann die gesuchte Senkrechte.

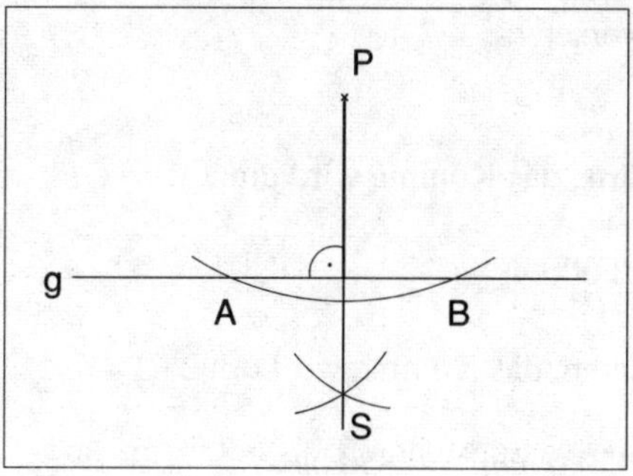

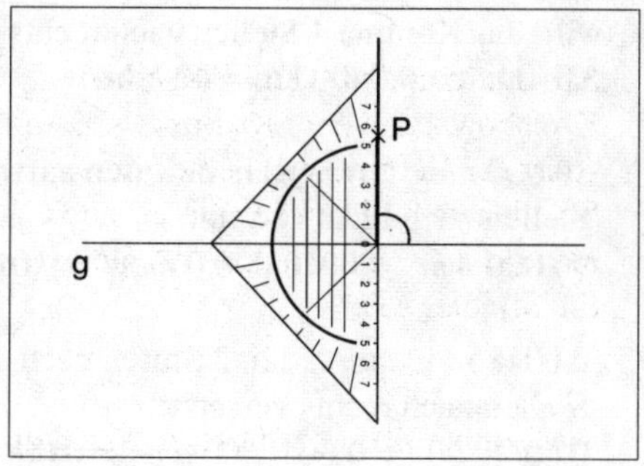

11.2 MASSE

LÄNGEN-, FLÄCHEN- UND RAUMMASSE

Die verschiedenen Maße wurden bereits im Kapitel "Rechnen mit Einheiten" besprochen. Sie sollen an dieser Stelle nur in Form einer Tabelle wiederholt werden.

	1 km	1 km^2	1 km^3	
	*	1 *ha*	*	
Das Komma	*	1 *a*	*	Das Komma
wird nach	1 m	1 m^2	1 m^3	wird nach
rechts	1 dm	1 dm^2	1 $dm^3 = 1\ l$	*links*
versetzt ↓	1 cm	1 cm^2	1 cm^3	versetzt. ↑
	1 mm	1 mm^2	1 mm^3	
Umwandlungs-zahl	10	100	1000	
1 Stufe entspricht n:	1	2	3	Stellen

* nicht mehr gebräuchlich

Bewegt man sich auf der Einheitenleiter nach oben ↑, so wird das Komma für jede Stufe um n Stellen nach links verschoben.
Bewegt man sich nach unten ↓, so wird das Komma für jede Stufe um n Stellen nach rechts verschoben. (Bei ganzzahligen Werten ist ein Komma hinter der letzten Ziffer zu setzen, z.B. 134 = 134,0).

Beispiele:

1)0,04 km in dm; d.h. man "geht" 4 Stufen auf der Einheitenleiter hinunter, also wird das Komma 4 Stellen nach rechts versetzt:
0,040 km = 0,0400 km = 400 dm

2) 10 000 mm^2 in m^2; d.h. 3 Stufen aufwärts, das Komma wird um $2 \cdot 3 = 6$ Stellen nach links versetzt:
10 000 mm^2 = 0010 000,0 mm^2 = 0,010 000 m^2

3) 0,00485 l in mm^3; d.h. 2 Stufen nach unten, das Komma wird um $2 \cdot 3 = 6$ Stellen nach rechts versetzt:
0,0048500 l = 0,0048500 dm^3 = 0 004850,0 mm^3 = 4850 mm^3

WINKELMASSE

Die Größe eines Winkels läßt sich auf verschiedene Weise angeben. Eine Einheit für die Messung erhält man, indem man den Vollwinkel - er entspricht einem vollen Kreis - in eine beliebige Anzahl gleicher Sektoren ("Tortenstücke") unterteilt.

Folgende Einheiten sind üblich:

1. Altgrad	- grad	Taschenrechneranzeige:	(DEG)
2. Neugrad	- gon		(GRAD)
3. Bogenmaß	- rad		(RAD)

Gradmaß

Die Einheit im Gradmaß ist 1 GRAD, es ist der 360. Teil eines Vollkreises. Schreibweise: $\alpha = 1°$ (lies: ein Grad)

Kleinere Einheiten sind die Winkelminute und die Winkelsekunde.
Schreibweise: 1' (lies: eine Minute)
1'' (lies: eine Sekunde)
Für die Umrechnung gilt: $1° = 60' = 60 \cdot 60'' = 3600''$

Neugrad

Unterteilt man den Vollwinkel in 400 gleiche Teile - dies ist in der Vermessungskunde üblich - so gelangt man zu der Einheit 1 Neugrad bzw. 1 Gon. Dies

entspricht auf dem Taschenrechner der Anzeige: GRAD.
Schreibweise: $\alpha = 1^{g}$ (lies: ein gon)

Bogenmaß

In der Trigonometrie und der Physik wird neben dem Gradmaß häufig das Bogenmaß verwendet. Die Grundlage ist auch hier der Vollkreis, aber als Kreis mit dem Radius r = 1LE (Längeneinheit): Dieser Kreis heißt *Einheitskreis.*

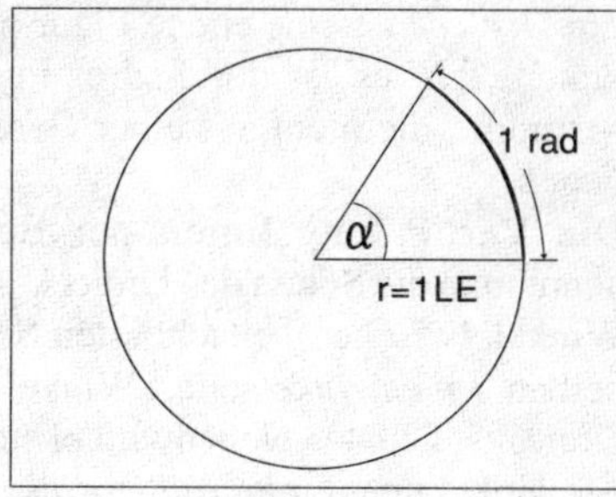

Die Winkeleinheit ist ein Winkel, der einen Kreisbogen von 1LE aus dem Umfang des Kreises ausschneidet.
Schreibweise: $\overline{\alpha} = 1\ rad$ (lies: ein radiant)
Wenn es nicht zu Verwechslungen führt, wird die Einheit meistens weggelassen. Da der Vollwinkel einen Umfang von
$U = 2\,\pi\, r = 2\,\pi\, 1\, LE = 2\,\pi\, LE$
hat, gehört zu einem gestreckten Winkel von 180° ein Winkel im Bogenmaß von π.
Weitere Unterteilungen führen auf folgende Tabelle:

Gradmaß 360°	180°	90°	60°	45°	36°	30°	15°
Bogenmaß 2 π	π	π/2	π/3	π/4	π/5	π/6	π/12

Üblich sind die Angaben in Anteilen von π, da etwa die Angabe $\frac{\pi}{2}$ (Viertelkreis) viel anschaulicher ist als der ausgerechnete Wert von 1,5708.

Für die Umrechnung vom Grad- in das Bogenmaß gelten folgende Beziehungen:

$$\frac{\alpha}{360^\circ} = \frac{\overline{\alpha}}{2\,\pi\, r} \Rightarrow \alpha = \overline{\alpha} \cdot \frac{180^\circ}{\pi} \quad bzw. \quad \overline{\alpha} = \alpha \cdot \frac{\pi}{180^\circ} \quad \text{(Bogenmaß: } \overline{\alpha}\text{)}$$

Beispiele:

1)Gesucht ist der Winkel im Gradmaß für $\overline{\alpha} = 1\ rad$.

Es gilt: $\alpha = \alpha \cdot \frac{180^\circ}{\pi} = 1 \cdot \frac{180^\circ}{\pi} \approx 57{,}296^\circ$

2) Zu bestimmen ist der Winkel im Bogenmaß, wenn $\alpha = 60°$ beträgt.

$$\overline{\alpha} = \alpha \cdot \frac{\pi}{180°} = 60° \cdot \frac{\pi}{180°} = \frac{\pi}{3}$$

11.3 GEOMETRIE DER EBENE (PLANIMETRIE)

DREIECKE

Ein *Dreieck* ist eine ebene Figur mit 3 Ecken, d.h. es ist durch drei Punkte bestimmt, die nicht auf einer Geraden liegen.

Die Verbindungslinien der Ecken nennt man die Seiten des Dreiecks. Die Winkel zwischen benachbarten Seiten heißen *Innenwinkel* oder Winkel des Dreiecks. Die —> Nebenwinkel der Innenwinkel nennt man *Außenwinkel.*

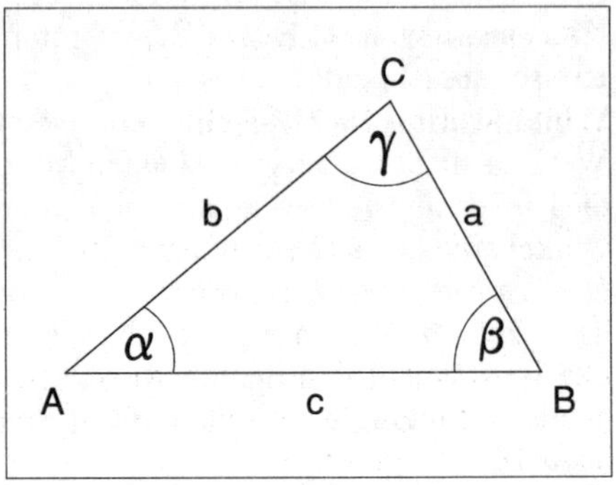

Die Eckpunkte werden wie bei allen ebenen Vielecken in alphabetischer Reihenfolge mit großen Blockbuchstaben bezeichnet. Dabei beginnt man mit A in der linken unteren Ecke und fährt dann im mathematisch positiven Sinn fort (entgegen dem Drehsinn des Urzeigers).

Die Seiten des Dreiecks werden durch die Eckpunkte mit $\overline{AB}$, $\overline{BC}$ bzw. $\overline{AC}$ benannt oder durch kleine Buchstaben a, b bzw. c gekennzeichnet.

Dabei liegen gleich benannte Seiten und Ecken einander gegenüber: a - A, b - B und c - C.

Die Winkel werden durch kleine griechische Buchstaben gekennzeichnet: α bei A, β bei B und γ bei C.

Dreiecke lassen sich eindeutig konstruieren, wenn einer der vier folgenden Fälle gegeben ist. Es sind bekannt:

1. alle drei Seiten oder
2. zwei Seiten und der eingeschlossene Winkel oder
3. eine Seite und die beiden anliegenden Winkel oder
4. zwei Seiten und der Winkel, der der größeren Seite gegenüber liegt.

(—> Kongruenzsätze)

Beispiel (zu 2.):
$c=4cm$, $\alpha=35^\circ$, $b=2,5cm$

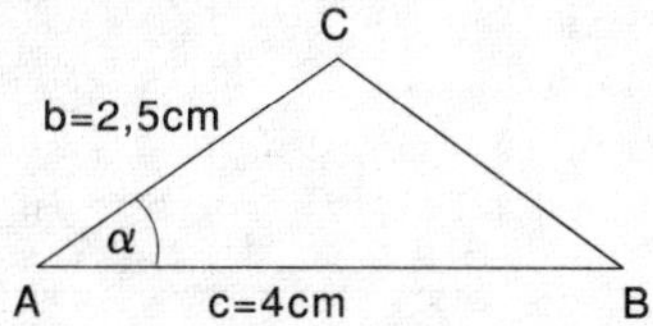

Es gibt genau eine Lösung.

Gegenbeispiel:
$b=3cm$, $\alpha=35^\circ$, $a=1,8cm$

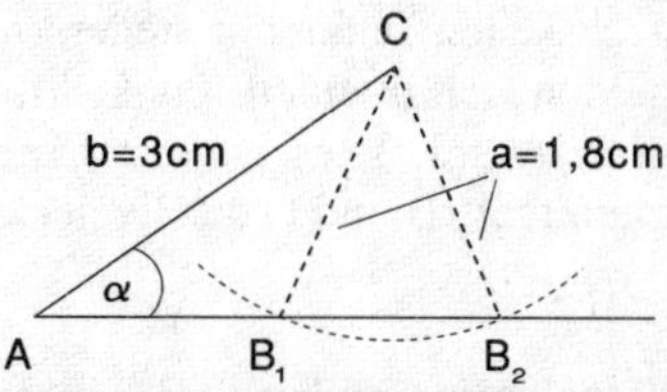

Es sind zwei Lösungen möglich.

Winkelsumme im Dreieck

Die Summe der Innenwinkel im Dreieck beträgt $\alpha + \beta + \gamma = 180^\circ$

Der Beweis läßt sich leicht - wie die nebenstehende Abbildung zeigt - über die Wechselwinkel an Parallelen führen.
Es gilt: $\alpha' + \gamma + \beta' = 180^\circ$. Mit $\alpha = \alpha'$ und $\beta = \beta'$ als Wechselwinkel ergibt sich
$\alpha + \beta + \gamma = 180^\circ$.

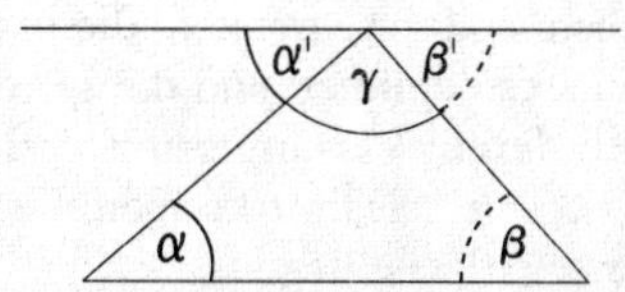

Außenwinkelsatz
Jeder —> Außenwinkel ist gleich der Summe der beiden nicht anliegenden Innenwinkel.

Es gilt $\beta + \beta' = 180^\circ$ sowie
$\alpha + \beta + \gamma = 180^\circ$.
Daraus folgt $\beta' = \alpha + \gamma$.
Entsprechendes gilt für die übrigen Außenwinkel.

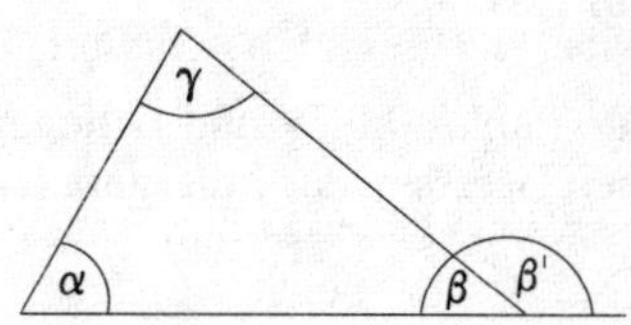

Besondere Linien und Punkte im Dreieck

Neben den Seiten und Winkeln, die ein Dreieck in Form und Größe bestimmen, gibt es eine Reihe wichtiger Linien im Dreieck, die nun näher betrachtet werden sollen.

1. *Mittelsenkrechten*
Mittelsenkrechten sind Geraden, die auf der Mitte der Dreiecksseiten senkrecht stehen: m_a, m_b, m_c. Sie schneiden sich in einem Punkt M, dem Mittelpunkt des *Umkreises*. Dies ist der Kreis, der durch die Eckpunkte A, B und C des Dreiecks geht.

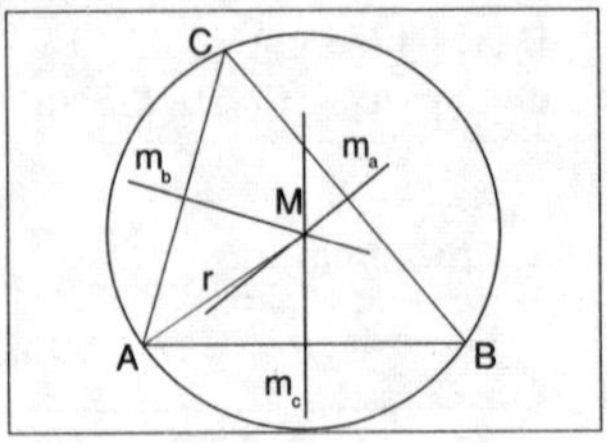

2. *Winkelhalbierenden*
Geraden, die die Innenwinkel des Dreiecks halbieren, heißen Winkelhalbierenden: w_α, w_β, w_γ. Sie schneiden sich in einem Punkt W, dem Mittelpunkt des Inkreises. Dies ist der Kreis, der die drei Seiten des Dreiecks jeweils nur in einem Punkt von innen berührt. Die Seiten a, b und c sind die Tangenten an den —> *Inkreis*.

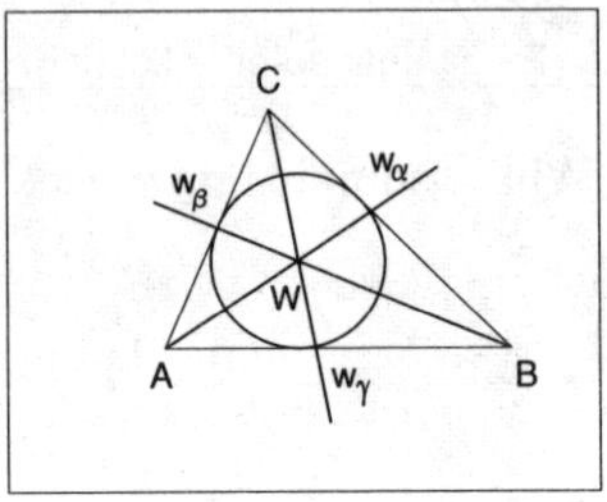

3. *Höhen*
Höhen sind die Strecken, die in einem Eckpunkt des Dreiecks beginnen und die gegenüberliegende Seite oder deren Verlängerung orthogonal schneiden: h_a, h_b, h_c. Damit können sie auch außerhalb der Dreiecksfläche liegen.

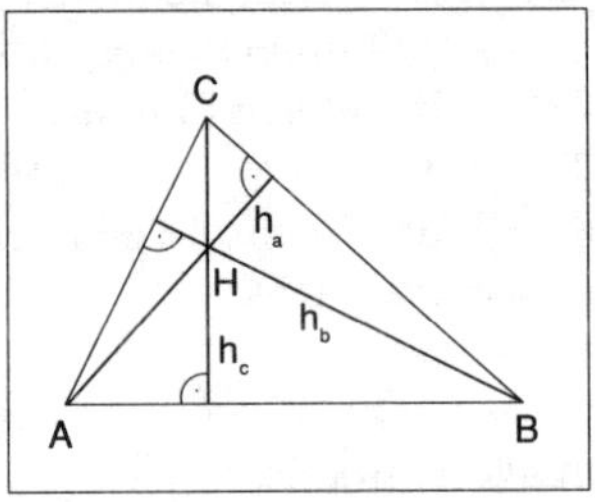

Die Höhen eines Dreicks schneiden sich in einem Punkt H.

Die Punkte M, W und H liegen auf einer gemeinsamen Geraden, der Eulergeraden.

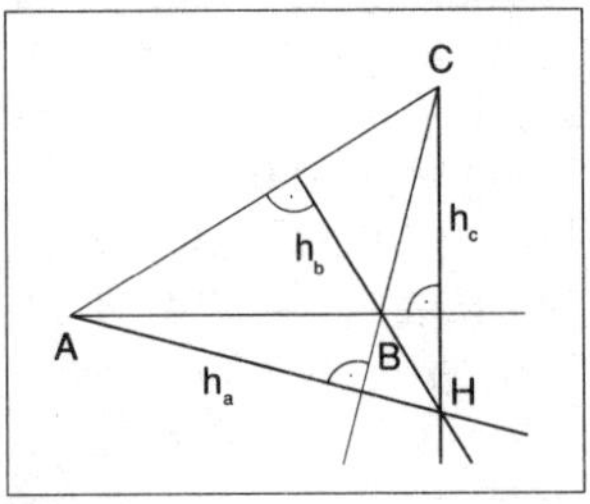

4. *Seitenhalbierenden*
Geraden, die durch die Mitte einer Seite und den gegenüberliegenden Eckpunkt führen, heißen Seitenhalbierenden: s_a, s_b, s_c.
Sie schneiden sich in einem Punkt S, dem Schwerpunkt des Dreiecks.
Er teilt jede Seitenhalbierende im Verhältnis 2 : 1 von der jeweiligen Ecke aus gemessen.

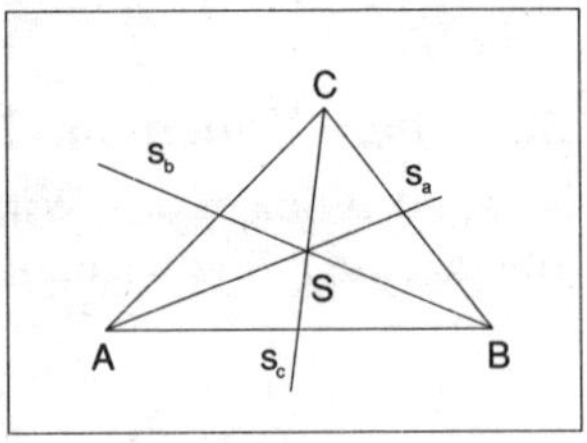

DREIECKSBERECHNUNGEN

Umfang eines Dreiecks

Der Umfang einer Fläche ist gleich der Summe seiner Begrenzungslinien. Daraus ergibt sich für den Umfang eines Dreiecks: U = a + b + c.

Flächeninhalt eines Dreiecks

Jedes Dreieck läßt sich so zu einem Rechteck mit der Grundseite $\overline{AB}$ ergänzen, daß die Grundseite $\overline{AB}$ und die 3. Ecke C auf gegenüberliegenden Rechteckseiten liegen. Dann ist der Flächeninhalt des Rechtecks doppelt so groß wie der des ursprünglichen Dreiecks.

Der Flächeninhalt F eines Rechtecks ergibt sich als Produkt aus Länge und Breite. Entsprechend gilt für ein Dreieck:

$$F = \frac{1}{2} c \cdot h_c = \frac{1}{2} a \cdot h_a = \frac{1}{2} b \cdot h_b$$

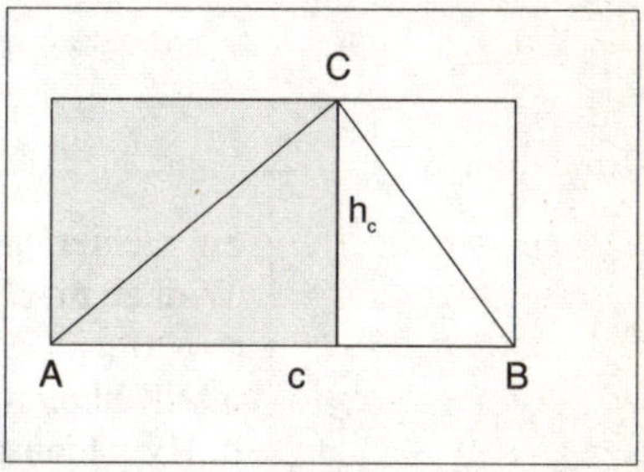

Beispiele:

1)Zu berechnen ist der Flächeninhalt des Dreiecks mit der Seite $c = 4\ cm$ und der Höhe $h_c = 3\ cm$.
Es gilt:

$$F = \frac{1}{2} \cdot c \cdot h_c = \frac{1}{2} \cdot 4\ cm \cdot 3\ cm = 6\ cm^2$$

2)Ein Dreieck hat einen Flächeninhalt von $F = 42\ cm^2$ und die Länge der Seite b beträgt 6 cm.
Gesucht ist die Höhe h_b.
Es gilt:

$$F = \frac{1}{2} \cdot b \cdot h_b \quad \Leftrightarrow \quad h_b = \frac{2 \cdot F}{b} = \frac{2 \cdot 42\ cm^2}{6\ cm} = 14\ cm$$

In der folgenden Tabelle sind besondere Eigenschaften, Umfang und Flächeninhalt für Dreiecke "auf einen Blick" zusammengestellt:

Art des Dreiecks	Eigenschaften	Umfang U	Flächeninhalt F
spitzwinklig 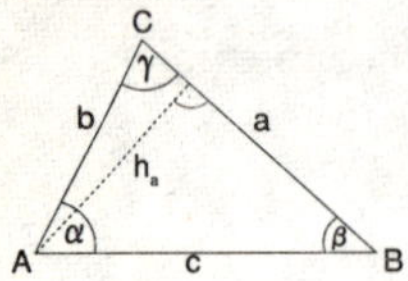	alle Winkel spitz, d.h. $\alpha, \beta, \gamma < 90°$	U = a + b + c	$F = \frac{1}{2} a \cdot h_a = \frac{1}{2} b \cdot h_b = \frac{1}{2} c \cdot h_c$
stumpfwinklig 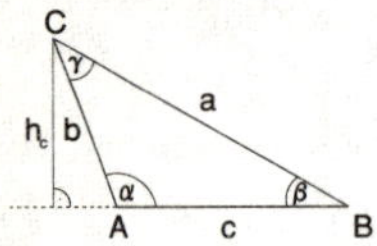	ein Winkel stumpf, hier $\alpha > 90°$	U = a + b + c	$F = \frac{1}{2} a \cdot h_a = \frac{1}{2} b \cdot h_b = \frac{1}{2} c \cdot h_c$
rechtwinklig 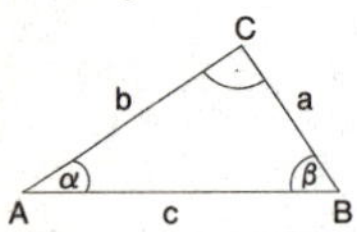	ein rechter Winkel, hier $\gamma = 90°$, a,b: Katheten c: Hypotenuse	U = a + b + c	$F = \frac{1}{2} a \cdot b$
gleichschenklig 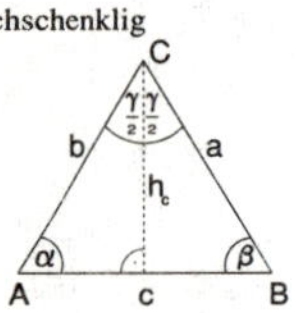	zwei Seiten (Schenkel) gleicher Länge: b = a $h_c = m_c = w_\gamma = s_c$ c: Basis $\alpha = \beta$:Basiswinkel	$U = 2 \cdot a + c$	$F = \frac{1}{2} c \cdot h_c = \frac{c}{2} \sqrt{a^2 - \frac{c^2}{4}}$
gleichseitig 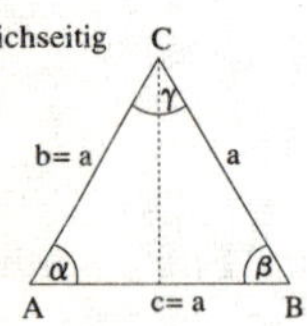	drei Seiten gleicher Länge, drei gleiche Winkel: $\alpha = \beta = \gamma = 60°$ Höhen, Mittelsenkrechten, Winkel- und Seitenhalbierenden sind identisch	U = 3 a	$F = \frac{1}{2} a \cdot h_a = \frac{1}{2} a \cdot \frac{a}{2} \sqrt{3} = \frac{a^2}{4} \sqrt{3}$

Sätze an rechtwinkligen Dreiecken

Die Sätze am rechtwinkligen Dreieck sind mit den Namen Pythagoras, Euklid und Thales eng verbunden. Obwohl sie damit bereits etwa 2 ½ tausend Jahre alt sind, haben sie bis in die heutige Zeit für die Elementargeometrie nichts an Bedeutung verloren.

Satz des Thales

Liegt der Mittelpunkt des —> Umkreises auf einer Dreieckseite, so ist das zugehörige Dreieck rechtwinklig.
Entsprechendes gilt für die beiden anderen Seiten.

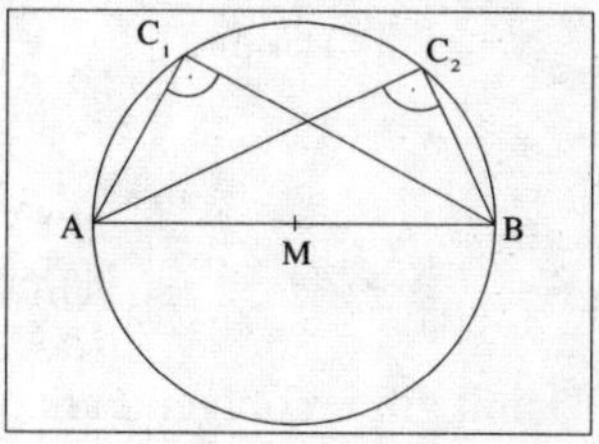

Satz des Pythagoras

Im rechtwinkligen Dreieck liegt die *Hypotenuse* dem rechten Winkel gegenüber, die *Katheten* schließen den rechten Winkel ein.

In einem rechtwinkligen Dreieck ist die Summe der Quadrate über den Katheten flächengleich dem Quadrat über der Hypotenuse:

$$c^2 = a^2 + b^2$$

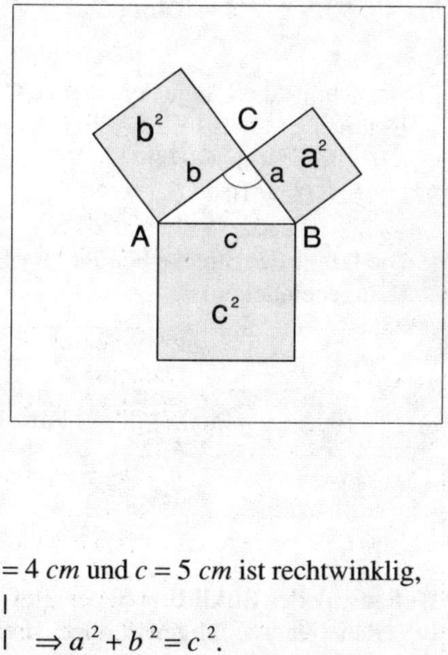

(Beweis —> Skalarprodukt)

Beispiele:

1) Das Dreieck mit den Seiten $a = 3\ cm$, $b = 4\ cm$ und $c = 5\ cm$ ist rechtwinklig, denn es gilt: $a^2 + b^2 = 3^2 + 4^2 = 25 \mid$
$c^2 = 5^2 = 25 \mid \Rightarrow a^2 + b^2 = c^2.$

   Entsprechendes gilt für jedes Dreieck mit den Seiten $a = k \cdot 3\ cm$, $b = k \cdot 4\ cm$ und $c = k \cdot 5\ cm$, wobei k eine beliebige reelle Zahl sein kann.

2) Zu bestimmen ist die Höhe in einem gleichseitigen Dreieck mit $a = 4\ cm$.
   Jede Höhe im gleichseitigen Dreieck unterteilt es in zwei rechtwinklige

Dreiecke gleicher Größe und Form. Damit gilt nach dem Satz des Pythagoras:

$h^2 + \left(\frac{a}{2}\right)^2 = a^2$ bzw. $h = \sqrt{a^2 - \frac{a^2}{4}} = \sqrt{\frac{3}{4}a^2} = \frac{a}{2}\sqrt{3}$

Jede Höhe im gleichseitigen Dreieck hat die Länge:

$$h = \frac{a}{2}\sqrt{3}$$

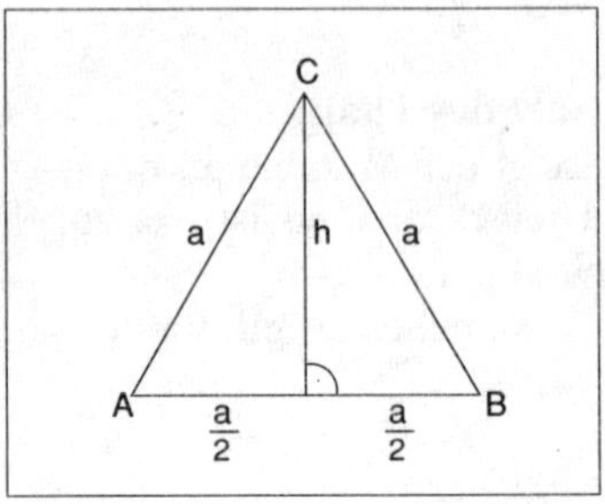

Damit gilt im obigen Fall:

$h_{AB} = \frac{a}{2}\sqrt{3} = \frac{4}{2} \cdot \sqrt{3} \approx 3,46$

3) Gesucht ist die Länge der Strecke $\overline{OP}$.
Es gilt:
$(\overline{OP})^2 = 8^2 + 6^2 = 100$
$\overline{OP} = \sqrt{100} = 10$

Die Länge der Strecke beträgt 10 LE (Längeneinheiten)

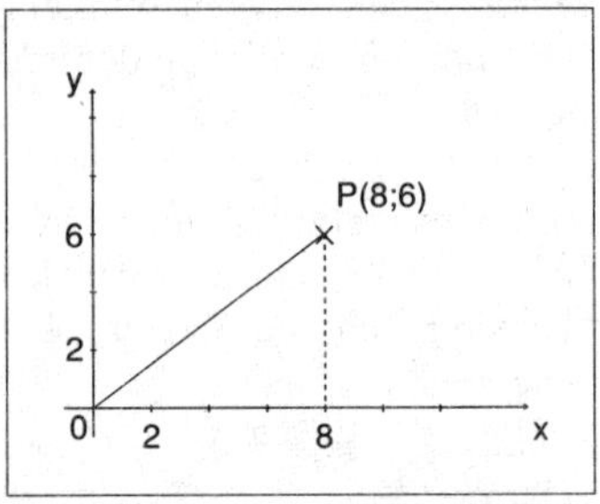

Für jeden Punkt P(x ; y) im kartesischen Koordinatensystem gilt:

$$(\overline{OP})^2 = x^2 + y^2 \Rightarrow \overline{OP} = \sqrt{x^2 + y^2}$$

Höhensatz des Euklid
In jedem rechtwinkligen Dreieck ist das Quadrat über der Höhe (auf der Hypotenuse) flächengleich dem Rechteck aus den beiden Hypotenusenabschnitten.

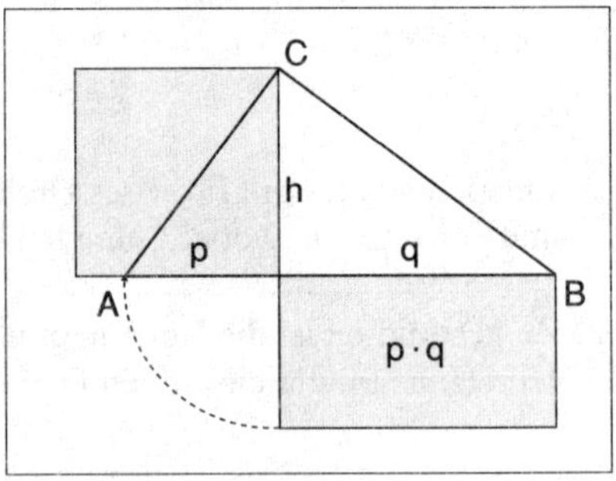

$$h^2 = p \cdot q$$

Kathetensatz des Euklid
Das Quadrat über einer Kathete ist flächengleich dem Rechteck aus der ganzen Hypotenuse und dem anliegenden Abschnitt.

$$a^2 = p \cdot c \quad bzw. \quad b^2 = q \cdot c$$

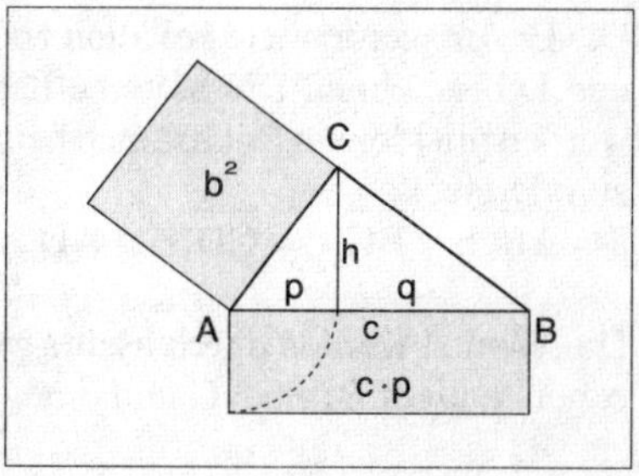

Beispiel:
Ein Rechteck mit den Seiten $a = 2\,cm$ und $b = 1{,}2\,cm$ soll in ein flächengleiches Quadrat umgewandelt werden. (Höhensatz).
Man setzt die beiden Rechteckseiten zur Hypotenuse $\overline{AB}$ zusammen.
Dann konstruiert man über $\overline{AB}$ den Thaleskreis.
Die Höhe h schneidet den Kreis im Eckpunkt C.
Das Quadrat über der Höhe h ist die gesuchte Fläche.

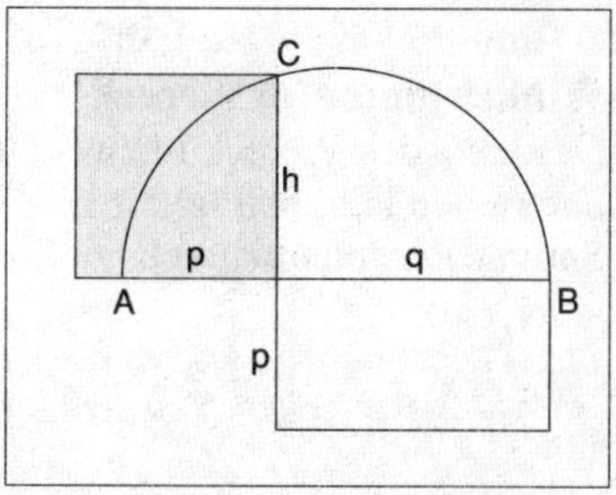

VIERECKE

Ein *Viereck* ist eine ebene Figur mit vier Ecken, d.h. es wird durch vier Punkte bestimmt, von denen je drei nicht auf einer Geraden liegen. Die Verbindungslinien der Ecken nennt man die Seiten des Vierecks.

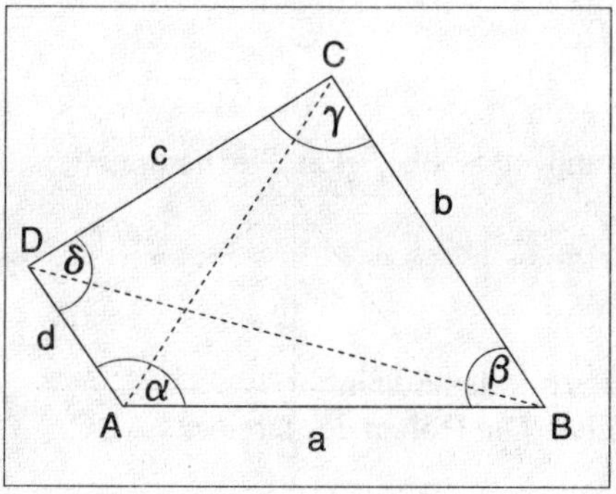

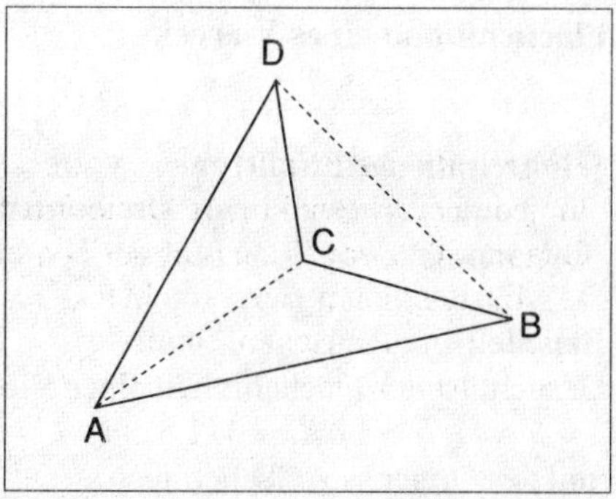

Die Ecken werden wie bei allen ebenen Vielecken mit großen Buchstaben A, B, C und D bezeichnet. Die Seiten erhalten die Namen der zugehörigen Strecken oder werden mit kleinen Buchstaben benannt. Dabei gilt für alle Vierecke - im Gegensatz zum Dreieck:
$a = \overline{AB}$, $b = \overline{BC}$, $c = \overline{CD}$, $d = \overline{AD}$.

Die Winkel werden durch kleine griechische Buchstaben gekennzeichnet:
α bei A, β bei B, γ bei C und δ bei D.

Jedes Viereck hat zwei *Diagonalen* (Strecke zwischen zwei nicht benachbarten Punkten). Liegen beide Diagonalen innerhalb des Vierecks , heißt es *konvex*, liegt eine Diagonale außerhalb (s.o.), so heißt es *konkav*.

Winkelsumme im Viereck
Da sich jedes Viereck in zwei Dreiecke unterteilen läßt, beträgt die Summe der Innenwinkel:

$$\alpha + \beta + \gamma + \delta = 2 \cdot 180° = 360°$$

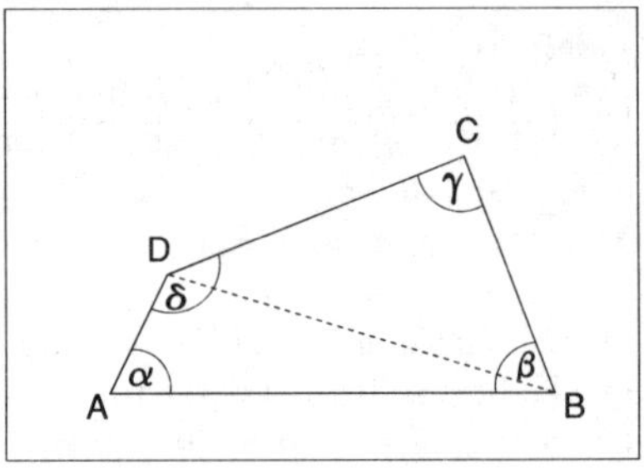

Umfang eines Vierecks

Der Umfang ist stets gleich der Summe aller Begrenzungslinien. Damit ergibt sich für ein Viereck: $U = a + b + c + d$.

Flächeninhalt eines Vierecks

Der Flächeninhalt eines Vierecks kann stets über den Flächeninhalt zweier Dreiecke berechnet werden.

Beispiel:
Gesucht ist der Flächeninhalt eines Vierecks mit den Seiten
$a = 5\ cm$, $b = 3\ cm$, $c = 1{,}5\ cm$, $d = 3{,}5\ cm$. Die Höhen des Dreiecks ABC und des Dreiecks ACD betragen:
$h_a = 1{,}3\ cm$ und $h_b = 1{,}2\ cm$ (ausgemessen).

Daraus ergibt sich der Flächeninhalt des Vierecks zu:

$$F = F_1 + F_2$$
$$= \frac{1}{2} a \cdot h_a + \frac{1}{2} d \cdot h_d$$
$$= \frac{1}{2} \cdot 5\,cm \cdot 1{,}3\,cm + \frac{1}{2} \cdot 3{,}5\,cm \cdot 1{,}2\,cm$$
$$= 3{,}25\,cm^2 + 2{,}1\,cm^2 = 5{,}35\,cm^2.$$

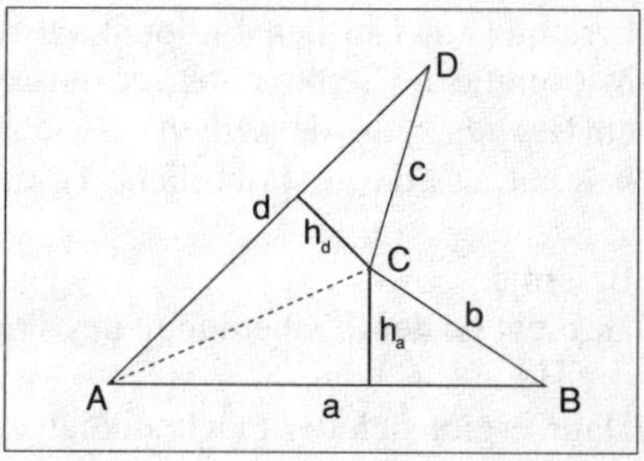

Für besondere Vierecke gibt es aber einfachere Möglichkeiten der Flächenberechnung.

Quadrat - Rechteck

Der Flächeninhalt von Quadrat und Rechteck ergibt sich als Produkt aus Länge und Breite:

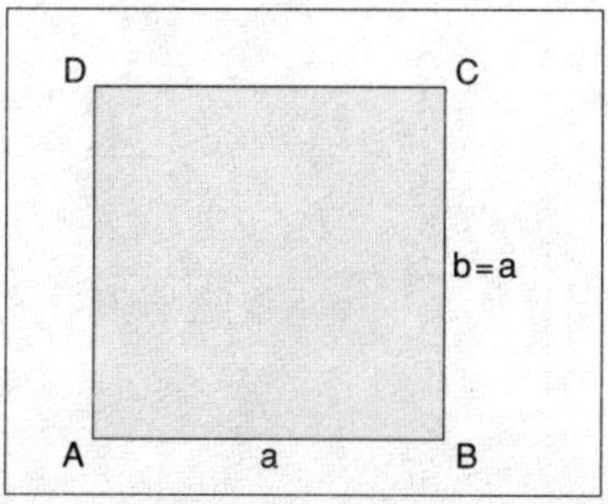

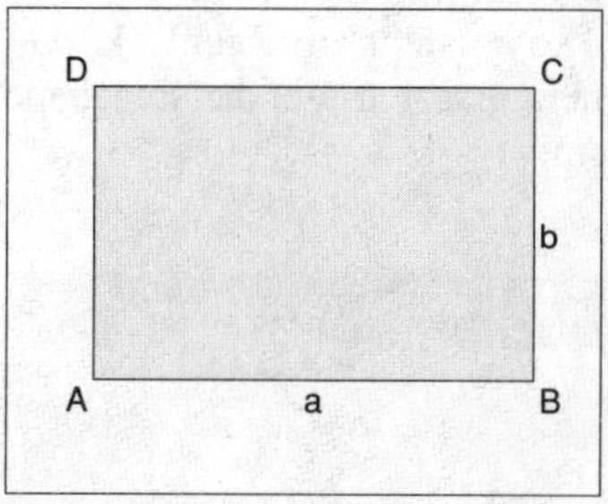

$$F = a \cdot a = a^2 \qquad F = a \cdot b$$

Trapez

Ein Trapez hat stets zwei parallele Seiten. Seine Mittellinie m verläuft in der Abbildung durch die Mittelpunkte der Seiten BC und AD. Sie ist parallel zu den parallelen Grundseiten a und c des Trapezes und hat zu beiden denselben Abstand:

$$m = \frac{1}{2}(\overline{AB} + \overline{CD}) = \frac{1}{2}(a + c)$$

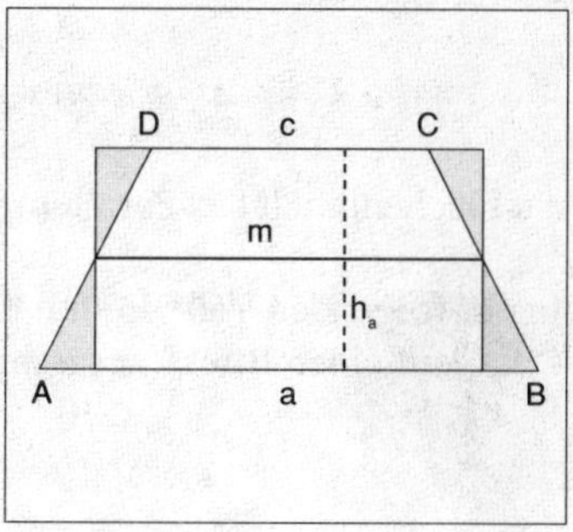

Errichtet man in den Endpunkten der Mittellinie die Senkrechten, so entsteht ein Rechteck, das denselben Flächeninhalt hat, wie das ursprüngliche Trapez:

$$F = \frac{1}{2}(a + c) \cdot h_a = m \cdot h_a$$

Beispiel:
Gesucht ist der Flächeninhalt des Trapezes mit den Seiten $a = 6\ cm$, $c = 4\ cm$ und der Höhe $h = 3\ cm$.
Dann ergibt sich der Flächeninhalt zu:

$$F = \frac{1}{2} \cdot (a + c) \cdot h_a = \frac{1}{2} \cdot (6\ cm + 4\ cm) \cdot 3\ cm = \frac{1}{2} \cdot 10\ cm \cdot 3\ cm = 15\ cm^2$$

Parallelogramm
Bei einem Parallelogramm sind je zwei gegenüberliegende Seiten parallel. Fällt man von den Eckpunkten C und D die Senkrechten (—> S...) auf die Grundseite $\overline{AB}$ bzw. deren Verlängerung, so entsteht ein Rechteck, das denselben Flächeninhalt hat wie das gegebene Parallelogramm:

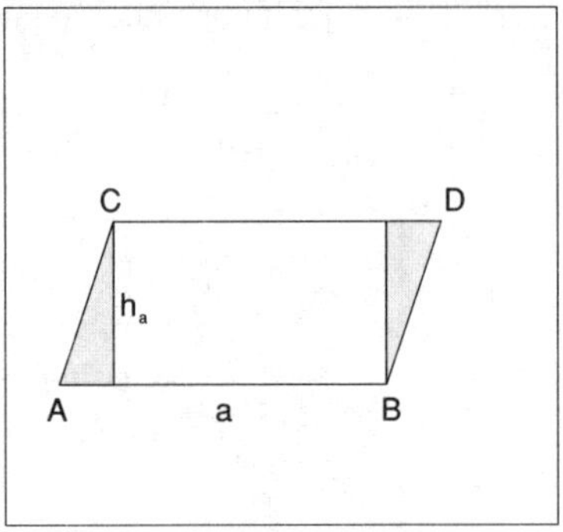

$$F = a \cdot h_a$$

Beispiel:
Zu bestimmen ist der Flächeninhalt des Parallelogramms mit der Seite $a = 5\ cm$ und der Höhe $h = 4\ cm$.

Damit ergibt sich

$$F = a \cdot h_a = 5\ cm \cdot 4\ cm = 20\ cm^2$$

als Flächeninhalt des Parallelogramms.

In der folgenden Tabelle sind Eigenschaften, Umfang und Flächeninhalt für Vierecke "auf einen Blick" zusammengestellt.

Art des Vierecks	Bedingung/Folgeeigenschaften	Umfang U	Flächeninhalt F
Trapez 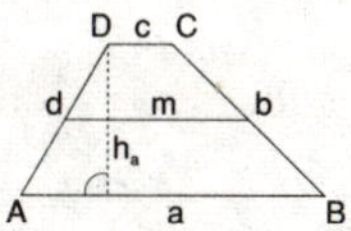	zwei Seiten parallel: a ∥ c	U = a + b + c + d	$F = \frac{1}{2}(a+c) \cdot h_a$ $= m \cdot h_a$
gleichschenkliges Trapez 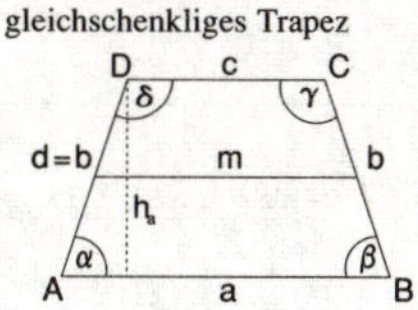	zwei Seiten parallel: a ∥ c zwei Seiten gleichlang: b = d $\Rightarrow \alpha = \beta$ $\gamma = \delta$	U = a + b + c + d = a + 2 b + c	$F = \frac{1}{2}(a+c)\, h_a$ $= m \cdot h_a$
Drachen 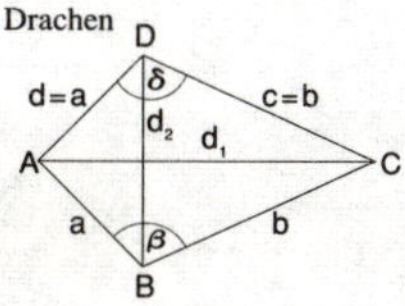	Je zwei benachbarte Seiten gleich lang: a = d, b = c $\Rightarrow d_1 \perp d_2$ $\beta = \delta$	U = 2 a + 2 b	$F = \frac{1}{2} d_1 \cdot d_2$
Parallelogramm 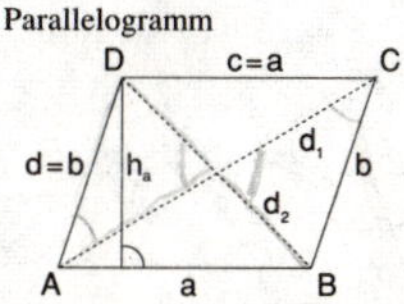	Je zwei Seiten parallel: a ∥ c, b ∥ d $\Rightarrow$ a = c, b = d d_1 und d_2 halb. sich $\alpha = \gamma$, $\beta = \delta$ mit $\alpha+\beta = \gamma+\delta = 180°$	U = 2 a + 2 b	$F = a \cdot h_a$

Art des Vierecks	Bedingung/Folge-eigenschaften	Umfang U	Flächeninhalt F
Rechteck 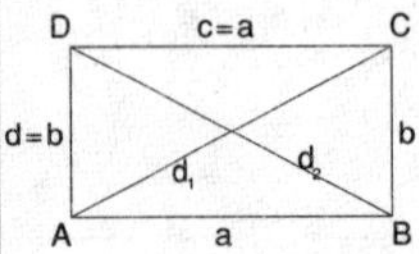	Vier rechte Winkel: $\alpha = \beta = 90°$ $\gamma = \delta = 90°$ $\Rightarrow$ a ∥ c, b ∥ d a = c, b = d d_1 und d_2 halb. sich	U = 2 a + 2 b	$F = a \cdot b$
Raute 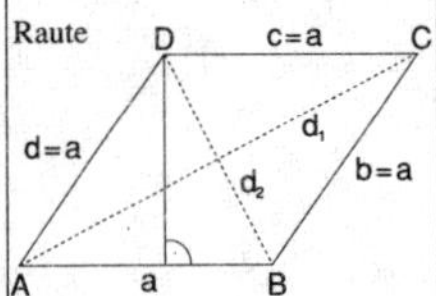	Vier Seiten gleich lang: a = b = c = d $\Rightarrow$ a ∥ c, b ∥ d $d_1 \perp d_2$, d_1 und d_2 halbieren sich $\alpha = \gamma$, $\beta = \delta$ mit $\alpha+\beta = \gamma+\delta = 180°$	U = 4 a	$F = a \cdot h_a$ $= \frac{1}{2} d_1 \cdot d_2$
Quadrat 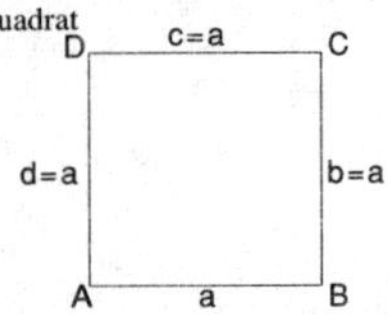	Vier gleich lange Seiten: a = b = c = d Vier rechte Winkel: $\alpha = \beta = 90°$ $\gamma = \delta = 90°$ $\Rightarrow$ $d_1 \perp d_2$, d_1 und d_2 halbieren sich	U = 4 a	$F = a \cdot a$ $= a^2$

POLYGONE – N - ECKE

Erhöht man die Zahl der Ecken von 4 auf 5, 6, 7, ..., 10, ..., n so erhält man ein n-Eck oder Polygon. Liegen sämtliche Diagonalen innerhalb der Fläche des Polygons, so heißt es konvex, im anderen Falle —> konkav.

Anzahl der Diagonalen

Man kann jeden Punkt eines n-Ecks mit den übrigen n – 3 Punkten verbinden, die nicht Nachbarpunkte sind. Das ergibt $n \cdot (n-3)$ Verbindungen. Da jede dieser Strecken aber sowohl den Punkt A mit B verbindet als auch Punkt B mit A, also doppelt gezählt wird, beträgt die Gesamtzahl aller Diagonalen im n - Eck:
$\frac{1}{2} n \cdot (n-3)$.

Die Anzahl der Diagonalen im n - Eck beträgt: $\frac{1}{2} n \cdot (n-3)$.

Winkelsumme im n - Eck

Durch Unterteilung des n - Ecks in (n – 2) Dreiecke ergibt sich die Summe der Innenwinkel zu:

$$\underbrace{\alpha + \beta + \gamma + \delta + \ldots}_{\text{n Winkel}} = (n-2) \cdot 180^\circ$$

Beispiel:

Gesucht ist die Summe der Innenwinkel eines Sechsecks. Das Sechseck läßt sich in n – 2 = 6 – 2 = 4 Dreiecke zerlegen. Damit beträgt die Summe der Innenwinkel
(n – 2) · 180° = (6 – 2) · 180° = 720°.

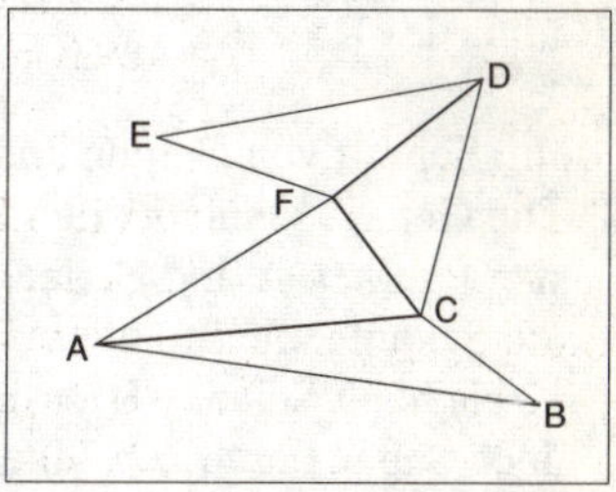

Umfang eines n-Ecks

Der Umfang ist gleich der Summe aller Begrenzungslinien:

$$U = \underbrace{a + b + c + d + \ldots}_{\text{n Seiten}}$$

Flächeninhalt eines n - Ecks

Man unterteilt das n - Eck in (n – 2) Dreiecke. Dann ergibt sich der Flächeninhalt zu:

$$F = F_1 + F_2 + F_3 + \ldots + F_{n-2}$$

Regelmäßige n - Ecke
Bei regelmäßigen n - Ecken sind alle Seiten gleich lang und die Schnittpunkte von Mittelsenkrechten M und Winkelhalbierenden W (—> S ...) fallen zusammen: M = W. Damit ist M auch der Mittelpunkt für Umkreis und Inkreis der Figur.

Darstellung regelmäßiger n - Ecke für n = 3, 4, 5, 6 und 12:

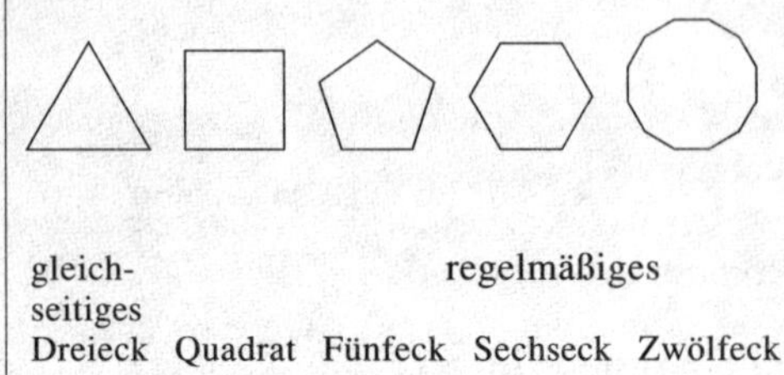

Erhöht man die Eckenzahl eines regelmäßigen n - Ecks über 10, ..., 100, ... beliebig weiter, so nähern sich der Inkreis, die Figur und der Umkreis einander immer mehr an. Bei unendlicher Eckenzahl würden sie zusammenfallen, d.h. einen Kreis ergeben.

KREIS

Die Menge aller Punkte einer Ebene, die von einem festen Punkt M denselben Abstand r haben, nennt man einen Kreis. Dabei heißt M Mittelpunkt und r Radius des Kreises.

Beim Schnitt von Gerade und Kreis gibt es drei Möglichkeiten:

1. Die Gerade schneidet den Kreis in den Punkten A und B, dann heißt sie Sekante, die Strecke $\overline{AB}$ im Kreis heißt Sehne $\overline{AB}$.
   Jede Sehne durch den Mittelpunkt M heißt Durchmesser d mit $d = 2\,r$.

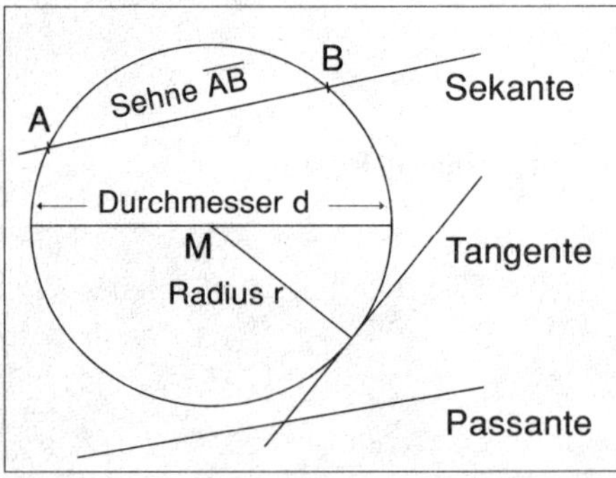

2. Die Gerade berührt den Kreis in genau einem Punkt , dann nennt man sie Tangente.
   Jede Tangente steht senkrecht auf dem Radius im Berührpunkt.

3. Die Gerade hat keinen Punkt mit dem Kreis gemeinsam, dann heißt sie Passante.

Flächeninhalt des Kreises

Der Flächeninhalt des Kreises berechnet sich zu $F = \pi r^2$, wobei $\pi = 3{,}141\,592\,653\,589\,793\ ...$ ein unendlicher Dezimalbruch ist und die sogenannte Kreiszahl darstellt.

Für alle Berechnungen mit der Zahl π wird der Wert direkt aus dem Taschenrechner übernommen.
Für Überschlagsrechnungen reicht die Angabe auf zwei Stellen nach dem Komma aus: $\pi = 3{,}14$.
Man kann die Zahl π auf vielerlei Arten bestimmen, z.B. durch Verdoppeln der Eckenzahl eines in den Einheitskreis gelegten regelmäßigen Vielecks. Als Ausgangsbasis soll hier ein Quadrat gewählt werden.

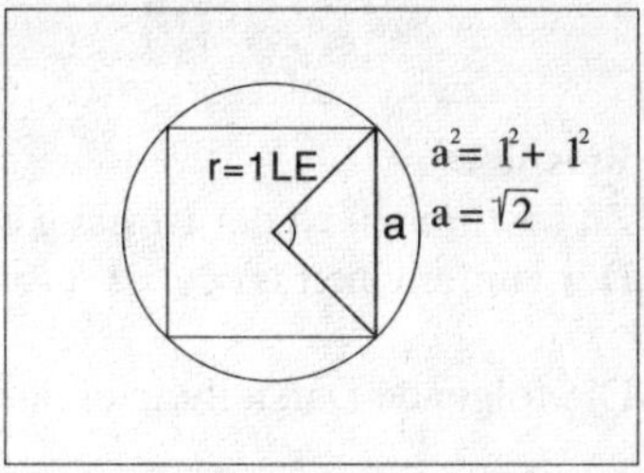

Für das Quadrat ergibt sich eine Fläche von:

$$F = a \cdot a \quad = \sqrt{2}\ LE \cdot \sqrt{2}\ LE$$
$$= 2\ LE^2$$

Die folgende Tabelle soll die Annäherung der Zahl π an den eigentlichen Wert verdeutlichen.

Eckenzahl n	Flächeninhalt des n - Ecks
4	2
8	2,82843
16	3,06147
32	3,12145
64	3,13655
128	3,14003
256	3,14128
512	3,14151
1024	3,14157
2048	3,14159
4096	3,14159

Auf weitere Nachkommastellen wurde verzichtet.

Erst ab einer Eckenzahl von n = 512 beginnt sich der Wert auch in der 4. und 5. Nachkommastelle zu stabilisieren.

Beispiel:
Zu berechnen ist der Flächeninhalt des Kreises mit r = 4 cm.
Damit ergibt sich für den Flächeninhalt des Kreises:
$F = \pi r^2 = \pi \cdot (4\,cm)^2 \approx 50{,}27\,cm^2$.

Umfang des Kreises

Der Umfang des Kreises ergibt sich zu: $U = 2\,\pi \cdot r = \pi \cdot d$

Beispiel:
Zu bestimmen ist der Umfang eines Kreises für r = 3 cm.
Der Umfang beträgt $U = 2\,\pi\,r = 2\,\pi\,3\,cm \approx 18{,}85\,cm$.

Die folgende Darstellung ergänzt die Begriffe im Kreis.

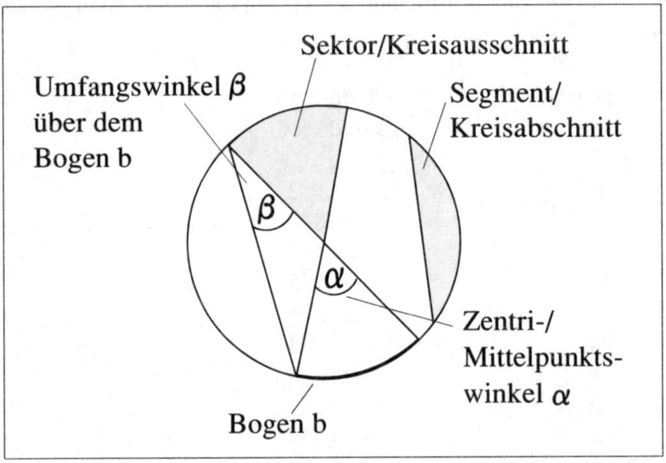

Die Berechnung des Kreises und seiner Teile ist in der folgenden Tabelle "auf einen Blick" zusammengestellt.

Darstellung	Umfang U	Flächeninhalt F
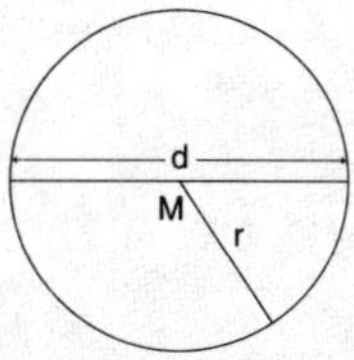	$U = 2\pi r$ $= \pi d$	$F = \pi r^2$ $= \pi \frac{d^2}{4}$
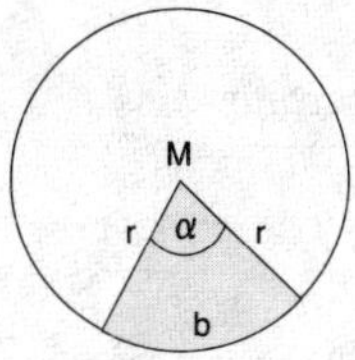 Kreisausschnitt	$b = \frac{\alpha \cdot \pi \cdot r}{180°}$	$F = \frac{1}{2} b \cdot r$ $= \pi r^2 \frac{\alpha}{360°}$
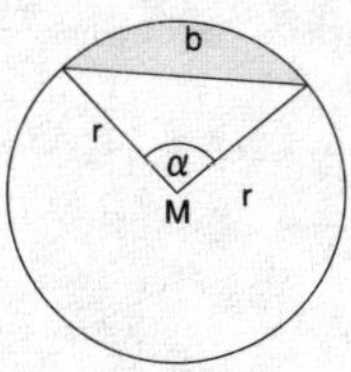 Kreisabschnitt	$b = \frac{\alpha \cdot \pi \cdot r}{180°}$	$F = \left(\frac{\pi \alpha}{180°} - \sin \alpha\right) \frac{r^2}{2}$ $= (\alpha - \sin \alpha) \frac{r^2}{2}$
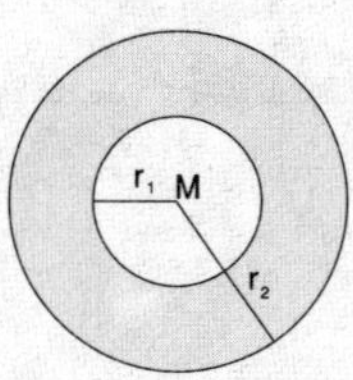 Kreisring	$U = 2\pi (r_2 - r_1)$	$F = \pi \left(r_2{}^2 - r_1{}^2\right)$

Beispiele:

1) Zu berechnen ist der Bogen eines Kreisausschnitts mit dem Zentriwinkel $\alpha = 45°$ und dem Radius $r = 10\ cm$.
Es gilt: $b = \frac{45° \cdot \pi \cdot r}{180°} = \frac{1}{4}\pi r = \frac{1}{4}\pi \cdot 10\ cm \approx 7{,}85\ cm$

2) Gesucht ist der Flächeninhalt des obigen Auschnittes.
$F = \frac{1}{2} \cdot b \cdot r = \frac{1}{2} \cdot 7{,}85\ cm \cdot 10\ cm = 39{,}25\ cm^2$

3) Zu bestimmen ist der Flächeninhalt des Kreisringes mit $r_1 = 10\ cm$ und $r_2 = 11\ cm$.
Es gilt: $F = \pi \cdot \left(r_2^{\,2} - r_1^{\,2}\right) = \pi \cdot \left((11\ cm)^2 - (10\ cm)^2\right) \approx 65{,}97\ cm^2$

4) Zu berechnen ist die schraffierte Fläche, wenn $a = 5\ cm$ beträgt.

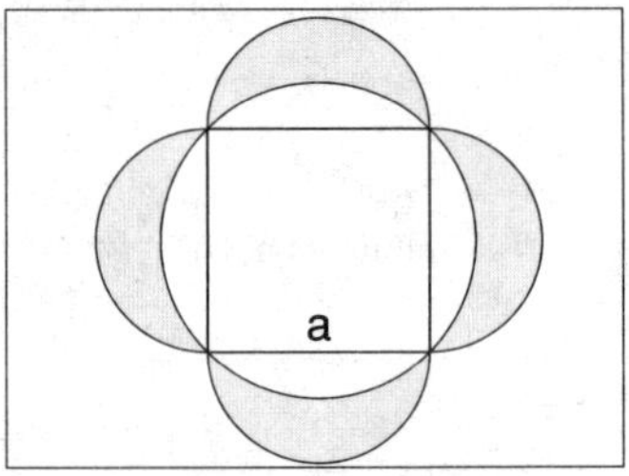

$$F = 4 \cdot \frac{1}{2} \cdot \pi \cdot \left(\frac{a}{2}\right)^2 - \pi \cdot \left(\frac{a}{2}\sqrt{2}\right)^2 + a^2$$
$$= 2\pi \cdot \frac{a^2}{4} - 2\pi \cdot \frac{a^2}{4} + a^2$$
$$= a^2 = 25\ cm^2,$$

Quadrat und schraffierte Fläche sind gleich groß.

5) Es ist zu zeigen, daß die Flächeninhalte der vier Streifen untereinander gleich sind.

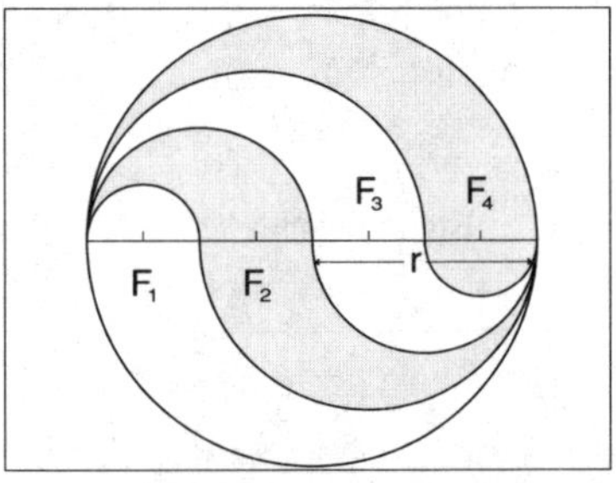

Es gilt:
$F_1 = F_4$ und $F_2 = F_3$

$$F_1 = \frac{1}{2}\pi \cdot \left(\frac{r}{4}\right)^2 + \frac{1}{2}\pi r^2 - \frac{1}{2}\pi \cdot \left(\frac{3}{4}r\right)^2$$
$$= \frac{1}{2}\pi \frac{r^2}{16} + \frac{1}{2}\pi r^2 - \frac{1}{2}\pi \frac{9}{16} r^2$$
$$= \frac{1}{32}\pi r^2 + \frac{16}{32}\pi r^2 - \frac{9}{32}\pi r^2 = \frac{1}{4}\pi r^2$$

$$F_2 = \frac{1}{2}\pi \cdot \left(\frac{r}{2}\right)^2 - \frac{1}{2}\pi \cdot \left(\frac{r}{4}\right)^2 + \frac{1}{2}\pi \cdot \left(\frac{3}{4}r\right)^2 - \frac{1}{2}\pi \cdot \left(\frac{r}{2}\right)^2$$
$$= -\frac{1}{32}\pi r^2 + \frac{9}{32}\pi r^2 = \frac{1}{4}\pi r^2$$

Damit hat jeder Streifen den Flächeninhalt eines Viertelkreises.

Tangente und Kreis

Im Kreis stehen Tangente und Radius im Berührpunkt senkrecht aufeinander.

Beispiele:

1) Gesucht ist die Tangente in einem Punkte P des Kreises mit dem Radius r = 2 cm.
Die Tangente ist die —> Orthogonale zum Radius $\overline{MP}$ im Punkte P.

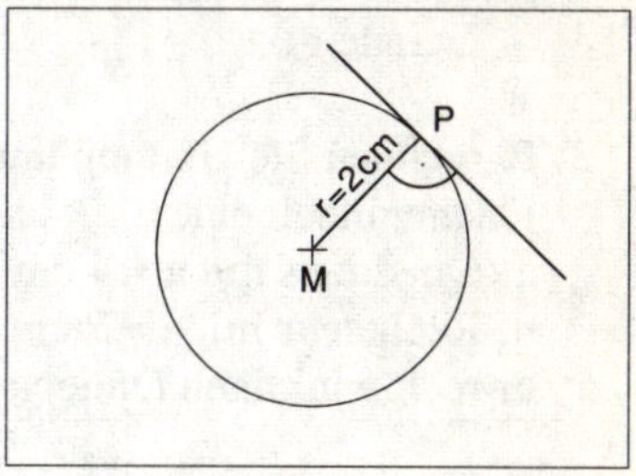

2) Zu konstruieren ist die Tangente von einem außerhalb des Kreises liegenden Punkt Q an den Kreis mit dem Radius r = 2,5 cm.

Radius und Tangente im Berührpunkt stehen stets senkrecht aufeinander. Dies garantiert der —> Thaleskreis über der Strecke $\overline{QM}$. Die Schnittpunkte von Kreis und Thaleskreis sind die Berührungspunkte P_1 und P_2. Die Geraden durch die Punkte $Q - P_1$ und $Q - P_2$ sind die gesuchten Tangenten.

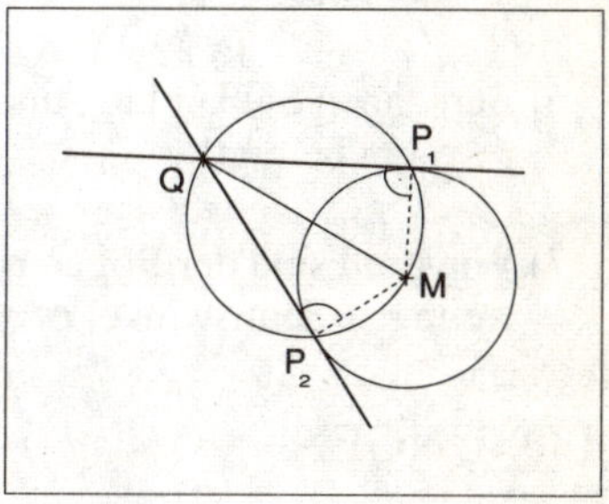

11.4 ÜBUNGSAUFGABEN

1) Zu bestimmen ist die Größe des Winkels in Grad (ablesen), Neugrad und Bogenmaß.

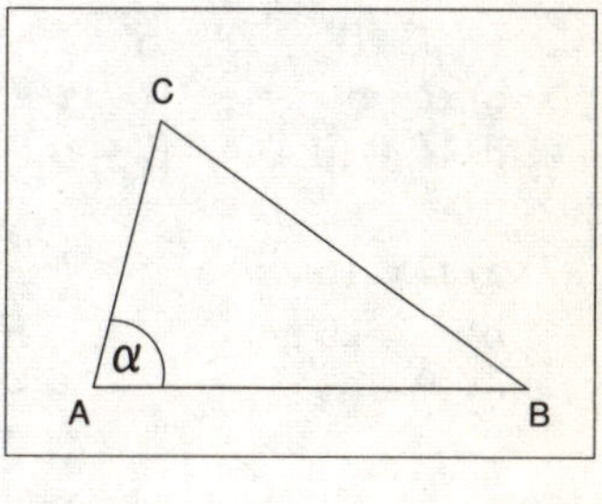

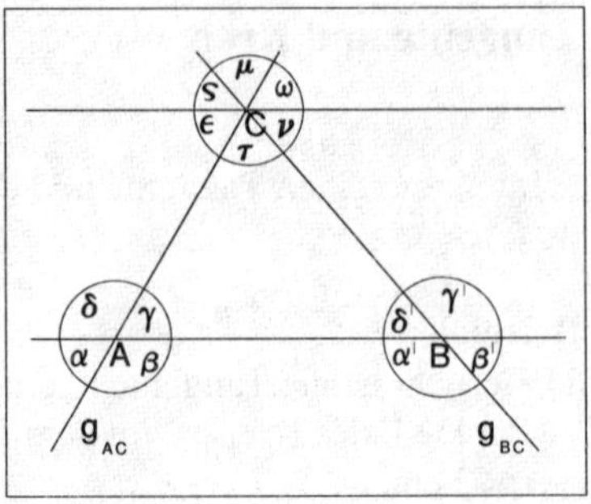

2) Gesucht sind die Paare von
   a) Scheitelwinkeln bei A und C
   b) Nebenwinkeln bei B
   c) Stufenwinkeln für die schneidende Gerade g_{AC}
   d) Wechselwinkeln für die schneidende Gerade g_{AC}

3) Berechnen Sie Umfang und Flächeninhalt eines:
   a) Quadrates mit a = 4 cm
   b) Rechtecks mit a = 7 cm und b = 3 cm
   c) rechtwinkligen Dreiecks mit a = 2 cm, b = 1,5 cm und c = 2,5 cm!

4) Wie groß ist der Flächeninhalt eines Parallelogramms mit a = 6 cm und h = 4 cm?

5) Gesucht ist der Flächeninhalt eines Trapezes mit a = 7 cm, c = 5 cm und h = 2,5 cm.

6) Berechnen Sie Umfang und Flächeninhalt eines Kreises, wenn der Radius r = 5 cm beträgt!

7) Wie groß sind der Bogen b und der Flächeninhalt F eines Kreisausschnitts, wenn der Zentriwinkel $\alpha = 60°$ und der Radius r = 3 cm beträgt?

LÖSUNGEN

1) $\alpha = 76°$ (gemessen) $\quad \alpha^{g} = \frac{76°}{360°} \cdot 400^{g} \approx 84{,}444$

$\overline{\alpha} = \frac{76°}{180°} \cdot \pi \approx 1{,}326$

2) a) $\alpha - \gamma \quad \beta - \delta \quad \varepsilon - \omega \quad \tau - \mu \quad \nu - \sigma$
   b) $\alpha' - \beta'$, $\alpha' - \delta'$ $\quad \beta' - \alpha'$, $\beta' - \gamma'$
   $\gamma' - \beta'$, $\gamma' - \delta'$ $\quad \delta' - \alpha'$, $\delta' - \gamma'$
   c) $\alpha - \varepsilon \quad \beta - (\tau + \nu) \quad \gamma - \omega \quad \delta - (\sigma + \mu)$
   d) $\alpha' - (\mu + \omega) \quad \beta' - \sigma \quad \gamma' - (\varepsilon + \tau) \quad \delta' - \nu$

3) a) $U = 16\ cm \quad F = 16\ cm^2$
   b) $U = 20\ cm \quad F = 21\ cm^2$
   c) $U = 6\ cm \quad F = 1{,}5\ cm^2$

4) $F = 24\ cm^2$ 5) $F = 15\ cm^2$

6) $U \approx 31{,}42\ cm$ 7) $b = \pi \approx 3{,}14\ cm$
$F \approx 78{,}54\ cm^2$ $F \approx 4{,}71\ cm^2$

11.5 ABBILDUNGEN IN DER EBENE

Unter der *Abbildung einer Ebene E* auf sich versteht man eine eindeutige Zuordnung (Funktion), die jedem Punkt P ∈ E genau ein Element P' ∈ E als Bild zuordnet. Die Begriffe Abbildung und Funktion werden gleichwertig nebeneinander benutzt. Für die Geometrie ist aber der Begriff Abbildung wesentlich anschaulicher.
Schreibweise: P —> P', A —> A' (lies: P geht in P' über, A wird auf A' abgebildet)

Bei den hier zu betrachtenden Abbildungen geht der Rand einer Figur in den Rand der Bildfigur über, auch das Innere wird auf das Innere der Bildfigur abgebildet. Entsprechendes gilt für die Umgebung der Figur. Dabei kann sich der Rand durchaus in Form und Größe ändern.

Geht ein Punkt bei einer Abbildung in sich über, gilt also A = A', so heißt er *Fixpunkt* der Abbildung. Ist jeder Punkt ein Fixpunkt, so nennt man die Abbildung die *identische Abbildung I*.

KONGRUENZABBILDUNGEN

Zwei geometrische Figuren A und B heißen *kongruent*, wenn sie in Form und Größe übereinstimmen. Sie sind damit deckungsgleich und unterscheiden sich nur durch ihre Lage.
Schreibweise: A ≅ B
Abbildungen, die eine Figur in Form und Größe unverändert lassen, nennt man *Kongruenzabbildungen.* So ist z. B. die Bewegung eines Blattes Papier auf einer ebenen Unterlage eine solche Abbildung, denn die Bewegung verändert nur die Lage der Figur, nicht aber Form und Größe.

Im folgenden sollen einige Kongruenzabbildungen näher betrachtet werden.

Parallelverschiebung

Eine Abbildung, bei der alle Punkte einer Figur um dieselbe Strecke in derselben Richtung verschoben werden, heißt *Parallelverschiebung* (kurz: Verschiebung).

Schreibweise: $V_{A \rightarrow A'}$ (lies: Verschiebung von A nach A')

Eine Verschiebung ist durch einen Pfeil von einem beliebigen Punkt A zu seinem Bildpunkt A' eindeutig bestimmt. Gehen die Eckpunkte A, B, C, einer Figur in die Bildpunkte A', B', C', ... über, so sind alle Pfeile von A zu A', B zu B', ... gleich lang und parallel - sie stellen denselben —> Vektor dar.

Beispiel:
Gesucht ist die Bildfigur eines Dreiecks ABC bei einer Verschiebung von B nach B'.
Konstruktionsbeschreibung:
Trägt man an jeden Eckpunkt der Ausgangsfigur einen Verschiebungspfeil an, so ergibt jede Pfeilspitze einen anderen Bildpunkt. Die Verbindung aller Bildpunkte in alphabetischer Reihenfolge ergibt die Bildfigur.

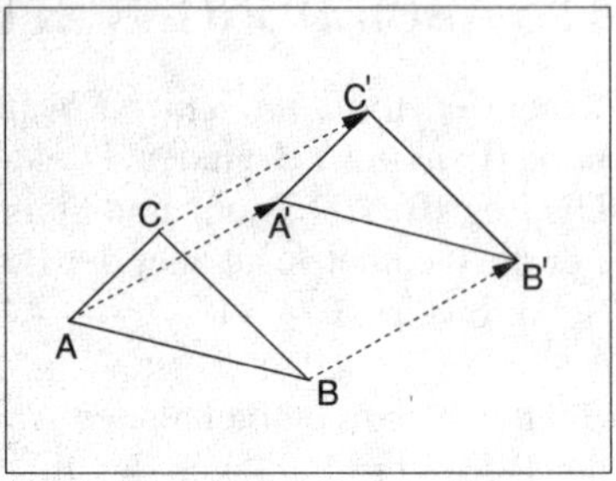

Durch das Umlaufen der Figur in alphabetischer Reihenfolge ordnet man jeder Figur einen *Umlaufsinn* zu:

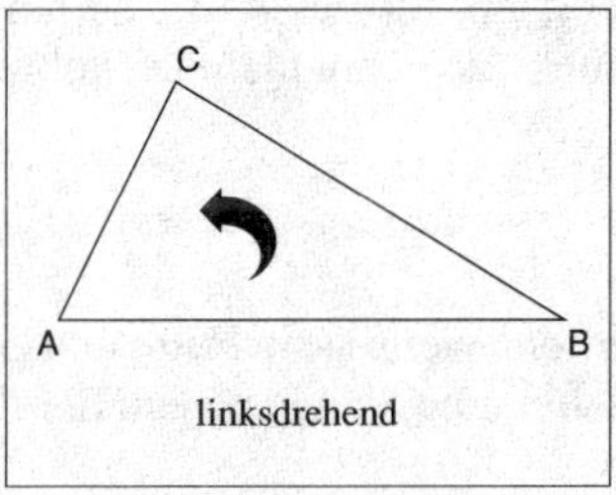

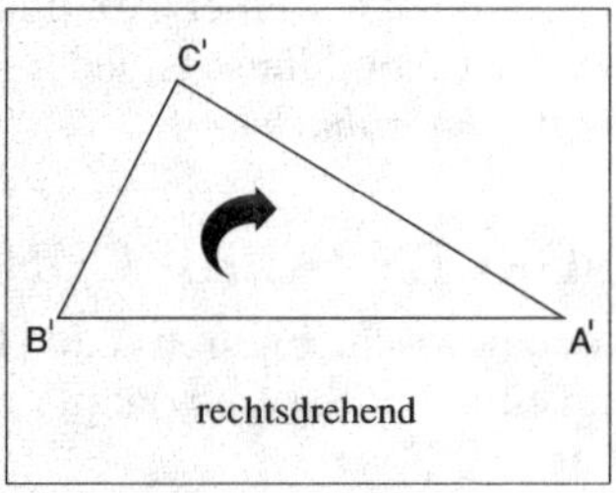

Danach ist jede Parallelverschiebung eine gleichsinnige (den Drehsinn erhaltende) Kongruenzabbildung.

Unter den Verschiebungen hat nur die Abbildung mit der Pfeillänge Null Fixpunkte, sie ist hier die identische Abbildung I. Alle übrigen Abbildungen haben keine Fixpunkte.

Drehung

Werden sämtliche Punkte einer Figur um denselben Winkel und einen gemeinsamen Punkt Z gedreht, so nennt man diese Abbildung eine *Drehung*.

Schreibweise: D_Z (α) (lies: Drehung um Punkt Z um Winkel α)

Z ist das Drehzentrum der Abbildung, α der zugehörige Drehwinkel. Die Drehrichtung wird dabei über das Vorzeichen wie folgt definiert:
D_Z (+ 60°): Linksdrehung um Z um den Winkel α = 60°,
D_Z (– 60°): Rechtsdrehung um Z um den Winkel α = 60°.

Jede Linksdrehung um den Winkel α kann durch eine Rechtsdrehung um den Winkel α' = 360° – α mit demselben Drehzentrum ersetzt werden, z.B.
D_Z (– 300°) = D_Z (60°).

Jede Drehung ist durch Angabe des Drehwinkels und des Drehzentrums eindeutig bestimmt.

Beispiel:
Gesucht ist die Bildfigur des Dreiecks ABC bei Drehung um Z um den Winkel α = (– 120°); D_Z (– 120°)

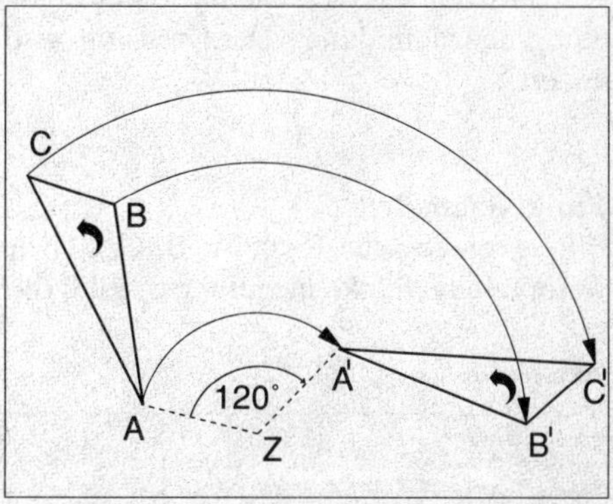

Konstruktionsbeschreibung:
Dreht man die Hilfslinie $\overline{AZ}$ unter Berücksichtigung der Drehrichtung um den Winkel α = – 120° , so hat der Bildpunkt A' auf dem 2. Schenkel von α dieselbe Entfernung zu Z wie der Ausgangspunkt A.
In entsprechender Weise findet man die Bilder B' und C' der Punkte B und C. Die Verbindungslinie der Bildpunkte in alphabetischer Reihenfolge ergibt die gesuchte Bildfigur.

Jede Drehung ist eine gleichsinnige Kongruenzabbildung. (Der Drehsinn bleibt erhalten.) Jede von der Nulldrehung (identische Abbildung mit α = 0°) verschiedene Drehung hat genau einen Fixpunkt: das Drehzentrum Z.

Punktspiegelung

Eine *Punktspiegelung* an einem Punkt Z entspricht einer Drehung um Z um α = 180° (Halbdrehung). Das Wort Punktspiegelung wird verständlicher, wenn man bedenkt, daß jede Strecke von Punkt zu Bildpunkt durch das Drehzentrum Z halbiert wird, z.B. haben A und A' denselben Abstand zu Z: $\overline{AZ} = \overline{A'Z}$.

Schreibweise: S_Z (lies: Spiegelung an Punkt Z)

Jede Punktspiegelung ist durch Angabe des Spiegelpunktes Z eindeutig bestimmt.

Beispiel:
Gesucht ist die Bildfigur des Dreiecks ABC bei Punktspiegelung am Punkt Z.

Konstruktionsbeschreibung:
Der Bildpunkt B' zu B ergibt sich im selben Abstand B'Z zu Z wie BZ, nur auf der anderen Seite von Z. Auf diese Weise erhält man alle Punkte A', B', C' der Bildfigur. Die Verbindungslinie dieser Punkte in alphabetischer Reihenfolge ergibt das gesuchte Bilddreieck.
Jede Punktspiegelung ist eine gegensinnige Kongruenzabbildung. (Der Drehsinn wird verändert.)

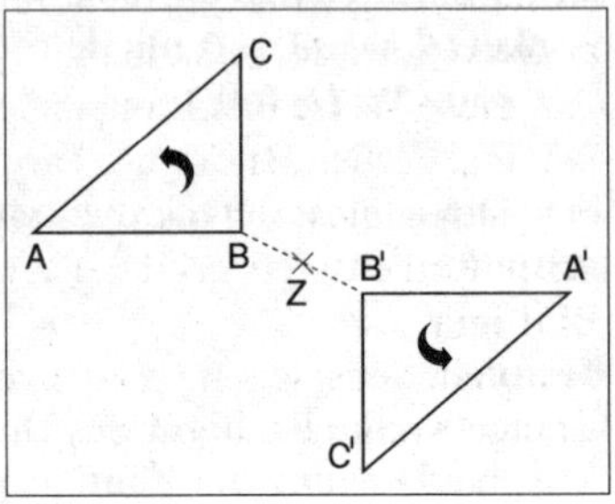

Punktsymmetrie
Eine geometrische Figur A, B, C, ... heißt *punktsymmetrisch* zu einem Punkt Z, wenn es eine Punktspiegelung S_Z gibt, die die Figur auf sich abbildet.

Beispiele:

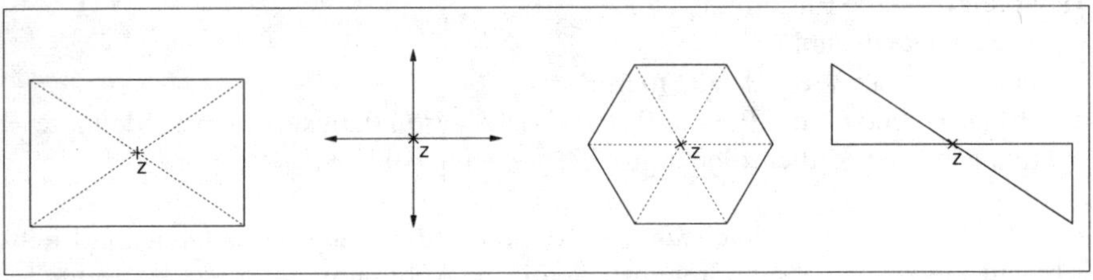

Geradenspiegelung

Eine *Geradenspiegelung* ist eine Abbildung der Ebene E auf sich, bei der alle Punkte der Figur denselben Abstand zu einer Geraden g - der Spiegelachse - haben wie die entsprechenden Bildpunkte.

Schreibweise: S_g (lies: Spiegelung an g)

Jede Geradenspiegelung ist durch Angabe der Spiegelachse eindeutig bestimmt.

Beispiel:
Gesucht ist die Bildfigur des Dreiecks ABC bei Spiegelung an der Geraden g.
Konstruktionsbeschreibung:
Der Bildpunkt A' zu A hat denselben Abstand zu g wie A, er liegt nur auf der anderen Seite der Geraden g.
Auf diese Weise erhält man alle Punkte A', B', C' der Bildfigur. Die Verbindungslinie dieser Punkte in alphabetischer Reihenfolge ergibt die gesuchte Bildfigur.
Jede Geradenspiegelung ist eine gegensinnige Kongruenzabbildung.

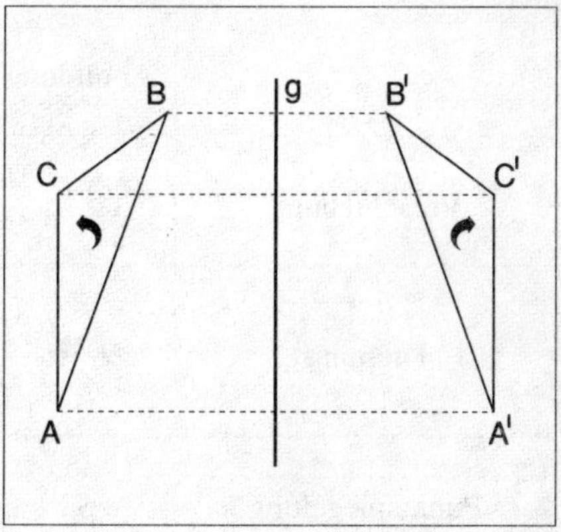

Achsensymmetrie
Eine geometrische Figur A, B, C, ... heißt *achsensymmetrisch* zu einer Geraden g, wenn es eine Geradenspiegelung S_g gibt, die die Figur auf sich abbildet.

Beispiele:

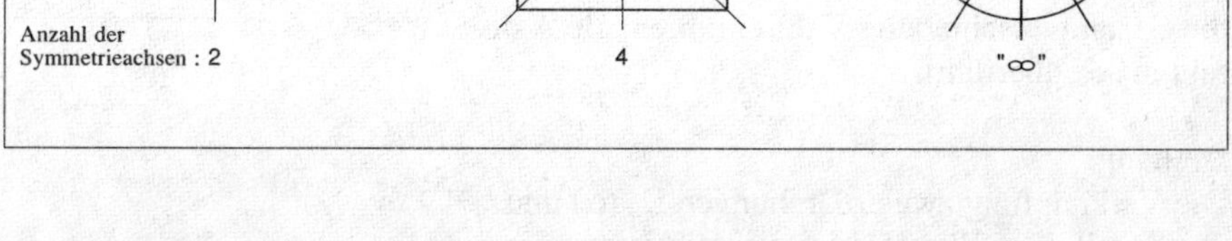

Kombination von Kongruenzabbildungen

Abbildungen lassen sich verknüpfen, indem man sie hintereinander ausführt. Das Ergebnis ist wiederum eine Abbildung, die aber von anderer Art sein kann als die Ausgangangsabbildungen.
Auf diese Weise läßt sich jede Kongruenzabbildung rückgängig machen (*Umkehrabbildung*):

	Abbildung	Umkehrabb.	Schreibweise
Verschiebung	$V_{A\to A'}$	$V_{A'\to A}$	$V_{A\to A'} \circ V_{A'\to A} = I$
Drehung	$D_Z(\alpha)$	$D_Z(-\alpha)$	$D_Z(\alpha) \circ D_Z(-\alpha) = I$
Punktspiegelung	S_Z	S_Z	$S_Z \circ S_Z = I$
Geradenspiegelung	S_g	S_g	$S_g \circ S_g = I$

Dabei stellt I die identische Abbildung dar.

Die Kombination von Abbildungen soll nun näher untersucht werden.

Verschiebung:
Die Verknüpfung zweier Verschiebungen ergibt wieder eine Verschiebung. Stellt man die Abbildungen durch die zugehörigen Pfeile dar, so ergibt sich $V = V_1 \circ V_2$ (nebenstehende Abbildung).

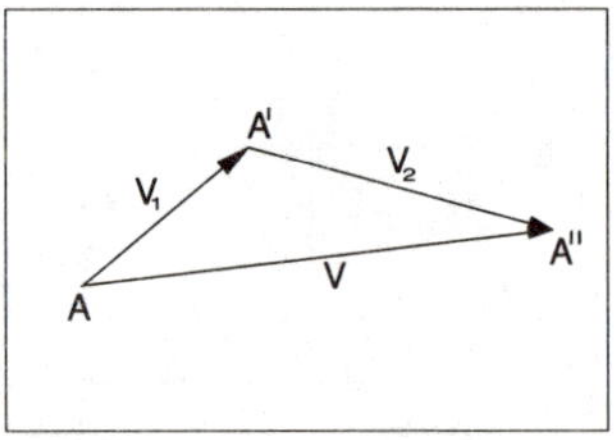

Statt V_1 und V_2 hintereinander auszuführen, um A über A' nach A'' zu verschieben, kann man auch die Gesamtverschiebung V durchführen, die A direkt in A'' überführt.

Drehung:
Die Verknüpfung zweier Drehungen $D_Z(\alpha)$ und $D_Z(\beta)$ mit demselben Drehzentrum Z ist wieder eine Drehung um Z mit dem Drehwinkel $\alpha + \beta$:
$D_Z(\alpha) \circ D_Z(\beta) = D_Z(\alpha + \beta)$
Statt $D_Z(\alpha)$ und $D_Z(\beta)$ hintereinander auszuführen, um z.B. A über A' nach A'' zu drehen, kann man auch gleich die Gesamtdrehung $D_Z(\alpha + \beta)$ durchführen, die A direkt in A'' überführt.

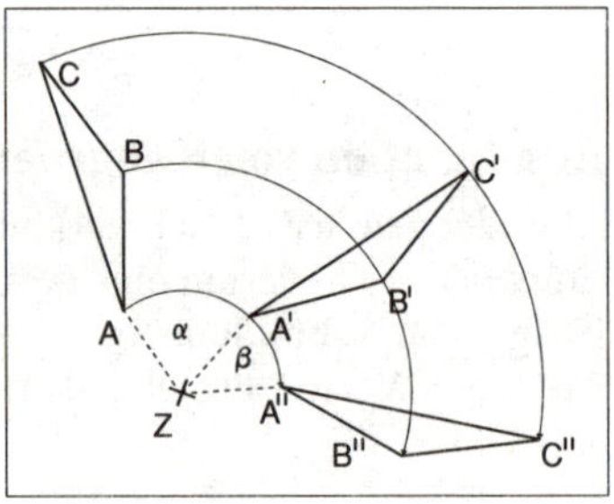

Punktspiegelung:
Die Verknüpfung zweier Punktspiegelungen mit demselben Spiegelpunkt ergibt die identische Abbildung I. Spiegelungen an verschiedenen Punkten sind mathematisch nicht interessant und sollen nicht betrachtet werden.

Geradenspiegelung:
Die Verknüpfung zweier Geradenspiegelungen ergibt:

a) an derselben Geraden g die identische Abbildung I
b) an verschiedenen Geraden g und k mit g ∥ k eine Verschiebung: $S_g \circ S_k = V$.

   Der Verschiebungspfeil steht senkrecht auf den Geraden g und k und hat die doppelte Länge des Abstandes von g zu k.

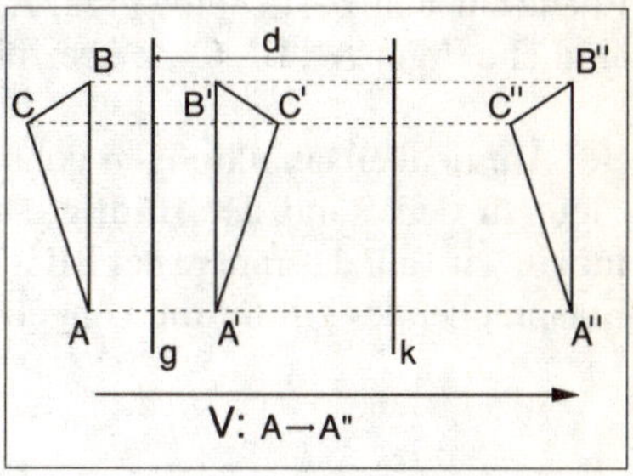

c) an verschiedenen Geraden g und k, die sich in einem Punkt Z unter dem Winkel α schneiden eine Gesamtabbildung mit Drehung um Z und dem Drehwinkel 2 α:
   $S_g \circ S_k = D_Z\,(2\,\alpha)$.

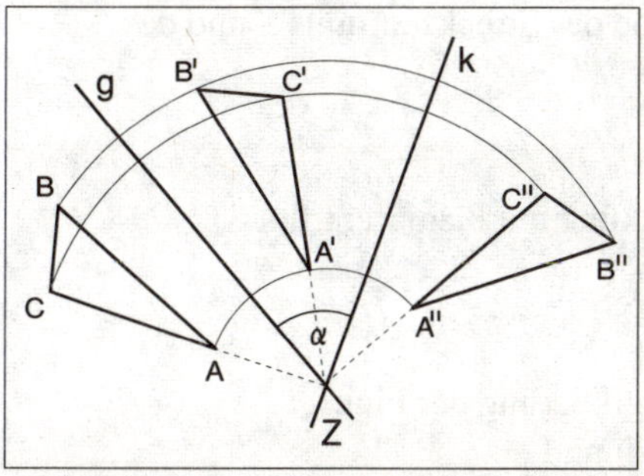

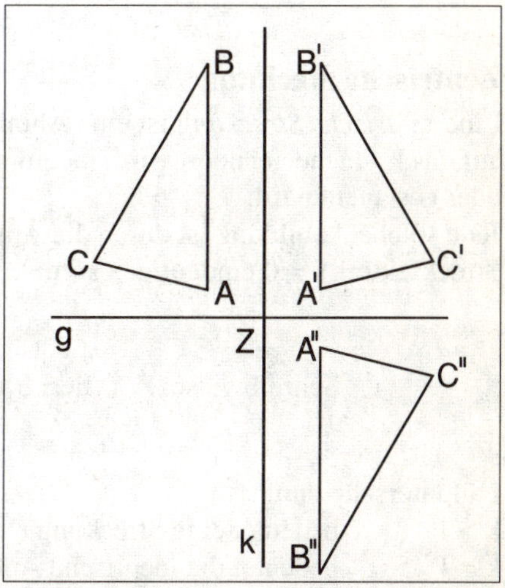

Spezialfall:
Die Spiegelachsen g und k schneiden sich orthogonal in einem Punkt Z. In diesem Fall ist die Gesamtabbildung eine Punktspiegelung an Z: $S_g \circ S_k = S_Z$.
Dies ist leicht einzusehen, da ja eine Drehung um $\beta = 2\,\alpha = 2 \cdot 90° = 180°$ entsteht.
Jede Halbdrehung entspricht aber einer —> Punktspiegelung.
In der Geometrie ist es üblich, bei der Verkettung f ∘ g die Abbildung f als erste auszuführen. In der Analysis und der Funktionenlehre wird g zuerst ausgeführt.

ÄHNLICHKEITSABBILDUNGEN

Figuren heißen *ähnlich*, wenn je zwei entsprechende Winkel gleich groß sind und je zwei entsprechende Seiten im selben Verhältnis stehen.

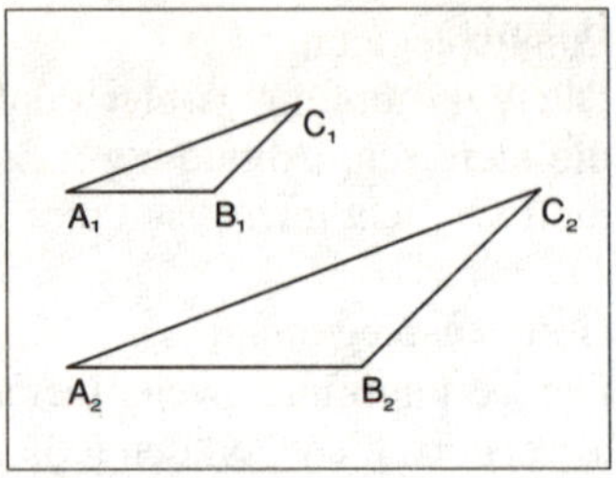

Eine *Ähnlichkeitsabbildung* ist eine Abbildung der Ebene auf sich, bei der eine Figur A, B, C, ... in eine ähnliche Figur A', B', C',... überführt wird.

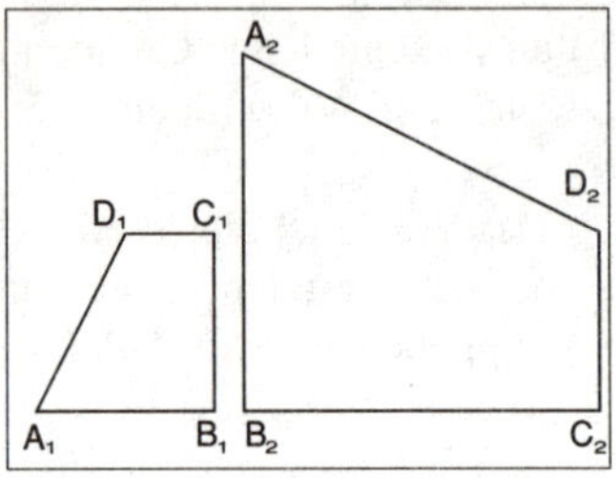

Bei Ähnlichkeitsabbildungen geht der Rand einer Figur in den Rand der Bildfigur über, auch das Innere wird auf das Innere der Bildfigur abgebildet. Entsprechendes gilt für die Umgebung der Figur.

Zentrische Steckung

Eine *zentrische Streckung* ist eine Abbildung, bei der jede Strecke einer Figur auf das k - fache geändert wird, indem sie entweder auf das k - fache gestreckt oder gestaucht wird.
Jede solche Abbildung ist durch die Angabe des Streckzentrums S und des Streckfaktors $k \neq 0$ eindeutig bestimmt.

Schreibweise: $Z_{S,k}$ (lies: Streckung mit k am Zentrum S)

Fallunterscheidung:

$k > 1$	bedeutet eine Streckung (Vergrößerung der Figur)
$k = 1$	bedeutet die identische Abbildung I
$0 < k < 1$	bedeutet eine Stauchung (Verkleinerung der Figur)
$k = -1$	bedeutet eine Punktspiegelung am Streckzentrum S
$-1 < k < 0$	bedeutet eine Stauchung, aber alle Punkte werden außerdem an S gespiegelt
$k < -1$	bedeutet eine Streckung mit anschließender Punktspiegelung an S

Beispiele:
Abzubilden ist ein Dreieck ABC mit
a) $Z_{S,\,1{,}5}$ b) $Z_{S,\,-0{,}5}$

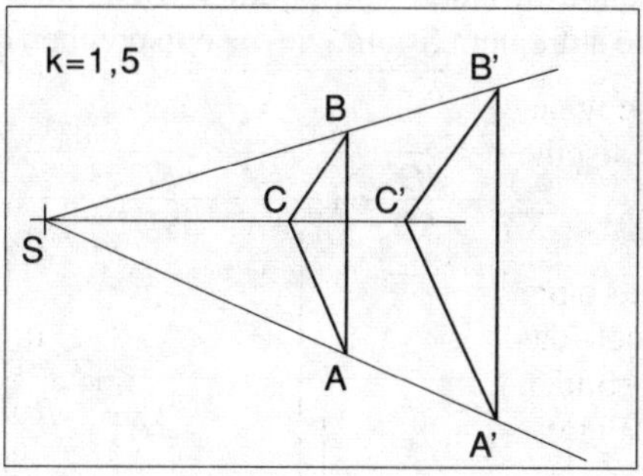

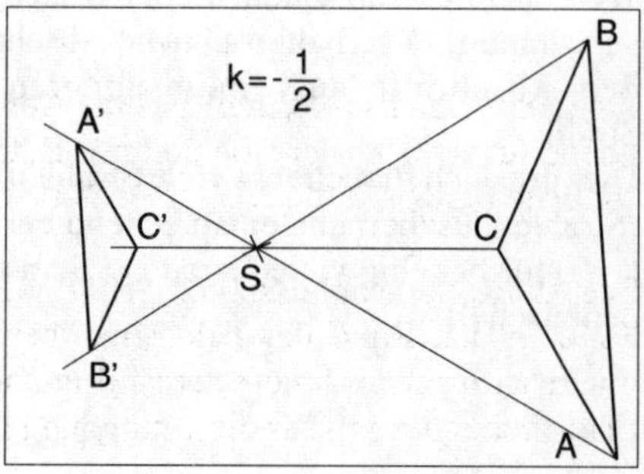

Konstruktionsbeschreibung:
Um den Punkt A abzubilden, legt man eine Gerade durch A und das Streckzentrum S. Dann ergibt sich der Bildpunkt A' auf dieser Geraden durch Abtragen der Strecke $k \cdot \overline{AS} = \overline{A'S}$ von S aus. Für $k > 0$ liegen A und A' auf derselben, für $k < 0$ auf verschiedenen Seiten von S. Entsprechend verfährt man mit den übrigen Punkten. Die Verbindungslinie der Bildpunkte in alphabetischer Reihenfolge ergibt die gesuchte Bildfigur.

Jede Kongruenzabbildung, jede zentrische Streckung und jede Kombination dieser Abbildungen ist eine Ähnlichkeitsabbildung.

Strahlensätze

Beispiel:
Gesucht ist die Bildfigur des Vierecks ABCD, das durch eine zentrische Streckung mit dem Zentrum S und dem Streckfaktor a) $k = 2$ und b) $k = -2$ abgebildet wird.

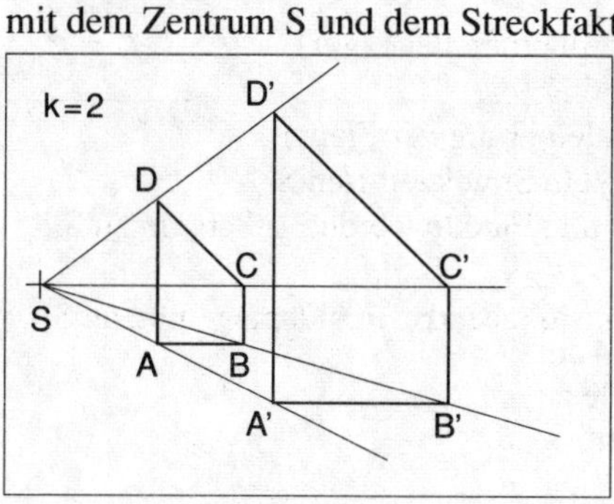

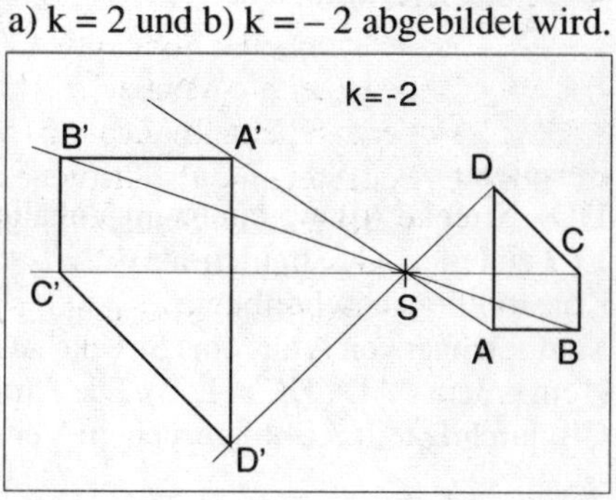

Die Vierecke ABCD und A'B'C'D' in beiden Abbildungen sind ähnlich , d.h. es gilt: $\frac{\overline{SA'}}{\overline{SA}} = k$ und $\frac{\overline{SD'}}{\overline{SD}} = k$. Daraus ergibt sich der

1. Strahlensatz:

Werden zwei von einem Punkt S ausgehende Strahlen von parallelen Geraden geschnitten, so verhalten sich die Abschnitte auf einem Strahl wie die entsprechenden Abschnitte auf einem anderen Strahl.

Dies gilt auch für beliebig viele Strahlen (Strahlenbüschel) und entsprechend bei k < 0 für beliebig viele Geraden (Geradenbüschel).

$$\frac{\overline{SA'}}{\overline{SA}} = \frac{\overline{SD'}}{\overline{SD}} \text{ oder } \frac{\overline{SA}}{\overline{SA'}} = \frac{\overline{SD}}{\overline{SD'}}$$

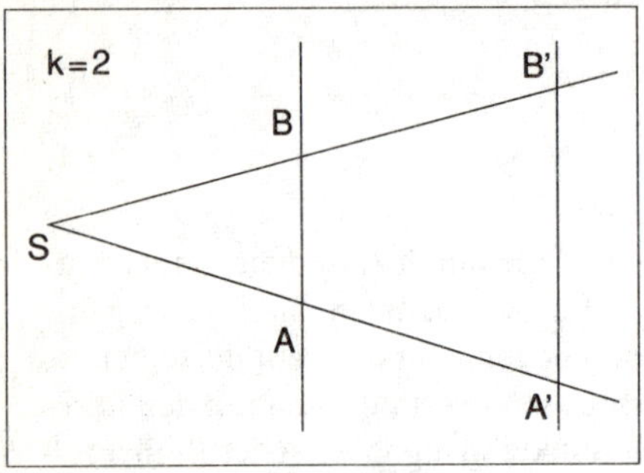

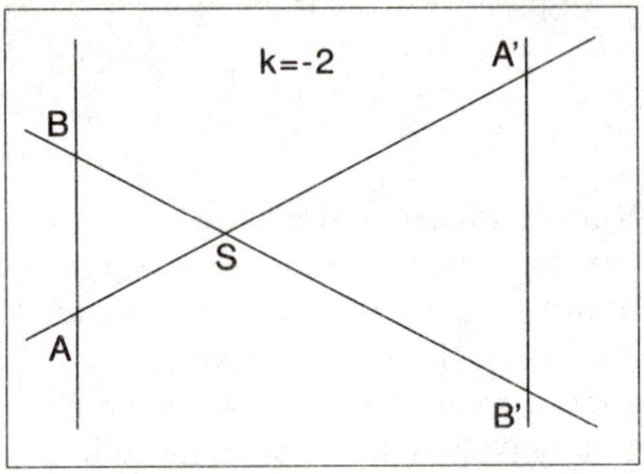

2. Strahlensatz

Werden die von einem Punkt S ausgehenden Strahlen von parallelen Geraden geschnitten, so verhalten sich die vom Punkt S aus gemessenen Abschnitte auf einem Strahl wie die entsprechenden parallelen Abschnitte zwischen den Strahlen. Entsprechendes gilt für ein Strahlen- bzw. Geradenbüschel mit beliebig vielen schneidenden Parallelen.

$$\frac{\overline{SA}}{\overline{SA'}} = \frac{\overline{AB}}{\overline{A'B'}}$$

Beispiele:

1)Die Strecke $\overline{AB}$ = 5 cm ist im Vehältnis 1 : 3 zu teilen. (1. Strahlensatz)

Konstruktionsbeschreibung:

Man zeichnet von A aus eine Strecke $\overline{AC}$ = 4 cm (1cm + 3cm - AD : DC = 1 : 3). Die Parallele zu CB durch D teilt AB im gesuchten Verhältnis.

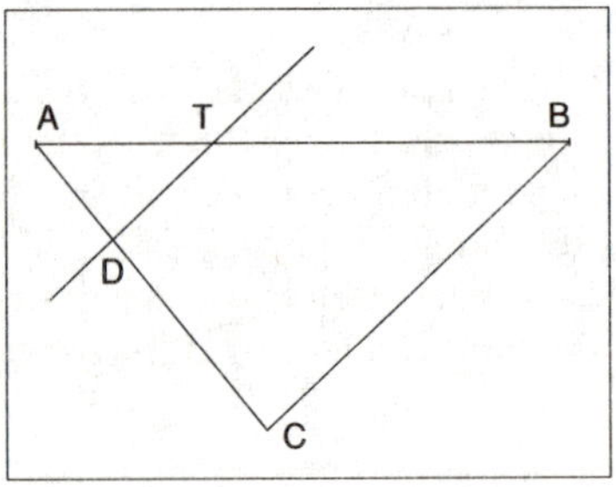

2) Die Strecke $\overline{AB}$ = 8 cm ist in 5 gleiche Teile zu unterteilen. (1. Strahlensatz)
Die Konstruktion verläuft wie in Beispiel **1)**.

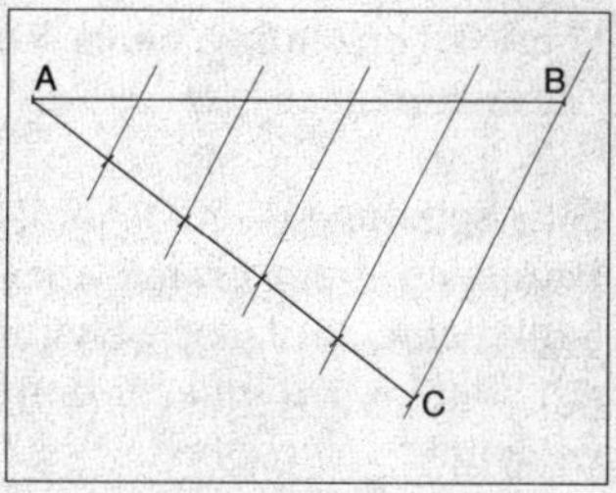

Die Strecke $\overline{AB}$ = 4 cm ist innen und außen im Verhältnis 2 : 5 zu teilen.
(2. Strahlensatz)
Liegt der Teilpunkt T innerhalb der Strecke $\overline{AB}$, so nennt man ihn inneren Teilpunkt. Liegt er außerhalb, so heißt er äußerer Teilpunkt.

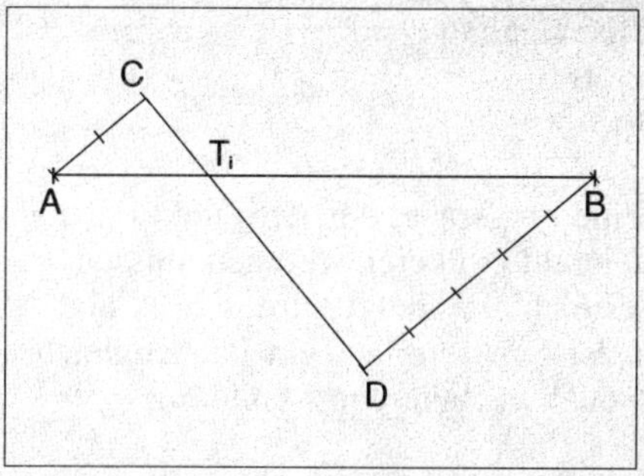

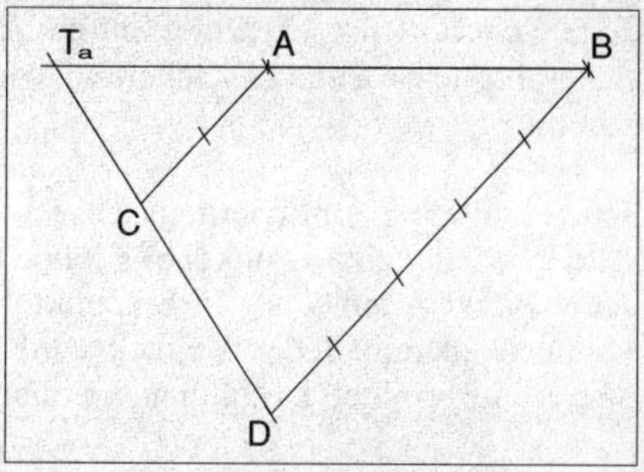

Es gilt:

$$\frac{\overline{AC}}{\overline{BD}} = \frac{\overline{AT_i}}{\overline{T_i B}} = \frac{2}{5} \qquad \frac{\overline{T_a A}}{\overline{T_a B}} = \frac{\overline{AC}}{\overline{BD}} = \frac{2}{5}$$

SCHERUNG UND FLÄCHENUMWANDLUNG

Das Rechteck ABCD soll in ein flächengleiches Parallelogramm umgewandelt werden.

Man legt eine Gerade g durch die Punkte C und D parallel zur Strecke AB. Dann sind *alle* Parallelogramme mit der Grundseite AB und den Eckpunkten C' und D' auf g flächengleich zum gegebenen Rechteck, da sie sämtlich dieselbe Höhe haben.

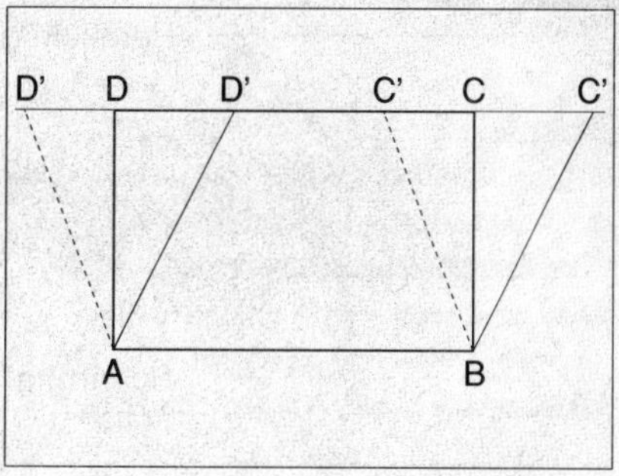

Diese Überführung eines Rechtecks in ein flächengleiches Parallelogramm bezeichnet man als *Scherung*.

Eine Scherung ist eine Abbildung der Ebene auf sich, bei der alle Punkte auf einer Parallelen g zur Grundseite (Scherungsachse a) stets um denselben Winkel zur Senkrechten auf der Scherungsachse (Scherungswinkel α) verschoben werden. Alle Punkte auf einer festen Parallelen werden somit um dasselbe Stück in ihren Bildpunkt verschoben.

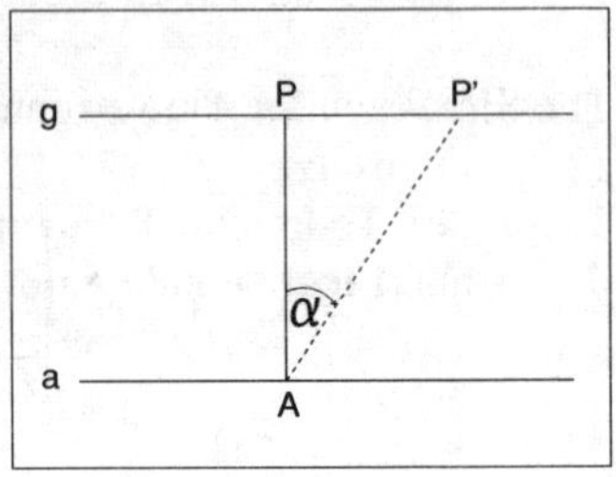

Konstruktionsbeschreibung:
Dreht man die Senkrechte zur Scherungsachse durch den Ausgangspunkt P um den Winkel α, so ergibt sich der Scherungspunkt P' durch diese neue Richtung auf der Geraden g.
Jede Scherung ist eindeutig durch Angabe der Scherungsachse a und des Scherungswinkels α bestimmt.

Jede Parallele g zur Scherungsachse a ist eine Fixgerade, d.h. der Punkt P hat als Bild P' wieder einen Punkt auf g, ohne daß P und P' übereinstimmen müssen. Jeder Punkt A auf a ist ein Fixpunkt, da er nicht verändert wird, d.h. A und A' stimmen überein. Jedes Viereck wird bei der Scherung auf ein flächengleiches Viereck abgebildet. Deshalb nennt man sie auch flächentreue Abbildung.

Beispiele:
Gesucht ist ein flächengleiches

a)
Dreieck A'B'C' mit $\alpha = 45°$ zu dem vorgegebenen Ausgangsdreieck ABC.

b)
Parallelogramm A'B'C'D' mit a = 4,5 cm zum vorgegebenen Ausgangsparallelogramm ABCD.

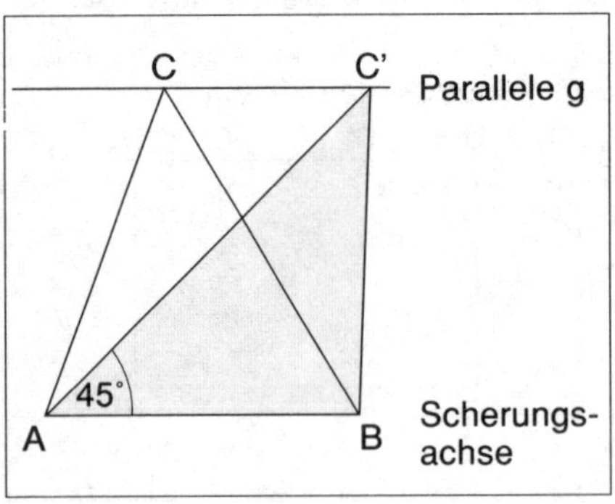

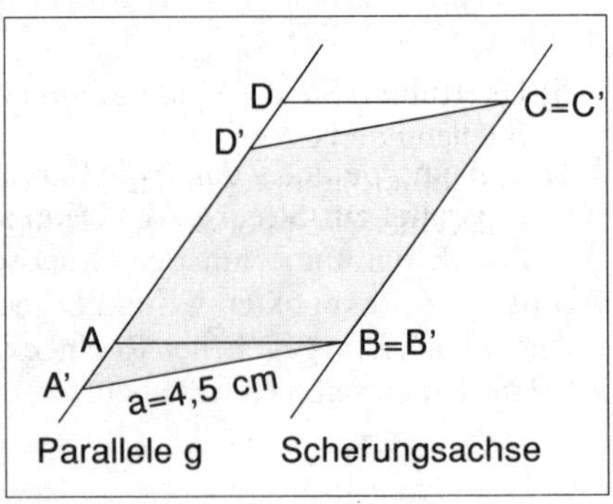

11.6 ÜBUNGSAUFGABEN

1) Gesucht ist die Bildfigur des Dreiecks mit den Eckpunkten A(– 3 ; – 1), B(0 ; – 1) und C(– 2 ; 2) bei der Parallelverschiebung $V_{(-3;-1) \to (1;-2)}$.

2) Der Kreis mit dem Mittelpunkt M(– 2 ; 2) und dem Radius r = 2 LE ist durch Drehung um das Drehzentrum Z(0 ; – 3) und dem Drehwinkel $\alpha = -45°$ in den Bildkreis zu überführen.

3) Ergänzen Sie die Ausgangsfigur zu einer punktsymmetrischen Figur bzgl. Z!

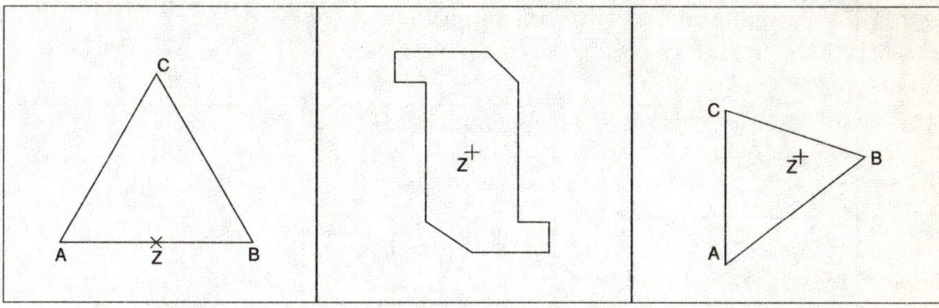

4) Ergänzen Sie die Ausgangsfigur zu einer achsensymmetrischen Figur bzgl. g!

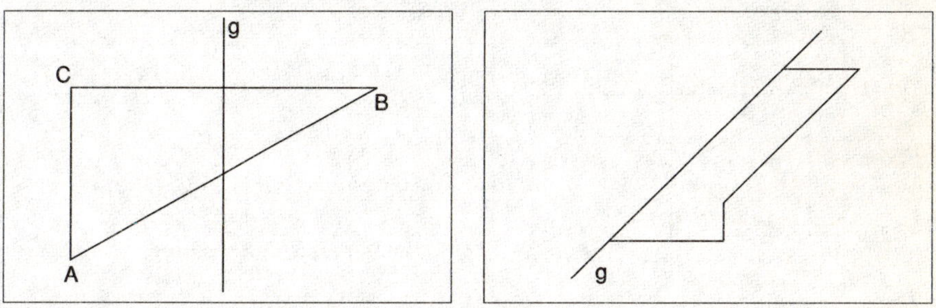

5) Überführen Sie das Quadrat mit der Seitenlänge a = 4 cm in ein flächengleiches
   a) Parallelogramm mit der Seite b = 5 cm
   b) Rechteck mit der Seite b = 5 cm!

LÖSUNGEN

1)

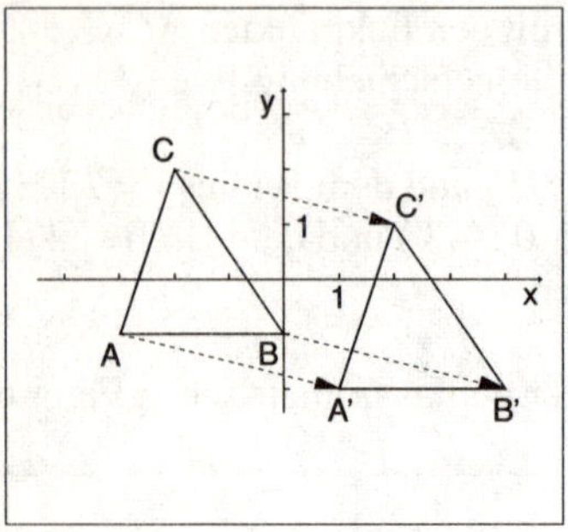

2)

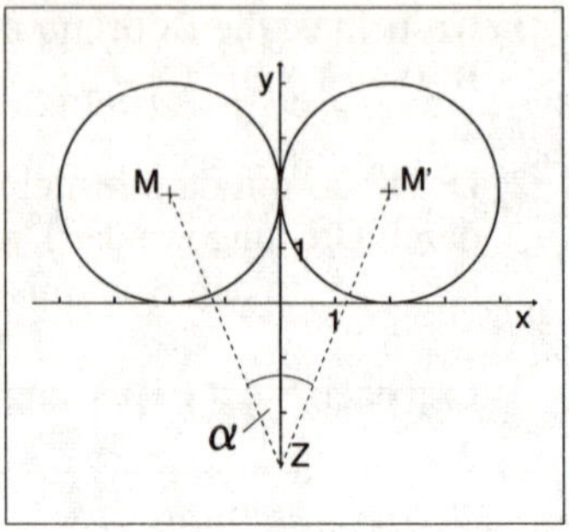

3)

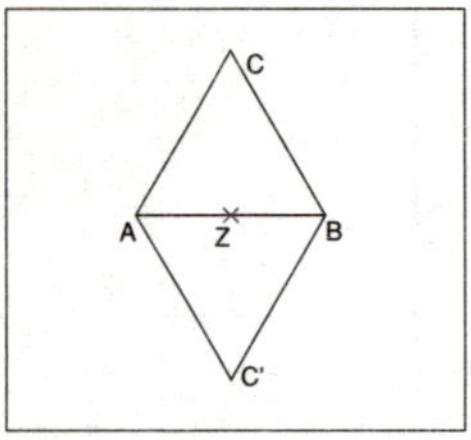

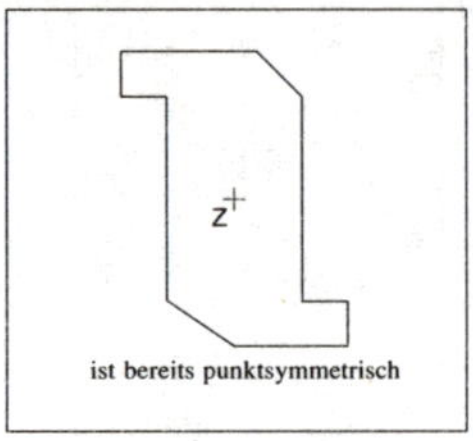

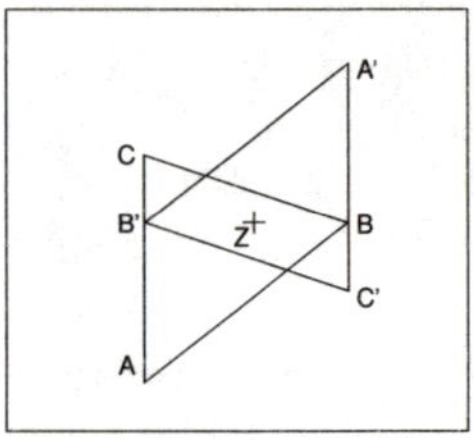

4)

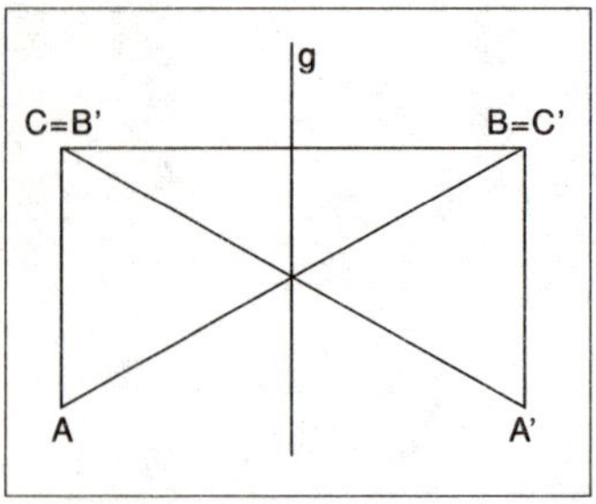

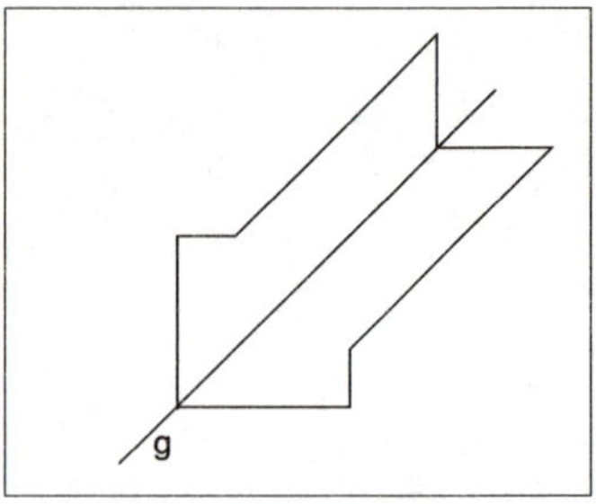

5)

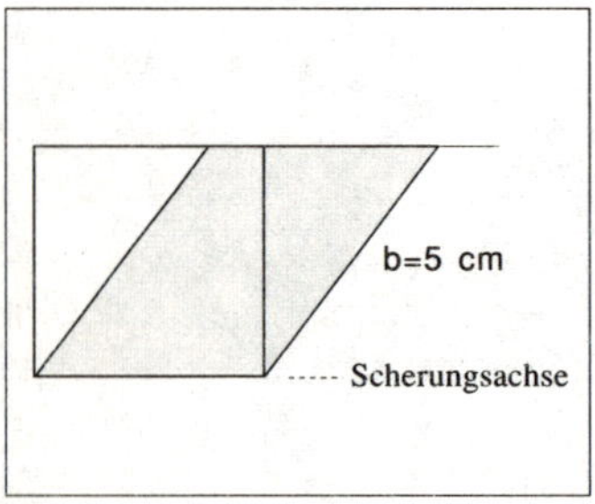

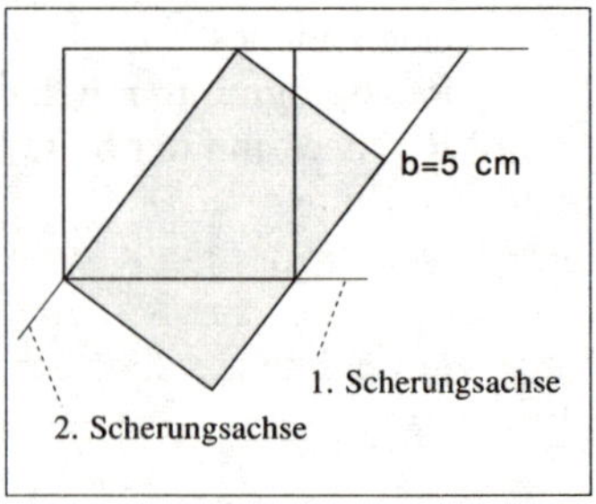

11.7. GEOMETRIE DES RAUMES (STEREOMETRIE)

GRAPHISCHE DARSTELLUNG

Bei der graphischen Darstellung von Körpern geht es darum, möglichst anschauliche und zugleich maßgetreue Abbilder in der Zeichenebene zu erzeugen. Dies ist deshalb keine ganz leichte Aufgabe, weil ein Körper drei Ausdehnungen (Dimensionen) hat: Länge, Breite und Höhe, während die Zeichenebene nur zwei besitzt: Länge und Breite. Einige Verfahren sollen hier beispielhaft über die Darstellung des Würfels vorgestellt werden, die *Schrägbilddarstellung*, die *Netzdarstellung* und die *Dreitafelprojektion*.

Schrägbilddarstellung

Die Darstellung täuscht die Tiefe des Raumes durch schräg nach hinten laufende Linien vor. Dabei werden diese Linien je nach dem Winkel zur Waagerechten so verkürzt, daß der Eindruck eines Würfels auch auf dem Zeichenblatt erhalten bleibt.

Linien, die durch davor liegende Flächen verdeckt sind, werden gestrichelt gezeichnet.

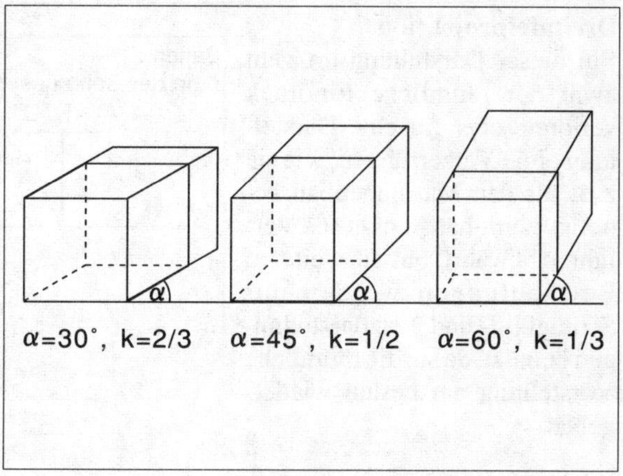

Winkel zur Waagerechten	α	30°	45°	60°
Kürzungsfaktor	k	⅔	½	⅓

Netzdarstellung

Ein Netz stellt im wesentlichen die Oberfläche eines Körpers dar. Alle Flächen werden wie bei einem Bastelbogen so aneinandergesetzt, daß sich ein Modell des Körpers durch Falten und Zusammenkleben ergeben würde.

Würfelnetze:

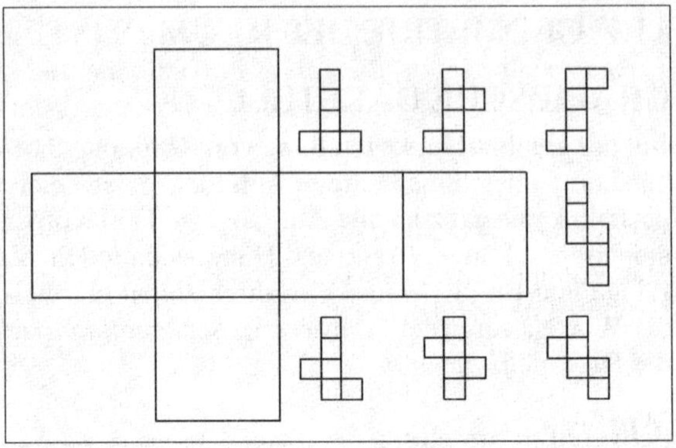

Dreitafelprojektion

Bei dieser Darstellungsart geht zwar der räumliche Eindruck verloren, aber für eine Darstellung ohne Verzerrungen, wie sie z.B. für den Maschinenbau benötigt wird, hat sich dieses Verfahren bewährt. Für die weiteren Betrachtungen werden nur Schrägbild- und Netzdarstellungen benutzt, da sie die räumliche Vorstellung am besten wiedergeben.

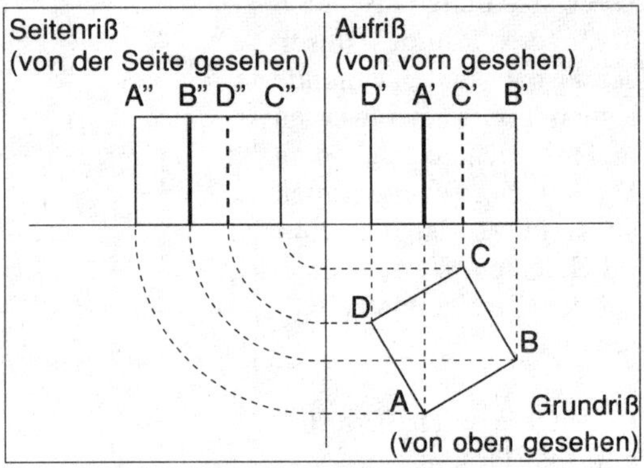

Grundbegriffe

Bei der Betrachtung ebener Flächen, die durch Strecken begrenzt sind, interressiert die Bestimmung der Seiten und Winkel, des Umfangs und des Flächeninhalts.
Bei der Betrachtung räumlicher Gebilde (Körper) dagegen, steht die Bestimmung der Kanten, Mantel - und Oberflächen und der Volumina im Vordergrund.

Kante (K)	:	Strecke, die von zwei aufeinandertreffenden Flächen gebildet wird
Oberfläche (O)	:	Summe aller Begrenzungsflächen
Mantel (M)	:	Summe aller Seitenflächen, also die Oberfläche ohne Grund- und Deckfläche
Volumen (V)	:	Größe des Raumes, den ein Körper einimmt (Rauminhalt)

Diejenigen Körper, die von Vielecken (Polygonen) begrenzt werden, nennt man *Polyeder*. Unter diesen sollen zunächst die Prismen behandelt werden.

PRISMEN

Prismen sind Körper, die von zwei parallelen und kongruenten Flächen - Grund- und Deckfläche - begrenzt werden. Die Seitenflächen sind Parallelogramme. Sind die Seitenflächen Rechtecke, so heißt ein Prisma *gerades Prisma.*

GERADE PRISMEN

Das Volumen eines geraden Prismas ergibt sich als Produkt von Grundfläche · Höhe.
Die Oberfläche ist stets die Summe aller Begrenzungsflächen.

Würfel

Ein Würfel ist ein von 6 kongruenten Quadraten begrenzter Körper, dessen Kanten jeweils senkrecht aufeinander stehen.

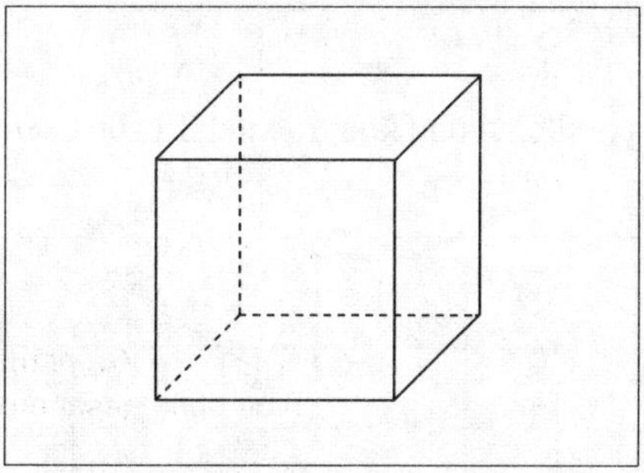

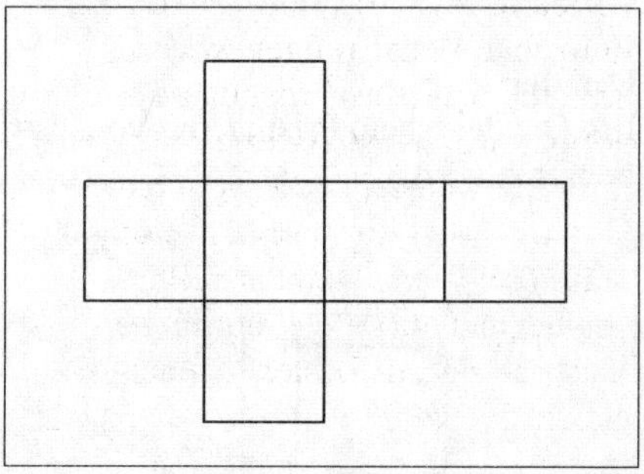

Für die Berechnung von Oberfläche O und Volumen V eines Würfels gilt:

$$O = 6 \cdot a \cdot a = 6\,a^2 \qquad V = G \cdot h = (a \cdot a) \cdot a = a^3$$

Beispiel:

Gesucht sind Oberfläche und Volumen eines Würfels mit der Kantenlänge a = 4 cm.

Es gilt: $O = 6\,a^2 = 6 \cdot (4\,cm)^2 = 6 \cdot 16\,cm^2 = 96\,cm^2$

$V = a^3 = (4\,cm)^3 = 64\,cm^3$

Quadratische Säule

Verändert man bei einem Würfel die Höhe, während man die Grundfläche unverändert läßt, so erhält man eine quadratische Säule.

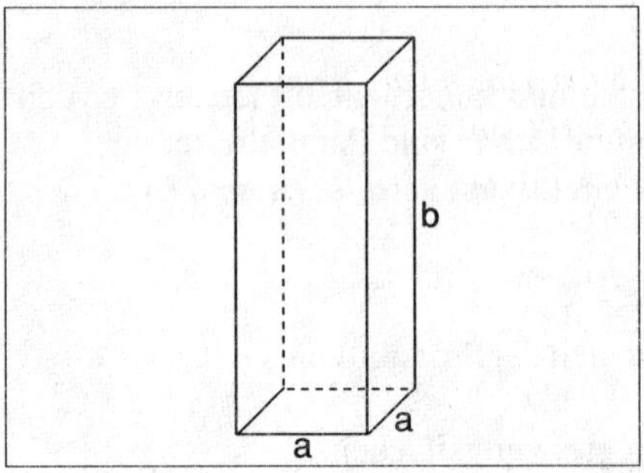

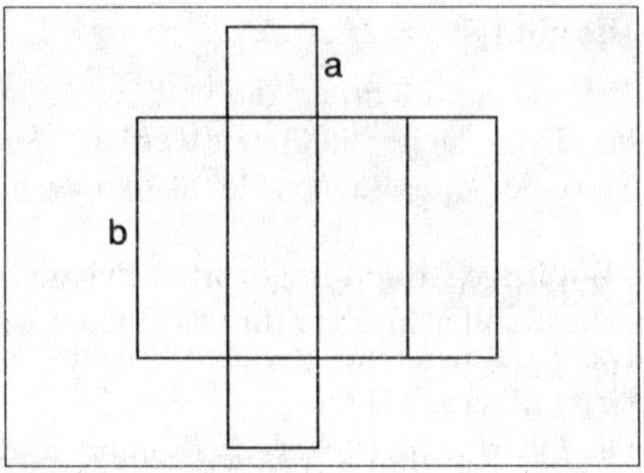

Für die Berechnung einer quadratischen Säule gilt:

$$O = 4 \cdot a \cdot b + 2a^2 \qquad V = G \cdot h = a^2 \cdot b$$

Quader
Ein Quader ist ein Prisma, das von je zwei parallelen und kongruenten Rechtecken begrenzt wird.

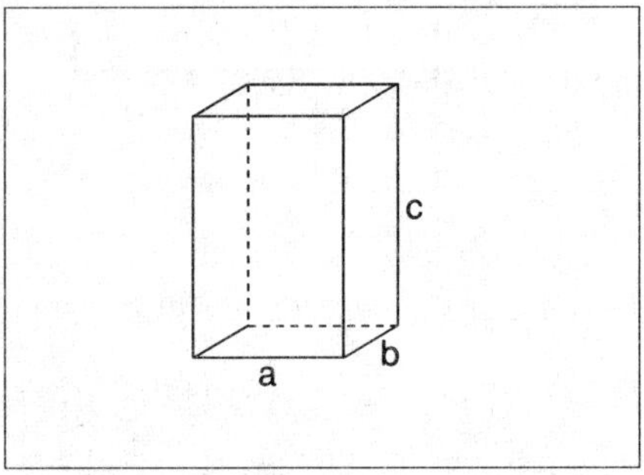

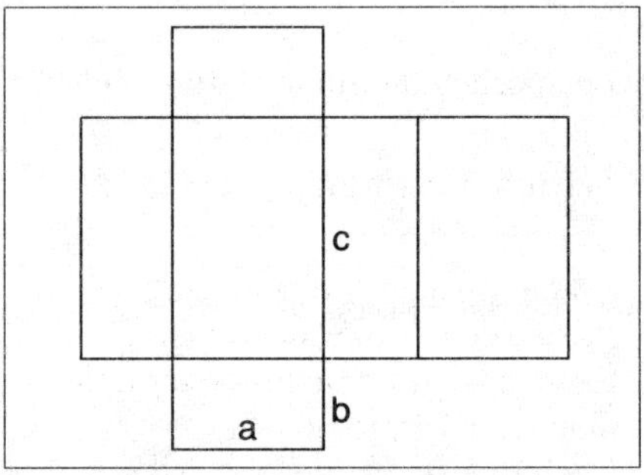

Für die Berechnung des Quaders gilt:

$$O = 2 \cdot a \cdot b + 2 \cdot a \cdot c + 2 \cdot b \cdot c \qquad V = a \cdot b \cdot c$$

Beispiel:
Zu bestimmen sind Oberfläche und Volumen eines Quaders mit a = 7 cm, b = 4 cm und c = 5 cm.

Es gilt: $O = 2 \cdot a \cdot b + 2 \cdot a \cdot c + 2 \cdot b \cdot c$
$= 2 \cdot 7\ cm \cdot 4\ cm + 2 \cdot 7\ cm \cdot 5\ cm + 2 \cdot 4\ cm \cdot 5\ cm$
$= 56\ cm^2 + 70\ cm^2 + 40\ cm^2 = 166\ cm^2$
$V = a \cdot b \cdot c = 7\ cm \cdot 4\ cm \cdot 5\ cm = 140\ cm^3$

Wichtige Linien in geraden Prismen
Diese sollen hier nur für den Quader betrachtet werden.

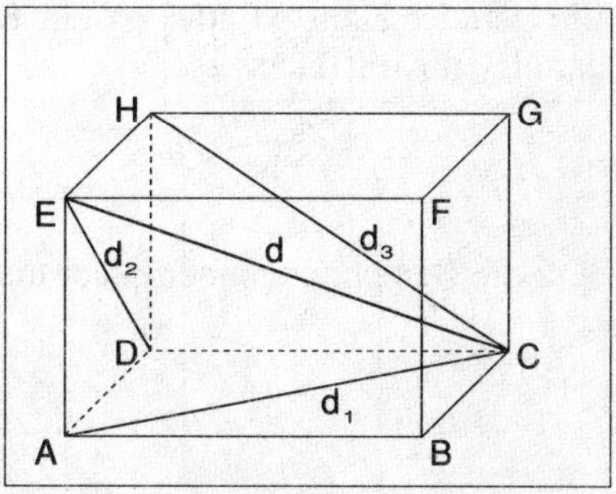

Außer den drei verschiedenen Kanten a, b und c gibt es drei verschieden lange Flächendiagonalen d_1, d_2 und d_3 und vier gleich lange Raumdiagonalen, von denen nur d gezeichnet ist. Jede dieser Diagonalen bildet mit den Kanten des Quaders ein rechtwinkliges Dreieck. Nach dem Satz des Phythagoras gilt für

die Flächendiagonalen: $d_1 = \sqrt{a^2 + b^2}$, $d_2 = \sqrt{b^2 + c^2}$, $d_3 = \sqrt{a^2 + c^2}$
die Raumdiagonalen: $d = \sqrt{a^2 + b^2 + c^2}$

Entspechendes gilt auch für den Würfel und die quadratische Säule.

Schiefe Prismen

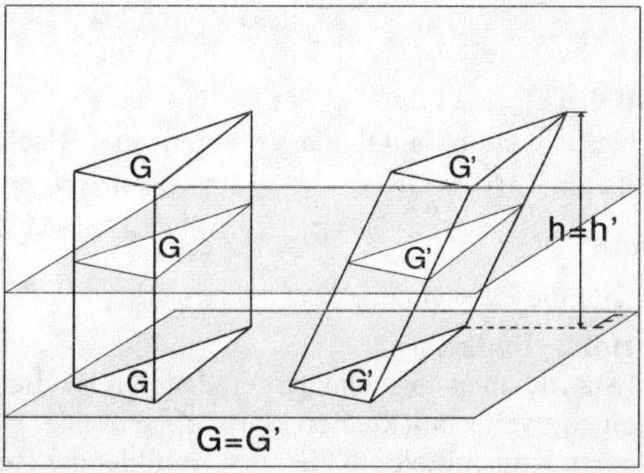

Ändert man bei einem geraden Prisma den Winkel der Senkrechten zur Grundfläche, so erhält man ein *schiefes Prisma.*
Nach dem *Prinzip des Cavalieri* haben alle Körper mit gleicher Grundfläche und gleicher Höhe dasselbe Volumen, wenn alle parallelen Querschnitte im gleichen Abstand zur Grundfläche denselben Flächeninhalt haben.
Für die Berechnung eines schiefen Prismas gilt:

$$O = M + 2 \cdot G \qquad V = G \cdot h$$

Dabei sind sowohl die Grundfläche G als auch der Mantel M jeweils für das spezielle Prisma zu berechnen, wie im weiteren an einigen Beispielen gezeigt werden soll.

GERADER KREISZYLINDER

Ein gerader Kreiszylinder ist ein Körper mit zwei zueinander kongruenten und parallelen Kreisflächen.

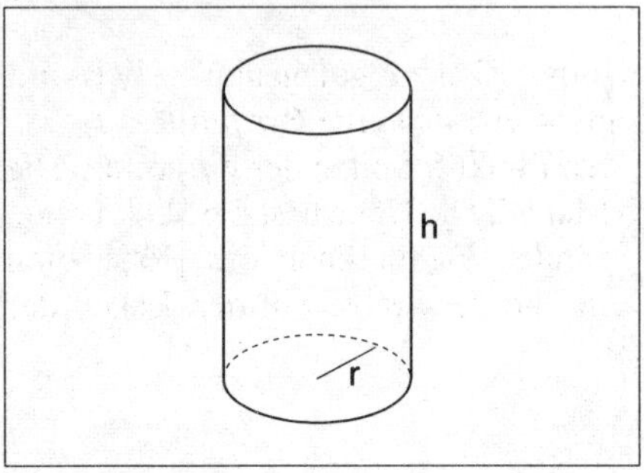

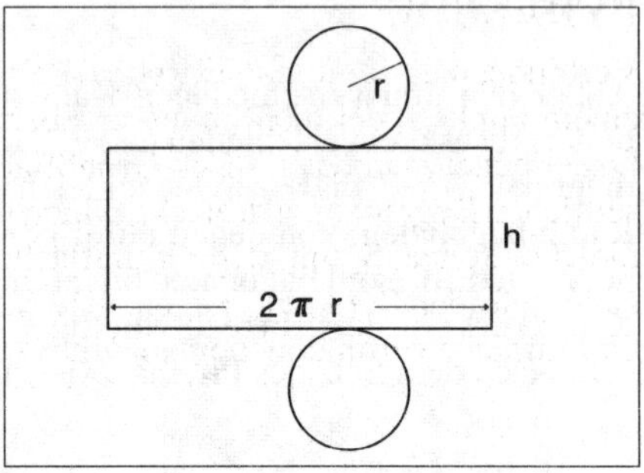

Für Mantel, Oberfläche und Volumen eines geraden Kreiszylinders gilt:

$$M = 2\pi r \cdot h \qquad V = G \cdot h = \pi r^2 \cdot h$$

$$O = M + 2G = 2\pi r \cdot h + 2\pi r^2 = 2\pi r \cdot (r + h)$$

Beispiel:

Gesucht sind Mantel und Volumen einer Blechdose mit r = 6 cm und h = 12 cm.

Es gilt: $M = 2\pi r \cdot (r + h) = 2\pi \cdot 6\,cm \cdot (6\,cm + 12\,cm) \approx 678{,}58\,cm^2$

$V = \pi r^2 \cdot h = \pi \cdot (6\,cm)^2 \cdot 12\,cm \approx 1357{,}17\,cm^3$

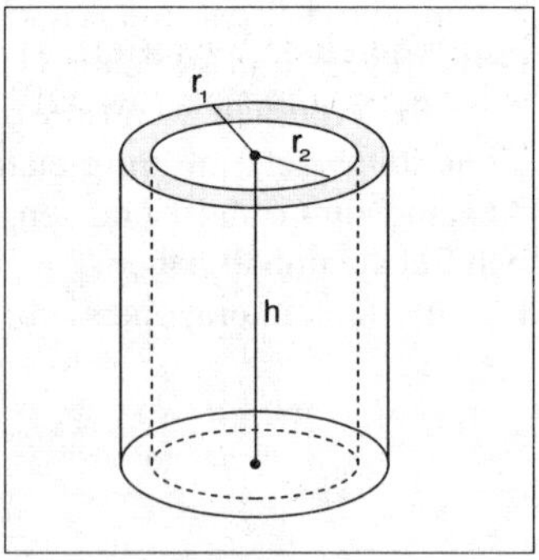

Hohlzylinder

"Stanzt" man aus einem geraden Kreiszylinder einen zweiten mit kleinerer Grundfläche, aber gleichem Kreismittelpunkt heraus, so bildet der Restkörper einen *Hohlzylinder*. Grund- und Deckfläche bestehen aus Kreisringen, während der innere und der äußere Mantel aus Rechtecken gebildet werden. Für die Berechnung eines Hohlzylinders gilt:

$$O = 2\pi (r_a + r_i) \cdot h + 2\pi (r_a{}^2 - r_i{}^2)$$

$$V = G \cdot h = \pi (r_a{}^2 - r_i{}^2) \cdot h = \pi (r_a + r_i) \cdot (r_a - r_i) \cdot h$$

PYRAMIDE

Verbindet man sämtliche Eckpunkte eines in einer Ebene E gelegenen n - Ecks mit einem Punkt S, der nicht in dieser Ebene liegt, so entsteht eine *Pyramide*.
Dabei nennt man das n - Eck Grundfläche, den Punkt S Spitze der Pyramide. Die seitlichen Begrenzungsdreiecke bilden ihren Mantel. Die Höhe h ist die Senkrechte, die die Spitze S mit der Grundfläche verbindet. Damit kann die Höhe auch außerhalb der Pyramide liegen. Die Strecken, die die Spitze mit den Ecken der Grundfläche verbinden, heißen Seitenkanten.

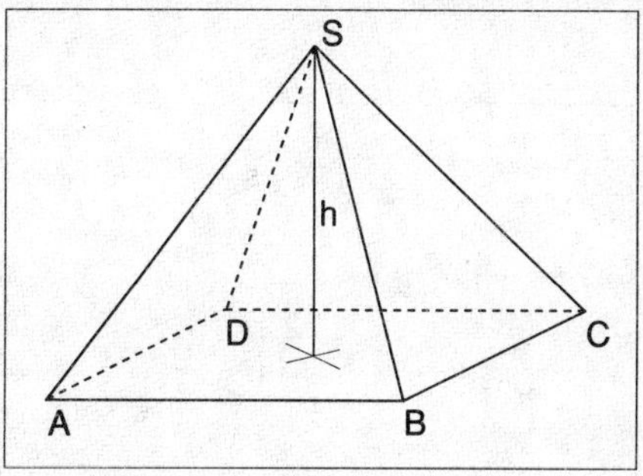

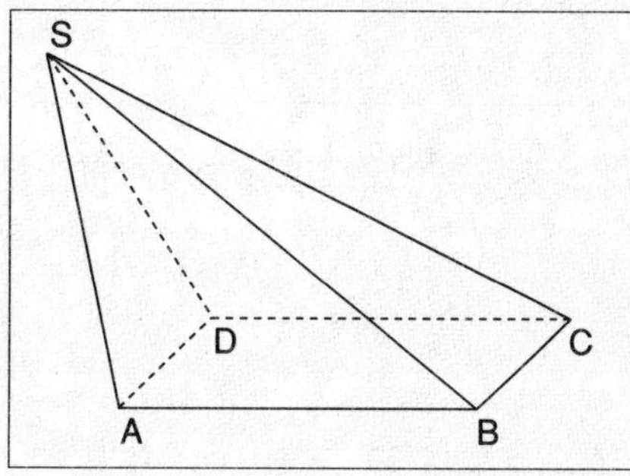

Bildet die Grundfläche ein regelmäßiges n - Eck, so heißt auch die Pyramide *regelmäßig*.
Trifft die Höhe den Mittelpunkt der Grundfläche, so nennt man sie eine *gerade*, im anderen Falle eine *schiefe* Pyramide.

Volumen einer Pyramide

Jedes Prisma mit der Grundfläche G läßt sich in drei volumengleiche Pyramiden zerlegen.

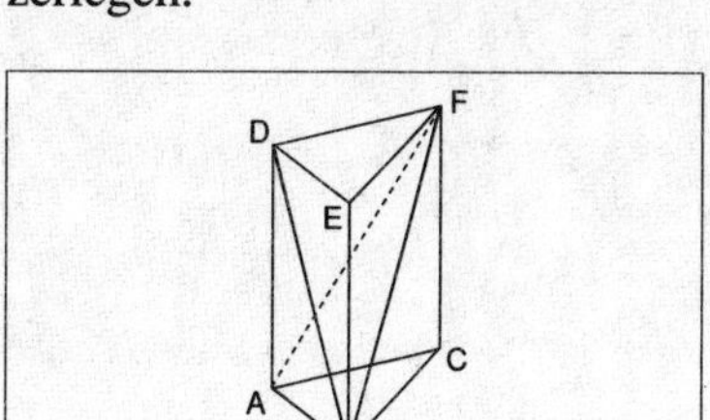

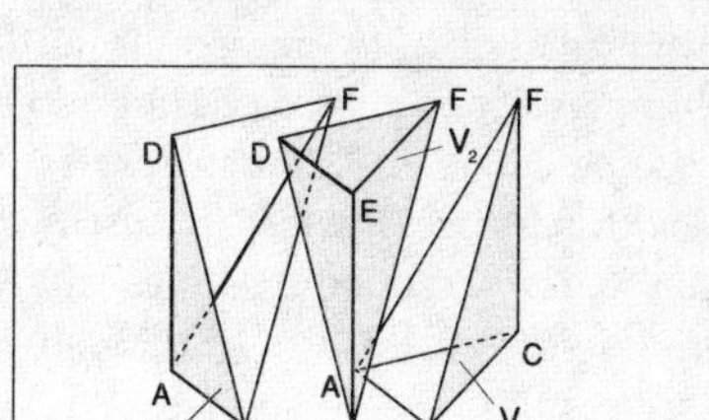

Damit gilt für das Volumen einer Pyramide:

$$V = \frac{1}{3} G \cdot h$$

Dies gilt nach dem Prinzip des Cavalieri auch für schiefe Pyramiden.

Die Oberfläche ergibt sich in Abhängigkeit der Begrenzungsflächen stets als Summe dieser Flächen (einschließlich der Grundfläche).

Regelmäßige quadratische Pyramide
Sie hat als Grundfläche ein Quadrat und als Seitenflächen vier gleichschenklige Dreiecke.

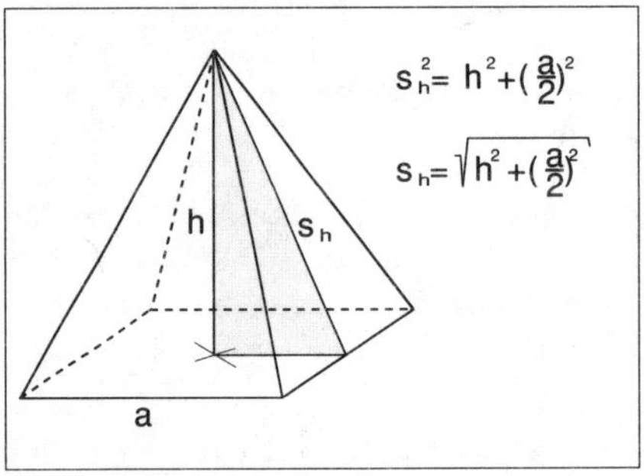

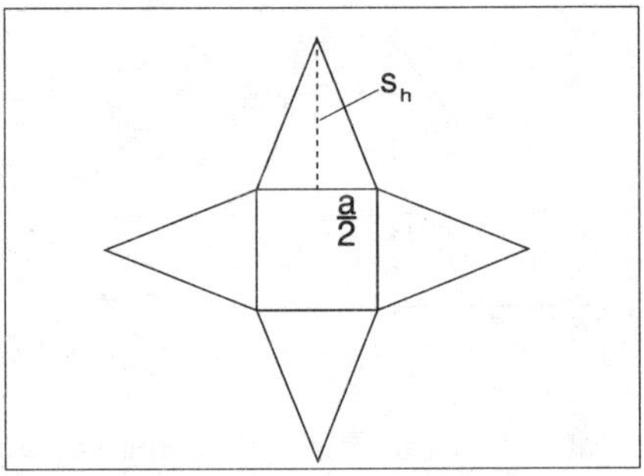

Für die Berechnung von Oberfläche und Volumen gilt:

$$O = a^2 + 4 \cdot \frac{1}{2} a \sqrt{h^2 + \frac{a^2}{4}} = a^2 + 2a\sqrt{h^2 + \frac{1}{4} a^2}$$

$$V = \frac{1}{3} G \cdot h = \frac{1}{3} a^2 \cdot h$$

Regelmäßiges Tetraeder
Ein regelmäßiges Tetraeder wird von vier gleichseitigen Dreiecken begrenzt.
Es gilt:

$$s_h = \sqrt{a^2 - \frac{a^2}{4}} = \frac{a}{2}\sqrt{3}$$

$$h^2 = a^2 - \left(\frac{2}{3}\frac{a}{2}\sqrt{3}\right)^2 \text{,da S}$$

Schwerpunkt von ABC ist.

$$h = \sqrt{a^2 - \frac{a^2}{3}} = \sqrt{\frac{2}{3}a^2}$$

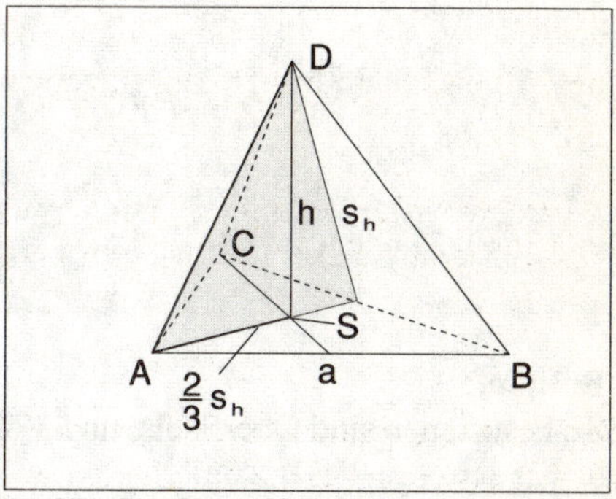

$$O = 4 \cdot \frac{1}{2}a \cdot \frac{a}{2}\sqrt{3} = a^2 \cdot \sqrt{3}$$

$$V = \frac{1}{3}G \cdot h = \frac{1}{3} \cdot \frac{1}{2}a \cdot \frac{a}{2}\sqrt{3} \cdot a\sqrt{\frac{2}{3}} = \frac{a^3}{12} \cdot \sqrt{2}$$

Beispiel:
Gesucht sind Oberfläche und Volumen eines Tetraeders mit a = 15 cm.
Es gilt: $O = a^2 \cdot \sqrt{3} = (15\ cm)^2 \cdot \sqrt{3} \approx 389{,}71\ cm^2$

$$V = \frac{a^3}{12} \cdot \sqrt{2} = \frac{(15\ cm)^3}{12} \cdot \sqrt{2} \approx 397{,}75\ cm^3$$

Kegel

Ein *Kegel* entsteht, wenn man die Grundfläche einer Pyramide durch einen Kreis ersetzt. Er heißt gerade, wenn seine Spitze S senkrecht über dem Mittelpunkt der Grundfläche liegt, im anderen Fall heißt er schiefer Kegel.

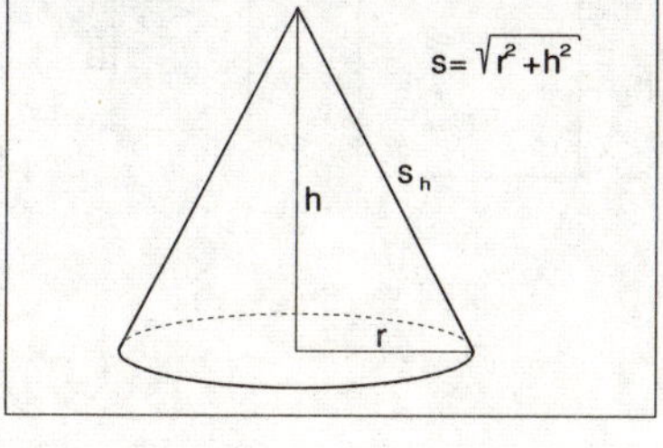

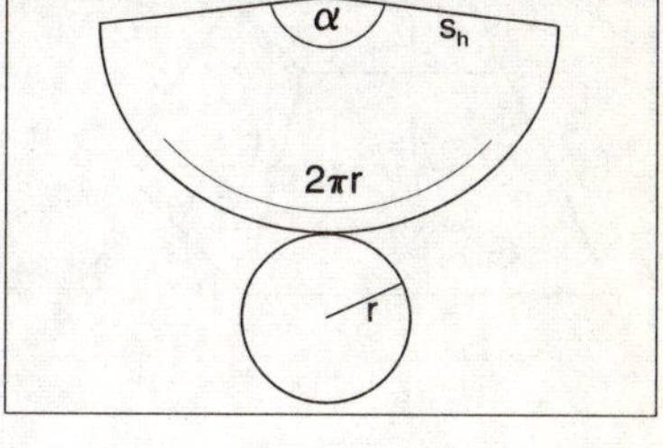

Für Mantel, Oberfläche und Volumen eines geraden Kreiskegels gilt:

$$M = \pi \cdot r \cdot s = \frac{\pi r^2 \cdot 360^\circ}{\alpha} \qquad \text{mit } s = \frac{r \cdot 360^\circ}{\alpha}$$

$$O = M + G = \pi r s + \pi r^2 = \pi r (s + r)$$

$$V = \frac{1}{3} G \cdot h = \frac{1}{3} \pi r^2 \cdot h$$

Beispiel:
Zu bestimmen sind Oberfläche und Volumen eines Kegels mit r = 10 cm und h = 25 cm.

Es gilt: $s = \sqrt{r^2 + h^2} = \sqrt{(10\,cm)^2 + (25\,cm)^2} = \sqrt{725}\,cm \approx 26{,}93\,cm$

$M = \pi r \cdot s = \pi \cdot 10\,cm \cdot 26{,}93\,cm \approx 846{,}03\,cm^2$

$O = M + G$

$= 846{,}03\,cm^2 + \pi r^2 = 846{,}03\,cm^2 + \pi (10\,cm)^2 \approx 1160{,}19\,cm^2$

$V = \frac{1}{3} \pi r^2 \cdot h = \frac{1}{3} \pi \cdot (10\,cm)^2 \cdot 25\,cm \approx 2617{,}99\,cm^3$

Stümpfe

Pyramidenstumpf

Trennt man von einer Pyramide den oberen Teil parallel zur Grundfläche ab, so entsteht als Restkörper ein *Pyramidenstumpf.* Man nennt ihn wie die ursprünglichen Pyramide gerade, schief oder regelmäßig.
Hier sollen nur regelmäßige gerade Stümpfe behandelt werden.

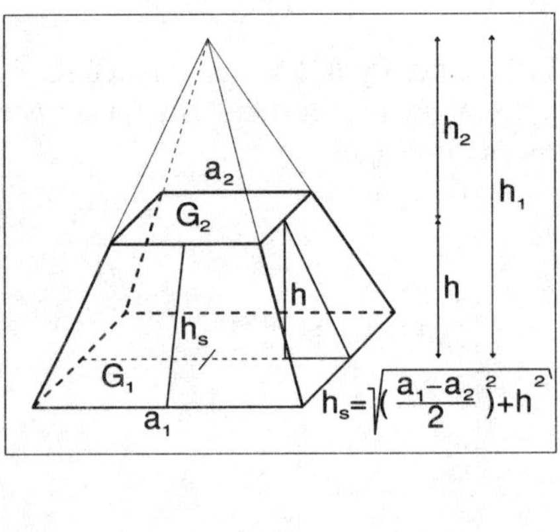

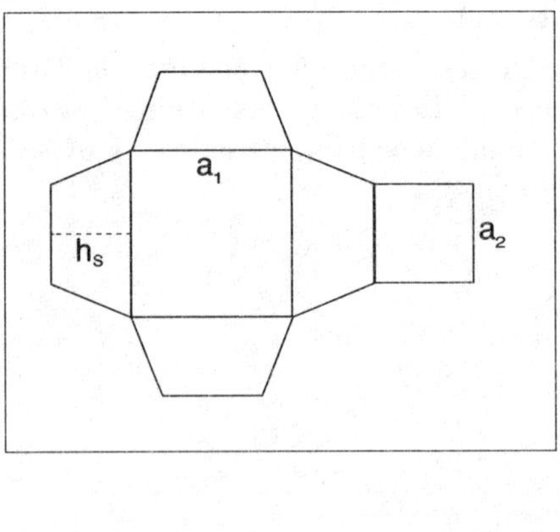

Der Mantel besteht aus 4 Trapezen. Da Grund- und Deckfläche reglmäßige n-Ecke mit dem Umfang U_1 und U_2 sind, so ergibt sich der Mantel zu:

$$M = \frac{1}{2}(4\,a_1 + 4\,a_2)\cdot h_s$$

Für Oberfläche und Volumen gilt:

$$O = {a_1}^2 + {a_2}^2 + M \qquad V = \frac{1}{3}h\,({a_1}^2 + a_1\cdot a_2 + {a_2}^2)$$

Beispiel:
Gesucht sind Mantel und Volumen eines geraden Pyramidenstumpfes quadratischer Grundfläche mit $a_1 = 8\ cm$, $a_2 = 4\ cm$ und $h = 4\ cm$.
Es gilt:

$$\begin{aligned} M &= \frac{1}{2}(4\,a_1 + 4\,a_2)\cdot h_s \\ &= \frac{1}{2}(4\cdot 8\ cm + 4\cdot 4\ cm)\cdot 4{,}47\ cm \\ &= 107{,}28\ cm^2 \end{aligned} \qquad \begin{aligned} h_s &= \sqrt{\frac{(a_1 - a_2)^2}{4} + h^2} \\ &= \sqrt{\frac{(8\ cm - 4\ cm)^2}{4} + (4\ cm)^2} \\ &= \sqrt{20}\ cm \approx 4{,}47\ cm \end{aligned}$$

$$\begin{aligned} V &= \frac{1}{3}h\cdot({a_1}^2 + a_1\cdot a_2 + a_2)^2 = \frac{1}{3}\cdot 4\ cm\,[(8\ cm)^2 + 8\ cm\cdot 4\ cm + (4\ cm)^2] \\ &\approx 149{,}33\ cm^3 \end{aligned}$$

Kegelstumpf
Trennt man von einem Kegel den oberen Teil parallel zur Grundfläche ab, so entsteht ein *Kegelstumpf*. Es sollen nur gerade Stümpfe betrachtet werden.

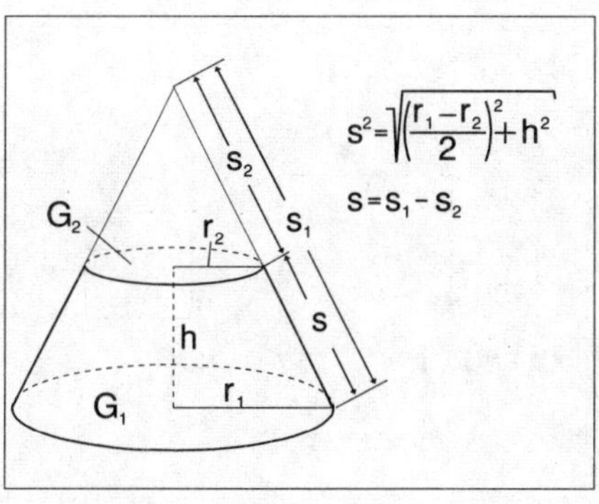

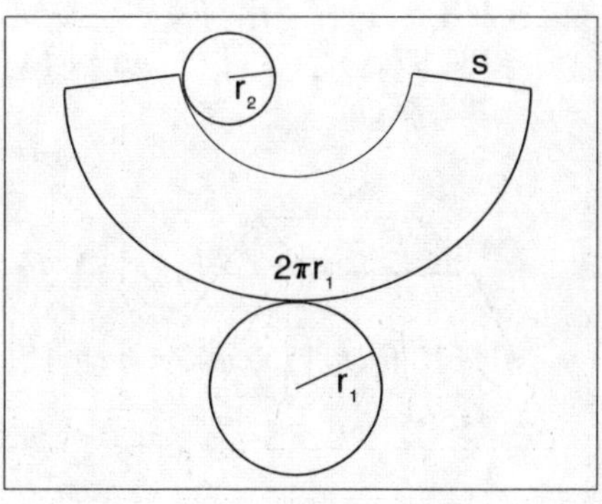

Für Mantel, Oberfläche und Volumen gilt:

$$M = \pi\, s_1\, r_1 - \pi\, s_2\, r_2 = \pi\, s\, (r_1 + r_2) \quad \text{(Umformung nach 2. Strahlensatz)}$$

$$O = \pi\, s\, (r_1 + r_1) + \pi\, (r_1^{\,2} + r_1^{\,2})$$

$$V = \frac{1}{3}\, h\, \pi\, (r_1^{\,2} + r_1 \cdot r_2 + r_2^{\,2})$$

Beispiele:
Zu bestimmen sind Mantel, Oberfläche und Volumen eines Kegelstumpfes mit $r_1 = 5\ cm$, $r_2 = 3\ cm$ und $h = 7\ cm$.
Es gilt:

$$s = \sqrt{(r_1 - r_2)^2 + h^2}$$

$$= \sqrt{(5\ cm - 3\ cm)^2 + (7\ cm)^2}$$

$$= \sqrt{53\ cm^2} \approx 7{,}28\ cm$$

$$M = \pi \cdot s \cdot (r_1 + r_2)$$
$$= \pi \cdot 7{,}28\ cm \cdot (5\ cm + 3\ cm)$$
$$\approx 182{,}97\ cm^2$$

$$O = M + \pi \cdot (r_1^{\,2} + r_2^{\,2})$$
$$= 182{,}97\ cm^2 + \pi \cdot [\,(5\ cm)^2 + (3\ cm)^2\,]$$
$$\approx 289{,}78\ cm^2$$

$$V = \frac{1}{3}\pi \cdot h \cdot (r_1^{\,2} + r_1 \cdot r_2 + r_2^{\,2})$$
$$= \frac{1}{3} \cdot \pi \cdot 7\ cm\,[\,(5\ cm)^2 + 5\ cm \cdot 3\ cm + (3\ cm)^2\,]$$
$$\approx 359{,}19\ cm^3$$

REGELMÄßIGE POLYEDER

Regelmäßige Polyeder werden von untereinander kongruenten regelmäßigen n - Ecken begrenzt. Man findet sie in der Natur beispielsweise in Kristallgittern.

Darstellung	Anzahl der Ecken e	Anzahl der Flächen f	Anzahl der Kanten k	Oberfläche O	Volumen V
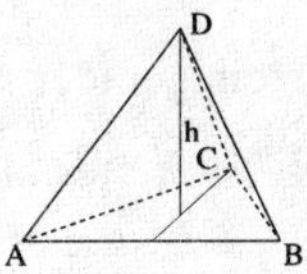 TETRAEDER	4	4 gleichseitige Drei-	6	$O=a^2\sqrt{3}$	$V=\frac{1}{12}a^3\sqrt{2}$
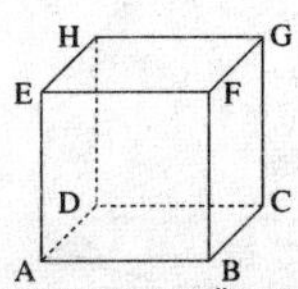 HEXAEDER/ WÜRFEL	8	6 Quadrate	12	$O=6a^2$	$V=a^3$
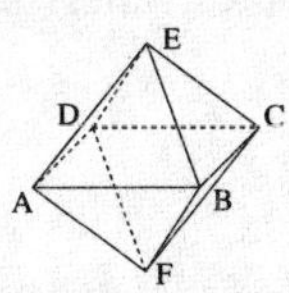 OKTAEDER	6	8 gleichseitige Dreiecke	12	$O=2a^2\sqrt{3}$	$V=\frac{1}{3}a^3\sqrt{2}$

Weitere regelmäßige Polyeder sind beispielsweise das von 12 regelmäßigen Fünfecken begrenzte Dodekaeder oder das von 20 gleichseitigen Dreiecken begrenzte Ikosaeder.

KUGEL UND KUGELTEILE

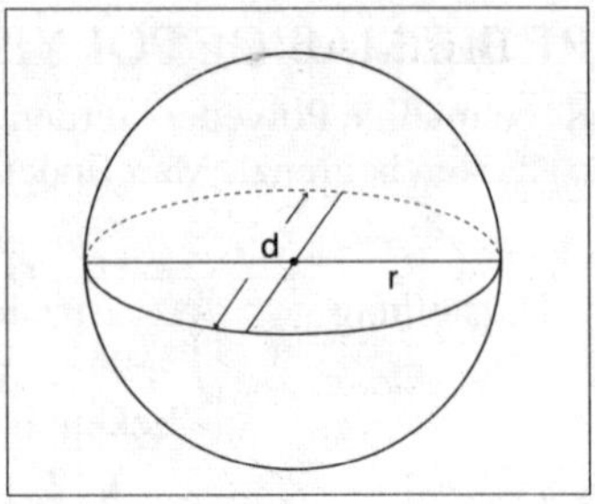

Die Menge aller Punkte im Raum, die von einem festen Punkt M denselben Abstand r haben, bildet eine Kugel. Dabei heißt M Mittelpunkt, r Radius und alle Strecken durch M, die zwei Punkte auf der Kugeloberfläche verbinden, heißen Durchmesser d mit d = 2 r.

Zur Bestimmung des Kugelvolumens vergleicht man zwei Körper miteinander:

a) eine Halbkugel mit dem Radius r
b) einen geraden Kreiszylinder mit Radius r und Höhe r, aus dem ein gerader Kreiskegel so herausgebohrt wurde, daß seine Spitze in der Mitte der Grundfläche liegt.

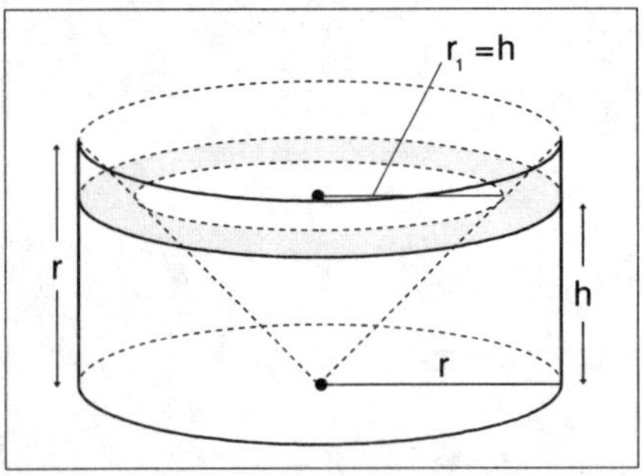

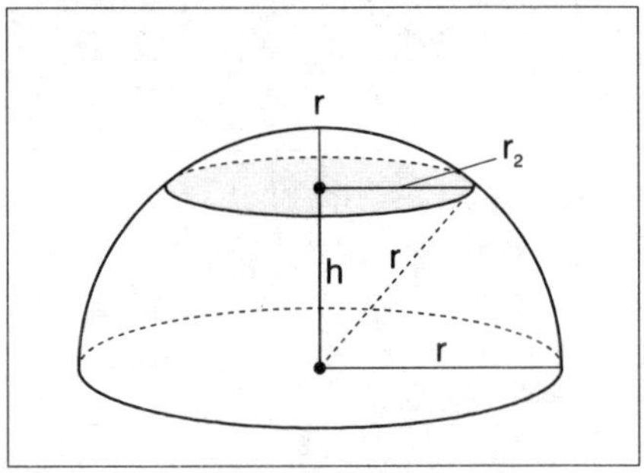

Da beide Körper in jedem Abstand parallel zur Grundfläche gleiche Querschnittsflächen besitzen (ohne Rechnung), haben sie nach dem Prinzip von Cavalieri auch gleiche Volumina. Das Volumen des Restkörpers beträgt:

$$V = \pi r^2 \cdot r - \frac{1}{3} \pi r^2 \cdot r = \frac{2}{3} \pi r^3$$

Dies ist auch das Volumen der Halbkugel.
Damit ergibt sich das Volumen einer Kugel zu:

Kugelvolumen

$$V = \frac{4}{3} \pi r^3$$

Für die Oberfläche gilt:

$$O = 4 \pi r^2$$

Die folgende Tabelle zeigt die Kugel und ihre Teile.

Darstellung	Oberfläche O	Volumen V
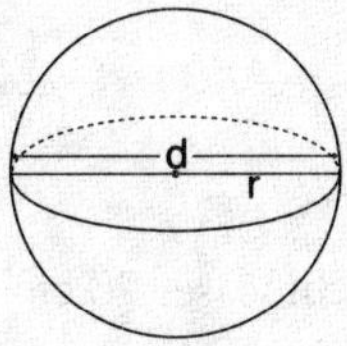 KUGEL	$O = 4 \pi r^2$	$V = \frac{4}{3} \pi r^3$
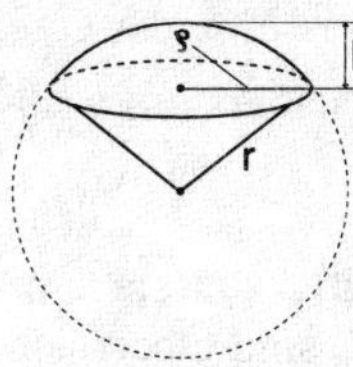 KUGELAUSSCHNITT	$O = \pi r (2 h r \rho)$	$V = \frac{2}{3} \pi r^2 h$
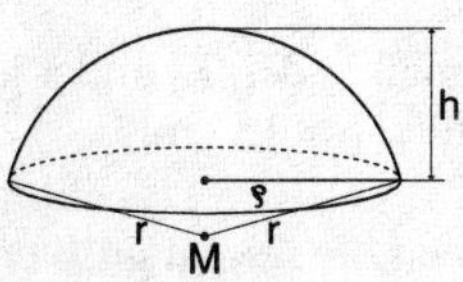 KUGELABSCHNITT/ KAPPE	$M = 2 \pi r h$ $O = 2 \pi r h + \pi \rho^2$	$V = \frac{1}{3} \pi h^2 (3 r - h)$
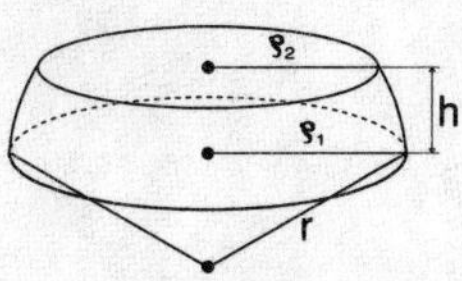 KUGELZONE/ SCHICHT	$M = 2 \pi r h$ $O = \pi \left(2 r h + \rho_1{}^2 + \rho_2{}^2 \right)$	$V = \frac{1}{6} \pi h \cdot$ $\cdot \left(3 \rho_1{}^2 + 3 \rho_2{}^2 + h^2 \right)$

Beispiele:

1) Wie groß sind Oberfläche und Volumen einer Stahlkugel mit dem Radius r = 5 cm?

Es gilt: $O = 4\,\pi\, r^2 = 4\,\pi \cdot (5\ cm)^2 \approx 314{,}16\ cm^2$

$$V = \frac{4}{3}\,\pi\, r^3 = \frac{4}{3}\,\pi\,(5\ cm)^3 \approx 523{,}60\ cm^3$$

2) Die Höhe der Kugelkappe beträgt 8 cm, während der Durchmesser 20 cm mißt. Wie groß ist ihr Mantel?

Es gilt: $M = \pi\,(\rho^2 + h^2) = \pi\,[(10\ cm)^2 + (8\ cm)^2] \approx 515{,}22\ cm^2$

11.8 ÜBUNGSAUFGABEN

1) Berechnen Sie die Oberfläche und das Volumen eines Quaders mit a = 8 cm, b = 5 cm und c = 9 cm.

2) Ein dreieckiges Prisma hat als Grundfläche ein gleichseitiges Dreieck mit der Kante a = 6 cm. Seine Höhe beträgt h = 12 cm. Wie groß sind Oberfläche und Volumen des Prismas?

3) Ein Kreiszylinder hat einen Radius von r = 4 cm und eine Höhe von h = 15 cm. Berechnen Sie seine Oberfläche.

4) Wie groß ist das Volumen des größten Kegels, den man in den Zylinder aus Aufgabe 3) hineinpassen kann? (Radius r = 4 cm, Höhe h = 15 cm.)

5) Ein Ball hat einen Durchmesser von 24 cm. Berechnen Sie seinen größten Umfang, seine Oberfläche und sein Volumen.

6) Ein Kreisel hat die Form eines Kugelausschnitts. Berechnen Sie Oberfläche und Volumen, wenn der Kugelradius r = 7 cm, die Höhe h = 1 cm und der Radius des oberen Kreises 2,5 cm beträgt.

LÖSUNGEN

1) $O = 314\ cm^2$ $V = 360\ cm^3$
2) $O = 247{,}18\ cm^2$ $V = 187{,}06\ cm^3$
3) $O = 477{,}52\ cm^2$
4) $V = 251{,}33\ cm^3$
5) $U \approx 75{,}40\ cm$ $O \approx 1809{,}56\ cm^2$ $V \approx 7238{,}23\ cm^3$
6) $O = 98{,}96\ cm^2$ $V \approx 102{,}63\ cm^3$

12. TRIGONOMETRIE

12.1 WINKELFUNKTIONEN IM RECHTWINKLIGEN DREIECK

Die Trigonometrie (griechisch: "Dreiecksmessung") behandelt die Bestimmung unbekannter Teile in einem ebenen Dreieck mit Hilfe der Winkelfunktionen (Sinus, Cosinus, Tangens, ...).
Der Ausgangspunkt aller trigonometrischen Überlegungen ist das *rechtwinklige* Dreieck. Die hier eingeführten trigonometrischen Begriffe lassen sich dann auf beliebige Dreiecke übertragen, da sich jedes Dreieck durch Fällen eines Lotes in zwei rechtwinklige Dreiecke aufteilen läßt.
Vorstufen der heutigen Trigonometrie waren schon in der frühen Antike bekannt und wurden insbesondere für astronomische Zwecke verwendet. Die uns heute geläufigen Grundbegriffe und Methoden wurden etwa um 500 n. Chr. von indischen Mathematikern geschaffen und dienten vor allem der Landvermessung.

Seitenverhältnisse im rechtwinkligen Dreieck

Ein Fahrzeug fährt eine Bergstraße hinauf. Nach Durchfahren der Strecke AC hat es den Höhenzuwachs BC = 10 m gewonnen und zugleich die horizontale Entfernung AB = 25 m zurückgelegt.

Steigung einer Straße

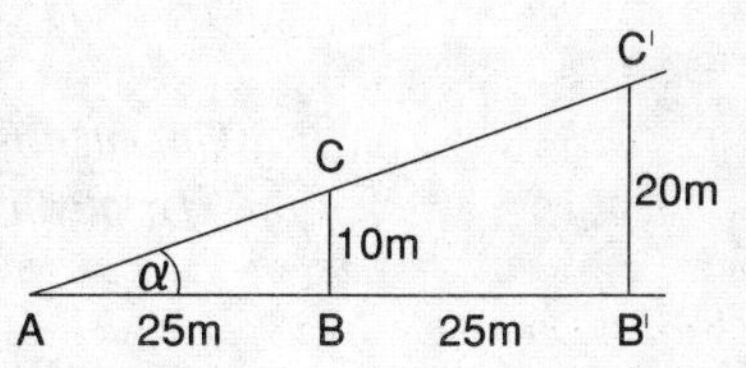

Das Verhältnis $\overline{BC} : \overline{AB}$ (Höhenzuwachs zu Horizontalentfernung) ist ein Maß für den Anstieg der Straße und wird im Verkehr i.allg. als *Steigung* (auch: Gefälle) der Straße bezeichnet.

In diesem Beispiel hat die Straße die Steigungszahl 10 : 25 = 0,4; das bedeutet prozentual ausgedrückt eine Steigung von 40 %.

Die Steigung hängt vom Neigungswinkel α ab, nicht von der Länge des jeweiligen Fahrwegs:
Die beiden Quotienten $\overline{BC} : \overline{AB} = 10 : 25$ und $\overline{B'C'} : \overline{AB'} = 20 : 50$ ergeben die gleiche Steigungszahl 0,4.

Das oben betrachtete Dreieck ABC ist rechtwinklig, die Fahrstrecke $\overline{AC}$ ist seine Hypotenuse, AB und AC sind die beiden Katheten. In der Mathematik wird für das

Kathetenverhältnis $\overline{BC} : \overline{AB}$ die Bezeichnung *Tangens* (statt "Steigung") bevorzugt verwendet.

In rechtwinkligen Dreiecken gibt es nun auch weitere Seitenverhältnisse,die von Bedeutung sind. Sehr häufig verwendet man das Verhältnis $\overline{BC} : \overline{AC}$, wobei die Hypotenuse verwendet wird; dieses Seitenverhältnis bezeichnet man als den *Sinus*.

SINUS UND COSINUS IM RECHTWINKLIGEN DREIECK

Im rechtwinkligen Dreieck ABC heißt die dem Winkel α gegenüberliegende Kathete $\overline{BC}$ die *Gegenkathete* von α; die dem Winkel α anliegende Kathete heißt die *Ankathete* von α.

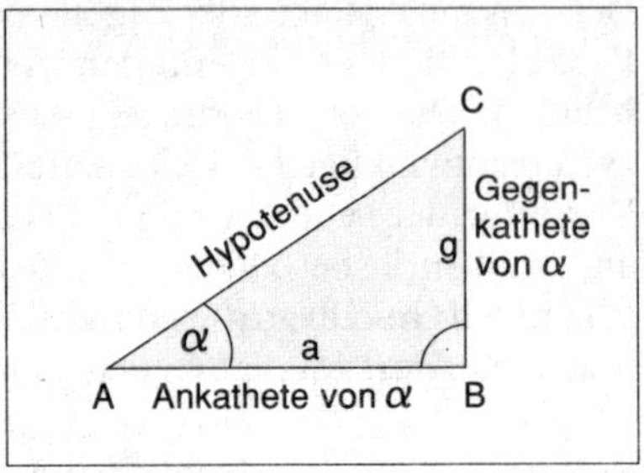

Mit diesen beiden Katheten und der Hypotenuse führt man 2 wichtige Seitenverhältnisse im rechtwinkligen Dreieck ein.

Der Sinus des Winkels α (sin α, sprich: "Sinus von α") ist das Verhältnis von Gegenkathete zu Hypotenuse.
Der Cosinus von α (cos α) ist das Verhältnis von Ankathete zu Hypotenuse.

$$\sin\alpha = \frac{\textit{Gegenkathete}}{\textit{Hypotenuse}} \qquad \cos\alpha = \frac{\textit{Ankathete}}{\textit{Hypotenuse}}$$

Der Sinus und der Cosinus eines Winkels sind Verhältnisse zwischen jeweils zwei Längen und somit *dimensionsfreie* Zahlen.
Z.B. gilt sin 30° = 0,5; diese Aussage wird im folgenden Abschnitt näher erläutert.

Graphische Bestimmung von sin- und cos- Werten
In einer genauen Zeichnung kann man die Längen der Katheten und der Hypotenuse mit dem Lineal messen und somit direkt die beiden Seitenverhältnisse Sinus bzw. Cosinus des zugehörigen Winkels bestimmen. Diese graphisch ermittelten Zahlenwerte haben aber hinter dem Komma nur eine begrenzte Genauigkeit auf etwa zwei Ziffern.

In der nachfolgenden Abbildung sind ABC und ADE zwei rechtwinklige Dreiecke, beide Hypotenusen $\overline{AC}$ und $\overline{AE}$ haben die gleiche Länge 5 cm.

Eine Messung im Dreieck ABC ergibt:
AB = 2,5 cm, BC = 4,3 cm;

$\sin 60° = \frac{4{,}3}{5} = 0{,}86$

(genauer Wert zum Vergleich:
$\sin 60° = 0{,}866025$)

$\cos 60° = \frac{2{,}5}{5} = 0{,}5$

Eine weitere Messung im Dreieck ADE liefert die Kathetenlängen: AD = 4,3 cm, DE = 2,5 cm;

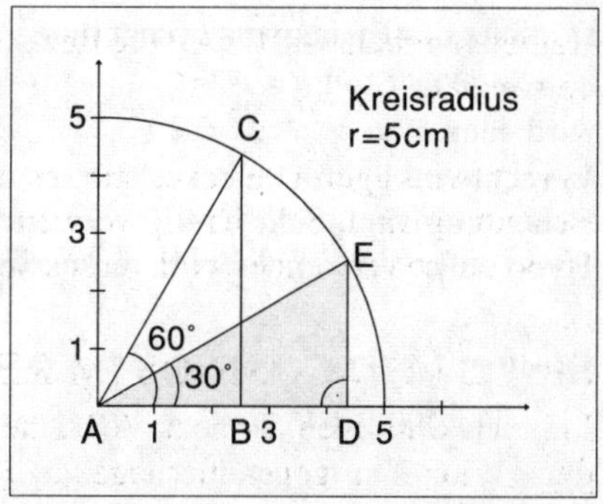

$\sin 30° = \frac{2{,}5}{5} = 0{,}5$ $\qquad \cos 30° = \frac{4{,}3}{5} = 0{,}86$

Exakte Berechnung einiger sin- und cos- Werte

Spiegelt man das Dreieck ABC mit dem Kathetenwinkel α = 30° an der Seite AB, so erhält man das *gleichseitige* Dreieck AC'C. In diesem ist g = BC genau die Hälfte von CC':
$g = ½\, h$. Diese Aussage wird für die folgenden Rechnungen benötigt.

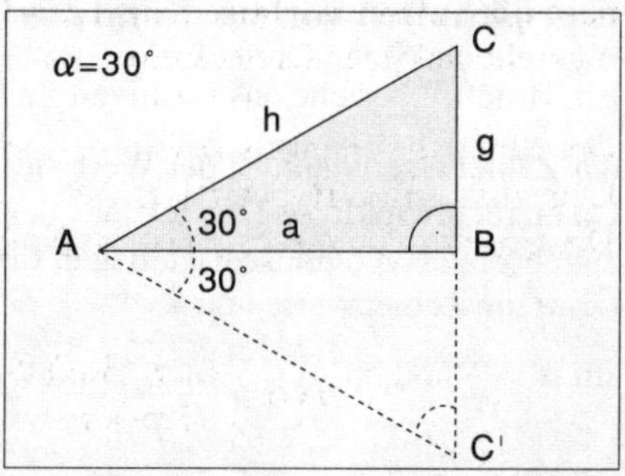

Die Anwendung des Satzes von Pythagoras im obigen Dreieck ABC ergibt

$$g^2 + a^2 = h^2$$
$$a^2 = h^2 - g^2 = h^2 - (½\, h)^2 = h^2 - ¼\, h^2 = ¾\, h^2$$
$$a = \sqrt{¾\, h^2} = \frac{\sqrt{3}}{2}\, h = 0{,}5 \cdot \sqrt{3}\, h$$

$\cos 30° = \frac{a}{h} = \frac{0{,}5 \cdot \sqrt{3} \cdot h}{h}$ h kürzt sich weg: $\cos 30° = 0{,}5 \cdot \sqrt{3}$ (= 0,8660)

$\sin 30° = \frac{g}{h} = \frac{0{,}5 \cdot h}{h}$ $\qquad \sin 30° = 0{,}5$

Das nachfolgende rechtwinklige Dreieck mit dem Kathetenwinkel α = 45° ist gleichschenklig, die beiden Katheten a und g haben die gleiche Länge.

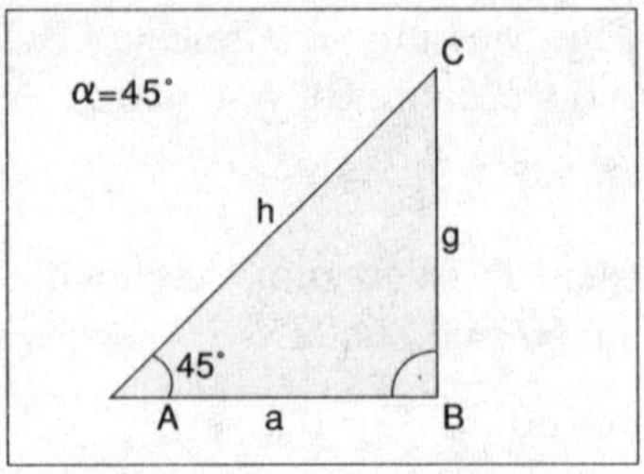

Der Satz des Pythagoras besagt hier:
$h^2 = a^2 + g^2$; mit $a = g$
wird dann $h^2 = g^2 + g^2 = 2g^2$,
$h = \sqrt{2g^2} = \sqrt{2} \cdot g$

$\sin 45^\circ = \frac{g}{h} = \frac{g}{\sqrt{2} \cdot g}$, g kürzt sich weg:

$$\sin 45^\circ = \frac{1}{\sqrt{2}} \; (= 0{,}7071 \ldots)$$

Da $g = a$ und somit $\frac{g}{h} = \frac{a}{h}$ gilt, folgt hieraus

$$\sin 45^\circ = \cos 45^\circ$$

Eigenschaften von sin α und cos α

Ein Bruch $\frac{z}{n}$ bestehe aus positiven Zahlen z und n, wobei der Nenner n größer als der Zähler z sei; dann ist der Wert dieses Bruches kleiner als 1 und größer als 0. Da im rechtwinkligen Dreieck jede der beiden Katheten g und a stets kleiner als die zugehörige Hypotenuse h ist, liegen für *jeden beliebigen Winkel zwischen 0 und 90 Grad* die Zahlenwerte von

$\sin\alpha = \frac{g}{h}$ und $\cos\alpha = \frac{a}{h}$ stets *zwischen 0 und 1*.

Für jeden Winkel α mit $0^\circ < \alpha < 90^\circ$
gilt $0 < \sin\alpha < 1$ und $0 < \cos\alpha < 1$

Es ist üblich, statt der Schreibweise $(\sin\alpha)^2$ bzw. $(\cos\alpha)^2$ die Darstellung $\sin^2\alpha$ bzw. $\cos^2\alpha$ zu wählen. Zwischen dem Sinus und dem Cosinus des Winkels α gilt die folgende wichtige Beziehung:

$$\sin^2\alpha + \cos^2\alpha = 1$$

Diese Gleichung läßt sich unter Verwendung des Satzes von Pythagoras leicht beweisen:

$$\sin^2\alpha + \cos^2\alpha = \left(\frac{g}{h}\right)^2 + \left(\frac{a}{h}\right)^2 = \frac{g^2}{h^2} + \frac{a^2}{h^2} = \frac{g^2 + a^2}{h^2} = \frac{h^2}{h^2} = 1$$

Die Dreiecke ABC und AB'C' sind *ähnlich* zueinander, die Verhältnisse von Gegenkathete zu Hypotenuse sind in beiden Dreiecken gleich: g : h = g' : h'. *Der Sinus von* α *hängt somit nur von der Winkelgröße* α *ab*, nicht von der Dreiecksgröße.

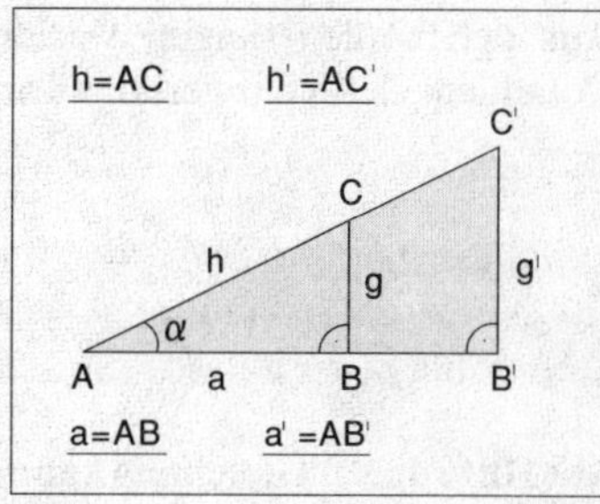

In entsprechender Weise begründet man, daß auch der Cosinus nur von der Winkelgröße α abhängig ist.

Nur für wenige, spezielle Winkel α sind die zugehörigen Sinus- und Cosinuswerte ganze oder rationale Zahlen; z.B. gilt sin 30° = 0,5; cos 60° = 0,5; sin 90 = 1.

Fast alle Werte sin α, cos α für beliebige Winkel zwischen 0° und 90° sind irrationale Zahlen, also unendlich lange, nicht periodische Dezimalzahlen. Z.B. gilt:

$$\sin 45° = \frac{1}{\sqrt{2}} = 0{,}707106781\ .$$

TANGENS UND COTANGENS IM RECHTWINKLIGEN DREIECK

Im rechtwinkligen Dreieck sind ergänzend zu den Seitenverhältnissen Sinus und Cosinus zwei weitere Seitenverhältnisse von Bedeutung. Der Tangens des Winkels α (tan α, sprich: "Tangens von α") ist das Verhältnis von Gegenkathete zu Ankathete. Der Cotangens von α (cot α) ist das Verhältnis von Ankathete zu Gegenkathete.

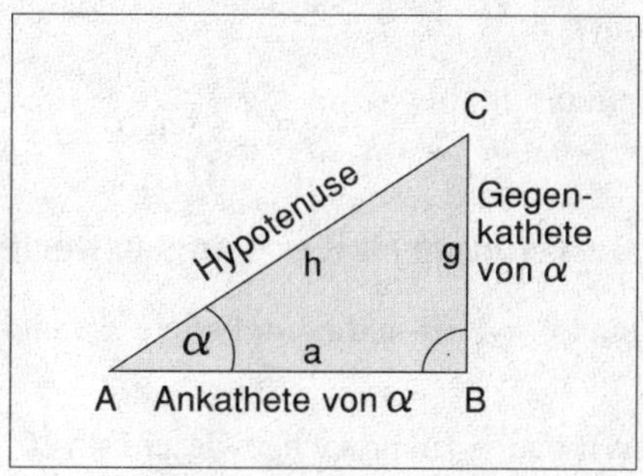

$$\tan \alpha = \frac{\textit{Gegenkathete}}{\textit{Ankathete}} \qquad \cot \alpha = \frac{\textit{Ankathete}}{\textit{Gegenkathete}}$$

Auch Tangens und Cotangens von einem Winkel sind entsprechend dem Sinus und Cosinus *dimensionsfreie Zahlen*. In den meisten Anwendungsbereichen hat der Tangens eine erheblich größere Bedeutung als der Cotangens.

Aus den beiden obigen Definitionsgleichungen ist sofort ersichtlich, daß der Cotangens der Kehrwert des Tangens ist.

$$\cot\alpha = \frac{1}{\tan\alpha}$$

Mit Hilfe dieser Gleichung kann man die Berechnung von cot - Werten sehr einfach auf die Berechnung von tan - Werten zurückführen. Aus diesem Grund haben die Taschenrechner üblicherweise nur eine tan - Taste, aber keine cot - Taste.

Der Tangens und auch der Cotangens von α lassen sich jeweils auf die beiden Grössen $\sin\alpha$ und $\cos\alpha$ zurückführen, es gilt:

$$\tan\alpha = \frac{\sin\alpha}{\cos\alpha} \qquad \cot\alpha = \frac{\cos\alpha}{\sin\alpha}$$

Beweis der ersten Aussage:

$\sin\alpha = \frac{g}{h}$, $\cos\alpha = \frac{a}{h}$;

$$\frac{\sin\alpha}{\cos\alpha} = \frac{g}{h} : \frac{a}{h} = \frac{g}{h} \cdot \frac{h}{a} = \frac{g}{a} = \tan\alpha$$

Berechnung einiger Tangenswerte

$\tan 45° = 1$, da in diesem Falle $g = a$ und somit $\tan 45° = \frac{g}{a} = \frac{g}{g} = 1$ gilt.

Wir hatten zuvor nachgewiesen: $\sin 30° = 0{,}5$ und $\cos 30° = 0{,}5 \cdot \sqrt{3}$
somit folgt

$$\tan 30° = \frac{\sin 30°}{\cos 30°} = \frac{0{,}5}{0{,}5 \cdot \sqrt{3}}$$

$$\tan 30° = \frac{1}{\sqrt{3}} \; (= 0{,}57735\;...)$$

Sin, cos und tan für den Nullwinkel

Für die Grenzfälle des Kathetenwinkels $\alpha = 0°$ bzw. $\alpha = 90°$ liegt kein Dreieck vor. Die Festlegungen der bisherigen Seitenverhältnisse im rechtwinkligen Dreieck treffen für diesen Fall nicht im eigentlichen Sinn zu.

Wir stellen uns nun vor, daß der Eckpunkt C des rechtwinkligen Dreiecks ABC der x - Achse immer näher kommt.
Hierbei ändert sich die Länge der Hypotenuse h=AC nicht, die Gegenkathete g von α wird dabei immer kleiner und geht auf die Länge Null zu. Das Verhältnis g : h strebt somit ebenfalls gegen Null, und man erkärt aus diesem Grund:

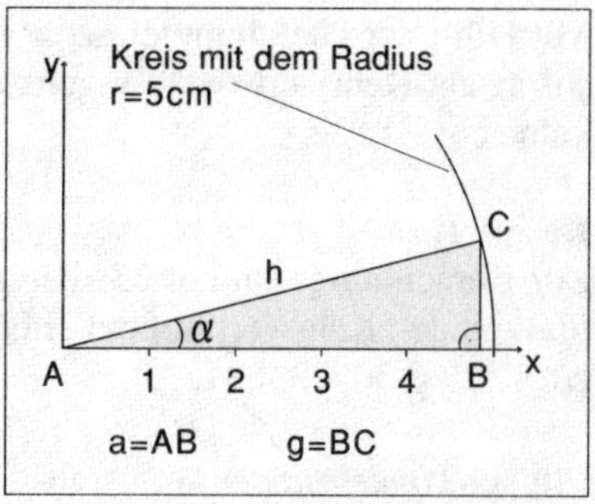

$\sin 0° = 0$

Die Längen a und h sind für einen sehr kleinen Winkel fast gleich lang, das Verhältnis a : h strebt mit immer kleineren Werten von α gegen 1 und das Verhältnis g : a strebt zugleich gegen Null. Man legt daher fest:

$\cos 0° = 1$ $\tan 0° = 0$

Der Taschenrechner als moderne trigonometrische Tabelle

Nur für wenige spezielle Winkel (z.B. 30°, 45°) sind sin, cos, tan und cot noch mit einfachen Mitteln zu berechnen; für einen beliebigen Winkel ist die genaue Berechnung dieser Werte zumeist aufwendig. Früher wurden daher diese Werte aus umfangreichen *trigonometrischen Tabellen* abgelesen; in der heutigen Zeit hat der Taschenrechner diese Tabellen ersetzt.

Auf den meisten Taschenrechnern sind die Tasten **sin**, **cos** und **tan** vorhanden; mit diesen kann man zu einem beliebigen Winkel α die zugehörigen Werte für $\sin \alpha$, $\cos \alpha$ und $\tan \alpha$ i.allg. auf 8 Stellen genau ermitteln.

Beispiele:
Zur Bestimmung des Zahlenwertes von sin 53° tippt man erst die Zahl 53 ein; dann drückt man auf die Taste **sin**, und es erscheint die Zahlenangabe 0.79863551 im Anzeigenfenster. Dieses ist der Wert von sin 53°.

Den Zahlenwert tan 69° = 2.605089065 erhält man, indem man erst die Zahl 69 eintippt und danach die Taste **tan** drückt.

Mit Hilfe der Gleichung cot $\alpha = 1 : \tan \alpha$ läßt sich der Cotangens eines Winkels sofort als Kehrwert des Tangens ermitteln, ein Taschenrechner hat daher i.allg. keine cot - Taste.

Beispiel:
Zur Berechnung von cot 73° berechnet man erst den tan 73° und bestimmt dann hiervon den Kehrwert mit der entsprechenden Taste **1/x;** es ergibt sich
cot 73° = 0,305730681.

Mit den *Umkehrtasten* **sin** $^{-1}$, **cos** $^{-1}$, **tan** $^{-1}$ kann man zu vorgegebenen Zahlenwerten sin α, cos α, tan α die zugehörigen Winkel ermitteln. Bei den meisten Taschenrechnern wird die Umkehrtaste durch das Drücken einer *Umschalttaste,* gefolgt von der sin -, cos - oder tan - Taste, realisiert. Diese hat häufig die Bezeichnung **inv** oder auch **2nd**.

Beispiel:
Vorgegeben ist die Gleichung sin $\alpha = 0.79$, gesucht ist der Winkel α. Man gibt zunächst 0.79 ein, danach drückt man die Tasten **inv** und **sin** in dieser Reihenfolge. Als Ergebnis erscheint die Zahl 52.1855115 im Anzeigenfenster.
Der gesuchte Winkel beträgt $\alpha = 52.19°$ (gerundet).

Wir haben bisher stets im üblichen Winkelmaß gerechnet, bei diesem ist der Kreis in 360 gleiche Teile ("Grade") zerlegt. Dieses Winkelmaß ist auf dem Taschenrechner voreingestellt und wird mit DEG (englisch: "degree" bedeutet "Grad") im Anzeigenfeld gemeldet.
Es gibt nun aber verschiedene Winkelmaße, diese können gesondert am Taschenrechner eingestellt werden. Das Bogenmaß wird mit RAD, das Neugrad mit GRA angezeigt.

Deutung von sin, cos, tan und cot als Winkelfunktionen

In der Mathematik ist heute die funktionale Betrachtungsweise von großer Bedeutung. Eine Funktion besteht im wesentlichen aus einer Zuordnungsvorschrift, die einer Variablen x aus einem Definitionsbereich D einen bestimmten Funktionswert y in eindeutiger Weise zuordnet.

Wir führen zunächst die Sinus- und die Cosinusfunktion ein. Als jeweiligen Definitionsbereich wählen wir für beide das geschlossene Intervall
$D = [\, 0° \,;\, 90° \,]$ aller Winkel von 0° bis 90°.

Der Wertebereich für beide Funktionen ist das abgeschlossene Intervall
$W = [\, 0 \,;\, 1 \,]$ aller reellen Zahlen von 0 bis 1.

Mit den beiden Zuordnungen

sin: α |——> sin α   cos: α |——> cos α

sind dann Sinus- und Cosinusfunktion definiert.

Die Schreibweise sin (α) bzw. cos (α) mit den *Funktionsklammern* wäre eigentlich angemessener im Sinne der Funktionsbetrachtung. Aus historischen Gründen wird aber heute noch überwiegend die Schreibweise sin α bzw. cos α verwendet. *Grundsätzlich sind beide Schreibweisen mit und ohne Funktionsklammern zulässig.*

Um die Graphen beider Funktionen zu zeichnen, legen wir zunächst unter Verwendung des Taschenrechners eine Wertetafel an.

α	0°	15°	30°	45°	60°	75°	90°
sin α	0	0,259	0,5	0,707	0,866	0,966	1
cos α	1	0,966	0,866	0,707	0,5	0,259	0

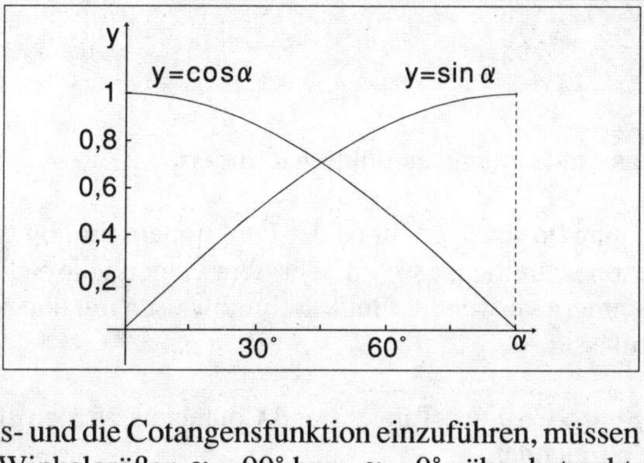

Um die Tangens- und die Cotangensfunktion einzuführen, müssen wir zunächst die hier kritischen Winkelgrößen α = 90° bzw. α = 0° näher betrachten.

Für Kathetenwinkel α, die größer als 45° sind, ist die Gegenkathete g größer als die Ankathete a und somit der tan α größer als 1.

Beträgt α fast 90°, so ist g sehr viel größer als a, der tan α hat hier einen sehr großen Wert.

Beispiel: tan 89,95° = 1145,9
tan 89,999° = 57295,8

Strebt α gegen 90°, so wachsen g und auch der zugehörige Tangens gegen unendlich große Werte. Für $\alpha = 90°$ ist der tan 90° zahlenmäßig nicht definiert.

Auf ähnliche Weise kann man begründen, daß der Wert cot 0° zahlenmäßig nicht definiert ist.

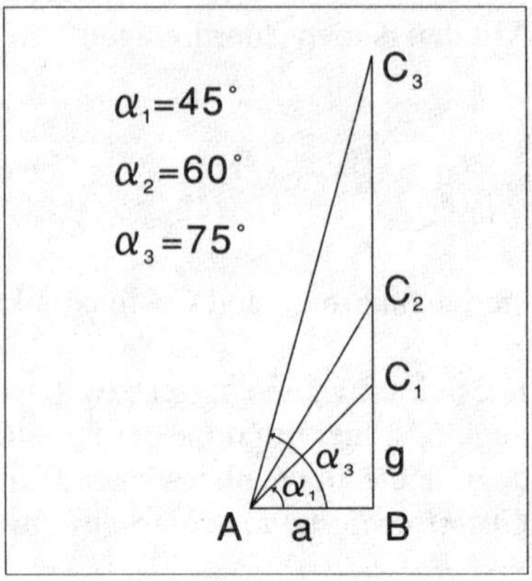

Als Definitionsbereich für die Tangensfunktion wählt man das rechts offene Intervall D = [0° ; 90° [; zu diesem Intervall gehören alle Winkelwerte α, die *größer oder gleich Null* und *kleiner als 90°* sind. Der Wertebereich ist die Menge $W = \{ x \in \boldsymbol{R} : x \geq 0 \}$ aller positiven reellen Zahlen einschließlich der Null.

Für die Cotangensfunktion wird der hier kritische Wert $\alpha = 0°$ nicht zum Definitionsbereich D hinzugenommen; hier ist dann D =] 0° ; 90°] ein links offenes Intervall. Der Wertebereich ist hier gleich mit dem der Tangensfunktion.

Mit den beiden Zuordnungen

tan: $\alpha \longmapsto \tan \alpha$ cot: $\alpha \longmapsto \cot \alpha$

sind dann Tangens- und Cotangensfunktion definiert.

Auch hier müßte man im strengen Sinne der Funktionenschreibweise eigentlich tan (α) bzw. cot (α) schreiben; es wird aber überwiegend die Schreibweise ohne die Funktionsklammern verwendet. Beide Schreibweisen mit und ohne Funktionsklammern sind zulässig.

Die Funktionen Sinus, Cosinus, Tangens und Cotangens werden als *trigonometrische Funktionen* bezeichnet.

Wir legen nun eine Wertetafel für die Tangens- und Cotangensfunktion an, um die zugehörigen Graphen zu zeichnen.

α	0°	15°	30°	45°	60°	75°	80°	90°
tan α	0	0,268	0,577	1	1,732	3,732	5,671	—
cot α	—	3,732	1,732	1	0,577	0,268	0,176	0

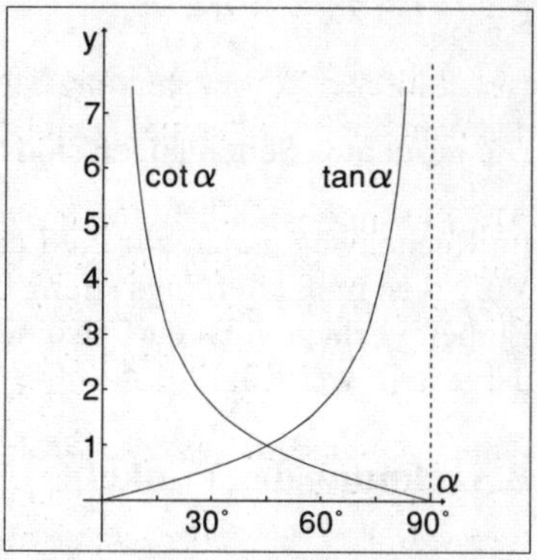

Tangens- und Cotangensfunktion sind nicht beschränkt, es gibt hier also keine obere Grenze für alle Funktionswerte. Im Unterschied hierzu sind Sinus- und Cosinusfunktion beschränkt; die Werte von sin α und cos α können nicht größer als 1 werden.

12.2 BERECHNUNG RECHTWINKLIGER DREIECKE

Sind in einem rechtwinkligen Dreieck
- *eine Seitenlänge und ein Kathetenwinkel*
  oder
- *zwei Seitenlängen*

vorgegeben, so können in beiden Fällen alle übrigen Stücke im Dreieck mit Hilfe der trigonometrischen Funktionen berechnet werden.

BERECHNUNG FEHLENDER SEITEN UND WINKEL

Berechnung der noch fehlenden Seiten

In einem rechtwinkligen Dreieck ist der Kathetenwinkel α = 25° und dessen Ankathete AB = 7 m vorgegeben.
Die beiden anderen Seitenlängen sind zu berechnen.

Wir lösen die Gleichung $\cos 25^\circ = \frac{7}{h}$ nach h auf:

$\cos 25° = \frac{7}{h} \qquad | \cdot h$

$h \cdot \cos 25° = 7 \qquad | : \cos 25°$

$h = \frac{7}{\cos 25°} = 7{,}724$

Berechnung von $g = \overline{BC}$:

$\frac{g}{7} = \tan 25° \qquad | \cdot 7$

$g = 7 \cdot \tan 25° = 3{,}264$

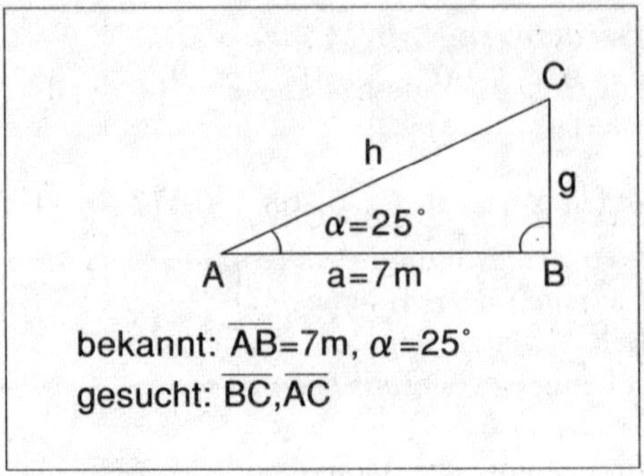

Die gesuchten Seitenlängen sind h = 7,724 m und g=3,264 m.

Im Rechenweg hatten wir die Längeneinheit m nicht mitgeschrieben. Bei diesem Vorgehen muß allerdings streng beachtet werden, daß alle Längen in der gleichen Einheit vorliegen. Es darf also nicht die eine Seitenlänge in m, eine andere in cm dargestellt werden.

Berechnung der Winkel

Bekannt ist die Hypotenusenlänge AC = 40 cm und die Kathetenlänge AB = 30 cm. Gesucht sind die Winkel α und γ.

In bezug auf den Winkel γ ist die Seite AB dessen Gegenkathete.

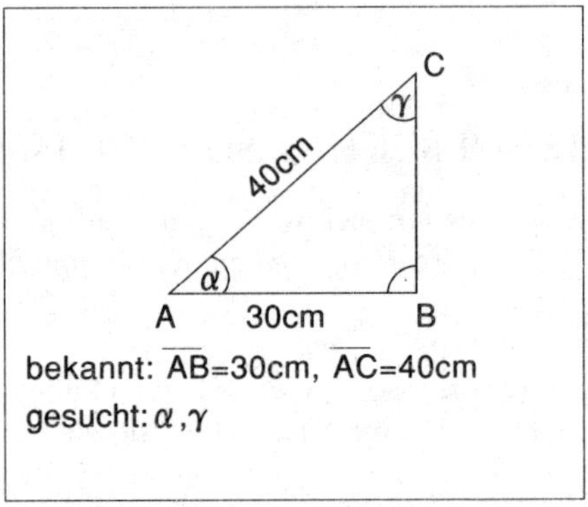

$\sin \gamma = \frac{30}{40} = 0{,}75$

Der Winkel γ wird nun mit Hilfe der Umkehrtaste **sin** $^{-1}$ des Taschenrechners bestimmt, es folgt $\gamma = 48{,}59°$.

Im rechtwinkligen Dreieck ist die Summe der beiden Kathetenwinkel stets 90°, somit ist $\alpha = 90° - 48{,}59° = 41{,}41°$.

Berechnung von Höhen

Die Höhe $\overline{BC}$ eines Baumes soll bestimmt werden.

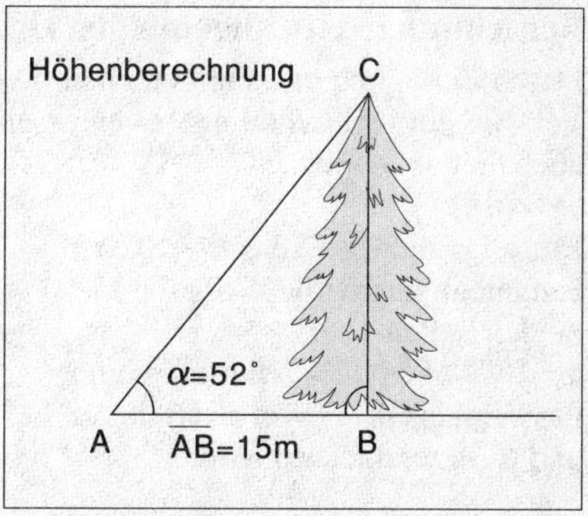

Bekannt ist die Entfernung AB = 15 m vom Beobachtungsstandpunkt A bis zum Fußpunkt B des Baumes. Der Höhenwinkel α, unter dem die Baumspitze erscheint, ist ebenfalls bekannt.

Berechnung der Baumhöhe:

$\frac{\overline{BC}}{\overline{AB}} = \tan 52° \quad | \cdot \overline{AB} \qquad \overline{BC} = \overline{AB} \cdot \tan 52° = 15\,m \cdot \tan 52° = 19{,}2\,m.$

Die Steigung einer Straße erklärt man als das Verhältnis von Höhenzuwachs (z = BC) zur horizontal gemessenen Entfernung (e = AB).

Die Steigung ist somit der Tangens des Steigungswinkels α:

$\tan\alpha = \frac{z}{e}$

Ist z.B. der Steigungswinkel α = 11°, so ist tan 11° = 0,1944, das sind 19,44 % Steigung.

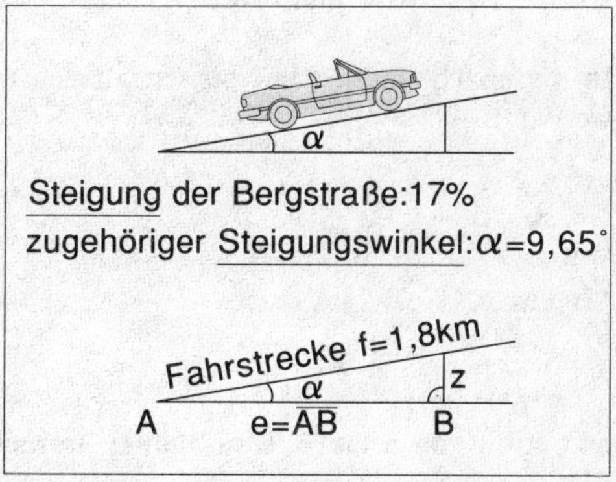

Ein Fahrzeug fährt eine Bergstraße mit 17 % Steigung hinauf. Welchen Höhenzuwachs (z) hat das Fahrzeug gewonnen, wenn es 1,8 km auf dieser Bergstrecke gefahren ist?

Zunächst müssen wir den Steigungswinkel α berechnen. 17 % Steigung entspricht dem Tangenswert 0,17: tan α = 0,17.

Der Winkel α wird mit der Umkehrtaste **tan** $^{-1}$ des Taschenrechners bestimmt, es ist α = 9,65°

$\frac{z}{f} = \sin 9{,}65° \quad | \cdot f \qquad z = f \cdot \sin 9{,}65° = 0{,}302\,km$

Der Höhenzuwachs beträgt z = 0,302 km = 302 m.

Berechnungen im allgemeinen Dreieck

Durch Zerlegung eines allgemeinen Dreiecks in 2 rechtwinklige Dreiecke lassen sich die am rechtwinkligen Dreieck eingeführten trigonometrischen Funktionen auch hier anwenden.

Ein allgemeines Dreieck ABC ist festgelegt durch die Vorgabe der beiden Seiten $a = \overline{BC} = 4$ cm, $c = \overline{AB} = 5$ cm und des Winkels β, der von den Seiten a und c eingeschlossen wird.

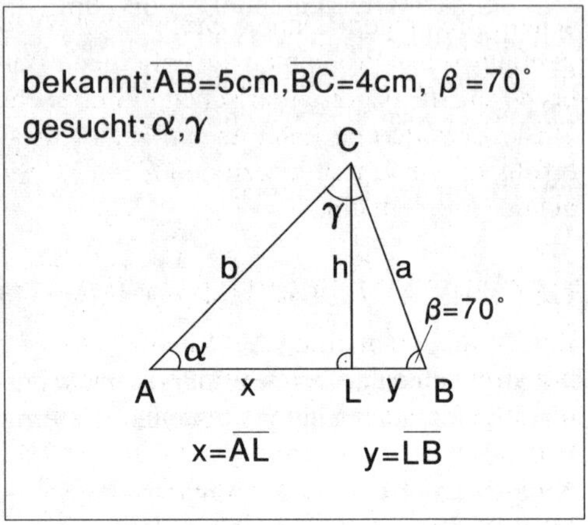

Die fehlenden Winkel α und γ sind zu berechnen.

Die Höhe h ist hier das Lot vom Punkt C auf die Seite $\overline{AB}$ mit dem Lotfußpunkt L. Mit Hilfe von h zerlegen wir das Dreieck ABC in die beiden rechtwinkligen Hilfsdreiecke ALC und LBC.

In diesen Hilfsdreiecken müssen zunächst die Seitenlängen h, x, y berechnet werden.

$\frac{h}{a} = \sin 70° \quad | \cdot a \qquad h = a \cdot \sin 70° = 3{,}759\ cm$

$\frac{y}{a} = \cos 70° \quad | \cdot a \qquad y = a \cdot \cos 70° = 1{,}368\ cm$

$x = 5\ cm - y = 3{,}632\ cm$

Mit Hilfe von h und x kann nun α im rechtwinkligen Dreieck ALC berechnet werden: $\tan\alpha = \frac{h}{x} = 1{,}035$; a bestimmen wir mit der Umkehrtaste **tan** $^{-1}$ des Taschenrechners, es folgt $\gamma = 180° - (\alpha + \beta) = 64{,}02°$.

Grundsätzlich reichen also die bisherigen Mittel aus, um auch allgemeine Dreiecke zu berechnen. Im Abschnitt 12.4 werden aber Lösungsmethoden für allgemeine Dreiecke dargestellt, die rechnerisch effektiver sind.

12.3 WINKELFUNKTIONEN FÜR BELIEBIGE WINKEL

Bisher hatten wir die trigonometrischen Funktionen (Winkelfunktionen) nur für Winkel zwischen 0° und 90° erklärt; größere Winkel können in rechtwinkligen Dreiecken nicht auftreten.
Im allgemeinen Dreieck sind auch Winkelgrößen über 90° möglich. Bei geometrischen Drehungen können Drehwinkel über 90° auftreten. Zur Berechnung von geometrischen Problemen mit beliebigen Winkelgrößen hat es sich als zweckmäßig erwiesen, die trigonometrischen Funktionen auf Winkel über 90° zu erweitern.
Diese Erweiterung kann aber nicht mehr am einfachen rechtwinkligen Dreieck erfolgen; wir führen hierzu den *Einheitskreis* im Koordinatensystem als grundlegendes Element ein.

DEFINITION DER TRIGONOMETRISCHEN FUNKTIONEN

Zur Verallgemeinerung der Winkelfunktionen auf einen größeren Winkelbereich benötigt man den Einheitskreis im kartesischen Koordinatensystem. Dieser Kreis liegt mit seinem Mittelpunkt im Ursprung (0 ; 0) und hat den Radius r = 1.

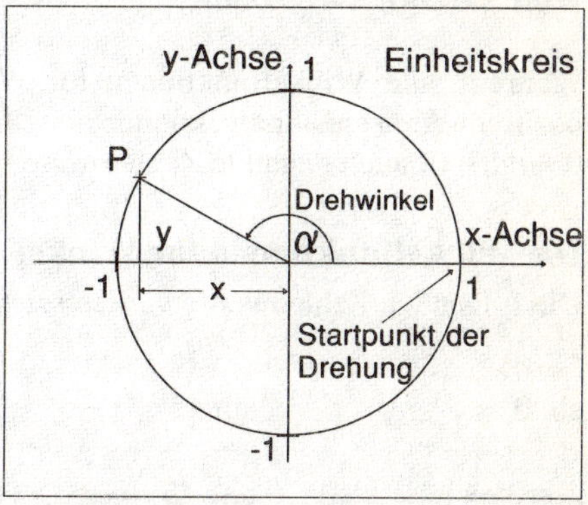

Ausgehend vom Startpunkt (1 ; 0) dreht man einen Kreispunkt P in eine beliebige Lage auf dem Einheitskreis; hier hat P die Koordinaten x, y. Die Drehung erfolgt im positiven Drehsinn, d.h. gegen den Uhrzeigersinn; in diesem Fall hat der Drehwinkel α ein positives Vorzeichen, bei einer Drehung im Uhrzeigersinn hat α ein negatives Vorzeichen.

Mit Hilfe der Koordinaten x,y des Kreispunktes P (x ; y) erklärt man die Winkelfunktionen für einen beliebigen Winkel α:

$\sin \alpha = y \qquad \cos \alpha = x$

Der Sinus zum Winkel α ist gleich der y - Koordinate des um α gedrehten Kreispunktes P, der Cosinus ist gleich der x - Koordinate von P.

Aus den obigen Gleichungen folgt:

$\tan\alpha = \dfrac{\sin\alpha}{\cos\alpha}$ $(\cos\alpha \neq 0)$ $\qquad$ $\cot\alpha = \dfrac{\cos\alpha}{\sin\alpha}$ $(\sin\alpha \neq 0)$.

Beispiel:
Wir betrachten eine Drehung von 240°
Der Punkt P (x ; y) liegt dann im 3. Quadranten,
cos 240° = x und
sin 240° = y haben hier beide ein negatives Vorzeichen.

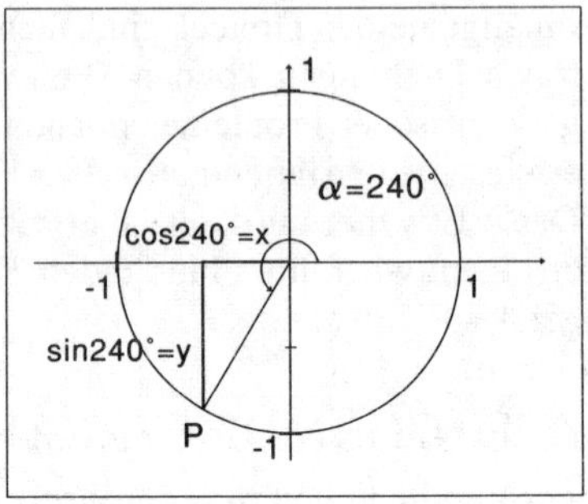

Aus der Zeichnung ist abzulesen:
cos 240° = – 0,5; für sin 240° ist der Schätzwert – 0,9 abzulesen (zum Vergleich ein genauerer Wert: sin 240° = – 0,8660).

Während alle Winkelfunktionen für Winkelgrößen zwischen 0° und 90° stets positive Werte annehmen, können diese Funktionen für beliebige Winkel zwischen 0° und 360° auch negative Zahlenwerte besitzen.

Die Winkelfunktionen für Winkel zwischen 0° und 360°

Die folgenden Zahlenwerte wurden schon begründet:

$\sin 0° = 0$ $\qquad$ $\sin 45° = \dfrac{1}{\sqrt{2}}$ $\qquad$ $\sin 90° = 1$

$\cos 0° = 1$ $\qquad$ $\cos 45° = \dfrac{1}{\sqrt{2}}$ $\qquad$ $\cos 90° = 0$

Aus Symmetriegründen am Einheitskreis lassen sich zu den weiteren Vielfachen von 45° die zugehörigen Sinus- und Cosinuswerte stets auf die oben genannten Zahlenwerte zurückführen. Hierbei können Vorzeichenwechsel in Abhängigkeit von der Lage im jeweiligen Quadranten auftreten.

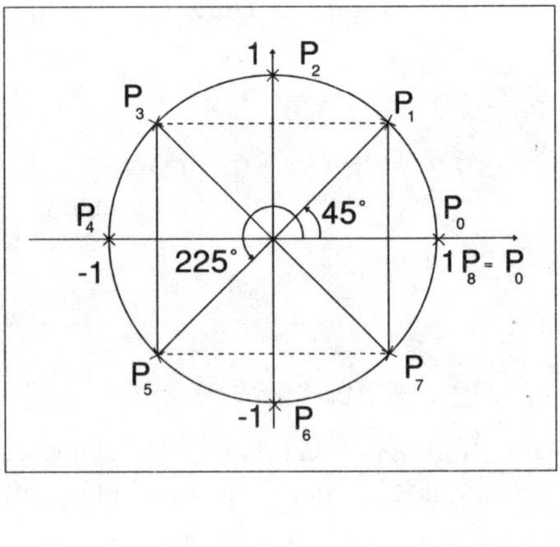

Die Werte von sin α, cos α zu allen Drehpositionen P_0, P_1, . . ., P_7, P_8 sind in der folgenden Tabelle genannt.

Punkt	P_0	P_1	P_2	P_3	P_4	P_5	P_6	P_7	P_8
zugehöriger Drehwinkel	0°	45°	90°	135°	180°	225°	270°	315°	360°
$\sin\alpha$	0	$\frac{1}{\sqrt{2}}$	1	$\frac{1}{\sqrt{2}}$	0	$-\frac{1}{\sqrt{2}}$	-1	$-\frac{1}{\sqrt{2}}$	0
$\cos\alpha$	1	$\frac{1}{\sqrt{2}}$	0	$-\frac{1}{\sqrt{2}}$	-1	$-\frac{1}{\sqrt{2}}$	0	$\frac{1}{\sqrt{2}}$	1
$\tan\alpha = \frac{\sin\alpha}{\cos\alpha}$	0	1	—	-1	0	1	—	-1	0
$\cot\alpha = \frac{\cos\alpha}{\sin\alpha}$	—	1	0	-1	—	1	0	-1	—

Die obigen Tabellenwerte benutzen wir nun zur Zeichnung der zugehörigen Funktionsgraphen. Zur genaueren Darstellung dieser Graphen ist es zweckmäßig, sich zuvor noch einige dazwischenliegende Funktionswerte mit dem Taschenrechner zu berechnen.

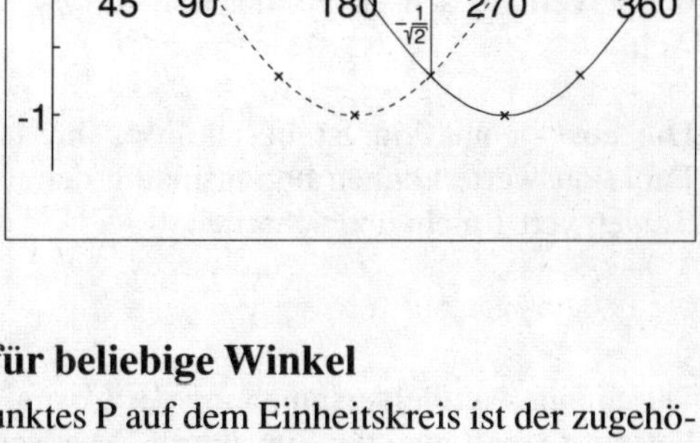

Trigonometrische Funktionen für beliebige Winkel

Nach genau einer Umdrehung des Punktes P auf dem Einheitskreis ist der zugehörige Drehwinkel $\alpha = 360°$, nach anderthalb Umdrehungen ist $\alpha = 360° + 180° = 540°$, nach zwei Umdrehungen ist $\alpha = 720°$.

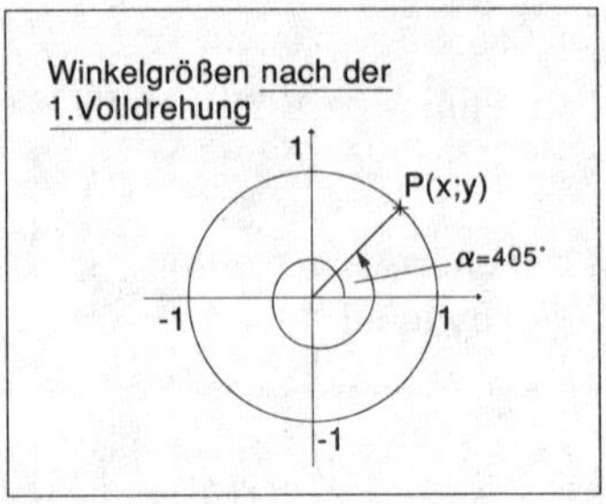

Dreht man P, ausgehend vom Startpunkt (1 ; 0), im negativen Drehsinn (mit dem Uhrzeiger), so hat α negative Werte.
Nach einer Vierteldrehung im Uhrzeigersinn ist $\alpha = -90°$, nach einer Volldrehung ist $\alpha = -360°$ usw.

Zu jedem beliebig großen Drehwinkel lassen sich die Koordinaten des Punktes
P(x ; y) auf dem Einheitskreis eindeutig angeben; somit sind auch gemäß unserer erweiterten Definition die zugehörigen trigonometrischen Funktionswerte stets bestimmt.

Nach Erweiterung des Definitionsbereichs auf den ganzen Zahlenstrahl erhalten wir als Graphen der sin- und cos- Funktion unendlich lange, sich periodisch wiederholende Kurven ("Schlangenkurven").
Die Graphen der sin- und cos- Funktionen wiederholen sich nach jeweils 360° Winkelzuwachs.

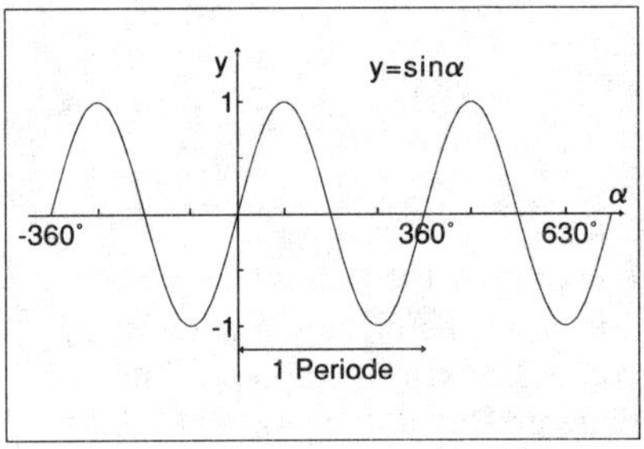

Die sin - Funktion $y = \sin \alpha$ ist *ungerade*, ihr Graph verläuft *punktsymmetrisch* zum Ursprung.

Die Werte der sin - Funktion können betragsmäßig höchstens gleich 1 werden; die Funktion ist somit beschränkt.

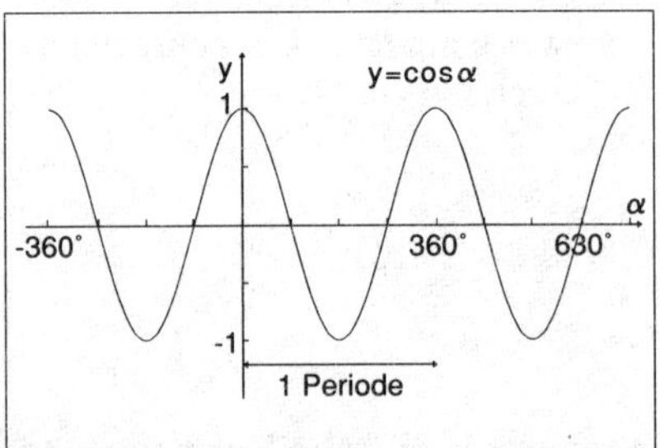

Die cos - Funktion $y = \cos \alpha$ ist gerade, ihr Graph verläuft achsensymmetrisch zur y - Achse.

Die cos - Funktion ist beschränkt, ihre Funktionswerte können betragsmäßig den Zahlenwert 1 nicht überschreiten.

Durch eine Parallelverschiebung der Cosinuskurve um 90° in Richtung der Winkelachse erhält man die Sinuskurve. Man sagt auch, die sin - Kurve und die cos - Kurve verlaufen um 90° gegeneinander phasenverschoben.

Im Gegensatz zur sin - und cos - Funktion sind tan - und cot - Funktionen beide nicht beschränkt.

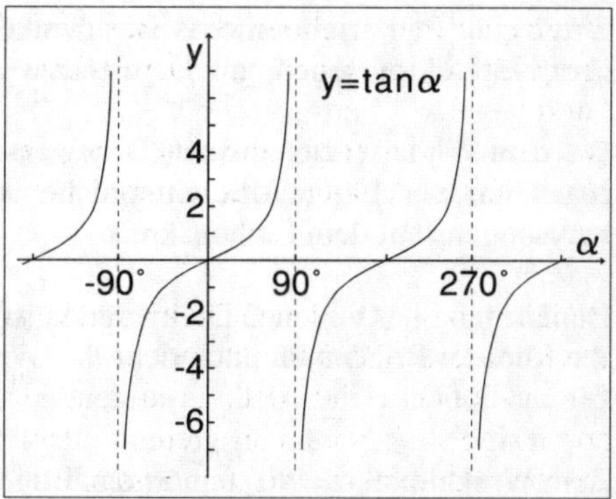

Der Tangens hat Sprungstellen für die Winkelwerte
..., – 270°, – 90°, 90°, 270°, ...

An diesen Stellen springt die Tangenskurve von unendlich großen positiven Zahlenwerten zu unendlich negativen Werten.

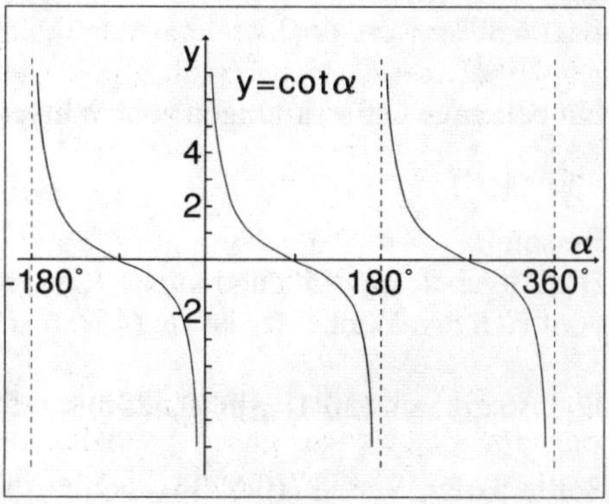

Der Cotangens hat Sprunstellen für die Winkelwerte
..., – 180°, 0°, 180°, 360°, ...

Die Tangens- und die Cotangensfunktion haben beide die Periodenlänge 180°; nach einem Winkelzuwachs von 180° wiederholt sich das vorherige Kurvenbild.

WINKELFUNKTIONEN IN BEZUG AUF DAS BOGENMASS

Die Größe eines Winkels kann grundsätzlich in verschiedenen Winkelmaßen gemessen werden. Für Anwendungen in der darstellenden Geometrie und im Vermessungswesen wird das übliche Gradmaß, bei dem der Kreis in 360 gleiche Abschnitte unterteilt wird, bevorzugt.
Dieses hat insbesondere historische Gründe, man hat sich an die Angaben im "klassischen" Winkelmaß gewöhnt.
Für die Anwendungen in der Analysis, die sich insbesondere mit den reellen Funktionen beschäftigt, ist es dagegen rechnerisch vorteilhafter, das Bogenmaß zu verwenden.

Im folgenden Abschnitt verwenden wir die trigonometrischen Funktionen in bezug auf das Bogenmaß. Wir vereinbaren hier weiterhin, daß wir in den nächsten beiden Abschnitten die trigonometrischen Funktionen mit den Funktionsklammern schreiben. Hiermit betonen wir die funktionale Betrachtungsweise und bereiten die

Einführung der trigonometrischen Umkehrfunktionen vor, die in der Literatur überwiegend im Bogenmaß dargestellt werden.

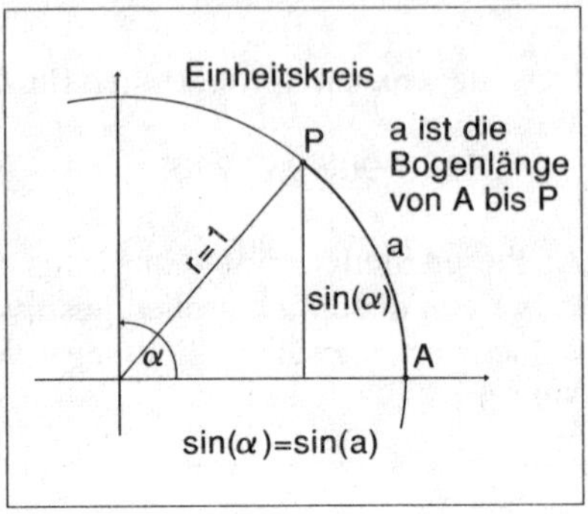

Das dem Winkel α zugeordnete Bogenmaß a ist gleich der Länge des entsprechenden Kreisbogens auf dem Einheitskreis.

Der Umfang des vollen Einheitskreises ist 2 π, diesem Bogenmaß entspricht das Winkelmaß 360°.

Zum Winkelmaß α = 90° gehört das Bogenmaß a = 2 π : 4 = π⁄2 = 1,571;
zu α = 45° gehört a = 2 π : 8 = π⁄4 = 0,7854;
zu α = 30° gehört a = 2 π : 12 = π⁄6 = 0,5236.

Für beliebige Umrechnungen vom Winkel α in das Bogenmaß a verwenden wir die Formel: $a = \pi \cdot \frac{\alpha}{180°}$

Beispiel:
Die Angaben sin (45°) und sin (0,7854) bedeuten in beiden Fällen den Sinuswert vom *gleichen* Winkel, es ist sin (45°) = sin (0,785) = 0,7071.

Ebenso gilt: sin (30°) = sin (0,5236) = 0,5.

Soll z.B. der Wert sin (0,5236) als Sinus vom Bogenmaß direkt mit dem Taschenrechner ermittelt werden, so muß man diesen zunächst mit einer besonderen Taste auf "Bogenmaß" umstellen. Danach erscheint im Anzeigenfenster die Angabe "RAD".

Der Graph der Sinusfunktion y = sin (a) in Abhängigkeit vom Bogenmaß soll gezeichnet werden. Wir wählen für die Variable a (Winkel im Bogenmaß) das abgeschlossene Intervall D = [– π ; 2 π] (diesem entspricht ein Winkelbereich im Gradmaß von – 180° bis 360°). Zunächst legen wir eine Wertetabelle an; aus Anschauungsgründen geben wir hier zum Bogenmaß noch zusätzlich die Werte im Winkelmaß an.

Zur graphischen Darstellung einer trigonometrischen Funktion in Abhängigkeit vom Bogenmaß ist die Einteilung bzw. Skalierung der Abzisse in Vielfache von π⁄4 = 0,7854 zweckmäßig.
Diese Skalierung soll für die folgenden beiden Funktionsbeispiele verwendet werden.

a	$-\pi$ $-3{,}14$	$-0{,}5\,\pi$ $-1{,}57$	0	$0{,}25\,\pi$ $0{,}78$	$0{,}5\,\pi$ $1{,}57$	$0{,}75\,\pi$ $2{,}36$	π $3{,}14$	$1{,}5\,\pi$ $4{,}71$	$2\,\pi$ $6{,}28$
α	$-180°$	$-90°$	0	$45°$	$90°$	$135°$	$180°$	$270°$	$360°$
sin (a)	0	-1	0	0,71	1	0,71	0	-1	0

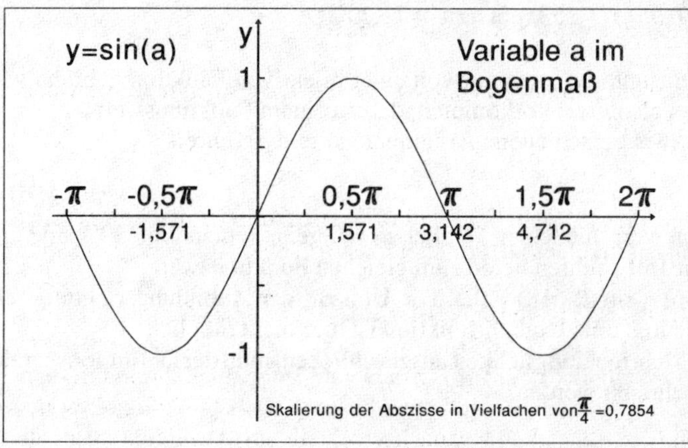

Zur Darstellung der Tangensfunktion y = tan (a) in bezug auf das Bogenmaß wählen wir für die Variable a als zugehörigen Definitionsbereich die reellen Zahlen von $-\pi/2$ bis $3/2\,\pi$, wobei wir die Sprungstellen $-\pi/2$, $\pi/2$, $3/2\,\pi$ der tan - Funktion auslassen müssen; hier sind die Zahlenwerte für tan (a) nicht erklärt.

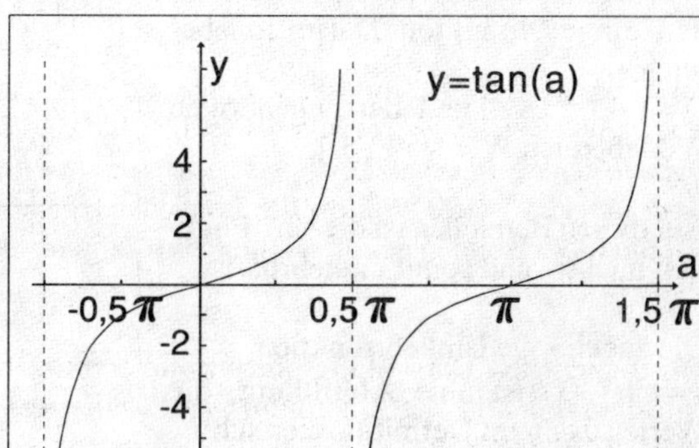

DIE UMKEHRFUNKTIONEN ZUM SINUS UND TANGENS

Die Sinus - Funktion ordnet jedem Winkel a (hier im Bogenmaß betrachtet) eine reelle Zahl y = sin (a) zwischen – 1 und 1 zu.

Beispiel:
$\pi/6 = 0{,}5236$ (entspricht 30°)
sin: 0,5236 |——> sin (0,5236) = 0,5

Die Umkehrfunktion $\sin^{-1}$ bestimmt zu einem Zahlenwert y zwischen – 1 und 1 den zugehörigen Winkel a, der sin (a) = y erfüllt.

Beispiel:
$\sin(a) = 0{,}95$
$a = \sin^{-1}(0{,}95) = 1{,}253$ (entspricht 71,79°)

Die Umkehrfunktion kann nur von einer bijektiven Funktion gebildet werden. Es darf hierbei also *nicht* vorkommen, daß zu einem Funktionswert y = sin(a) zwei verschiedene Argumente a_1 und a_2 führen.

Beispiel:
Die beiden verschiedenen Winkel $a_1 = 0{,}5236$ (entspricht 30°) und $a_2 = 2{,}618$ (entspricht 150°) führen beide zum gleichen Funktionswert sin (0,5236) = sin (2,618) = 0,5. Die Umkehr der Abbildungsrichtung wäre somit nicht eindeutig, eine Umkehrfunktion ist hier nicht möglich.
Um diese Mehrfachmöglichkeit auszuschließen, muß der Definitionsbereich geeignet eingeschränkt werden.

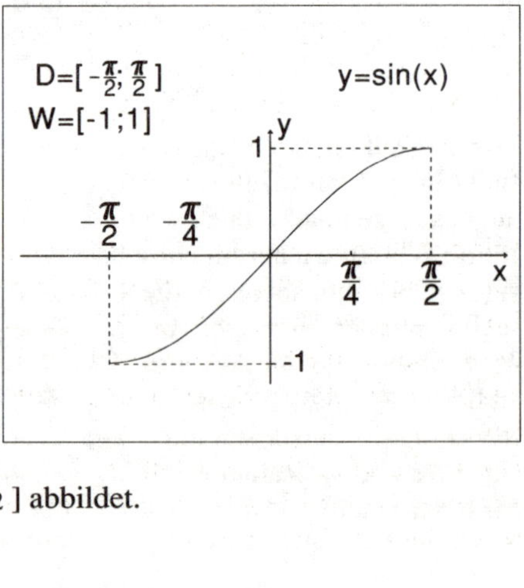

Wir wählen daher für die Sinusfunktion den eingeschränkten Definitionsbereich $D = [-\pi/2 ; \pi/2]$ und den zugehörigen Wertebereich $W = [-1 ; 1]$.

Auf diesen Bereichen ist die sin - Funktion bijektiv und somit umkehrbar.

Die zugehörige Umkehrfunktion $y = \sin^{-1}(x)$ ist eine Abbildung, die Werte aus ihrem Definitionsbereich $[-1 ; 1]$ in den Wertebereich $[-\pi/2 ; \pi/2]$ abbildet.

Zur Zeichnung des Graphen von $y = \sin^{-1}(x)$ erstellen wir zunächst mit Hilfe des Taschenrechners eine Wertetabelle. Die hierzu benötigte Umkehrtaste **sin** $^{-1}$ wird durch die Kombination einer Umschalttaste (**inv**, **2nd** oder bei älteren Modellen auch **arc**) mit der sin - Taste aktiviert.

x	– 1	– 0,75	– 0,5	– 0,25	0	0,25	0,5	0,75	1
$\sin^{-1}(x)$	– 1,57	– 0,85	– 0,52	– 0,25	0	0,25	0,52	0,85	1,57

Der Graph der Umkehrfunktion entsteht aus dem Graphen der Grundfunktion durch Spiegelung desselben an der Winkelhalbierenden im 1. und 3. Quadranten.

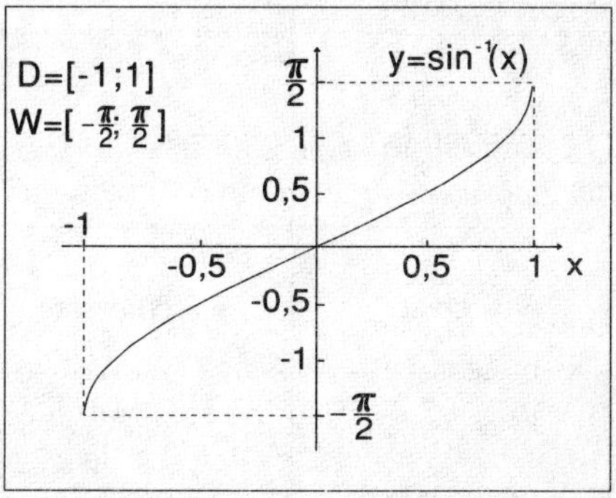

Die Umkehrfunktion y = sin (x) wird häufig auch als *Arcussinus* bezeichnet. Arcus (lat.) bedeutet Bogen. Statt $y = \sin^{-1}(x)$ werden häufig auch die Schreibweisen y = arcsin (x) oder y = invsin (x) verwendet.

Zur Tangensfunktion soll nun ebenfalls die Umkehrfunktion dargestellt werden. Es müssen hier die gleichen Überlegungen bezüglich der Einschränkung des Definitionsbereichs gemacht werden wie zuvor bei der sin - Funktion.

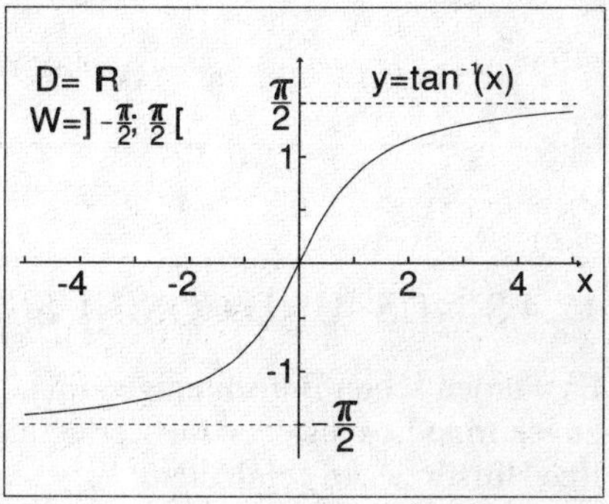

Wir beschränken den Definitionsbereich der Tangensfunktion auf die Winkel im Bogenmaß zwischen – $\pi/2$ und $\pi/2$; hier ist die Funktion bijektiv, als Wertebereich erscheint die Menge **R** aller reellen Zahlen.

Die Umkehrfunktion y = tan (x) ist dann eine Abbildung von **R** in das offene Intervall] – $\pi/2$; $\pi/2$ [; diese Funktion ist im Gegensatz zur tan - Funktion beschränkt; ihr Definitionsbereich dagegen ist der gesamte reelle Zahlenstrahl.

Die Umkehrfunktion $y = \tan^{-1}(x)$ wird auch häufig als *Arcustangens* bezeichnet, andere mögliche Schreibweisen sind y = arctan (x) oder auch y = invtan (x).

Die trigonometrischen Funktionen müssen auf einen jeweils geeigneten Definitionsbereich eingeschränkt werden, damit sie bijektiv und somit umkehrbar sind. Die Umkehrfunktionen zu den trigonometrischen Funktionen werden häufig auch als *Arcusfunktionen* bezeichnet, sie sollen in der folgenden Tabelle zusammengefaßt werden.

trigonometrische Funktion	Umkehrfunktion (Arcusfunktion)	Definitionsbereich der Umkehrfkt.	Wertebereich der Umkehrfunktion
y = sin (x)	$y = \sin^{-1}(x)$	$-1 \leq x \leq 1$	$-\frac{\pi}{2} \leq \sin^{-1}(x) \leq \frac{\pi}{2}$
y = cos (x)	$y = \cos^{-1}(x)$	$-1 \leq x \leq 1$	$0 \leq \cos^{-1}(x) \leq \pi$
y = tan (x)	$y = \tan^{-1}(x)$	**R**	$-\frac{\pi}{2} < \tan^{-1}(x) < \frac{\pi}{2}$
y = cot (x)	$y = \cot^{-1}(x)$	**R**	$0 < \cot^{-1}(x) < \pi$

12.4 SINUS- UND COSINUSSATZ

Es wurden schon Berechnungen im allgemeinen Dreieck durchgeführt, wobei der zugehörige Lösungsweg die Zerlegung des allgemeinen Dreiecks in 2 rechtwinklige Hilfsdreiecke beinhaltete.

Mit Hilfe einiger besonderer Formeln, die als Sinus- und Cosinussatz bezeichnet werden, kann man die Berechnungen im allgemeinen Dreieck oft sehr ökonomisch durchführen. Hierbei ist keine vorherige Zerlegung in rechtwinklige Hilfsdreiecke erforderlich.

DER SINUSSATZ

In jedem beliebigen Dreieck verhalten sich die Längen von zwei Seiten wie die Sinuswerte ihrer Gegenwinkel.

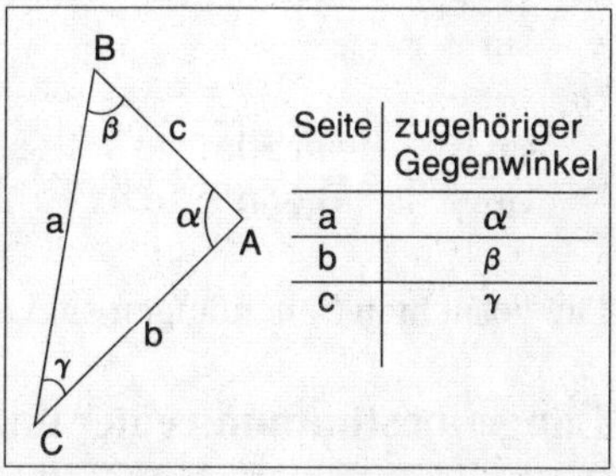

$$\frac{a}{b}=\frac{\sin\alpha}{\sin\beta} \qquad \frac{a}{c}=\frac{\sin\alpha}{\sin\gamma} \qquad \frac{b}{c}=\frac{\sin\beta}{\sin\gamma} \qquad \text{(Sinussatz)}$$

Diese 3 einzelnen Gleichungen kann man auch zu einer einzigen Gleichung zusammenfassen: $a : b : c = \sin\alpha : \sin\beta : \sin\gamma$.

Beispiele:

Vorgegeben sind 2 Winkel und eine Seitenlänge:
$\alpha = 70°$, $\beta = 50°$, $c = 5$ cm;

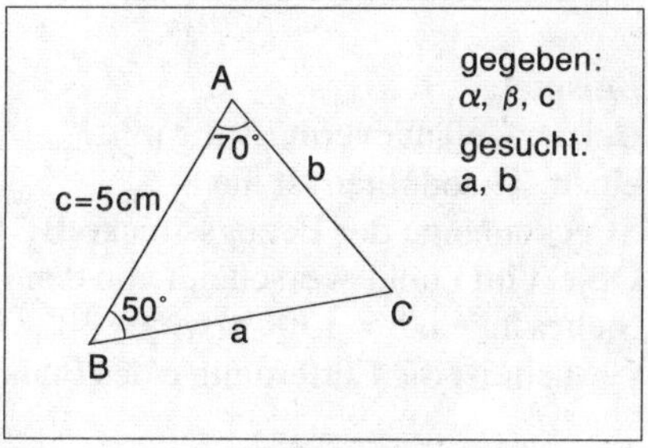

Die beiden fehlenden Seitenlängen a und b sind zu berechnen.

Im Dreieck beträgt die Summe der Innenwinkel 180°, somit kann der fehlende dritte Winkel sofort bestimmt werden:
$g = 180° - 70° - 50° = 60°$.

Berechnung von a:

$$\frac{a}{c}=\frac{\sin\alpha}{\sin\gamma} \qquad | \cdot c$$

$$a=\frac{\sin\alpha}{\sin\gamma}\cdot c=\frac{\sin 70°}{\sin 60°}\cdot 5\ cm = 1{,}085 \cdot 5\ cm = 5{,}425\ cm$$

Berechnung von b:

$$\frac{b}{c} = \frac{\sin\beta}{\sin\gamma} \qquad | \cdot c$$

$$b = \frac{\sin\beta}{\sin\gamma} \cdot c = \frac{\sin 50^\circ}{\sin 60^\circ} \cdot 5\,cm = 0{,}8845 \cdot 5\,cm = 4{,}423\,cm$$

Die gesuchten Seitenlängen sind a = 5,425 cm und b = 4,423 cm.

Längenbestimmung einer unzugänglichen Strecke im Gelände

Zur Messung von Winkeln im Gelände wird der *Theodolit* verwendet. Dieses Winkelmeßinstrument besteht im wesentlichen aus einem Zielfernrohr, kombiniert mit Winkelskalen und sehr genauen Ablesevorrichtungen. Das Gerät steht auf einem Dreifuß, der im Gelände aufgestellt werden kann.

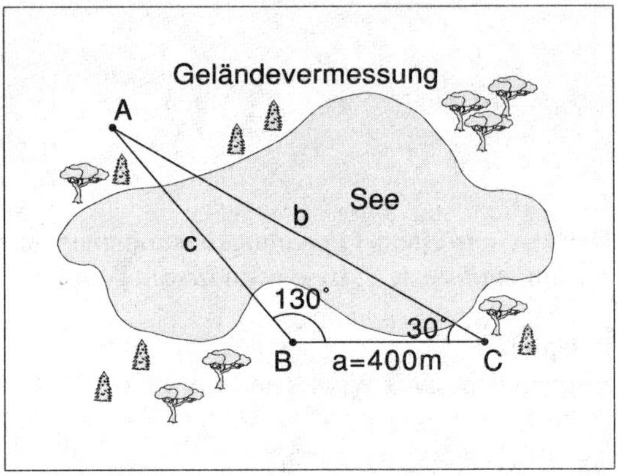

Beispiel:
Bei der Geländevermessung mit einem Theodoliten ist die Streckenlänge der Bezugsstrecke $\overline{BC}$ = 400 m bekannt. Ein schwer zugängliches Objekt im Punkt A erscheint von den Beobachtungspunkten B und C aus unter den Sichtwinkeln $\beta = 130^\circ$ bzw. $\gamma = 30^\circ$.
Gesucht ist die Entfernung c des Punktes A vom Beobachtungspunkt B.

Vorgegeben sind : a = 400 m, $\beta = 130^\circ$, $\gamma = 30^\circ$; gesucht ist c.
$\alpha = 180^\circ - 30^\circ - 130^\circ = 20^\circ$
Die oben genannten Verhältnisgleichungen des Sinussatzes gelten auch in der umgekehrten Form (Kehrwert bilden):

$$\frac{c}{a} = \frac{\sin\gamma}{\sin\alpha} \qquad | \cdot a$$

$$c = \frac{\sin\gamma}{\sin\alpha} \cdot a = \frac{\sin 30^\circ}{\sin 20^\circ} \cdot 400\,m = 1{,}4619 \cdot 400\,m = 584{,}76\,m$$

Die Länge der unzugänglichen Strecke c beträgt also c = 584,76 m.

DER COSINUSSATZ

Die Anwendung des Sinussatzes setzt die Kenntnis von mindestens einem Dreieckswinkel voraus. Sind von einem Dreieck nur die 3 Seitenlängen, aber keine Winkel bekannt, so benötigt man weitere Formeln, um hier die Winkel zu berechnen. Auch der Fall, daß zwei Dreieckseiten und der zwischen beiden gelegene Winkel gegeben sind, ist mit dem Sinussatz nicht weiter zu bearbeiten.
Für die beiden zuletzt genannten Aufgabentypen können die Formeln des Cosinussatzes verwendet werden.

Cosinussatz im allgemeinen Dreieck:

$$a^2 = b^2 + c^2 - 2\,b\,c \cdot \cos\alpha$$
$$b^2 = c^2 + a^2 - 2\,c\,a \cdot \cos\beta$$
$$c^2 = a^2 + b^2 - 2\,a\,b \cdot \cos\gamma$$

In den 3 Gleichungen des Cosinussatzes stehen auf der jeweils rechten Gleichungsseite immer die Bezeichnungen von 2 Dreiecksseiten und der von ihnen eingeschlossene Winkel.

Jedes Seitenpaar hat einen eingeschlossenen Winkel

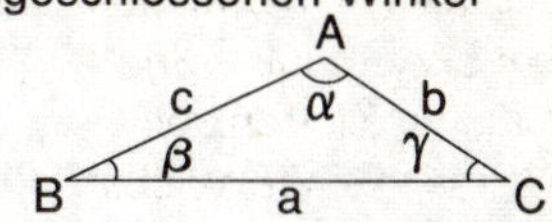

Seitenpaar	eingeschlossener Winkel
b,c	α
c,a	β
a,b	γ

Beispiel:

Vorgegeben sind:
a = 5 cm,
b = 8 cm,
c = 4 cm;

der Winkel γ ist zu berechnen.

Drei Seiten sind bekannt, gesucht ist ein Winkel

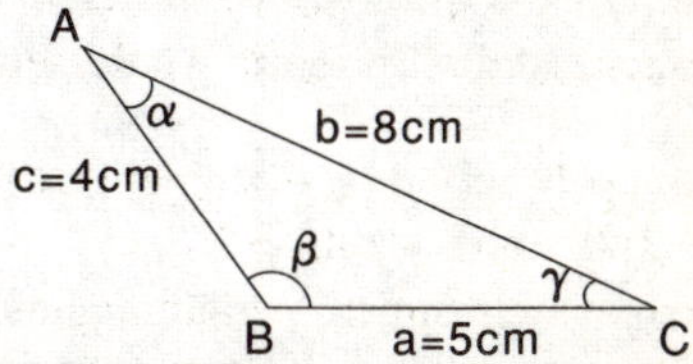

Die 3. Gleichung des Cosinussatzes wird nach γ umgestellt:

$$c^2 = a^2 + b^2 - 2\,a\,b \cdot \cos\gamma \qquad | + 2\,a\,b \cdot \cos\gamma$$
$$c^2 + 2\,a\,b \cdot \cos\gamma = a^2 + b^2 \qquad | - c^2$$
$$2\,a\,b \cdot \cos\gamma = a^2 + b^2 - c^2 \qquad | : (2\,a\,b)$$
$$\cos\gamma = \frac{a^2 + b^2 - c^2}{2\,a\,b} = \frac{25 + 64 - 16}{80} = 0{,}9125$$
$$\gamma = \cos^{-1}(0{,}9125) = 24{,}15°$$

Für $\cos^{-1}$ ist die entsprechende Umkehrtaste des Taschenrechners zu verwenden. Der gesuchte Winkel hat die Größe $\gamma = 24{,}15°$.

12.5 TRIGONOMETRISCHE FORMELN UND TABELLEN

Alle in diesem folgenden Abschnitt genannten trigonometrischen Funktionen gelten für beliebige Winkel.

Beziehungen zwischen den Winkelfunktionen des gleichen Winkels

$\sin^2\alpha + \cos^2\alpha = 1$ $\qquad \tan\alpha = \dfrac{\sin\alpha}{\cos\alpha}$ $\qquad \cot\alpha = \dfrac{\cos\alpha}{\sin\alpha}$

$\tan\alpha \cdot \cot\alpha = 1$ $\qquad 1 + \tan^2\alpha = \dfrac{1}{\cos^2\alpha}$ $\qquad 1 + \cot^2\alpha = \dfrac{1}{\sin^2\alpha}$

Einige Funktionswerte für besondere Winkel zwischen 0° und 90°

Winkelmaß α	0°	30°	45°	60°	90°
entsprechendes Bogenmaß	0	$\frac{\pi}{6}$	$\frac{\pi}{4}$	$\frac{\pi}{3}$	$\frac{\pi}{2}$
sin α	0	$\frac{1}{2}$	$\frac{1}{2}\sqrt{2}$	$\frac{1}{2}\sqrt{3}$	1
cos α	1	$\frac{1}{2}\sqrt{3}$	$\frac{1}{2}\sqrt{2}$	$\frac{1}{2}$	0
tan α	0	$\frac{1}{3}\sqrt{3}$	1	$\sqrt{3}$	—
cot α	—	$\sqrt{3}$	1	$\frac{1}{3}\sqrt{3}$	0

Vorzeichentabelle

Die trigonometrischen Funktionen für beliebige Winkel wurden über die Koordinaten x, y des gedrehten Punktes P(x ; y) auf dem Einheitskreis erklärt; es gilt hier $\sin\alpha = y$ und $\cos\alpha = x$.

Je nach Lage von P haben die trigonometrischen Funktionen unterschiedliche Vorzeichen, diese sind aus der folgenden Tabelle ersichtlich:

	Quadrant			
	I	II	III	IV
sin α	+	+	–	–
cos α	+	–	–	+
tan α	+	–	+	–
cot α	+	–	+	–

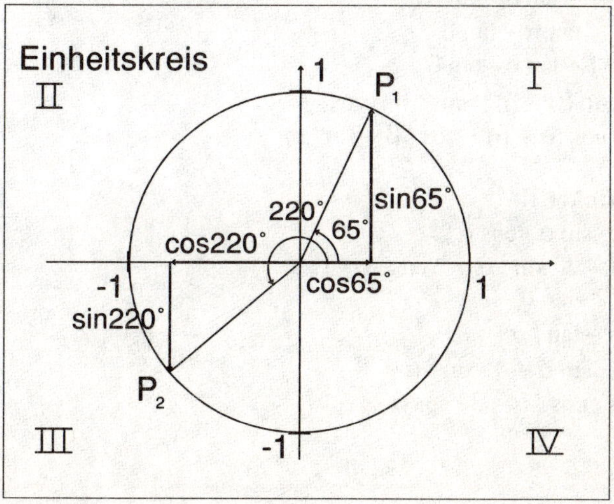

Gerade und ungerade trigonometrische Funktionen

Die cos - Funktion ist gerade, die sin -, tan - und cot - Funktionen sind ungerade.

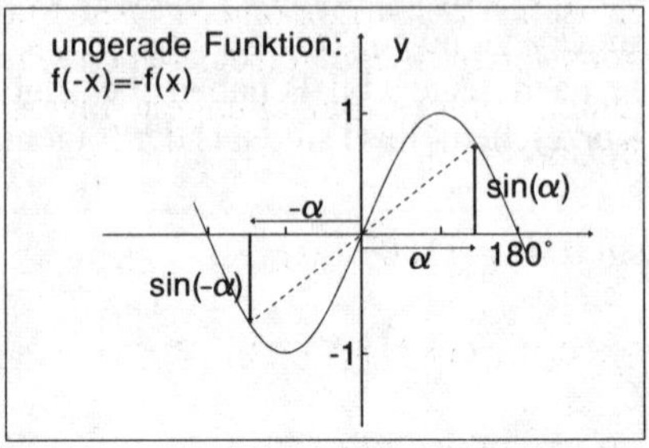

$$\cos(-\alpha) = \cos\alpha$$
$$\sin(-\alpha) = -\sin\alpha$$
$$\tan(-\alpha) = -\tan\alpha$$
$$\cot(-\alpha) = -\cot\alpha$$

ADDITIONSTHEOREME

Trigonometrische Funktionen können als Argument die Summe zweier Winkel (z.B. $\sin(\alpha+\beta)$), die Differenz zweier Winkel (z.B. $\tan(\alpha-\beta)$) oder ein Vielfaches von einem Winkel (z.B. $\sin(3\alpha)$) haben.

Mit Hilfe der Additionstheoreme lassen sich diese genannten Funktionen auf Terme zurückführen, die nur noch trigonometrische Funktionen in Abhängigkeit von den Einzelwinkeln beinhalten.

Summen und Differenzen

$$\sin(\alpha \pm \beta) = \sin\alpha \cdot \cos\beta \pm \cos\alpha \cdot \sin\beta$$
$$\cos(\alpha + \beta) = \cos\alpha \cdot \cos\beta - \sin\alpha \cdot \sin\beta$$
$$\cos(\alpha - \beta) = \cos\alpha \cdot \cos\beta + \sin\alpha \cdot \sin\beta$$
$$\tan(\alpha + \beta) = \frac{\tan\alpha + \tan\beta}{1 - \tan\alpha \cdot \tan\beta}$$
$$\tan(\alpha - \beta) = \frac{\tan\alpha - \tan\beta}{1 + \tan\alpha \cdot \tan\beta}$$
$$\sin(\alpha + \beta) \cdot \sin(\alpha - \beta) = \cos^2\beta - \cos^2\alpha$$
$$\cos(\alpha + \beta) \cdot \cos(\alpha - \beta) = \cos^2\beta - \sin^2\alpha$$

Vielfache Winkel

$$\sin(2\alpha) = 2 \cdot \sin\alpha \cdot \cos\alpha$$
$$\cos(2\alpha) = 1 - 2 \cdot \sin^2\alpha = 2\cos^2\alpha - 1$$
$$\tan(2\alpha) = \frac{2 \cdot \tan\alpha}{1 - \tan^2\alpha}$$
$$\sin(3\alpha) = 3 \cdot \sin\alpha - 4 \cdot \sin^3\alpha$$
$$\cos(3\alpha) = 4 \cdot \cos^3\alpha - 3 \cdot \cos\alpha$$

QUADRANTENRELATIONEN

Zwischen den trigonometrischen Funktionswerten in den verschiedenen Quadranten gibt es Beziehungen, hierzu 3 **Beispiele:**

$\sin \alpha = \sin (180° - \alpha)$;

$\cos \alpha = -\cos (180° - \alpha)$;

$\sin \alpha = -\cos (90° + \alpha)$.

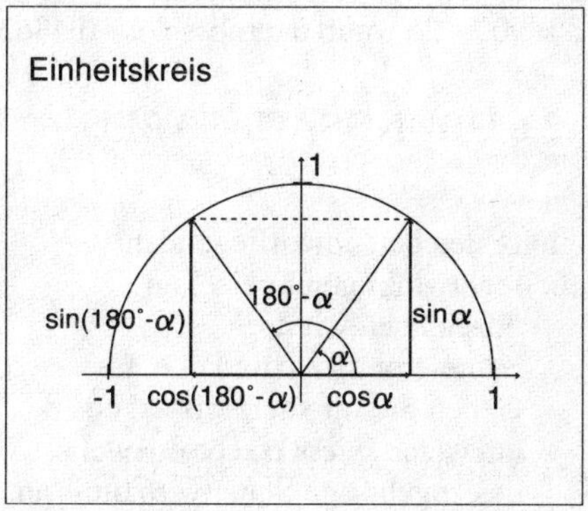

Beziehungen von dieser Art heißen *Quadrantenrelationen.*
Sie lassen sich zumeist unmittelbar am Einheitskreis herleiten.

In der folgenden Tabelle sind die wichtigeren Quadrantenrelationen dargestellt:

Winkelmaß	$\beta = 90° + \alpha$	$\beta = 180° - \alpha$	$\beta = 180° + \alpha$	$\beta = 270° - \alpha$
Bogenmaß	$\bar{\beta} = \pi/2 + \bar{\alpha}$	$\bar{\beta} = \pi - \bar{\alpha}$	$\bar{\beta} = \pi + \bar{\alpha}$	$\bar{\beta} = 3/2\,\pi - \bar{\alpha}$
$\sin \beta$	$+\cos \alpha$	$+\sin \alpha$	$-\sin \alpha$	– cos a
$\cos \beta$	$-\sin \alpha$	– cos a	$-\cos \alpha$	$-\sin \alpha$
$\tan \beta$	$-\cot \alpha$	$-\tan \alpha$	$+\tan \alpha$	$+\cot \alpha$

Beispiel:
Im untersten Feld der Spalte, die mit "$\beta = 90° + \alpha$" gekennzeichnet ist, steht "$-\cot \alpha$"; diesem Feld entspricht die Gleichung $\tan (90° + \alpha) = -\cot \alpha$.

Bei Verwendung des Bogenmaßes müssen in der zweiten Zeile der obigen Tabelle alle Winkelangaben im Bogenmaß genannt werden.

Sei $\alpha = 25°$ (Gradmaß); dann ist das zugehörige Bogenmaß $\bar{\alpha} = 0{,}4363$ (rad). Statt $\beta = 90° + 25°$ muß dann $\bar{\beta} = \pi/2 + 0{,}4363$ gesetzt werden.

12.6 ÜBUNGSAUFGABEN

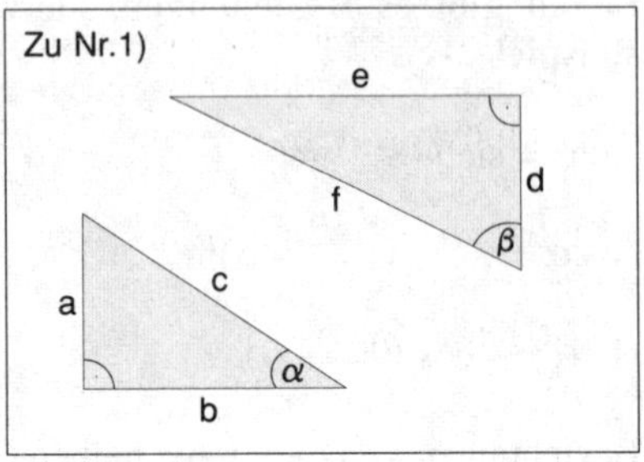

1) In den beiden vorliegenden rechtwinkligen Dreiecken bezeichnen wir die Seiten mit a, b, c und d, e, f. Geben Sie für sin α, cos α, cos β, tan α, tan β, cot α, cot β jeweils das zugehörige Seitenverhältnis an.

   Beispiel: $\sin\beta = \frac{e}{f}$.

2) Berechnen Sie mit dem Taschenrechner die Zahlenwerte sin 10°, cos 20°, tan 30°, cot 40°! Geben Sie die jeweilige Zahl mit 4 Nachkommastellen an (runden).

3) Berechnen Sie die Winkel α, β, χ in den Gleichungen $\sin\alpha = 0{,}89$; $\cos\beta = 0{,}3$; $\tan\gamma = 0{,}955$ mit dem Taschenrechner. Geben Sie die Winkel im üblichen Gradmaß mit 2 Nachkommastellen gerundet an.

4) Rechnen Sie die vorliegenden Winkelmaße in die entsprechenden Zahlen im Bogenmaß um (4 Nachkommastellen, runden).
   a) 30° b) 135° c) 210° d)720° e) 25,5° f) 268°

5) Die trigonometrischen Funktionen in dieser Aufgabe beziehen sich auf das Bogenmaß. Bestimmen Sie mit Hilfe des Taschenrechners die Zahlenwerte (4 Nachkommastellen, Runden).
   a) sin (0,929) b) tan (2,75) c) sin (3) d) cos ($\pi/11$)

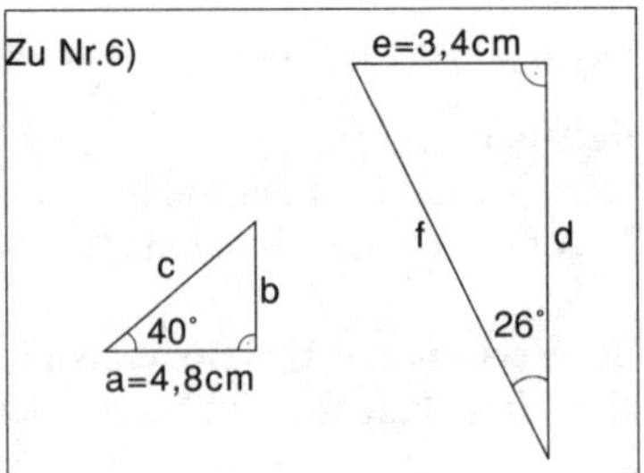

6) In der nebenstehenden Abb. sind 2 rechtwinklige Dreicke mit zugehörigen Zahlenangaben vorgegeben. Berechnen Sie die fehlenden Seitenlängen b, c und d, f.

7) In einem rechtwinkligen Dreieck betragen die beiden Kathetenlängen 3 cm und 5,7 cm. Berechnen Sie den Winkel α, der zwischen der Kathete mit der Länge 3 cm und der Hypotenuse liegt; berechnen Sie weiterhin die Hypotenusenlänge.

8) Eine Bergstraße hat 14 % Steigung. Welchen Höhenzuwachs hat ein Fahrzeug gewonnen, nachdem es 3,7 km Fahrweg auf dieser Bergstraße zurückgelegt hat? Welchen Steigungswinkel α hat diese Straße?

9) Zeichnen Sie einen Einheitskreis, wählen Sie hierbei den Maßstab 1 Einheit = 5 cm! Zeichnen Sie in diesem Einheitskreis dann
a) sin 135°, cos 135° b) sin 300°, cos 300°
Verwenden Sie hierzu nur das Geodreieck (Lineal und Winkelmesser).

10) Vorgegeben ist die Sinusfunktion $y = 2 \cdot \sin(x)$ mit x im Bogenmaß; Definitionsbereich: $-\pi/2 \le x \le \pi$. Zeichnen Sie den Graphen dieser Funktion, legen Sie zunächst eine Wertetafel an mit den folgenden x - Werten: $-\pi/2,\ -\pi/4,\ 0,\ \ldots,\ \pi$.

11) Vorgegeben ist in a), b), c) jeweils ein allgemeines Dreieck. Berechnen Sie die fehlenden Stücke, verwenden Sie hierzu den Sinussatz oder den Cosinussatz.

a) Vorgegeben: $a = 9$ cm, $\beta = 40°$, $\gamma = 65°$; gesucht: α, b, c.
b) Vorgegeben: $a = 100$ m, $b = 140$ m, $c = 50$ m;
gesucht: alle 3 Innenwinkel im Dreieck.
c) Vorgegeben: $a = 80$ m, $c = 87$ m, $\beta = 56°$; gesucht: b, α, γ.

Hinweis zu b): (Falls Sie hier den Sinussatz zur Berechnung von β verwendet haben) Der Taschenrechner liefert Ihnen zur Gleichung $\sin\beta = 0{,}7042$ stets den kleinstmöglichen Wert. Das kann bei stumpfen Winkeln zu Falschdeutungen führen; vergleichen Sie hierzu die nächste Aufgabe.

12) Jede der folgenden Gleichungen kann in dem Winkelbereich $0 \le \alpha \le 360°$ mehrere verschiedene Lösungen haben. Bestimmen Sie zu jeder Gleichung alle möglichen Lösungen in dem genannten Winkelbereich.
a) $\sin\alpha = 0{,}5$ b) $\sin\alpha = -0{,}5$ c) $\sin\alpha = 0{,}7042$

d) $\tan\alpha = 1$ e) $\cos\alpha = -1$ f) $\cos\alpha = 0$.

LÖSUNGEN

1) $\sin\alpha = \frac{a}{c}$ $\cos\alpha = \frac{b}{c}$ $\cos\beta = \frac{d}{f}$ $\tan\alpha = \frac{a}{b}$

$\tan\beta = \frac{e}{d}$ $\cot\alpha = \frac{b}{a}$ $\cot\beta = \frac{d}{e}$

Ergänzung: Im 2. Dreieck ist d die Ankathete von β, e die Gegenkathete von β; f ist die Hypothenuse.
Dann gilt z.B. tan β = Gegenkathete : Ankathete = e : d.

2) $\sin 10° = 0{,}1736$ $\cos 20° = 0{,}9397$ $\tan 30° = 0{,}5774$

es gilt $\cot 40° = \frac{1}{\tan 40°}$, $\tan 40° = 0{,}8391$; den Kehrwert hierzu erhält man durch Betätigen der Taste 1/x. Es folgt $\cot 40° = 1{,}192$.

3) $\alpha = 62{,}87°$ $\beta = 72{,}54°$ $\gamma = 43{,}68°$

4) a) $\frac{\pi}{6} = 0{,}5236$ b) $\frac{\pi}{2} + \frac{\pi}{4} = \frac{3}{4}\pi = 2{,}3562$ c) $\pi + \frac{\pi}{6} = \frac{7}{6}\pi = 3{,}6652$

d) $4\pi = 12{,}5664$ e) $\pi \cdot \frac{25{,}5°}{180°} = 0{,}4451$ f) 4,6775

5) a) 0,8010 b) – 0,4129 c) 0,1411 d) 0,9595

6) $\frac{b}{a} = \tan 40° \quad | \cdot a$ $b = a \cdot \tan 40° = 4{,}8\,cm \cdot \tan 40° = 4{,}028\,cm$

$\frac{a}{c} = \cos 40° \quad | \cdot c$ $a = c \cdot \cos 40° \quad | : \cos 40°$

$c = \frac{a}{\cos 40°} = 6{,}266\,cm$

$\frac{e}{f} = \sin 26°$ $f = 7{,}756\,cm$ $\frac{d}{f} = \cos 26°$ $d = 6{,}971\,cm$

7) $\tan\alpha = \frac{5{,}7}{3} = 1{,}9$ $\alpha = 62{,}24°$
Hypotenusenlänge: 6,441 cm

8) Steigungswinkel α zuerst berechnen:
$\tan\alpha = 0{,}14$ $\alpha = 7{,}9696°$
Höhenzuwachs: $z = 3{,}7\text{ km} \cdot \sin\alpha = 0{,}513\text{ km} = 513\text{ m}$

9)

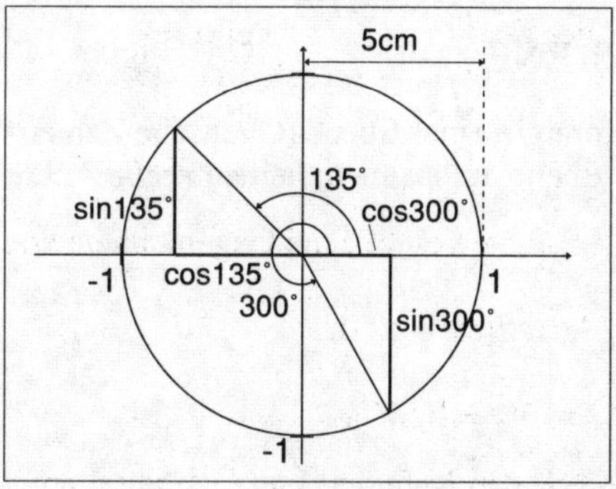

10)

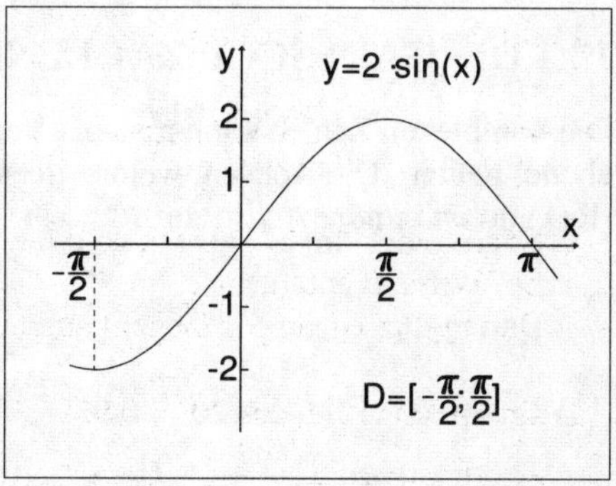

zu 10)

x	– 0,5 π	– 0,25 π	0	0,25 π	0,5 π	0,75 π	π
y	– 2	– 1,414	0	1,414	2	1,414	0

11) a) Aus dem Sinussatz folgt

$b = 9\ cm \cdot \dfrac{\sin 40°}{\sin 75°} = 5{,}989\ cm$ $\qquad c = 9\ cm \cdot \dfrac{\sin 65°}{\sin 75°} = 8{,}445\ cm$

b) Aus dem Cosinussatz folgt $\cos\gamma = \dfrac{27100}{28000}$ $\qquad \gamma = 14{,}57°$

$\cos\gamma = \dfrac{a^2 + c^2 - b^2}{2\,a\,c} = \dfrac{-7100}{10000} = -0{,}71$ $\qquad \beta = 135{,}23°$

$\alpha = 180° - \beta - \gamma = 30{,}2°$

c) β ist zu a und c der Zwischenwinkel; aus dem Cosinussatz folgt:

$b^2 = 87^2 + 80^2 - 2 \cdot 80 \cdot 87 \cdot \cos 56°$ $\qquad b = \sqrt{6185}$

gesuchte Seitenlänge b = 78,64 m;

der Winkel γ folgt aus dem Sinussatz:

$\sin\gamma = \dfrac{87}{78{,}64} \cdot \sin 56°$ $\qquad \gamma = 66{,}5°$ $\qquad \alpha = 180° - \beta - \gamma = 57{,}5°$

12) a) 30°; 150° b) 210°; 330°

Hinweis zu b): Der Taschenrechner liefert mit $\sin^{-1}(-0{,}5)$ den Winkel – 30°. Da wir aber hier $\alpha \geq 0$ verlangt haben, müssen wir die Lösungen für die positive Drehrichtung finden.

c) 44,76°; 135,24° d) 45°; 225°

e) 180° f) 90°; 270°

13. RECHNEN MIT KOMPLEXEN ZAHLEN

13.1 DIE GAUSSSCHE ZAHLENEBENE

Die komplexen Zahlen kann man als Vektoren in einer Ebene (Gaußsche Zahlenebene) deuten. Die Achsen, welche diese Ebene aufspannen, heißen *reelle Achse* (Re) und *imaginäre Achse* (Im).

$z_1 = 1{,}5 + 2{,}5\,i$

$z_2 = -2 + i$

$z_3 = -2 - i$

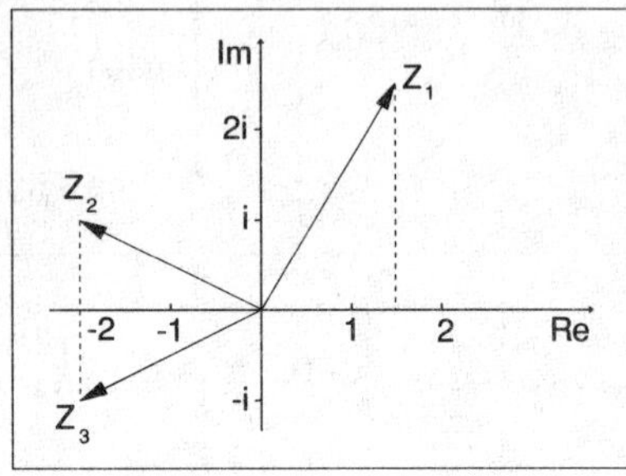

Betrag von $z = a + i\,b$:

$$|z| = \sqrt{a^2 + b^2}$$

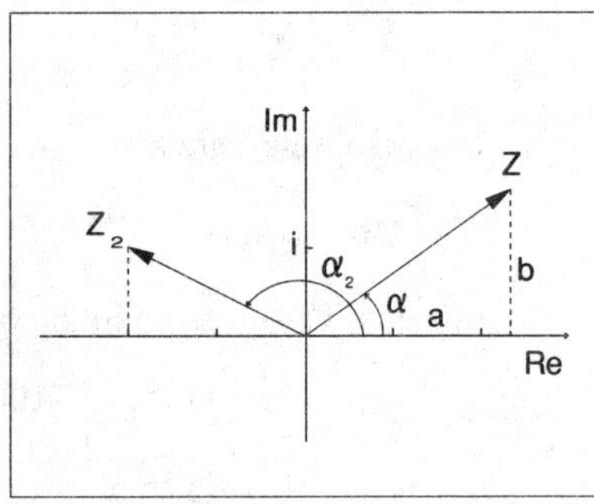

Betrag und Polarwinkel

Der Betrag $|z|$ einer komplexen Zahl z kann als die Länge des zugehörigen Vektors gedeutet werden.

Der Winkel α von z gegen die positive reelle Achse heißt der Polarwinkel von z; α ist gegen den Uhrzeigersinn gerichtet.

Beispiele:

$|z_1| = \sqrt{1{,}5^2 + 2{,}5^2} = \sqrt{8{,}5}$; $\quad \tan\alpha_1 = \frac{2{,}5}{1{,}5}$; $\quad \alpha_1 = 59{,}04°$

$|z_2| = \sqrt{5}$; $\quad \alpha_2 = inv\ tan(2) + 90° = 153{,}43°$

$|z_3| = \sqrt{5}$; $\quad \alpha_3 = inv\ tan(0{,}5) + 180° = 206{,}6°$

Eine komplexe Zahl $z = a + i\,b$ kann sowohl durch das reelle Zahlenpaar (a ; b) als auch durch die Angabe des Betrags r = | z | und des Polarwinkels α eindeutig festgelegt werden (Polardarstellung).

$a = r \cdot \cos\alpha \qquad b = r \cdot \sin\alpha$

$z = a + i\,b = r \cdot \cos\alpha + r \cdot i \cdot \sin\alpha$

$\boldsymbol{z = r \cdot (\cos\alpha + i \cdot \sin\alpha)}$

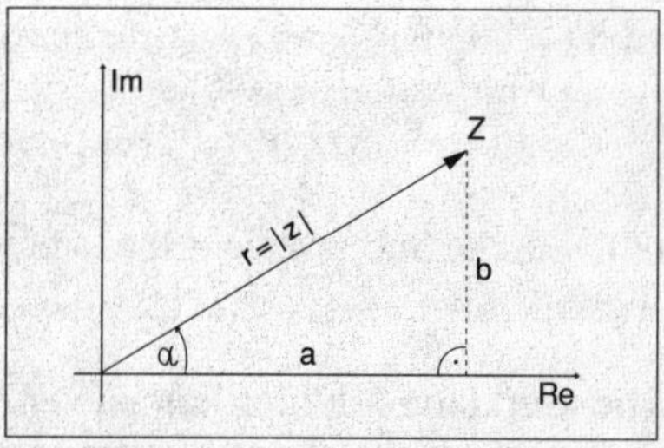

Die Gleichung $z = r \cdot (\cos\alpha + i \cdot \sin\alpha)$ heißt trigonometrische Darstellung von z.

Zur Umformung von bestimmten trigonometrischen Termen in eine Potenzschreibweise verwendet man die *Eulersche Formel:*

$\boldsymbol{e^{i\alpha} = \cos\alpha + i \cdot \sin\alpha}$

Die trigonometrische Darstellung von z wird somit umgeformt zu

$\boldsymbol{z = r \cdot e^{i\alpha}}$ (Polarform)

Beim Addieren komplexer Zahlen ist die Darstellung $z = a + i\,b$ (Normalform) am günstigsten, wogegen z.B. bei der Multiplikation die Polarform rechnerische Vorteile bringt.

Konjugierte Zahl

Zu $z = a + i\,b$ ist die komplexe Zahl $z^* = a - i\,b$ die *konjugierte Zahl.*

Geometrische Deutung:

z^* entsteht durch Spiegelung von z an der reellen Achse.

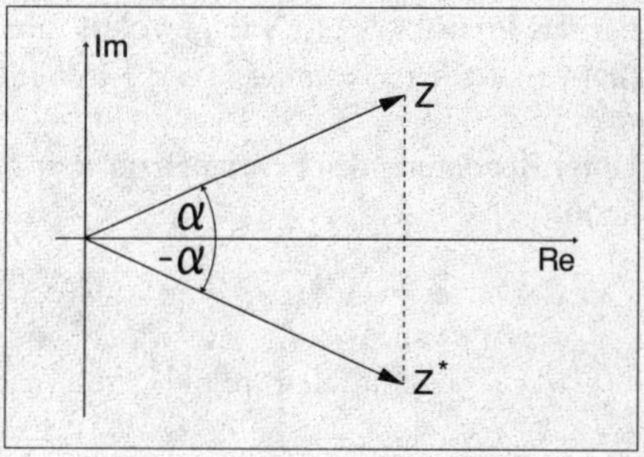

Beispiele:

$z_1 = -2 + 3\,i\;;\quad z_1^* = -2 - 3\,i$

$z_2 = 1 - 2\,i\;;\quad z_2^* = 1 + 2\,i\,.$

13.2 GRUNDRECHENARTEN KOMPLEXER ZAHLEN

ADDITION UND SUBTRAKTION

Zwei komplexe Zahlen $z_1 = a + i\,b$, $z_2 = c + i\,d$ werden addiert, indem man jeweils ihre Real- und Imaginärteile einzeln addiert: $z_1 + z_2 = a + c + i \cdot (b + d)$.
Für die Subtraktion gilt entsprechend: $z_1 - z_2 = a - c + i \cdot (b - d)$.

Die so erklärte Addition komplexer Zahlen entspricht der Addition zweier Vektoren in der Ebene, welche in Kapitel 15 noch ausführlich erläutert wird.

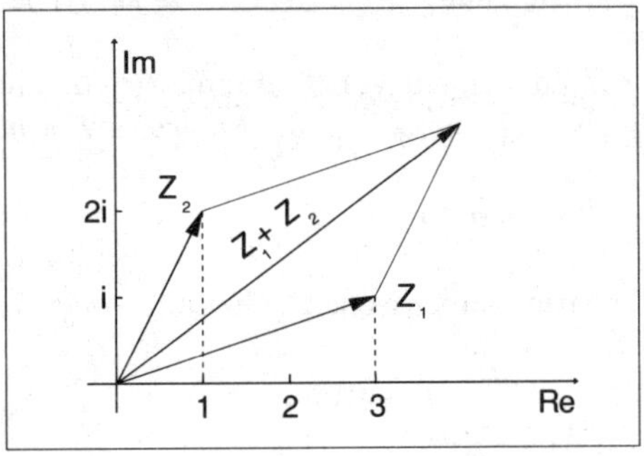

$z_1 = 3 + i$, $z_2 = 1 + 2\,i$

$z_1 + z_2 = (3 + 1) + i \cdot (1 + 2) = 4 + 3\,i$

$z_1 - z_2 = (3 - 1) + i \cdot (1 - 2) = 2 - i.$

v, w, z seien beliebige komplexe Zahlen; für die Addition gelten dann die Rechenregeln:

$(v + w) + z = v + (w + z)$ (die Addition ist assoziativ)
$w + z = z + w$ (die Addition ist kommutativ).

MULTIPLIKATION

$z_1 = a + i\,b, z_2 = c + i\,d$ seien gegeben; unter Berücksichtigung von $i^2 = -1$ rechnen wir das Produkt $z_1 \cdot z_2$ "wie gewohnt" aus:
$(a + i\,b) \cdot (c + i\,d) = a\,c + i \cdot a\,d + i \cdot b\,c + i^2 \cdot b\,d = a\,c - b\,d + i \cdot (a\,d + b\,c)$

Unter Beachtung des Permanenzprinzips ist somit die folgende Definition naheliegend:

Das Produkt $z_1 \cdot z_2$ ist wieder eine komplexe Zahl mit dem Realteil $(a\,c - b\,d)$ und dem Imaginärteil $(a\,c + b\,d)$.

Für beliebige komplexe Zahlen v, w, z gelten die Rechenregeln:

$$(v \cdot w) \cdot z = v \cdot (w \cdot z) \quad \text{(Assoziativgesetz)}$$

$$w \cdot z = z \cdot w \quad \text{(Kommutativgesetz)}$$

$$v \cdot (w + z) = v \cdot w + v \cdot z \quad \text{(Distributivgesetz)}$$

Beispiele:
$v = 3 + 4\,i,\ w = 1 + 2\,i,\ z = -\,i;$

$$v \cdot w = (3 \cdot 1 - 4 \cdot 2) + i \cdot (3 \cdot 3 + 4 \cdot 1) = -5 + 10\,i,$$

$$z \cdot v = -\,i \cdot (3 + 4\,i) = -3\,i - i \cdot 4\,i = -3\,i + 4 = 4 - 3\,i.$$

Produkt konjugierter Zahlen
$z \cdot z^* = (a + i\,b) \cdot (a - i\,b) = a^2 - i\,a\,b + i\,a\,b - i^2\,b^2 = a^2 + b^2$; a und b sind reell, somit ist auch $z \cdot z^*$ reell.
Für den Betrag einer komplexen Zahl folgt dann:

$$|z^2| = z \cdot z^*$$

DIVISION

Die Division zweier Zahlen, die in der Normalform $z_1 = a + i\,b$ und $z_2 = c + i\,d$ vorliegen, löst man zweckmäßig durch Erweitern mit dem konjugierten Nenner $(c - i\,d)$:

$$\frac{z_1}{z_2} = \frac{a + i\,b}{c + i\,d} = \frac{(a + i\,b) \cdot (c - i\,d)}{(c + i\,d) \cdot (c - i\,d)} = \frac{a\,c - i\,a\,d + i\,b\,c + b\,d}{c^2 + d^2}$$

hierbei wurde $i^2 = -1$ verwendet.

Aus der vorangehenden Rechnung folgt dann:

$$\frac{z_1}{z_2} = \frac{\boldsymbol{a\,c + b\,d}}{\boldsymbol{c^2 + d^2}} + \boldsymbol{i} \cdot \frac{\boldsymbol{b\,c - a\,d}}{\boldsymbol{c^2 + d^2}}$$

Beispiel:
$z_1 = 2 + 5\,i$; $z_2 = -6 - 2\,i$; zu beachten ist weiterhin: $i^2 = -1$;

$$\frac{z_1}{z_2} = \frac{2+5\,i}{-6-2\,i} = \frac{(2+5\,i)\cdot(-6+2\,i)}{(-6-2\,i)\cdot(-6+2\,i)} = \frac{(-12-10)+i\,(-30+4)}{36+4}$$

$$\frac{z_1}{z_2} = -\frac{11}{20} - i\cdot\frac{13}{20}$$

Rechnen in der Polarform
Die Eulersche Formel besagt: $e^{i\alpha} = \cos\alpha + i\cdot\sin\alpha$; für komplexe Zahlen in dieser Darstellung gelten nun die Potenzregeln:

$$e^{i\alpha}\cdot e^{i\beta} = e^{i(\alpha+\beta)} \qquad e^{i\alpha} : e^{i\beta} = e^{i(\alpha-\beta)}$$

Unter Anwendung dieser Potenzregeln läßt sich das Produkt zweier komplexer Zahlen $z_1 = r_1\cdot e^{i\alpha}$, $z_2 = r_2\cdot e^{i\beta}$ sehr einfach berechnen:

Der Betrag des Produktes ist das Produkt der beiden Einzelbeträge, der Polarwinkel des Produktes ist die Summe der beiden Einzelwinkel.

$$\boldsymbol{z_1\cdot z_2 = r_1\cdot r_2\cdot e^{i(\alpha+\beta)}}$$

Die obige Gleichung soll nun unter Beachtung der trigonometrischen Darstellung $z = r\cdot(\cos\alpha + i\cdot\sin\alpha)$ formuliert werden:

$$z_1\cdot z_2 = |z_1|\cdot|z_2|\cdot\left(\cos(\alpha+\beta) + i\cdot\sin(\alpha+\beta)\right)$$

Die Division zweier komplexer Zahlen $z_1 = r_1\cdot e^{i\alpha}$, $z_2 = r_2\cdot e^{i\beta}$ läßt sich in der Polarform ebenfalls einfach durchführen:

Der Betrag des Quotienten ist der Quotient der beiden Einzelbeträge, der Polarwinkel des Quotienten ist die Differenz der beiden Einzelwinkel.

$$\boldsymbol{z_1 : z_2 = (r_1 : r_2)\cdot e^{i(\alpha-\beta)}}$$

Trigonometrische Formulierung:

$z_1 : z_2 = (|z_1| : |z_2|) \cdot \left(\cos(\alpha - \beta) + i \cdot \sin(\alpha - \beta)\right)$

Beispiele:

$z_1 = 3 \cdot e^{i\,30°}$; $z_2 = 2 \cdot e^{i\,70°}$

$z_1 \cdot z_2 = 6 \cdot e^{i\,100°}$

$z_1 : z_2 = 1{,}5 \cdot e^{i(-40°)}$

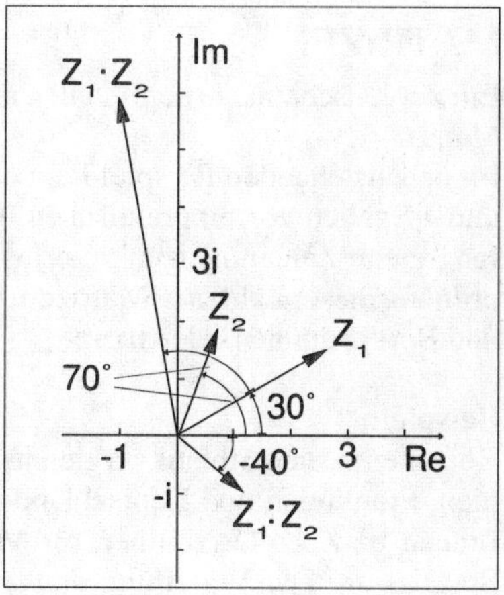

Geometrische Deutung der Multiplikation zweier komplexer Zahlen

$z_1 \cdot z_2 = r_1 \cdot r_2 \cdot e^{i(\alpha+\beta)}$

z_1 erfährt bei der Multiplikation mit z_2 eine Drehstreckung um den Ursprung mit dem Streckungsfaktor r_2 und dem Drehwinkel β.

Mit Hilfe der folgenden *Formel von Moivre* lassen sich binomische Terme aus komplexen Zahlen oft sehr vorteilhaft behandeln.

$$\left(e^{i\alpha}\right)^n = e^{in\alpha} \qquad \text{für alle } n \in \mathbb{N}$$

Beispiel:

Berechnung des binomischen Terms $(1 + i)^6$

$|1 + i| = \sqrt{2}$; $1 + i = \sqrt{2} \cdot e^{i\,45°}$

$$(1+i)^6 = \left(\sqrt{2} \cdot e^{i\,45°}\right)^6 = \sqrt{2}^{\,6} \cdot \left(e^{i\,45°}\right)^6 = 8 \cdot e^{i(6 \cdot 45°)}$$

$$= 8 \cdot e^{i\,270°} = 8 \cdot (\cos 270° + i \cdot \sin 270°)$$

$$= -8i$$

(es gilt cos 270° = 0 und sin 270° = – 1.)

14. LINEARE ALGEBRA

14.1 MATRIZEN UND DETERMINANTEN

MATRIZEN

Ein Zahlenschema, in dem Zahlen in Zeilen und Spalten angeordnet sind, heißt eine *Matrix.*

Im nebenstehenden Beispiel liegt eine Matrix mit 3 Zeilen und 4 Spalten vor. In praktischen Aufgaben, in denen umfangreiche Zahlenmengen zu erfassen sind, kann die Anordnung dieser Zahlen in Matrizen die Übersicht verbessern und Berechnungen erleichtern.

$$\begin{pmatrix} 3 & 1 & 0 & 2 \\ 4 & 2 & 7 & 1 \\ 2 & 2 & 1 & 3 \end{pmatrix}$$

Beispiel:

Bei einem Leichtathletikvergleichskampf zwischen den drei Ländern Großbritannien, Frankreich und Deutschland trat jedes Land in jeder der 14 Disziplinen für Frauen bzw. 18 Disziplinen für Männer mit jeweils einer Sportlerin und einem Sportler an. Die Verteilung der erreichten Plätze geben die folgenden Tabellen wieder:

Frauen (14 Disziplinen)

Rang	1	2	3
GB	5	6	3
F	5	4	5
D	4	4	6

Männer (18 Disziplinen)

Rang	1	2	3
GB	7	4	7
F	6	8	4
D	5	6	7

Die in jeder Tabelle angeordneten Zahlen der erreichten Plätze nennt man eine Matrix mit 3 Zeilen und 3 Spalten bzw. eine (3 ; 3)-Matrix:

$$\begin{pmatrix} 5 & 6 & 3 \\ 5 & 4 & 5 \\ 4 & 4 & 6 \end{pmatrix} \qquad \begin{pmatrix} 7 & 4 & 7 \\ 6 & 8 & 4 \\ 5 & 6 & 7 \end{pmatrix}$$

Allgemeine Darstellung einer Matrix
Jede Zusammenstellung von reellen Zahlen a_{ij} , die in n Zeilen und m Spalten angeordnet sind, heißt eine reelle *(n ; m)-Matrix*.

$$A = \begin{pmatrix} a_{11} & a_{12} & \dots & a_{1j} & \dots & a_{1m} \\ \vdots & \vdots & & \vdots & & \vdots \\ a_{i1} & a_{i2} & \dots & a_{ij} & \dots & a_{im} \\ \vdots & \vdots & & \vdots & & \vdots \\ a_{n1} & a_{n2} & \dots & a_{nj} & \dots & a_{nm} \end{pmatrix} \longleftarrow \text{i-te Zeile}$$

↑ j-te Spalte

Zwei Matrizen sind vom *gleichen Typ*, wenn sie gleiche Anzahl an Zeilen und Spalten haben. Sie sind gleich, wenn sämtliche einander entsprechenden Elemente (durch gleiche i und j gekennzeichnete Stellen) gleich sind:

$$\begin{pmatrix} a_{11} & \dots & a_{1m} \\ \vdots & & \vdots \\ a_{n1} & \dots & a_{nm} \end{pmatrix} = \begin{pmatrix} b_{11} & \dots & b_{1m} \\ \vdots & & \vdots \\ b_{n1} & \dots & b_{nm} \end{pmatrix} \Rightarrow \begin{matrix} a_{11} = b_{11} & \dots & a_{1m} = b_{1m} \\ \vdots & & \vdots \\ a_{n1} = b_{n1} & \dots & a_{nm} = b_{nm} \end{matrix}$$

Rechnen mit Matrizen

Addition

Will man bei dem obigen Beispiel die Gesamtzahl der beim Wettkampf belegten 1., 2. und 3. Plätze ermitteln, so sind die entsprechenden Einzelergebnisse für Frauen und Männer zu addieren.

	Frauen			Männer			Gesamt		
GB	5	6	3	7	4	7	12	10	10
F	5	4	5	6	8	4	11	12	9
D	4	4	6	5	6	7	9	10	13

Dieses Beispiel zeigt, wie die Addition zweier Matrizen vom gleichen Typ mathematisch erklärt ist:

> Zwei Matrizen vom gleichen Typ werden addiert, indem alle Elemente an jeweils gleicher Stelle einzeln addiert werden.

Somit gilt für das obige Beispiel:

$$\begin{pmatrix} 5 & 6 & 3 \\ 5 & 4 & 5 \\ 4 & 4 & 6 \end{pmatrix} + \begin{pmatrix} 7 & 4 & 7 \\ 6 & 8 & 4 \\ 5 & 6 & 7 \end{pmatrix} = \begin{pmatrix} 5+7 & 6+4 & 3+7 \\ 5+6 & 4+8 & 5+4 \\ 4+5 & 4+6 & 6+7 \end{pmatrix} = \begin{pmatrix} 12 & 10 & 10 \\ 11 & 12 & 9 \\ 9 & 10 & 13 \end{pmatrix}$$

oder in allgemeiner Darstellung:

$$\begin{pmatrix} a_{11} & \dots & a_{1m} \\ \vdots & & \vdots \\ a_{n1} & \dots & a_{nm} \end{pmatrix} + \begin{pmatrix} b_{11} & \dots & b_{1m} \\ \vdots & & \vdots \\ b_{n1} & \dots & b_{nm} \end{pmatrix} = \begin{pmatrix} a_{11}+b_{11} & \dots & a_{1m}+b_{1m} \\ \vdots & & \vdots \\ a_{n1}+b_{n1} & \dots & a_{nm}+b_{nm} \end{pmatrix}$$

Man erhält wieder eine Matrix des gleichen Typs.

Sind A, B, C beliebige (n,m)-Matrizen gleichen Typs, so gelten für die Addition folgende Rechengesetze:

1. A + B = B + A (Kommutativgesetz)
2. (A + B) + C = A + (B + C) (Assoziativgesetz)
3. Steht bei einer Matrix an jeder Stelle a_{ij} nur das Element 0, so heißt sie *Nullmatrix* und ist das *neutrale Element* bzgl. der Addition.
4. Zu jeder Matrix A gibt es genau eine *inverse* Matrix $-A$ mit $A + (-A) = (-A) + A = 0$. Die Matrizen A und $-A$ unterscheiden sich nur in den Vorzeichen sämtlicher Elemente.

> Damit bildet die Menge der (n ; m)-Matrizen gleichen Typs eine kommutative Gruppe bzgl. der Addition.

Multiplikation

Nach dem offiziellen Bewertungsschlüssel wurde beim Leichtathletikwettkampf jeder 1. Platz mit 3 Punkten, jeder 2. mit 2 Punkten und jeder 3. Platz mit 1 Punkt bewertet. Das führt auf folgende Punkt- bzw. Nationenwertung:

$$\begin{pmatrix} 3 \\ 2 \\ 1 \end{pmatrix} \quad \text{II}$$

	I		III
GB	12 10 10	$12 \cdot 3 + 10 \cdot 2 + 10 \cdot 1 =$	66
F	11 12 9	$11 \cdot 3 + 12 \cdot 2 + 9 \cdot 1 =$	66
D	9 10 13	$9 \cdot 3 + 10 \cdot 2 + 13 \cdot 1 =$	60

$$\underset{\text{I}}{\begin{pmatrix} 12 & 10 & 10 \\ 11 & 12 & 9 \\ 9 & 10 & 13 \end{pmatrix}} \qquad \underset{\text{III}}{\begin{pmatrix} 66 \\ 66 \\ 60 \end{pmatrix}}$$

Diese Tabelle besteht aus 3 Matrizen:
I. aus der (3 ; 3)-Matrix mit der Anzahl der 1., 2. und 3. Plätze
II. aus der (3 ; 1)-Matrix des Bewertungsschlüssels
III. aus der (3 ; 1)-Matrix der Nationenwertung
Man nennt Matrix III das Produkt der Matrizen I und II.

Produktmatrix
Das Produkt A · B zweier Matrizen kann nur dann gebildet werden, wenn die Spaltenanzahl der 1. Matrix gleich der Zeilenanzahl der 2. Matrix ist. Man erhält jedes Element c_{ij} der Produktmatrix C = A · B, indem man die Elemente der i-ten Zeile von A mit den Elementen der j-ten Zeile von B wie folgt verknüpft:

$$c_{ij} = (a_{i1} \;\; a_{i2} \;\; \ldots \;\; a_{in}) \cdot \begin{pmatrix} b_{1j} \\ b_{2j} \\ \vdots \\ b_{nj} \end{pmatrix} = (a_{i1} \cdot b_{1j} + \;\; a_{i2} \cdot b_{2j} + \ldots + a_{in} \cdot b_{nj})$$

Zur Berechnung des obigen Produkts eignet sich folgendes Schema:

$$\begin{pmatrix} b_{11} & \ldots & b_{1j} & \ldots & b_{1r} \\ \vdots & & & & \\ b_{m1} & \ldots & b_{mj} & \ldots & b_{mr} \end{pmatrix}$$

$$\begin{pmatrix} a_{11} & \ldots & a_{1m} \\ \vdots & & \\ a_{i1} & \ldots & a_{im} \\ \vdots & & \\ a_{n1} & \ldots & a_{nm} \end{pmatrix} \longrightarrow c_{ij} = (a_{i1} \cdot b_{1j} + \;\; a_{i2} \cdot b_{2j} + \ldots + a_{im} \cdot b_{mj})$$

Beispiele:

Ist $A = \begin{pmatrix} 1 & 2 \\ -3 & 0 \end{pmatrix}$, $B = \begin{pmatrix} -1 & 2 \\ 4 & -2 \end{pmatrix}$ und $E = \begin{pmatrix} 1 & 0 \\ 0 & 1 \end{pmatrix}$, so ergeben sich beispielsweise folgende

Produkte:

$$A \cdot B = \begin{pmatrix} 1 & 2 \\ -3 & 0 \end{pmatrix} \cdot \begin{pmatrix} -1 & 2 \\ 4 & -2 \end{pmatrix} = \begin{pmatrix} 1 \cdot (-1) + 2 \cdot 4 & 1 \cdot 2 + 2 \cdot (-2) \\ -3 \cdot (-1) + 0 \cdot 4 & -3 \cdot 2 + 0 \cdot (-2) \end{pmatrix} = \begin{pmatrix} 7 & -2 \\ 4 & -6 \end{pmatrix}$$

$$B \cdot A = \begin{pmatrix} -1 & 2 \\ 4 & -2 \end{pmatrix} \cdot \begin{pmatrix} 1 & 2 \\ -3 & 0 \end{pmatrix} = \begin{pmatrix} -7 & -2 \\ 10 & 8 \end{pmatrix}$$

$$A \cdot E = \begin{pmatrix} 1 & 2 \\ -3 & 0 \end{pmatrix} \cdot \begin{pmatrix} 1 & 0 \\ 0 & 1 \end{pmatrix} = \begin{pmatrix} 1 & 2 \\ -3 & 0 \end{pmatrix}$$

$$E \cdot A = \begin{pmatrix} 1 & 0 \\ 0 & 1 \end{pmatrix} \cdot \begin{pmatrix} 1 & 2 \\ -3 & 0 \end{pmatrix} = \begin{pmatrix} 1 & 2 \\ -3 & 0 \end{pmatrix}$$

Entsprechend gilt: $B \cdot E = E \cdot B = B$.

Gilt weiterhin $D = \begin{pmatrix} 2 & 0 & 3 \\ -1 & 4 & 2 \end{pmatrix}$ und $C = \begin{pmatrix} 1 \\ 4 \\ 3 \end{pmatrix}$, so ergibt sich:

$$D \cdot C = \begin{pmatrix} 2 & 0 & 3 \\ -1 & 4 & 2 \end{pmatrix} \cdot \begin{pmatrix} 1 \\ 4 \\ 3 \end{pmatrix} = \begin{pmatrix} 11 \\ 21 \end{pmatrix}, \text{ während}$$

$$C \cdot D = \begin{pmatrix} 1 \\ 4 \\ 3 \end{pmatrix} \cdot \begin{pmatrix} 2 & 0 & 3 \\ -1 & 4 & 2 \end{pmatrix}$$ nicht definiert ist, da die Spaltenzahl der ersten Matrix

kleiner ist als die Zeilenzahl der zweiten.

Wie die Beispiele zeigen, ist die Matrizenmultiplikation *nicht kommutativ*.

Zu einer Matrix A ist die *inverse Matrix* A^{-1} durch die Eigenschaft erklärt:
$A \cdot A^{-1} = A^{-1} \cdot A = E$.

Hierbei ist E das *neutrale Element* der Multiplikation, z.B. gilt $E = \begin{pmatrix} 1 & 0 \\ 0 & 1 \end{pmatrix}$ für die (2 ; 2)-Matrizen.

Beispiele:

Gesucht ist die inverse Matrix A^{-1} zu $A = \begin{pmatrix} 1 & 0 \\ -1 & 2 \end{pmatrix}$

Wegen der besseren Lesbarkeit verwendet man bei Matrizen mit geringer Anzahl von Elementen verschiedene Buchstaben mit nur einem Index.

$$\begin{pmatrix} 1 & 0 \\ -1 & 2 \end{pmatrix} \cdot \begin{pmatrix} x_1 & y_1 \\ x_2 & y_2 \end{pmatrix} = \begin{pmatrix} 1 & 0 \\ 0 & 1 \end{pmatrix} \Rightarrow \begin{pmatrix} x_1 & y_1 \\ -x_1 + 2x_2 & -y_1 + 2y_2 \end{pmatrix} = \begin{pmatrix} 1 & 0 \\ 0 & 1 \end{pmatrix}$$

Aus der Gleichheit der Matrizen folgt:

$x_1 = 1 \qquad\qquad y_1 = 0$

$-1 + 2x_2 = 0 \Rightarrow x_2 = \frac{1}{2} \qquad -0 + 2y_2 = 1 \Rightarrow y_2 = \frac{1}{2}$

Also gilt: $A^{-1} = \begin{pmatrix} 1 & 0 \\ ½ & ½ \end{pmatrix}$

Geheimschriften lassen sich immer dann einfach entziffern, wenn die einzelnen Buchstaben lediglich durch einen anderen ersetzt werden. In diesen Fällen führt eine Untersuchung der Buchstabenhäufigkeit meistens schnell zum Ziel. Hier bieten die Matrizen einen kaum zu knackenden Code. Zunächst erhält jeder zu verschlüsselnde Buchstabe eine Nummer je nach seiner Stellung im Alphabet.

A	B	C	D	E	F	G	H	I	J	K	L	M	N	O	P	Q	R	S	T	U	V	W	X	Y	Z
1	2	3	4	5	6	7	8	9	10	11	12	13	14	15	16	17	18	19	20	21	22	23	24	25	26

Da zum Verschlüsseln der Nachricht "Mathe kann jeder lernen" zweireihige Matrizen verwendet werden sollen, teilt man den Text in "Wörter" mit je vier Buchstaben ein: MATH EKAN NJED ERLE RNEN.

Ordnet man nun jedem Buchstaben seine obige Zahl zu und schreibt dann die Vierergruppen als Matizen, so erhält man:

$$\begin{pmatrix} 13 & 1 \\ 20 & 8 \end{pmatrix}, \begin{pmatrix} 5 & 11 \\ 1 & 14 \end{pmatrix}, \begin{pmatrix} 14 & 10 \\ 5 & 4 \end{pmatrix}, \begin{pmatrix} 5 & 18 \\ 12 & 5 \end{pmatrix}, \begin{pmatrix} 18 & 14 \\ 5 & 14 \end{pmatrix}$$

Zum Schluß wird jede dieser Matrizen mit der "Verschlüsselungsmatrix" $U = \begin{pmatrix} 1 & 0 \\ -1 & 2 \end{pmatrix}$ multipliziert. Diese kann beliebig gewählt werden. Damit ergibt sich der folgende verschlüsselte Text:

$$\begin{pmatrix} 12 & 2 \\ 12 & 16 \end{pmatrix}, \begin{pmatrix} -6 & 22 \\ -13 & 28 \end{pmatrix}, \begin{pmatrix} 4 & 20 \\ 1 & 8 \end{pmatrix}, \begin{pmatrix} -13 & 36 \\ 7 & 10 \end{pmatrix}, \begin{pmatrix} 4 & 28 \\ -9 & 28 \end{pmatrix}$$

Es fällt sofort auf, daß gleichen Buchstaben nach der Codierung i.allg. verschiedene Zahlen zugeornet sind, z.B.
e → (–6), 1, (–13), 10, (–9) oder n → 28, 4, 28, 28.

Jeder, der den Text lesen will, muß ihn zunächst mit der "Entschlüsselungsmatrix" $U^{-1} = \begin{pmatrix} 1 & 0 \\ \frac{1}{2} & \frac{1}{2} \end{pmatrix}$ zurückverwandeln (Multiplikation mit der inversen Matrix).

Reguläre Matrizen
Eine quadratische (n ; n)-Matrix A heißt *regulär*, wenn die zugehörige Determinante $|A| = \det A \neq 0$ ist.

Die Menge der regulären (n ; n)-Matrizen bildet hinsichtlich der Multiplikation eine Gruppe.

1. Die Verknüpfung ist abgeschlossen, da die Produktmatix C wieder eine reguläre Matrix ist, denn es gilt: $A \cdot B = C$ für alle regulären (n ; n)-Matrizen A, B, C
2. Es gilt das Assoziativgesetz $A \cdot (B \cdot C) = (A \cdot B) \cdot C$
3. Es gibt ein neutrales Element E, z.B. gilt für n = 3: $E = \begin{pmatrix} 1 & 0 & 0 \\ 0 & 1 & 0 \\ 0 & 0 & 1 \end{pmatrix}$
4. Jede Matrix A hat genau eine inverse Matrix A^{-1} mit $A \cdot A^{-1} = A^{-1} \cdot A = E$

DETERMINANTEN

Beim Rechnen mit quadratischen Matrizen ist es häufig zweckmäßig, ein bestimmtes Rechenschema als Hilfsmittel zu verwenden. Dieses Rechenschema, die sogenannte Determinante det A, ist für eine (2 ; 2)-Matrix $A = \begin{pmatrix} a_{11} & a_{12} \\ a_{21} & a_{22} \end{pmatrix}$ in folgender Weise erklärt: $\det A = \begin{vmatrix} a_{11} & a_{12} \\ a_{21} & a_{22} \end{vmatrix} = a_{11}\, a_{22} - a_{21}\, a_{12}$

Entsprechend schreibt man für die Determinante einer (n ; n)-Matrix

$$A = \begin{pmatrix} a_{11} & \dots & a_{1n} \\ \vdots & & \vdots \\ a_{n1} & \dots & a_{nn} \end{pmatrix} \qquad |\,A\,| = \det A = \begin{vmatrix} a_{11} & \dots & a_{1n} \\ \vdots & & \vdots \\ a_{n1} & \dots & a_{nn} \end{vmatrix}$$

Man nennt |A| eine n-reihige Determinante um anzudeuten, daß Zeilen- und Spaltenanzahl gleich sind.
Die Elemente $a_{11}\ \ a_{22}, \dots, a_{nn}$ bilden die Haupt-,
die Elemente $a_{n1}\ \ a_{n-1\ 2}, \dots, a_{1n}$ bilden die Nebendiagonale.

Berechnung von Determinanten

Zweireihige Determinanten

Bei nur geringer Anzahl von Elementen ist die Darstellung mit verschiedenen Buchstaben mit nur einem Index übersichtlicher.

$$\det A = \begin{vmatrix} a_1 & b_1 \\ a_2 & b_2 \end{vmatrix} = a_1\, b_2 - a_2\, b_1$$

Der Wert einer 2-reihigen Determinante ergibt sich als Differenz der Produkte aus "Haupt- und Nebendiagonale".

Beispiel:

$$\begin{vmatrix} 1 & 2 \\ -4 & 5 \end{vmatrix} = 1 \cdot 5 - (-4) \cdot 2 = 5 - (-8) = 5 + 8 = 13$$

Sarrussche Regel für 3-reihige Determinanten

Schreibt man die ersten beiden Spalten einer 3-reihigen Determinante nochmals rechts daneben, so erhält man drei Produkte positiven Vorzeichens in Richtung der Haupt- und drei Produkte negativen Vorzeichens in Richtung der Nebendiagonalen. Die Summe ist der Wert der Determinante.

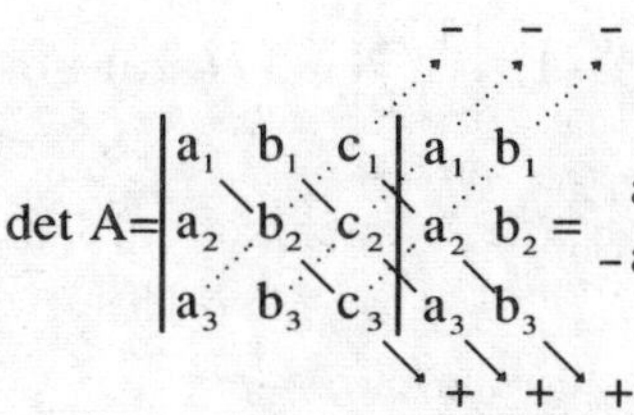

$$= \begin{array}{l} a_1 b_2 c_3 + b_1 c_2 a_3 + c_1 a_2 b_3 \\ - a_3 b_2 c_1 - b_3 c_2 a_1 - c_3 a_2 b_1 \end{array}$$

Diese Regel gilt nur für 3-reihige Determinanten.

Beispiel:

$$\begin{vmatrix} 5 & -3 & 2 \\ 1 & 0 & 6 \\ 3 & 1 & -2 \end{vmatrix} \begin{matrix} 5 & -3 \\ 1 & 0 \\ 3 & 1 \end{matrix} = \begin{matrix} 5 \cdot 0 \cdot (-2) + (-3) \cdot 6 \cdot 3 + 2 \cdot 1 \cdot 1 \\ \\ -3 \cdot 0 \cdot 2 - 1 \cdot 6 \cdot 5 - (-2) \cdot 1 \cdot (-3) = -88 \end{matrix}$$

Entwicklungssatz (Entwicklung nach einer Zeile oder Spalte)
Streicht man in einer Determinante Zeile und Spalte, die zu einem bestimmten Element gehören, so bilden die restlichen Elemente die zugehörige Unterdeterminante.

$$\begin{vmatrix} \cancel{a_1} & \cancel{b_1} & \cancel{c_1} \\ \cancel{a_2} & b_2 & c_2 \\ \cancel{a_3} & b_3 & c_3 \end{vmatrix} \to \begin{vmatrix} b_2 & c_2 \\ b_3 & c_3 \end{vmatrix} \quad \text{Unterdeterminante zu } a_1$$

$$\begin{vmatrix} a_1 & \cancel{b_1} & c_1 \\ \cancel{a_2} & \cancel{b_2} & \cancel{c_2} \\ a_3 & \cancel{b_3} & c_3 \end{vmatrix} \to \begin{vmatrix} a_1 & c_1 \\ a_3 & c_3 \end{vmatrix} \quad \text{Unterdeterminante zu } b_2.$$

Entwicklung einer 3-reihigen Determinante nach der 1. Zeile

$$\begin{vmatrix} a_1 & b_1 & c_1 \\ a_2 & b_2 & c_2 \\ a_3 & b_3 & c_3 \end{vmatrix} = +a_1 \cdot \begin{vmatrix} b_2 & c_2 \\ b_3 & c_3 \end{vmatrix} - b_1 \cdot \begin{vmatrix} a_2 & c_2 \\ a_3 & c_3 \end{vmatrix} + c_1 \cdot \begin{vmatrix} a_2 & b_2 \\ a_3 & b_3 \end{vmatrix}$$

Will man eine Determinante nach einer Zeile oder einer Spalte entwickeln, so multipliziert man die Elemente dieser Zeile bzw. Spalte mit den zugehörigen Unterdeterminanten und summiert die erhaltenen Produkte unter Beachtung des nebenstehenden Vorzeichenschemas (Schachbrettmuster).

$$\begin{vmatrix} + & - & + \\ - & + & - \\ + & - & + \end{vmatrix}$$

Beispiele:
Entwicklung einer 3-reihigen Determinante nach der 2. Spalte

$$\begin{vmatrix} 5 & -3 & 2 \\ 1 & 0 & 6 \\ 3 & 1 & -2 \end{vmatrix} = -(-3) \cdot \begin{vmatrix} 1 & 6 \\ 3 & -2 \end{vmatrix} + 0 \cdot \begin{vmatrix} 5 & 2 \\ 3 & -2 \end{vmatrix} - 1 \cdot \begin{vmatrix} 5 & 2 \\ 1 & 6 \end{vmatrix} = 3 \cdot (-20) + 0 - 1 \cdot 28 = -88$$

Entwicklung nach der 1. Zeile

$$\begin{vmatrix} 1 & 0 & 0 \\ 0 & 1 & 0 \\ 0 & 0 & 1 \end{vmatrix} = 1 \cdot \begin{vmatrix} 1 & 0 \\ 0 & 1 \end{vmatrix} - 0 \cdot \begin{vmatrix} 0 & 0 \\ 0 & 1 \end{vmatrix} + 0 \cdot \begin{vmatrix} 0 & 1 \\ 0 & 0 \end{vmatrix} = 1$$

Sätze über Determinanten

1. Vertauscht man zwei Zeilen oder Spalten miteinander, so wechselt die Determinante ihr Vorzeichen. Dies gilt nicht für das Vertauschen einer Spalte mit einer Zeile.
2. Eine Determinante, die als Elemente nur Nullen enthält, hat auch den Wert Null.
3. Enthält eine Zeile bzw. eine Spalte einer Determinante nur Nullen, so ist ihr Wert ebenfalls Null.
4. Man multipliziert eine Determinante mit der Zahl k, indem man sämtliche Elemente einer Zeile oder Spalte mit der Zahl k multipliziert.
5. Sind zwei Zeilen oder zwei Spalten proportional zueinander, so hat die Determinante den Wert Null.
6. Stürzt man eine Determinante, d.h. vertauscht man sämtliche Zeilen und Spalten miteinander (die Elemente werden an der Hauptdiagonalen gespiegelt), so ändert sich ihr Wert nicht.
7. Der Wert einer Determinante bleibt unverändert, wenn man zu den Elementen einer Zeile (Spalte) ein beliebiges Vielfaches einer anderen Zeile (Spalte) addiert.

Beispiele zu den Determinantensätzen

Zu 1.

$$\begin{vmatrix} 1 & 3 \\ 2 & 4 \end{vmatrix} = 1 \cdot 4 - 2 \cdot 3 = -2 \ , \quad \begin{vmatrix} 2 & 4 \\ 1 & 3 \end{vmatrix} = 2 \ , \quad \begin{vmatrix} 3 & 1 \\ 4 & 2 \end{vmatrix} = 2$$

Zu 2./3./4./5.

$$\begin{vmatrix} 0 & 0 & 0 \\ 0 & 0 & 0 \\ 0 & 0 & 0 \end{vmatrix} = 0 \ , \quad \begin{vmatrix} 1000 & 125 \\ 720 & 90 \end{vmatrix} = \begin{vmatrix} 8 \cdot 125 & 125 \\ 8 \cdot 90 & 90 \end{vmatrix} = 8 \cdot \begin{vmatrix} 125 & 125 \\ 90 & 90 \end{vmatrix} = 0$$

Zu 5.

$$\begin{vmatrix} 1 & 2 & -1 \\ 1 & 2 & -1 \\ 3 & 0 & -3 \end{vmatrix} = 0$$

Zu 6.

$$\begin{vmatrix} 1 & 2 & -1 \\ -2 & 1 & 3 \\ 3 & 0 & -2 \end{vmatrix} = 11 = \begin{vmatrix} 1 & -2 & 3 \\ 2 & 1 & 0 \\ -1 & 3 & -2 \end{vmatrix}$$

Zu 7.

$$\begin{vmatrix} 1 & 4 & 1 \\ 1 & 3 & 1 \\ 3 & 6 & 4 \end{vmatrix} = -1$$

Addiert man das (–1)-fache der 3. Spalte zur 1., so ergibt sich:

$$\begin{vmatrix} 1+(-1)\cdot 1 & 4 & 1 \\ 1+(-1)\cdot 1 & 3 & 1 \\ 3+(-1)\cdot 4 & 6 & 4 \end{vmatrix} = \begin{vmatrix} 0 & 4 & 1 \\ 0 & 3 & 1 \\ -1 & 6 & 4 \end{vmatrix} = -1$$

Diese Determinante läßt sich recht einfach nach der 1. Spalte entwickeln.

LINEARE GLEICHUNGEN UND DETERMINANTEN

Gegeben ist das Gleichungssystem

1. $a_1 x_1 + b_1 y_1 = c_1$
2. $a_2 x_2 + b_2 y_2 = c_2$ (I)

Die Determinante $D = \begin{vmatrix} a_1 & b_1 \\ a_2 & b_2 \end{vmatrix}$ aus den Koeffizienten der Variablen bezeichnet man als Koeffizientendeterminante. (Wenn keine Verwechslungen möglich sind, ist es üblich, statt "det A" kurz "D" zu schreiben.) Ersetzt man darin eine Spalte durch die rechts vom Gleichheitszeichen stehenden Konstanten, so erhält man die möglichen Determinanten

$$D_x = \begin{vmatrix} c_1 & b_1 \\ c_2 & b_2 \end{vmatrix} \text{ und } D_y = \begin{vmatrix} a_1 & c_1 \\ a_2 & c_2 \end{vmatrix}.$$

Das Gleichungssystem (I) ist genau dann eindeutig lösbar, wenn die Koeffizientendeterminante D ungleich Null ist.(→Fallunterscheidungen). Dann lauten die Lösungen nach der —> Cramerschen Regel

$$x = \frac{D_x}{D} \text{ und } y = \frac{D_y}{D}.$$

Beispiel:
Gesucht ist die Lösungsmenge **L** des Gleichungssystems

1. $3x - 4y = -4$
2. $3x + y = 1$

$$D = \begin{vmatrix} 3 & -4 \\ 3 & 1 \end{vmatrix} = 15 \;,\quad D_x = \begin{vmatrix} -4 & -4 \\ 1 & 1 \end{vmatrix} = 0 \;,\quad D_y = \begin{vmatrix} 3 & -4 \\ 3 & 1 \end{vmatrix} = 15$$

$$x = \frac{D_x}{D} = \frac{0}{15} = 0 \ , \quad y = \frac{D_y}{D} = \frac{15}{15} = 1$$

$\mathbf{L} = \{0 ; 1\}$.

Entsprechendes gilt für ein Gleichungssystem mit drei und mehr Variablen.

1. $a_{11} x_1 + a_{12} x_2 + \ldots + a_{1n} x_n = c_1 \qquad x_1 = \frac{D_{x_1}}{D}$

2. $a_{21} x_1 + a_{22} x_2 + \ldots + a_{2n} x_n = c_2 \qquad x_2 = \frac{D_{x_2}}{D}$

$\vdots \qquad\qquad\qquad\qquad\qquad \vdots$

n. $a_{n1} x_1 + a_{n2} x_2 + \ldots + a_{nn} x_n = c_n \qquad x_n = \frac{D_{x_n}}{D}$

wobei die Determinanten D_{x_i} und D entsprechend dem Fall (I) gebildet werden.

Fallunterscheidungen
Für ein Gleichungssystem aus n Gleichungen mit n Variablen gilt:

1. Es ist eindeutig lösbar, wenn D ≠ 0 ist, während die D_{x_i} mit i = 1, 2, ..., n beliebige Werte annehmen können.
   Sind sämtliche Determinanten $D_{x_i} = 0$, so ergibt sich die triviale Lösung $x_1 = x_2 = \ldots = x_n = 0$.

2. Es besitzt unendlich viele Lösungen, wenn D und sämtliche D_{x_i} gleich Null sind.
3. Es ist unlösbar, wenn D = 0 ist und einige der $D_{x_i} \neq 0$ sind.

Beispiele:
Gesucht ist die Lösungsmenge **L** folgender Gleichungssysteme:

a) 1. $3x - 2y = 8$
   2. $-3x + 2y = 6$

$$D = \begin{vmatrix} 3 & -2 \\ -3 & 2 \end{vmatrix} = 0 \ , \quad D_x = \begin{vmatrix} 8 & -2 \\ 6 & 2 \end{vmatrix} \neq 0 \ , \quad D_y = \begin{vmatrix} 3 & 8 \\ -3 & 6 \end{vmatrix} \neq 0$$

Damit ist das Gleichungssystem unlösbar.

b) 1. $x + 2y - 3z = 4$
2. $2x - y + 3z = 9$
3. $-3x - 6y + 9z = -12$

$$D = \begin{vmatrix} 1 & 2 & -3 \\ 2 & -1 & 3 \\ -3 & -6 & 9 \end{vmatrix} = 0$$, da Zeile 3 das (–3)- fache der 1. Zeile ist.

$D_x = D_y = D_z = 0$ mit derselben Begründung.
Damit hat das Gleichungssystem unendlich viele Lösungen.

14.2 VEKTORRÄUME

Definition des Vektorraums
Wenn man den Namen Vektor hört, denkt man spontan an Pfeile, so wie man sie von der Physik her kennt. Nach wie vor ist dies auch das Paradebeispiel für Vektoren, aber es gibt darüber hinaus viele weitere Modelle, die alle gleiche mathematische Gesetzmäßigkeiten aufweisen. Deshalb hat man für diese Mengen mit ihren Verknüpfungen einen eigenen Namen definiert, den Vektorraum.

Vektorraum
Eine Menge V von Elementen (Vektoren) mit zwei hier erklärten Verknüpfungen heißt ein Vektorraum, wenn folgendes gilt:

1. Es gibt eine Addition, so daß (V , +) eine kommutative —> Gruppe bildet.
Für alle $\vec{a}, \vec{b}, \vec{c} \in V$ gilt:

a) Verknüpft man 2 Vektoren miteinander, so erhält man wieder einen Vektor.
b) $\vec{a} + (\vec{b} + \vec{c}) = (\vec{a} + \vec{b}) + \vec{c}$ (Assoziativgesetz)
c) Es gibt ein neutrales Element $\vec{o}$ mit $\vec{o} + \vec{a} = \vec{a} + \vec{o} = \vec{a}$
d) Für jedes $\vec{a} \in V$ gibt es genau ein inverses Element $(-\vec{a})$
mit $\vec{a} + (-\vec{a}) = (-\vec{a}) + \vec{a} = \vec{o}$
e) $\vec{a} + \vec{b} = \vec{b} + \vec{a}$ (Kommutativgesetz)

2. Es gibt eine S-Multiplikation, d.h. man muß Vielfache bilden können, so daß jeder reellen Zahl $r \in \mathbf{R}$ und jedem Vektor $\vec{a} \in V$ eindeutig ein Element $r \cdot \vec{a} \in V$ zugeordnet ist.

Weiterhin müssen für alle r, s ∈ **R** und $\vec{a}$, $\vec{b} \in V$ folgende Rechengesetze gelten:

a) $r \cdot (s\,\vec{a}) = (r\,s) \cdot \vec{a} = s \cdot (r\,\vec{a})$ (gemischtes Assoziativgesetz)
b) $(r + s) \cdot \vec{a} = r\,\vec{a} + s\,\vec{a}$ (Distributivgesetz)
c) $r \cdot (\vec{a} + \vec{b}) = r\,\vec{a} + r\,\vec{b}$ (Distributivgesetz)
d) $1 \cdot \vec{a} = \vec{a}$

Sind sämtliche Axiome erfüllt, so heißt V ein Vektorraum über dem Körper der reellen Zahlen.

Beispiele:

1)Geometrischer Vektorraum
Geometrische Vektoren bilden im anschaulichen Bereich Vektorräume der —> Dimension 1 (Gerade), 2 (Ebene) oder 3 (Raum).

2)Die n-tupel reeller Zahlen bilden einen Vektorraum der Dimension n.
Für alle a_i, b_i, $\mu \in \boldsymbol{R}$ gelten folgende Verknüpfungen

$$\begin{pmatrix} a_1 \\ a_2 \\ \vdots \\ a_n \end{pmatrix} + \begin{pmatrix} b_1 \\ b_2 \\ \vdots \\ b_n \end{pmatrix} = \begin{pmatrix} a_1 + b_1 \\ a_2 + b_2 \\ \vdots \\ a_n + b_n \end{pmatrix}, \quad \mu \cdot \begin{pmatrix} a_1 \\ a_2 \\ \vdots \\ a_n \end{pmatrix} = \begin{pmatrix} \mu \cdot a_1 \\ \mu \cdot a_2 \\ \vdots \\ \mu \cdot a_n \end{pmatrix}$$

3)Die (n ; m)-Matrizen reeller Zahlen bilden bzgl. der Addition und der Vielfachbildung einen Vektorraum der Dimension n · m. Für alle (n ; m)-Matrizen reeller Zahlen und μ ∈ **R** gilt:

$$\begin{pmatrix} a_{11} \dots a_{1m} \\ \vdots \quad\quad \vdots \\ a_{n1} \dots a_{nm} \end{pmatrix} + \begin{pmatrix} b_{11} \dots b_{1m} \\ \vdots \quad\quad \vdots \\ b_{n1} \dots b_{nm} \end{pmatrix} = \begin{pmatrix} a_{11} + b_{11} \dots a_{1m} + b_{1m} \\ \vdots \quad\quad\quad\quad \vdots \\ a_{n1} + b_{n1} \dots a_{nm} + b_{nm} \end{pmatrix}$$

$$\mu \cdot \begin{pmatrix} a_{11} \dots a_{1m} \\ \vdots \quad\quad \vdots \\ a_{n1} \dots a_{nm} \end{pmatrix} = \begin{pmatrix} \mu \cdot a_{11} \dots \mu \cdot a_{1m} \\ \vdots \quad\quad\quad \vdots \\ \mu \cdot a_{n1} \dots \mu \cdot a_{nm} \end{pmatrix}$$

4)Die Menge der komplexen Zahlen **C** bildet einen Vektorraum der Dimension 2, da sich jede komplexe Zahl als Zweitupel (a,b) mit a, b ∈ **R** schreiben läßt. Dabei gelten folgende Verknüpfungen:
$(a\,;\,b) + (c\,;\,d) = (a + c\,;\,b + d)$
$\mu \cdot (a\,;\,b) = (\mu\,a\,;\,\mu\,b)$ für alle a, b, c, d, μ ∈ **R**.

5)Ist R(x) die Menge der Polynome in einer Variablen mit reellen Koeffizienten, z.B.

$f_1(x) = a_0 + a_1 x + a_2 x^2 + \ldots + a_n x^n$

$f_1(x) = b_0 + b_1 x + b_2 x^2 + \ldots + b_m x^m$ mit n > m und $\mu \in \mathbf{R}$.

Dann ist R(x) ein Vektorraum beliebiger Dimension, wenn man folgende Verknüpfungen definiert:

$$f_1(x) + f_2(x) = (a_0 + b_0) + (a_1 + b_1)\,x + \ldots + (a_m + b_m)\,x^m + a_{m+1}\,x^{m+1} + \ldots + a_n\,x^n$$

$$\mu \cdot f_1(x) = \mu \cdot a_0 + \mu \cdot a_1\,x + \mu \cdot a_2\,x^2 + \ldots + \mu \cdot a_n\,x^n \quad \text{mit } \mu \in \mathbf{R}.$$

Ist der Grad der Polynome kleiner oder gleich n, so liegt ein Vektorraum der Dimension n + 1 vor.

LINEARE ABHÄNGIGKEIT - UNABHÄNGIGKEIT

Linearkombination

Ein Vektor $\vec{s} \in V$ heißt eine *Linearkombination* der Vektoren $\vec{a_1}, \vec{a_2}, \ldots, \vec{a_n} \in V$, wenn es n Zahlen $r_1, r_2, \ldots, r_n \in \boldsymbol{R}$ gibt, so daß gilt:

$$\vec{s} = r_1\,\vec{a_1} + r_2\,\vec{a_2} + \ldots + r_n\,\vec{a_n}$$

Lineare Unabhängigkeit

Die Vektoren $\vec{a_1}, \vec{a_2}, \ldots, \vec{a_n}$ heißen *linear unabhängig*, wenn die Gleichung (Linearkombination für den Vektor $\vec{o}$)

$$\vec{o} = r_1\,\vec{a_1} + r_2\,\vec{a_2} + \ldots + r_n\,\vec{a_n}$$

nur für $r_1 = r_2 = \ldots = r_n = 0$ erfüllt werden kann.

Lineare Abhängigkeit

Die Vektoren $\vec{a_1}, \vec{a_2}, \ldots, \vec{a_n}$ heißen *linear abhängig*, wenn es eine Linearkombination $\vec{o} = r_1\,\vec{a_1} + r_2\,\vec{a_2} + \ldots + r_n\,\vec{a_n}$ gibt, in der nicht alle $r_i = 0$ sind.

Somit sind die Vektoren $\vec{a_1}, \vec{a_2}, \ldots, \vec{a_n}$ mit $n \geq 2$, $n \in \boldsymbol{N}$ genau dann linear abhängig, wenn sich mindestens einer der Vektoren als Linearkombination der restlichen n – 1 Vektoren darstellen läßt. Beispielsweise ist möglich:

$$\vec{a_n} = s_1\,\vec{a_1} + s_2\,\vec{a_2} + \ldots + s_{n-1}\,\vec{a_{n-1}} \quad \text{mit } s_i \in \boldsymbol{R}.$$

Beispiele:

Unter sämtlichen Vektoren

1. auf einer Geraden (R^1) gibt es jeweils nur einen unabhängigen Vektor $\vec{a}$. Alle übrigen lassen sich als Vielfache von $\vec{a}$ darstellen, sie heißen *kollinear* zu $\vec{a}$. Damit sind zwei und mehr kollineare Vektoren stets linear abhängig.
2. in einer Ebene (R^2) gibt es jeweils nur zwei linear unabhängige Vektoren $\vec{a}$, $\vec{b}$ (stellvertretend für Länge und Breite). Alle übrigen Vektoren lassen sich als Linearkombination dieser beiden darstellen, sie heißen *komplanar* zu der von $\vec{a}$ und $\vec{b}$ aufgespannten Ebene. Damit sind drei und mehr komplanare Vektoren stets linear abhängig.
3. des anschaulichen Raumes (R^3) gibt es jeweils genau drei linear unabhängige Vektoren $\vec{a}$, $\vec{b}$, $\vec{c}$ (stellvertretend für Länge, Breite und Höhe). Alle übrigen Vektoren lassen sich als Linearkombination von $\vec{a}, \vec{b}, \vec{c}$ darstellen; damit sind vier und mehr Vektoren des anschaulichen Raumes stets linear abhängig.

Um die lineare Unabhängigkeit von Vektoren zu prüfen, kann man häufig das *Determinantenverfahren* benutzen. Bei Vektoren des anschaulichen Raumes z.B. schreibt man die Koordinaten von drei Vektoren zu einer Determinante spaltenweise nebeneinander. Ist der Wert dieser Determinante gleich Null, so sind die betrachteten Vektoren komplanar (linear abhängig), anderenfalls sind sie linear unabhängig.

Beispiele:

1. Sind die Vektoren $\vec{a} = \begin{pmatrix} 2 \\ -1 \\ 3 \end{pmatrix}$ und $\vec{b} = \begin{pmatrix} -3 \\ 1{,}5 \\ 4{,}5 \end{pmatrix}$ kollinear?

$$\begin{pmatrix} 2 \\ -1 \\ 3 \end{pmatrix} = k \cdot \begin{pmatrix} -3 \\ 1{,}5 \\ 4{,}5 \end{pmatrix} \quad \Leftrightarrow \quad \begin{pmatrix} 2 \\ -1 \\ 3 \end{pmatrix} = \begin{pmatrix} -3 \cdot k \\ 1{,}5 \cdot k \\ 4{,}5 \cdot k \end{pmatrix} \quad \Leftrightarrow \quad \begin{aligned} 2 &= -3\,k \\ -1 &= 1{,}5\,k \\ 3 &= 4{,}5\,k \end{aligned}$$

Da sich der Proportionalitätsfaktor k mit –1,5 eindeutig bestimmen läßt, sind die Vektoren $\vec{a}$ und $\vec{b}$ kollinear.

2. Sind die Vektoren $\vec{a} = \begin{pmatrix} 2 \\ 2 \\ 3 \end{pmatrix}$, $\vec{b} = \begin{pmatrix} 0 \\ 4 \\ 7 \end{pmatrix}$, $\vec{c} = \begin{pmatrix} 2 \\ 5 \\ 10 \end{pmatrix}$ und $\vec{d} = \begin{pmatrix} 3 \\ 1 \\ 1 \end{pmatrix}$ komplanar?

$$\begin{vmatrix} 2 & 0 & 2 \\ 2 & 4 & 5 \\ 3 & 7 & 10 \end{vmatrix} = 14 \neq 0$$

d.h. die Vektoren $\vec{a}$, $\vec{b}$, $\vec{c}$ sind linear unabhängig (nicht komplanar), sie bilden eine Basis (s.u.) des (R^3).

$$\begin{vmatrix} 2 & 0 & 3 \\ 2 & 4 & 1 \\ 3 & 7 & 1 \end{vmatrix} = 0$$

d.h. die Vektoren $\vec{a}$, $\vec{b}$, $\vec{d}$ sind linear abhängig (komplanar).

ERZEUGENDENSYSTEM - BASIS - DIMENSION

Erzeugendensystem

Wir wählen eine beliebige Anzahl k von Vektoren $\vec{a_1}, \vec{a_2}, \dots, \vec{a_k}$ aus der gegebenen Menge V mit der Eigenschaft aus, daß sich jeder Vektor $\vec{u} \in V$ als Linearkombination $\vec{u} = r_1 \vec{a_1} + r_2 \vec{a_2} + \dots + r_k \vec{a_k}$ mit $r_i \in \boldsymbol{R}$ schreiben läßt. Dann heißen die Vektoren $\vec{a_1}, \vec{a_2}, \dots, \vec{a_k}$ ein *Erzeugendensystem* des Vektorraums V.

Basis

Bilden die Vektoren $\vec{a_1}, \vec{a_2}, \dots, \vec{a_k}$ ein Erzeugendensystem und sind sie außerdem linear unabhähgig, so nennt man sie eine *Basis* des Vektorraums V. Die Vektoren stellen dann die größtmögliche Anzahl linear unabhängiger Vektoren und zugleich das kleinstmögliche Erzeugendensystem dar.

Dimension

Unter der Dimension n eines Vektorraums V versteht man die größtmögliche Anzahl an Basisvektoren.

Beispiele

Vektorraum	Basis	Dimension
Gerade (R^1)	(1)	1
Ebene (R^2)	(1 ; 0), (0 ; 1)	2
Raum (R^3)	(1 ; 0 ; 0), (0 ; 1 ; 0), (0 ; 0 ; 1)	3
Menge der komplexen Zahlen **C**	(1 ; 0), (0 ; 1)	2
Menge der n-Tupel	$\left.\begin{pmatrix} 1 \\ 0 \\ : \\ 0 \\ 0 \end{pmatrix}, \begin{pmatrix} 0 \\ 1 \\ : \\ 0 \\ 0 \end{pmatrix}, \dots, \begin{pmatrix} 0 \\ 0 \\ : \\ 0 \\ 1 \end{pmatrix} \right\\} n \text{ Zahlen}$	n

14.3 ÜBUNGSAUFGABEN

1) Gegeben sind die Matrizen $A = \begin{pmatrix} 2 & 0 & 1 \\ 0 & 4 & 2 \\ 1 & 2 & 3 \end{pmatrix}$ und $B = \begin{pmatrix} 3 & 1 & 2 \\ 4 & 0 & 7 \\ 1 & 3 & 0 \end{pmatrix}$

Berechnen Sie die Matrizen $A \cdot A$, $A \cdot B$ *und* A^{-1}.

2) Berechnen Sie den Wert folgender Determinanten:

a) $\begin{vmatrix} 2 & 0 \\ 3 & -1 \end{vmatrix}$ b) $\begin{vmatrix} 0 & 2 \\ -1 & 3 \end{vmatrix}$ c) $\begin{vmatrix} 2 & 3 \\ 0 & -1 \end{vmatrix}$ d) $\begin{vmatrix} 0 & 3 & -5 \\ 4 & 3 & 2 \\ 0 & -1 & 4 \end{vmatrix}$ e) $\begin{vmatrix} 1 & 2 & 3 & 4 \\ -2 & 3 & 0 & 5 \\ 0 & -1 & 4 & 2 \\ -3 & 5 & 1 & 0 \end{vmatrix}$

3) Bestimmen Sie die Lösungsmenge **L** folgender Gleichungssysteme:

a) $x - y = 2$
$2x + y = 7$

b) $2x - 3y = 3$
$x + y = 3$

c) $2x + 3y = 4$
$5x - 2y = -9$

d) $4x - 2y = 6$
$-2x + y = -3$

e) $-x + 3y = 4$
$2x - 6y = 7$

f) $2x - 4y + 3z = 1$
$-x + y - 2z = 3$
$x - y - 2z = 5$

g) $4x - 3y + 5z = 3$
$2x - 4y + 3z = 10$
$-3x + 5y - 2z = -7$

4) Sind die Vektoren

a) $\vec{a} = \begin{pmatrix} 2 \\ -3 \end{pmatrix}$ und $\vec{b} = \begin{pmatrix} -\frac{1}{2} \\ \frac{3}{4} \end{pmatrix}$ kollinear?

b) $\vec{a} = \begin{pmatrix} -2 \\ 3 \\ 1 \end{pmatrix}$, $\vec{b} = \begin{pmatrix} -4 \\ 0 \\ 4 \end{pmatrix}$, $\vec{c} = \begin{pmatrix} 0 \\ 9 \\ 3 \end{pmatrix}$ und $\vec{d} = \begin{pmatrix} 4 \\ 6 \\ 2 \end{pmatrix}$ komplanar?

5) Gegeben sind die Polynome $g_1(x) = \frac{1}{4}x^2$ und $g_2(x) = 2$.

a) Stellen Sie die Funktionen $f_1(x) = -2x^2 - 1$ und $f_2(x) = -\frac{5}{4}x^2 + \frac{1}{2}$ als Linearkombinationen von $g_1(x)$ und $g_2(x)$ dar.

b) Zeigen Sie, daß die Funktionen $f_1(x)$ und $f_2(x)$ linear unabhängig sind.

c) Für welchen Vektorraum V bilden $g_1(x)$ und $g_2(x)$ eine Basis?

LÖSUNGEN

1) $A \cdot A = \begin{pmatrix} 5 & 2 & 5 \\ 2 & 20 & 14 \\ 5 & 14 & 14 \end{pmatrix}$ $\qquad A \cdot B = \begin{pmatrix} 7 & 5 & 4 \\ 18 & 6 & 28 \\ 14 & 10 & 16 \end{pmatrix}$

$$A \cdot A^{-1} = \begin{pmatrix} 2 & 0 & 1 \\ 0 & 4 & 2 \\ 1 & 2 & 3 \end{pmatrix} \cdot \begin{pmatrix} x_1 & y_1 & z_1 \\ x_2 & y_2 & z_2 \\ x_3 & y_3 & z_3 \end{pmatrix} = \begin{pmatrix} 1 & 0 & 0 \\ 0 & 1 & 0 \\ 0 & 0 & 1 \end{pmatrix}$$

$$= \begin{pmatrix} 2x_1 + 0x_2 + 1x_3 & 2y_1 + 0y_2 + 1y_3 & 2z_1 + 0z_2 + 1z_3 \\ 0x_1 + 4x_2 + 2x_3 & 0y_1 + 4y_2 + 2y_3 & 0z_1 + 4z_2 + 2z_3 \\ 1x_1 + 2x_2 + 3x_3 & 1y_1 + 2y_2 + 3y_3 & 1z_1 + 2z_2 + 3z_3 \end{pmatrix} = \begin{pmatrix} 1 & 0 & 0 \\ 0 & 1 & 0 \\ 0 & 0 & 1 \end{pmatrix}$$

Aus der Gleichheit der Matrizen und dem nachfolgenden Auflösen der sich ergebenden Gleichungen erhält man:

$$A^{-1} = \begin{pmatrix} \frac{2}{3} & \frac{1}{6} & -\frac{1}{3} \\ \frac{1}{6} & \frac{5}{12} & -\frac{1}{2} \\ -\frac{1}{3} & -\frac{1}{3} & \frac{2}{3} \end{pmatrix}$$

Zur Probe multiplizieren wir A^{-1} mit A und erhalten die Einheitsmatrix E.

2) a) –2 b) 2 c) –2

3) a) $\boldsymbol{L} = \{3 ; 1\}$ b) $\boldsymbol{L} = \{2\,\frac{2}{5} ; \frac{3}{5}\}$ c) $\boldsymbol{L} = \{-1 ; 2\}$

d) Es gibt unendlich viele Lösungen.

e) Das Gleichungssystem ist nicht lösbar.

f) $\boldsymbol{L} = \{-1{,}5 ; -2{,}5 ; -2\}$ g) $\boldsymbol{L} = \{-4 ; -3 ; 2\}$

4) a) $\vec{a}$ und $\vec{b}$ sind kollinear.

b) $\vec{a}$, $\vec{b}$ und $\vec{c}$ sind nicht komplanar.

$\vec{a}$, $\vec{b}$ und $\vec{d}$ sind komplanar.

5) a) $f_1(x) = -8 \cdot g_1(x) - \frac{1}{2} \cdot g_2(x)$

$f_2(x) = -5 \cdot g_1(x) + \frac{1}{4} \cdot g_2(x)$

b) Da k in $f_1(x) = k \cdot f_2(x)$ nicht eindeutig zu bestimmen ist, sind $f_1(x)$ und $f_2(x)$ linear unabhängig.

c) $V = \{\lambda \cdot g_1(x) + \mu \cdot g_2(x) = \frac{\lambda}{4} x^2 + 2\mu \mid \lambda, \mu \in \boldsymbol{R}\}$

15. VEKTORRECHNUNG

15.1 GRUNDBEGRIFFE

In Kapitel 1.3 wurde das Rechnen mit ganzen Zahlen durch Pfeile veranschaulicht; ebenso kann jede —> Parallelverschiebung durch einen Pfeil dargestellt werden. Auch physikalische Größen wie Kraft oder Geschwindigkeit besitzen außer dem Betrag noch eine Richtung und können sehr gut durch Pfeile symbolisiert werden. Da Pfeile in der Mathematik und Physik eine so weitreichende Einsatzmöglichkeit bieten, liegt es nahe, sie als Oberbegriff für ein eigenes mathematisches "Gebäude" (Struktur) zu definieren.

Vektor

Im anschaulichen (dreidimensionalen) Raum läßt sich jede Strecke mit gegebenem Durchlaufssinn von A nach B durch einen Pfeil darstellen. Dabei stellt A den Anfangs- und B den Zielpunkt dar. Dann nennt man die Menge aller zu $\overrightarrow{AB}$ gleichlangen und gleichgerichteten Pfeile einen Vektor. Die Pfeile $\overrightarrow{AB}$ und $\overrightarrow{CD}$ repräsentieren diesen Vektor. Vektoren werden häufig auch mit kleinen Buchstaben bezeichnet, z.B. mit $\overrightarrow{a}$ statt $\overrightarrow{AB}$.

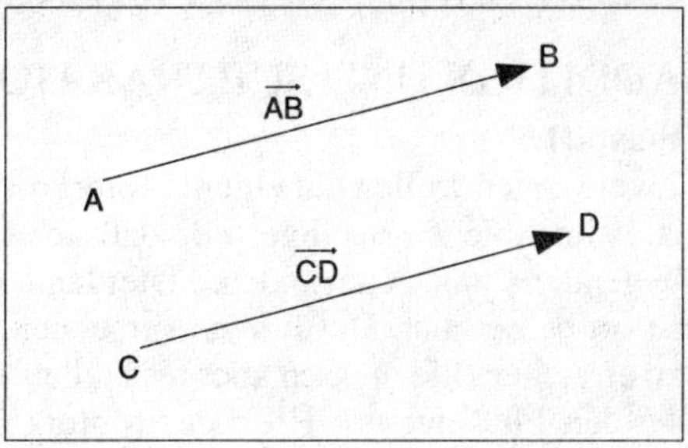

Jeder Vektor ist gekennzeichnet durch
1. seinen *Betrag* (Länge des Pfeils),
2. seine *Richtung* (Lage des Pfeils im Raum),
3. seinen *Durchlaufssinn* (Pfeilspitze).

Im weiteren Text wird die Richtung im Sinne eines Wegweisers verwendet, d.h. es wird damit sowohl die Richtung als auch die Orientierung in einem angeben.

Zwei Vektoren $\overrightarrow{a}$ und $\overrightarrow{b}$ sind damit genau dann gleich, wenn sie sich durch gleichlange und gleichgerichtete Pfeile darstellen lassen.

Betrag

Der Betrag eines Vektors $\overrightarrow{a}$ entspricht der Länge des zugehörigen Pfeils und ist somit eine nicht negative reelle Zahl.
Schreibweise: $|\overrightarrow{a}| = a$.

Einheitsvektor

Einheitsvektoren sind Vektoren mit dem Betrag 1 LE, (d.h. 1 Längeneinheit, also

nicht unbedingt 1 cm).
Schreibweise: $\vec{a}^{\,0}$ mit $|\vec{a}^{\,0}| = 1$.

Gegenvektor
Vektoren mit gleichem Betrag, aber entgegengesetzter Richtung heißen Gegenvektoren, z.B. $\vec{a}$ und $(-\vec{a})$.

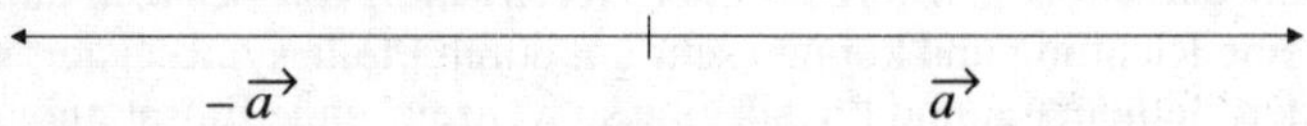

Nullvektor
Jeder Vektor mit der Länge 0, heißt Nullvektor.
Schreibweise: $\vec{o}$

15.2 RECHNEN MIT VEKTOREN

ADDITION UND SUBTRAKTION (GRAPHISCH)

Beispiel:
Zwei Jungen wollen mit einem Motorboot einen Fluß überqueren. Das Steuerruder ist beim Ablegen so eingestellt, daß sie ohne Strömung genau auf dem gegenüberliegenden Punkt A am anderen Ufer landen würden. Doch die Strömung macht sich sofort bemerkbar. Die Jungen versuchen, durch Gegensteuern doch noch ihr Ziel zu erreichen. Sie müssen aber feststellen, daß das Ruder blockiert ist. Also können sie den Fluß nur mit Hilfe der Motorkraft überqueren. Somit erreichen sie das gegenüberliegende Ufer nicht im anvisierten Punkt A sondern in dem flußabwärts gelegenen Punkt B.

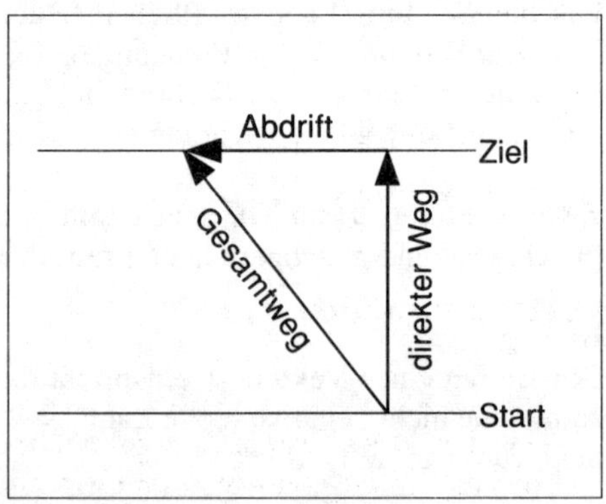

Die Jungen vollführen eine Gesamtbewegung, die sich aus der Motorgeschwindigkeit des Bootes und der Strömungsgeschwindigkeit des Flusses ergibt. Immer, wenn sie sich ein Stück in der angestrebten Richtung fortbewegen, werden sie gleichzeitig auch um eine bestimmte Strecke abgetrieben. Die zurückgelegte Gesamtstrecke ergibt sich somit durch das Zusammenwirken beider Bewegungsanteile.
Jeder Bewegungsanteil kann durch einen Pfeil (Vektor) dargestellt werden.
Eine geeignete Verbindung der Einzelpfeile (Vektoraddition) ergibt einen weiteren Pfeil, der die Gesamtbewegung beschreibt.

Vektoraddition

Vektoren werden addiert, indem man den Anfangspunkt des zweiten Pfeils an die Spitze des ersten verschiebt und den Summenvektor als Pfeil vom Anfangspunkt des ersten zur Spitze des zweiten zieht.

Wie die Darstellung zeigt, ist die Addition von Vektoren kommutativ. Entsprechendes gilt für drei und mehr zu addierende Vektoren.

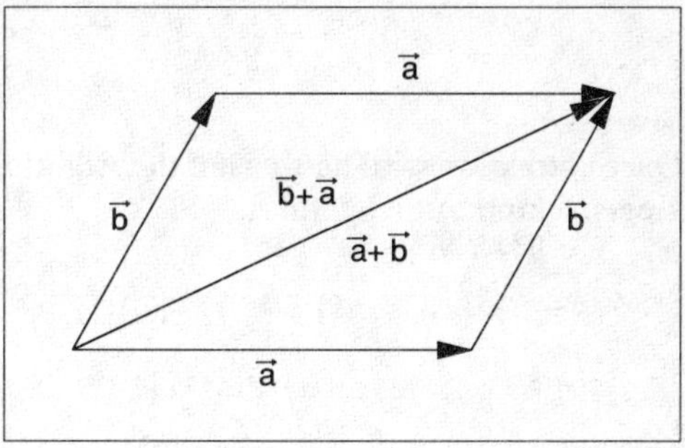

Beispiel:
Die dargestellten Vektoren $\vec{a}$, $\vec{b}$, $\vec{c}$ sollen addiert werden.

Auch jede andere Reihenfolge der Vektoren $\vec{a}$, $\vec{b}$, $\vec{c}$ führt zum selben Ergebnis.

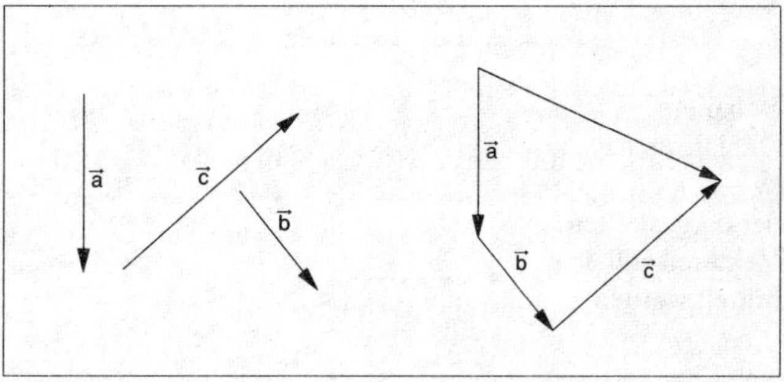

Vektorsubtraktion

Zwei Vektoren werden subtrahiert, indem man ihre Pfeile so verschiebt, daß die Anfangspunkte zusammenfallen. Dann ergibt sich der Differenzvektor als Verbindungspfeil der beiden Spitzen.

Die Orientierung des Differenzvektors ist in der nebenstehenden Abbildung erkennbar.
Dahinter steht folgende Überlegung:
Von Punkt C gelangt man über A nach B; "geht" also zunächst gegen die Richtung von $\vec{b}$ (d.h. in Richtung $-\vec{b}$) und dann weiter in Richtung von $\vec{a}$.

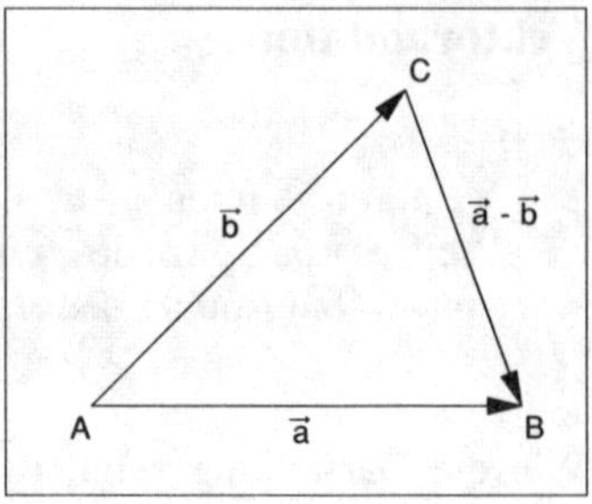

Die Subtraktion wird hierbei auf die Addition des Gegenvektors zurückgeführt:
$\vec{a} - \vec{b} = \vec{a} + (-\vec{b})$

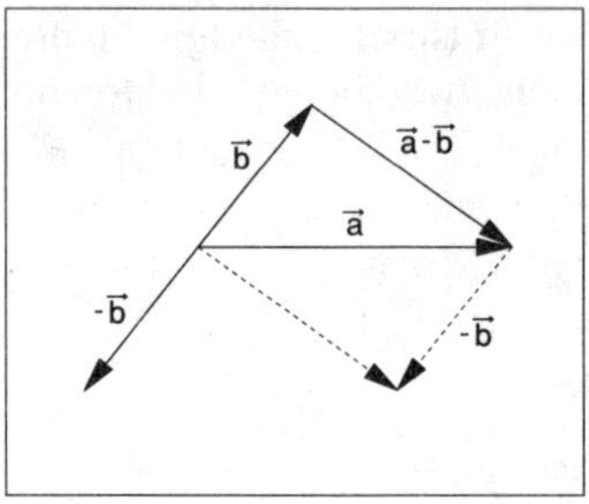

Beispiel:
Die Differenz
$(\vec{b} - \vec{a})$
der dargestellten Vektoren soll ermittelt werden.

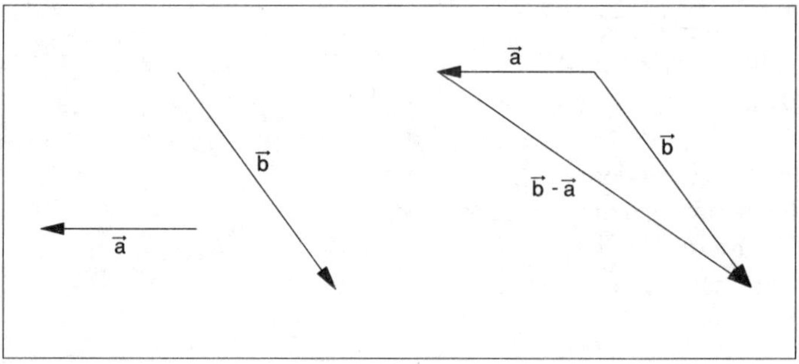

VEKTOREN IM KARTESISCHEN (RECHTWINKLIGEN) KOORDINATENSYSTEM

Es wurde bereits mehrfach von zweidimensionalen kartesischen Koordinatensystemen Gebrauch gemacht. Hierbei wird jedem Punkt P der Ebene genau ein Zahlenpaar (x ; y) zugeordnet, umgekehrt entspricht jedem Zahlenpaar genau ein Punkt der Ebene.

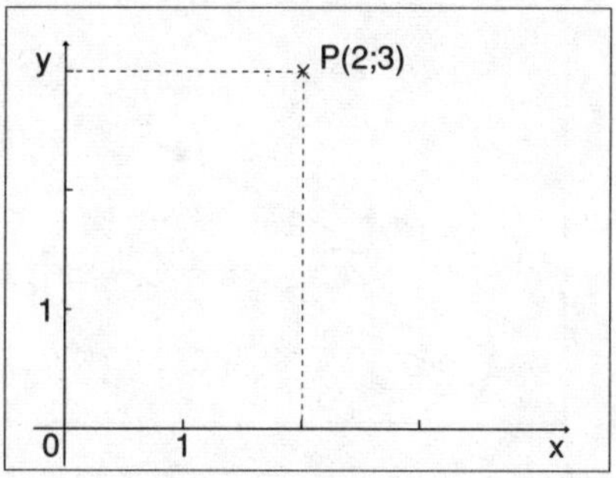

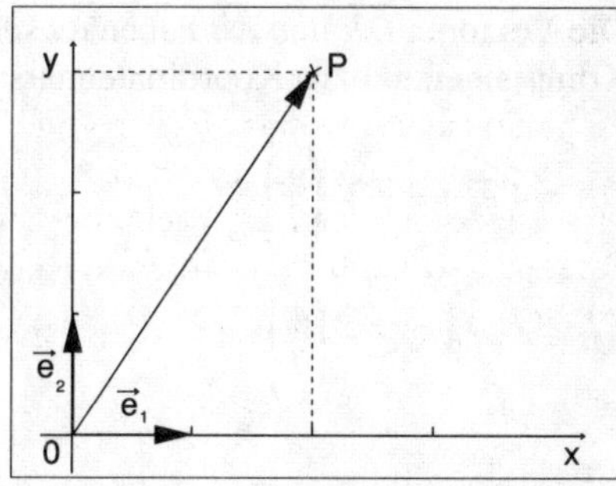

Da Vektoren durch Pfeile von einem Punkt P zu einem zweiten Punkt Q repräsentiert werden, lassen sie sich auf einfache Weise im Koordinatensystem darstellen. Um z.B. von 0 zu P zu gelangen, "geht" man zunächst 2 Einheiten in Richtung $\vec{e_1}$ und dann 3 Einheiten in Richtung $\vec{e_2}$. Dafür vereinbart man folgende *Schreibweise:*

$$\overrightarrow{OP} = 2\,\vec{e_1} + 3\,\vec{e_2} = \begin{pmatrix} 2 \\ 3 \end{pmatrix}$$

Dabei nennt man $2\,\vec{e_1}$ und $3\,\vec{e_2}$ die Komponenten des Vektors $\overrightarrow{OP}$, $\begin{pmatrix} 2 \\ 3 \end{pmatrix}$ ist seine *Spalten- oder Koordinatendarstellung*.
Diese Koordinaten stimmen mit denen des Punktes P(2 ; 3) überein.

Dieser Zusammenhang gilt allgemein:

Ist P(x ; y) ein Punkt der Ebene, so hat der zugehörige Vektor $\overrightarrow{OP}$ die

Koordinatendarstellung $\overrightarrow{OP} = \begin{pmatrix} x \\ y \end{pmatrix}$.

Vektoren mit dem Anfangspunkt *O* heißen *Ortsvektoren.*

Liegt der Anfangspunkt eines Vektors nicht im Koordinatenursprung, so wird die "Schrittweite" in gleicher Weise vom Anfangspunkt zum Endpunkt parallel zu den Achsen gezählt.

Die Vektoren $\overrightarrow{OP}$ und $\overrightarrow{AB}$ haben dieselbe Komponenten- bzw. Koordinatendarstellung:

$$\overrightarrow{OP} = 4\,\overrightarrow{e_1} + 2\,\overrightarrow{e_2} = \begin{pmatrix} 4 \\ 2 \end{pmatrix}$$

$$\overrightarrow{AB} = 4\,\overrightarrow{e_1} + 2\,\overrightarrow{e_2} = \begin{pmatrix} 4 \\ 2 \end{pmatrix}$$

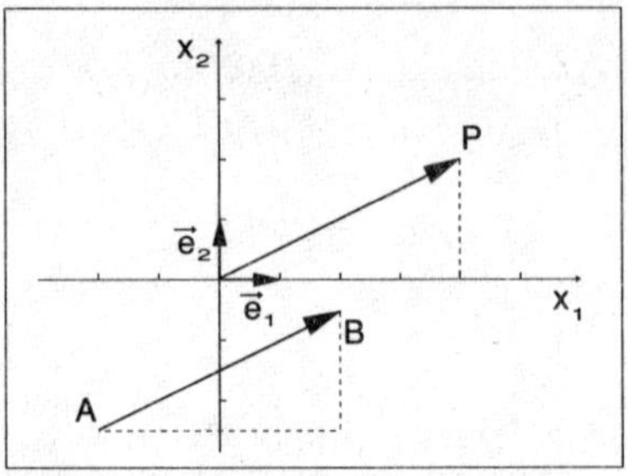

Alle Vektoren in der Ebene mit gleicher Richtung und gleicher Länge haben dieselbe Komponenten- bzw. Koordinatendarstellung.

Somit entspricht jedem *geordneten Zahlenpaar* genau ein Vektor und umgekehrt.

Sind $\overrightarrow{AB} = \begin{pmatrix} a_1 \\ a_2 \end{pmatrix}$ und $\overrightarrow{PQ} = \begin{pmatrix} b_1 \\ b_2 \end{pmatrix}$ zwei Vektoren der Ebene, so folgt für

$$\overrightarrow{AB} = \overrightarrow{PQ} \Leftrightarrow \begin{pmatrix} a_1 \\ a_2 \end{pmatrix} = \begin{pmatrix} b_1 \\ b_2 \end{pmatrix} \quad \textit{mit} \quad \begin{array}{l} 1.\ \ a_1 = b_1 \\ 2.\ \ a_2 = b_2 \end{array}$$

Jede Vektorgleichung im zweidimensionalen Raum R^2 entspricht einem System von 2 Koordinatengleichungen.

Diese Aussage erhält ihre eigentliche Bedeutung erst bei der Verwendung von Vektorgleichungen, z.B. bei der Prüfung der Unabhängigkeit von Vektoren oder der Behandlung geometrischer Fragestellungen.

Entsprechendes gilt im anschaulichen Raum R^3, z.B. gilt im nebenstehenden Quader:

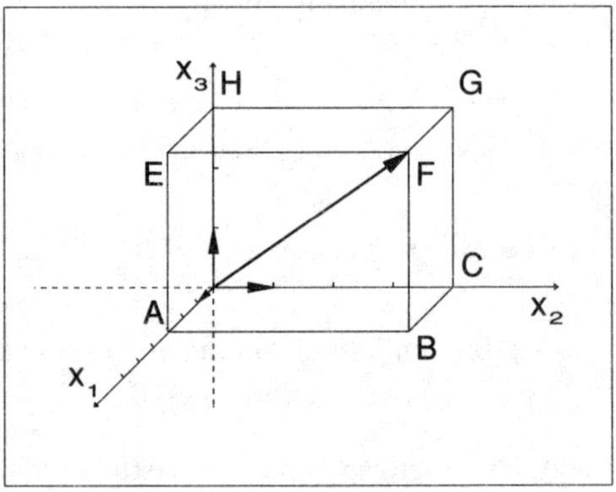

$$\overrightarrow{OF} = 3\,\overrightarrow{e_1} + 4\,\overrightarrow{e_2} + 3\,\overrightarrow{e_3} = \begin{pmatrix} 3 \\ 4 \\ 3 \end{pmatrix}$$

Alle Vektoren im anschaulichen Raum mit gleicher Richtung und gleicher Länge haben dieselbe Komponenten- bzw. Koordinatendarstellung.

Somit entspricht jedem geordneten Zahlentripel genau ein Vektor und umgekehrt.

Sind $\overrightarrow{AB} = \begin{pmatrix} a_1 \\ a_2 \\ a_3 \end{pmatrix}$ und $\overrightarrow{PQ} = \begin{pmatrix} b_1 \\ b_2 \\ b_3 \end{pmatrix}$ zwei Vektoren des anschaulichen Raumes, so folgt für

$$\overrightarrow{AB} = \overrightarrow{PQ} \Leftrightarrow \begin{pmatrix} a_1 \\ a_2 \\ a_3 \end{pmatrix} = \begin{pmatrix} b_1 \\ b_2 \\ b_3 \end{pmatrix} \quad \textit{mit} \quad \begin{matrix} 1. & a_1 = b_1 \\ 2. & a_2 = b_2 \\ 3. & a_3 = b_3 \end{matrix}$$

Jede Vektorgleichung im R^3 entspricht einem System von 3 Koordinatengleichungen.

VEKTOREN IM AFFINEN KOORDINATENSYSTEM

Für viele Betrachtungen ist es günstiger, statt eines rechtwinkligen (kartesischen) ein schiefwinkliges (affines) Koordinatensystem zu verwenden. Dabei ist der Winkel zwischen den Achsen beliebig zu wählen und auf das jeweilige Problem abzustimmen. Die Einheitsvektoren nennt man zur Unterscheidung zum kartesischen System z.B. $\overrightarrow{b_1}$ und $\overrightarrow{b_2}$. Sonst verfährt man im affinen Koordinatensystem genauso wie im rechtwinkligen.

Wie aus der Zeichnung ersichtlich, gilt für $\overrightarrow{OQ} = 3\,\overrightarrow{b_1} + 2\,\overrightarrow{b_2}$ und für $\overrightarrow{AB} = -4\,\overrightarrow{b_1} + 3\,\overrightarrow{b_2}$. Entsprechend der Darstellung im kartesischen System nennt man $3\,\overrightarrow{b_1}$ und $2\,\overrightarrow{b_2}$ bzw. $-4\,\overrightarrow{b_1}$ und $3\,\overrightarrow{b_2}$ die Komponenten der Vektoren $\overrightarrow{OQ}$ bzw. $\overrightarrow{AB}$.
Für die Koordinatendarstellung gilt:

$$\overrightarrow{OQ} = \begin{pmatrix} 3 \\ 2 \end{pmatrix} \text{ und } \overrightarrow{AB} = \begin{pmatrix} -4 \\ 3 \end{pmatrix}$$

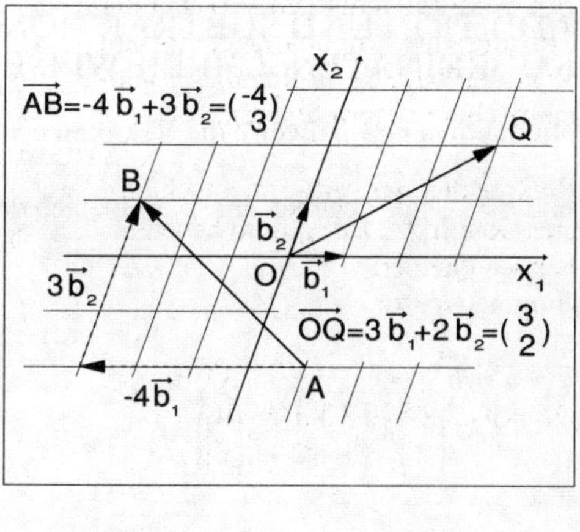

Entsprechendes gilt für 3 Dimensionen. In einem räumlichen affinen Koordinatensystem hat jeder Vektor gleicher Richtung und gleicher Länge dieselbe Koordinatendarstellung:

$$\overrightarrow{AB} = \vec{a} = a_1\,\vec{b_1} + a_2\,\vec{b_2} + a_3\,\vec{b_3} = \begin{pmatrix} a_1 \\ a_2 \\ a_3 \end{pmatrix}$$

Beispiel:

Die Vektoren $\vec{b_1}$, $\vec{b_2}$ spannen ein Parallelogramm auf. Gesucht sind die Ortsvektoren

a) zu den Eckpunkten und

b) zu den Seitenmittelpunkten.

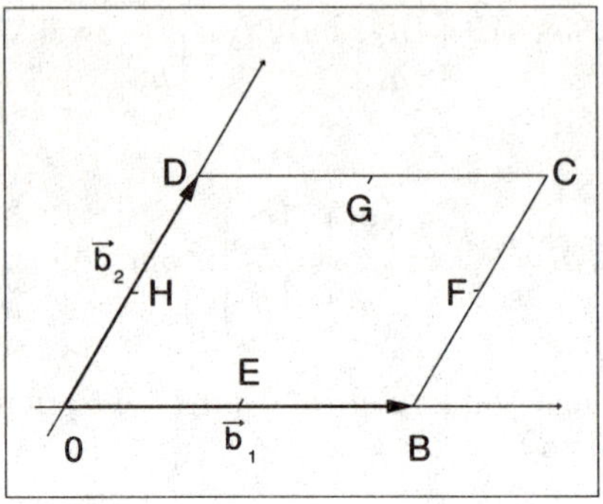

a) $\vec{o} = \begin{pmatrix} 0 \\ 0 \end{pmatrix}$, $\quad \overrightarrow{OB} = \begin{pmatrix} 1 \\ 0 \end{pmatrix}$

$\overrightarrow{OC} = \begin{pmatrix} 1 \\ 1 \end{pmatrix}$, $\overrightarrow{OD} = \begin{pmatrix} 0 \\ 1 \end{pmatrix}$

b) $\overrightarrow{OE} = \begin{pmatrix} 1/2 \\ 0 \end{pmatrix}$, $\overrightarrow{OF} = \begin{pmatrix} 1 \\ 1/2 \end{pmatrix}$ $\overrightarrow{OG} = \begin{pmatrix} 1/2 \\ 1 \end{pmatrix}$, $\overrightarrow{OH} = \begin{pmatrix} 0 \\ 1/2 \end{pmatrix}$

Für die weiteren Betrachtungen werden nur kartesische Koordinaten verwendet.

ADDITION UND SUBTRAKTION IN KOORDINATENSCHREIBWEISE

Nimmt man beispielweise die Vektoren $\vec{a} = \begin{pmatrix} 3 \\ 1 \end{pmatrix}$ und $\vec{b} = \begin{pmatrix} 1 \\ 2 \end{pmatrix}$ als gegeben an, so ergibt sich der

Summenvektor c zu:

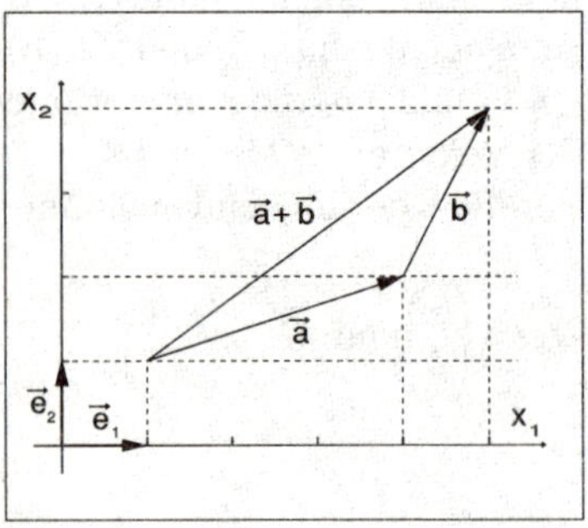

$$\vec{c} = \vec{a} + \vec{b}$$
$$= \begin{pmatrix} 3 \\ 1 \end{pmatrix} + \begin{pmatrix} 1 \\ 2 \end{pmatrix} = \begin{pmatrix} 3+1 \\ 1+2 \end{pmatrix} = \begin{pmatrix} 4 \\ 3 \end{pmatrix}$$

Sind die Vektoren $\vec{a}$ und $\vec{b}$ in der Koordinatendarstellung gegeben, so erhält man den Summenvektor $\vec{c}$ als Summe der entsprechenden Koordinaten der Vektoren $\vec{a}$ und $\vec{b}$.

Entsprechendes gilt für die Subtraktion.

$$\vec{a} \pm \vec{b} = \begin{pmatrix} a_1 \\ a_2 \end{pmatrix} \pm \begin{pmatrix} b_1 \\ b_2 \end{pmatrix} = \begin{pmatrix} a_1 \pm b_1 \\ a_2 \pm b_2 \end{pmatrix} \quad \text{für die Ebene}$$

$$\vec{a} \pm \vec{b} = \begin{pmatrix} a_1 \\ a_2 \\ a_3 \end{pmatrix} \pm \begin{pmatrix} b_1 \\ b_2 \\ b_3 \end{pmatrix} = \begin{pmatrix} a_1 \pm b_1 \\ a_2 \pm b_2 \\ a_3 \pm b_3 \end{pmatrix} \quad \text{für den Raum}$$

Beispiele:

Gegeben sind die Vektoren $\vec{a} = \begin{pmatrix} 1 \\ 1 \\ 1 \end{pmatrix}$, $\vec{b} = \begin{pmatrix} 2 \\ -3 \\ 2 \end{pmatrix}$, $\vec{c} = \begin{pmatrix} 4 \\ 0 \\ 3 \end{pmatrix}$

Dann ist

$$\vec{a} + \vec{b} = \begin{pmatrix} 1 \\ 1 \\ 1 \end{pmatrix} + \begin{pmatrix} 2 \\ -3 \\ 2 \end{pmatrix} = \begin{pmatrix} 1+2 \\ 1-3 \\ 1+2 \end{pmatrix} = \begin{pmatrix} 3 \\ -2 \\ 3 \end{pmatrix} \quad \vec{b} - \vec{c} = \begin{pmatrix} 2 \\ -3 \\ 2 \end{pmatrix} - \begin{pmatrix} 4 \\ 0 \\ 3 \end{pmatrix} = \begin{pmatrix} 2-4 \\ -3-0 \\ 2-3 \end{pmatrix} = \begin{pmatrix} -2 \\ -3 \\ -1 \end{pmatrix}$$

$$\vec{a} - \vec{b} + \vec{c} = \begin{pmatrix} 1 \\ 1 \\ 1 \end{pmatrix} - \begin{pmatrix} 2 \\ -3 \\ 2 \end{pmatrix} + \begin{pmatrix} 4 \\ 0 \\ 3 \end{pmatrix} = \begin{pmatrix} 1-2+4 \\ 1+3+0 \\ 1-2+3 \end{pmatrix} = \begin{pmatrix} 3 \\ 4 \\ 2 \end{pmatrix}$$

Betrag eines Vektors

Der Betrag eines Vektors $\vec{a}$ läßt sich mit Hilfe des Satzes von —> Pythagoras $a_1^{\,2} + a_2^{\,2} = a^2$ bestimmen. Aus der Darstellung ergibt sich beispielsweise: $\vec{a} = \begin{pmatrix} 2 \\ 1 \end{pmatrix}$ mit

$$|\vec{a}| = \sqrt{a_1^{\,2} + a_2^{\,2}} = \sqrt{2^2 + 1^2} = \sqrt{5} \approx 2{,}24\, LE$$

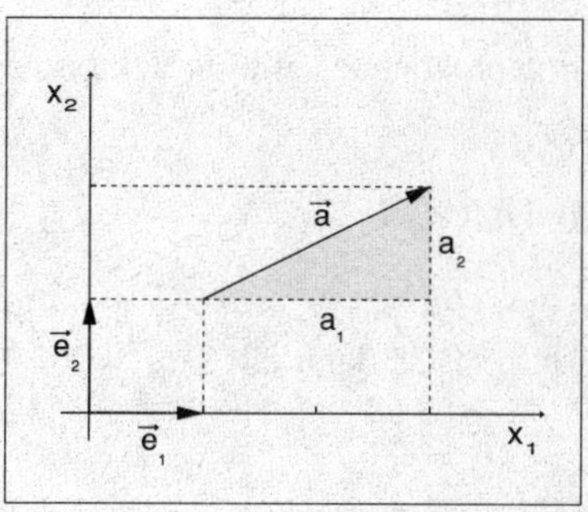

Beispiel:

Gesucht ist der Betrag des Vektors $\overrightarrow{AB}$ mit A(1 ; 3) und B(4 ; – 1).

Der Vektor $\overrightarrow{AB}$ läßt sich als Differenz der Ortsvektoren $\overrightarrow{OB}$ und $\overrightarrow{OA}$ darstellen:

$$\overrightarrow{AB} = \overrightarrow{OB} - \overrightarrow{OA} \text{ mit } \overrightarrow{AB} = \begin{pmatrix} 4 \\ -1 \end{pmatrix} - \begin{pmatrix} 1 \\ 3 \end{pmatrix} = \begin{pmatrix} 3 \\ -4 \end{pmatrix}$$

und

$$|\overrightarrow{AB}| = \sqrt{3^2 + (-4)^2} = \sqrt{25} = 5\,LE.$$

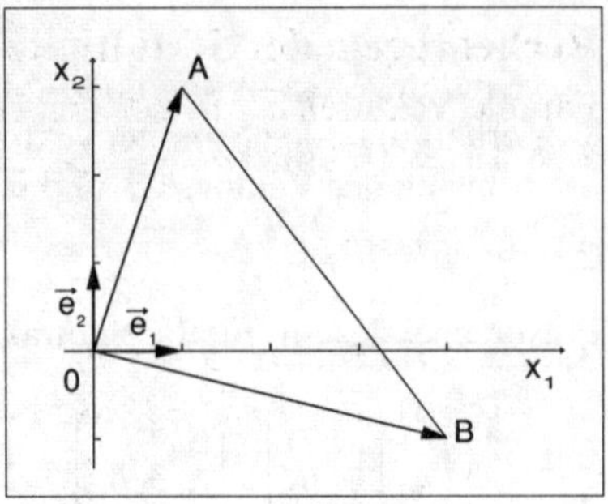

Entsprechendes gilt für Vektoren im anschaulichen Raum:

für den Vektor $\vec{b} = \begin{pmatrix} b_1 \\ b_2 \\ b_3 \end{pmatrix}$ gilt $\vec{b} = \sqrt{b_1{}^2 + b_2{}^2 + b_3{}^2}$.

Die Herleitung für Vektoren des anschaulichen Raumes kann wie in der Ebene über den Satz des Pythagoras oder mit Hilfe des —> Skalarprodukts geführt werden.

S-MULTPLIKATION

Die Multiplikation eines Vektors mit einer reellen Zahl heißt S-Multiplikation.

Ist $\vec{a}$ ein Vektor und s eine beliebige reelle Zahl, so versteht man unter $s \cdot \vec{a} = \vec{a} \cdot s$ einen Vektor, der dieselbe Richtung, aber die s-fache

Länge hat wie $\vec{a}$: $s \cdot \vec{a} = s \cdot \begin{pmatrix} a_1 \\ a_2 \\ a_3 \end{pmatrix} = \begin{pmatrix} s \cdot a_1 \\ s \cdot a_2 \\ s \cdot a_3 \end{pmatrix}$.

Entsprechendes gilt für Vektoren in der Ebene.

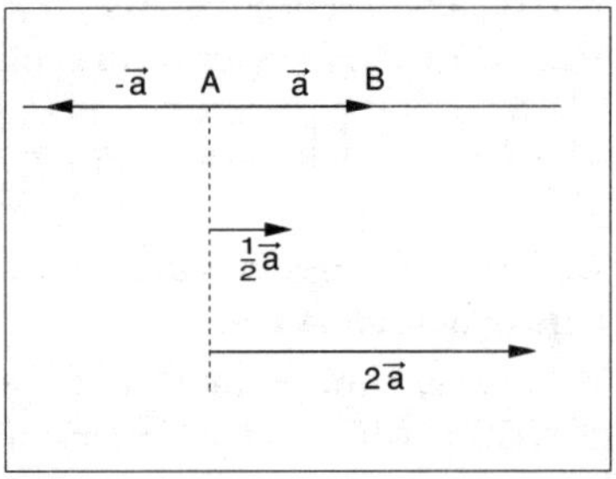

Beispiel:

Ist $\vec{a} = \begin{pmatrix} 1 \\ 2 \\ 3 \end{pmatrix}$, dann gilt $2 \cdot \vec{a} = 2 \cdot \begin{pmatrix} 1 \\ 2 \\ 3 \end{pmatrix} = \begin{pmatrix} 2 \cdot 1 \\ 2 \cdot 2 \\ 2 \cdot 3 \end{pmatrix} = \begin{pmatrix} 2 \\ 4 \\ 6 \end{pmatrix}$.

Rechenregeln der S-Multiplikation

Für alle Vektoren $\vec{a}$, $\vec{b} \in V$ und beliebige Zahlen r, $s \in \mathbf{R}$ gilt:

1. $|s \cdot \vec{a}| = |s| \cdot |\vec{a}|$

2. $s \cdot \vec{a} = \vec{a} \cdot s$ (Kommutativgesetz)

3. $s \cdot (\vec{a} + \vec{b}) = s \cdot \vec{a} + s \cdot \vec{b}$
   $(r + s) \cdot \vec{a} = r \cdot \vec{a} + s \cdot \vec{a}$ (Distributivgesetze)

4. $r \cdot (s \cdot \vec{a}) = (r \cdot s) \cdot \vec{a} = (s \cdot r) \cdot \vec{a} = s \cdot (r \cdot \vec{a})$ (Gemischtes Assoziativgesetz)

SKALARPRODUKT

Ein Schlitten wird über eine waagerechte Strecke s gezogen. Dabei wirkt die ziehende Kraft F schräg aufwärts. Somit steht für den Vortrieb des Schlittens nicht die volle Kraft zur Verfügung, sondern nur die Teilkraft, die parallel zur Straße wirkt. Welche Arbeit muß mindestens aufgebracht werden, um den Schlitten vorwärts zu bringen?

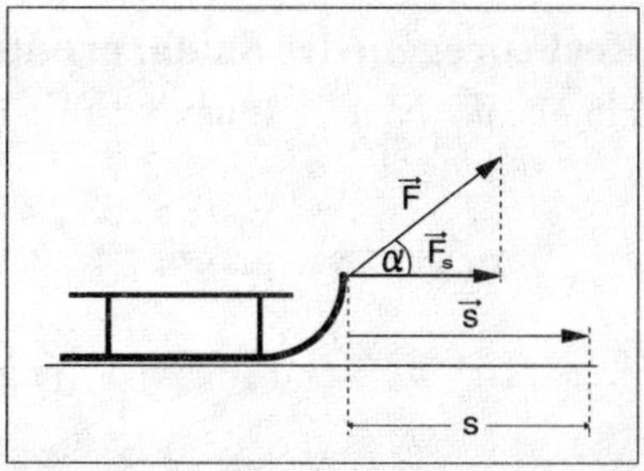

Unter physikalischer Arbeit versteht man das Produkt aus dem in Wegrichtung wirkenden Anteil der Kraft $F_s = F \cdot \cos\alpha$ (F_s ist die Ankathete in einem rechtwinkligen Dreieck) und der zurückgelegten Strecke s, d.h.

$$W = F_s \cdot s = F \cdot \cos\alpha \cdot s = F \cdot s \cdot \cos\alpha$$

Da diese Form des Produkts sowohl in der Mathematik als auch in der Physik häufig auftritt, schreibt man:

$$W = \vec{F} \cdot \vec{s} = |\vec{F}| \cdot |\vec{s}| \cdot \cos(\vec{F}, \vec{s}) = F \cdot s \cdot \cos\alpha$$

Skalarprodukt

Schließen die Vektoren $\vec{a}$ und $\vec{b}$ den Winkel α ein, so nennt man

$$\vec{a} \cdot \vec{b} = |\vec{a}| \cdot |\vec{b}| \cdot \cos(\vec{a}, \vec{b}) = a \cdot b \cdot \cos\alpha$$

das *skalare Produkt* der Vektoren $\vec{a}$ und $\vec{b}$. Diese Bezeichnung wird sofort klar, wenn man bedenkt, daß das Ergebnis dieser Multiplikation nicht wieder ein Vektor, sondern eine eindeutig bestimmte reelle Zahl (ein Skalar) ist.

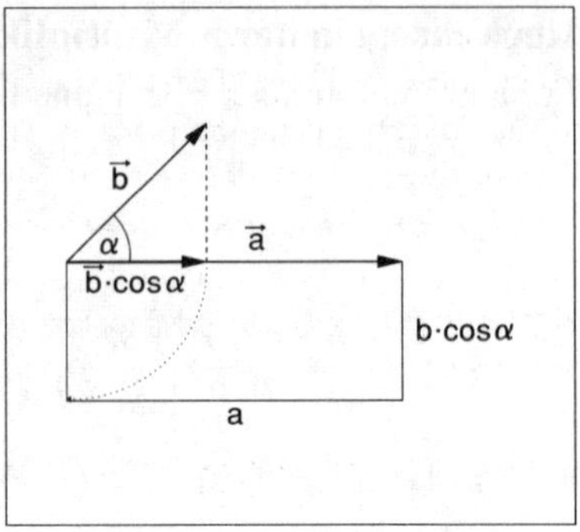

Geometrisch entspricht das skalare Produkt der Vektoren $\vec{a}$ und $\vec{b}$ mit $a, b \neq 0$ dem Flächeninhalt eines Rechtecks mit den Seiten a (Länge des 1.Vektors) und $b \cdot \cos \alpha$ (Länge der Projektion des Vektors $\vec{b}$ auf $\vec{a}$).

Rechenregeln des Skalarprodukts

Für alle $\vec{a}, \vec{b}, \vec{c} \in V$ und $r, s \in \mathbf{R}$ gilt:

1. $\vec{a} \cdot \vec{b} = \vec{b} \cdot \vec{a}$ (Kommutativgesetz)

2. $\vec{a} \cdot (\vec{b} + \vec{c}) = \vec{a} \cdot \vec{b} + \vec{a} \cdot \vec{c}$ (Distributivgesetz)

3. $s\,(\vec{a} \cdot \vec{b}) = (s\,\vec{a}) \cdot \vec{b} = \vec{a} \cdot (s\,\vec{b})$ (Gemischtes Assoziativgesetz)

Eigenschaften des Skalarprodukts

1. Beim Skalarprodukt handelt es sich um eine nicht abgeschlossene Verknüpfung (das Produkt zweier Vektoren ist kein Vektor), d.h. für alle $\vec{a}, \vec{b} \in V$ gilt $\vec{a} \cdot \vec{b} = c$ mit $c \in \mathbf{R}$.
   Damit hat auch das Assoziativgesetz keine Gültigkeit, da eine verschiedene Beklammerung auch zu verschiedenen Ergebnissen führt.
2. *Stehen zwei Vektoren senkrecht aufeinander, so ist ihr Skalarprodukt gleich Null.* Für alle $\vec{a}, \vec{b} \in V$ mit $\vec{a} \perp \vec{b}$ gilt:
   $\vec{a} \cdot \vec{b} = a\,b \cos 90° = a\,b \cdot 0 = 0.$
3. Für alle Vektoren $\vec{a} \in V$ gilt:
   $(\vec{a})^2 = \vec{a} \cdot \vec{a} = a \cdot a \cdot \cos 0° = a \cdot a \cdot 1 = a^2$
4. In der Algebra hat die Gleichung $x \cdot a = b$ für $a \neq 0$ genau eine Lösung, die
   Division durch a führt zu $x = \frac{b}{a}$.
   In der Vektorrechnung ist die Gleichung $\vec{x} \cdot \vec{a} = b$ nicht eindeutig lösbar, wie die nebenstehende Darstellung zeigt:

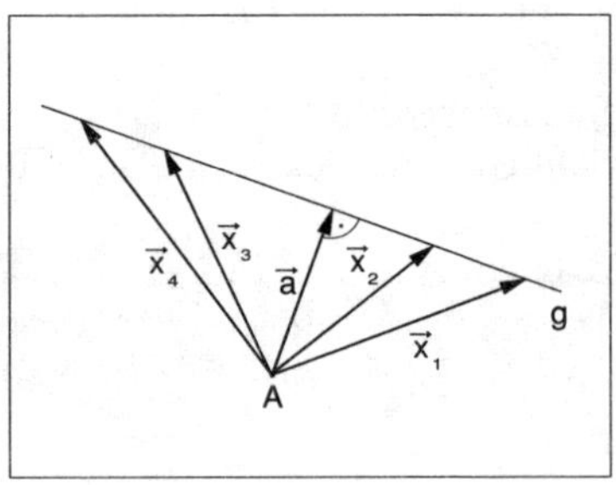

Alle Vektoren mit dem Anfangspunkt A und dem Zielpunkt auf der Geraden g haben dieselbe Projektion auf die Richtung von $\vec{a}$; es gibt unendlich viele Vektoren $\vec{x}$, die dasselbe Produkt $\vec{x} \cdot \vec{a} = b$ haben.
Das bedeutet, daß die skalare Multiplikation nicht umkehrbar und damit *eine Division durch Vektoren nicht möglich ist.*

Mit Hilfe von Vektoren lassen sich leicht geometrische Beweise führen, z.B. der Beweis des Satzes von Pythagoras:

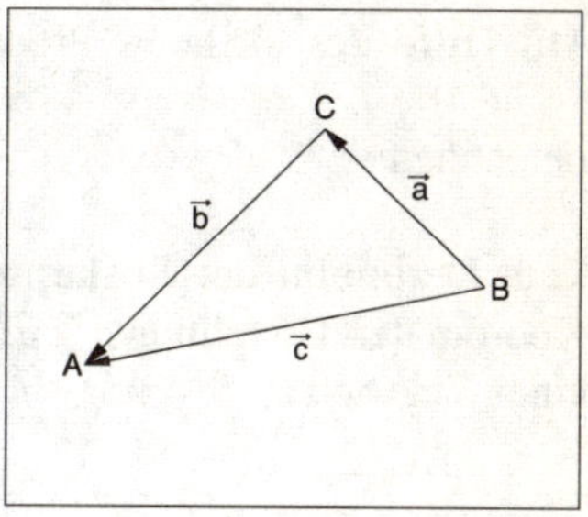

Voraussetzung: Das Dreieck ABC ist rechtwinklig, in unserem Beispiel gilt: $\vec{a} \perp \vec{b}$, also $\vec{a} \cdot \vec{b} = 0$.

Behauptung: $a^2 + b^2 = c^2$

Beweis:

$$\vec{a} + \vec{b} = \vec{c}$$
$$(\vec{a} + \vec{b})^2 = \vec{c}^2$$
$$\vec{a}^2 + \vec{a} \cdot \vec{b} + \vec{b} \cdot \vec{a} + \vec{b}^2 = \vec{c}^2$$
$$a^2 + 2\,\vec{a} \cdot \vec{b} + b^2 = c^2, \text{ da } \vec{a}^2 = a^2 \text{ für alle } \vec{a} \in V$$
$$a^2 + b^2 = c^2, \text{ da } \vec{a} \cdot \vec{b} = 0 \text{ für } \vec{a} \perp \vec{b}$$

Skalarprodukt in Koordinatendarstellung

Das Skalarprodukt zweier Vektoren läßt sich in der Koordinatendarstellung einfach berechnen. Dies soll an dem folgenden Beispiel gezeigt werden.

Sind die Vektoren $\vec{a} = \begin{pmatrix} 1 \\ -1 \\ 2 \end{pmatrix}$ und $\vec{b} = \begin{pmatrix} 7 \\ 0 \\ 3 \end{pmatrix}$ gegeben, dann berechnet man das skalare Produkt zu:

$$\vec{a} \cdot \vec{b} = \begin{pmatrix} 1 \\ -1 \\ 2 \end{pmatrix} \cdot \begin{pmatrix} 7 \\ 0 \\ 3 \end{pmatrix} = 1 \cdot 7 + (-1) \cdot 0 + 2 \cdot 3 = 7 + 0 + 6 = 13$$

Skalarprodukt in Koordinatendarstellung
Das skalare Produkt zweier Vektoren in Spaltenschreibweise ist gleich der Summe der Produkte der in den Spalten nebeneinander stehenden Koordinaten.

$$\vec{a} \cdot \vec{b} = \begin{pmatrix} a_1 \\ a_2 \\ a_3 \end{pmatrix} \cdot \begin{pmatrix} b_1 \\ b_2 \\ b_3 \end{pmatrix} = a_1 b_1 + a_2 b_2 + a_3 b_3$$

Betrag eines Vektors

Mit Hilfe des skalaren Produkts läßt sich der Betrag eines Vektors $\vec{a} = \begin{pmatrix} a_1 \\ a_2 \\ a_3 \end{pmatrix}$ berechnen.

Laut Definition des Skalarprodukts gilt $\vec{a} \cdot \vec{a} = a^2$, zum anderen folgt aus der Koordinatendarstellung $\vec{a} \cdot \vec{a} = a_1^2 + a_2^2 + a_3^2$. Damit ergibt sich für den Betrag eines Vektors:

$$a = \sqrt{a_1^2 + a_2^2 + a_3^2}.$$

Beispiel:

1)Gesucht ist der Betrag der Vektors $\vec{a} = \begin{pmatrix} 3 \\ 12 \\ 4 \end{pmatrix}$

$$a = \sqrt{a_1^2 + a_2^2 + a_3^2} = \sqrt{3^2 + 12^2 + 4^2} = \sqrt{169} = 13.$$

2)Es ist der Einheitsvektor zu $\vec{a} = \begin{pmatrix} 3 \\ 12 \\ 4 \end{pmatrix}$ zu bestimmen.

Für jeden Vektor gilt die Beziehung $\vec{a} = a \cdot \vec{a}^0$. Daraus ergibt sich nach Division durch den Betrag a: $\vec{a}^0 = \frac{\vec{a}}{a} = \frac{1}{13} \begin{pmatrix} 3 \\ 12 \\ 4 \end{pmatrix} = \begin{pmatrix} 3/13 \\ 12/13 \\ 4/13 \end{pmatrix}$

Nachweis: $|\vec{a}^0| = \sqrt{(3/13)^2 + (12/13)^2 + (4/13)^2} = \sqrt{\frac{9 + 144 + 16}{169}} = \sqrt{1} = 1.$

Winkelberechnung
Mit Hilfe des Skalarprodukts kann man Winkel berechnen.

Es gilt $\vec{a} \cdot \vec{b} = a \cdot b \cdot \cos\alpha \Rightarrow \cos\alpha = \dfrac{\vec{a} \cdot \vec{b}}{a \cdot b}$.

Beispiel:
Das Dreieck ABC ist durch die Punkte A(–2 ; 2 ; 0), B(–1 ; 0 ; 2) und C(–6 ; 2 ; –3) bestimmt. Bei der Berechnung des Winkels ist darauf zu achten, daß die Vektoren, die den Winkel einschließen, ihren Anfangspunkt im Scheitelpunkt dieses Winkels haben, da man anderenfalls einen der —> Nebenwinkel - hier gestrichelt gezeichnet - erhält.

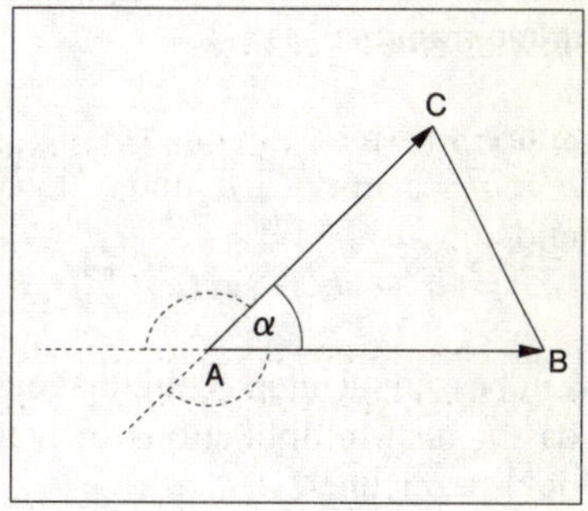

$$\overrightarrow{AB} = \overrightarrow{OB} - \overrightarrow{OA} = \begin{pmatrix} -1 \\ 0 \\ 2 \end{pmatrix} - \begin{pmatrix} -2 \\ 2 \\ 0 \end{pmatrix} = \begin{pmatrix} 1 \\ -2 \\ 2 \end{pmatrix} \Rightarrow |\overrightarrow{AB}| = \sqrt{1+4+4} = \sqrt{9} = 3$$

$$\overrightarrow{AC} = \overrightarrow{OC} - \overrightarrow{OA} = \begin{pmatrix} -6 \\ 2 \\ -3 \end{pmatrix} - \begin{pmatrix} -2 \\ 2 \\ 0 \end{pmatrix} = \begin{pmatrix} -4 \\ 0 \\ -3 \end{pmatrix} \Rightarrow |\overrightarrow{AC}| = \sqrt{16+0+9} = \sqrt{25} = 5$$

$$\cos\alpha = \frac{\overrightarrow{AB} \cdot \overrightarrow{AC}}{|\overrightarrow{AB}| \cdot |\overrightarrow{AC}|} = \frac{1}{3 \cdot 5} \cdot \begin{pmatrix} 1 \\ -2 \\ 2 \end{pmatrix} \cdot \begin{pmatrix} -4 \\ 0 \\ -3 \end{pmatrix} = \frac{-4+0-6}{15} = \frac{-10}{15} \approx -0{,}667$$

$$\Rightarrow \alpha = 131{,}81^\circ$$

VEKTORPRODUKT

Für die Produktbildung zweier Vektoren gibt es grundsätzlich zwei Möglichkeiten. Das Produkt ist

a) eine Zahl wie beim Skalarprodukt,

b) wieder ein Vektor wie bei dem hier zu definierenden Vektorprodukt.

Vektorprodukt

Das Vektorprodukt $\vec{a} \times \vec{b}$ (lies: a kreuz b) der Vektoren $\vec{a}$ und $\vec{b}$ ist ein Vektor $\vec{c}$. Dieser steht senkrecht auf den Vektoren $\vec{a}$ und $\vec{b}$.
Seine Länge entspricht dem Flächeninhalt des von $\vec{a}$ und $\vec{b}$ aufgespannten Parallelogramms.

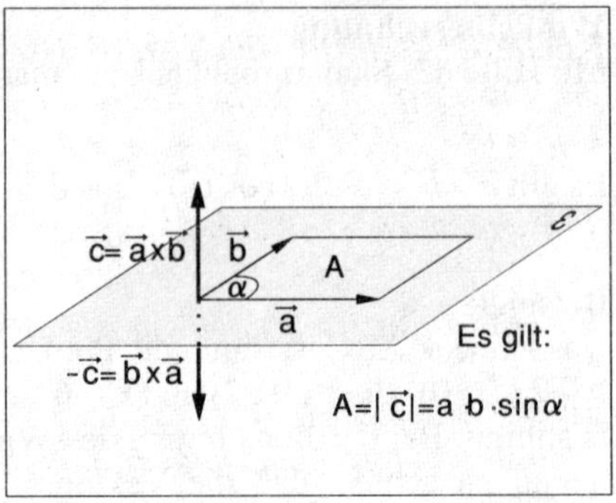

Schreibweise:
$\vec{a} \times \vec{b} = \vec{c}$ mit $\vec{c} \perp \vec{a}$ und $\vec{c} \perp \vec{b}$
und
$|\vec{c}| = |\vec{a}| \cdot |\vec{b}| \cdot \sin(\vec{a}, \vec{b}) = a \cdot b \cdot \sin \alpha$.

Zur besseren Unterscheidung vom Skalarprodukt wählt man für das Vektorprodukt das × als Multiplikationszeichen; aus diesem Grunde wird es auch als Kreuzprodukt bezeichnet.

Die Vektoren $\vec{a}$, $\vec{b}$, $\vec{c}$ bilden in dieser Reihenfolge ein *Rechtssystem*; dreht man den Vektor $\vec{a}$ auf dem kürzesten Wege durch Drehung nach rechts auf die Richtung von $\vec{b}$, so liegt $\vec{c}$ in der Bewegungsrichtung einer Rechtsschraube. Dies entspricht der Drehung einer Schraube mit Rechtsgewinde.

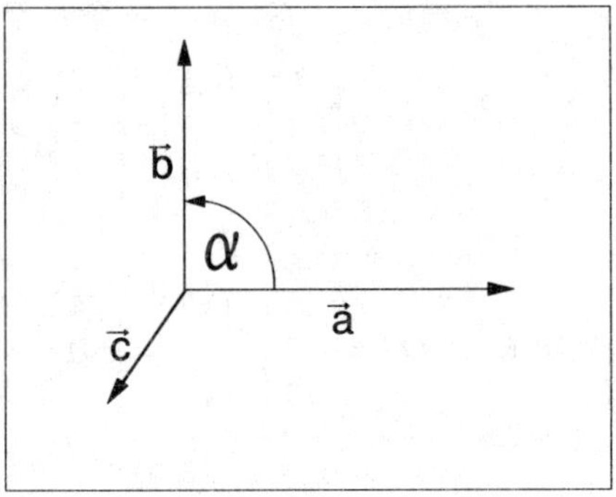

Dies soll an der *Rechten-Hand-Regel* verdeutlicht werden:
Die Vektoren $\vec{a}$, $\vec{b}$, $\vec{c}$ bilden ein Rechtssystem, wenn man die Finger der rechten Hand so halten kann, daß der Daumen in die Richtung von $\vec{a}$, der Zeigefinger in die Richtung von $\vec{b}$ und der Mittelfinger in die von $\vec{c}$ zeigt.

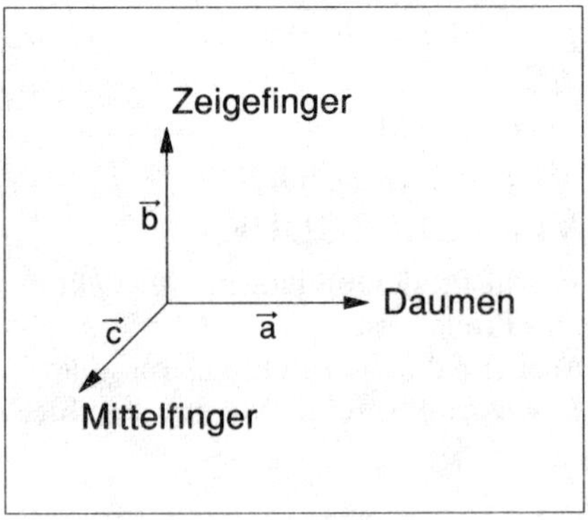

Rechenregeln für das Vektorprodukt

Für alle $\vec{a}$, $\vec{b}$, $\vec{c} \in V$ und $r \in \boldsymbol{R}$ gilt

1. $\vec{a} \times \vec{b} = -(\vec{b} \times \vec{a})$ (Antikommutativgesetz)

2. $\vec{a} \times (\vec{b} + \vec{c}) = (\vec{a} \times \vec{b}) + (\vec{a} \times \vec{c}) = \vec{a} \times \vec{b} + \vec{a} \times \vec{c}$ (Distributivgesetz)

3. $r \cdot (\vec{a} \times \vec{b}) = (r \cdot \vec{a}) \times \vec{b} = a \times (r \cdot \vec{b})$ (Gemischtes Assoziativgesetz)

Eigenschaften des Vektorprodukts

1. Beim Vektorprodukt handelt es sich um eine abgeschlossene Verknüpfung, da das Ergebnis wieder ein Vektor ist, d.h. für alle $\vec{a}$, $\vec{b} \in V$ gilt $\vec{a} \times \vec{b} = \vec{c}$ mit $\vec{c} \in V$.
2. *Sind die Vektoren $\vec{a}$ und $\vec{b}$ parallel, so ist ihr Vektorprodukt gleich dem Nullvektor:* $\vec{a} \times \vec{b} = \vec{o} \Leftrightarrow |\vec{a}|\,|\vec{b}| \sin 0° = a \cdot b \cdot 0 = 0.$
3. Beim skalaren Produkt ist es nicht möglich, eine Division als Umkehroperation der Multiplikation einzuführen. Auch bzgl. des Kreuzprodukts ist die Einführung einer geeigneten Division unmöglich, wie die nebenstehende Zeichnung deutlich machen soll.

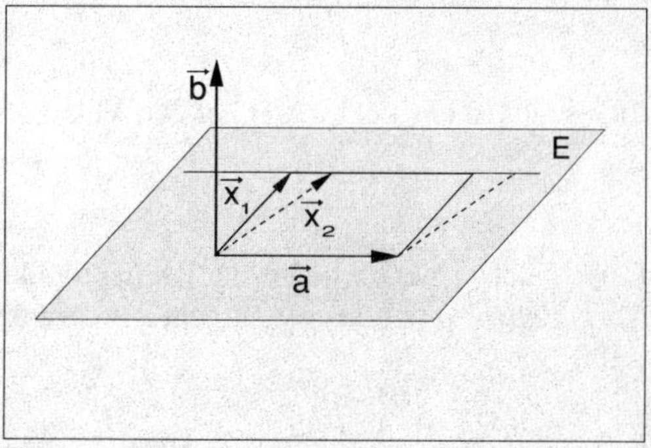

Wie aus der Zeichnung ersichtlich, gibt es unendlich viele Vektoren $\vec{x}$, die mit $\vec{a}$ Parallelogramme gleichen Flächeninhalts ergeben (—> Scherung). Damit ist auch bzgl. des Kreuzprodukts die Einführung einer geeigneten Division nicht möglich.

VEKTORPRODUKT IN KOORDINATENDARSTELLUNG

Sind die Vektoren $\vec{a} = \begin{pmatrix} a_1 \\ a_2 \\ a_3 \end{pmatrix}$ und $\vec{b} = \begin{pmatrix} b_1 \\ b_2 \\ b_3 \end{pmatrix}$ gegeben, so berechnet man das

Kreuzprodukt folgendermaßen:

$$\vec{a} \times \vec{b} = \begin{pmatrix} a_1 \\ a_2 \\ a_3 \end{pmatrix} \times \begin{pmatrix} b_1 \\ b_2 \\ b_3 \end{pmatrix} = \begin{vmatrix} \vec{e_1} & a_1 & b_1 \\ \vec{e_2} & a_2 & b_2 \\ \vec{e_3} & a_3 & b_3 \end{vmatrix}$$

$$= (a_2\, b_3 - a_3\, b_2)\, \vec{e_1} - (a_1\, b_3 - a_3\, b_1)\, \vec{e_2} + (a_1\, b_2 - a_2\, b_1)\, \vec{e_3}$$

Beispiele:

1)Es soll das Vektorprodukt der Vektoren $\vec{a} = \begin{pmatrix} 1 \\ 0 \\ 1 \end{pmatrix}$ und $\vec{b} = \begin{pmatrix} 0 \\ -1 \\ 1 \end{pmatrix}$ bestimmt werden.

$$\vec{a} \times \vec{b} = \begin{vmatrix} \vec{e_1} & 1 & 0 \\ \vec{e_2} & 0 & -1 \\ \vec{e_3} & 1 & 1 \end{vmatrix} = \vec{e_1} \cdot (1) - \vec{e_2} \cdot (1) + \vec{e_3} \cdot (-1) = 1 \cdot \vec{e_1} - 1 \cdot \vec{e_2} - 1 \cdot \vec{e_3} = \begin{pmatrix} 1 \\ -1 \\ -1 \end{pmatrix}$$

2)Gesucht ist ein Vektor, der auf den Vektoren $\vec{a} = \begin{pmatrix} 3 \\ 0 \\ 4 \end{pmatrix}$ und $\vec{b} = \begin{pmatrix} -2 \\ 1 \\ 2 \end{pmatrix}$ senkrecht steht.

Einen solchen Vektor liefert das Kreuzprodukt der Vektoren $\vec{a}$ und $\vec{b}$. Er heißt *Normalenvektor* $\vec{n}$, da er senkrecht auf der von $\vec{a}$ und $\vec{b}$ aufgespannten Ebene steht.

$$\vec{n} = \vec{a} \times \vec{b} = \begin{vmatrix} \vec{e_1} & 3 & -2 \\ \vec{e_2} & 0 & 1 \\ \vec{e_3} & 4 & 2 \end{vmatrix} = \vec{e_1} \cdot (-4) - \vec{e_2} \cdot (14) + \vec{e_3} \cdot (3) = \begin{pmatrix} -4 \\ -14 \\ 3 \end{pmatrix} \quad (*)$$

Flächeninhalt eines Parallelogramms

Die Fläche des Parallelogramms, das von den Vektoren $\vec{a} = \begin{pmatrix} 3 \\ 0 \\ 4 \end{pmatrix}$ und $\vec{b} = \begin{pmatrix} -2 \\ 1 \\ 2 \end{pmatrix}$ aufgespannt wird, soll berechnet werden.

Da der Betrag des Kreuzprodukts zweier Vektoren gleich dem Flächeninhalt des von ihnen aufgespannten Parallelogramms ist, gilt:

$$F = |\vec{a} \times \vec{b}| = \sqrt{a_1^{\,2} + a_2^{\,2} + a_3^{\,2}} = \sqrt{(-4)^2 + (-14)^2 + 3^2} = \sqrt{221} \approx 14{,}87 \quad (\to *)$$

Der Flächeninhalt des Parallelogramms beträgt 14,87 FE (Flächeneinheiten).

SPATPRODUKT

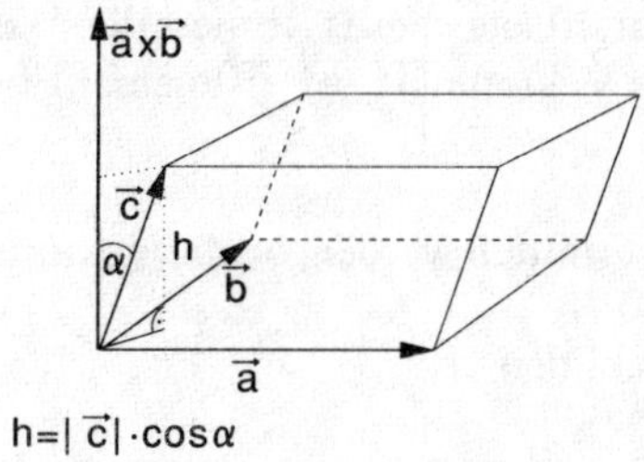

Die Vektoren $\vec{a}$, $\vec{b}$, $\vec{c}$ spannen einen Spat auf. Ein Spat ist ein Körper mit 8 Ecken, der von 6 Parallelogrammen begrenzt wird. Dabei sind die gegenüberliegenden Flächen kongruent (deckunsgleich) wie in der nebenstehenden Zeichnung dargestellt.

Das Volumen ergibt sich als Produkt von Grundfläche und Höhe zu $V = G \cdot h$.

Dabei läßt sich die Grundfläche - wie gezeigt - über das —> Vektorprodukt und die Höhe h als Projektion des Vektors $\vec{c}$ auf die Richtung des Normalenvektors $\vec{a} \times \vec{b}$ (s. Zeichnung) ermitteln. Somit folgt
$V = |\vec{a} \times \vec{b}| \cdot |\vec{c}| \cdot \cos\alpha$.
Dieser Ausdruck entspricht dem Skalarprodukt der Vektoren $(\vec{a} \times \vec{b})$ und $\vec{c}$ und wird ihr Spatprodukt genannt.

Spatprodukt
Das Volumen eines aus den Vektoren $\vec{a}$, $\vec{b}$, $\vec{c}$ aufgespannten Spates berechnet man als $V = (\vec{a} \times \vec{b}) \cdot \vec{c}$.
Das Volumen ist positiv, wenn die 3 Vektoren $\vec{a}$, $\vec{b}$, $\vec{c}$ in dieser Reihenfolge ein —> Rechtssystem bilden, anderenfalls ist es negativ.
Schreibweise:

$$(\vec{a} \times \vec{b}) \cdot \vec{c} = [\vec{a}\,\vec{b}\,\vec{c}\,] = \begin{vmatrix} a_1 & b_1 & c_1 \\ a_2 & b_2 & c_2 \\ a_3 & b_3 & c_3 \end{vmatrix}$$

Beispiele:

Ein Spat wird von den Vektoren $\vec{a} = \begin{pmatrix} 3 \\ -1 \\ 2 \end{pmatrix}$, $\vec{b} = \begin{pmatrix} -1 \\ 2 \\ 4 \end{pmatrix}$ und $\vec{c} = \begin{pmatrix} 9 \\ -8 \\ -8 \end{pmatrix}$ aufgespannt.

Sein Volumen beträgt:

$$V = [\vec{a}\,\vec{b}\,\vec{c}\,] = \begin{vmatrix} 3 & -1 & 9 \\ -1 & 2 & -8 \\ 2 & 4 & -8 \end{vmatrix} = 3 \cdot 16 + 1 \cdot (-28) + 2 \cdot (-10) = 0$$

Wenn das Volumen eines Spats den Wert 0 besitzt, so heißt dies, daß die Höhe oder die Grundfläche dieses Körpers den Wert 0 haben muß. Geometrisch bedeutet dies, daß die Vektoren $\vec{a}$, $\vec{b}$, $\vec{c}$ in einer Ebene liegen. (—> Komplanarität)

Es soll ermittelt werden, ob die Vektoren $\vec{a} = \begin{pmatrix}1\\1\\1\end{pmatrix}$, $\vec{b} = \begin{pmatrix}2\\1\\0\end{pmatrix}$ und $\vec{c} = \begin{pmatrix}3\\0\\4\end{pmatrix}$ ein Rechtssystem bilden.

$$[\vec{a}\,\vec{b}\,\vec{c}] = \begin{vmatrix}1&2&3\\1&1&0\\1&0&4\end{vmatrix} = 1\cdot 4 - 1\cdot 8 + 1\cdot(-3) = -7$$

Sie bilden ein Linkssystem, da $[\vec{a}\,\vec{b}\,\vec{c}] < 0$ ist.

15.3 ANWENDUNGEN DER VEKTORRECHNUNG

In diesem Kapitel sollen ein paar typische Anwendungsbeispiele aus der Mathematik und aus der Physik behandelt werden, um den breiten Raum der Möglichkeiten, die die Vektorrechnung bietet, zu verdeutlichen.

ANWENDUNGEN IN DER MATHEMATIK

Teilverhältnisse

Es soll der Mittelpunkt M einer Strecke $\overline{AB}$ ermittelt werden.

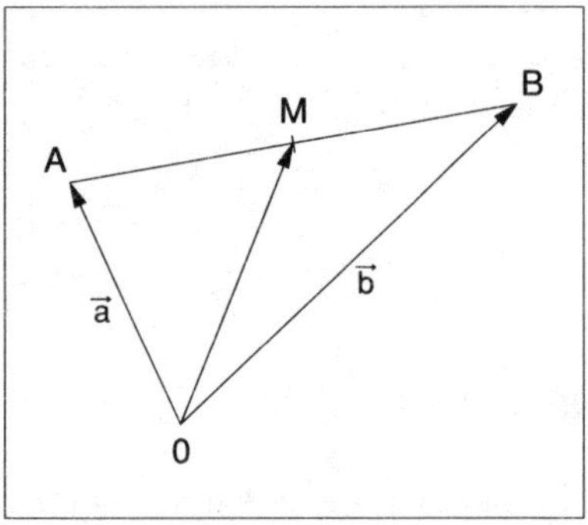

Da der Punkt M die Strecke $\overline{AB}$ halbiert, ergibt sich:

$$\overrightarrow{OM} = \overrightarrow{OA} + \tfrac{1}{2}\,\overrightarrow{AB} = \vec{a} + \tfrac{1}{2}\,(\vec{b} - \vec{a})$$

$$= \tfrac{1}{2}\,\vec{a} + \tfrac{1}{2}\,\vec{b} = \tfrac{1}{2}\,(\vec{a} + \vec{b})$$

Daraus ergibt sich der Ortsvektor $\overrightarrow{OM}$ in Koordinatendarstellung für $A\,(a_1\,;\,a_2\,;\,a_3)$ und $B\,(b_1\,;\,b_2\,;\,b_3)$ zu

$$\overrightarrow{OM} = \tfrac{1}{2}\,(\vec{a} + \vec{b}) = \frac{1}{2}\left(\begin{pmatrix} a_1 \\ a_2 \\ a_3 \end{pmatrix} + \begin{pmatrix} b_1 \\ b_2 \\ b_3 \end{pmatrix}\right) = \frac{1}{2}\begin{pmatrix} a_1 + b_1 \\ a_2 + b_2 \\ a_3 + b_3 \end{pmatrix} = \begin{pmatrix} \frac{a_1 + b_1}{2} \\ \frac{a_2 + b_2}{2} \\ \frac{a_3 + b_3}{2} \end{pmatrix}$$

bzw. der Punkt M als $M\left(\frac{a_1 + b_1}{2} ; \frac{a_2 + b_2}{2} ; \frac{a_3 + b_3}{2}\right)$

Beispiel:
Gesucht ist der Mittelpunkt der Strecke $\overline{AB}$ für A (1 ; 2 ; 4) und B(– 3 ; 0 ; 1).

Dann ist $\overrightarrow{OA} = \begin{pmatrix} 1 \\ 2 \\ 4 \end{pmatrix}$ und $\overrightarrow{OB} = \begin{pmatrix} -3 \\ 0 \\ 1 \end{pmatrix}$. Für $\overrightarrow{OM}$ ergibt sich:

$$\overrightarrow{OM} = \begin{pmatrix} \frac{a_1 + b_1}{2} \\ \frac{a_2 + b_2}{2} \\ \frac{a_3 + b_3}{2} \end{pmatrix} = \begin{pmatrix} \frac{1 - 3}{2} \\ \frac{2 + 0}{2} \\ \frac{4 + 1}{2} \end{pmatrix} = \begin{pmatrix} -1 \\ 1 \\ 5/2 \end{pmatrix}$$

Der Mittelpunkt M hat die Koordinaten M (–1 ; 1 ; 5⁄2).

Teilverhältnisse
Sind die Koordinaten der Punkte einer Strecke gegeben, so läßt sich der Ortsvektor $\vec{t}$ zumTeilpunkt wie folgt bestimmen:

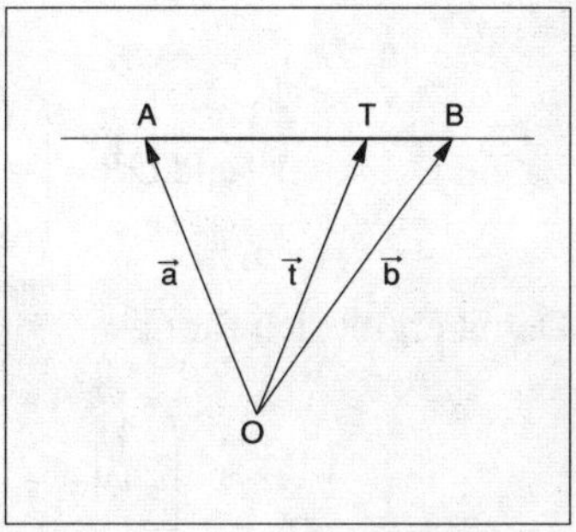

$$\vec{t} = \frac{\vec{a} + k\,\vec{b}}{1 + k}$$

$\vec{a}$: Ortsvektor zum Anfangspunkt
$\vec{b}$: Ortsvektor zum Endpunkt
k : Teilverhältnis

Dabei ist das Teilverhältnis k definiert als $k = \frac{|\overrightarrow{AT}|}{|\overrightarrow{TB}|}$ oder $|\overrightarrow{AT}| = k \cdot |\overrightarrow{TB}|$.

Da die Vektoren $\overrightarrow{AT}$ und $\overrightarrow{TB}$ auf einer Geraden liegen, also kollinear sind, gilt: $\overrightarrow{AT} = k \cdot \overrightarrow{TB}$. Drückt man $\overrightarrow{AT}$ und $\overrightarrow{TB}$ durch die Vektoren $\vec{a}$, $\vec{b}$ und $\vec{t}$ aus, so erhält man die obige Formel.

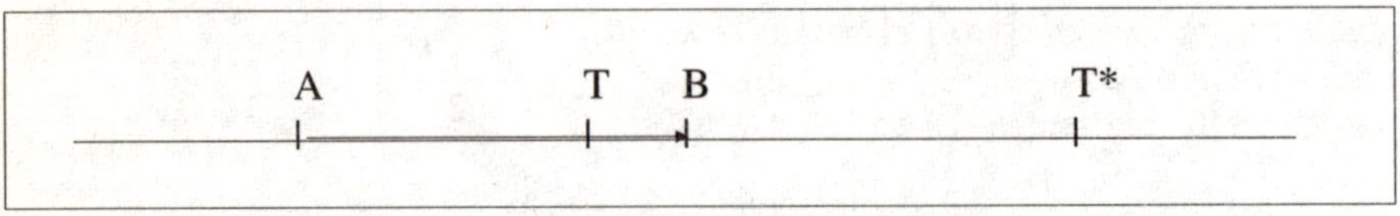

Liegt der Teilpunkt T innerhalb der Srecke $\overline{AB}$, so spricht man von *innerer Teilung*, liegt er zwar auf der Geraden g, aber außerhalb von $\overline{AB}$, so heißt T* *äußerer Teilpunkt*.
Eine Strecke heißt durch die Punkte T und T* harmonisch geteilt, wenn sich die Teilverhältnisse k und k* nur im Vorzeichen unterscheiden,
z.B. $k = ½$, $k = -½$ bzw. $|k| = ½$. Die negativen Werte für die äußere Teilung ergeben sich durch die verschiedene Orientierung von $\overrightarrow{AT^*}$ und $\overrightarrow{T^*B}$,
z.B. $AT^* = 2 \cdot \overrightarrow{AB}$, $T^*B = -1 \cdot \overrightarrow{AB}$. (siehe obere Abbildung)

Die nebenstehende Darstellung zeigt in allgemeiner Form die möglichen Teilverhältnisse.

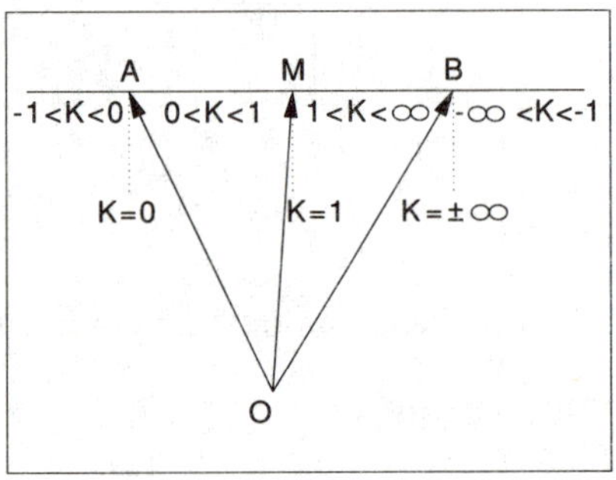

Beispiel:
Wie lauten die Koordinaten des Teilpunktes T, wenn die Strecke $\overline{AB}$ mit A(4 ; –1 ; 1) und B(0 ; –9 ; 3) im Verhältnis $k = ⅓$ geteilt werden soll?

Es gilt $\overrightarrow{OA} = \begin{pmatrix} 4 \\ -1 \\ 1 \end{pmatrix}$ und $\overrightarrow{OB} = \begin{pmatrix} 0 \\ -9 \\ 3 \end{pmatrix}$.

Damit ergibt sich für $\vec{t}$:

$$\vec{t} = \frac{\overrightarrow{OA} + k \cdot \overrightarrow{OB}}{1+k} = \frac{\begin{pmatrix} 4 \\ -1 \\ 1 \end{pmatrix} + \frac{1}{3} \cdot \begin{pmatrix} 0 \\ -9 \\ 3 \end{pmatrix}}{1 + ⅓} = \frac{3}{4} \cdot \begin{pmatrix} 4 \\ -4 \\ 2 \end{pmatrix} = \begin{pmatrix} 3 \\ -3 \\ 3/2 \end{pmatrix} \text{ bzw. } T(3; -3; 3/2)$$

Winkelhalbierende eines Dreiecks

Da in einer Raute die Diagonalen auch gleichzeitig die Winkelhalbierenden sind, führen wir die nebenstehende Konstruktion aus. Dazu benötigen wir die Einheitsvektoren der Seiten AB und AC. Jeder Punkt auf der Winkelhalbierenden ergibt sich damit zu $\vec{x} = \lambda \cdot (\overrightarrow{AB}^0 + \overrightarrow{AC}^0)$ mit $\lambda \in \boldsymbol{R}$

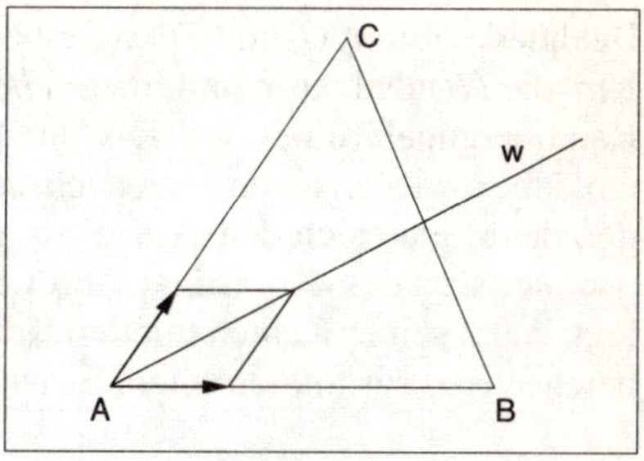

Richtungskosinus

Mit Hilfe von Vektoren ist es möglich, die Winkel, die ein Einheitsvektor mit den 3 Koordinatenachsen einschließt, zu bestimmen.

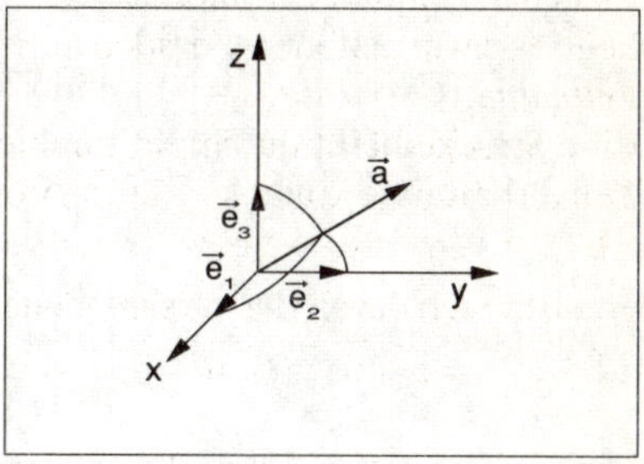

Für den Winkel zwischen $\vec{a}^0 = \begin{pmatrix} a_1^0 \\ a_2^0 \\ a_3^0 \end{pmatrix}$ und

$\vec{e_1} = \begin{pmatrix} 1 \\ 0 \\ 0 \end{pmatrix}$ ergibt sich

$$\cos(\vec{a}^0, \vec{e_1}) = \frac{\vec{a}^0 \cdot \vec{e_1}}{|\vec{a}^0| \cdot |\vec{e_1}|} = \frac{\begin{pmatrix} a_1^0 \\ a_2^0 \\ a_3^0 \end{pmatrix} \cdot \begin{pmatrix} 1 \\ 0 \\ 0 \end{pmatrix}}{1 \cdot 1} = \frac{a_1^0}{1} = a_1^0$$

Für die Winkel mit den beiden anderen Achsen gilt entsprechend:

$\cos(\vec{a}^0, \vec{e_2}) = a_2^0$ und $\cos(\vec{a}^0, \vec{e_3}) = a_3^0$.

Die Koordinaten jedes Einheitsvektors $\vec{a}^0$ stimmen überein mit den Kosinus der Winkel, die er mit den Koordinatenachsen bildet (*Richtungskosinus*).	$\vec{a}^0 = \begin{pmatrix} \cos(\vec{a}^0, \vec{e_1}) \\ \cos(\vec{a}^0, \vec{e_2}) \\ \cos(\vec{a}^0, \vec{e_3}) \end{pmatrix}$

Beispiel:
Um die Winkel zu bestimmen, die die Raumdiagonale eines Würfels der Kantenlänge a mit den Koordinatenachsen bildet, denkt man sich den Würfel so in ein 3-dimensionales Koordinatenkreuz gelegt, daß 3 seiner Kanten mit den Koordinatenachsen zusammenfallen. Es ist

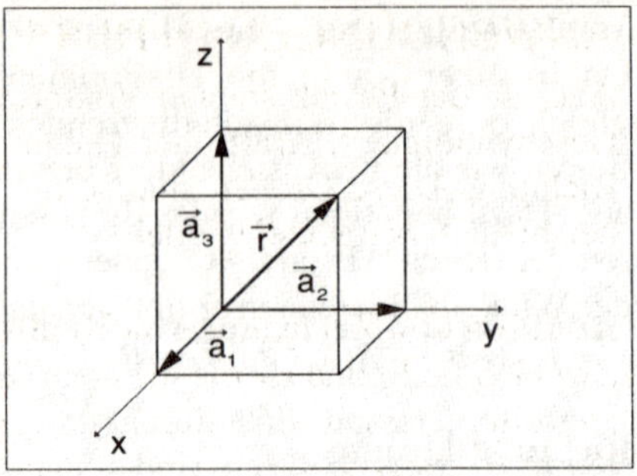

$\vec{a_1} = \begin{pmatrix} a \\ 0 \\ 0 \end{pmatrix}$, $\vec{a_2} = \begin{pmatrix} 0 \\ a \\ 0 \end{pmatrix}$, $\vec{a_3} = \begin{pmatrix} 0 \\ 0 \\ a \end{pmatrix}$ und $\vec{r} = \begin{pmatrix} a \\ a \\ a \end{pmatrix}$ mit $r = a\sqrt{3}$. Dann gilt für den

Einheitsvektor $\vec{r}^{\,0} = \frac{\vec{r}}{r} = \frac{1}{a\sqrt{3}} \begin{pmatrix} a \\ a \\ a \end{pmatrix} = \begin{pmatrix} 1/\sqrt{3} \\ 1/\sqrt{3} \\ 1/\sqrt{3} \end{pmatrix}$.

Somit folgt für den Winkel: $\cos(\vec{r}^{\,0}, \vec{e_1}) = 1/\sqrt{3}$ bzw. 54,74°

Sämtliche Winkel der Raumdiagonalen mit den Koordinatenachsen betragen 54,74°.

Volumen von Pyramide und Vierflach

Die Punkte A, B, C, D und E bestimmen eine Pyramide. Da sich jeder Spat in 3 volumengleiche Pyramiden zerlegen läßt, ergänzen wir die gegebene Figur zu einem Spat.

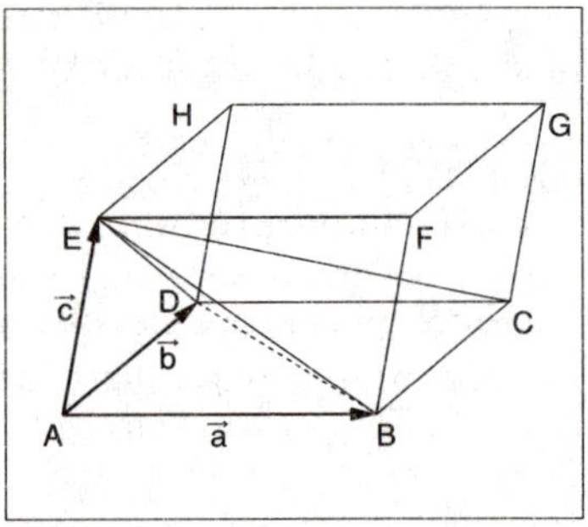

Somit gilt:

$V_p = 1/3\, V_{Spat} = 1/3\, [\vec{a}, \vec{b}, \vec{c}]$

wobei $[\vec{a}, \vec{b}, \vec{c}]$ das Spatprodukt darstellt.

Da jede Pyramide aus zwei raumgleichen Vierflachen besteht z. B. ABDE und BCDE, beträgt das Volumen eines Vierflachs $V_V = 1/2 \cdot V_P = 1/6\, [\vec{a}, \vec{b}, \vec{c}]$.

ANWENDUNGEN IN DER PHYSIK

Auch in der Physik spielen Vektoren eine bedeutende Rolle. Größen wie Weg, Geschwindigkeit, Kraft oder Drehmoment haben außer ihrem Betrag auch eine Richtung. Diese Größen sind somit Vektoren. Einige dieser Größen sollen hier beispielhaft betrachtet werden.

Addition und Zerlegung von Kräften

Zwei Kräfte $\overrightarrow{F_1}$ und $\overrightarrow{F_2}$, die in einem festen Punkt P angreifen, lassen sich durch eine gemeinsame Kraft $\overrightarrow{F}$ ersetzen. Man findet den zugehörigen Kraftpfeil als Diagonale in dem von $\overrightarrow{F_1}$ und $\overrightarrow{F_2}$ gebildeten Kräfteparallelogramm.

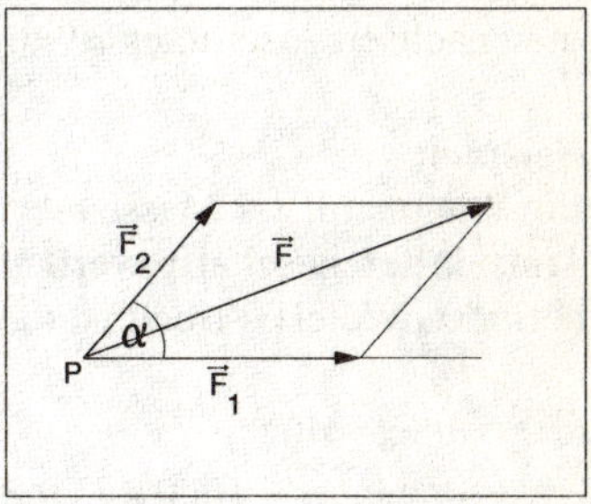

Beispiel:

$F_1 = 70\,N\,,\;F_2 = 40\,N\,,\;\alpha = 40°$

Umgekehrt kann man jede Kraft $\overrightarrow{F}$ durch ein Paar beliebig wählbarer Vektoren ersetzen; Bedingung hierfür ist: $\overrightarrow{F}$, $\overrightarrow{F_1}$ und $\overrightarrow{F_2}$ liegen in einer Ebene. Dabei bilden die Vektoren $\overrightarrow{F_1}$ und $\overrightarrow{F_2}$ die Seiten, die zu ersetzende Kraft $\overrightarrow{F}$ die Diagonale eines Parallelogramms. Bevorzugt wird häufig das Paar aufeinander senkrecht stehender Vektoren.

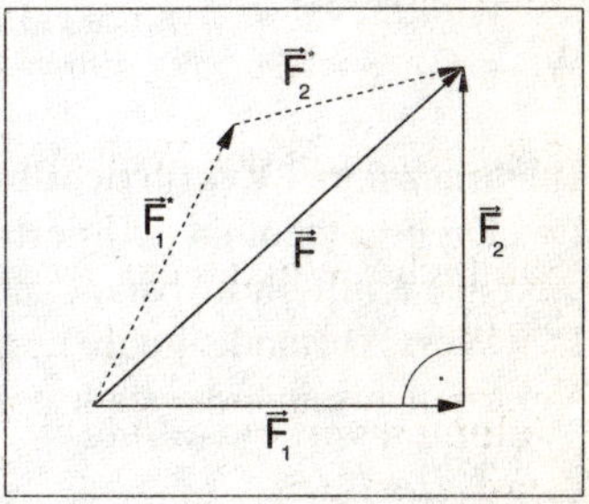

Arbeit - Skalarprodukt / Vektorzerlegung

Es soll bestimmt werden, welche Arbeit mindestens aufgewendet werden muß, um einen Wagen mit der Masse m auf einen Transporter der Höhe h zu schieben, wenn die Rampe die Länge l hat? (Reibung wird vernachlässigt.)

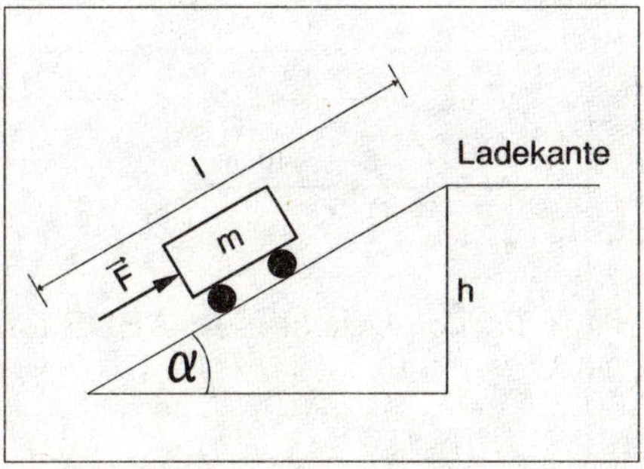

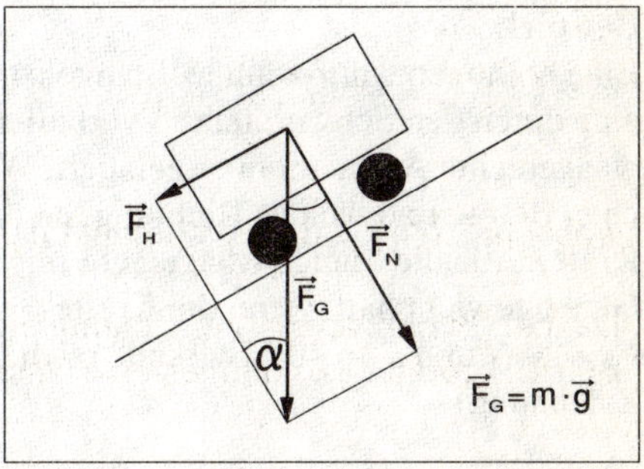

Die Gewichtskraft $\vec{F}_G = m \cdot \vec{g}$ wird in zwei Komponenten zerlegt,
den Hangabtrieb $\vec{F}_H = m \cdot \vec{g} \cdot \sin\alpha$, den man z.B. durch Schieben überwinden muß und
die Normalkraft $\vec{F}_N = m \cdot \vec{g} \cdot \cos\alpha$, die senkrecht zum Weg steht.

Damit folgt für die Arbeit

$$W = \vec{F} \cdot \vec{s} = \vec{F}_H \cdot \vec{s} = (m \cdot g \cdot \sin\alpha) \cdot s \cdot \cos(\vec{F}_H, \vec{s})$$
$$= m \cdot g \cdot \sin\alpha \cdot s \cdot \cos 0^\circ = m \cdot g \cdot s \cdot \sin\alpha$$

Beispiel:
Ein Wagen mit der Masse $m = 1\ t$ soll über eine Rampe der Länge $l = 4\ m$ auf einen Transporter geschafft werden, dessen Ladekante sich $h = 2\ m$ über der Straße befindet. Welche Arbeit ist dazu erforderlich?

$$F_H = m \cdot g \cdot \sin\alpha$$
$$= m \cdot g \cdot h/l = 1000\ kg \cdot 9{,}81\ m/s^2 \cdot 2m/4m$$
$$= 4905\ N$$
$$W = F_H \cdot s = 4905\ N \cdot 4\ m = 19620\ Nm.$$

Drehmoment - Vektorprodukt
Das Drehmoment ist definiert als das Produkt aus Kraft und Abstand zur Drehachse. Das Wort Abstand signalisiert, daß beide Vektoren aufeinander senkrecht stehen müssen.

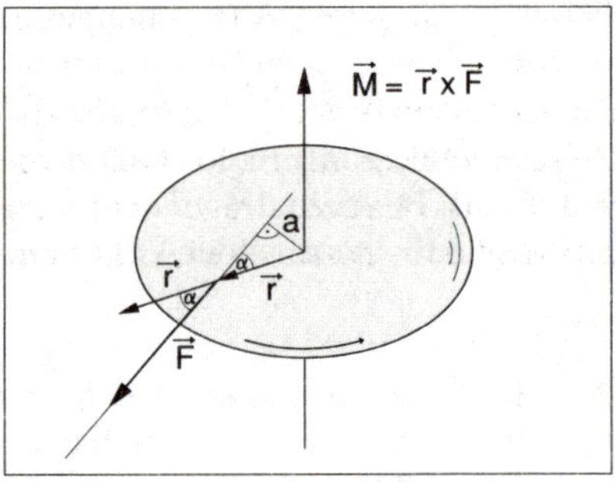

$$M = a \cdot F$$
$$= r \cdot F \cdot \sin(\vec{r}, \vec{F}) = r \cdot F \cdot \sin\alpha$$

Dies entspricht aber gerade dem Betrag des Vektorprodukts der Vektoren $\vec{r}$ und $\vec{F}$:
$\vec{M} = \vec{r} \times \vec{F}$

Beispiel:
Eine homogene, horizontale, Stange ist um eine durch den Schwerpunkt S verlaufende waagerechte Achse drehbar gelagert. Welchen Betrag und welche Richtung hat die Kraft F, die die Stange waagerecht im Gleichgewicht hält, wenn die Kräfte $F_1 = 20\ N$ und $F_2 = 40\ N$ wirken? (siehe Zeichnung)

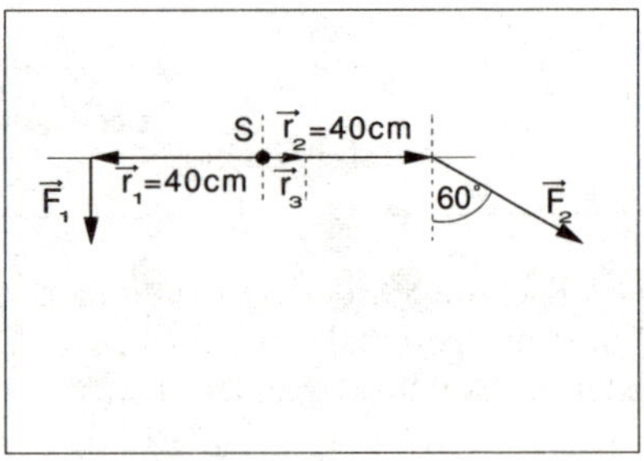

Gleichgewicht tritt ein, wenn die Summe der wirkende Drehmomente gleich Null ist:
$\vec{M_1} + \vec{M_2} + \vec{M_3} = \vec{0}$
Die drei Vektoren sind hier parallel zueinander, es folgt: $M_1 + M_2 + M_3 = 0$
$0{,}4\,m \cdot 20\,N \cdot \sin 90° - 0{,}4\,m \cdot 40\,N \cdot \sin 30° + 0{,}1\,m \cdot F_3 = 0$
$8\,Nm - 8\,Nm + 0{,}1\,m \cdot F_3 \quad = 0 \quad \Rightarrow \quad F_3 = 0$

$\vec{F_1}$ und $\vec{F_2}$ halten die Stange bereits waagerecht im Gleichgewicht.

Lorentzkraft - Vektorprodukt
Bewegen sich elektrische Ladungen in einem Magnetfeld der magnetischen Induktion $\vec{B}$ (Angabe zur Kennzeichnung der Stärke des magnetischen Feldes) mit der Geschwindigkeit $\vec{v}$, so erfahren sie eine ablenkende Kraft (Lorentzkraft), die sowohl auf $\vec{B}$ als auch auf $\vec{v}$ senkrecht steht.

Für diese Lorentzkraft gilt:

$\vec{F_L} = Q \cdot \vec{v} \times \vec{B}$ | |
--- | --- | ---
| Q: | Ladung eines Teilchens
| v: | Geschwindigkeit des Teilchens
| B: | magnetische Induktion

Da die Lorentzkraft $\vec{F_L}$ senkrecht auf der Geschwindigkeit $\vec{v}$ steht, kann sie deren Betrag nicht verändern. Sie ändert aber deren Richtung. Sorgt man zusätzlich dafür, daß sich die Ladungsträger senkrecht zur Richtung des Magnetfelds bewegen, so zwingt die Lorentzkraft diese auf eine Kreisbahn.

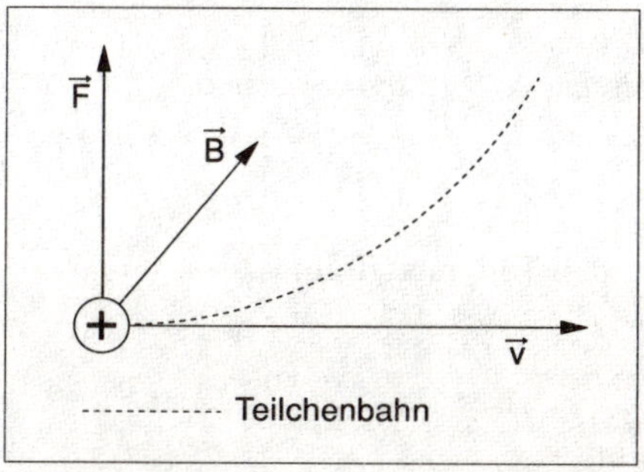

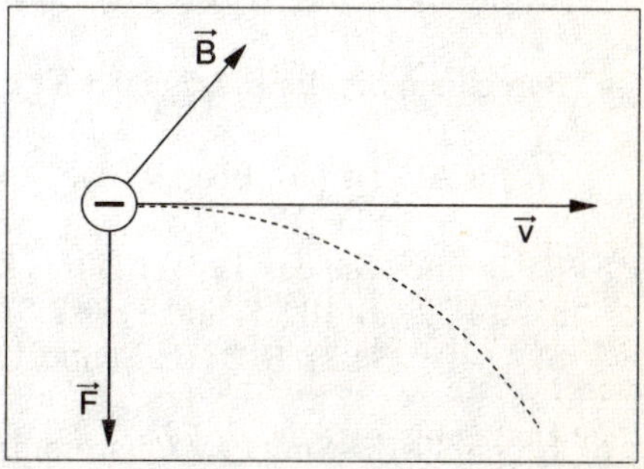

Die Richtungen der Vektoren sind hier als Momentbild dargestellt. Anwendung findet die Lorentzkraft u.a. bei der Ablenkung des Elektronenstrahls im Fernseher oder bei Teilchenbeschleunigern.

Beispiel:

Die Kraft des magnetischen Erdfeldes (Horizontalanteil $B = 1{,}9 \cdot 10^{-5}\,T$ (lies: Tesla)) auf ein senkrecht zu diesem Feld eintretendes Elektron soll berechnet werden, wenn seine Geschwindigkeit das 200-fache der Schallgeschwindigkeit (330 m/s) beträgt?

$$F = e \cdot v \cdot B \cdot \sin 90^\circ = e \cdot v \cdot B = 1{,}6 \cdot 10^{-19}\,C \cdot 6{,}6 \cdot 10^{4}\,{}^{m}\!/\!_{s} \cdot 1{,}9 \cdot 10^{-5}\,T$$
$$= 2{,}01 \cdot 10^{-20}\,N$$

15.4 ÜBUNGSAUFGABEN

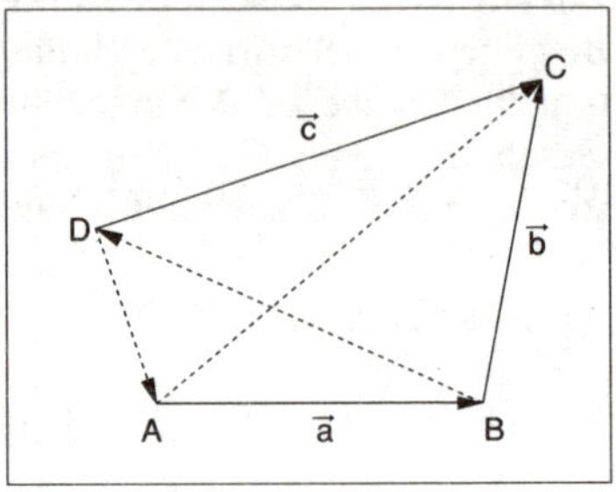

1) Gegeben sei ein Viereck ABCD durch die Vektoren $\vec{a}$, $\vec{b}$ und $\vec{c}$ (siehe Abbildung). Fertigen Sie eine entsprechende Zeichnung an, tragen Sie die Vektoren $\overrightarrow{AC}$, $\overrightarrow{CA}$, $\overrightarrow{BD}$ und $\overrightarrow{DA}$ in die Darstellung ein und drücken Sie diese Vektoren durch $\vec{a}$, $\vec{b}$ und $\vec{c}$ aus.

2) Bestimmen Sie die Vektoren $\overrightarrow{OA}$, $\overrightarrow{OB}$ und $\overrightarrow{AB}$ für A(1 ; 4 ; 3) und B(6 ; 9 ; 3).

3) Gegeben seien die Punkte A(4 ; –2 ; 3), B(1 ; 3 ; 1) und C(–1 ; 0 ; 5). Berechnen Sie die Vektoren $\overrightarrow{AB} + \overrightarrow{BC}$ und $\overrightarrow{AB} - \overrightarrow{BC}$
Ergänzen Sie das Dreieck ABC zu einem Parallelogramm und berechnen Sie die Koordinaten des Punktes D.

4) Berechnen Sie die Beträge der Vektoren $\vec{a} = \begin{pmatrix} 3 \\ -4 \end{pmatrix}$, $\vec{b} = \begin{pmatrix} -1 \\ 2 \\ 2 \end{pmatrix}$ und $\overrightarrow{AB}$ für A(1 ; 4 ; 3), B(6 ; 9 ; 3).

5) Bestimmen Sie das Teilverhältnis k für den Teilpunkt T auf $\overline{AB}$!
a) A(4 ; 2), B(10 ; 5) und T(5 ; 2,5)
b) A(–1 ; –3 ; 2), B(2 ; 0 ; 5) und T(0 ; –2 ; 3)

6) Teilen Sie die Strecke $\overline{AB}$ harmonisch im Verhältnis $|k| = 1/2$ wenn A(4 ; 0 ; 1) und B(–2 ; 6 ; 4) ist, und geben Sie die Koordinaten des Teilpunktes T an.

7) Beweisen Sie den Höhensatz des Euklid. (siehe Abbildung)

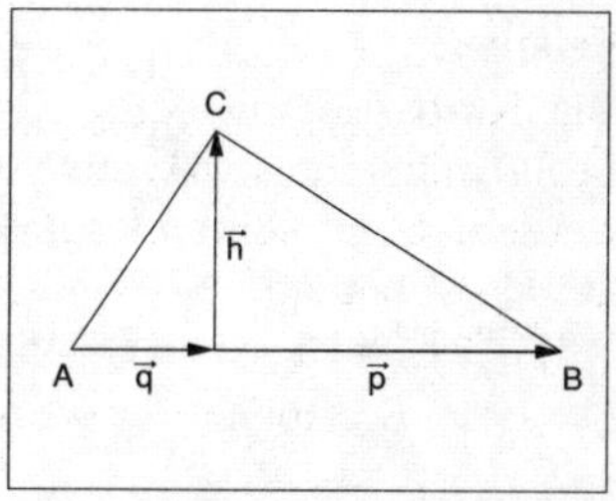

8) Berechnen Sie das skalare Produkt von $\vec{a} = \overrightarrow{AB}$ und $\vec{b} = \overrightarrow{AC}$ für A(0 ; 0 ; 0), B(5 ; 5 ; 0) und C(1 ; 2 ; 2).
Bestimmen Sie dann den eingeschlossenen Winkel α zwischen $\vec{a}$ und $\vec{b}$.

9) Bestimmen Sie den Normalenvektor zu der durch die Punkte A(1 ; 2 ; –2), B(2 ; 3 ; –1) und C(4 ; 0 ; –1) bestimmten Ebene und berechnen Sie den Flächeninhalt des Dreiecks ABC.

10) Berechnen Sie das Volumen des Spates, der durch diePunkte A(1 ; 2 ; 0), B(2 ; 3 ; 1), C(1 ; 2 ; 1) und D(1 ; 5 ; 3) gegeben ist.

LÖSUNGEN

1) $\overrightarrow{AC} = \vec{a} + \vec{b}$ $\qquad \overrightarrow{BD} = \vec{b} - \vec{c}$
$\overrightarrow{CA} = -(\vec{a} + \vec{b})$ $\qquad \overrightarrow{DA} = \vec{c} - (\vec{a} + \vec{b})$

2) $\overrightarrow{OA} = \begin{pmatrix} 1 \\ 4 \\ 3 \end{pmatrix}$ $\qquad \overrightarrow{OB} = \begin{pmatrix} 6 \\ 9 \\ 3 \end{pmatrix}$ $\qquad \overrightarrow{AB} = \begin{pmatrix} 5 \\ 5 \\ 0 \end{pmatrix}$

3) $\overrightarrow{AB} + \overrightarrow{BC} = \begin{pmatrix} -5 \\ 2 \\ 2 \end{pmatrix}$ $\qquad \overrightarrow{AB} - \overrightarrow{BC} = \begin{pmatrix} -1 \\ 8 \\ -6 \end{pmatrix}$ $\qquad$ D (14 ; 2 ; 3)

4) $|\vec{a}| = 5$ $\qquad |\vec{b}| = 3$ $\qquad |\overrightarrow{AB}| = 5\sqrt{2}$

5) a) $k = 1/5$ $\qquad$ b) $k = 1/2$

6) T_i (2 ; 2 ; 2) $\qquad T_a$ (10 ; – 6 ; – 2)

7) Voraussetzung: $\vec{q} \perp \vec{h}, \vec{p} \perp \vec{h}$ und $\overrightarrow{AC} \perp \overrightarrow{BC}$
Behauptung: $h^2 = p \cdot q$

Beweis: $\overrightarrow{AC} \cdot \overrightarrow{BC} = 0$

$$(\vec{q} + \vec{h}) \cdot (-\vec{p} + \vec{h}) = -\vec{p} \cdot \vec{q} + \vec{q} \cdot \vec{h} - \vec{p} \cdot \vec{h} + \vec{h}^2 = 0$$

$$0 = -\vec{p} \cdot \vec{q} + \vec{h}^2 \qquad \text{da } \vec{p} \cdot \vec{h} = \vec{q} \cdot \vec{h} = 0$$

$$\vec{h}^2 = p \cdot q \cdot \cos 0°$$

$$h^2 = p \cdot q \qquad \text{q.e.d.}$$

8) $\vec{a} \cdot \vec{b} = 15 \qquad \alpha = 45°$

9) $\vec{n} = \begin{pmatrix} 3 \\ 2 \\ -5 \end{pmatrix} \qquad F = 3{,}08$

10) $V = 3$

15.5 VEKTORIELLE GEOMETRIE

GERADE UND EBENE IN PARAMETERFORM

Punkt - Richtungsgleichung der Geraden

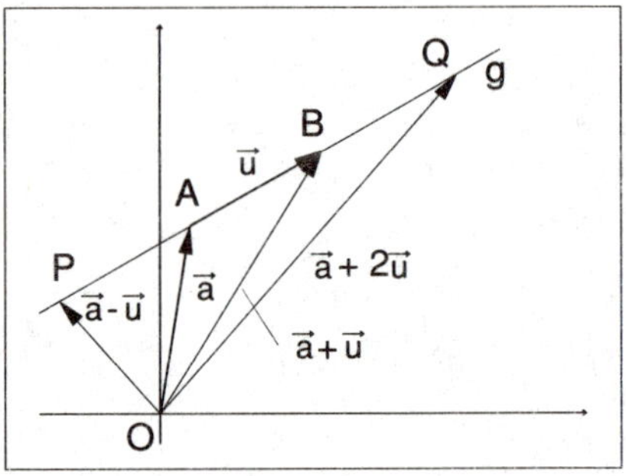

Jede Gerade g ist durch zwei Punkte A und B bestimmt. Dabei gibt der Vektor $\vec{u} = \vec{AB}$ die Richtung an (Richtungsvektor der Geraden) und durch den Aufpunkt A wählt man aus den unendlich vielen zu g parallelen Geraden die eine durch A verlaufende aus. Damit lautet die Geradengleichung durch A mit Richtung $\vec{AB}$ in *Punkt - Richtungsform*:

$$g: \vec{x} = \vec{OA} + \lambda \cdot \vec{AB} \quad \text{bzw.} \quad \vec{x} = \vec{a} + \lambda \cdot \vec{u} \text{ mit } \lambda \in \mathbb{R}$$

Durch Einsetzen eines Zahlenwertes gelangt man stets zu einem Punkt, der auf der Geraden g liegt. So ergibt sich für $\lambda = 2$ mit $\vec{x} = \vec{a} + 2\,\vec{u}$ der Ortsvektor zum Punkt Q oder für $\lambda = -1$ der Ortsvektor $\vec{OP}$.

Durchläuft der Parameter λ alle reellen Zahlen, so durchläuft der Vektor $\vec{x}$ die Menge aller Ortsvektoren mit dem Anfangspunkt O und dem Zielpunkt auf der Geraden g.

Beispiel:
Wie lautet die Gleichung der Geraden durch die Punkte A(1 ; 2 ; 2) und B(–4 ; 3 ; –1)? Es gilt: $\overrightarrow{OA} = \begin{pmatrix} 1 \\ 2 \\ 2 \end{pmatrix}$; $\overrightarrow{AB} = \overrightarrow{OB} - \overrightarrow{OA} = \begin{pmatrix} -4 \\ 3 \\ -1 \end{pmatrix} - \begin{pmatrix} 1 \\ 2 \\ 2 \end{pmatrix} = \begin{pmatrix} -5 \\ 1 \\ -3 \end{pmatrix}$

Damit ergibt sich die Geradengleichung:

$$\vec{x} = \overrightarrow{OA} + \lambda\,\overrightarrow{AB} = \begin{pmatrix} 1 \\ 2 \\ 2 \end{pmatrix} + \lambda \begin{pmatrix} -5 \\ 1 \\ -3 \end{pmatrix}$$

Geraden im Raum
Für die Lage zweier Geraden im Raum gibt es drei Möglichkeiten:
a) sie sind parallel bzw. identisch,
b) sie schneiden sich oder
c) sie sind *windschief*, d.h. sie "laufen" aneinander vorbei, ohne parallel zu sein.

1. Parallele und gleiche Geraden
Zwei Geraden g_1 und g_2 sind parallel, wenn sie
(a) dieselbe Richtung haben (die Richtungsvektoren also —> kollinear sind),
(b) sie sind sogar identisch, wenn sie außerdem einen Punkt gemeinsam haben, z.B. einen der Aufpunkte.

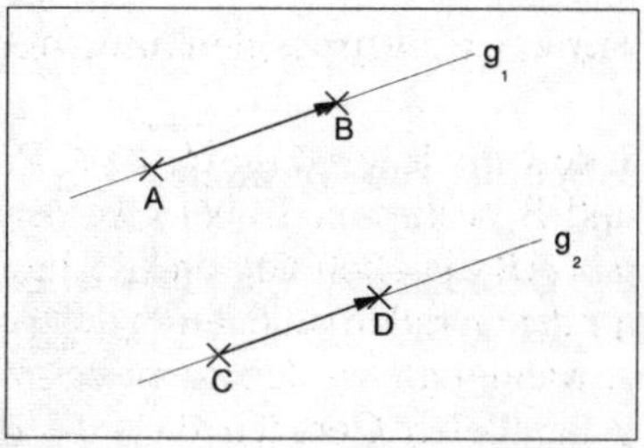

Beispiel:
Stellen die Gleichungen

$g_1 : \vec{x} = \begin{pmatrix} 1 \\ 1 \\ 5 \end{pmatrix} + \lambda \begin{pmatrix} 2 \\ -1 \\ 3 \end{pmatrix}$ und $g_2 : \vec{x} = \begin{pmatrix} -1 \\ 2 \\ 2 \end{pmatrix} + \mu \begin{pmatrix} -4 \\ 2 \\ -6 \end{pmatrix}$ dieselbe Gerade dar?

1) Prüfung der Richtungsvektoren auf Kollinearität
Zwei Vektoren sind kollinear, wenn einer ein Vielfaches des anderen ist.

Es gilt: $\begin{pmatrix} 2 \\ -1 \\ 3 \end{pmatrix} = k \begin{pmatrix} -4 \\ 2 \\ -6 \end{pmatrix} \Leftrightarrow \begin{pmatrix} 2 \\ -1 \\ 3 \end{pmatrix} = \begin{pmatrix} -4\,k \\ 2\,k \\ -6\,k \end{pmatrix}$

Da k mit $k = -\frac{1}{2}$ eindeutig bestimmt ist, sind die Geraden parallel: $g_1 \parallel g_2$.

2) Prüfung der Geraden auf Identität
Sie sind identisch, wenn z.B. der Punkt A(1 ; 1 ; 5) von g_1 auch auf g_2 liegt.

Um dies zu überprüfen, setzt man den Ortsvektor $\overrightarrow{OA}$ in die Geradengleichung für g_2 ein:

$$\begin{pmatrix}1\\1\\5\end{pmatrix}=\begin{pmatrix}-1\\2\\2\end{pmatrix}+\mu\begin{pmatrix}-4\\2\\-6\end{pmatrix}$$

Unter Anwendung der Addition und der skalaren Multiplikation folgt:

$$\begin{pmatrix}1\\1\\5\end{pmatrix}=\begin{pmatrix}-1-4\mu\\2+2\mu\\2-6\mu\end{pmatrix}$$

Aus dieser Vektorgleichung ergibt sich ein System von drei Koordinatengleichungen:

1. $1=-1-4\mu$
2. $1=\ \ 2+2\mu$
3. $5=\ \ 2-6\mu$

Aus Gleichung 1. ergibt sich $\mu=-\frac{1}{2}$. Da dieser Wert auch die beiden anderen Gleichungen erfüllt, ist der Parameter μ zugleich Lösung der oben stehenden Vektorgleichung. Der Punkt A liegt somit auf der Geraden g_2.

2. Schnitt von Geraden

Die Geraden $g_1:\ \vec{x}=\begin{pmatrix}1\\1\\2\end{pmatrix}+\lambda\begin{pmatrix}2\\2\\3\end{pmatrix}$

und $g_2:\ \vec{x}=\begin{pmatrix}-2\\-3\\0\end{pmatrix}+\mu\begin{pmatrix}1\\2\\-1\end{pmatrix}$

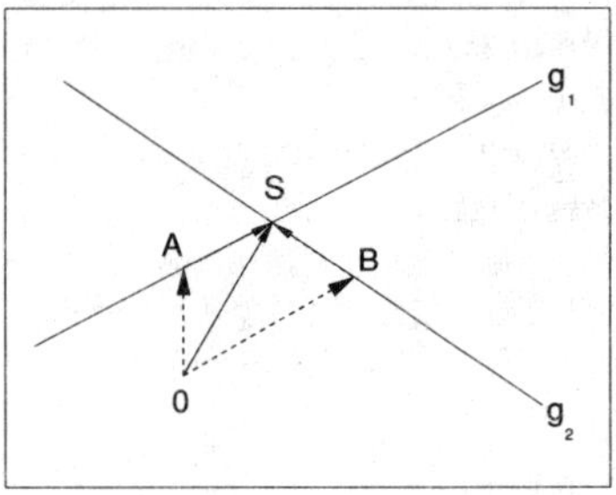

schneiden sich genau dann in einem Punkt S, wenn die Ortsvektoren $\overrightarrow{OS}$ über g_1 und $\overrightarrow{OS}$ über g_2 gleich sind:

$$\begin{pmatrix}1\\1\\2\end{pmatrix}+\lambda_S\begin{pmatrix}2\\2\\3\end{pmatrix}=\begin{pmatrix}-2\\-3\\0\end{pmatrix}+\mu_S\begin{pmatrix}1\\2\\-1\end{pmatrix}$$

Aus dieser Vektorgleichung ergeben sich die drei Koordinatengleichungen:

1. $2\lambda_S-\ \ \mu_S=-3$
2. $2\lambda_S-2\mu_S=-4$
3. $3\lambda_S+\ \ \mu_S=-2$

Ist dieses Gleichungssystem eindeutig lösbar, so schneiden sich die Geraden g_1 und g_2.
Die Gleichungen 1 und 2 bilden ein Gleichungssystem aus zwei Gleichungen mit zwei Variablen. Es besitzt die Lösungen $\mu_S = +1$ und $\lambda_S = -1$. Da dieses Wertepaar auch die dritte Gleichung erfüllt, ergibt sich der Schnittpunkt durch Einsetzen in eine der Gleichungen mit S(–1; –1; –1).

3. Windschiefe Geraden
Sind die Geraden $g_1 : \vec{x} = \vec{a} + \lambda\,\vec{u}$ und $g_2 : \vec{x} = \vec{b} + \mu\,\vec{v}$ windschief?
Zwei Geraden sind windschief, wenn sie weder parallel sind noch sich schneiden. Für die Beantwortung dieses Problems sind folgende Fragen nach den obigen Verfahren zu klären:
a) Sind die Geraden g_1 und g_2 parallel?
b) Haben g_1 und g_2 einen gemeinsamen Schnittpunkt S?
Werden beide Fragen negativ beantwortet, so sind die Geraden g_1 und g_2 windschief.

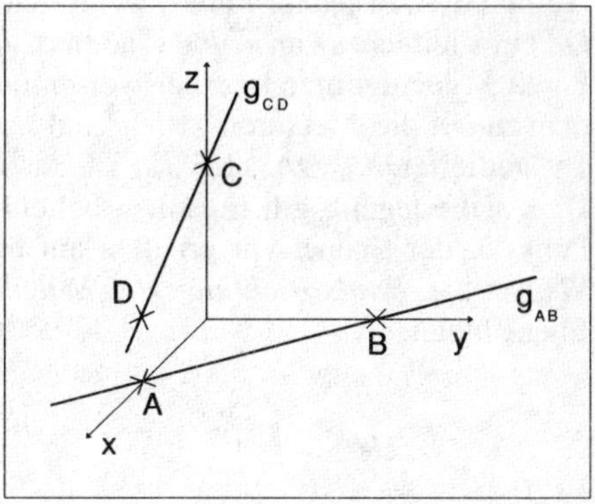

Beispiel:

Sind die Geraden $g_1 : \vec{x} = \begin{pmatrix}1\\1\\1\end{pmatrix} + \lambda \begin{pmatrix}-2\\1\\3\end{pmatrix}$ und $g_2 : \vec{x} = \begin{pmatrix}1\\3\\2\end{pmatrix} + \mu \begin{pmatrix}-4\\-1\\6\end{pmatrix}$ windschief?

a) Da die Richtungsvektoren $\vec{u}$ und $\vec{v}$ nicht kollinear sind, sind die Geraden g_1 und g_2 nicht parallel.
b) Aus

$$\begin{pmatrix}1\\1\\1\end{pmatrix} + \lambda_S \begin{pmatrix}-2\\1\\3\end{pmatrix} = \begin{pmatrix}1\\3\\2\end{pmatrix} + \mu_S \begin{pmatrix}-4\\-1\\6\end{pmatrix}$$

ergibt sich das Gleichungssystem:

$$\begin{aligned} 1.&\quad -2\,\lambda_S + 4\,\mu_S = 0\\ 2.&\quad \lambda_S + \mu_S = 2\\ 3.&\quad 3\,\lambda_S - 6\,\mu_S = 1 \end{aligned}$$

Gleichung 1 und 2 haben die eindeutige Lösung $\lambda_S = 4/3$, $\mu_S = 2/3$. Diese Werte erfüllen aber *nicht* die dritte Gleichung. Da es keine eindeutige Lösung für das obige Gleichungssystem gibt, schneiden sich g_1 und g_2 nicht. Damit sind die Geraden weder parallel, noch haben sie einen gemeinsamen Schnittpunkt: g_1 und g_2 sind windschief.

Punkt - Richtungsgleichung der Ebene

Eine Ebene kann durch zwei Richtungsvektoren aufgespannt werden. In der Zeichnung bestimmen die Vektoren $\vec{u}$ und $\vec{v}$ diese Ebene. Man gelangt von O aus über den Aufpunkt A zu jedem Punkt, wenn man zu $\overrightarrow{OA}$ ein Vielfaches von $\vec{u}$ und $\vec{v}$ addiert. Zum Punkt X gelangt man beispielsweise, indem man zu $\overrightarrow{OA}$ die Vektoren $-1{,}5\,\vec{u}$ und $1\,\vec{v}$ addiert: $\overrightarrow{OX} = \overrightarrow{OA} - 1{,}5\,\vec{u} + \vec{v}$.

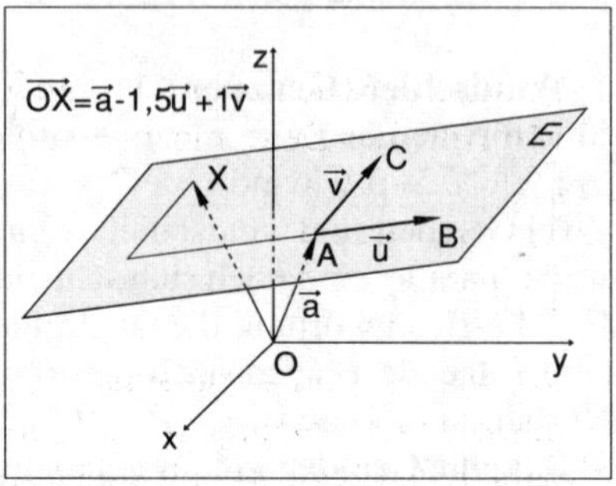

Diese Überlegung gilt für einen beliebigen Punkt X der Ebene; wir erhalten auf diese Weise die *Punkt-Richtungsgleichung* der Ebene lautet:

$$E:\ \vec{x} = \overrightarrow{OA} + \lambda\,\overrightarrow{AB} + \mu\,\overrightarrow{AC} \quad \text{bzw.}\quad \vec{x} = \vec{a} + \lambda\,\vec{u} + \mu\,\vec{v} \ \text{mit}\ \lambda,\ \mu \in \boldsymbol{R}$$

Duchlaufen die Parameter λ, μ alle rellen Zahlen, so durchläuft der Vektor $\vec{x}$ die Menge aller Ortsvektoren mit dem Anfangspunkt O und dem Zielpunkt auf der Ebene E.

Beispiel:
Wie lautet die Gleichung der Ebene durch die Punkte A(2 ; 1 ; 3), B(6 ; 1 ; 5) und C(5 ; 2 ; 8)?

Es ist $\overrightarrow{OA} = \begin{pmatrix}2\\1\\3\end{pmatrix}$, $\overrightarrow{AB} = \begin{pmatrix}6\\1\\5\end{pmatrix} - \begin{pmatrix}2\\1\\3\end{pmatrix} = \begin{pmatrix}4\\0\\2\end{pmatrix}$, $\overrightarrow{AC} = \begin{pmatrix}5\\2\\8\end{pmatrix} - \begin{pmatrix}2\\1\\3\end{pmatrix} = \begin{pmatrix}3\\1\\5\end{pmatrix}$

$$E:\ \vec{x} = \overrightarrow{OA} + \lambda\,\overrightarrow{AB} + \mu\,\overrightarrow{AC} = \begin{pmatrix}2\\1\\3\end{pmatrix} + \lambda\begin{pmatrix}4\\0\\2\end{pmatrix} + \mu\begin{pmatrix}3\\1\\5\end{pmatrix}$$

Parallele und gleiche Ebenen
Die Ebenen E_1 und E_2 sind parallel, wenn die Richtungsvektoren $\vec{u_1}$, $\vec{v_1}$ von E_1 und $\vec{u_2}$, $\vec{v_2}$ von E_2 komplanar sind.
Die Ebenen sind identisch, wenn sie einen Punkt, z.B. einen der Aufpunkte, gemeinsam haben.

Beispiel:
Sind die Ebenen E_1 und E_2 identisch, wenn

$$E_1: \vec{x} = \begin{pmatrix} 2 \\ -1 \\ 0 \end{pmatrix} + \lambda \begin{pmatrix} 2 \\ 1 \\ 3 \end{pmatrix} + \mu \begin{pmatrix} 5 \\ 4 \\ 0 \end{pmatrix} \text{ und } E_2: \vec{x} = \begin{pmatrix} 3 \\ 0 \\ 1 \end{pmatrix} + \rho \begin{pmatrix} 7 \\ 5 \\ 3 \end{pmatrix} + \sigma \begin{pmatrix} -1 \\ -1 \\ 1 \end{pmatrix} \text{ ist?}$$

1) Prüfung der Richtungsvektoren $\vec{u_1}$, $\vec{v_1}$, $\vec{u_2}$, $\vec{v_2}$ auf Komplanarität
Mit Hilfe des Determinantenverfahrens ergibt sich:

$$\begin{vmatrix} 2 & 5 & 7 \\ 1 & 4 & 5 \\ 3 & 0 & 3 \end{vmatrix} = 0 \qquad \begin{vmatrix} 2 & 5 & -1 \\ 1 & 4 & -1 \\ 3 & 0 & 1 \end{vmatrix} = 0$$

$\vec{u_1}$, $\vec{v_1}$, $\vec{u_2}$ sind komplanar $\qquad$ $\vec{u_1}$, $\vec{v_1}$, $\vec{v_2}$ sind komplanar
d.h. die vier Vektoren $\vec{u_1}$, $\vec{v_1}$, $\vec{u_2}$, $\vec{v_2}$ liegen in einer gemeinsamen oder dazu parallelen Ebene. Damit sind E_1 und E_2 parallel.

2) Prüfung auf Identiität
Haben beide Ebenen z.B. den Aufpunkt A gemeinsam? Um dies zu überprüfen, setzt man den Ortsvektor $\vec{OA}$ in die Ebenengleichung für E_2 ein.

$$\begin{pmatrix} 2 \\ -1 \\ 0 \end{pmatrix} = \begin{pmatrix} 3 \\ 0 \\ 1 \end{pmatrix} + \rho \begin{pmatrix} 7 \\ 5 \\ 3 \end{pmatrix} + \sigma \begin{pmatrix} -1 \\ -1 \\ 1 \end{pmatrix}$$

Das zugehörige Gleichungssystem besitzt keine eindeutig bestimmte Lösung (Angabe ohne Rechnung). Daher haben die Ebenen keinen Punkt gemeinsam, d.h. sie sind parallel, aber nicht identisch.

Gemeinsame Punktmengen von Ebenen und Gerade
1. Schnitt von Ebene und Gerade
Um dies zu untersuchen, setzt man die Gleichungen der Geraden g und der Ebene E gleich. Dabei ergeben sich 3 Möglichkeiten:

a) Gerade und Ebene haben keinen Punkt gemeinsam. Dann sind sie parallel, d.h. das zugehörige —> Gleichungssystem hat keine Lösung.
b) Gerade und Ebene schneiden sich in einem Punkt, d.h. das Gleichungssystem hat genau eine Lösung.
c) Gerade und Ebene haben mehrere Punkte gemeinsam. Dann liegt die Gerade in der Ebene, d.h. das Gleichungssystem hat unendlich viele Lösungen.

Haben die Gerade g und die Ebene E gemeinsame Punkte?

$$E: \vec{x} = \begin{pmatrix} 2 \\ -1 \\ 0 \end{pmatrix} + \lambda \begin{pmatrix} 2 \\ 1 \\ 3 \end{pmatrix} + \mu \begin{pmatrix} -1 \\ 1 \\ 1 \end{pmatrix} \text{ und } g: \vec{x} = \begin{pmatrix} 4 \\ 3 \\ 1 \end{pmatrix} + \sigma \begin{pmatrix} 1 \\ 2 \\ -3 \end{pmatrix}$$

Das Gleichsetzen der Gleichungen führt auf das Gleichungssystem

1. $2\lambda_S - \mu_S - \sigma_S = 2$
2. $\lambda_S + \mu_S - 2\sigma_S = 4$
3. $3\lambda_S + \mu_S + 3\sigma_S = 1$

Dieses hat die eindeutige Lösung $\lambda_S = 1$, $\mu_S = 1$, $\sigma_S = -1$. Das Einsetzen dieser Werte in die Geraden- bzw. Ebenengleichung führt auf den gemeinsamen Schnittpunkt S(3 ; 1 ; 4).

2. Schnitt zweier Ebenen

Gesucht ist die gemeinsame Punktmenge der beiden Ebenen:

$$E_1: \vec{x} = \begin{pmatrix} 2 \\ 0 \\ 1 \end{pmatrix} + \lambda \begin{pmatrix} 2 \\ 0 \\ 0 \end{pmatrix} + \mu \begin{pmatrix} 1 \\ -1 \\ -1 \end{pmatrix} \text{ und } E_2: \vec{x} = \begin{pmatrix} 3 \\ 3 \\ -2 \end{pmatrix} + \rho \begin{pmatrix} 0 \\ 1 \\ 0 \end{pmatrix} + \sigma \begin{pmatrix} 0 \\ 0 \\ 6 \end{pmatrix}.$$

In diesem Fall ist als erstes eine Prüfung auf Parallelität der Ebenen anzuraten, da die Bestimmung der Schnittgeraden sehr aufwendig ist, denn es ist ein Gleichungssystem mit drei Gleichungen aber vier Variablen zu lösen.
Sind die Ebenen nicht parallel - wie in diesem Beispiel - (Angabe ohne Rechnung), bestimmt man die gesuchte Lösungsmenge über das folgende Gleichungssystem, das man durch Gleichsetzen der Ebenengleichungen erhält:

1. $2\lambda_S + \mu_S = 1$
2. $-\mu_S - \rho_S = 3$
3. $-\mu_S = -3 + 6\sigma_S$

Der Term $-3 + \sigma_S$ wird als Konstante aufgefaßt.
Als Lösung dieses Gleichungssystems erhält man $\rho = -6 + 6\sigma_S$ (Angabe ohne Rechnung). Durch Einsetzen in die Ebenengleichung für E_2 ergibt sich die Schnittgerade als:

$$g: \vec{x} = \begin{pmatrix} 3 \\ -3 \\ -2 \end{pmatrix} + \sigma \begin{pmatrix} 0 \\ 6 \\ 6 \end{pmatrix}$$

Achsenabschnittsform und Spurgeraden einer Ebene

Eine weitere Möglichkeit, eine Ebene darzustellen, ist die *Achsenabschnittsform:*

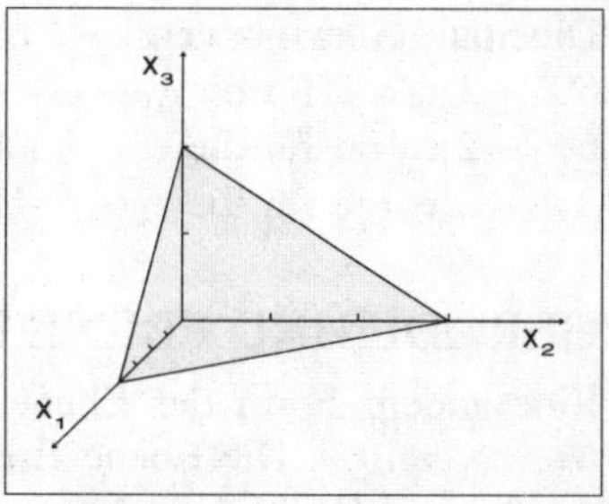

$$\frac{x_1}{a} + \frac{x_2}{b} + \frac{x_3}{c} = 1$$

Hierin entsprechen die Nenner der Brüche den Achsenabschnitten der Ebene E mit den Grundebenen. In dem dargestellten Beispiel sind $a = 4$, $b = 3$ und $c = 2$: $\frac{x_1}{4} + \frac{x_2}{3} + \frac{x_3}{2} = 1.$

Durch Multiplikation mit dem Hauptnenner erhält man die *allgemeine Ebenengleichung in Koordinatenform*:

$$a_1 x_1 + a_2 x_2 + a_3 x_3 = d$$

Die Ebenengleichung für obiges Beispiel lautet $3\,x_1 + 4\,x_2 + 6\,x_3 = 12$.

Unter der *Spur* versteht man die Menge der gemeinsamen Punkte, die eine Gerade g bzw. eine Ebene E mit einer der Grundebenen, z.B. der $x_1 - x_2$ – Ebene, hat (siehe obere Abbildung).

Für die in der Zeichnung dargestellte Spurgerade in der $x_1 - x_2$ – Ebene ist stets x_3 gleich Null. Für ihre Koordinatengleichung folgt:

$\frac{x_1}{a} + \frac{x_2}{b} = 1 \Rightarrow \frac{x_1}{2} + \frac{x_2}{3} = 1$ für die $x_1 - x_2$ – Ebene, bzw. $3\,x_1 + 2\,x_2 = 6$

Entsprechendes gilt für die übrigen Grundebenen.

Beispiel:

Gesucht sind die Achsenabschnittsform der Ebene E für A(1 ; 0 ; 0), B(0 ; 2 ; 0) und C(0 ; 0 ; –3) und die zugehörigen Spurgeraden.

Es ist $a = 1$, $b = 2$ und $c = -3$. Damit ergibt sich die Gleichung der Ebene in der Achsenabschnittsform zu:

$\frac{x_1}{1} + \frac{x_2}{2} - \frac{x_3}{3} = 1$ bzw. als $6\,x_1 + 3\,x_2 - 2\,x_3 = 6$ in der Koordinatenform.

Die Spurgeraden lauten:
$6\,x_1 + 3\,x_2 = 6$ für die $x_1 - x_2$ – Ebene,
$6\,x_1 - 2\,x_3 = 6$ für die $x_1 - x_3$ – Ebene,
$3\,x_2 - 2\,x_3 = 6$ für die $x_2 - x_3$ – Ebene.

GERADE UND EBENE IN NORMALENFORM

Eine andere Form der Ebenengleichung ist die *Normalenform.* Die Ebene E ist dabei festgelegt durch einen Punkt A im Raum und einen —> Normalenvektor $\vec{n}$, der ihre Richtung bestimmt. Ist X ist ein beliebiger Punkt der somit festgelegten Ebene, so liegt der Differenzvektor $\overrightarrow{OX} - \overrightarrow{OA}$ in dieser Ebene; folglich ist sein Skalarprodukt mit dem senkrecht zur Ebene stehenden Normalenvektor $\vec{n}$ gleich Null.

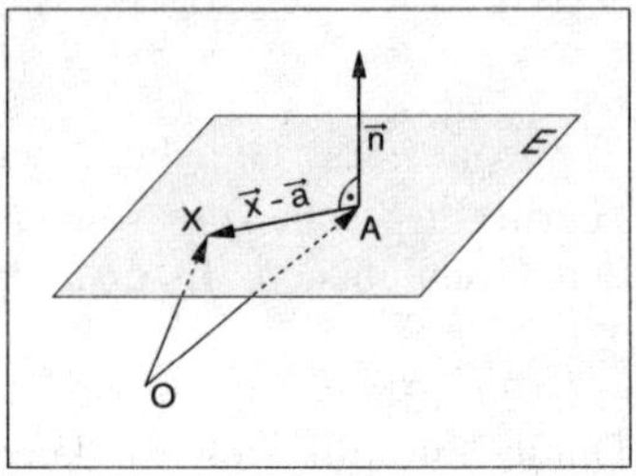

$$\vec{n} \cdot (\vec{x} - \vec{a}) = 0 \text{ bzw. } \vec{n} \cdot \vec{x} - \vec{n} \cdot \vec{a} = 0$$

oder durch Ausmultiplizieren die *allgemeine Normalenform*

$$\vec{n} \cdot \vec{x} - c = 0 \text{ oder } n_1\,x_1 + n_2\,x_2 + n_3\,x_3 - c = 0$$

mit $\vec{n} = \begin{pmatrix} n_1 \\ n_2 \\ n_3 \end{pmatrix}$ als Normalenvektor.

Andererseits läßt sich aus jeder Ebenendarstellung der Form $a\,x_1 + b\,x_2 + c\,x_3 = d$

ein Normalenvektor direkt ablesen: $\vec{n} = \begin{pmatrix} a \\ b \\ c \end{pmatrix}$.

Beispiele:

1) Sind der Normalenvektor $\vec{n} = \begin{pmatrix} 1 \\ -1 \end{pmatrix}$ und der Aufpunkt A(3 ; 2) gegeben, so ergibt sich folgende Gleichung der Geraden g:

$$g: \vec{n} \cdot \vec{x} - \vec{n} \cdot \vec{a} = 0 \Rightarrow \begin{pmatrix} 1 \\ -1 \end{pmatrix} \cdot \vec{x} - \begin{pmatrix} 1 \\ -1 \end{pmatrix} \cdot \begin{pmatrix} 3 \\ 2 \end{pmatrix} = 0 \Leftrightarrow \begin{pmatrix} 1 \\ -1 \end{pmatrix} \cdot \vec{x} - 1 = 0$$

2) Wie lautet die Gleichung der Ebene für $\vec{n} = \begin{pmatrix} 1 \\ 1 \\ -1 \end{pmatrix}$ und A(0 ; 1 ; 2)?

$$E: \vec{n} \cdot \vec{x} - \vec{n} \cdot \vec{a} = 0 \Rightarrow \begin{pmatrix} 1 \\ 1 \\ -1 \end{pmatrix} \cdot \vec{x} - \begin{pmatrix} 1 \\ 1 \\ -1 \end{pmatrix} \cdot \begin{pmatrix} 0 \\ 1 \\ 2 \end{pmatrix} = 0 \Leftrightarrow \begin{pmatrix} 1 \\ 1 \\ -1 \end{pmatrix} \cdot \vec{x} + 1 = 0$$

3) Gesucht ist die Gleichung der Ebene $E: \vec{x} = \begin{pmatrix} 1 \\ 0 \\ 3 \end{pmatrix} + \lambda \begin{pmatrix} 1 \\ 2 \\ -1 \end{pmatrix} + \mu \begin{pmatrix} 2 \\ 1 \\ -1 \end{pmatrix}$

in Normalenform.

Der Normalenvektor $\vec{n}$ läßt sich auf mehrere Arten bestimmen:

1. über das —>Vektorprodukt
2. durch Eleminieren von λ und μ in der obigen Gleichung
3. über die Orthogonalitätsbedingung $\vec{n} \perp \vec{u}$ und $\vec{n} \perp \vec{v}$

Der letzte Weg soll hier verfolgt werden. Es gilt:

$\vec{n} \perp \vec{u}$ und $\vec{n} \perp \vec{v}$ bzw. $\vec{n} \cdot \vec{u} = 0$ und $\vec{n} \cdot \vec{v} = 0$.

$$\begin{pmatrix} n_1 \\ n_2 \\ n_3 \end{pmatrix} \cdot \begin{pmatrix} 1 \\ 2 \\ -1 \end{pmatrix} = 0 \text{ bzw. } n_1 + 2\,n_2 - n_3 = 0 \text{ und}$$

$$\begin{pmatrix} n_1 \\ n_2 \\ n_3 \end{pmatrix} \cdot \begin{pmatrix} 2 \\ 1 \\ -1 \end{pmatrix} = 0 \text{ bzw. } 2\,n_1 + n_2 - n_3 = 0$$

Da dieses Gleichungssystem (2 Gleichungen mit 3 Variablen) unterbestimmt ist, kann man eine der Variablen frei wählen, z.B. $n_1 = 1$. Dann erhält man die eindeutige Lösung $n_2 = 1$ und $n_3 = 3$. Somit ist der Normalenvektor $\vec{n}$ bestimmt. Ein beliebiger Punkt der Ebene ergibt sich aus der gegebenen Ebenengleichung für spezielle Werte von λ und μ, z.B. folgt A(4 ; 3 ; 1) für λ = μ = 1.

Damit ergibt sich für die Gleichung der Ebene in Normalenform:

$$E:\begin{pmatrix}1\\1\\3\end{pmatrix}\cdot\vec{x}-\begin{pmatrix}1\\1\\3\end{pmatrix}\cdot\begin{pmatrix}4\\3\\1\end{pmatrix}=0 \text{ bzw. } \begin{pmatrix}1\\1\\3\end{pmatrix}\cdot\vec{x}-10=0.$$

Höhenberechnung im Dreieck

Wie groß ist die Höhe h des Dreiecks ABC, das durch die Punkte A(1 ; 0 ; 1), B(4 ; 0 ; 7) und C(2 ; 6 ; 3) bestimmt ist? Der Höhenfußpunkt F ergibt sich als Schnittpunkt der Geraden durch die Punkte A und B und der Lotebene zu $\overrightarrow{AB}$ durch den Punkt C:

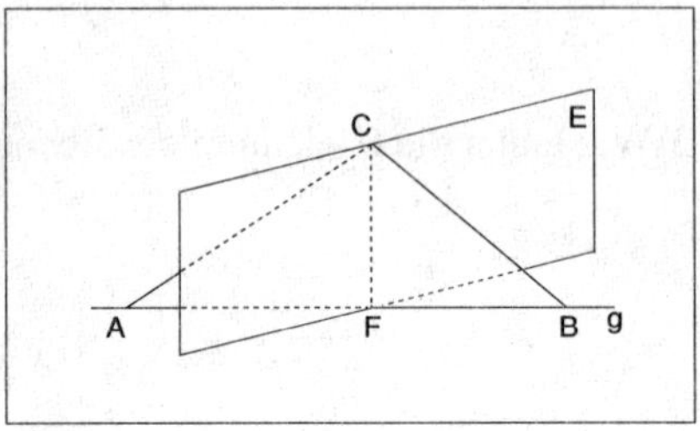

Aus $\vec{n}=\overrightarrow{AB}=\begin{pmatrix}3\\0\\6\end{pmatrix}$ folgt

$$E:\begin{pmatrix}3\\0\\6\end{pmatrix}\cdot\vec{x}-\begin{pmatrix}3\\0\\6\end{pmatrix}\cdot\begin{pmatrix}2\\6\\3\end{pmatrix}=0 \text{ und } g:\ \vec{x}=\begin{pmatrix}1\\0\\1\end{pmatrix}+\lambda\begin{pmatrix}3\\0\\6\end{pmatrix}$$

Durch Einsetzen der Gleichung der Geraden in die der Ebene erhält man mit $\lambda = 1/3$ den Lotfußpunkt F:

$$\overrightarrow{OF}=\begin{pmatrix}1\\0\\1\end{pmatrix}+1/3\begin{pmatrix}3\\0\\6\end{pmatrix}=\begin{pmatrix}2\\0\\3\end{pmatrix} \text{ bzw. F } (2\,;0\,;3).$$

Die Länge des Vektors $\overrightarrow{CF}$ ist die gesuchte Höhe
$h=|\overrightarrow{CF}|=\sqrt{0^2+(-6)^2+0^2}=6\,LE.$

Hessesche Normalenform

Ersetzt man den Normalenvektor $\vec{n}$ durch den Einheitsvektor $\vec{n}^{\,0}$ so erhält man als Ebenengleichung die *Hessesche Normalenform*

$$\vec{n}^{\,0}\cdot\vec{x}-\vec{n}^{\,0}\cdot\vec{a}=0 \text{ bzw. } \vec{n}^{\,0}\cdot\vec{x}-d=0$$

In der Hesseform der Ebenengleichung bedeutet d den Abstand der Ebene vom Ursprung.

Geht die Ebene durch den Ursprung (d = 0), so ist die Orientierung des Normaleneinheitsvektors frei wählbar.
Entsprechendes gilt für Geraden im R^2.

Beispiel:

Wie groß ist der Abstand der Ebene $E: \begin{pmatrix} 2 \\ 1 \\ -2 \end{pmatrix} \cdot \vec{x} - 9 = 0$ zum Koordinatenursprung? Es ergibt sich:

$$|\vec{n}| = \sqrt{9} = 3,\ \vec{n^0} = \begin{pmatrix} 2/3 \\ 1/3 \\ -2/3 \end{pmatrix} \text{ und } E: \begin{pmatrix} 2/3 \\ 1/3 \\ -2/3 \end{pmatrix} \cdot \vec{x} - 3 = 0$$

als Hesseform der Ebenengleichung mit Abstand d = 3 LE zum Nullpunkt.

Abstandsberechnungen
Setzt man in der Hesseschen Normalenform einer Ebene E für den Vektor $\vec{x}$ den Ortsvektor eines beliebigen Punktes P ein, so ergibt sich mit $e = \vec{n} \cdot \vec{p} - d$ der Abstand des Punktes P von der Ebene E.
Für den Wert von e gibt es folgende Möglichkeiten

$$e = \begin{cases} = 0 & \textit{P ist ebenfalls ein Punkt der Ebene} \\ > 0 & \textit{P und O liegen auf verschiedenen Seiten von E} \\ < 0 & \textit{P und O liegen auf derselben Seite von F} \end{cases}$$

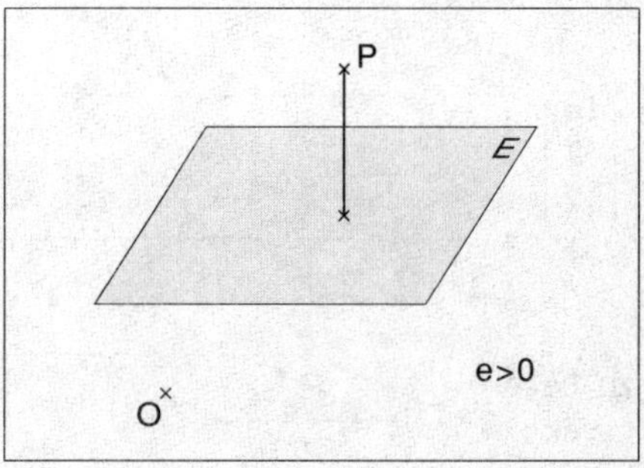

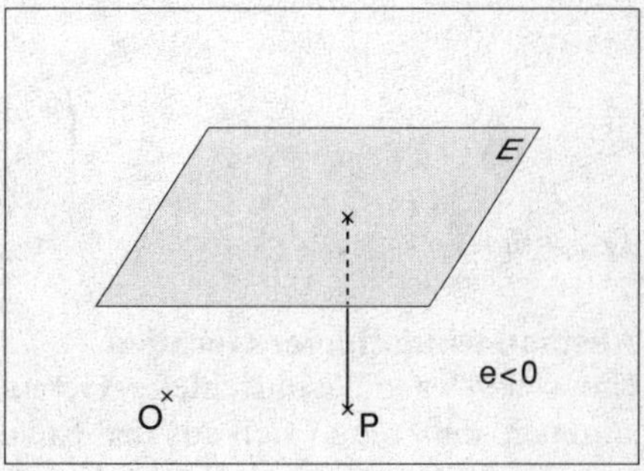

Beispiele:

1)Gesucht ist der Abstand des Punktes P(4 ; 2 ; 8) zur Ebene
$E: \; 2\,x_1 + 3\,x_2 + \sqrt{3}\;x_3 = 2$. Es gilt:

$$\vec{n} = \begin{pmatrix} 2 \\ 3 \\ \sqrt{3} \end{pmatrix}, \; |\vec{n}| = \sqrt{16} = 4 \text{ und } E: \begin{pmatrix} 1/2 \\ 3/4 \\ \sqrt{3}/4 \end{pmatrix} \cdot \vec{x} - 1/2 = 0$$

Daraus folgt der Abstand des Punktes P zur Ebene E mit

$$e = \begin{pmatrix} 1/2 \\ 3/4 \\ \sqrt{3}/4 \end{pmatrix} \cdot \begin{pmatrix} 4 \\ 2 \\ 8 \end{pmatrix} - 1/2 = 2 + 3/2 + 2\,\sqrt{3} - 1/2 \approx 6{,}46\,LE.$$

2)Gegeben sind die Ebene
$E: \; x_1 + (-2)\,x_2 + 2\,x_3 - 9 = 0$ und der Punkt S(12 ; 3 ; 6). Gesucht ist der Spiegelungspunkt S*, der zu E denselben Abstand hat wie S, aber auf der anderen Seite der Ebene liegt. Es ist:

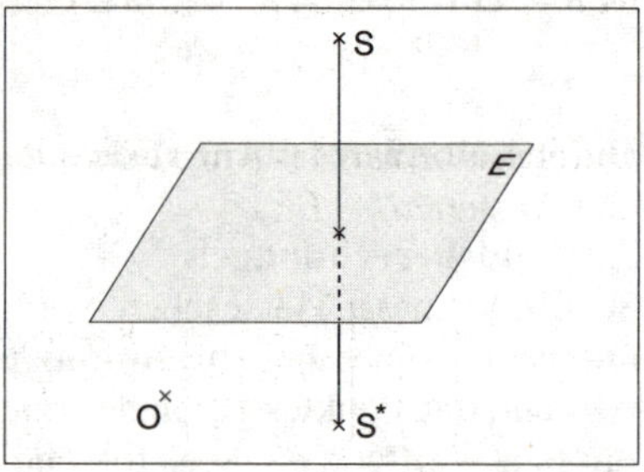

$$|\vec{n}| = \sqrt{9} = 3$$

$$\Rightarrow \; e = \begin{pmatrix} 1/3 \\ -2/3 \\ 2/3 \end{pmatrix} \cdot \begin{pmatrix} 12 \\ 3 \\ 6 \end{pmatrix} - 3 = 4 - 2 + 4 - 3 = 3$$

Daraus ergibt sich der Spiegelungspunkt S* zu:

$$\overrightarrow{OS}^{\,*} = \overrightarrow{OS} - 2\,e \cdot \vec{n}^{\,0} = \begin{pmatrix} 12 \\ 3 \\ 6 \end{pmatrix} - 2 \cdot 3 \begin{pmatrix} 1/3 \\ -2/3 \\ 2/3 \end{pmatrix} = \begin{pmatrix} 10 \\ 7 \\ 2 \end{pmatrix}$$

bzw. S*(10 ; 7 ; 2).

Abstand windschiefer Geraden

Um den Abstand windschiefer Geraden zu bestimmen, denkt man sich aus den Richtungsvektoren beider Geraden jeweils eine Ebene durch die Aufpunkte von g_1 und g_2 gelegt.

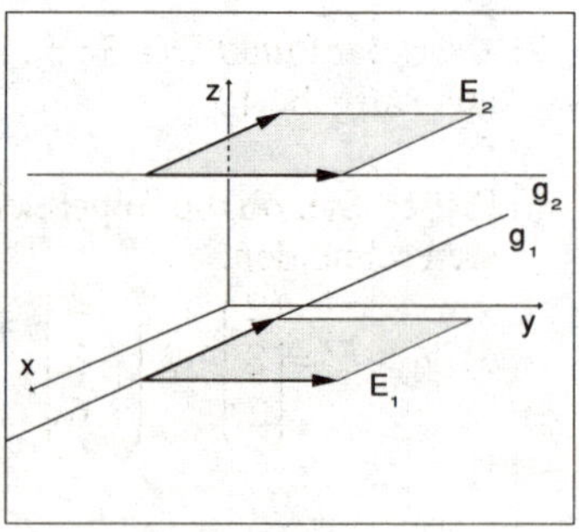

Diese Ebenen E_1 und E_2 sind parallel zueinander und ihr Abstand ist auch der Abstand der windschiefen Geraden. Damit reduziert sich das Problem auf die Abstandsberechnung eines Punktes von einer Ebene.

Beispiel:
Zu bestimmen ist der Abstand der windschiefen Geraden

$$g_1 : \vec{x} = \begin{pmatrix} 3 \\ 2 \\ 1 \end{pmatrix} + \lambda \begin{pmatrix} 3 \\ 2 \\ -2 \end{pmatrix} \text{ und } g_2 : \vec{x} = \begin{pmatrix} 4 \\ 3 \\ 3 \end{pmatrix} + \mu \begin{pmatrix} 0 \\ -2 \\ 1 \end{pmatrix}$$

Mit $\vec{n} = \begin{pmatrix} 1 \\ 1{,}5 \\ 3 \end{pmatrix}$ und $|\vec{n}| = 3{,}5$ ergibt sich $\vec{n^0} = \begin{pmatrix} 2/7 \\ 3/7 \\ 6/7 \end{pmatrix}$

Durch Einsetzen des Aufpunktes B von g_2 in die Hesseform der Ebene E erhält man den Abstand $B - E_1$:

$$e = \begin{pmatrix} 2/7 \\ 3/7 \\ 6/7 \end{pmatrix} \cdot \begin{pmatrix} 4 \\ 3 \\ 3 \end{pmatrix} - \begin{pmatrix} 2/7 \\ 3/7 \\ 6/7 \end{pmatrix} \cdot \begin{pmatrix} 3 \\ 2 \\ 1 \end{pmatrix} = \frac{8+9+18}{7} - \frac{6+6+6}{7} = \frac{35-18}{7} = \frac{17}{7} = 2\,3/7$$

Damit beträgt der Abstand der windschiefen Geraden g_1 und g_2 2 3/7 LE.

15.6 ÜBUNGSAUFGABEN

1) Ein Dreieck ist gegeben durch die Punkte A(1 ; 2 ; 0), B(2 ; 3 ; 4) und C(5 ; –1 ; 3). Bestimmen Sie die Gleichungen der Seitengeraden des Dreiecks in Parameterform.

2) Liegt der Punkt D(– 3 ; 5 ; – 3) auf der Geraden g durch die Punkte A und C aus Aufgabe 1?

3) Prüfen Sie, ob die folgenden Geraden parallel oder windschief sind bzw. sich schneiden.

   a) $g_1 : \vec{x} = \begin{pmatrix} 2 \\ 8 \\ 3 \end{pmatrix} + \lambda \begin{pmatrix} 4 \\ -3 \\ 6 \end{pmatrix}$ $\qquad g_2 : \vec{x} = \begin{pmatrix} 6 \\ 5 \\ 9 \end{pmatrix} + \mu \begin{pmatrix} -2 \\ 1{,}5 \\ -3 \end{pmatrix}$

b) $g_1 : \vec{x} = \begin{pmatrix} 5 \\ 3 \\ 4 \end{pmatrix} + \lambda \begin{pmatrix} 2 \\ 1 \\ -2 \end{pmatrix}$ $\quad g_2 : \vec{x} = \begin{pmatrix} 7 \\ 3 \\ -2 \end{pmatrix} + \mu \begin{pmatrix} -1 \\ 0 \\ 3 \end{pmatrix}$

c) $g_1 : \vec{x} = \begin{pmatrix} 6 \\ 5 \\ 7 \end{pmatrix} + \lambda \begin{pmatrix} 4 \\ -3 \\ 6 \end{pmatrix}$ $\quad g_2 : \vec{x} = \begin{pmatrix} 2 \\ 8 \\ 3 \end{pmatrix} + \mu \begin{pmatrix} -6 \\ 4{,}5 \\ -9 \end{pmatrix}$

d) $g_1 : \vec{x} = \begin{pmatrix} -2 \\ 2 \\ 3 \end{pmatrix} + \lambda \begin{pmatrix} 1 \\ -3 \\ 4 \end{pmatrix}$ $\quad g_2 : \vec{x} = \begin{pmatrix} 3 \\ 1 \\ 5 \end{pmatrix} + \mu \begin{pmatrix} 1 \\ 0 \\ 0 \end{pmatrix}$

4) Bestimmen Sie die Gleichung der Ebene E_{ABC}, in der das Dreieck ABC liegt, in Parameterform: A(1 ; 2 ; 0) , B(2 ; 3 ; 4) , C(5 ; – 1 ; 3)

5) Liegt der Punkt D(–2 ; 1 ; 11) auf der Ebene E aus Aufgabe 4?

6) Haben die Gerade g und die Ebene E gemeinsame Punkte?

$g : \vec{x} = \begin{pmatrix} 1 \\ 2 \\ 3 \end{pmatrix} + \rho \begin{pmatrix} 1 \\ -1 \\ 2 \end{pmatrix}$ $\quad E : \vec{x} = \begin{pmatrix} 1 \\ 1 \\ 1 \end{pmatrix} + \lambda \begin{pmatrix} 1 \\ 0 \\ 2 \end{pmatrix} + \mu \begin{pmatrix} 0 \\ 1 \\ 1 \end{pmatrix}$

7) Wie liegen folgende Ebenen zueinander?

$E_1 : \vec{x} = \begin{pmatrix} 3 \\ 1 \\ 2 \end{pmatrix} + \lambda \begin{pmatrix} 1 \\ 0 \\ 0 \end{pmatrix} + \mu \begin{pmatrix} 0 \\ 1 \\ 1 \end{pmatrix}$ $\quad E_2 : \vec{x} = \begin{pmatrix} 3 \\ 4 \\ 2 \end{pmatrix} + \rho \begin{pmatrix} 1 \\ 1 \\ 0 \end{pmatrix} + \sigma \begin{pmatrix} 1 \\ -1 \\ 1 \end{pmatrix}$

8) Wie lautet die Gleichung der Ebene $E : \vec{x} = \begin{pmatrix} 3 \\ 1 \\ 2 \end{pmatrix} + \lambda \begin{pmatrix} 1 \\ 0 \\ 0 \end{pmatrix} + \mu \begin{pmatrix} 0 \\ 1 \\ 1 \end{pmatrix}$

in Normalenform?

9) Bestimmen Sie die Achsenabschnitte und die Spurgeraden der Ebene aus Aufgabe 8.

10) Berechnen Sie den Abstand der Ebene $2\,x_1 + x_2 - 2\,x_3 = 3$ vom Koordinatenursprung.

11) Wie groß ist die Höhe der Pyramide, die als Grundfläche das Dreieck A(4 ; 1 ; 2), B(2 ; 2 ; 4), C(4 ; 0 ; 4) und als Spitze den Punkt D(6 ; – 3 ; 9) hat?

12) Zeigen Sie, daß die Geraden

$$g_1 : \vec{x} = \begin{pmatrix} -2 \\ 2 \\ 3 \end{pmatrix} + \lambda \begin{pmatrix} 1 \\ -3 \\ 4 \end{pmatrix} \text{ und } g_2 : \vec{x} = \begin{pmatrix} 3 \\ 1 \\ 5 \end{pmatrix} + \mu \begin{pmatrix} 1 \\ 0 \\ 0 \end{pmatrix}$$

windschief sind und bestimmen Sie deren Abstand.

13) Berechnen Sie das Volumen
a) des Vierflachs A(2 ; 1 ; 0), B(1 ; 2 ; /1), C(5 ; –2 ; 2), D(2 ; –5 ; 1)
b) des Spates, der von den Vektoren

$$\vec{a} = \begin{pmatrix} 1 \\ -1 \\ 1 \end{pmatrix}, \ \vec{b} = \begin{pmatrix} -1 \\ -3 \\ 3 \end{pmatrix} \text{ und } \vec{c} = \begin{pmatrix} 2 \\ -1 \\ -1 \end{pmatrix} \text{ aufgespannt wird.}$$

LÖSUNGEN

1) $g_{AB} \equiv \vec{x} = \begin{pmatrix} 1 \\ 2 \\ 0 \end{pmatrix} + \lambda \begin{pmatrix} -3 \\ 1 \\ 4 \end{pmatrix}$ $g_{AC} \equiv \vec{x} = \begin{pmatrix} 1 \\ 2 \\ 0 \end{pmatrix} + \lambda \begin{pmatrix} 4 \\ -3 \\ 3 \end{pmatrix}$

$g_{BC} \equiv \vec{x} = \begin{pmatrix} -2 \\ 3 \\ 4 \end{pmatrix} + \lambda \begin{pmatrix} 7 \\ -4 \\ -1 \end{pmatrix}$

2) Da $\lambda = -1$ eindeutig zu bestimmen ist, liegt D auf der Geraden g.

3) Die Geraden
a) sind identisch b) schneiden sich in S(5 ; 3 ; 4)
c) sind parallel d) sind windschief

4) $E_{ABC} \equiv \vec{x} = \begin{pmatrix} 1 \\ 2 \\ 0 \end{pmatrix} + \lambda \begin{pmatrix} -3 \\ 1 \\ 4 \end{pmatrix} + \mu \begin{pmatrix} 4 \\ -3 \\ 3 \end{pmatrix}$

5) D liegt nicht auf E_{ABC}, da λ und μ nicht eindeutig zu bestimmen sind.

6) Die Gerade schneidet die Ebene im Punkt S(0 ; 4 ; 0).

7) Sie schneiden sich, da die Richtungsvektoren nicht komplanar sind.

Schnittgerade: $g \equiv \vec{x} = \begin{pmatrix} 3 \\ 0 \\ 1 \end{pmatrix} + \lambda \begin{pmatrix} 1 \\ 2/3 \\ 2/3 \end{pmatrix}$

8) $E \equiv \begin{pmatrix} 0 \\ -1 \\ 1 \end{pmatrix} \cdot \vec{x} - \begin{pmatrix} 0 \\ -1 \\ 1 \end{pmatrix} \cdot \begin{pmatrix} 3 \\ 1 \\ 2 \end{pmatrix} = 0$ bzw. $\begin{pmatrix} 0 \\ -1 \\ 1 \end{pmatrix} \cdot \vec{x} - 1 = 0$ mit $\vec{n} = \begin{pmatrix} 0 \\ -1 \\ 1 \end{pmatrix}$

9) Die Ebene verläuft parallel zur x-Achse.
$-x_2 + x_3 = 1$ ist die einzige Spurgerade
mit den Achsenabschnitten b = – 1 und c = 1.

10) d = 1

11) e = 1

12) Da die Geraden nicht kollinear sind und keinen gemeinsamen Schnittpunkt haben, sind sie windschief.
Für ihren Abstand gilt e = 1.

13) a) $V = 5\ (LE)^3$
b) $V = 18\ (LE)^3$

16. KEGELSCHNITTE

16.1 GRUNDLAGEN

Von den gekrümmten mathematischen Kurven kommen einige, wie das folgende Beispiel zeigt, direkt in der Natur vor.

Beispiel:
Ein Raumschiff umkreist die Erde auf einer "Parkbahn" in 100 km Höhe. Von dieser Kreisbahn aus startet es tangential, d.h. senkrecht zur Strecke Rakete - Erdmittelpunkt in den Raum. Dabei ergeben sich je nach Geschwindigkeit im "Startpunkt" S folgende Möglichkeiten für die Flugbahn:

Kreisbahn (die Rakete behält die Kreisbahn bei)
für $v = 7{,}85 \cdot 10^3\ m/s = 7{,}85\ km/s$
Ellipse für $7{,}85\ km/s < v < 11{,}2\ km/s$
Parabel für $v = 11{,}2\ km/s$
Hyperbel für $v > 11{,}2\ km/s$

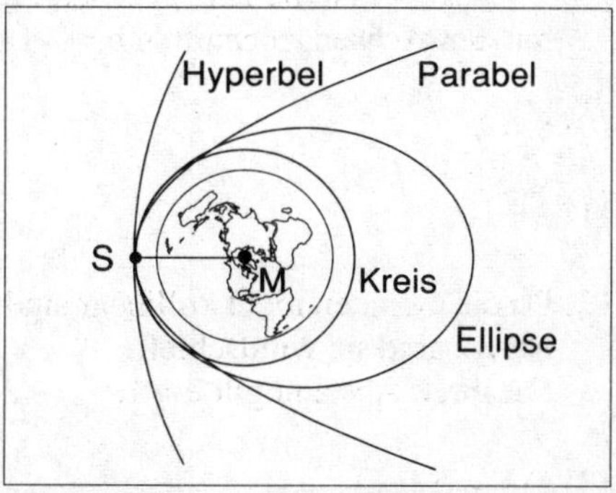

Diese Kurven heißen *Kegelschnitte*, sie können auf die folgende Weise erzeugt werden:

Schneidet man einen geraden Kreiskegel mit einer Ebene, so nennt man die entstehenden Schnittlinien auf dem Kegelmantel Kegelschnitte. Solche Schnittlinien (Punktmengen) sind: Kreis, Ellipse, Hyperbel und Parabel. Die Entstehung dieser Punktmengen soll zunächst anschaulich dargestellt werden. Läßt man zwei sich in einem Punkt S schneidende Geraden um ihre Winkelhalbierende rotieren, so entsteht ein Doppelkegel (zwei Kegel mit gemeinsamer Achse, die sich mit den Spitzen berühren). Dabei bildet die Winkelhalbierende die Kegelachse und die rotierenden Geraden die Mantelflächen des Doppelkegels.
Den Winkel zwischen Kegelachse und einer Mantellinie bezeichnet man als Öffnungswinkel ω des Kegels. Wählt man eine beliebige Ebene E, die den Kegel unter einem Winkel α schneidet, so ergeben sich folgende Möglichkeiten:

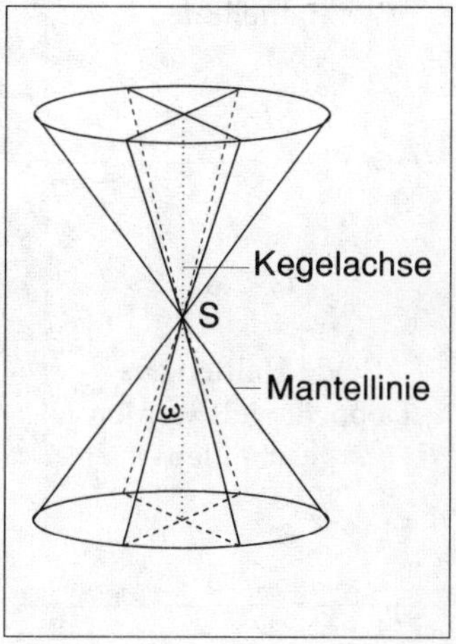

Beziehung der Winkel	Darstellung	Gemeinsame Punktmenge
$\alpha = 90°$	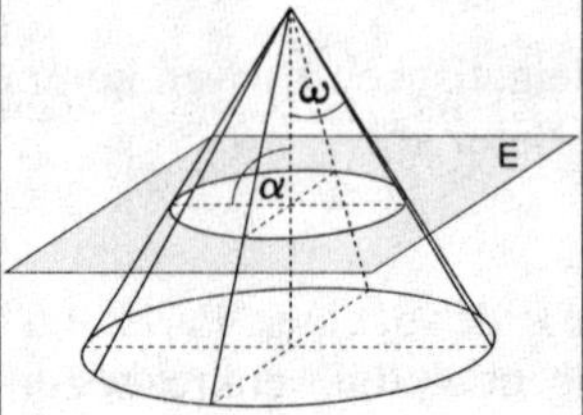	a) Punkt, wenn die Ebene E durch die Spitze geht b) Kreis, wenn E nicht S geht
$\alpha > \omega$	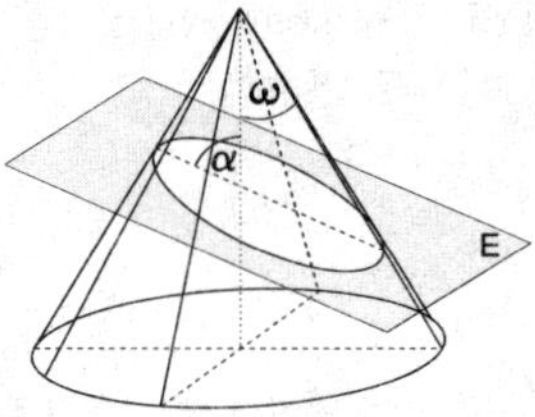	Ellipse
$\alpha = \omega$ Ebene ∥ zu einer Mantellinie	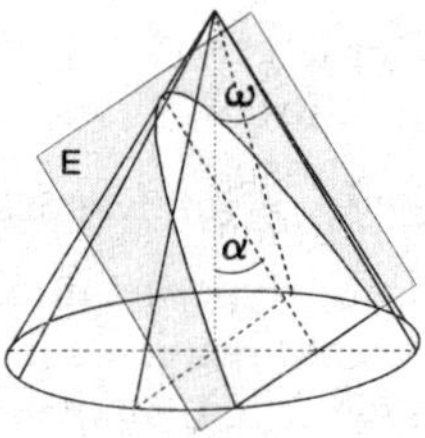	Parabel
$\alpha < \omega$ Beide Hälften des Doppelkegels werden geschnitten	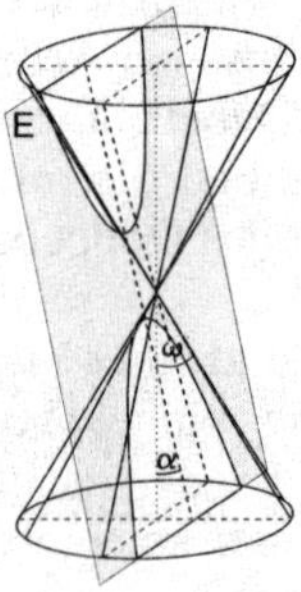	Hyperbel, sie hat zwei Äste

16.2 GLEICHUNG DER KEGELSCHNITTE

Scheitelpunktsform

Die allgemeine Kegelschnittgleichung in Scheitelpunktsform lautet:

$$y^2 = 2px - (1-\varepsilon)^2 x^2$$

mit dem Parameter p und der numerischen Exzentrizität ε. (Beide Größen werden bei den einzelnen Kegelschnitten erläutert.)
Je nach Wahl der numerischen Exzentrizität ε beschreibt die Gleichung

einen Kreis für $\varepsilon = 0$

eine Ellipse für $0 < \varepsilon < 1$

ein Parabel für $\varepsilon = 1$

eine Hyperbel für $1 < \varepsilon < \infty$

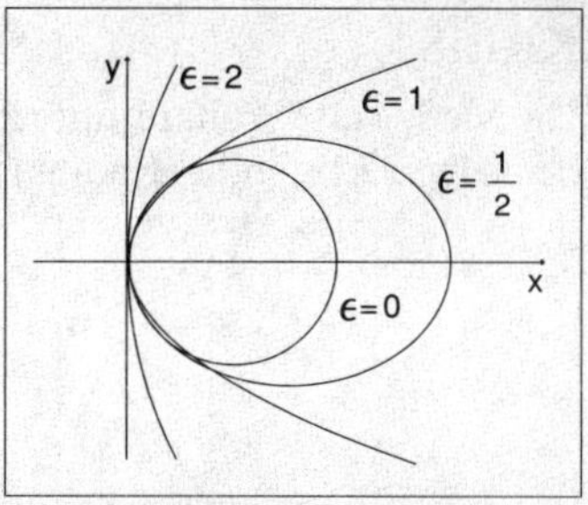

Mittelpunktsformen

Verschiebungsform

Die gebräuchlichste Darstellungsform für Kegelschnitte ist die Verschiebungsform:

$(x - x_M)^2 + (y - y_M)^2 = 1$ für den Kreis

$\dfrac{(x - x_M)^2}{a^2} + \dfrac{(y - y_M)^2}{b^2} = 1$ für die Ellipse

$\dfrac{(x - x_M)^2}{a^2} - \dfrac{(y - y_M)^2}{b^2} = 1$ für die Hyperbel

mit x_M, y_M als Koordinaten des Mittelpunktes. $M(x_M ; y_M)$ ist der Schnittpunkt der Symmetrieachsen des jeweiligen Kegelschnitts. Da die Parabel keinen solchen Mittelpunkt hat - dieser läge im Unendlichen - existiert für sie auch keine Mittelpunktsform.

Ursprungsform

Fallen Koordinatenursprung und Figurenmittelpunkt zusammen, so erhält man die Ursprungsform:

$x^2 + y^2 = 1$ für den Kreis

$\frac{x^2}{a^2} + \frac{y^2}{b^2} = 1$ für die Ellipse

$\frac{x^2}{a^2} - \frac{y^2}{b^2} = 1$ für die Hyperbel

KREIS

Die Menge aller Punkte einer Ebene E, die von einem festen Punkt M (Mit telpunkt) denselben Abstand r (Radius) haben, nennt man einen *Kreis*.

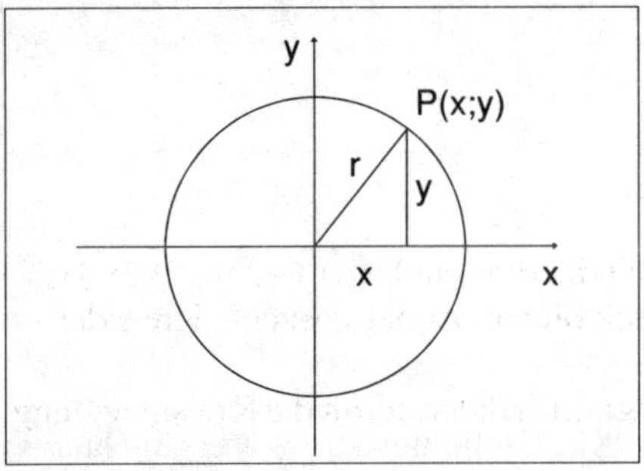

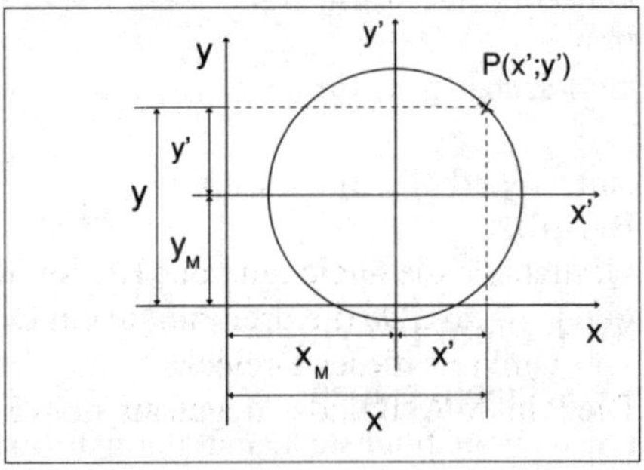

Fallen Kreismittelpunkt M und Koordinatenursprung zusammen, so ergibt sich die Kreisgleichung in Normalform mit Hilfe des Satzes von Pythagoras zu
$x^2 + y^2 = r^2$.

Ist der Kreismittelpunkt in den Punkt M(x_M ; y_M) verschoben, so legt man durch M ein zweites Koordinatensystem x', y'. Für dieses ergibt sich $(*)\ x'^2 + y'^2 = r^2$ als Kreisgleichung.

Außerdem gelten zwischen beiden Koordinatensystemen die Verschiebungsgleichungen (*Transformationsgleichungen*):

(I) $x = x' + x_M$ bzw. (II) $x' = x - x_M$
$y = y' + y_M$ $y' = y - y_M$

Setzt man diese Transformationsgleichungen in die Gleichung (∗) ein, so erhält man die Kreisgleichung in Verschiebungsform:

$(x - x_M)^2 + (y - y_M)^2 = r^2$
Dabei bedeutet eine Verschiebung in den Punkt A (3 ; 4) den Erhalt des Vorzeichens: $(x - 3)^2 + (y - 4)^2 = r^2$
eine Verschiebung in den Punkt B (– 2 ; – 1) den Wechsel des Vorzeichens: $(x + 2)^2 + (y + 1)^2 = r^2$.
Aus der Gleichung $(x + 3)^2 + (y - 1)^2 = 9$ ergibt sich ein Kreis mit M (– 3 ; 1) und r = 3.

Scheitelpunktsform

Mit Hilfe der Mittelpunktsform ergibt sich:

$(x - r)^2 + (y - 0)^2 = r^2$
bzw.
$y^2 = 2\,r\,x - x^2$.

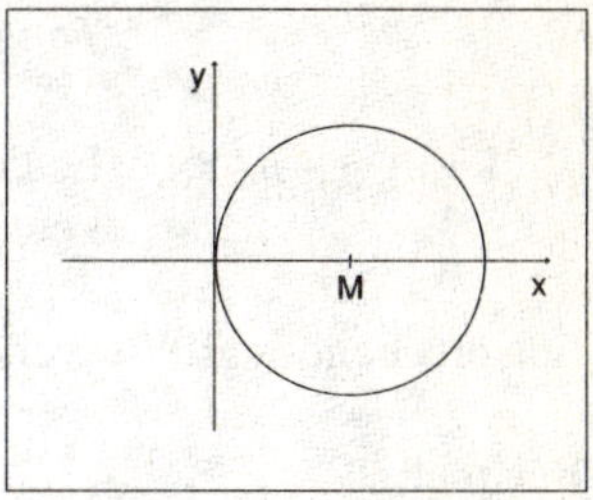

Beispiel:
Gesucht ist die Gleichung des Kreises durch die drei Punkte A (– 2 ; – 2), B (6 ; 2) und C (4 ; 6). Da die drei Punkte ein Dreieck bilden, ist der gesuchte Kreis der —> Umkreis dieses Dreiecks.
Die Punkte A, B und C liegen auf dem Kreis und erfüllen somit die Kreisgleichung:

1. $(-2 - x_M)^2 + (-2 - y_M)^2 = r^2$
2. $(6 - x_M)^2 + (2 - y_M)^2 = r^2$
3. $(4 - x_M)^2 + (6 - y_M)^2 = r^2$

Dieses Gleichungssystem aus 3 Gleichungen mit 3 Variablen führt mit den üblichen Verfahren auf die Lösungen $x_M = 1$; $y_M = 2$ und r = 5 LE. Damit lautet die Gleichung des Kreises: $(x - 1)^2 + (y - 2)^2 = 25$.

Kreis und Gerade

Um die Lage einer Geraden y = m x + n zu einem Kreis zu bestimmen, ist das folgende Gleichungssystem
1. $x^2 + y^2 = r^2$
2. $y = m\,x + n$ zu lösen.

Dies führt auf die quadratische Gleichung $x^2(1+m^2)+2mnx+n^2-r^2=0$

mit den Lösungen $x_{1,2}=-\dfrac{mn\pm\sqrt{r^2(1+m^2)-n^2}}{1+m^2}$

Fallunterscheidung:

$r^2(1+m^2)-n^2>0$ Es gibt zwei reelle Lösungen x_1, x_2 d.h. die Gerade schneidet den Kreis in den Punkten $P_1(x_1;y_1)$ und $P_2(x_2;y_2)$ (*Sekante*).

$r^2(1+m^2)-n^2=0$ Es gibt genau eine Lösung $x_T=x_1=x_2$ d.h.die Gerade ist *Tangente* an den Kreis mit Berührpunkt $T(x_T;y_T)$.

$r^2(1+m^2)-n^2<0$ Es gibt keine reelle Lösung, d.h. Gerade und Kreis haben keinen Punkt gemeinsam (*Passante*).

Entsprechendes gilt für verschobene Kreise.

Beispiel:

Wie liegt die Gerade $y=-\dfrac{3}{4}x+\dfrac{25}{4}$ zu dem Kreis $x^2+y^2=25$?

Eventuell sich ergebende Schnittpunkte sind zu bestimmen.

Der Radikant (Ausdruck unter der Wurzel) lautet:

$r^2(1+m^2)-n^2=25\,(1+(-3/4)^2)-(25/4)^2$

$=25+225/16-625/16=0$, d.h. die Gerade ist Tangente an den Kreis im Berührpunkt $T(x_T;y_T)$ mit den Koordinaten:

$$x_T=x_1=x_2=-\frac{m\cdot n}{1+m^2}=-\frac{(-3/4)\cdot 25/4}{1+(-3/4)^2}=\frac{75/16}{25/16}=3$$

$y_T=4$

Damit ist der Punkt T(3 ; 4) der gesuchte Berührpunkt.

Das obige Gleichungssystem ist auch mit Hilfe der p - q - Formel direkt lösbar:

$x_{1,2}=3\pm\sqrt{3^2-9}=3$ und damit T(3 ; 4)

Tangentengleichungen

$x\,x_T+y\,y_T=r^2$ mit Berührungspunkt $T(x_T;y_T)$ für die Ursprungsform.

$(x-x_M)(x_T-x_M)+(y-y_M)(y_T-y_M)=r^2$ mit Berührungspunkt $T(x_T;y_T)$ für dieVerschiebungsform.

ELLIPSE

Die Menge aller Punkte einer Ebene E, für die die Summe der Abstände zu zwei festen Punkten F_1 und F_2 konstant $r_1 + r_2 = 2\,a$ ist, heißt *Ellipse*.

F_1, F_2 : Brennpunkte
S_1, S_2 : Hauptschenkel
S_3, S_4 : Nebenschenkel
a : große Halbachse
b : kleine Halbachse
$\frac{1}{2}(\overline{F_1F_2}) = e$: lineare Exzentrizität

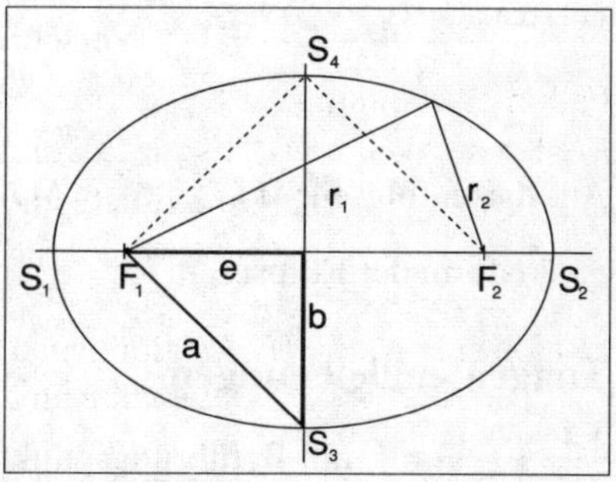

Zwischen diesen Größen gelten folgende Beziehungen: $e^2 = a^2 - b^2$, $r_1 + r_2 = 2\,a$

Für die numerische Exzentrizität $\varepsilon = \frac{e}{a}$ gilt bei einer Ellipse stets $0 \leq \varepsilon < 1$, für $\varepsilon = 0$ ergibt sich ein Kreis.

Konstruktion einer Ellipse

Die Konstruktion einer Ellipse kann z.B. erfolgen über:

1. ein Endlosband, das an zwei Punkten F_1 und F_2 befestigt ist. Der "Zeichenstift" zieht das Band straff und zeichnet die Ellipse. Diese Konstruktion ist auch als Gärtnerkonstruktion bekannt.
2. Punktweises Zeichnen nach Erstellen einer Wertetabelle.
3. Punktweise Konstruktion mit Kreisen um F_1 und F_2 mit den Radien r_1 und $r_2 = 2\,a - r_1$. Jedes Wertepaar (r_1 ; r_2) liefert vier Ellipsenpunkte.

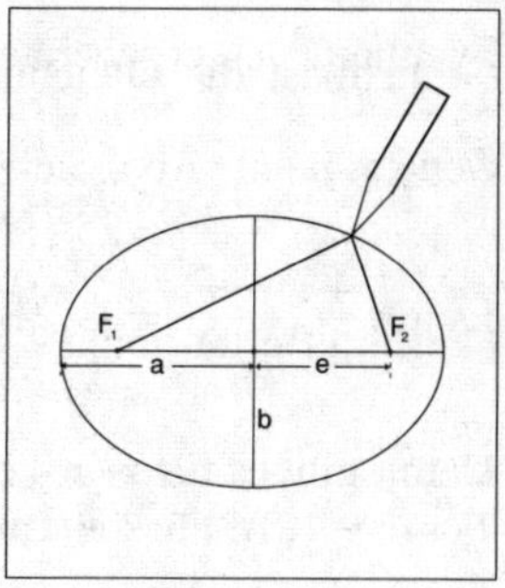

4. Punktweises Konstruieren von Ellipsenpunkten als affine Kreispunkte.

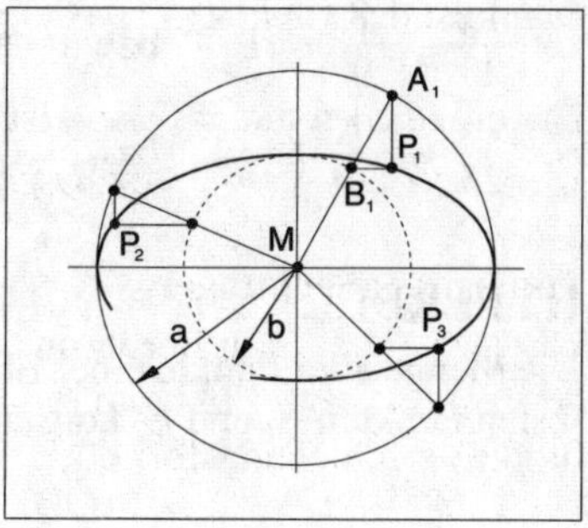

Man erhält aus dem Hauptkreis mit dem Radius r = a, die Ellipse mit den Halbachsen a und b, indem man die y - Koordinate jedes Kreispunktes um den Faktor $\frac{b}{a}$ verkürzt.

Gleichungen der Ellipse

$\frac{x^2}{a^2} + \frac{y^2}{b^2} = 1$ Ursprungsform

$\frac{(x - x_M)^2}{a^2} + \frac{(y - y_M)^2}{b^2} = 1$ Verschiebungsform

Aus dieser folgt für $M(x_M ; y_M) = M(a ; 0)$ mit $y^2 = -\frac{b^2}{a^2} x^2 + 2 \frac{b^2}{a} x$ die Scheitelpunktsform der Ellipse.

Tangentengleichungen

$\frac{x\, x_T}{a^2} + \frac{y\, y_T}{b^2} = 1$ mit Berührungspunkt $T(x_T ; y_T)$ für die Ursprungsform.

$\frac{(x - x_M)(x_T - x_M)}{a^2} + \frac{(y - y_M)(y_T - y_M)}{b^2} = 1$ mit Berührungspunkt $T(x_T ; y_T)$ für die Verschiebungsform.

Beispiel:

Gesucht ist die Gleichung der Tangente an die Ellipse $\frac{x^2}{25} + \frac{y^2}{9} = 1$ im Punkt $T(4 ; y_T)$.

Es gilt $\frac{4^2}{25} + \frac{y_T^2}{9} = 1$ bzw. $y_T = \sqrt{(1 - 16/25) \cdot 9} = \sqrt{81/25} = \pm \frac{9}{5}$

Damit gibt es für $x_T = 4$ die beiden Berührungspunkte $T_1(4 ; 1{,}8)$ und $T_2(4 ; -1{,}8)$. Für die Tangentengleichungen ergibt sich:

t_1: $\frac{4x}{25} + \frac{1{,}8\, y}{9} = 1$ bzw. $y = -\frac{4}{5} x + 5$

t_2: $\frac{4x}{25} + \frac{-1{,}8\, y}{9} = 1$ bzw. $y = \frac{4}{5} x - 5$.

HYPERBEL

Die Menge aller Punkte einer Ebene E, für die die Differenz der Abstände zu zwei festen Punkten F_1 und F_2 konstant $r_1 - r_2 = 2a$ ist, heißt *Hyperbel*.

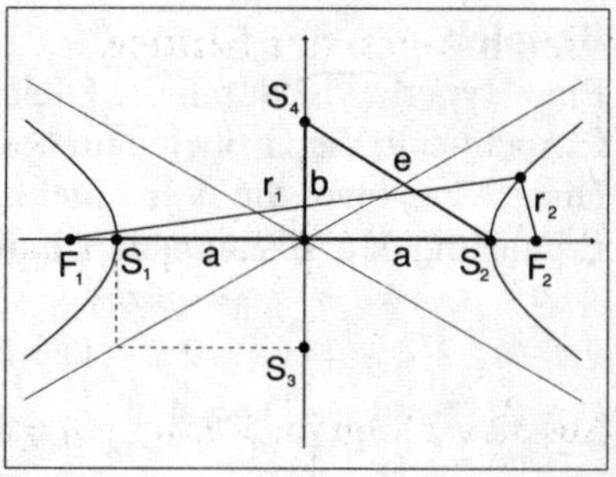

F_1 , F_2 : Brennpunkte
S_1 , S_2 : Scheitelpunkte (reell)
S_3 , S_4 : Scheitelpunkte (imaginär)
a : Halbachse (reell)
b : Halbachse (imaginär)
g_1 , g_2 : Asymptoten
$\overline{F_1M} = \overline{F_2M} = e$: lineare Exzentrizität

Zwischen diesen Größen gelten folgende Beziehungen:
$r_1 - r_2 = 2\,a$, $e^2 = a^2 + b^2$

Die numerische Exzentrizität $\varepsilon = \frac{e}{a}$ ist für eine Hyperbel stets $\varepsilon > 1$.

Als *Asymptoten* ergeben sich die Geraden mit den Gleichungen $y = \pm \frac{b}{a} \cdot x$.

Konstruktion einer Hyperbel

Die Konstruktion einer Hyperbel kann z.B. erfolgen über:
1. punktweises Zeichnen nach Erstellen einer Wertetabelle
2. punktweise Konstruktion mit Kreisen um F_1 und F_2 mit den Radien r_1 und $r_2 = 2\,a + r_1$. Jedes Wertepaar (r_1 ; r_2) liefert vier Hyperbelpunkte.

Gleichungen der Hyperbel

$$\frac{x^2}{a^2} - \frac{y^2}{b^2} = 1 \qquad \text{Ursprungsform}$$

$$\frac{(x - x_M)^2}{a^2} - \frac{(y - y_M)^2}{b^2} = 1 \qquad \text{Verschiebungsform}$$

Aus dieser folgt für $M\,(x_M\,;\,y_M) = M\,(a\,;\,0)$ und $y^2 = -\frac{b^2}{a^2}x^2 + 2\,\frac{b^2}{a}\,x$ die Scheitelpunktsform der Hyperbel.

Tangentengleichungen

$\frac{x\,x_T}{a^2} - \frac{y\,y_T}{b^2} = 1$ mit Berührungspunkt $T\,(x_T\,;\,y_T)$ für die Ursprungsform.

$\frac{(x - x_M)\,(x_T - x_M)}{a^2} - \frac{(y - y_M)\,(y_T - y_M)}{b^2} = 1$ mit Berührungspunkt $T\,(x_T\,;\,y_T)$ für die Verschiebungsform.

Beispiel:
Eine Hyperbel ist durch die Gleichung $x^2 - 4x - 4y^2 + 8y - 4 = 0$ gegeben.
Gesucht sind die Größen a und e.
Diese sind über die Verschiebungsform leicht zu gewinnen. Die quadratische Ergänzung der Ausgangsgleichung ergibt:

$x^2 - 4x + 4 - 4(y^2 - 2y + 1) = 4$ bzw.
$(x-2)^2 - 4(y-1)^2 = 4$ $\quad | \; : 2^2$
$$\frac{(x-2)^2}{2^2} - \frac{(y-1)^2}{1^2} = 1$$
Daraus folgt a = 2, b = 1 und $e = \sqrt{a^2 + b^2} = \sqrt{5}$.

PARABEL

Die Menge aller Punkte einer Ebene E, die von einem festen Punkt F und einer festen Geraden l denselben Abstand haben, nennt man *Parabel*.

Die Parabelachse ist die Gerade durch die Punkte F und S. Sie ist die einzige Symmetrieachse der Parabel.

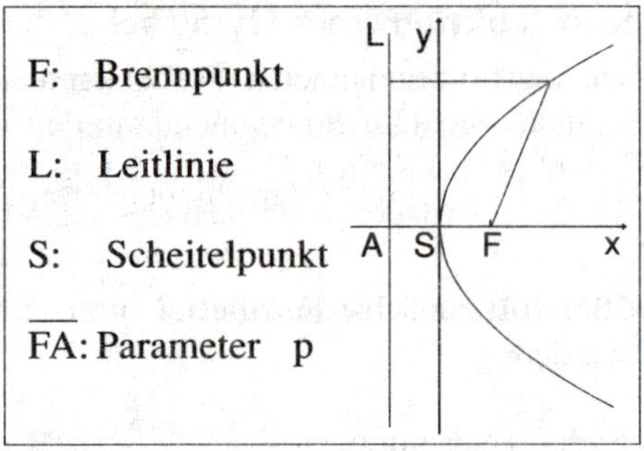

Gleichungen der Parabel

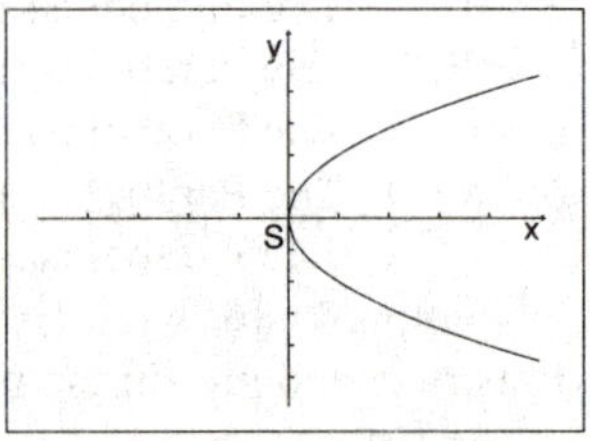

$y^2 = 2px$ mit $p > 0$ bzw.
$y = \pm\sqrt{2px}$ "Wurzelfunktion"
Verschiebungsform:
$(y - y_S)^2 = 2p(x - x_S)$ mit $p > 0$ bzw.
$y - y_S = \pm\sqrt{2p(x - x_S)}$ "Wurzelfunktion"

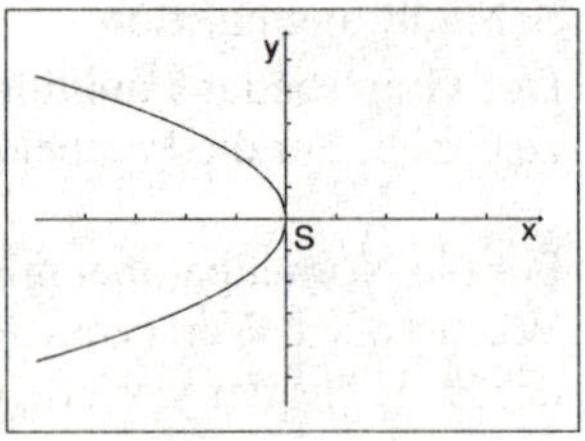

$y^2 = 2px$ mit $p < 0$ bzw.
$y = \pm\sqrt{2px}$ "Wurzelfunktion"
Verschiebungsform:
$(y - y_S)^2 = 2p(x - x_S)$ mit $p < 0$ bzw.
$y - y_S = \pm\sqrt{2p(x - x_S)}$ "Wurzelfunktion"

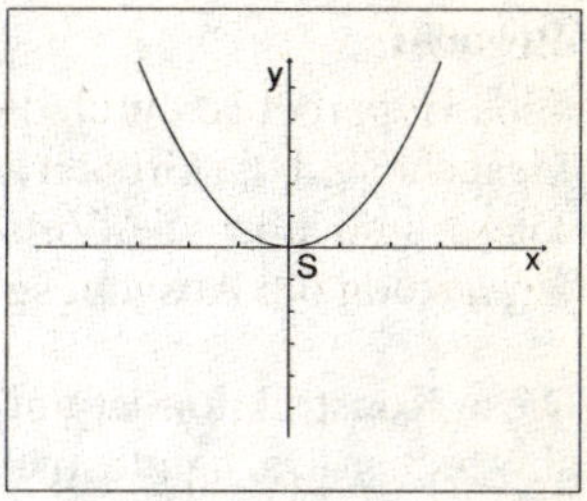

$x^2 = 2\,p\,y$ mit $p > 0$ bzw.

$y = \frac{1}{2\,p}\,x^2$ Parabel (*)

Verschiebungsform:

$(x - x_S)^2 = 2\,p\,(y - y_S)$ mit $p > 0$ bzw.

$y - y_S = \frac{1}{2\,p}\,(x - x_S)^2$ Parabel (*)

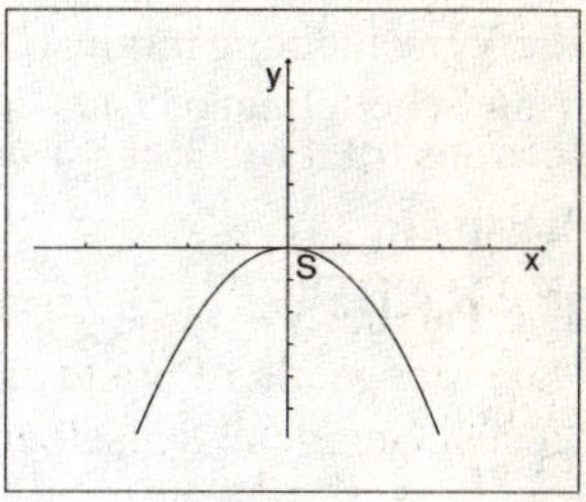

$x^2 = 2\,p\,y$ mit $p < 0$ bzw.

$y = \frac{1}{2\,p}\,x^2$ Parabel (*)

Verschiebungsform:

$(x - x_S)^2 = 2\,p\,(y - y_S)$ mit $p < 0$ bzw.

$y - y_S = \frac{1}{2\,p}\,(x - x_S)^2$ Parabel (*)

Die mit (*) bezeichneten Gleichungen sind die aus der Schulmathmatik bekanntesten. So faßt man die Parabeln unter der Gleichung $y = a\,x^2$ (Ursprungsform) bzw. $y - y_S = a\,(x - x_S)^2$ (Verschiebungsform) mit $a = \frac{1}{2\,p}$ zusammen.

Hier soll zunächst nur die Ursprungsform mit dem Öffnungsfaktor a behandelt werden.

Fallunterscheidungen:

$a > 0$	Die Parabel ist nach oben geöffnet
$a < 0$	Die Parabel ist nach unten geöffnet
$a = 1$	Die Parabel ist die Normalparabel
$0 < a < 1$	Die Parabel ist flacher als die Normalparabel
$a > 1$	Die Parabel ist steiler als die Normalparabel

Entsprechend gilt für ein negatives Vorzeichen des Öffnungsfaktors.

Schnellkonstruktion

Der Graph jeder Funktion bzw. Relation läßt sich mit Hilfe einer Wertetabelle zeichnen. Für die Parabel gibt es eine schnellere Möglichkeit:

Für die Normalparabel mit $a = 1$ gilt:

Wächst der x-Wert (vom Scheitelpunkt S aus betrachtet) jeweils um 1, so durchläuft der Zuwachs der y-Werte die Folge der ungeraden Zahlen:

Zuwachs

Δx	1	1	1	1	1
Δy	1	3	5	7	9

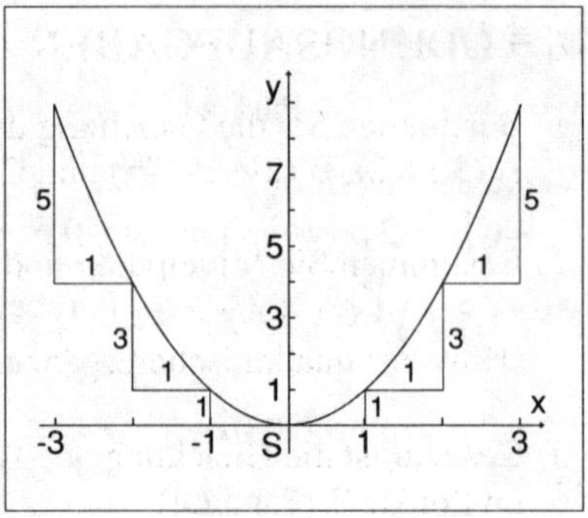

Diese Konstruktion ist auf alle Werte von a anwendbar. Dazu muß man nur den Zuwachs Δy jeweils mit a multiplizieren. Auch spielt die Verschiebung nur insofern eine Rolle, als vom Scheitelpunkt S aus "gezählt" wird.

Beispiel:

Die Parabel $y - 1 = -\frac{1}{2}(x-2)^2$ ist darzustellen.
Es gilt: S (2 ; 1)
a < 0:Die Parabel ist nach unten geöffnet, der jeweilige Zuwachs Δy beträgt nur die Hälfte der Werte der Normalparabel:
Zuwachs

Δx	1	1	1	1
Δy	½	3⁄2	5⁄2	7⁄2

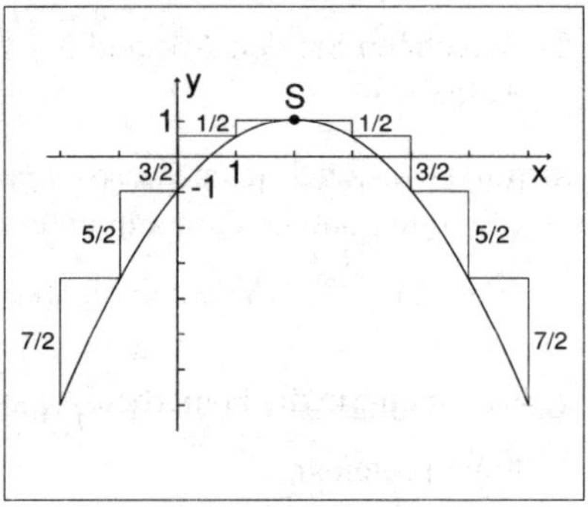

Tangentengleichungen

$x\,x_T = p\,(y + y_T)$ mit Berührpunkt $T\,(x_T\,;\,y_T)$ für die Ursprungsform: $x^2 = 2\,p\,y$
$(x - x_S)\,(x_T - x_S) = p\,(y + y_T - 2\,y_S)$ mit Berührpunkt $T\,(x_T\,;\,y_T)$ und Scheitelpunkt $S\,(x_S\,;\,y_S)$ für die Verschiebungsform: $(x - x_S)^2 = 2\,p\,(y - y_S)$

Beispiel:

Gesucht ist die Gleichung der Tangente an die Parabel $x^2 = 4\,y$ im Punkt T (2 ; 1).

Es gilt: $2\,p = 4 \Rightarrow p = 2$

$x\,x_T = p\,(y + y_T)$

$x \cdot 2 = 2 \cdot (y + 1)$ bzw. $y = x - 1$

16.3 ÜBUNGSAUFGABEN

1) Bestimmen Sie die Gleichung des Kreises, der durch die Punkte A (3 ; – 2), B (2⅕ ; – ⅖) und C (2 ; – 3) geht.

2) Bestimmen Sie Mittelpunkt und Radius des Kreises $x^2 + y^2 + 6x - 8y = 0$.
(Hinweis: quadratische Ergänzung)

3) Gesucht ist die Gleichung der Tangente an den Kreis $(x + 2)^2 + (y - 2)^2 = 9$ im Punkte T (1,8 ; 2,4).

4) Wie lautet die Gleichung der Ellipse mit M (– 3 ; + 1), a = 5 cm und b = 3 cm?

5) Berechnen Sie den Abstand der Brennpunkte F_1 und F_2 für die Ellipse aus Aufgabe 4.

6) Bestimmen Sie die Tangenten in den Haupt- und Nebenscheiteln der Ellipse $\frac{x^2}{25} + \frac{y^2}{4} = 1$.

7) Zeichnen Sie die Hyperbel $\frac{x^2}{16} - \frac{y^2}{9} = 1$ und geben Sie die Gleichungen der Asymptoten an.

8) Zeichnen Sie die Parabeln $y = \frac{1}{2}x^2$ und $y - 2 = -\frac{1}{4}(x - 3)^2$ mit Hilfe der Schnellkonstruktion.

9) Wie lautet die Gleichung der Parabel durch die Punkte A (– 1 ; 1), B (0 ; ½) und C (3 ; – 7)?

10) Bestimmen Sie die Gleichung der Tangente an die Parabel $y = 2(x - 3)^2$ im Punkte T (2 ; 2).

LÖSUNGEN

1) $(x - 1)^2 + (y + 2)^2 = 4$

2) $(x + 3)^2 + (y - 4)^2 = 25$
M (– 3 ; 4) , r = 5

3) $y = -9{,}5\,x + 5{,}5$

4) $\frac{(x+3)^2}{25}+\frac{(y-1)^2}{9}=1$ bzw. $9x^2+54x+25y^2-50y=119$

5) $\overline{F_1F_2}=2e=8\ cm$

6) Die Tangenten liegen parallel zu den Achsen.
$S_1(-5;0)$, $t_1: x=-5$ $S_3(0;2)$, $t_3: y=2$
$S_2(5;0)$, $t_2: x=5$ $S_4(0;-2)$, $t_4: y=-2$

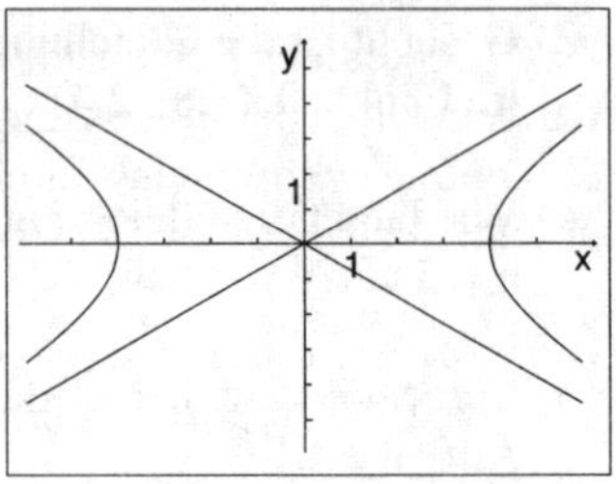

7) $e=\sqrt{a^2+b^2}=\sqrt{25}=5$

$\overline{OS_1}=\overline{OS_2}=a$

Asymptoten $y=\pm\frac{b}{a}\cdot x=\pm\frac{3}{4}x$

8) a > 0: nach oben geöffnet

Δx	1	1	1	1	1
Δy	½	3⁄2	5⁄2	7⁄2	9⁄2

a < 0: nach unten geöffnet

Δx	1	1	1	1	1
Δy	¼	¾	5⁄4	7⁄4	9⁄4

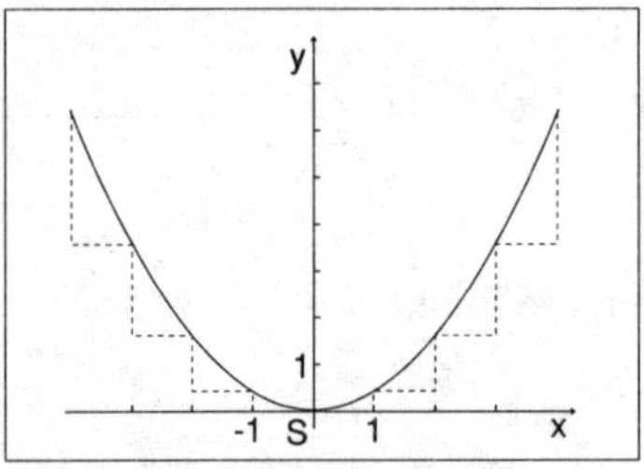

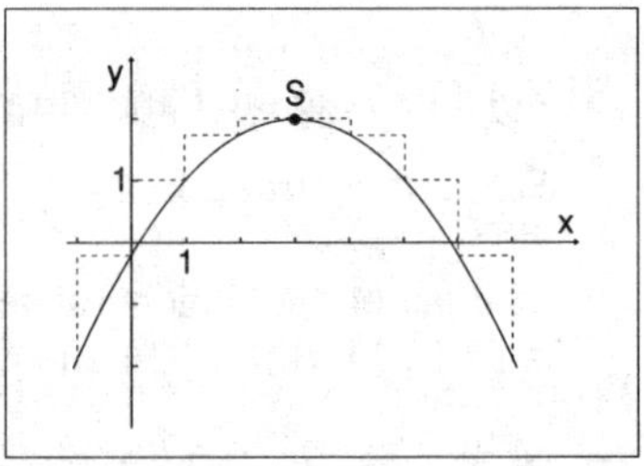

9) $y-1=-\frac{1}{2}(x+1)^2$

10) $y=-4x+10$ mit $\frac{1}{2p}=2$ bzw. $p=\frac{1}{4}$

17. FOLGEN UND REIHEN

17.1 FOLGEN

Eine *Folge* ist i. allg. eine geordnete Aneinanderreihung von Zahlen. Die einzelnen Zahlen nennt man *Glieder* der Folge.

Beispiel:
1, 4, 9, 16, 25, ...
Das 1. Glied der Folge ist $a_1 = 1$, das zweite $a_2 = 4$ usw. Jeder natürlichen Zahl n wird ein Glied der Folge zugeordnet. Das *n - te Glied* der Folge bezeichnet man mit a_n. Die Zuordnung wird durch eine Vorschrift, meist durch eine Gleichung ausgedrückt.

Die Vorschrift für das Beispiel ist:
$a_1 = 1^2$; $a_2 = 2^2$, $a_3 = 3^2$ usw.
Das n - te Glied a_n ist die Zahl n^2, als Gleichung geschrieben: $a_n = n^2$.

Hat eine Folge eine begrenzte Anzahl von Gliedern, dann ist die Folge *endlich*, sonst ist sie *unendlich*. Kommen die Glieder einer unendlichen Folge einer bestimmten Zahl beliebig nahe, dann ist die Folge *konvergent* d.h. zusammenlaufend. Sie können aber auch jede vorgegebene Zahl überschreiten, dann nennt man sie *divergent* d.h. auseinanderlaufend.

ARITHMETISCHE FOLGEN

Haben zwei aufeinander folgende Glieder einer Folge immer die gleiche Differenz, so liegt eine *arithmetische Folge 1. Ordnung* vor.

Beispiel:
2, 7, 12, 17, 22 ...

Die Differenz d zwischen den Gliedern beträgt immer 5.
Z.B. $a_1 = 2$, $a_2 = 7$, $d = a_2 - a_1 = 7 - 2 = 5$

d läßt sich aus einem beliebigen Glied a_n und dem folgenden Glied a_{n+1} berechnen. Allgemein gilt:

$$d = a_{n+1} - a_n, \qquad \text{für } n = 1, 2, 3, \ldots \text{ und } d \neq 0$$

Eine übersichtliche Darstellung bekommt man, wenn man die Differenzen "*auf Lücke*" unter die Glieder einer Folge schreibt. So sind sie sofort erkennbar.

Folge: 2 7 12 17 22...
Differenz: 5 5 5 5...

Gibt man das Anfangsglied a_1 und die Differenz d vor, so lassen sich sämtliche Glieder einer arithmetischen Folge berechnen, indem die Differenz entsprechend oft zum Anfangsglied addiert wird:

$a_2 = a_1 + d$, $a_3 = a_1 + 2\,d$, …
usw.
Für das n - te Glied gilt:

$$a_n = a_1 + (n-1) \cdot d$$

Beispiel:
Für die arithmetische Folge 50, 57, 64, 71 ... ist das 20. Glied zu berechnen:
Es ist $a_1 = 50$, $d = 57 - 50 = 7$. Damit ergibt sich
$a_{20} = a_1 + (20-1) \cdot d = 50 + 19 \cdot 7 = 50 + 133 = 183$.

Eine arithmetische Folge 1. Ordnung kann auch fallend sein.

Beispiel:
8, 4, 0, – 4, – 8, – 12, ...
Hierbei ist $d = a_2 - a_1 = 4 - 8 = -4$.

Trägt man die Zahlen einer arithmetischen Folge 1. Ordnung auf einem Zahlenstrahl ab, so ergeben sich Punkte mit gleichen Abständen.

Beispiel:
12, 15, 18, 21, 24, ...

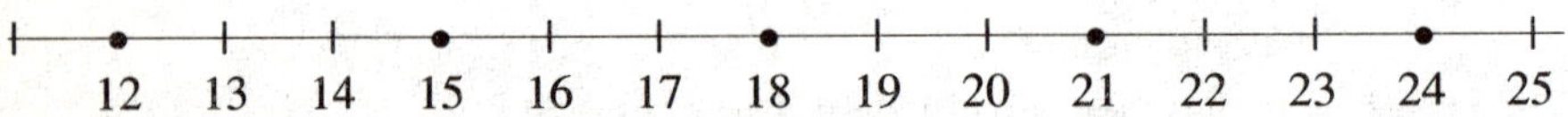

Arithmetische Folgen höherer Ordnung

Die Folge der Quadratzahlen 1, 4, 9, 16, 25 ist keine arithmetische Folge 1. Ordnung, da die Differenzen benachbarter Zahlen nicht konstant sind.
Notiert man aber zusätzlich in einer weiteren Zeile die Differenzen der über ihr stehenden Differenzen, so ergeben sich konstante Werte:

Folge: 1 4 9 16 25...
1.Differenz: 3 5 7 9...
2.Differenz: 2 2 2...

Eine Folge mit *gleichen Differenzen* der Differenzen nennt man eine arithmetische Folge 2. *Ordnung*. Sie gehört zu den arithmetischen Folgen *höherer Ordnung*.

GEOMETRISCHE FOLGEN

Haben zwei aufeinander folgende Glieder einer Folge immer den gleichen Quotienten q, so liegt eine *geometrische Folge* vor.

Beispiele:

1)2, 8, 32, 128, 512 ...

Es ist q = 4 wegen 8 : 2 = 4, 32 : 8 = 4, 128 : 32 = 4 usw.

2)6, 0,6, 0,06, 0,006 ...

Es ist q = 0,1 wegen 0,6 : 6 = 0,1; 0,06 : 0,6 = 0,1 usw.

Allgemein gilt:

$$q = a_{n+1} : a_n$$

Das Verhalten der Glieder einer Folge hängt vom ersten Glied a_1 und von q ab. Ist das erste Glied a_1 positiv, so ergeben sich folgende Möglichkeiten:

Ist q > 1, so steigt die Folge.
Beispiel: $a_1 = 2$, $q = 4$ Folge: 2, 8, 32, 128, ...

Ist 0 < q < 1, so fällt sie.
Beispiel: $a_1 = 2$, $q = \frac{1}{2}$ Folge: 2, 1, $\frac{1}{2}, \frac{1}{4}, \frac{1}{8}, \ldots$

Ist q < 0, so wechseln die Vorzeichen benachbarter Glieder (alternierende Folge).
Beispiel: $a_1 = 2$, $q = -3$ Folge: 2, – 6, 18, – 54, 162, ...

Ist das erste Glied a_1 jedoch negativ, so sind bei allen Gliedern die Vorzeichen entgegengesetzt zu den Folgen mit positivem ersten Glied.

Beispiel:

$a_1 = -2$, $q = -3$ Folge: – 2, 6, – 18, 54, – 162, ...
Im Vergleich dazu: $a_1 = 2$, $q = -3$; Folge: 2, – 6, 18, – 54, 162,...

Gibt man das Anfangsglied a_1 und den Quotienten q vor, so lassen sich sämtliche

Glieder einer Folge berechnen, indem man das Anfangsglied entsprechend oft mit dem Faktor q multipliziert.

$a_2 = a_1 \cdot q$, $a_3 = a_1 \cdot q \cdot q = a_1 \cdot q^2$, $a_4 = a_1 \cdot q^3$ usw.
Für das n - te Glied gilt:

$$a_n = a_1 \cdot q^{n-1}$$

Beispiel:
Für die gometrische Folge 5, 10, 20, 40, ... ist das 10. Glied zu berechnen.
Es ist $a_1 = 5$, $q = 2$.
Damit ergibt sich $a_{10} = 5 \cdot 2^{10-1} = 5 \cdot 2^9 = 5 \cdot 512 = 2560$.

GRENZWERTE VON FOLGEN

Eine unendliche Folge, deren aufeinander folgende Glieder einem bestimmten Wert G beliebig nahe kommen, ist konvergent. Der Wert ist der *Grenzwert.*
Man schreibt:

$\lim\limits_{n\to\infty} a_n = G$ (gesprochen: Der Limes von a_n für n gegen unendlich ist G.)

Das Zeichen ∞ bedeutet *unendlich.*

Beispiele:

1)Der Folge $1, \frac{1}{2}, \frac{1}{3}, \frac{1}{4}, \frac{1}{5}, \ldots$ liegt die Vorschrift $a_n = \frac{1}{n}$ zugrunde. Sie streben mit höher werdendem n der Zahl 0 zu. Die Zahl 0 ist der Grenzwert der Folge mit den Gliedern $\frac{1}{n}$. Man schreibt:

$$\lim_{n\to\infty} \frac{1}{n} = 0$$

(gesprochen: Der Limes von $\frac{1}{n}$ für n gegen unendlich ist Null.)

Trägt man die Glieder der Folge auf dem Zahlenstrahl ab, so ergibt sich anschaulich die *rechtsseitige* Annäherung an den Grenzwert 0.

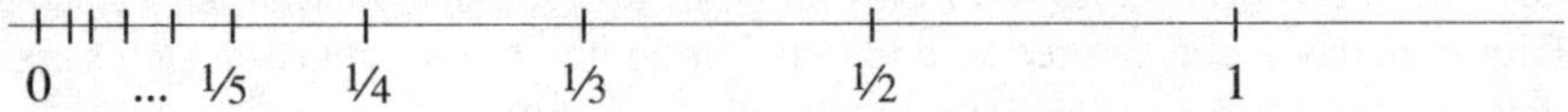

2)Der Folge $0, \frac{1}{2}, \frac{2}{3}, \frac{3}{4}, \frac{4}{5}, \frac{5}{6}, \ldots$ liegt die Vorschrift $a_n = \frac{n-1}{n}$ zugrunde, z.B.

$$a_2 = \frac{2-1}{2} = \frac{1}{2}$$

Sie hat den Grenzwert 1, da sich Zähler und Nenner immer mehr annähern.

Man schreibt $\lim\limits_{n \to \infty} \left(\frac{n-1}{n} \right) = 1$

Man erhält den Grenzwert auch, indem man den Term $\frac{n-1}{n}$ umformt:

$\frac{n-1}{n} = \frac{n}{n} - \frac{1}{n}$. Der Term $\frac{n}{n}$ ist immer 1, der Term $\frac{1}{n}$ nähert sich 0, wenn n gegen unendlich geht. Insgesamt ergibt sich als Grenzwert $(1 - 0) = 1$.

Trägt man die Glieder der Folge auf dem Zahlenstrahl ab, so ergibt sich anschaulich die *linksseitige* Annäherung an den Grenzwert 1.

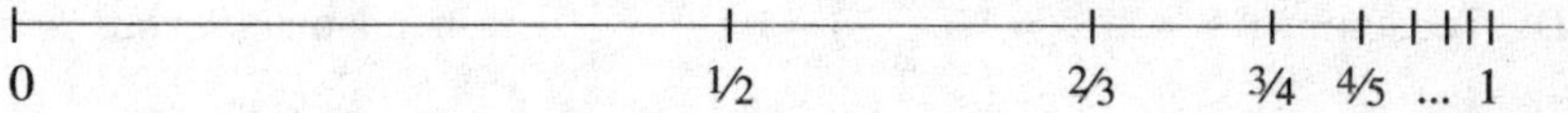

3)Die bekannte Folge mit der Vorschrift

$a_n = \left(1 + \frac{1}{n}\right)^n$ hat die Glieder

$$a_1 = \left(1 + \frac{1}{1}\right)^1 = 2; \; a_2 = \left(1 + \frac{1}{2}\right)^2 = 2{,}25; \; a_3 = \left(1 + \frac{1}{3}\right)^3 = 2{,}3703704$$

Ihr Grenzwert ist die Eulersche Zahl e = 2,7182818...

Grenzwerte zusammengesetzter Folgen

Für die *Differentialrechnung* von grundlegender Bedeutung sind Aussagen über Grenzwerte von Summen, Produkten usw. von mehreren Folgen.

Sind zwei Folgen mit den Gliedern $a_1, a_2, a_3, \ldots, a_n$ bzw. $b_1, b_2, b_3, \ldots, b_n$ gegeben, so lassen sich neue Folgen bilden, indem man die Glieder gliedweise addiert, subtrahiert, multipliziert oder dividiert.

Die Glieder der Summenfolge sind dann $a_1 + b_1, a_2 + b_2, a_3 + b_3, \ldots$.

Sind beide Folgen konvergent mit den Grenzwerten A bzw. B, so hat die Summenfolge den Grenzwert A + B.

Der Grenzwert der Summe zweier Folgen ist gleich der Summe der Einzelgrenzwerte.

Ebenso ist mit den anderen Rechenarten zu verfahren:

Der Grenzwert der Differenzfolge ist A – B.
Der Grenzwert der Produktfolge ist A · B und
der Grenzwert der Quotientenfolge ist $\frac{A}{B}$, $b \neq 0$.

7.2 REIHEN

Addiert man die Glieder einer Folge, so nennt man die Summe eine *Reihe*.

Beispiele:

Zur Folge $1, \frac{1}{2}, \frac{1}{3}, \frac{1}{4}, \ldots$

gehört die Reihe $1 + \frac{1}{2} + \frac{1}{3} + \frac{1}{4} + \ldots$

Diese Reihe nennt man *harmonische* Reihe.

Die Teilsummen $s_1 = 1$, $s_2 = 1 + \frac{1}{2}$, $s_3 = 1 + \frac{1}{2} + \frac{1}{3}$ usw. nennt man *Partialsummen.*

Die Partialsummen kürzt man auch mit dem Summenzeichen $\sum$ ab.

Beispiel:

$$s_4 = 1 + \frac{1}{2} + \frac{1}{3} + \frac{1}{4} = \sum_{n=1}^{4} \frac{1}{n}$$

(gesprochen: die Summe der Glieder von n = 1 bis n = 4.)

Allgemein gilt:

$$s_n = a_1 + a_2 + \ldots + a_n$$

$$s_n = \sum_{k=1}^{n} a_k$$, wobei k die Werte von 1 bis n durchläuft.

Eine unendliche Reihe konvergiert, wenn die Folge der Partialsummen s_1, s_2, s_3, ... konvergiert.

Beispiel:

Die Reihe $1 + \frac{1}{2} + \frac{1}{4} + \frac{1}{8} + \ldots$

hat die Partialsummen

$$s_1 = 1\ ;\ s_2 = 1 + \frac{1}{2} = \frac{3}{2}\ ;\ s_3 = 1 + \frac{1}{2} + \frac{1}{4} = \frac{7}{4}\ ;\ s_4 = 1 + \frac{1}{2} + \frac{1}{4} + \frac{1}{8} = \frac{15}{8}$$

Auf dem Zahlenstrahl ergibt sich:

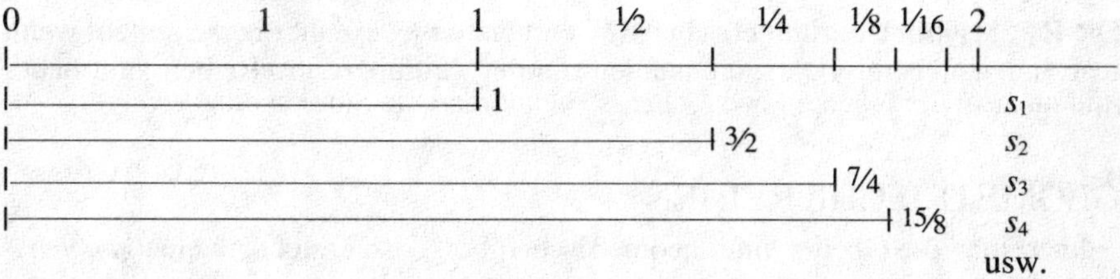

Die Partialsummen nähern sich dem Wert 2 immer weiter an. Die Zahl 2 ist der Grenzwert der Reihe.

Auch rechnerisch läßt sich der Grenzwert ermitteln, wenn man die einzelnen Partialsummen umformt.

$$s_1 = 1\ ;\ s_2 = \frac{3}{2} = 2 - \frac{1}{2}\ ;\ s_3 = \frac{7}{4} = 2 - \frac{1}{4}\ ;\ s_4 = \frac{15}{8} = 2 - \frac{1}{8}\ \text{usw.}$$

Die Subtrahenden $\frac{1}{2}$; $\frac{1}{4}$; $\frac{1}{8}$; ... werden immer kleiner, so daß 2 der Grenzwert ist.

ARITHMETISCHE REIHEN

Addiert man die Glieder einer arithmetischen Folge, so erhält man eine *arithmetische Reihe*.

Die Partialsumme läßt sich mit Hilfe zweier Formeln berechnen:

1) Sind a_1 und d bekannt, so gilt:

$$s_n = \frac{1}{2}\, n \cdot [2\, a_1 + (n - 1)\, d\,]$$

2) Sind a_1 und a_n bekannt, so gilt:

$$s_n = \frac{1}{2}\, n \cdot (a_1 + a_n)$$

Beispiel:

Für die Reihe 1 + 2 + 3 + 4 + ... + 100 ist die Summe zu berechnen.

Es ist $a_1 = 1$ und d = 1, n = 100.

Damit ergibt sich $s_n = \frac{1}{2} \cdot 100\,[2 \cdot 1 + (100 - 1) \cdot 1] = 5050$

oder mit $a_n = 100$: $s_n = \frac{1}{2} \cdot 100\,(1 + 100) = 5050$.

Die Partialsummen arithmetischer Reihen können jede Zahl überschreiten, wenn man nur genügend viele Summanden nimmt. Arithmetische Reihen sind daher divergent.

GEOMETRISCHE REIHEN

Addiert man die Glieder einer geometrischen Folge, so ergibt sich eine *geometrische Reihe*.

Beispiel:
1 + 0,1 + 0,01 + 0,001 + 0,0001 + ... ist eine geometrische Reihe mit $a_1 = 1$ und $q = 0{,}1$. Die weiteren Glieder sind:
$a_2 = a_1 \cdot q = 1 \cdot 0{,}1 = 0{,}1$; $a_2 = a_1 \cdot q^2 = 1 \cdot 0{,}1 \cdot 0{,}1 = 0{,}01$ usw.

Allgemein gilt:

$$a_1 + a_1 q + a_1 q^2 + a_1 q^3 + \ldots + a_1 q^{n-1}$$

Die Partialsummen werden berechnet nach:

$$s_n = a_1 \cdot \frac{q^n - 1}{q - 1} \text{ oder } s_n = a_1 \cdot \frac{1 - q^n}{1 - q}$$

Beide Formeln sind gleichberechtigt. Ist q > 1, so bevorzugt man die 1. Formel, ist q < 1 die 2. Formel, da sich dann in beiden Fällen ein positiver Zähler und Nenner ergibt.

Beispiel:
Die Summe der ersten 8 Glieder der geometrischen Reihe 1 + 4 + 16 + 64 + ... ist zu berechnen.
Es ist $a_1 = 1$, $q = 4$, $n = 8$. Damit ergibt sich die Summe

$$s_8 = 1 \cdot \frac{4^8 - 1}{4 - 1} = 1 \cdot \frac{65536 - 1}{3} = 21845 .$$

Diese Reihe ist divergent.

Für – 1 < q < 1 konvergiert die geometrische Reihe. Der Grenzwert der geometrischen Reihe errechnet sich nach:

$$G = \lim_{n \to \infty} s_n = \frac{a_1}{1-q}$$

Beispiele:

1)Der Grenzwert der Reihe 1 + 0,1 + 0,01 + 0,001 + ... ist mit $a_1 = 1$, $q = 0{,}1$

$$G = \frac{1}{1-0{,}1} = \frac{1}{0{,}9} = \frac{10}{9} = 1{,}\overline{1}$$

2)Der Grenzwert der Reihe $1 + \frac{1}{2} + \frac{1}{4} + \frac{1}{8} + \frac{1}{16} + \ldots$ ist mit $a_1 = 1$, $q = 0{,}5$

$$G = \frac{1}{1-0{,}5} = \frac{1}{0{,}5} = 2$$

17.3 ANWENDUNGEN

Eine Vielzahl von Vorgängen in den Naturwissenschaften, des Kredit- und Rentenwesens usw. lassen sich mathematisch durch eine Aufeinanderfolge von Zahlen beschreiben. Ihnen liegt oft eine geometrische Folge zugrunde.

Zinseszins

Läßt man ein Kapital K_0 für n Jahre bei p % Zinsen auf einem Konto, so ergibt sich nach einem Jahr das Gesamtkapital einschließlich der —> Zinsen:

$$K_1 = K_0 + K_0 \cdot \frac{p}{100} = K_0 \left(1 + \frac{p}{100}\right)$$

Nach n Jahren sind es:

$$K_n = K_0 \cdot \left(1 + \frac{p}{100}\right)^n = K_0 \cdot q^n$$

Der Faktor $q = 1 + \frac{p}{100}$ wird *Zinsfaktor* genannt.

Es handelt sich um eine geometrische Folge mit dem Anfangsglied K_0 und dem Quotienten q.

Beispiel:

$K_0 = 75\,000\ DM$, Zinssatz 6 %, Laufzeit 5 Jahre.

Das Endkapital ergibt sich zu: $K_5 = 75\,000 \cdot \left(1 + \frac{6}{100}\right)^5 = 100\,366{,}92\ DM$.

Homöopathische Mischung

Homöopathische Mischungen werden mit bestimmten Konzentrationsangaben bezeichnet:
1 Teil der Arznei wird mit 9 Teilen Wasser verdünnt (D_1),
1 Teil davon wird wieder mit 9 Teilen Wasser verdünnt (D_2), usw.
Welche Konzentration hat eine D_{10} - Mischung?

Die Konzentrationen D_1 , D_2 , D_3 , ... stellen eine geometrische Folge dar.
Es ist $a_1 = 1/9$, $q = 1/9$.

Damit ergibt sich für $D_{10} = 1/9 \cdot (1/9)^{10-1} = 0{,}000\,000\,000\,287$.

Vermehrung

Für die jährliche Vermehrung der Hasen nimmt man näherungsweise eine geometrische Folge mit $a_1 = 2$ und q = 7 an.
Wie groß ist danach die Anzahl der Tiere einer Generation nach 4 Jahren?

Zu berechnen ist das Folgenglied a_4.
$a_4 = a_1 \cdot q^{4-1} = 2 \cdot 7^3 = 686$.

17.4 GRENZWERTE VON FUNKTIONEN, STETIGKEIT

Eine Folge kann als eine *Funktion* mit den natürlichen Zahlen als Grundmenge aufgefaßt werden. Die Gleichung für die Bildung der Folgeglieder ist die Funktionsgleichung der Funktion.

Beispiel:

Ausgehend von der Folge mit $a_n = \frac{n-1}{n} = 1 - \frac{1}{n}$ soll die Funktion $f(x) = 1 - \frac{1}{x}$ untersucht werden.

In der Wertetabelle sind neben den natürlichen Zahlen auch negative Werte und Brüche für das Argument x aufgenommen:

x	-4	-3	-2	-1	$-\frac{1}{2}$	0	$\frac{1}{2}$	$\frac{3}{4}$	1	2	3	4
$1-\frac{1}{x}$	$\frac{5}{4}$	$\frac{4}{3}$	$\frac{3}{2}$	2	3	—	-1	$-\frac{1}{3}$	0	$\frac{1}{2}$	$\frac{2}{3}$	$\frac{3}{4}$

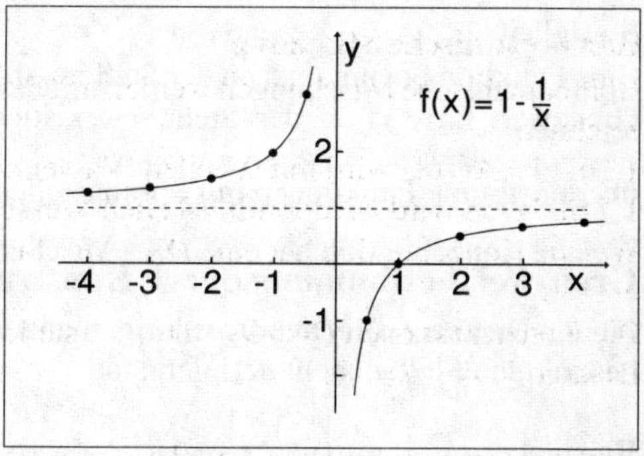

Die graphische Darstellung:

Zusätzlich sind die Werte der Folgeglieder $a_1 = 0$, $a_2 = \frac{1}{2}$, $a_3 = \frac{2}{3}$, $a_4 = \frac{3}{4}$ als y - Werte eingetragen (• Punkte), wobei der x - Wert die Nummer des Gliedes ist.

Der Grenzwert dieser Folge für $n \to \infty$ ist 1.

Bei einer Funktion erfolgt eine *kontinuierliche* Annäherung der Funktionswerte an einen Grenzwert:

$$\lim_{x \to \infty} \left(1 - \frac{1}{x}\right) = 1$$

Desgleichen gilt:

$$\lim_{x \to -\infty} \left(1 - \frac{1}{x}\right) = 1$$

Bei einer Annäherung an den Nullpunkt von rechts oder von links ergibt sich ein besonderes Verhalten der Funktionswerte:
Bei rechtsseitiger Annäherung werden die y - Werte immer kleiner und gehen gegen *minus unendlich*, bei linksseitiger Annäherung werden die y - Werte immer größer und gehen gegen *plus unendlich*.

$$\lim_{x \to +0} \left(1 - \frac{1}{x}\right) = -\infty$$

$$\lim_{x \to -0} \left(1 - \frac{1}{x}\right) = +\infty$$

Mit $x \to +0$ wird die rechtsseitige Annäherung, mit $x \to -0$ die linksseitige Annäherung ausgedrückt.

Ein ähnliches Verhalten zeigt die Funktion $f(x) = \frac{x}{|x|}$. (Graph s. Kap. Funktionen)

Für x = 0 hat sie bei linksseitiger Annäherung einen anderen Grenzwert (– 1) als bei rechtsseitiger Annäherung (+ 1). Die Funktion hat eine Sprungstelle. Man sagt, die Funktion ist an dieser Stelle *nicht stetig*.

Stetigkeit

Eine Funktion f nennt man an der Stelle x_0 *stetig*, wenn der rechts- und linksseitige Grenzwert $\lim\limits_{x \to x_0} f(x)$ an der Stelle x_0 existiert und mit dem Funktionswert $f(x_0)$ übereinstimmt. Funktionen mit Sprungstellen sind nicht stetig.

Grenzwertbestimmung durch Konstruktion einer Folge

Für die Differentialrechnung benötigt man u.a. Grenzwerte von Funktionen, die an bestimmten Stellen nicht definiert sind.

Beispiel:

In der Funktion f mit der Gleichung $f(x) = \dfrac{x^2 - 9}{x - 3}$ gehört x = 3 nicht zur Definitionsmenge, da der Nenner dann 0 ist.
Gesucht ist der Grenzwert des Funktionsterms für x → 3.

Das Einsetzen von x = 3 führt zum unbestimmten Ausdruck $\dfrac{0}{0}$ und liefert somit keinen Hinweis auf den Grenzwert. Wählt man eine beliebige unendliche Folge mit dem Grenzwert 3 und setzt die Folgeglieder in den Funktionsterm ein, so ergibt sich auch für die Folge der Funktionswerte ein Grenzwert!
Die Folge $x_1 = 2{,}9$; $x_2 = 2{,}99$; $x_3 = 2{,}999$ … hat die Funktionswerte

$$f(x_1) = \frac{(-2{,}9)^2 - 9}{2{,}9 - 3} = 5{,}9\,;\, f(x_2) = 5{,}99 \text{ usw.}$$

Damit ergibt sich

$$G = \lim_{x \to 3} \frac{x^2 - 9}{x - 3} = 6$$

Bei bestimmten Funktionen ist zur Bestimmung von Grenzwerten die Konstruktion einer *Ersatzfunktion* möglich.
Im obigen Beispiel läßt sich der Zähler nach der 3. binomischen Formel umformen: $x^2 - 9 = (x + 3)\,(x - 3)$.

Damit ergibt sich die Ersatzfunktion $f*$ durch Kürzen des Terms (x – 3).

$$f(x) = \frac{x^2 - 9}{x - 3} = \frac{(x + 3)\,(x - 3)}{x - 3}$$

$$f*(x) = x + 3$$

Die Ersatzfunktion ist für x = 3 definiert. Sie liefert für x = 3 den Wert f(3) = 3 + 3 = 6 und damit auch den gesuchten Grenzwert.

Der Funktionswert 6 an der Stelle x = 3 fügt sich in den Verlauf der benachbarten Funktionswerte nahtlos ein.
Diese Methode der Grenzwertberechnung wird in der *Differentialrechnung* benötigt.

17.5 ÜBUNGSAUFGABEN

1) Berechnen Sie das 20. Glied der Folge 14, 64, 114 ... und deren Summe.

2) Das 27. Glied einer arithmetischen Folge ist 186, das 45. Glied ist 312. Berechnen Sie d und die Anfangsglieder.

3) Berechnen Sie das 8. Glied der Folge 2, – 6, 18, ...

4) Berechnen Sie die Summe der ersten 7 Glieder der Folge 9, – 6, 4, ...

5) Berechnen Sie die drei fehlenden Glieder einer geometrischen Folge zwischen 486 und 6.

6) Berechnen Sie die Summe der unendlichen Reihe 1, – 1/3, 1/9, ...

7) Ein Mann spart jedes Jahr eineinhalb mal so viel wie im Jahr vorher. Er hat in 7 Jahren 102,95 DM. Wieviel hat er im 1. Jahr gespart?

8) Für ein Pferd wird für den 1. Hufnagel 1 Pf verlangt, für den 2. Hufnagel 2 Pf, für den 3. Hufnagel 4 Pf, usw.
Welcher Kaufpreis ergibt sich, wenn das Pferd 32 Hufnägel hat?

9) Ein Lichtstrahl verliert ca. 8 % seiner Intensität, wenn er eine Glasplatte durchdringt.
Welche Intensität ergibt sich nach dem Durchlauf durch 10 Platten?

LÖSUNGEN

1) Arithmetische Folge mit $a_1 = 14$, $d = 50$, $n = 20$, $a_{30} = 14 + 19 \cdot 50 = 964$,
$s_{30} = 9780$

2) $45 - 27 = 18$, d.h. $18\,d = 312 - 186$, $d = 7$, $186 = a_1 + (27 - 1) \cdot 7$
$a_1 = 186 - (27 - 1) \cdot 7$, 4, 11, 18, …

3) $q = -3$, $a_8 = 2 \cdot (-3)^7 = -4374$

4) $a_1 = 9, q = -\frac{2}{3}, s_n = \dfrac{9 \cdot [1 - (-\frac{2}{3})^7]}{1 - (-\frac{2}{3})} = 5{,}716 \ldots$

5) $a_1 = 486, a_5 = 6, a_5 = a_1 \cdot q^{5-1}, 6 = 486 \cdot q^4, q = \frac{1}{3}$, 162, 54, 18

6) $a_1 = 1, q = -\frac{1}{3}, G = \dfrac{1}{1 - (-\frac{1}{3})} = \frac{3}{4}$

7) $q = 1{,}5$, $s_n = 102{,}95 = a_1 \dfrac{1 - 1{,}5^7}{1 - 1{,}5}$, $a_1 = 3{,}20\ DM$

8) Geometrische Reihe mit $a_1 = 1$, $q = 2$, $n = 32$, Partialsumme
$s_n = 42\,950\,000\ DM$

9) Geometrische Folge
$a_1 = 92$ (*in %*), $q = 0{,}92$, $n = 10$, $a_{10} = 92 \cdot 0{,}92^{10-1}\ \% = 43{,}4\ \%$

18. DIFFERENTIALRECHNUNG

Die *Differentialrechnung* gehört mit der *Integralrechnung* zur Analysis. Die Analysis wurde vom deutschen Philosopen der Mathematiker Leibniz (1684) und dem englischen Physiker und Mathematiker Newton (1666, 1678) entwickelt. Sie ist von grundlegender Bedeutung für die Mathematik und hat ein breites Anwendungsfeld in vielen Bereichen der Naturwissenschaften und Technik, der Wirtschaftswissenschaft, der Psychologie usw. gefunden.

18.1 DIE ABLEITUNG EINER FUNKTION

Der Differentialquotient

Leibniz ging von folgendem geometrischen Problem aus:
Läßt sich für eine beliebige Kurve in einem gegebenen Punkt eine Gerade finden, die die Kurve nur berührt, und wie läßt sie sich mathematisch erfassen?
Für die Kreiskurve ist dies einfach: die Gerade, die den Kreis berührt, ist die *Tangente*. Sie steht senkrecht auf dem Radius.
Im Fall einer Parabel ist das Zeichnen einer Geraden, die die Kurve in einem Punkt berührt, lediglich nach Augenmaß möglich.

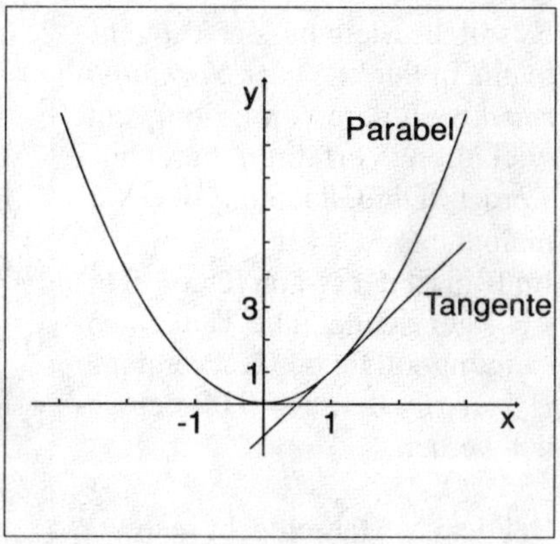

Es fehlt ein Verfahren, die Existenz dieser Geraden, die im folgenden auch Tangente heißen soll, zu begründen und deren Steigung zu berechnen.

Zunächst eine Zusammenstellung einiger Begriffe über Geraden:

Die *Normalform* einer Geradengleichung ist $y = m\,x + b$, die *Steigung* ist m, der *y - Achsenabschnitt* b. Sind die Koordinaten von 2 Punkten $P_1(x_1, x_1)$ und $P_2(x_2, x_2)$ einer Geraden gegeben, so läßt sich die Steigung nach

$$m = \frac{y_2 - y_1}{x_2 - x_1}$$

berechnen. Das in der folgenden Abbildung eingezeichnete Dreieck nennt man —> *Steigungsdreieck*. Schreibt man die Differenzen in der Kurzform $\Delta y = y_2 - y_1$ und $\Delta x = x_2 - x_1$, so ergibt sich

$m = \dfrac{\Delta y}{\Delta x}$ (gesprochen: delta y durch delta x).

Es ist der Quotient zweier Differenzen, auch *Differenzenquotient* genannt.
Der *Neigungswinkel* der Geraden zur x - Achse ist α.
Er berechnet sich nach:
$\tan \alpha = m$

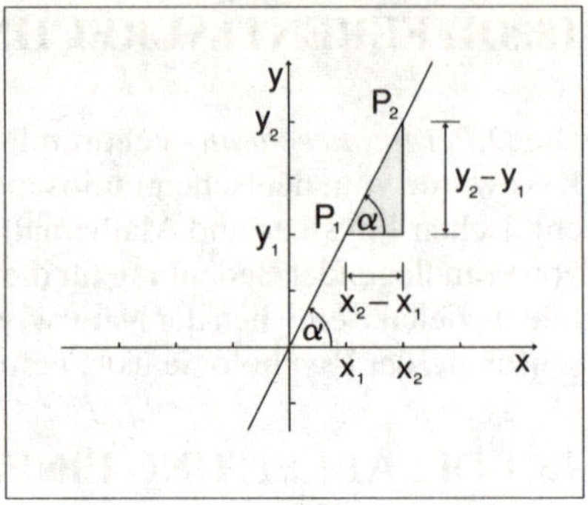

Berechnung der Tangentensteigung

Es soll die Steigung der Tangente in einem Punkt P_1 der *Normalparabel* nach dem von Leibniz entwickelten Verfahren berechnet werden. Die Gleichung der Normalparabel ist $y = x^2$.
Im Bild ist der Graph für $x = 0$ bis $x = 1$ gezeichnet. Die Tangentensteigung soll für den Kurvenpunkt P_1 mit $x_1 = 0{,}3$, $y_1 = 0{,}09$ berechnet werden.

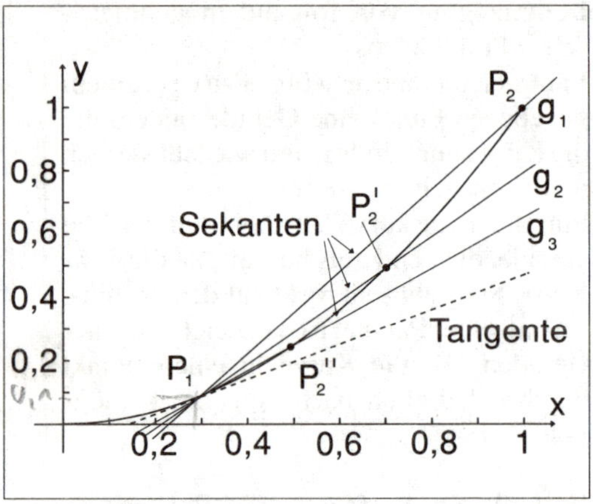

Bei dem Verfahren geht man von Sekanten aus, also Geraden, die die Parabel 2 mal schneiden. Die Sekante g_1 schneidet die Parabel in den Punkten $P_1(0{,}3 ; 0{,}09)$ und $P_2(1 ; 1)$. $y_1 = 0{,}09$ erhält man durch Einsetzen von x_1 in die Gleichung $y = x^2$. Die Steigung von g_1 ist:

$$m = \frac{y_2 - y_1}{x_2 - x_1} = \frac{1 - 0{,}009}{1 - 0{,}3} \approx 1{,}4 \, .$$

Die Idee ist nun, die Tangente als Grenzlage einer Folge von Sekanten g_1 , g_2, g_3,... anzusehen, die alle durch den festen Punkt P_1 laufen. Der Punkt P_2 soll sich nun entlang der Parabel dem Punkt P_1 immer weiter nähern. Dabei neigen sich die zugehörenden Sekanten so, daß sie schließlich in die durch P_1 gehende Tangente übergehen, wenn P_2 auf P_1 fällt. Im folgenden sind die Sekantensteigungen für verschiedene Punkte bei festem Punkt $P_1(0{,}3 ; 0{,}009)$ tabelliert.

Punkt	P_1	Punkt	P_2	Sekantensteigung m	Winkel α
x_1	$y_1 = x_1^{\ 2}$	x_2	$y_2 = x_2^{\ 2}$	$m_S = \dfrac{y_2 - y_1}{x_2 - x_1}$	$\tan \alpha = \mathrm{m}$
0,3	0,09	1,0	1,0	1,4	54,76°
0,3	0,09	0,7	0,49	1	45,00°
0,3	0,09	0,5	0,25	0,8	38,65°
0,3	0,09	0,4	0,16	0,7	34,99°
0,3	0,09	0,35	0,1225	0,65	33,02°
0,3	0,09	0,31	0,0961	0,61	31,38°
0,3	0,09	0,301	0,090601	0,601	31,01°
Grenzwert:		0,3	0,09	$m_t = 0,6$	$\alpha_t = 30,96°$

Man erkennt, daß zur Folge der x_2 - Werte, die sich dem Wert 0,3 nähern, z.B. 0,35; 0,31; 0,301; ... eine Folge von Sekantensteigungen z.B. 0,65; 0,61; 0,601; ... gehört, die sich dem Wert m = 0,6 nähern. Die gesuchte Steigung m der Tangente ergibt sich als der —> Grenzwert (Limes) der Sekantensteigungen $\dfrac{y_2 - y_1}{x_2 - x_1}$ für x_2 gegen x_1.

Man schreibt $m = \lim\limits_{x_2 \to x_1} \dfrac{y_2 - y_1}{x_2 - x_1} = \lim\limits_{x_2 \to x_1} \dfrac{x_2^{\ 2} - 0{,}09}{x_2 - 0{,}3} = 0{,}6$

Man erhält diesen Wert m auch, wenn x_2 beliebige andere Folgen mit dem Grenzwert 0,3 durchläuft. Auch wenn P_2 links von P_1 liegt, erhält man als Grenzfolge aller Sekanten die gleiche Gerade mit m = 0,6.
Die so erhaltene Gerade wird als *Tangente* definiert. Damit ist das Tangentenproblem für einen Spezialfall gelöst.

Definition der Tangente an eine Kurve
Die Grenzlage aller Sekanten bei links- und rechtsseitiger Annäherung an einen Punkt $P_1(\, x_1\, ;\, y_1\,)$ der Kurve mit y = f(x) wird Tangente genannt. Die Steigung m ergibt sich aus dem Grenzwert des Differenzenquotienten.

$$m = \lim_{x_2 \to x_1} \frac{y_2 - y_1}{x_2 - x_1}$$

Die Stelle x_1 muß im Inneren der Definitionsmenge liegen, damit ein beidseitiger Grenzprozess möglich ist. Setzt man $y_1 = f(x_1)$ und $y_2 = f(x_2)$ ein, so erhält man

$$m = \lim_{x_2 \to x_1} \frac{f(x_2) - f(x_1)}{x_2 - x_1} = f'(x_1)$$

Der Grenzwert heißt *Differentialquotient* oder *1. Ableitung* der Funktion f an der Stelle x_1 und wird mit $f'(x_1)$ bezeichnet (gesprochen f - Strich - von - x - 1).
Im oberen Beispiel ist $f'(0{,}3) = 0{,}6$.

Eine weitere häufig verwendete Schreibweise für den Differentialquotienten ist die *Leibniz-Schreibweise* $\frac{dy}{dx}$ (gesprochen: dy nach dx).

$$\lim_{x_2 \to x_1} \frac{y_2 - y_1}{x_2 - x_1} = \lim_{\Delta x \to 0} \frac{\Delta y}{\Delta x} = \frac{dy}{dx}$$

Die Schreibweise lehnt sich an die Kurzform der Differenzen $y_2 - y_1 = \Delta y$ und $x_2 - x_1 = \Delta x$. dy und dx heißen *Differentiale.* Diese Bezeichnung gibt diesem Zweig der Mathematik den Namen *Differentialrechnung.*
Den Vorgang, zu einer Funktion an einer bestimmten Stelle die 1. Abteilung, d.h. die Steigung der Tangente in dem entsprechenden Punkt der Kurve zu berechnen, heißt *differenzieren.*

Differenzierbarkeit
Eine Funktion f mit y = f(x) heißt an der Stelle x_1 *differenzierbar*, wenn x_1 im Inneren der Definitionsmenge D liegt und der Differenzenquotient

$$\frac{f(x_2) - f(x_1)}{x_2 - x_1}$$

für $x_2 \to x_1$ einen Grenzwert hat.

Für die Berechnung des Gesamtverlaufs der Steigungen einer Kurve ist das Verfahren der Grenzwertbestimmung für jeden einzelnen Punkt mit Folgen sehr umständlich. Man gelangt bei der Parabel einfacher zu den —> Grenzwerten, wenn man einen speziellen Ersatzterm findet:
Der Zähler des Differenzenquotienten läßt sich mit Hilfe der 3. binomischen Formel in ein Produkt umwandeln. Man kürzt dann den Faktor $(x_2 - 0{,}3)$:

$$m = \lim_{x_2 \to 0{,}3} \frac{x_2^{\,2} - 0{,}09}{x_2 - 0{,}3} = \lim_{x_2 \to 0{,}3} \frac{(x_2 + 0{,}3) \cdot (x_2 - 0{,}3)}{(x_2 - 0{,}3)}$$

$$= \lim_{x_2 \to 0{,}3} (x_2 + 0{,}3) = 0{,}3 + 0{,}3 = 0{,}6$$

Statt des Differenzenquotienten erhält man einen Ersatzterm: $x_2 + 0{,}3$. Er liefert für $x_2 = 0{,}3$ den Wert 0,6!
Zu beachten ist, daß das Kürzen nur für $x_2 \neq 0{,}3$ erlaubt ist, da für $x_2 = 0{,}3$ eine Division durch Null erfolgen würde. Der Wert 0,6 fügt sich aber in die Werte des Differentialquotienten nahtlos ein.
Will man die Steigung der Tangente für einen *beliebigen* Punkt $P(x_1 ; y_1)$ der Parabel berechnen, so läßt sich der Ersatzterm ebenso finden:

$$m = \lim_{x_2 \to x_1} \frac{x_2^{\,2} - x_1^{\,2}}{x_2 - x_1} = \lim_{x_2 \to x_1} \frac{(x_2 + x_1) \cdot (x_2 - x_1)}{(x_2 - x_1)} = \lim_{x_2 \to x_1} (x_2 + x_1) = 2\,x_1$$

Die Steigung der Tangente für einen beliebigen Punkt P(x ; y) der Normalparabel ist also gleich der 1. Ableitung an der Stelle x:
$m = f'(x) = 2\,x$
$f'(x) = 2\,x$ ist die Funktionsgleichung einer Geraden. Das nebenstehende Bild zeigt die Normalparabel und gleichzeitig deren 1. Ableitung in Abhängigkeit von der Stelle x.
Man kann die Steigungen der Tangenten aus dem Graphen ablesen oder mit Hilfe der Funktionsgleichung berechnen.

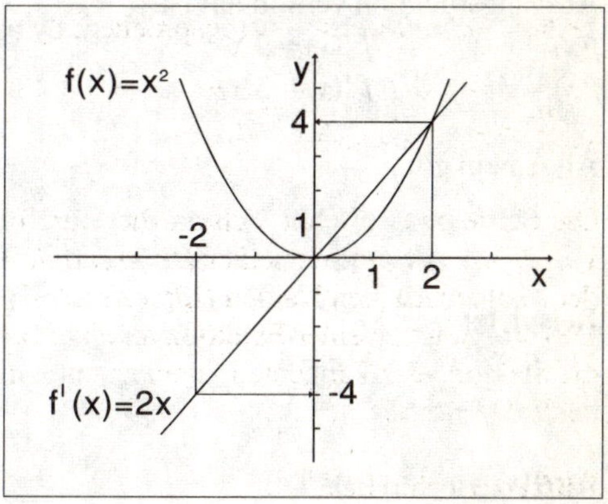

Beispiele:

1) Für x = 2 ergibt sich $f'(2) = 2 \cdot 2 = 4$. Die Parabel hat im Punkt P (2 ; 4) die Tangentensteigung 4. Die Tangente steigt steil an.

2) Für x = 0 ergibt sich $f'(0) = 0$. Die Parabel hat im Punkt P (0 ; 0) die Tangentensteigung 0. Die Tangente verläuft horizontal.

3) Für x = – 2 ergibt sich $f'(-2) = 2 \cdot (-2) = -4$. Die Parabel hat im Punkt (– 2 ; 4) die Tangentensteigung – 4. Die Tangente fällt steil ab.

ABLEITUNG SPEZIELLER FUNKTIONEN

Für eine Vielzahl anderer Funktionen läßt sich nach dieser Methode die 1. Ableitung durch Grenzwertbildung berechnen.

Für die Funktion f mit $f(x) = x^3$ ergibt sich als 1. Ableitung $f'(x) = 3 \cdot x^2$. Die Ableitung ist eine Parabel.

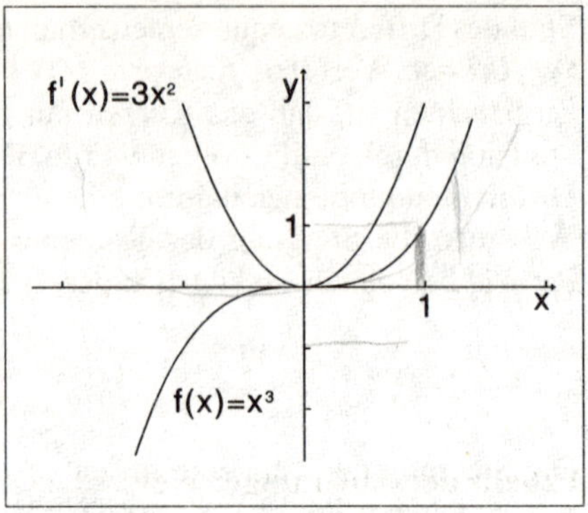

Vergleicht man die Ausgangsfunktionen und deren Ableitungen, so ergibt sich, daß der Exponent der Funktion vor die Potenz der Ableitung geschrieben wird, und der Exponent in der Ableitung um 1 gegenüber der Ausgangsfunktion vermindert ist.

$f(x) = x^2 \qquad f'(x) = 2x$

$f(x) = x^3 \qquad f'(x) = 3x^2$

Allgemein gilt:

$$f(x) = x^n \qquad f'(x) = n \cdot x^{n-1}$$

Beispiele:

1) $f(x) = x^4 \qquad n = 4$

$f'(x) = 4 \cdot x^{4-1} = 4 \cdot x^3$

2) $f(x) = x \qquad n = 1$

$f'(x) = 1 \cdot x^{1-1} = 1 \cdot x^0 = 1$

Der Graph von f ist eine Gerade. Die Steigung ist konstant 1.

3) $f(x) = 5$

Die zur x - Achse parallel verlaufende Gerade hat die Steigung 0, daher muß auch $f'(x) = 0$ sein. Auch in diesem Fall läßt sich die Formel anwenden.

$f(x) = 5 = 5 \cdot 1 = 5 \cdot x^0 \qquad$ wegen $x^0 = 1$

$f'(x) = 5 \cdot 0 \cdot x^{-1} = 0$

Die Ableitung einer Konstanten ist Null.

4) $f(x) = \frac{1}{x} \qquad f(x) = x^{-1}$

$f'(x) = -1 \cdot x^{-1-1} = -x^{-2} = -\frac{1}{x^2}$

5) $f(x) = \sqrt{x}$ $\qquad f(x) = x^{\frac{1}{2}}$

$$f'(x) = \frac{1}{2}x^{\frac{1}{2}-1} = \frac{1}{2}x^{-\frac{1}{2}} = \frac{1}{2}\frac{1}{x^{1/2}} = \frac{1}{2}\frac{1}{\sqrt{x}}$$

6) $f(x) = \sqrt[3]{x^5}$ $\qquad f(x) = x^{\frac{5}{3}}$

$$f'(x) = \frac{5}{3}x^{\frac{5}{3}-1} = \frac{5}{3}x^{\frac{5}{3}-\frac{3}{3}} = \frac{5}{3}x^{\frac{2}{3}} = \frac{5}{3}\sqrt[3]{x^2}$$

Tabelle der Ableitungen elementerer Funktionen

$f(x) = x^n$	$f'(x) = n\,x^{n-1}$
$f(x) = a^x$	$f'(x) = a^x \cdot \ln a$
$f(x) = e^x$	$f'(x) = e^x$
$f(x) = \log x$	$f'(x) = \frac{1}{x}\log e$
$f(x) = \ln x$	$f'(x) = \frac{1}{x}$
$f(x) = \sin x$	$f'(x) = \cos x$
$f(x) = \cos x$	$f'(x) = -\sin x$
$f(x) = \tan x$	$f'(x) = \frac{1}{\cos^2 x}$
$f(x) = \cot x$	$f'(x) = -\frac{1}{\sin^2 x}$

Die Ableitung von Funktionen, die sich aus den elementaren Funktionen zusammensetzen, ist mit Hilfe einiger weniger Ableitungsregeln möglich, sofern die Differenzierbarkeit der Teilfunktionen und die Stetigkeit der zusammengesetzten Funktionen gegeben ist.

ABLEITUNGSREGELN

Konstanter Faktor

Die Ableitung des Produkts einer Funktion u(x) mit einem konstanten Faktor k ist gleich dem Produkt der Ableitung u(x) und k. Ein konstanter Faktor der abzuleitenden Funktion bleibt also in der Ableitung unverändert.

$$f(x) = k \cdot u(x) \qquad f'(x) = k \cdot u'(x)$$

Beispiel:

$f(x) = 3\,x^2$ $\qquad f'(x) = 3 \cdot 2\,x = 6\,x$

Summenregel

Die Ableitung der Summe zweier Funktionen ist die Summe der Einzelableitungen.

$$f(x) = u(x) + v(x) \qquad f'(x) = u'(x) + v'(x)$$

Beispiel:

$f(x) = x^2 + x^3$ $\qquad f'(x) = 2\,x + 3\,x^2$

Produktregel

Die Ableitung eines Produktes zweier Funktionen ist die Summe aus den Produkten der einen Teilfunktion mit der Ableitung der anderen.

$$f(x) = u(x) \cdot v(x) \qquad f'(x) = u'(x) \cdot v(x) + u(x) \cdot v'(x)$$

Beispiel:

$f(x) = x^2 \cdot \sin x$ $\qquad u(x) = x^2$ $\qquad u'(x) = 2\,x$

$\qquad v(x) = \sin x$ $\qquad v'(x) = \cos x$

$f'(x) = 2\,x \cdot \sin x + x^2 \cdot \cos x$

Quotientenregel

Die Ableitung des Quotienten zweier Funktionen ist ein Bruch, dessen Zähler bis auf ein Minuszeichen mit dem Term der Produktregel identisch ist. Der Nenner ist das Quadrat des Nenners der Ausgangsfunktion.

$$f(x) = \frac{u(x)}{v(x)} \qquad f'(x) = \frac{u'(x) \cdot v(x) - u(x) \cdot v'(x)}{v^2(x)}$$

Beispiel:

$f(x) = \frac{5x^3}{1+x^2}$ $\quad u(x) = 5x^3 \quad u'(x) = 5 \cdot 3x^2 = 15x^2$

$v(x) = 1 + x^2 \quad v'(x) = 2x$

$$f'(x) = \frac{15x^2 \cdot (1+x^2) - 5x^3 \cdot 2x}{(1+x^2)^2} = \frac{15x^2 + 5x^4}{(1+x^2)^2}$$

Kettenregel

Sind Funktionen in der Form $f(x) = u[v(x)]$ miteinander verkettet, so nennt man $u(v)$ die *äußere* Funktion, die von v abhängt und $v(x)$ die *innere* Funktion, die von x abhängt. Die Ableitung ist gleich dem Produkt der Ableitungen der äußeren und der inneren Funktion.

$$f(x) = u[v(x)] \qquad f'(x) = u'(v) \cdot v'(x)$$

Beispiel:

$f(x) = (x^2 + 4x)^5$

Die innere Funktion ist $v(x) = x^2 + 4x$, deren Ableitung $v'(x) = 2x + 4$.
Die äußere Funktion ist $u(v) = v^5$, deren Ableitung $u'(v) = 5v^4$.

$$f'(x) = 5 \cdot v^4 \cdot (2x+4) = 5(x^2 + 4x)^4 \cdot (2x+4)$$

Bei der Ableitung einer Funktion können die Rechenregeln auch mehrfach angewendet werden.

Beispiel:

$f(x) = 3x \cdot (x^2 + 1)^4$

Wegen der Faktoren $3x$ und $(x^2 + 1)^4$ ist die Produktregel anzuwenden.

$u(x) = 3x \qquad u'(x) = 3$

$v(x) = (x^2 + 1)^4 \qquad v'(x) = 4 \cdot (x^2 + 1)^3 \cdot 2x$

Achtung: $v(x)$ ist nach der Kettenregel abzuleiten. Die Ableitung des inneren Funktionsterms $(x^2 + 1)$ ist $2x$.

$$\begin{aligned} f'(x) &= 3 \cdot (x^2 + 1)^4 + 3x \cdot 8x \cdot (x^2 + 1)^3 \\ &= 3 \cdot (x^2 + 1)^4 + 24x^2 \cdot (x^2 + 1)^3 \end{aligned}$$

HÖHERE ABLEITUNGEN

Die 1. Ableitung f ' (kurz Ableitung) einer Funktion ist wieder eine Funktion. Deren Ableitung f '' (gesprochen f zwei Strich) nennt man 2. Ableitung, usw.

Beispiel:

$f(x) = x^4$
$f'(x) = 4x^3$
$f''(x) = 4 \cdot 3x^2 = 12x^2$
$f'''(x) = 12 \cdot 2x = 24x$
$f^{(IV)}(x) = 24$
$f^{(V)}(x) = 0$

Die 2. Ableitung gibt Auskunft über die Änderung der Tangentensteigung, wenn man den Punkt, in dem man die Tangente betrachtet, entlang der Kurve wandern läßt. Sie wird benötigt, um besondere Punkte einer Kurve zu berechnen.

18.2 GEOMETRISCHE ANWENDUNGEN DER ABLEITUNGEN

Die Ableitungen einer Funktion ermöglichen es, die geometrischen Eigenschaften einer Kurve rechnerisch zu erfassen.

MINIMA UND MAXIMA

Die tiefsten und höchsten Punkte einer Kurve, in denen die Tangente horizontal verläuft, nennt man *Minima* und *Maxima*. Randstellen und Spitzen einer Kurve schließt man aus. Minima und Maxima faßt man unter *Extrema* zusammen.

Beispiel:

Der Graph der Funktion f mit $f(x) = -\frac{1}{2}x^3 + x + 1$ besitzt ein Minimum und ein Maximum.

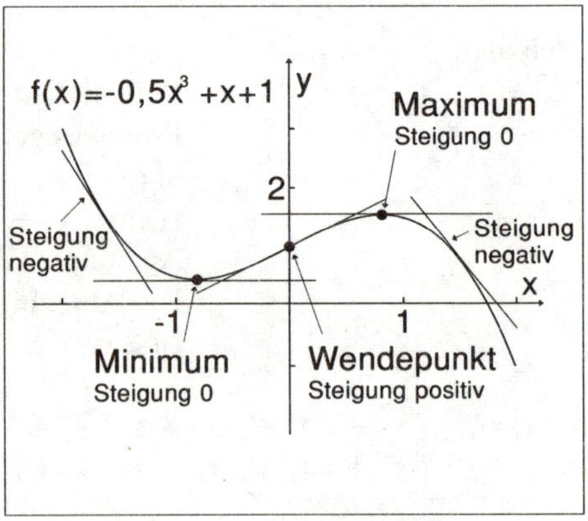

Fällt die Kurve von links her kommend ab, so sind die Steigungen der Tangenten in diesem Bereich negativ. Ist das Minimum erreicht, so verläuft die Tangente horizontal. Die Steigung ist 0. Danach steigt die Kurve. Die Steigung zugehöriger Tangenten ist positiv.

Beim Maximum ist es umgekehrt. Die Tangentensteigung ist zunächst positiv, dann 0 und danach negativ.

Die 1. Ableitung ist für Punkte mit horizontaler Tangente 0. Man sagt, die *notwendige* Bedingung für ein Extremum ist f '(x) = 0.

Diese Bedingung genügt jedoch nicht als Nachweis eines Extremums, man sagt, sie ist nicht *hinreichend*. Beispielsweise hat die Funktion f mit $f(x) = x^3$ in $x = 0$ kein Extremum, obwohl dort die 1. Ableitung $f'(x) = 3x^2$ an der Stelle $x = 0$ den Wert 0 hat, da $f'(0) = 3 \cdot 0 = 0$ ist.

Zum Nachweis ist eine genauere Untersuchung der Umgebung des Punktes $P(x_0; y_0)$ mit horizontaler Tangente notwendig.

1. Methode (Vorzeichenwechsel)

Wechselt $f'(x)$ für zunehmende x - Werte von negativen zu positiven Werten bei Überschreiten des Wertes x_0, so liegt ein Minimum vor.
Wechselt $f'(x)$ für zunehmende x - Werte von positiven zu negativen Werten, so liegt ein Maximum vor.

2. Methode (2. Ableitung)

Die 2. Ableitung f'' gibt die Änderung der Steigung der Tangente an, wenn der Berührpunkt die Kurve entlangwandert.
Ist $f''(x_0) > 0$, d.h. ist die Änderung positiv (von negativer Steigung zu positiver Steigung), so liegt ein Minimum vor.
Ist $f''(x_0) < 0$, d.h. ist die Änderung negativ, so liegt ein Maximum vor.
Diese Methode ist meist einfacher und bildet daher die Standardmethode. Man setzt lediglich den x_0 - Wert des Punktes mit horizontaler Tangente in die 2. Ableitung ein. Dabei genügt es zu klären, ob $f''(x_0)$ kleiner oder größer als 0 ist.

Beispiel:

$$f(x) = -\frac{1}{2}x^3 + x + 1$$

$$f'(x) = -\frac{3}{2}x^2 + 1$$

Notwendige Bedingung: $f'(x_0) = 0$

$$-\frac{3}{2}x^2 + 1 = 0 \qquad | -1$$

$$-\frac{3}{2}x^2 = -1 \qquad | \cdot \left(-\frac{2}{3}\right)$$

$$x^2 = \frac{2}{3}$$

$$x_{01} = +\sqrt{\frac{2}{3}} \approx 0{,}82$$

$$x_{02} = -\sqrt{\frac{2}{3}} \approx -0{,}82$$

Prüfung durch Vorzeichenwechsel von $f'(x)$

1. Wert: Man wählt zwei x - Werte in der Umgebung von $x_{01} \approx 0{,}82$:

$x_a = 0{,}5$, $x_b = 1$.

$$f'(0{,}5) = -\frac{3}{2}(0{,}5)^2 + 1 = 0{,}625 > 0$$

$$f'(1) = -\frac{3}{2}(1)^2 + 1 = -0{,}5 < 0$$

d.h. bei x_{01} liegt ein Maximum vor.

2. Wert: Man wählt zwei x - Werte in der Umgebung von $x_{02} \approx -0{,}82$:

$x_c = -1$, $x_d = -0{,}5$

$$f'(-1) = -\frac{3}{2}(-1)^2 + 1 = -0{,}5 < 0$$

$$f'(-0{,}5) = -\frac{3}{2}(-0{,}5)^2 + 1 = 0{,}625 > 0$$

d.h. bei x_{02} liegt ein Minimum vor.

Prüfung mit der 2. Ableitung

$x_{01} = \sqrt{\frac{2}{3}}$ $\qquad f''(x) = -3x$

$f''\left(\sqrt{\frac{2}{3}}\right) = -3\sqrt{\frac{2}{3}} < 0$, d.h. bei x_{01} liegt ein Maximum vor.

$x_{02} = -\sqrt{\frac{2}{3}}$

$f''\left(-\sqrt{\frac{2}{3}}\right) = -3\left(-\sqrt{\frac{2}{3}}\right) > 0$, d.h. bei x_{02} liegt ein Minimum vor.

Sonderfälle für $f'(x_0) = 0$ und $f''(x_0) = 0$

Es gibt Fälle, in denen die Methode der 2. Ableitung nicht anwendbar ist. Die Funktion f mit $f(x) = x^4$ hat bei $x = 0$ ein Minimum.
Die 2. Ableitung $f''(x) = 12x^2$ ist für $x = 0$ ebenfalls 0, d.h. eine Aussage über die Art des Extremums ist nicht möglich. Für diese speziellen Fälle werden Ableitungen höherer Ordnung betrachtet.
Ist die erste von Null verschiedene Ableitung von gerader Ordnung positiv, so liegt ein Minimum vor, ist sie negativ, so liegt ein Maximum vor.

Beispiel:
$f(x) = x^4$
$f'(x) = 4x^3$
Notwendige Bedingung:
$f'(x) = 0$, d.h. $4x^3 = 0$, also $x = 0$
$f''(x) = 12x^2, f''(0) = 0, f'''(x) = 24x, f'''(0) = 0, f^{(IV)}(x) = 24$
Die 4. Ableitung ist von gerader Ordnung und positiv, daher liegt hier ein Minimum vor.

Zusammenfassung:
Bedingungen für die Existenz eines Extremums in x_0

Notwendig: $f'(x_0) = 0$

Hinreichend: a) Vorzeichenwechsel von $f'(x)$ bei x_0

von negativen zu positiven Werten der 1. Ableitung: *Minimum*

von positiven zu negativen Werten der 1. Ableitung: *Maximum*

b) $f'(x_0) = 0$ und
$f''(x_0) > 0$: *Minimum*
$f''(x_0) < 0$: *Maximum*

Sonderfälle für $f'(x_0) = 0$ und $f''(x_0) = 0$:
Ist die erste, von Null verschiedene Ableitung von gerader Ordnung
positiv: *Minimum*
negativ: *Maximum.*

WENDEPUNKTE

Vergleicht man den Verlauf einer Kurve mit dem einer Strasse, so entspricht der *Wendepunkt* dem Punkt, in dem man von einer Linkskurve in eine Rechtskurve oder umgekehrt wechselt. Es ist geometrisch ein Punkt mit *größter* oder *kleinster* Steigung, bezogen auf die Nachbarpunkte der Kurve, also ein Extremum der 1. Ableitung.
Es muß also die 2. Ableitung 0 werden und zusätzlich die 3. Ableitung für diesen Punkt ungleich 0 sein.
Ist dies nicht der Fall, so muß die nächste von Null verschiedene Ableitung von *ungerader* Ordnung sein.
Auch ein Vorzeichenwechsel von $f''(x)$ in der Umgebung der mutmaßlichen Wendestelle x_W kann herangezogen werden.

Beispiel:

$f(x) = -\frac{1}{2}x^3 + x + 1$

$f'(x) = -\frac{3}{2}x^2 + 1$

$f''(x) = -3x$

$f'''(x) = -3$

Notwendige Bedingung: $f''(x) = 0$, d.h. $-3x = 0$ also $x = 0$

$f'''(0) = -3$, d.h. für $x = 0$ liegt ein Wendepunkt vor.

Ein Wendepunkt kann auch eine horizontale Tangente haben. Es ist dann ein *Sattelpunkt*.

Bedingungen für die Existenz eines Wendepunktes in x_W

Notwendig:	$f''(x_W) = 0$
Hinreichend:	$f''(x_W) = 0$ und $f'''(x_W) \neq 0$

oder Vorzeichenwechsel von $f''(x)$ bei x_W.

POLSTELLEN

Gebrochenrationale Funktionen sind Funktionen der Form $f(x) = \frac{z(x)}{n(x)}$ wobei $z(x)$ und $n(x)$ Polynome sind. Sie sind für diejenigen x_1 - Werte nicht definiert, für die der Nenner $n(x_1)$ Null wird.

Ist der Zähler $z(x_1)$ ungleich 0, so geht der Funktionswert $f(x_1)$ gegen $+\infty$ oder $-\infty$ für x gegen x_1.
x_1 nennt man eine *Polstelle.* Die Funktion hat an der Stelle x_1 einen Pol. Es erleichtert die Übersicht über den Verlauf eines Graphen, wenn man an einer Polstelle senkrechte Geraden zeichnet, denen sich der Graph von links und rechts annähern kann. Diese Geraden sind *senkrechte Asymptoten.*

Beispiel:

$f(x) = \dfrac{1}{x^2 - 4}$

Der Nenner $x^2 - 4$ wird 0 für $x_1 = 2$ und $x_2 = -2$. Der Zähler ist für diese Werte ungleich 0. Der Graph hat zwei Pole.

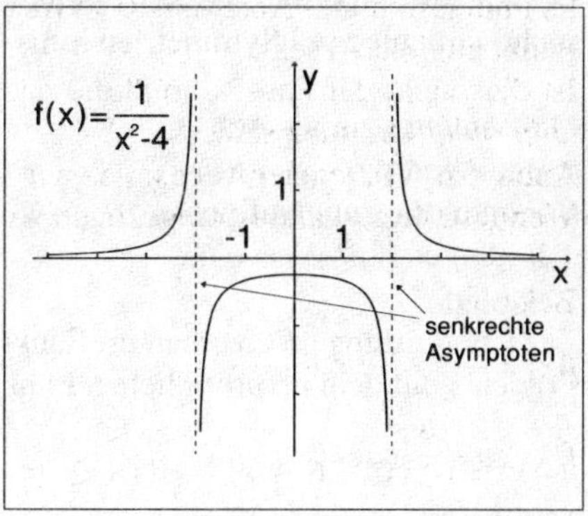

KURVENDISKUSSION

Unter einer Kurvendiskussion versteht man die Untersuchung einer Reihe wichtiger Merkmale von Funktionen bis hin zum Zeichnen des Graphen. Hierbei spielen die Ableitungen eine entscheidende Rolle.

Als zweckmäßig hat sich folgende Reihenfolge von Einzeluntersuchungen erwiesen. Sie werden anhand der Funktion f mit

$\boldsymbol{f(x) = x^3 - 6x^2 + 9x}$

erläutert (*kursiv*).

1. Definitionsmenge

Bei ganzrationalen Funktionen gilt meist D = **R**. Bei gebrochenrationalen Funktionen sind die x - Werte auszunehmen, für die der Nenner 0 wird.
Bei Wurzeltermen darf der Radikand nicht negativ sein, sofern es sich um eine gerade Wurzel handelt usw.

Für das Beispiel gilt D = ***R****.*

2. Ableitungen

Es sind meist die ersten 3 Ableitungen f', f'' und f''' notwendig.
Bei gebrochenrationalen Funktionen versucht man f''' wegen des höheren Rechenaufwandes zu umgehen.

$f(x) = x^3 - 6x^2 + 9x$
$f'(x) = 3x^2 - 12x + 9$
$f''(x) = 6x - 12$
$f'''(x) = 6$

3. Symmetrie
Die Kenntnis von Symmetrien erleichtert den Überblick über die Funktion. Untersucht wird auf zwei Symmetrien hin:

a) Symmetrie zur y - Achse
Bedingung: $f(-x) = f(x)$
b) Symmetrie zum Nullpunkt
Bedingung: $f(-x) = -f(x)$

Zur Überprüfung ersetzt man im Funktionsterm x durch – x und vergleicht das Ergebnis mit dem ursprünglichen Funktionsterm.

$$f(-x) = (-x)^3 - 6(-x)^2 + 9(-x)$$
$$= -x^3 - 6x^2 - 9x$$
Der erhaltene Funktionsterm ist weder identisch mit f(x) noch mit – f(x). Die Funktion ist weder symmetrisch zur y - Achse noch zum Nullpunkt.

4. Fernverhalten
Das Fernverhalten beschreibt die Funktionswerte für $x \to +\infty$ und $x \to -\infty$. Man schreibt dafür kurz $|x| \to \infty$ ($|x|$ ist der Betrag von x).

Eine gebrochenrationale Funktion hat
a) eine waagerechte Asymptote, falls der Grad des Zählers nicht größer als der des Nenners ist,
b) eine schiefe Asymptote, falls der Grad des Zählers um 1 größer ist als der des Nenners.

Für große Werte $|x|$ ist $f(x) \approx x^3$. Daher gilt
$f(x) \to +\infty$ für $x \to +\infty$ und $f(x) \to -\infty$ für $x \to -\infty$.

5. Polstellen
Gebrochenrationale Funktionen können Polstellen haben, wenn es x_p - Werte gibt, für die der Nenner 0 wird, und der Zähler ungleich 0 ist, d.h. $|f(x)| \to \infty$ für $x \to x_p$.

Die Bespielfunktion ist keine gebrochenrationale Funktion.

6. Nullstellen

Nullstellen sind Stellen, in denen der Graph die x-Achse schneidet. Sie sind Lösungen der Gleichung f(x) = 0.

$f(x) = x^3 - 6x^2 + 9x$

Gleichung: $x^3 - 6x^2 + 9x = 0$

In diesem Fall ist die Gleichung 3. Grades lösbar, indem man x ausklammert.

$x(x^2 - 6x + 9) = 0$

Damit ergibt sich

1. $x_1 = 0$
2. $x^2 - 6x + 9 = 0 \Rightarrow x_{2;3} = 3 \pm \sqrt{3^2 - 9} = 3 \pm 0 = 3$

Die Nullstellen liegen bei $x_1 = 0$ *und* $x_2 = x_3 = 3$ *(Doppelte Nullstelle).*

7. Extremwerte

Die notwendige Bedingung ist $f'(x_e) = 0$.

Eine hinreichende Bedingung ist:

a) ein Vorzeichenwechsel von $f'(x)$ bei x_e

oder b) $f'(x) = 0$ und $f''(x_e) < 0$ für ein Maximum

bzw. $f''(x_e) > 0$ für ein Minimum.

$f'(x) = 3x^2 - 12x + 9$

Notwendige Bedingung: $f'(x) = 0$:

$$3x^2 - 12x + 9 = 0 \qquad | :3$$

$$x^2 - 4x + 3 = 0 \qquad (p\text{ - }q\text{ - Formel})$$

$$x_{4;5} = 2 \pm \sqrt{4 - 3} = 2 \pm 1$$

$$x_4 = 2 + 1 = 3$$

$$x_5 = 2 - 1 = 1$$

An den Stellen $x_4 = 3$ *und* $x_5 = 1$ *befinden sich Punkte mit horizontaler Tangente.*

$f''(3) = 6 \cdot 3 - 12 = 6 > 0$,

d.h. es liegt bei $x_4 = 3$ *ein Minimum vor. Der y - Wert des Minimums ergibt sich durch Einsetzen von* $x_4 = 3$ *in die Ausgangsgleichung.*

$f(3) = 27 - 6 \cdot 9 + 9 \cdot 3 = 0$, *Minimum bei (3 ; 0)*

$f''(1) = 6 \cdot 1 - 12 = -6 < 0$,

d.h. es liegt bei $x_5 = 1$ *ein Maximum vor.*

$f(1) = 1 - 6 + 9 = 4$, *Maximum bei (1 ; 4)*

8. Wendestellen

Notwendig: $f''(x_w) = 0$

Hinreichend: $f''(x_w) = 0$ und $f'''(x_w) \neq 0$
oder Vorzeichenwechsel von $f''(x)$ bei x_w

$f''(x) = 6x - 12$

Notwendige Bedingung: $f''(x) = 0$

$6x - 12 = 0 \Leftrightarrow 6x = 12 \Leftrightarrow x = 2$

Die 3. Ableitung $f'''(x) = 6$ *ist stets ungleich 0. An der Stelle* $x = 2$ *liegt ein Wendepunkt vor. Die y - Koordinate ergibt sich aus:*

$f(2) = 2^3 - 6 \cdot 2^2 + 9 \cdot 2 = 8 - 24 + 18 = 2$

Wendepunkt bei (2 ; 2)

9. Graph

Der Graph wird unter Berücksichtigung der bisherigen Ergebnisse und der Berechnung zusätzlicher Punkte gezeichnet.

Wertetabelle

x	0	0,5	1	1,5	2	2,5	3	3,5	4
y	0	3,125	4	3,375	2	0,625	0	0,875	4

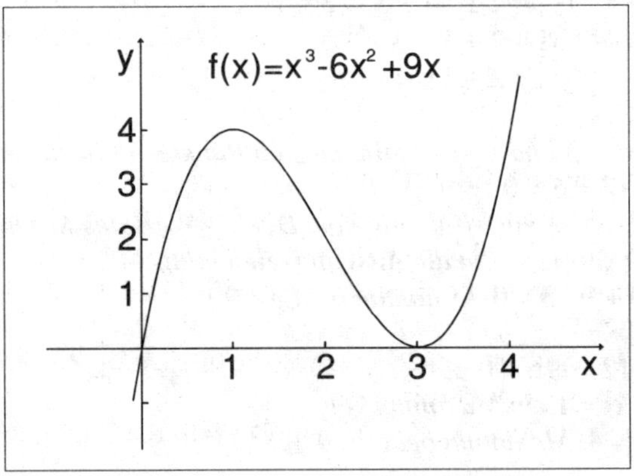

EXTREMWERTAUFGABEN AUS DER GEOMETRIE

Bestimmte Fragestellungen aus den unterschiedlichsten Gebieten zielen darauf ab, für eine Größe einen optimalen Wert herauszufinden. Dazu wird der Sachverhalt durch eine Funktionsgleichung unter Beachtung möglicher Nebenbedingungen beschrieben. Von der Funktion werden schließlich Extrema berechnet.

Beispiel:
An einer langen Hausmauer angrenzend soll ein Auslauf für einen Hund eingezäunt werden. Es stehen 20 m Drahtgeflecht zur Verfügung. Die Breite und Länge des Auslaufs ist so zu bemessen, daß der Auslauf möglichst groß wird.

Skizze:

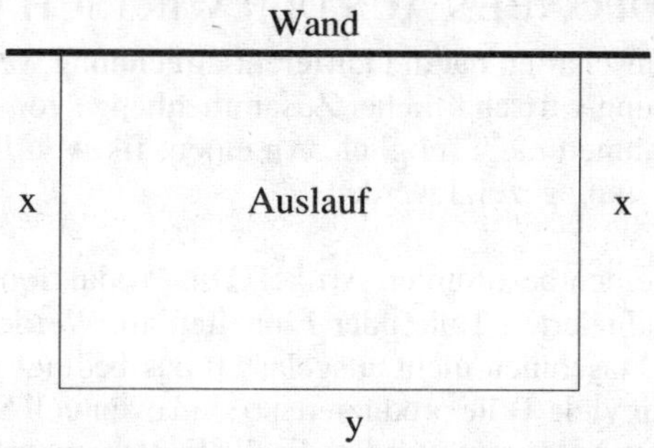

Die Lösung erfolgt in mehreren Schritten, die auch für andere Extremwertaufgaben gültig sind.

1. Aufstellen einer Gleichung für die zu optimierende Größe
Die im Beispiel zu optimierende Größe ist der Flächeninhalt A des Auslaufs. Er hängt von der Breite x und der Länge y des Auslaufs ab:
$A = x \cdot y$

2. Erfassen von Nebenbedingungen
Von A ist das Maximum zu bestimmen. Zur Bildung der ersten Ableitung darf die Formel für A nur eine Variable enthalten. Mit Hilfe von Nebenbedingungen in der Aufgabenstellung muß eine der beiden Variablen (x oder y) durch die andere ausgedrückt werden.
Die Angabe der Drahtlänge von 20 m ergibt die Gleichung $2x + y = 20$. Löst man die Gleichung nach y auf, so ergibt sich $y = 20 - 2x$.
Man ersetzt y in der Gleichung $A = x \cdot y$ und erhält die Funktionsgleichung oder *Zielfunktion*
$A(x) = x \cdot (20 - 2x) = 20x - 2x^2$

3. Bestimmung des Extremums der Zielfunktion
Die Ableitung $A'(x) = 20 - 4x$ ergibt durch Nullsetzen eine Extremstelle bei $x = 5$:
$20 - 4x = 0 \Leftrightarrow 4x = 20 \Leftrightarrow x = 5$

Die 2. Ableitung $A''(x) = -4$ ist stets negativ, d.h. bei $x = 5$ liegt ein Maximum vor. Für y ergibt sich y= $20 - 2 \cdot 5 = 10$.

4. Antwort
Der Auslauf ist bei einer Breite von 5 m und einer Länge von 10 m am größten.

EXTREMWERTAUFGABEN AUS DER WIRTSCHAFT

In den Wirtschaftswissenschaften hat die Differentialrechnung weite Verbreitung gefunden. Eine Darstellung wirtschaftlicher Zusammenhänge von Produktion und Absatz ist in diesem Rahmen nicht möglich. An einem fiktiven Beispiel soll die Anwendung der 1. Ableitung gezeigt werden.

Eine Fabrik produziert einen bestimmten Artikel. Die Produktionskosten hängen von der Anzahl der produzierten Teile oder Einheiten ab. Werden wenige Teile produziert, so sind die Maschinen nicht ausgelastet, das bedingt höhere Produktionskosten. Werden sehr viele Teile produziert, so sind eventuell Sonderschichten oder eine Erweiterung der Anlage notwendig, die die Kosten pro produziertem Teil ebenfalls in die Höhe treiben.
Man stellt nun aus den betrieblichen Vorgaben eine Funktion der Produktionskosten K(x) in Abhängigkeit der Stückzahl x auf.

Beispiel:
Die Produktionskosten für x Stück sind
$K(x) = x^3 - 15x^2 + 75x + 45$ (in DM).

Der erzielte Preis pro Stück beträgt 28,50 DM.
Der Umsatz für x Stück ist daher $U(x) = 28{,}50 \cdot x$ (in DM).
Werden bespielsweise 6 Einheiten produziert und verkauft, so ergeben sich Produktionskosten von K(6) = 171 DM.
Der Umsatz beträgt ebenfalls U(6) = 171 DM, d.h. Kosten und Umsatz sind bei 6 Stück gleich. Der Gewinn ist gleich 0.
Werden 3 Stück produziert, so betragen die Produktionskosten K(3) = 162 DM, der Umsatz jedoch nur 85,50 DM. Die Produktion arbeitet mit Verlust. Erst wenn man über 6 Einheiten produziert, gerät man in die Gewinnzone. In der folgenden Abbildung sind K(x) und U(x) dargestellt. Die Gewinnzone ergibt sich für diejenigen x - Werte, für die K(x) kleiner als U(x) ist.

Der Gewinn G(x) errechnet sich aus
G(x) = U(x) – K(x).
Um einen möglichst hohen Gewinn zu erzielen, ist das Maximum der Gewinnfunktion G(x) zu ermitteln.

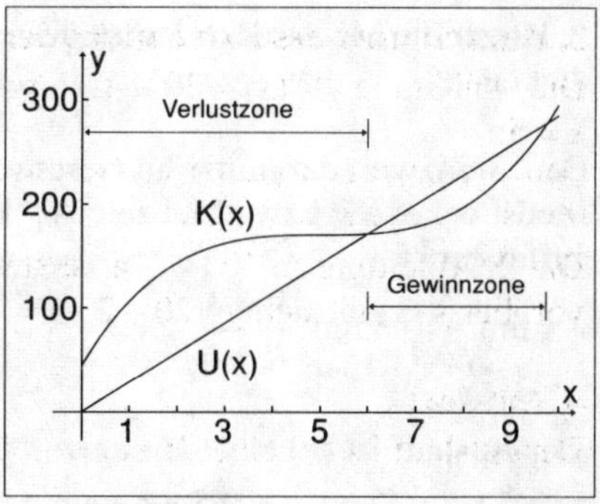

$$G(x) = 28{,}50\,x - (x^3 - 15\,x^2 + 75\,x + 45)$$
$$= -x^3 + 15\,x^2 - 46{,}50 \cdot x - 45$$

Dazu bildet man die 1. Ableitung G(x) und setzt sie gleich 0.

$$G'(x) = -3\,x^2 + 30\,x - 46{,}50$$

$$-3\,x^2 + 30\,x - 46{,}50 = 0 \quad | : (-3)$$
$$x^2 - 10\,x + 15{,}5 = 0$$
$$x_{1;2} = 5 \pm \sqrt{25 - 15{,}5}$$
$$x_1 = 8{,}08 \approx 8$$
$$x_2 = 1{,}92 \approx 2$$

In Verbindung mit der Zeichnung ergibt sich ein maximaler Gewinn bei 8 Stück. Bei 2 Stück liegt für G(x) ein Minimum vor; hier ist der Verlust am größten. Bei realen Produktionskalkulationen sind komplexere Abhängigkeiten in gleicher Weise zu untersuchen.

18.3 ANWENDUNGEN IN DER PHYSIK

GESCHWINDIGKEIT

Newton hat das Problem der Tangentensteigung ausgehend von dem physikalischen Problem der Bestimmung der *augenblicklichen* Geschwindigkeit, der *Momentangeschwindigkeit*, gelöst.
Untersucht man den freien Fall eines Körpers, indem man die Zeiten t für bestimmte Fallstrecken s untersucht, so ergibt sich der funktionelle Zusammenhang
$s = \frac{1}{2}\,g\,t^2$, wobei g die Fallbeschleunigung ist. Sie hat den Wert 9,81 $\frac{m}{s^2}$.
Eine Messung der tatsächlichen Geschwindigkeit (beispielsweise nach 4 s Fallzeit) ist nur mit hohem experimentellem Aufwand möglich. Sie wird durchgeführt, indem man für eine möglichst kurze Meßstrecke $\Delta s = s_2 - s_1$ die Fallzeit $\Delta t = t_2 - t_1$ mißt. Die *Durchschnittsgeschwindigkeit* $\overline{v}$ für diese Meßstrecke ist $\overline{v} = \frac{\Delta s}{\Delta t}$.

Je kürzer die Meßstrecke Δs ist, desto näher kommt man der Momentangeschwindigkeit v.

Den Grenzwert der mittleren Geschwindigkeit $\bar{v}$ für eine immer kleiner werdende Meßstrecke Δs bzw. Meßzeit Δt kann man als Momentangeschwindigkeit v auffassen:

$$v = \lim_{\Delta t \to 0} \frac{\Delta s}{\Delta t} = \lim_{t_2 \to t_1} \frac{s_2 - s_1}{t_2 - t_1}$$

Setzt man
$s_1 = 0{,}5\, g\, t_1^{\;2}$ und $s_2 = 0{,}5\, g\, t_2^{\;2}$ ein,
so ergibt sich:

$$\bar{v} = \frac{s_2 - s_1}{t_2 - t_1} = \frac{0{,}5\, g\, t_2^{\;2} - 0{,}5\, g\, t_1^{\;2}}{t_2 - t_1}$$

Klammert man 0,5 g aus und formt nach der 3. binomischen Formel um, so ergibt sich

$$\bar{v} = 0{,}5\, g \frac{t_2^{\;2} - t_1^{\;2}}{t_2 - t_1} = 0{,}5\, g \frac{(t_2 + t_1)(t_2 - t_1)}{t_2 - t_1} = 0{,}5\, g\, (t_2 + t_1)$$

Als Grenzwert für $t_2 \to t_1$ ergibt sich die Momentangeschwindigkeit

$$v = \lim_{t_2 \to t_1} \bar{v} = \lim_{t_2 \to t_1} 0{,}5\, g\, (t_2 + t_1) = 0{,}5\, g\, (2\, t_1) = g\, t_1$$

Die Momentangeschwindigkeit für den Zeitpunkt t ist die 1. Ableitung der Weg - Zeitfunktion s an der Stelle t.

Beispiel:
Ein Körper fällt aus einer Höhe von 80 m herunter. Mit welcher Geschwindigkeit trifft er auf den Erdboden auf?

Es gilt die obige Weg - Zeit - Funktion mit $g = 10 \frac{m}{s^2}$.

Zunächst ist die Fallzeit zu ermitteln:

$$80\, m = 0{,}5 \cdot 10 \frac{m}{s^2} \cdot t_1^{\;2}$$

Daraus ergibt sich $t_1 = 4\, s$.
Setzt man $t_1 = 4\, s$ in $v = g \cdot t_1$ ein, so ergibt sich

$$v = 10 \frac{m}{s^2} \cdot 4\, s = 40 \frac{m}{s}.$$

BESCHLEUNIGUNG

Eine beschleunigte Bewegung ist eine Bewegung mit sich ständig ändernder Geschwindigkeit. Die durchschnittliche Beschleunigung a ist die Änderung der Geschwindigkeit $\Delta v = v_2 - v_1$ in der Zeitspanne $\Delta t = t_2 - t_1$.

Die in einem bestimmten Zeitpunkt vorherrschende Beschleunigung, die Momentanbeschleunigung ist der Grenzwert der durchschnittlichen Beschleunigung für Δt gegen 0.

$$a = \lim_{\Delta t \to 0} \frac{\Delta v}{\Delta t} = \lim_{\Delta t \to 0} \frac{v_2 - v_1}{t_2 - t_1}$$

d.h. a ist die Ableitung der Geschwindigkeitsfunktion v(t) und somit die 2. Ableitung der Weg - Zeitfunktion s(t).

Für die Beschleunigung a gilt
$a(t) = v\,'(t)$ oder $a(t) = s\,''(t)$.

Beispiel:
Für den freien Fall gilt:
$s(t) = \frac{1}{2} g\, t^2$

Die 1. Ableitung ist die Momentangeschwindigkeit $v = s\,'(t) = g\, t$.

Die 2. Ableitung ist die Momentanbeschleunigung $a = s\,''(t) = g$.
In diesem Falle ist sie konstant. Es ist die Erdbeschleunigung $g = 9{,}81\ \frac{m}{s^2}$.

18.4 ÜBUNGSAUFGABEN

1) Bestimmen Sie den Grenzwert
   a) $\frac{2}{2\,n+1}$ für $n \to \infty$ b) $\frac{4\,x^2 - 1}{2\,x - 1}$ für $x \to \frac{1}{2}$

2) Bestimmen Sie die Steigung der Parabel mit $y = 2\,x^2 + 4\,x - 1$ im Punkte P mit $x = -2$ und die Geradengleichung der Tangente.

3) Berechnen Sie jeweils die 1. Ableitung:

a) $f(x) = 4x - 8x^2 + 5$ b) $f(x) = ax^4 - bx$ c) $f(x) = \frac{1}{x^4}$ d) $f(x) = \sqrt[3]{x^2}$

4) Berechnen Sie jeweils die 1. Ableitung. Wenden Sie dabei die Ableitungsregeln an.

a) $f(x) = 4 \sin x + \cos^2 x$ b) $f(x) = x^5 \cdot \cos x$ c) $f(x) = \frac{e^x}{\ln x}$

d) $f(x) = (5x^2 + a^x)^4$

5) Berechnen Sie die Extremwerte der Funktion f mit
$f(x) = 4x^3 - 2x^2 - 6$

6) Untersuchen Sie die Funktion f auf Extremwerte und Polstellen:
$$f(x) = \frac{6x}{x^2 + 1}$$

7) Berechnen Sie die Polstellen und die 1. Ableitung:
$$f(x) = \frac{x^2 - 4}{1 - x^2}$$

8) Führen Sie eine Kurvendiskussion mit der gebrochenrationalen Funktion f mit $f(x) = \frac{x^2 + 1}{2 - x}$ durch.

9) Die Zahl 30 soll so in zwei Summanden zerlegt werden, daß die Summe der Quadrate der gesuchten Summanden möglichst klein wird.

10) Eine Konservendose von 1 Liter Inhalt soll so bemessen werden, daß möglichst wenig Material zur Herstellung gebraucht wird. Berechnen Sie Durchmesser und Höhe.

LÖSUNGEN

1) a) 0
b) nach Umformung des Zählers nach der 3. binomischen Formel $(2x + 1)(2x - 1)$ und Kürzen ergibt sich $2x + 1$, G = 2

2) y = 4 x + 4, m = – 4, b = y – m x, b = – 1 – (– 4) · (– 2) = – 9,
Tangentengleichung y = – 4 x – 9

3) a) $f'(x) = 4 - 16x$ b) $f'(x) = 4ax^3 - b$

c) $f(x) = x^{-4}$ $f'(x) = -4x^{-5} = -\frac{4}{x^5}$

d) $f(x) = x^{2/3}$ $f'(x) = \frac{2}{3}\frac{1}{\sqrt[3]{x}}$

4) a) $f'(x) = 4\cos x - 2\cos x \cdot \sin x$, Faktor-, Summen- und Kettenregel

b) $f'(x) = 5x^4\cos x - x^5 \cdot \sin x$, Produktregel

c) $f'(x) = \frac{e^x \ln x - e^x \cdot 1/x}{(\ln x)^2}$ Quotientenregel

d) $f'(x) = 4(5x^2 + a^x)^3 \cdot (10x + a^x \cdot \ln a)$, Kettenregel

5) Max (0 ; – 6), Min (0,33 ; – 6,07)

6) Min (– 1 ; – 3), Max (1 ; 3), keine Polstelle

7) $f'(x) = \frac{-6x}{(1-x^2)^2}$, Polstellen bei x = 1 und x = – 1

8) $D = \mathbf{R} \setminus \{2\}$, $f'(x) = \frac{-x^2+4x+1}{(2-x)^2}$, $f''(x) = \frac{10}{(2-x)^3}$,

keine Symmetrie, Asymptote y = – x – 2, Polstelle bei x = 2,
keine Nullstelle, Maximum bei (4,24 ; – 8,47), Minimum bei (– 0,24 ; 0,47)
keine Wendepunkte.
Graph:

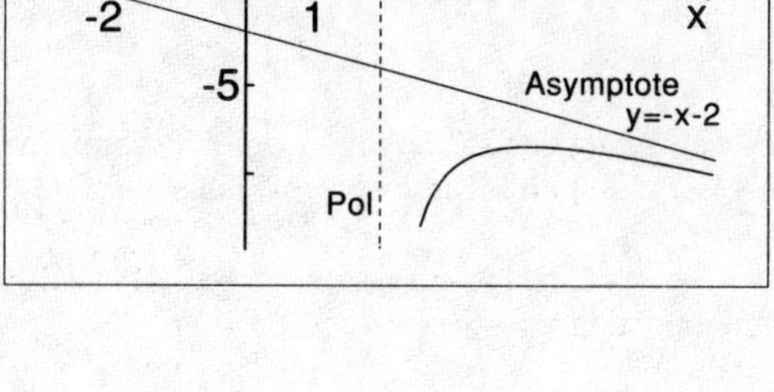

9) $x + y = 30$, $y = 30 - x$, $s = x^2 + y^2 = x^2 + (30 - x)^2 = 2x^2 - 60x + 900$
$s'(x) = 4x - 60 = 0$, $x = 15$, $s''(x) = 4$, es liegt ein Minimum vor.

10) $V = \pi \cdot r^2 h = 1$ (*in* dm^3) , $h = \dfrac{1}{\pi \cdot r^2}$

$O = 2\pi r^2 + 2\pi r h = 2\pi r^2 + 2 \cdot \dfrac{1}{r}$, $O'(r) = 4\pi r - 2\dfrac{1}{r^2} = 0$

$r = \dfrac{1}{\sqrt[3]{2\pi}} = 0{,}54\ dm$, $d = 10{,}8\ cm$, $h = 10{,}84\ cm$

19. INTEGRALRECHNUNG

19.1 GRUNDLAGEN DER INTEGRALRECHNUNG

Die Differentialrechnung war ursprünglich aus dem Problem erwachsen, die Tangente in einem beliebigen Punkt einer Funktionskurve zu berechnen. Die Integralrechnung hat ihren historischen Ursprung in der Berechnung von Flächeninhalten; die Größe der Fläche, die durch eine vorgegebene Kurve begrenzt wird, sollte erfaßt werden.
Das Tangentenproblem der Differentialrechnung und die Berechnung von Flächeninhalten erscheinen auf den ersten Blick als sehr unterschiedliche Aufgabenstellungen. Es hat sich jedoch herausgestellt, das zwischen den hier zugrunde liegenden Lösungsmethoden enge Beziehungen bestehen. Die folgende Betrachtung soll diese Beziehungen etwas näher erläutern.

In der nebenstehenden Abbildung ist y = f(x) eine vorgegebene Funktion; ihr Graph begrenzt zusammen mit der x - Achse und zwei Randstrecken ein Flächenstück A. Die Berechnung der Flächengröße von A besteht i.w. in der Bestimmung einer Funktion g(x), für deren Ableitung gilt: g'(x) = f(x).

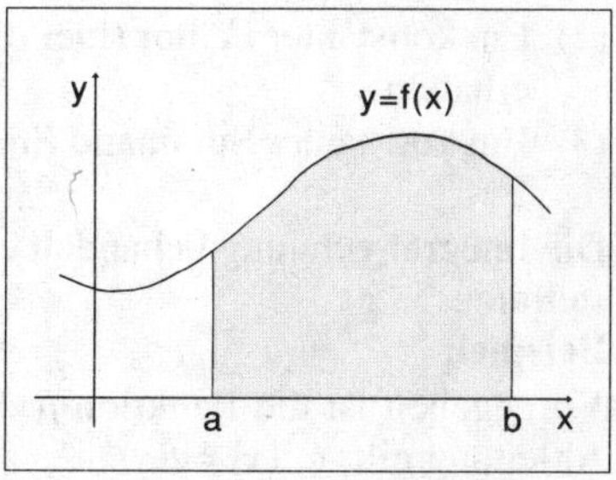

Durch die zuletzt genannte Problemstellung wird die eigentliche Hauptaufgabe der Integralrechnung gekennzeichnet:
Zu einer vorgegebenen Funktion f(x) ist eine weitere Funktion g(x) zu ermitteln, deren Ableitung g' (x) mit f(x) übereinstimmt.

Diese gesuchte Funktion heißt ein *unbestimmtes Integral* oder auch eine *Stammfunktion* von f(x). Die Berechnung des Integrals von f(x) bezeichnet man als *Integration.*
Die *Integration einer Funktion f(x) ist die Umkehrung der Differentiation*; eine zuvor durchgeführte Ableitung einer Funktion kann durch eine anschließende Integration ("Aufleitung") wieder rückgängig gemacht werden.

In der oben dargestellten Hauptaufgabe ist die vorgegebene Funktion f(x) von allgemeiner Art, also insbesondere unabhängig von dem anfangs betrachteten Flächenproblem.

Es gibt heute sehr viele bedeutsame Anwendungen der Integralrechnung in den innermathematischen Gebieten (z.B. in der Geometrie). Auch in der modernen Physik und den technischen Wissenschaften ist die Integralrechnung eine unverzichtbare Grundlage geworden.

STAMMFUNKTION UND INTEGRAL

Die Differentialrechnung liefert uns Methoden, um zu einer vorgegebenen Funktion f(x) die zugehörige Ableitung f '(x) zu bestimmen.

Beispiel:
$f(x) = 4 \cdot x^3 + 9$ hat die Ableitung $f\,'(x) = 4 \cdot 3 \cdot x^2 + 0 = 12\,x^2$.

Zur Ableitung von f(x) wurden hier die folgenden Regeln aus der Differentialrechnung benutzt:

(1) Die Ableitung des Terms x^r liefert den Term $r \cdot x^{r-1}$, hierbei ist r eine reelle Konstante ("Potenzregel der Differentialrechnung").
(2) Ein konstanter Faktor (hier die 4) vor einem variablen Term bleibt als Faktor erhalten.
(3) Ein konstanter Summand (hier die 9) fällt beim Ableiten weg.

Die Integralrechnung behandelt eine zur Differentialrechnung umgekehrte Fragestellung.
Beispiel:
Vorgegeben ist die Funktion $f(x) = x^2$; gesucht ist eine Funktion g(x), für deren Ableitung gilt: $g\,'(x) = f(x)$.
Für dieses einfache Beispiel läßt sich die gesuchte Funktion schnell aufschreiben (man beachte hierbei die obige Potenzregel): $g(x) = \frac{1}{3} x^3$; für die Ableitung gilt:

$g\,'(x) = \frac{1}{3} \cdot 3 \cdot x^2 = x^2 = f(x)$. g(x) heißt eine *Stammfunktion* von f(x).

Da ein konstanter Summand beim Ableiten verschwindet, sind z.B. auch
$h(x) = \frac{1}{3} \cdot x^3 + 2$ und $k(x) = \frac{1}{3} \cdot x^3 - 1$
Stammfunktionen von f(x).

Zu $f(x) = x^2$ ist also $g(x) = \frac{1}{3} \cdot x^3$ eine spezielle Stammfunktion, jede andere Stammfunktion von f(x) läßt sich in der Form h(x) = g(x) + c mit einer reellen Zahl c darstellen.

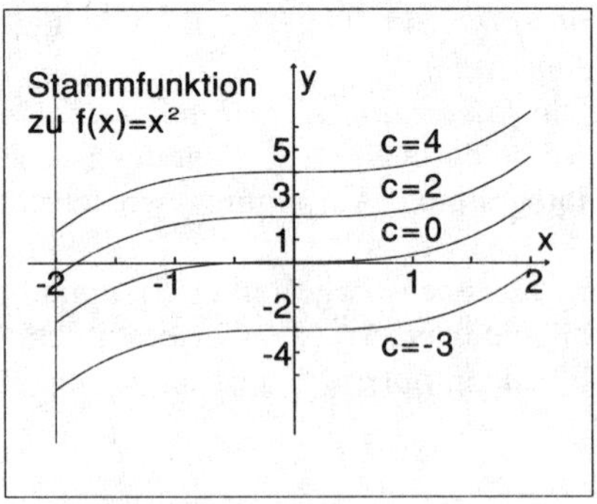

Geometrisch betrachtet entstehen hier die Graphen aller Stammfunktionen von f(x) durch Parallelverschiebungen der speziellen Stammfunktion g(x) in Richtung der y - Achse.

Seien nun allgemein f(x) und g(x) reelle Funktionen mit dem Definitionsbereich D.
g(x) heißt eine Stammfunktion von f(x), wenn für die Ableitung g'(x) gilt:
$g'(x) = f(x)$

Beispiele:

(1) Zu $f(x) = x^4$ ist $g(x) = \frac{1}{5} \cdot x^5$ eine Stammfunktion, da

$g'(x) = \frac{1}{5} \cdot 5 \cdot x^4 = x^4 = f(x)$ gilt.

(2) Die Ableitung der Sinusfunktion ist die Cosinusfunktion. Somit können wir $g(x) = \sin x$ als eine Stammfunktion von $f(x) = \cos x$ betrachten; weitere mögliche Stammfunktionen von $f(x)$ sind $h(x) = \sin x + 1{,}7$ oder $k(x) = \sin x - 2$.

Ist g(x) eine Stammfunktion von f(x), so läßt sich jede andere Stammfunktion h(x) von f(x) auf g(x) zurückführen durch h(x) = g(x) + c; die reelle Konstante c wird oft als Integrationskonstante bezeichnet.

Die Menge aller Stammfunktionen von f(x) bezeichnet man als das unbestimmte Integral von f(x), man schreibt hierfür das Symbol:
$\int f(x)\, dx$ (gesprochen: "Integral - f - von - x - d - x").
Die Funktion f(x) hinter dem Integralzeichen wird als *Integrand* bezeichnet.

Beispiele:

(1) Vorgegeben ist $f(x) = \frac{1}{2} \cdot x$; das unbestimmte Integral $\int \frac{1}{2} x\, dx = x^2 + c$ stellt hier eine Schar von Normalparabeln dar, deren Graphen alle durch

Parallelverschiebungen in Richtung der y - Achse ineinander überführbar sind.

(2) g(x) = sin x + c ist die allgemeine Stammfunktion oder, anders betrachtet, die Menge aller Stammfunktionen von f(x) = cos x.
Die symbolische Formulierung dieser Aussage ist:
$\int \cos dx = \sin x + c$
(gesprochen: "Integral - Cosinus - x - d - x ...").

Die Integrationskonstante c wird aus rein formalen Gründen üblicherweise in der Stammfunktion mitgeschrieben; sie hat für die meisten praktischen Berechnungen und Anwendungen im Bereich der Schulmathematik (z.B. Flächen- und Volumenberechnungen) keine Bedeutung, man könnte hier einfach c = 0 setzen.
Im folgenden Kapitel 20 (Differentialgleichungen) werden wir aber Anwendungen darstellen, wo die Integrationskonstante c unbedingt benötigt wird.

Beispiele:
Wir berechnen nun zwei Integrale und bestätigen dann, daß die Ableitung der Stammfunktion jeweils den zugehörigen Integranden ergibt.

a) $\int x^3\, dx$ b) $\int 4x^2\, dx$

Lösungen:

$$\int x^3\, dx = \frac{1}{4}x^4 + c \qquad \left(\frac{1}{4}x^4 + c\right)' = \frac{1}{4}\cdot 4\cdot x^3 + 0 = x^3$$

$$\int 4x^2\, dx = \frac{4}{3}x^3 + c \qquad \left(\frac{4}{3}x^3 + c\right)' = \frac{4}{3}\cdot 3\cdot x^2 + 0 = 4x^2$$

In der Differentialrechnung gilt die Potenzregel $(x^r)' = r\cdot x^{r-1}$, wobei der Exponent r eine beliebige reelle Zahl sein kann. Da sich viele elementare Funktionen wie z.B. Parabel-, Wurzel- oder Hyperbelfunktionen durch eine Potenzform darstellen lassen, ist die Potenzregel von erheblicher Bedeutung. Man kann sie in etwas geänderter Schreibweise auch für die Zwecke der Integralrechnung anwenden.

Potenzregel der Integralrechnung:
Ein Potenzterm x^r wird integriert, indem sein Exponent um 1 erhöht wird und der Kehrwert des neuen Exponenten als Faktor vor dem neuen Potenzterm erscheint.
r kann eine reelle Zahl sein, wobei nur die Einschränkung $r \neq -1$ gilt.

$$\int \boldsymbol{x^r\,dx = \frac{1}{r+1} \cdot x^{r+1} + c} \;, \quad r \in \mathbf{R} \text{ und } r \neq -1$$

r = – 1 würde im Nenner des obigen Bruches die Null erzeugen,was verboten ist.

Beispiele:
Die Integrale (oder anders formuliert: Stammfunktionen) von den drei folgenden Funktionen können mit Hilfe der obigen Regel berechnet werden:

a) $f(x) = \frac{1}{x^2}$, $x \neq 0$ b) $f(x) = \sqrt{x}$, $x > 0$ c) $f(x) = \frac{1}{\sqrt{x}}$, $x > 0$

Lösungen:

$$\int \frac{1}{x^2}\,dx = \int x^{-2}\,dx = \frac{1}{-2+1}\,x^{-2+1} + c = -x^{-1} + c = -\frac{1}{x} + c$$

$$\int \sqrt{x}\,dx = \int x^{\frac{1}{2}}\,dx = \frac{1}{\frac{1}{2}+1} \cdot x^{\frac{1}{2}+1} + c = \frac{2}{3} \cdot x^{\frac{3}{2}} + c = \frac{2}{3}\sqrt{x^3} + c$$

$$\int \frac{1}{\sqrt{x}}\,dx = \int x^{-\frac{1}{2}}\,dx = \frac{1}{-\frac{1}{2}+1} \cdot x^{-\frac{1}{2}+1} + c = -2 \cdot x^{\frac{1}{2}} + c = -2\sqrt{x} + c$$

Man verwendet häufig den Begriff "Integral" im Sinne des "unbestimmten Integrals". Diese "Schreibersparnis" ist zulässig, solange es keine Verwechselungen geben kann (es gibt auch noch ein "bestimmtes Integral").

Die Anwendungen der Potenzregel in der Differential- und Integralrechnung sollen in der folgenden Tabelle noch einmal zusammengefaßt werden.

1. Ableitung $f'(x)$	vorgegebene Funktion $f(x)$	unbestimmtes Integral $\int f(x)\,dx$
$f'(x) = r \cdot x^{r-1}$ $r \in \mathbf{R}$	$f(x) = x^r$	$\int f(x)\,dx = \frac{1}{r+1} \cdot x^{r+1} + c$ $r \in \mathbf{R}$ und $r \neq -1$
$f'(x) = 0$	$f(x) = 1 = x^0$	$\int f(x)\,dx = x + c$
$f'(x) = 1$	$f(x) = x = x^1$	$\int f(x)\,dx = \frac{1}{2} x^2 + c$
$f'(x) = 2 \cdot x$	$f(x) = x^2$	$\int f(x)\,dx = \frac{1}{3} x^3 + c$
$f'(x) = -2 \cdot x^{-3}$	$f(x) = \frac{1}{x^2} = x^{-2}$	$\int f(x)\,dx = -x^{-1} + c$
$f'(x) = \frac{1}{2} \cdot x^{-\frac{1}{2}}$	$f(x) = \sqrt{x} = x^{\frac{1}{2}}$	$\int f(x)\,dx = \frac{2}{3} \cdot x^{\frac{3}{2}} + c$

INTEGRATION DER HYPERBELFUNKTION $f(x) = \frac{1}{x}$

Die Ableitung der Funktion des natürlichen Logarithmus ist eine Hyperbelfunktion: $(ln\,x)' = \frac{1}{x}$.

Diese Aussage können wir nun unter dem Gesichtspunkt der Integration umgekehrt formulieren:

Die Funktion des natürlichen Logarithmus ist ein Integral (bzw. eine Stammfunktion) der Hyperbelfunktion.

$\int \frac{1}{x}\,dx = \ln x + c \quad (x > 0).$

Da die Logarithmusfunktion nur für positive x - Werte erklärt ist, muß der Definitionsbereich der Hyperbelfunktion, die als Integrand im obigen Integral steht, zunächst auf positive x - Werte eingeschränkt werden.

Soll nun f(x) auch über einem Definitionsbereich mit negativen x - Werten integriert werden können, so muß hier die folgende Formel angewendet werden:

$\int \frac{1}{x}\,dx = \ln(-x) + c \quad (x < 0)$;

wegen x < 0 ist – x > 0, der Term ln (– x) ist somit auf dem negativen Zahlenstrahl gültig.

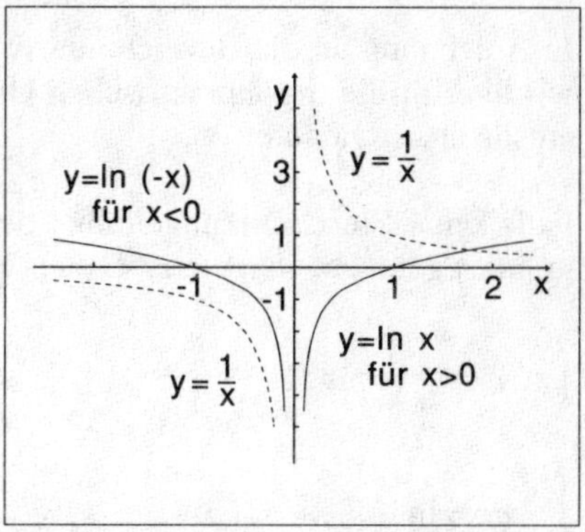

Die beiden zuletzt genannten Integralformeln werden nun üblicherweise in einer einzigen Formel zusammengefaßt, hierbei verwendet man den Betrag von x:

$$\int \frac{1}{x}\,dx = \ln|x| + c \qquad (x \neq 0)$$

Diese Formel ist gültig für jedes Intervall auf der x - Achse, das die Stelle x = 0 nicht enthält.

Beispiele:

a) D = [– 20 ; – 1]; $\int \frac{1}{x}\,dx = \ln(-x) + c$

b) D = [0,01 ; 2]; $\int \frac{1}{x}\,dx = \ln x + c$

c) D = [– 1 ; 1]; über diesem Definitionsbereich darf nicht integriert werden, da der Integrand f(x) an der Stelle x = 0 innerhalb von D nicht definiert ist und hier zugleich ein Sprungverhalten von extrem negativen zu extrem großen ("unendlich großen") positiven y - Werten aufweist.

GRUNDINTEGRALE

Die Integration von komplizierteren Funktionstermen kann mit Hilfe der Integrationsregeln auf die Integration von elementaren Funktionen zurückgeführt werden, deren Integrale (sog. "Grundintegrale") in einer üblichen Formelsammlung zu finden sind.
Die folgende Auswahl von Grundintegralen beschränkt sich auf die wichtigsten Elementarfunktionen bzw. Integranden.

In Anlehnung an die Bezeichnungsweisen der meisten Integraltafeln verwenden wir hier für die trigonometrischen Umkehrfunktionen die Arcus - Schreibweisen arcsin, arccos, arctan.

Falls keine Einschränkungen über den Definitionsbereich D des jeweiligen Integranden gemacht werden, ist D stets als Menge aller reellen Zahlen vorausgesetzt.

$$\int x^r\, dx = \frac{1}{r+1}\, x^{r+1} + c \qquad r \in \mathbf{R},\ r \neq -1$$

$$\int \frac{1}{x}\, dx = \ln|x| + c \qquad x \neq 0$$

$$\int a^x\, dx = \frac{1}{\ln a} \cdot a^x + c$$

$$\int e^x\, dx = e^x + c \qquad \int e^{k \cdot x}\, dx = \frac{1}{k} \cdot e^{k \cdot x} + c$$

$$\int \ln x\, dx = x \cdot \ln x - x + c$$

$$\int \frac{f'(x)}{f(x)}\, dx = \ln|f(x)| + c \qquad f(x) \neq 0$$

$$\int \sin x\, dx = -\cos x + c \qquad \int \cos x\, dx = \sin x + c$$

$$\int \tan x\, dx = -\ln|\cos x| + c \qquad x \neq (2z+1) \cdot \frac{\pi}{2}$$

$$\int \cot x\, dx = \ln|\sin x| + c \qquad x \neq 2z\pi$$

$$\int \frac{1}{\cos^2 x} \, dx = \tan x + c \qquad x \neq (2z+1) \cdot \frac{\pi}{2}$$

$$\int \frac{1}{\sin^2 x} \, dx = -\cot x + c \qquad x \neq z \cdot \pi$$

In den letzten 4 Formeln bezeichnet z eine beliebige ganze Zahl; die hier ausgeschlossenen x - Werte sind unbeschränkte Sprungstellen des jeweiligen Integranden und dürfen nicht im Integrationsintervall liegen.

$$\int \frac{1}{\sqrt{a^2 - x^2}} \, dx = \arcsin\left(\frac{x}{a}\right) + c \qquad |x| < a$$

$$\int \frac{1}{\sqrt{a^2 + x^2}} \, dx = \ln\left(x + \sqrt{a^2 + x^2}\right) + c$$

$$\int \frac{1}{a^2 + x^2} \, dx = \frac{1}{a} \cdot \arctan\left(\frac{x}{a}\right) + c \qquad a \neq 0$$

$$\int \frac{1}{x^2 - a^2} \, dx = \frac{1}{2a} \cdot \ln\left(\frac{x-a}{x+a}\right) + c \qquad |x| > a, \; a \neq 0$$

DAS BESTIMMTE INTEGRAL

Der historische Ursprung der Integralrechnung war die Berechnung von Flächeninhalten. Diese Thematik soll auch im Mittelpunkt der folgenden Betrachtungen stehen.
Die hier am Anfang gemachte Beschränkung auf stetige und positive Funktionen f(x) ermöglicht eine anschaulichere Erklärung des bestimmten Integrals; dieses kann aber für eine sehr viel allgemeinere Funktionenklasse erklärt werden.

Sei f(x) eine auf dem Intervall [a ; b] erklärte stetige und positive Funktion. Der Graph von f(x) begrenzt dann zusammen mit der x - Achse und den Ordinaten über a und b ein Flächenstück A.
Der Flächeninhalt dieser Fläche A wird als das *bestimmte Integral* von f(x) zwischen den Grenzen a und b bezeichnet.

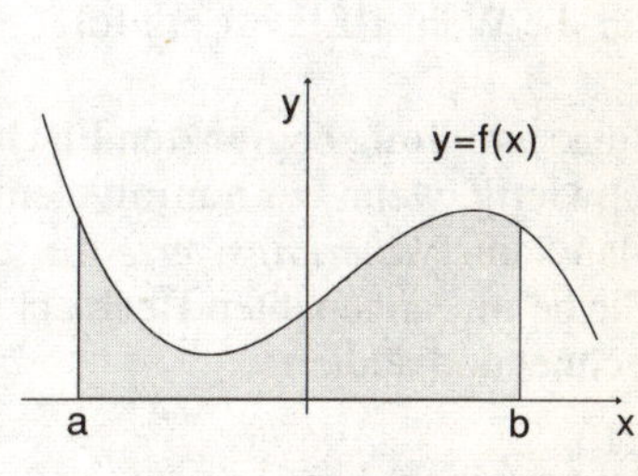

f(x)>0 für alle x aus [a,b]

Symbolische Schreibweise des bestimmten Integrals: $\int_a^b f(x)\, dx$

(gesprochen: "Integral - von - a - bis - b - von - f - von - x - d - x").

Beispiel:
f(x) = 0,5 x + 1, a = 1, b = 2; gesucht ist das bestimmte Integral

$$\int_1^2 (0{,}5\, x + 1)\, dx.$$

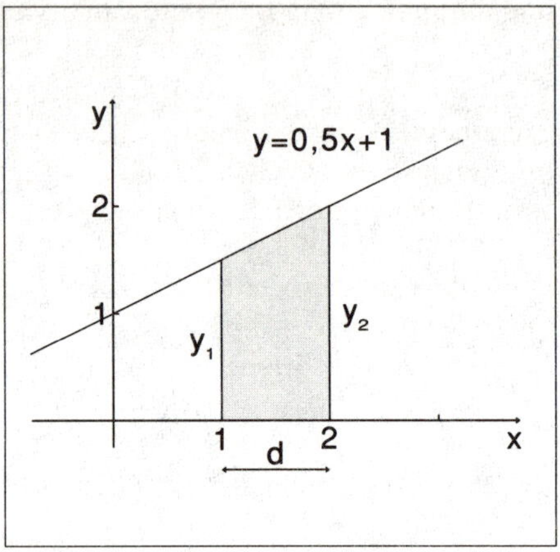

In diesem einfachen Falle kann das bestimmte Integral, das der markierten Trapezfläche entspricht, unter Anwendung der Trapezflächenformel sofort berechnet werden:

$$A = d \cdot \frac{y_1 + y_2}{2}$$

$$= 1 \cdot \frac{1{,}5 + 2}{2} = 1{,}75\ (FE)$$

Also gilt $\int_1^2 (0{,}5\, x + 1)\, dx = 1{,}75\ (FE)$

FE bedeutet Flächeneinheit; wird für die Einheitsstrecke von 0 bis 1 auf der x - Achse z.B. 2 cm gewählt, so gilt für die Längeneinheit (LE): 1 LE = 2 cm, für die Flächeneinheit folgt dann $1\ FE = 2\ cm \cdot 2\ cm = 4\ cm^2$.
Für die Wahl 1 LE = 1 cm folgt entsprechend $1\ FE = 1\ cm^2$.

Bei krummlinig begrenzten Flächen wird die Berechnung von Flächeninhalten oft schwierig, wenn wir nur mit elementargeometrischen Mitteln arbeiten.
Man kann *Näherungswerte* für solche Flächeninhalte bestimmen, indem man die Fläche mit angepaßten Rechteckstreifen überdeckt und deren Flächengrößen berechnet und addiert.

FLÄCHENBERECHNUNG MIT DER STREIFENMETHODE

Am Beispiel der Normalparabel soll die Streifenmethode erläutert werden.

$f(x) = x^2$, $a = 1$, $b = 2$;

das bestimmte Integral $\int_1^2 x^2\,dx$ entspricht der Größe der markierten Fläche.

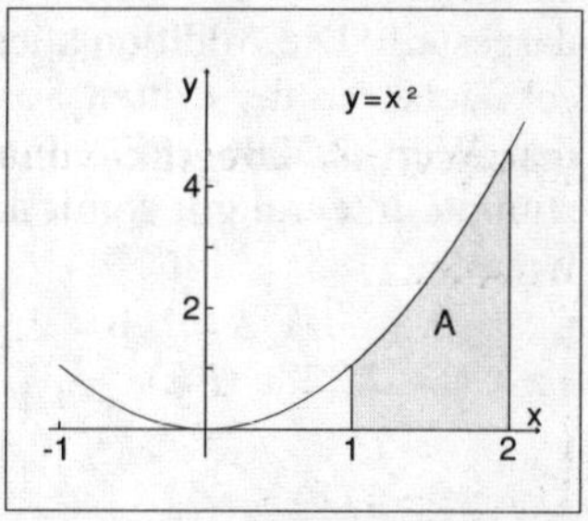

Zur Überdeckung der Parabelfläche wählen wir beispielsweise 4 Rechteckstreifen mit der jeweils gleichen Breite d = 0,25 (LE). Die Wahl einer größeren Anzahl vonStreifen würde den Näherungswert für die gesuchte Flächengröße verbessern.

Die Zahl x_1 liegt in der Mitte des ersten Streifens, es gilt $x_1 = 1 + ½\, d = 1{,}125$.
Für x_2 folgt $x_2 = x_1 + 0{,}25 = 1{,}375$ usw.
Die zugehörigen Streifenlängen ergeben sich als y - Werte der Parabelfunktion, z.B. $y_1 = x_1^{\,2} = 1{,}266$.

Der erste Streifen hat also die Breite d = 0,25 (LE), die Länge 1,266 (LE) und den Flächeninhalt
$0{,}25 \cdot 1{,}266 = 0{,}3165$ (FE).

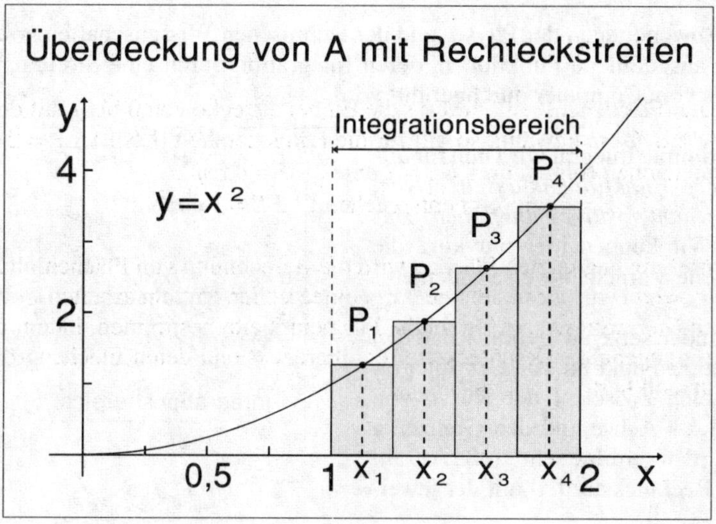

In der nebenstehenden Tabelle werden die Angaben zu den 4 Rechtecksteifen dargestellt. Die Addition aller 4 Rechteckflächen in der dritten Spalte ergibt den Wert 2,3286 (FE). Für das bestimmte Integral gilt somit näherungsweise:

$$\int_1^2 x^2\,dx = 2{,}3286\ (FE)$$

x	$y = x^2$	$0{,}25 \cdot y$
1,125	1,266	0,3165
1,375	1,891	0,4728
1,625	2,641	0,6603
1,875	3,516	0,8790
Summe:		2,3286

Zum Vergleich:
Der exakte Flächenwert beträgt

$$A = \frac{7}{3} = 2{,}3333\ (FE).$$

Die Abweichung unseres Näherungswertes vom exakten Wert beträgt somit ca. 0,2 %.

Eine höhere Genauigkeit des Näherungswertes für das bestimmte Integral läßt sich durch eine Erhöhung der Streifenzahl (n) erreichen.
Wir können z.B. das Intervall [1 ; 2] in 100 Streifenbreiten unterteilen, jeder Streifen hat dann die Breite d = 0,01 (LE). Die Auswertung der hier schon sehr umfangreichen Tabelle kann von einem Computer ausgeführt werden.

In den Anwendungen der Physik und der technischen Wissenschaften erscheinen oft sehr ausgefallene Funktionen, deren Integration durch eine Streifenmethode ebenfalls vom Computer durchgeführt wird.

Das bestimmte Integral wird nun für *allgemeinere Funktionenklassen erkärt, die auch nicht positive Funktionen beinhalten.* Wir können hier nur kurz die prinzipielle Vorgehensweise andeuten.

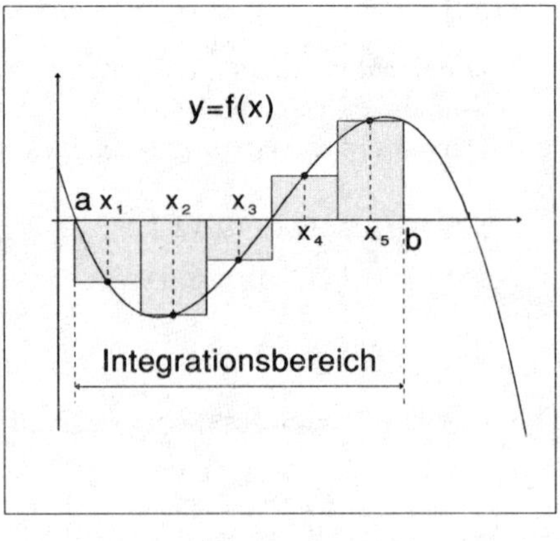

Im folgenden setzen wir voraus, daß f(x) eine stetige Funktion ist. Der Integrationsbereich zwischen der Kurve von f(x), der x - Achse und den Grenzen a und b wird durch eine sehr große Anzahl (n) von Rechteckstreifen mit der jeweiligen Streifenbreite d überdeckt. Innerhalb eines jeden Streifens (z.B. in der Mitte) wählt man auf der x - Achse einen sogn. "Zwischenwert"; man erhält somit insgesamt n Zwischenwerte x_1 , x_2 , x_3 , . . . , x_n.

In der obigen Abb. ist z.B. die Flächenzahl $d \cdot f(x_2)$ des 2. Flächenstreifens negativ, da $f(x_2)$ negativ ist; für den 4. Flächenstreifen ist $d \cdot f(x_4)$ positiv.

Die Summe S_n aller Flächenzahlen ist
$S_n = d \cdot f(x_1) + d \cdot f(x_2) + \ldots + d \cdot f(x_n)$.

Wird nun die Streifenanzahl n immer größer gewählt (und demzufolge die einzelne Streifenbreite immer kleiner), so nähert sich die Summe S_n immer dichter einem bestimmten Grenzwert, dieser ist das *bestimmte Integral* von f(x) in den Grenzen zwischen a und b.
Man sagt auch: Mit wachsendem n konvergiert die Folge der Flächensummen (S_n) gegen das bestimmte Integral. Symbolische Schreibweise für diesen Grenzwert:

$$\int_a^b f(x)\, dx = \lim_{n \to \infty} S_n$$

HAUPTSATZ DER DIFFERENTIAL- UND INTEGRALRECHNUNG

Die Berechnung des bestimmten Integrals mit der Streifenmethode ist recht aufwendig und liefert zudem nur Näherungswerte.
Eine exakte und in vielen Fällen auch einfachere Lösungsmethode liefert uns der folgende, als "Hauptsatz der Differential- und Integralrechnung" bezeichnete Satz.

> Die Funktion f(x) sei auf dem Intervall [a ; b] stetig, g(x) sei eine beliebige Stammfunktion von f(x).
> Dann kann das bestimmte Integral von f(x) mit Hilfe dieser Stammfunktion berechnet werden: $\int_a^b f(x)\, dx = g(b) - g(a)$.

Dieser Satz gilt auch für nicht positive Funktionen f(x).

Beispiele:

(1) Zu $f(x) = x^2$ wählen wir die spezielle Stammfunktion $g(x) = \frac{1}{3}x^3$ (c = 0)

Dann folgt aus dem obigen Satz:

$$\int_1^2 x^2\,dx = g(2) - g(1) = \frac{1}{3}2^3 - \frac{1}{3}1^3 = \frac{8}{3} - \frac{1}{3} = \frac{7}{3}$$

Dieses bestimmte Integral gibt den Flächeninhalt des Flächenstückes unter der Normalparabel innerhalb der Grenzen $1 \le x \le 2$ an.

Für die Differenz $g(b) - g(a)$ der Werte der Stammfunktion im Hauptsatz verwendet man häufig die folgende Schreibweise:

$$[\,g(b)\,]_a^b = g(b) - g(a)$$

(2) Die Größe der Fläche unterhalb der Hyperbel $f(x) = \frac{1}{x}$ in den Grenzen von $x = 0{,}5$ bis $x = 2$ ist zu berechnen.

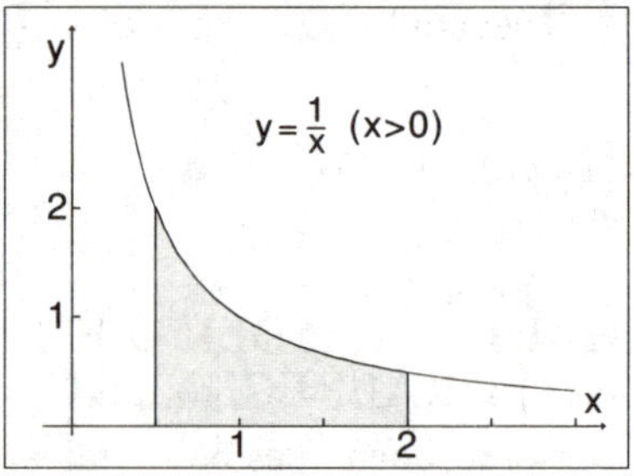

Lösung:

Zu $f(x) = \frac{1}{x}$ ist $g(x) = \ln x$ eine spezielle Stammfunktion (c = 0).

$$\int_{0{,}5}^2 \frac{1}{x}\,dx = [\,\ln x\,]_{0{,}5}^2$$

$$= \ln 2 - \ln 0{,}5 = 1{,}3863$$

Der gesuchte Flächeninhalt unter der Hyperbel beträgt 1,3863 FE.

(3) Die Größe der Fläche unterhalb der Kurve von $f(x) = \sin x$ in den Grenzen von $x = 0$ bis $x = \pi$ ist zu berechnen.

Lösung:

Zu $f(x) = \sin x$ ist $g(x) = -\cos x$ eine spezielle Stammfunktion (c = 0).

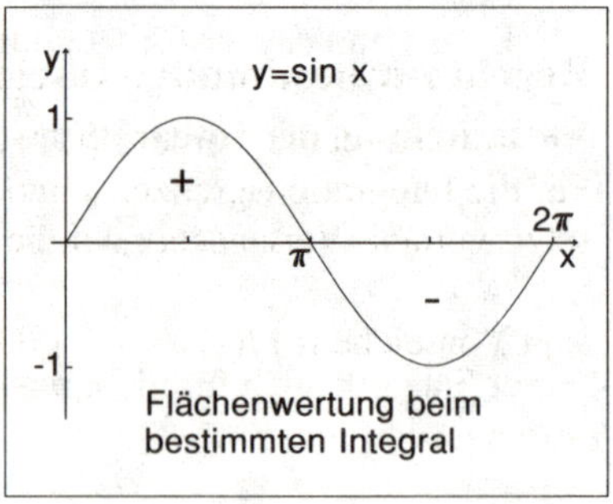

Flächenwertung beim bestimmten Integral

$$\int_0^\pi \sin x\,dx = [-\cos x]_0^\pi$$

$$= -\cos - (-\cos 0)$$

$$= -(-1) - (-1) = 2$$

Der Flächeninhalt unter einem Sinusbogen beträgt also 2 FE.

(4) Zu berechnen ist das bestimmte Integral $\int_\pi^{2\pi} \sin x\,dx$

Lösung:

$$\int_\pi^{2\pi} \sin x\,dx = [-\cos x]_\pi^{2\pi} = \cos 2\pi - (-\cos \pi) = -1 - 1 = -2$$

Das bestimmte Integral eines Kurvenstückes unterhalb der x - Achse ist negativ!

(5) Berechnen Sie $\int_{-1}^{2} x^3\,dx$

Lösung:

$$\int_{-1}^{2} x^3\,dx = \left[\frac{1}{4}x^4\right]_{-1}^{2} = 4 - \frac{1}{4} = \frac{15}{4}$$

In den beiden letzten Beispielen (4) und (5) wurden die bestimmten Integrale "einfach nach Vorschrift" gemäß dem Hauptsatz ausgerechnet; hier wurde nicht nach einem speziellen Anwendungsbezug (z.B. einer Flächenberechnung) gefragt. Die Funktionen f(x) sind hier vollstständig oder über einem Teil ihres Integrationsbereiches negativ.

Regeln zur bestimmten Integration

Vertauschung der Integrationsgrenzen

Für die Integrationsgrenzen a und b im Hauptsatz war bisher stets $a < b$ vorausgesetzt worden. Vertauscht man diese Grenzen, so wechselt das bestimmte Integral sein Vorzeichen: $\int_a^b f(x)\,dx = -\int_b^a f(x)\,dx$

Zerlegung des Integrationsbereichs

Für die Integrationsgrenzen a, b, c gelte: $a \leq b \leq c$.

Das Integral über dem Intervall [a ; c] kann als Summe der beiden Integrale über den Teilintervallen [a ; b] und [b ; c] dargestellt werden:

$$\int_a^c f(x)\, dx = \int_a^b f(x)\, dx + \int_b^c f(x)\, dx$$

19.2 INTEGRATIONSMETHODEN

Ein größerer oder komplizierterer Funktionsterm, der integriert werden soll, kann mit Hilfe von Integrationsregeln in mehrere kleine oder einfacher zu integrierende Terme zerlegt werden.

Die folgenden beiden Regeln werden für unbestimmte Integrale formuliert, sie gelten aber in der gleichen Weise auch für bestimmte Integrale.

Faktorregel

Ein konstanter Faktor vor dem Integranden kann vor das Integral gesetzt werden.

$$\int k \cdot f(x)\, dx = k \cdot \int f(x)\, dx$$

Beispiel:

$$\int 4 \cdot x^2\, dx = 4 \cdot \int x^2\, dx$$

Summenregel

Die Summe zweier Funktionen kann gliedweise integriert werden.

$$\int (\, f(x) + g(x)\,)\, dx = \int f(x)\, dx + \int g(x)\, dx$$

Beispiel:

$$\int (\, x^3 + \sin x\,)\, dx = \int x^3\, dx + \int \sin x\, dx$$

Faktor- und Summenregel können zu der folgenden Linearitätsregel zusammengefaßt werden.

Linearitätsregel

$$\int (a \cdot f(x) + b \cdot g(x)) \, dx = a \cdot \int f(x) \, dx + b \cdot \int g(x) \, dx$$

Beispiele:

Zu den folgenden drei Funktionen soll jeweils das unbestimmte Integral bestimmt werden.

Man verwendet zur Zerlegung der Funktionsterme zunächst die Faktor- und die Summenregel und benutzt dann (falls erforderlich) zur Integration der somit erhaltenen Grundintegrale die entsprechende Integraltafel.

a) $f(x) = 3\,x^2 + 4 \cos x$

b) $f(x) = 0{,}5\, e^x + 2\,x$

c) $f(x) = 4 \cdot 10^x - 8 \cdot 2^x$

Lösungen:

a) $\int (3\,x^2 + 4 \cos x) \, dx$

$= \int 3\,x^2 \, dx + \int 4 \cos x \, dx$ (Summenregel)

$= 3 \int x^2 \, dx + 4 \int \cos x \, dx$ (Faktorregel)

$= x^3 + 4 \cdot \sin x + c$

b) $\int (0{,}5\, e^x + 2\,x) \, dx$

$= \int 0{,}5\, e^x \, dx + \int 2\,x \, dx$ (Summenregel)

$= 0{,}5 \cdot \int e^x \, dx + 2 \cdot \int x \, dx$ (Faktorregel)

$= 0{,}5\, e^x + x^2 + c$

c) Die Linearitätsregel faßt die Faktor- und Summenregel zusammen. Man kann somit auch verkürzt rechnen:

$\int (4 \cdot 10^x + (-8) \cdot 2^x) \, dx$

$= 4 \cdot \int 10^x \, dx + (-8) \cdot \int 2^x \, dx$ (Linearitätsregel)

$= \frac{4}{\ln 10} \cdot 10^x - \frac{8}{\ln 2} \cdot 2^x + c$ (Grundintegrale)

Die Integrationskonstante c wird üblicherweise nach erfolgter Integration aus formalen Gründen mit hingeschrieben.

Die Berechnung eines bestimmten Integrals kann in der gleichen Weise mit der Faktor- und Summenregel durchgeführt werden.

Beispiel:

$$\int_1^2 (4x^2 - 3x)\,dx$$

$$= \int_1^2 4x^2\,dx + \int_1^2 (-3)\,x\,dx \qquad \text{(Summenregel)}$$

$$= 4\int_1^2 x^2\,dx - 3\int_1^2 x\,dx \qquad \text{(Faktorregel)}$$

$$= 4\cdot\left[\frac{x^3}{3}\right]_1^2 - 3\cdot\left[\frac{x^2}{2}\right]_1^2 = 4\cdot\left(\frac{2^3}{3}-\frac{1}{3}\right) - 3\cdot\left(\frac{2^2}{2}-\frac{1}{2}\right)$$

$$= 4\cdot\frac{7}{3} - 3\cdot\frac{3}{2} = \frac{29}{6}$$

Das bestimmte Integral aus dem obigen Beispiel kann auch etwas anders berechnet werden:
Man bestimmt zuerst die Stammfunktion g(x) (unbestimmtes Integral) zum vorliegenden Integranden und berechnet danach die Differenz g(2) – g(1).

Nach erfolgter Integration eines *bestimmten* Integrals darf keine unbestimmte Integrationskonstante c hinter das Ergebnis geschrieben werden, da das bestimmte Integral gemäß seiner Definition ein eindeutig bestimmter Zahlenwert (im Falle eines positiven Integranden eine Flächengröße) ist.

Nach erfolgter Integration eines *unbestimmten* Integrals, also nach der Bestimmung einer Stammfunktion, erhält man ja im eigentlichen Sinne eine Menge von Funktionen, die sich alle nur durch eine additive Konstante voneinander unterscheiden. Um diesen Sachverhalt zu betonen, addiert man dann zumeist noch eine Konstante c zum Ergebnis. Für die praktischen Berechnungen hat dieser formale Schritt hier keine Auswirkung.

PARTIELLE INTEGRATION

Ist der Integrand ein Produkt zweier Funktionen, so kann das Integral häufig in eine Summe aus zwei Termen zerlegt werden, wobei diese nun einfacher zu berechnen sind.

Für zwei differenzierbare Funktionen u(x) und v(x) gilt die folgende Gleichung (sogn. "partielle Integration"):

$$\int u(x) \cdot v'(x)\, dx = u(x) \cdot v(x) - \int u'(x) \cdot v(x)\, dx$$

Beispiele:

(1) Das Integral $\int e^{x} \cdot x\, dx$ ist zu berechnen.

Es gibt nun keine eindeutige Vorschrift, welcher Faktor des Integranden u(x) oder v'(x) sein muß. Diese Entscheidung sollte zumindest so getroffen werden, daß auf der rechten Gleichungsseite ein einfacher zu lösendes Integral erscheint.

Das trifft für die Wahl $u(x) = x$ und $v'(x) = e^{x}$ im obigen Beispiel zu.

$$\int e^{x} \cdot x\, dx = e^{x} \cdot x - \int 1 \cdot e^{x}\, dx \qquad (u'(x) = 1)$$
$$= e^{x} \cdot x - e^{x} + c = e^{x}(x-1) + c$$

(2) Zur Berechnung von $\int 3x \cdot \cos x\, dx$ wählen wir u(x) = 3 x und v'(x) = cos x.

$$\int 3x \cdot \cos x\, dx = 3x \cdot \sin x - \int 3 \cdot \sin x\, dx \qquad (u'(x) = 3)$$
$$= 3x \cdot \sin x + 3 \cdot \cos x + c = 3 \cdot (x \cdot \sin x + \cos x) + c$$

INTEGRATION DURCH SUBSTITUTION

Die hier einzuführende Substitutionsregel der Integralrechnung hat eine enge Beziehung zur Kettenregel der Differentialrechnung.

Zur Ableitung der Funktion $g(x) = (x^{3} + 4x^{2})^{5}$ benötigt man insbesondere die Kettenregel.

Wir führen die Hilfsfunktion $u(x) = x^{3} + 4x^{2}$ ein, dieses ist die sog. *innere Funktion.*

Die Ableitung von g(x) ergibt sich dann als Produkt aus der sogn. *äußeren Ableitung* und der *inneren Ableitung*:

$$g'(x) = 5 \cdot (x^3 + 4x^2)^4 \cdot (3x^2 + 8x)$$

Im folgenden werden wir diesen Sachverhalt unter dem Gesichtspunkt der Integration umgekehrt betrachten.
Zu berechnen ist das unbestimmte Integral
$\int 4(x^2 + x^3)^3 \cdot (2x + 3x^2)\,dx$
Wir setzen $u(x) = x^2 + x^3$; die Ableitung $u'(x) = 2x + 3x^2$ ist gleich dem Term in der zweiten Klammer des obigen Integranden.
Um die Betrachtung der inneren Funktion zu betonen, können wir statt f(x) auch die Schreibweise f(u(x)) wählen: $f(u(x)) = 4(x^2 + x^3)^3$

Das in dieser Aufgabe zu berechnende Integral ist somit vom Typ

$$\int f(u(x)) \cdot u'(x)\,dx$$

Das Integral $\int \sqrt{x^2 + 5x} \cdot (2x + 5)\,dx$ ist ebenfalls vom oben genannten Typ. Hier ist $u(x) = x^2 + 5x$ die innere Funktion, weiterhin gilt $f(u(x)) = \sqrt{x^2 + 5x}$.
Zur Anwendung der folgenden Substitutionsregel muß in diesem Beispiel der Term u(x) durch eine Hilfsvariable z ersetzt werden: $z = x^2 + 5x$ (Variablensubstitution).
Aus f(u(x)) wird dann $f(z) = \sqrt{z}$.

Allgemein kann ein Integral vom speziellen Typ $\int f(u(x)) \cdot u'(x)\,dx$ mit Hilfe einer Variablensubstitution z=u(x) berechnet werden.

Substitutionsregel:

$$\int f(u(x)) \cdot u'(x)\,dx = \int f(z)\,dz \qquad \text{mit } z = u(x)$$

Diese Substitution von u(x) durch z liefert das einfacher zu lösende Integral $\int f(z)\,dz$; nach erfolgter Integration kann die ursprünliche Variable x durch die Ersetzung von z durch u(x) wieder eingeführt werden.

Diese Lösungsmethode wird als *Integration durch Substitution* bezeichnet.

Beispiele:

1)Zu berechnen ist $\int (x^3+4x)^2 \cdot (3x^2+4)\,dx$

Lösung:

Wir setzen $u(x) = x^3 + 4x$, dann ist $u'(x) = 3x^2 + 4$; der Integrand hat also die zur Anwendung der Substitutionsregel erforderliche Struktur.

$$\int (x^3+4x)^2 \cdot (3x^2+4)\,dx \qquad (f(u(x)) = (x^3+4x)^2)$$

$$= \int z^2\,dz \qquad \text{(Anwendung der Substitutionsregel)}$$

$$= \frac{1}{3} z^3 + c \qquad \text{(Potenzregel)}$$

Wir setzen nun $z = u(x)$ und erhalten das gesuchte unbestimmte Integral (bzw. die Stammfunktion) $g(x) = \frac{1}{3}(x^3+4x)^3 + c$.

Die Integranden in den folgenden beiden Beispielen haben jeweils die zur Anwendung der Substitutionsregel erforderliche Struktur.

Aus diesem Grunde läßt sich diese Regel ohne weitere Hilfsschritte unmittelbar anwenden.

2) $\int \sqrt{x^2+5x} \cdot (2x+5)\,dx \qquad (u(x) = x^2+5x)$

$$= \int \sqrt{z}\,dz \qquad \text{(Anwendung der Substitutionsregel)}$$

$$= \int z^{1/2}\,dz = \frac{2}{3} \cdot z^{3/2} + c \qquad \text{(Potenzregel)}$$

$$= \frac{2}{3} \cdot (x^2+5x)^{3/2} + c \qquad \text{(Rücksubstitution von x)}$$

$$= \frac{2}{3} \cdot \sqrt{(x^2+5x)^3} + c$$

3) $\int e^{2x+1} \cdot 2\,dx \qquad (u(x) = 2x+1)$

$$= \int e^z\,dz \qquad \text{(Anwendung der Substitutionsregel)}$$

$$= e^z + c \qquad \text{(Grundintegral)}$$

$$= e^{2x+1} + c \qquad \text{(Rücksubstitution von x)}$$

Der Typ des Integranden, welcher durch die Substitutionsregel erfaßt wird, erscheint zunächst von sehr spezieller Art. Man könnte daher meinen, daß die Substitutionsregel in der Praxis nur sehr selten anwendbar ist.

Es ist nun oft möglich, Integranden durch Hinzufügen geeigneter Faktoren auf die gewünschte Form zu bringen.

Hierzu ein **Beispiel:**
Zu berechnen ist $\int (7 \sin x)^3 \cdot \cos x \, dx$
Setzt man hier $u(x) = 7 \cdot \sin x$, so ist $u'(x) = 7 \cdot \cos x$.

Der obige Integrand müßte also den Wert $(7 \cdot \sin x)^3 \cdot 7 \cdot \cos x$ haben, damit wir die Substitutionsregel anwenden können. Dieser "Anpassungsfaktor" 7 läßt sich nun unter Beachtung der Faktorregel einführen; zugleich muß zur Erhaltung der Gleichheit dann sein Kehrwert $\frac{1}{7}$ vor dem Integral erscheinen.

$$\int (7 \cdot \sin x)^3 \cdot \cos x \, dx = \frac{1}{7} \cdot 7 \cdot \int (7 \cdot \sin x)^3 \cdot \cos x \, dx$$

$$= \frac{1}{7} \int \underbrace{(7 \cdot \sin x)^3}_{f(u(x))} \cdot \underbrace{7 \cdot \cos x}_{u'(x)} \, dx \qquad \text{(Faktorregel)}$$

$$= \frac{1}{7} \cdot \int z^3 \, dz \qquad \text{(Substitutionsregel)}$$

$$= \frac{1}{7} \cdot \frac{1}{4} z^4 + c \qquad \text{(Potenzregel)}$$

$$= \frac{1}{28} \cdot (7 \cdot \sin x)^4 + c \qquad \text{(z durch u(x) ersetzt)}$$

Weitere Anwendungen

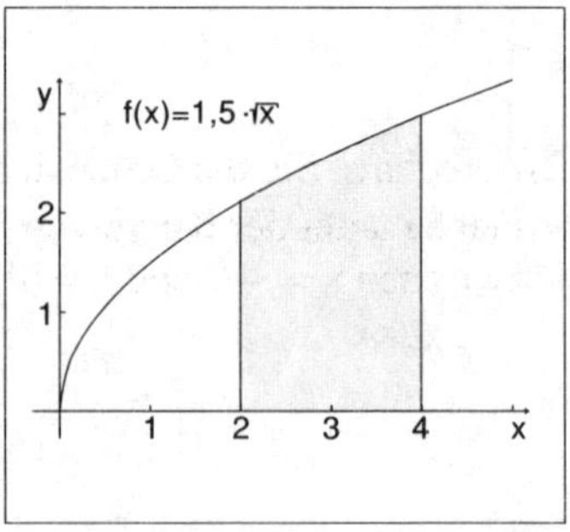

1) Gesucht ist die Größe der Fläche unterhalb der Kurve von $f(x) = 1{,}5 \cdot \sqrt{x}$ in den Grenzen von a = 2 (untere Grenze) bis b = 4 (obere Grenze).

Berechnen Sie zunächst das unbestimmte Integral; hat die Integrationskonstante c einen Einfluß auf den Wert des bestimmten Integrals?

Lösung:
Der gesuchte Flächeninhalt (A) ist gleich dem Wert des bestimmten Integrals

$$A = \int_2^4 f(x)\, dx$$

Berechnung des unbestimmten Integrals:

$$\int 1{,}5 \cdot \sqrt{x}\, dx = 1{,}5 \cdot \int \sqrt{x}\, dx = 1{,}5 \cdot \int x^{\frac{1}{2}}\, dx$$

$$= 1{,}5 \cdot \frac{2}{3} \cdot x^{\frac{3}{2}} + c = x^{\frac{3}{2}} + c = \sqrt{x^3} + c\,;$$

$g(x) = \sqrt{x^3} + c$ ist die allgemeine Stammfunktion.

Für die Flächengröße (A) gilt dann gemäß dem Hauptsatz:

$$A = g(4) - g(2) \quad = \sqrt{64} + c - (\sqrt{8} + c) = 8 - \sqrt{8} + c - c$$

$$= 8 - \sqrt{8} = 5{,}1716\ (FE)$$

Aus der vorangehenden Zeile ist erkennbar: Die Integrationskonstante c verschwindet beim Übergang zum bestimmten Integral, welches durch die Differenz g(b) – g(a) gegeben ist. Der Wert von c hat somit keinen Einfluß auf das bestimmte Integral.

Der hier dargestellte Lösungsweg zur Berechnung der Flächengröße A ist recht aufwendig geworden, da einige Grundlagen noch einmal angesprochen werden sollten. Zum Abschluß folgt eine Kurzfassung der obigen Flächenberechnung.

$$\int_2^4 1{,}5\sqrt{x}\, dx \;= 1{,}5 \cdot \int_2^4 x^{\frac{1}{2}} = 1{,}5 \cdot \left[\frac{2}{3} \cdot x^{\frac{3}{2}}\right]_2^4$$

$$= \left[\sqrt{x^3}\right]_2^4 = \sqrt{64} - \sqrt{8} = 5{,}1716\ (FE)$$

2) Berechnen Sie die Größe der markierten Fläche unter der Kurve von $f(x) = 3 \cdot 2^x$ zwischen x = – 2 und x = 0!

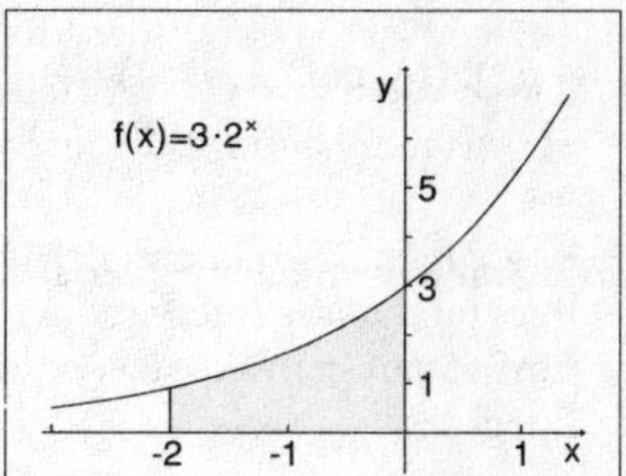

Lösung:

$$\int_{-2}^{0} 3 \cdot 2^x\, dx = 3 \cdot \int_{-2}^{0} 2^x\, dx = 3 \cdot \left[\frac{1}{\ln 2} \cdot 2^x \right]_{-2}^{0}$$

$$= \frac{3}{\ln 2}\left[2^x \right]_{-2}^{0} = \frac{3}{\ln 2}(2^0 - 2^{-2}) = \frac{3}{\ln 2}\left(1 - \frac{1}{4} \right) = 3{,}246\ (FE)$$

3) Vorgegeben ist die Funktion $f(x) = -x^2 - 2x$

a) Die beiden *bestimmten Integrale*

$\int_{-2}^{0} f(x)\, dx$ und $\int_{-2}^{1} f(x)\, dx$ sind zu berechnen.

b) Die Größe der *schraffierten Fläche* ist zu berechnen.

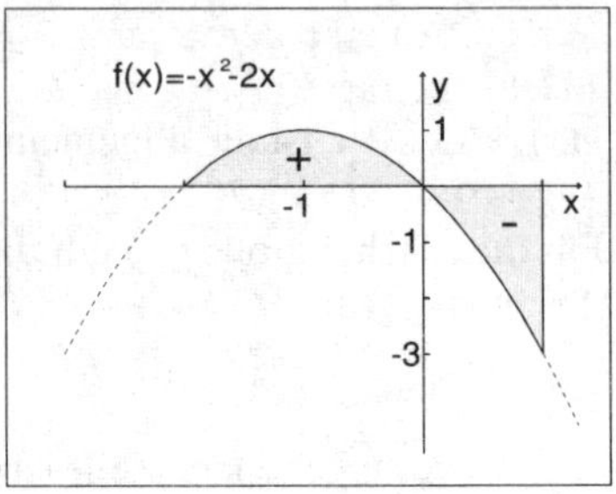

Lösung zu a):

Ein bestimmtes Integral von f(x) mit den beiden Integrationsgrenzen a und b (a < b) wird schematisch gelöst, indem erst eine Stammfunktion g(x) und danach die Differenz g(b) – g(a) berechnet werden. Hierbei ist es unwesentlich, ob die Funktionskurve oberhalb oder unterhalb der x - Achse verläuft.

$$\int f(x)\, dx = \int (-x^2 - 2x)\, dx = -\int x^2\, dx - 2\int x\, dx \text{ (Linearitätsregel)}$$

$$= -\frac{1}{3}x^3 - x^2 + c \text{ ist die allgemeine Stammfunktion von } g(x).$$

$$\int_{-2}^{0} f(x)\, dx = g(0) - g(-2) = 0 + c - \left(-\frac{1}{3}(-2)^3 - (-2)^2 + c \right)$$

$$= -\left(\frac{8}{3} - 4 \right) = \frac{4}{3};$$

$$\int_{-2}^{1} f(x)\, dx = g(1) - g(-2) = \left(-\frac{1}{3} - 1 \right) - \left(\frac{8}{3} - 4 \right) = -\frac{4}{3} + \frac{4}{3} = 0$$

Die Zahlenwerte der beiden bestimmten Integrale sind also $\frac{4}{3}$ und 0.

Die allgemeine Definition des bestimmten Integrals, in welcher auch nicht positive Funktionen als Integranden zulässig sind, erfolgt ohne Bezug auf eine bestimmte geometrische Bedeutung (z.B. einen Flächeninhalt).

Lösung zu b):
Soll das bestimmte Integral nun speziell für Flächenberechnungen verwendet werden, so ist dieses bei positiven Integranden unmittelbar möglich.
Bei nicht positiven Funktionen sind die Flächenanteile unterhalb der x - Achse, welche vom bestimmten Integral negativ gewertet werden, gesondert zu berechnen.
Für die Angabe der gesamten Flächengröße müssen anschließend alle einzelnen Flächenbeträge (also nur positive Zahlen!) addiert werden.

$$\int_{-2}^{0} f(x)\,dx + \left| \int_{0}^{1} f(x)\,dx \right| = \frac{4}{3} + \left| -\frac{4}{3} \right| = \frac{8}{3}$$

Die Größe der Gesamtfläche beträgt hier also $\frac{8}{3}$ (FE).

RAUMINHALT EINES ROTATIONSKÖRPERS

Dreht man den Graphen einer Funktion $y = f(x)$ mit dem Definitionsintervall [a ; b] um die x - Achse, so entsteht hierbei ein Rotationskörper. Dieser wird durch x = a und x = b auf der x - Achse begrenzt.
Den Rauminhalt V_{ab} (bzw. das Rotationsvolumen) dieses Rotationskörpers berechnet man mit Hilfe der Formel

$$V_{ab} = \pi \cdot \int_{a}^{b} f^2(x)\,dx$$

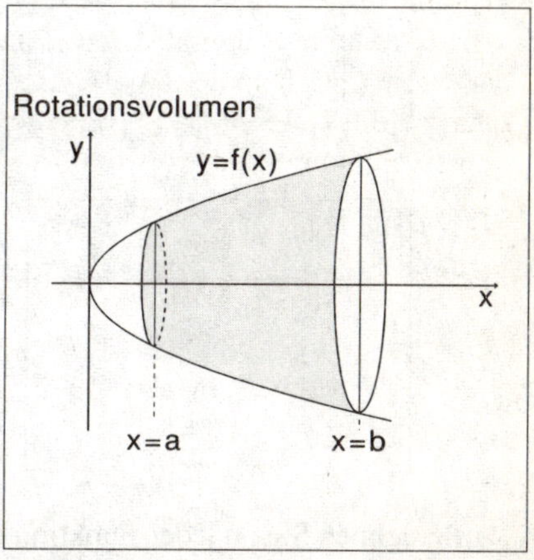

Beispiel:
$f(x) = \sqrt{x}$, a = 1, b = 4; berechnen Sie das von diesem Graphen erzeugte Rotationsvolumen.

$$V_{ab} = \pi \cdot \int_{1}^{4} \sqrt{x}^{\,2}\,dx = \pi \cdot \int_{1}^{4} x\,dx = \pi \cdot \left[\frac{1}{2} x^2 \right]_{1}^{4} = \frac{\pi}{2} \cdot (4^2 - 1^2) = 23{,}56\ (VE)$$

1 Volumeneinheit: 1 $VE = 1\ LE^3$; ist z.B. 1 $LE = 1\ cm$, so ist 1 $VE = 1\ cm^3$.

19.3 ÜBUNGSAUFGABEN

1) Geben Sie zu den folgenden Funktionen jeweils eine Stammfunktion an.

a) $f(x) = \dfrac{1}{x^3}$ b) $f(x) = x^5$ c) $f(x) = \sqrt{x^3}$ d) $f(x) = x^{-0,5}$

2) Berechnen Sie die unbestimmten Integrale, verwenden Sie hierzu (falls erforderlich) die Sammlung der Grundintegrale!

a) $\int 2^x\,dx$ b) $\int e^{4x}\,dx$ c) $\int \dfrac{1}{1+x^2}\,dx$ d) $\int \dfrac{1}{\sqrt{4-x^2}}\,dx$

3) Berechnen Sie die schraffierten Flächeninhalte.

a)
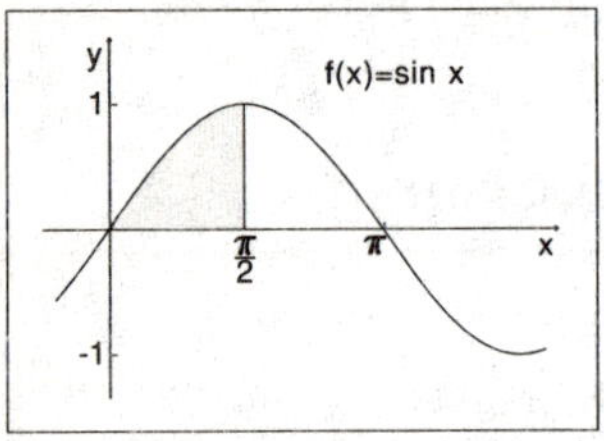

b)
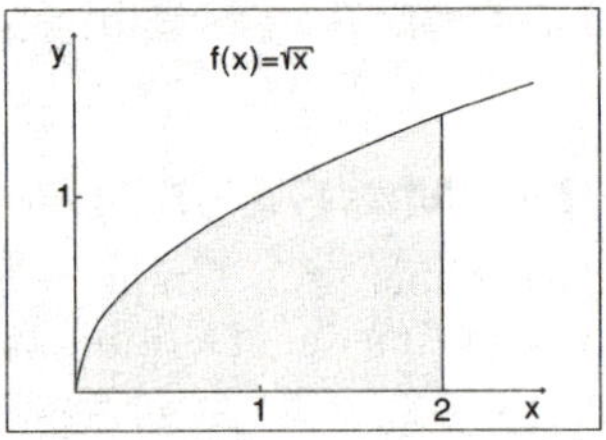

c)
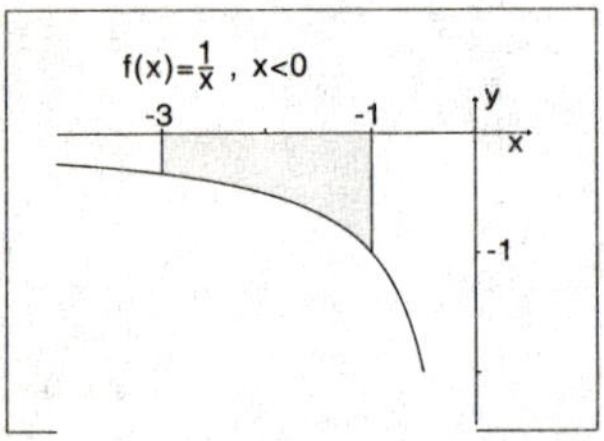

d)
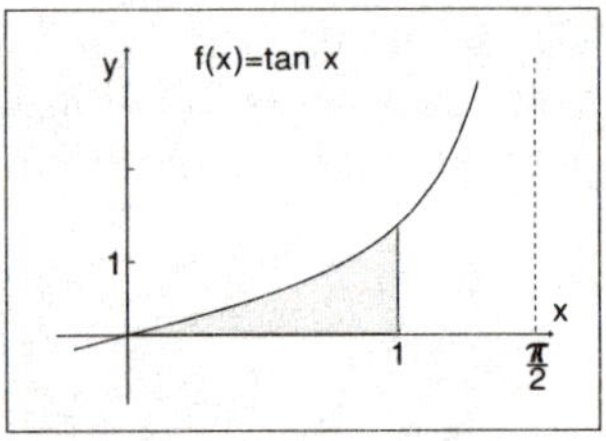

4) Berechnen Sie zu jeder Funktion das unbestimmte Integral:

a) $f(x) = 4x + 2x^2$ b) $f(x) = 0{,}5\,x - 1$

c) $f(x) = 2 \cdot \cos x + 4 \cdot \sin x$ d) $f(x) = 1 + 3 \cdot \ln x$

5) Erklären Sie kurz die Bedeutung der Klammerschreibweise [...] bei der Berechnung des bestimmten Integrals.
Berechnen Sie die folgenden Integrale.

a) $\int_{-1}^{1} x^2\,dx$ b) $\int_{3}^{4} \frac{1}{x}\,dx$ c) $\int_{-2}^{1} 1 \cdot dx$

d) $\int_{0}^{1} (0{,}5\,x - 1)\,dx$ e) $\int_{0}^{1} (4\,x + 2\,x^2)\,dx$

6) Die folgenden Integrationen sind mit der Substitutionsregel durchzuführen. Nennen Sie hierbei jeweils die innere Funktion u(x)! Führen Sie in jedem Integral einen "Anpassungsfaktor" so ein, daß der Integrand den Anforderungen der Substitutionsregel entspricht!
a) $\int \cos(3\,x + 1)\,dx$ b) $\int (9\,x^2 + 1)^2 \cdot x \cdot dx$ c) $\int e^{4x+3}\,dx$

7) Ermitteln Sie die Stammfunktionen zu jeder der genannten Funktionen f(x); verwenden Sie hierzu die Methode der partiellen Integration!
a) $f(x) = 2\,x \cdot \sin x$ b) $f(x) = e^{x} \cdot (1 - 3\,x)$

8) Vorgegeben ist die Funktion $f(x) = e^{0{,}5\,x}$, D=[0 ; 2].
Der Graph von f(x) dreht sich um die x - Achse und erzeugt hierbei einen Rotationskörper. Zeichnen Sie diesen Rotationskörper in einem Koordinatensystem! Berechnen Sie den zugehörigen Volumeninhalt!

LÖSUNGEN

1) a) $-0{,}5 \cdot x^2$ b) $\frac{1}{6} \cdot x^6$ c) $\sqrt{x^3} = x^{\frac{3}{2}}$; d) $2 \cdot x^{0{,}5}$

2) a) $\frac{1}{\ln 2} \cdot 2^{x} + c$ b) $0{,}25 \cdot e^{4x} + c$

c) $\arctan(x) + c$ d) $a = 2$; $g(x) = \arcsin\left(\frac{x}{2}\right) + c$

3) a) $(-\cos \pi/2) - (-\cos 0) = 0 - (-1) = 1\ (FE)$

b) $\frac{2}{3} \cdot (2^{1{,}5} - 0) = 1{,}886\ (FE)$

c) $\ln|-1| - \ln|-3| = \ln 1 - \ln 3 = 0 - 1{,}099 = -1{,}099$
der Flächeninhalt beträgt 1,099 FE

d) $-\ln|\cos 1| - (-\ln|\cos 0|) = 0{,}6156 + \ln 1 = 0{,}6156\ (FE)$ $(\ln 1 = 0)$

4) a) $2\,x^2 + \frac{2}{3}\,x^3 + c$ b) $0{,}25\,x^2 - x + c$

c) $2 \cdot \sin x - 4 \cdot \cos x + c$ d) $x + 3 \cdot (x \cdot \ln x - x) + c$

5) Die Differenz g(b) – g(a) der Stammfunktionswerte kann durch die Klammerschreibweise ersetzt werden.

a) $\left[\frac{1}{3}x^3\right]_{-1}^{+1} = \frac{1}{3}(1^3 - (-1)^3) = \frac{2}{3}$ b) $\ln 4 - \ln 3 = 0{,}2877$

c) $1 - (-2) = 3$ d) $(0{,}25 - 1) - 0 = -0{,}75$ e) $2 + \frac{2}{3} - 0 = \frac{8}{3}$

6) a) $u(x) = 3x + 1$

$$\int \cos(3x+1)\,dx = \frac{1}{3} \cdot \int \cos(3x+1) \cdot 3 \cdot dx \quad \text{(da } u'(x) = 3\text{)}$$

$$= \frac{1}{3} \cdot \int \cos z\,dz \quad \text{(Substitutionsregel)}$$

$$= \frac{1}{3} \cdot \sin z + c = \frac{1}{3}\sin(3x+1) + c$$

b) $u(x) = 9x^2 + 1$

$$\int (9x^2+1)^2 \cdot x\,dx = \frac{1}{54}(9x^2+1)^3 + c$$

c) $u(x) = 4x + 3$

$$\int e^{4x+3}\,dx = \frac{1}{4}e^{4x+3} + c$$

7) a) $\int 2x \cdot \sin x\,dx = 2x \cdot (-\cos x) - \int 2 \cdot (-\cos x)\,dx$

$$= -2x \cdot \cos x + 2 \cdot \sin x + c$$

b) $\int (1-3x)\,e^x = (1-3x)\,e^x - \int (-3)\,e^x\,dx = (1-3x)\,e^x + 3e^x + c$

$$= e^x \cdot (4 - 3x) + c$$

8) $V_{ab} = \pi \cdot \int_0^2 f^2(x)\,dx = \pi \cdot \int_0^2 \left(e^{0{,}5x}\right)^2 dx$

$$= \pi \cdot \int_0^2 e^x\,dx = \pi \cdot \left[e^x\right]_0^2$$

$$= \pi \cdot (e^2 - e^0) = 20{,}07\ (VE)$$

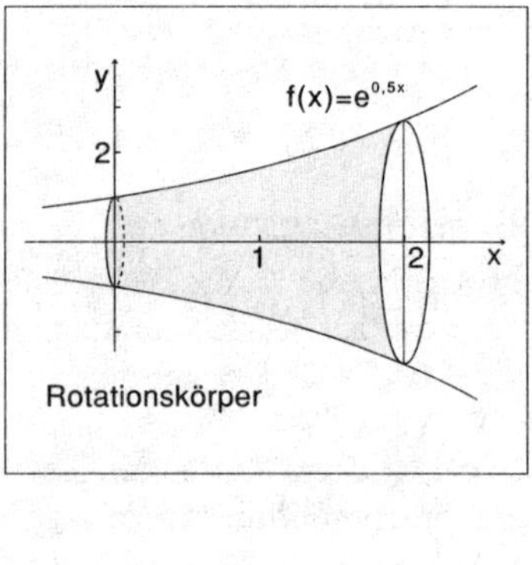

20. DIFFERENTIALGLEICHUNGEN

20.1 GRUNDBEGRIFFE UND LÖSUNGSMETHODEN

BEGRIFF DER DIFFERENTIALGLEICHUNG

Eine Gleichung, welche eine Funktion f(x) zusammen mit mindestens einer ihrer Ableitungen f'(x), f''(x), ... enthält, heißt eine Differentialgleichung.

Beispiel:
$f'(x) = 0{,}15 \cdot f(x)$
In dieser Gleichung erscheint eine gesuchte Funktion f(x) zusammen mit ihrer ersten Ableitung f'(x).

In der Differentialgleichung $f'(x) + \frac{x}{f(x)} = 0$ erscheint neben der unbekannten Funktion f(x) und ihrer Ableitung f'(x) auch die Variable x selbst als eigenständiger Term.

Die beiden oben genannten Differentialgleichungen sind von 1. Ordnung, da nur die 1. Ableitung f'(x) erscheint. Tritt die 2. Ableitung f''(x) als höchste Ableitung in der Gleichung auf, so spricht man von einer Differentialgleichung 2. Ordnung.

Beispiel:
$f''(x) + 6\,f'(x) + 25\,f(x) = \sin(6\,x)$

Erscheint die n - te Ableitung $f^{(n)}(x)$ als *höchste Ableitung* in der Gleichung, so liegt eine *Differentialgleichung von n - ter Ordnung* vor.

Bezeichnungsweisen
In Anlehnung an die Funktionsschreibweise y= f(x) schreibt man statt f'(x) häufig auch einfach y'; die zuletzt genannte Differentialgleichung lautet somit:
$y'' + 6\,y' + 25\,y = \sin(6\,x)$.

In praktischen Anwendungen wählt man die Buchstaben der Lösungsfunktion oft entsprechend ihrer Bedeutung.

Beispiel:
Der elektrische Strom wird in der Physik mit dem Buchstaben "i" bezeichnet, die Zeit mit "t". Eine Stromstärke, die sich im Verlauf der Zeit ändert, kann man als eine Funktion i = i(t) mit der unabhängigen Variablen t und dem Funktionswert i(t) betrachten.
Um zu betonen, daß die obige Differentialgleichung ein bestimmtes elektrotechnisches Experiment mit einer gesuchten Stromstärkefunktion i = i(t) beschreibt, wählt man dann die Schreibweise: $i'' + 6\, i' + 25\, i = \sin(6\, t)$.

BESTIMMUNG DER LÖSUNGSFUNKTION

In einer Differentialgleichung wird grundsätzlich eine *unbekannte Funktion f(x) als Lösung gesucht.*

Der Lösungsweg zum Auffinden der gesuchten Lösungsfunktion hängt vom Typ der jeweils vorliegenden Differentialgleichung ab. Die Lösungsmethoden für die oben genannten Differentialgleichungen sind verschieden.
Nur für wenige spezielle Klassen von Differentialgleichungen lassen sich überhaupt einheitliche Lösungsmethoden angeben. Eine solche Klasse bilden die *linearen Differentialgleichungen*, die in diesem Kapitel noch näher behandelt werden.

Differentialgleichungen treten insbesondere in naturwissenschaftlichen Anwendungen und in der Technik auf, sie erscheinen aber auch in rein innermathematischen Anwendungen.
Wachstums- und Entwicklungsprozesse, z.B. die Entwicklung von Bakterien in einer Nährlösung, können durch eine Differentialgleichung beschrieben werden.

LÖSUNG VON DIFFERENTIALGLEICHUNGEN DURCH INTEGRATION

Es gibt keine einheitlichen Lösungsmethoden für beliebige Typen von Differentialgleichungen.
Einige spezielle Klassen von Differentialgleichungen 1. Ordnung lassen sich relativ einfach durch eine Integration lösen, dieses soll an dem folgenden Beispiel gezeigt werden.

Beispiel:
$n' = 0{,}15 \cdot n$; in dieser Differentialgleichung bezeichnen wir die gesuchte Lösungsfunktion mit n = n(t).
Die gesuchte Funktion soll weiterhin für den Wert t = 0 der unabhängigen Variablen den Funktionswert n(0) = 50 besitzen (sog. *Anfangsbedingung*).

Zur Lösung der Differentialgleichung wählen wir statt der Schreibweise n' die hier günstigere Schreibweise

$\frac{dn}{dt} = 0{,}15 \cdot n \qquad \frac{dn}{n} = 0{,}15\, dt$ (Leibniz-Schreibweise);

dieser Schritt wird als "*Trennung der Variablen*" bezeichnet:
Auf der einen Gleichungsseite stehen alle Anteile mit der Variablen n, auf der anderen alle Anteile mit t.

Von der Gleichung $\frac{dn}{dt} = 0{,}15 \cdot dt$ werden nun beide Seiten integriert:

$\int \frac{dn}{n} = \int 0{,}15\, dt$; es gilt $\int 0{,}15\, dt = 0{,}15 \int dt = 0{,}15 \int t^0\, dt$;

nun sind die Integrationsformeln $\int x^n\, dx = \frac{1}{n+1} \cdot x^{n+1} + C_1$ für $n = 0$

und $\int \frac{dx}{x} = \ln x + C_2$ anzuwenden, wobei C_1 und C_2 *unbestimmte Integrationskonstanten* sind, die gemäß den Gesetzen der Integralrechnung auftreten.
(—> Grundintegrale)

Es folgt $\ln(n) = 0{,}15 \cdot t + C$; $C = C_1 - C_2$ ist hier eine zusammengefaßte, unbestimmte Integrationskonstante.

$e^{\ln(n)} = e^{0{,}15\,t + C} = e^C \cdot e^{0{,}15\,t} = k \cdot e^{0{,}15\,t}$ (Abkürzung: $k = e^C$)

$\boldsymbol{n(t) = k \cdot e^{0{,}15\,t}}$

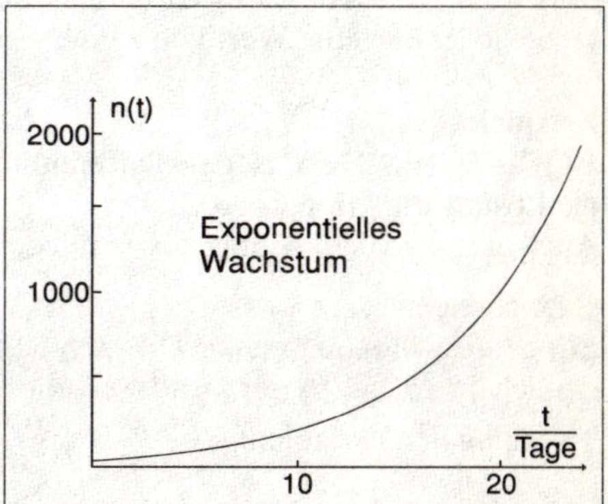

Die unbestimmte Konstante k kann unter Verwendung der Anfangsbedingung $n(0) = 50$ zahlenmäßig belegt werden:
$n(0) = k \cdot e^0 = k \cdot 1$, also: $n(0) = k$, somit folgt $k = 50$.
Als Lösungsfunktion erhalten wir die Exponentialfunktion:
$\boldsymbol{n(t) = 50\, e^{0{,}15\,t}}$

Differentialgleichungen vom Typ $f' = k \cdot f$ sind kennzeichnend für exponentielle Wachstumsvorgänge. Im obigen Beispiel ist die Konstante k = 0,15 auf ein spezielles biologisches Experiment bezogen, die Entwicklung von Amöben in einem Aquarium.

Hier bedeutet die Variable t die Beobachtungszeit in Tagen, n(t) die momentane Anzahl der Tierchen nach t Tagen. Am Anfang (t = 0) sind 50 Amöben (n(0) = 50) vorhanden.

Die hier beschriebene Entwicklung einer Amöbengruppe ist ein typisches Beispiel für einen exponentiellen Wachstumsprozess. Ähnliche mathematische Gesetzmäßigkeiten gelten übrigens auch für viele Bevölkerungsgruppen in der 3. Welt.

ALLGEMEINE UND SPEZIELLE LÖSUNGEN EINER DIFFERENTIALGLEICHUNG

Bei einer Differentialgleichung unterscheidet man grundsätzlich die allgemeine Lösung von der speziellen Lösung dieser Gleichung. Die *allgemeine Lösung* einer Differentialgleichung n - ter Ordnung enthält n voneinander unabhängig wählbare, unbestimmte Konstante.
Eine *spezielle Lösung* entsteht aus der allgemeinen Lösung durch eine spezielle Zahlenbelegung *aller* unbestimmten Konstanten.

Beispiel:
Betrachten wir nur die Differentialgleichung $f' = 0{,}15 \cdot f$ aus dem vorangehenden Beispiel ohne eine zusätzliche Anfangsbedingung, so ist $f(x) = k \cdot e^{0{,}15}$ die allgemeine Lösung mit der unbestimmten Konstanten k. Die Belegung von k mit einem beliebigen Zahlenwert ergibt eine spezielle Lösungsfunktion.
$f(x) = k \cdot e^{0{,}15\,x}$ kann geometrisch durch eine Schar von Kurven gedeutet werden, wobei jeder einzelne Wert von k eine spezielle Kurve dieser Schar kennzeichnet.

Beispiel:
$x \cdot y' - 2 \cdot (y + 1) = 0$ ist eine Differentialgleichung von 1. Ordnung. Gesucht wird die Lösungsfunktion $y = y(x)$.
Auch hier wird der Lösungsansatz mit der "Trennung der Variablen" durchgeführt.

Mit $y' = \frac{dy}{dx}$ erhalten wir $x \cdot \frac{dy}{dx} = 2 \cdot (y + 1)$;

Trennung der Variablen: $\frac{dy}{2 \cdot (y+1)} = \frac{dx}{x}$

Integration: $\frac{1}{2} \int \frac{dy}{(y+1)} = \int \frac{dx}{x}$

Gemäß der Integrationsformel $\int \frac{dz}{z} = \ln z + C$ und der Substitution $z = y + 1$

folgt dann: $\frac{1}{2}\ln(y+1) = \ln(x) + C$, $\ln(y+1)^{½} = \ln(x) + C$,

$(y+1)^{½} = e^{\ln(x)+C} = e^{C} \cdot e^{\ln(x)}$, $(y+1)^{½} = e^{C} \cdot x$, nach Quadrieren der letzten Gleichung folgt: $y + 1 = k \cdot x^{2}$ $(k = e^{2C})$, $y = k \cdot x^{2} - 1$.

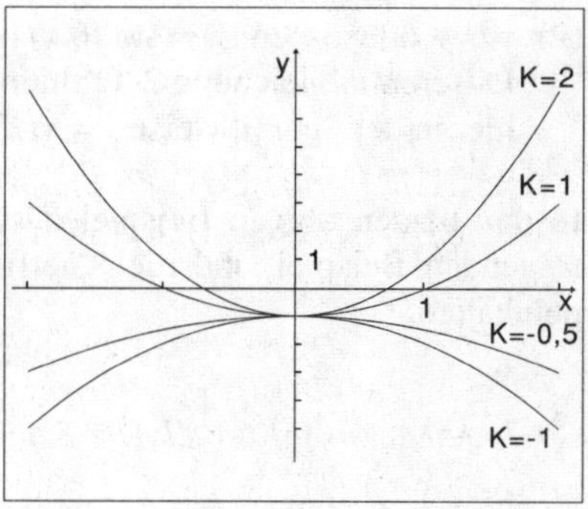

Obige Differentialgleichung 1. Ordnung hat also die allgemeine Lösung

$y(x) = k \cdot x^{2} - 1$

Diese kann als eine Schar von Parabeln gedeutet werden, welche verschiedene Öffnungsfaktoren k und den gemeinsamen Scheitelpunkt (0 ; – 1) besitzen.

20.2 LINEARE DIFFERENTIALGLEICHUNGEN

Eine Differentialgleichung vom Typ

$$a_n(x) \cdot f^{(n)}(x) + \ldots + a_2(x) \cdot f''(x) + a_1(x) \cdot f'(x) + a_0(x) \cdot f(x) = b(x)$$

heißt eine *lineare Differentialgleichung n - ter Ordnung*. f(x) ist hier die gesuchte Lösungsfunktion. $a_n(x)$, …, $a_1(x)$, $a_0(x)$, $b(x)$ sind vorgegebene Terme.

Die Terme $a_k(x)$ heißen *Koeffizienten* der Lösungsfunktion bzw. ihrer Ableitungen, sie beinhalten im allgemeinen die Variable x.
In praktischen Anwendungen ist es häufig der Fall, daß alle Koeffizienten konstant sind.

b(x) wird häufig als "Störterm" bzw. "Störfunktion" bezeichnet.
Ist b(x) = 0, so liegt eine *homogene* Gleichung vor.

Die vorgegebenen Koeffizienten und der Störterm werden zumeist als Funktionen $a_k = a_k(x)$ bzw. b = b(x) betrachtet.

Beispiele:

(1) $2 \cdot f'(x) - 0{,}3 \cdot f(x) = 0$ ist eine lineare, homogene Differentialgleichung 1. Ordnung.

(2) $y'' + 6 \cdot y' + 25 \cdot y = \sin(6\,x)$ ist eine lineare, inhomogene Differentialgleichung 2. Ordnung; die gesuchte Lösungsfunktion erscheint hier in der Schreibweise y = y(x), b(x) = sin(6 x) ist die Störfunktion.

In den beiden obigen Beispielen sind alle Koeffizienten konstante Zahlen. Im folgenden Beispiel sind die Koeffizienten $a_k(x)$ Terme, welche die Variable x beinhalten.

(3) $f''(x) + \frac{1}{x} f'(x) - \frac{1}{x^2} f(x) = x^2$

In Beispiel (3) liegt eine lineare, inhomogene Differentialgleichung 2. Ordnung mit nicht konstanten Koeffizienten vor:

$$a_2(x) = 1\,,\; a_1(x) = \frac{1}{x}\,,\; a_0(x) = -\frac{1}{x^2}.$$

Bei einer *linearen Differentialgleichung* treten die gesuchte Lösungsfunktion f(x) und ihre zugehörigen Ableitungen nur mit dem Exponenten "1" auf.

Es folgen nun 2 **Beispiele** für *nicht - lineare* Differentialgleichungen.

$10\,y' + 5 \cdot y^2 = 20$ ist nicht - linear, da hier die Lösungsfunktion y = y(x) den Exponenten "2" besitzt.

$\frac{1}{y'} + x^2 \cdot y = 0$ ist nicht - linear, da hier die erste Ableitung y' den Exponenten "– 1" besitzt.

Zu den linearen Differentialgleichungen mit konstanten Koeffizienten gibt es systematische Lösungsmethoden, die zudem noch vergleichsweise einfach anwendbar sind. Die Fälle mit nicht konstanten Koeffizienten sind häufig nur mit hohem Aufwand lösbar.

LINEARE HOMOGENE DIFFERENTIALGLEICHUNGEN MIT KONSTANTEN KOEFFIZIENTEN

Wir beschränken uns hier auf Differentialgleichungen von 1. und 2. Ordnung. Die wesentlichen Lösungsprinzipien werden am Beispiel der *allgemeinen Gleichung 2. Ordnung* erläutert. Eine Verallgemeinerung für die Ordnung n > 2 bringt keine wesentlichen Neuheiten mehr, die Rechnungen werden nur erheblich aufwendiger.

Gleichungen 1. Ordnung

Jede lineare homogene Differentialgleichung 1. Ordnung mit konstanten Koeffizienten kann stets auf die normierte Form $y' + a_0 \cdot y = 0$ gebracht werden.

Beispiel:

$4y' + 2y = 0 \quad | :4 \qquad y' + 0{,}5\,y = 0.$

Es folgt die allgemeine Lösung von $y' + a_0\,y = 0$.

In dieser Gleichung unterscheidet sich die Ableitung y'(x) nur durch einen Faktor von der gesuchten Funktion y(x). Dieses Verhalten der Funktion y(x) deutet darauf hin, daß hier eine e - Funktion vorliegt.
Wir machen daher den Lösungsansatz $y = k \cdot e^{cx}$ mit noch zu bestimmenden "Anpassungskonstanten" k und c.

$y' = c \cdot k \cdot e^{cx}$; nun werden y und y' in die Differentialgleichung eingesetzt:

$c \cdot k \cdot e^{cx} + a_0 \cdot k \cdot e^{cx} = 0 \quad | :k \qquad c \cdot e^{cx} + a_0 \cdot e^{cx} = 0$

$e^{cx}(c + a_0) = 0$

e^{cx} ist stets ungleich Null; dann muß $c = -a_0$ sein, damit das zuletzt genannte Produkt gleich Null ist.
Die Konstante k entfällt durch Kürzen, sie ist somit nicht an die Vorgaben der Gleichung gebunden. Dagegen hängt c von der vorgegebenen Gleichung ab.

> Die Differentialgleichung $y' + a_0 \cdot y = 0$ hat die allgemeine Lösungsfunktion $y = k\,e^{cx}$ mit $c = -a_0$.
> k ist hier eine unbestimmte Konstante (Integrationskonstante).

Für jeden Zahlenwert k ist die zugehörige Funktion y(x) eine spezielle Lösung der Differentialgleichung.

Der hier gewählte Lösungsansatz könnte durch "gezieltes Raten" gekennzeichnet werden. Als weiteren, systematischen Lösungsansatz hätten wir auch die Methode der "Trennung der Variablen" wählen können.

Beispiel:
Die Differentialgleichung $8 \cdot y' + 2 \cdot y = 0$ ist zu lösen; die Lösungsfunktion y(x) soll weiterhin der Bedingung y(0) = 3 genügen.

$8 \cdot y' + 2y = 0 \quad | : 8 \qquad y' + 0{,}25\, y = 0;$
somit folgt:
$c = -a_0 = -0{,}25$, die allgemeine Lösungsfunktion ist $y(x) = k \cdot e^{-0{,}25x}$. Die unbestimmte Konstante k wird jetzt so bestimmt, daß $y(0) = 3$ erfüllt ist. Wegen $y(0) = k \cdot e^{0} = k$ folgt sofort $k = 3$.
$y(x) = 3 \cdot e^{-0{,}25x}$ ist die gesuchte spezielle Lösung.

Gleichungen 2. Ordnung

Die Differentialgleichung $2 \cdot y'' + 4 \cdot y' + 52 \cdot y = 0$ ist homogen, von 2. Ordnung, es treten nur konstante Koeffizienten auf. Nach Division dieser Gleichung durch 2 erhält man die sogenannte *normierte Form*:
$y'' + 2y' + 26y = 0.$

> Die normierte Form $\boldsymbol{y'' + a_1 y' + a_0 y = 0}$ ist stets erreichbar (Division durch den Koeffizienten der höchsten Ableitung). Die folgenden Lösungsmethoden beziehen sich auf diese normierte Form.

Bestimmung der Lösungsfunktion

Als Lösungsansatz wählt man die Funktion $y(x) = e^{cx}$. Die Konstante c soll hierbei so bestimmt werden, daß y(x) eine Lösungsfunktion der obigen Differentialgleichung $y'' + a_1 y' + a_0 y = 0$ wird, wobei wir die Koeffizienten a_0 und a_1 als vorgegebene Werte betrachten können.

$y' = c\, e^{cx} \qquad y'' = c^2 \cdot e^{cx}$
werden in die Differentialgleichung eingesetzt: $c^2 e^{cx} + a_1 c\, e^{cx} + a_0 e^{cx} = 0$,
$e^{cx}(c^2 + a_1 \cdot c + a_0) = 0$; e^{cx} ist stets ungleich Null, daher folgt:
$c^2 + a_1 c + a_0 = 0.$

Die zuletzt genannte quadratische Gleichung, in welcher c zu bestimmen ist, heißt die *charakteristische Gleichung* zur vorliegenden Differentialgleichung. Sie hat allgemein die beiden Lösungen c_1, c_2 gemäß der folgenden Lösungsformel ("p - q - Formel"):

$$c_{1,2} = -\frac{a_1}{2} \pm \sqrt{\left(\frac{a_1}{2}\right)^2 - a_0}$$

Die Werte von c_1 und c_2 können je nach Vorgabe von a_0 und a_1 reelle oder komplexe Zahlen sein; auch der Spezialfall $c_1 = c_2$ kann auftreten.

Nach Bestimmung der beiden Werte c_1 und c_2 können wir 2 Basislösungen der obigen Differentialgleichung angeben:
$y_1(x) = e^{c_1 x}$, $y_2(x) = e^{c_2 x}$

Die allgemeine Lösung unserer homogenen Differentialgleichung 2. Ordnung ist dann
$f(x) = k_1 \cdot e^{c_1 x} + k_2 \cdot e^{c_2 x}$
mit den beiden unbestimmten Konstanten k_1 , k_2.

Die Werte für c_1 und c_2 in den Exponenten der beiden e - Funktionen können wir unter Verwendung der Koeffizienten a_0 und a_1 berechnen.

Hierzu benötigen wir den Radikanden $r = \left(\frac{a_1}{2}\right)^2 - a_0$ aus der obigen Wurzel.

Ist dieser Radikand positiv oder Null, hat die charakteristische Gleichung reelle Lösungen. Ist der Radikand negativ, muß die vorliegende quadratische Gleichung mit Hilfe der komplexen Zahlen gelöst werden.

Für jeden der 3 genannten Fälle ($r > 0$, $r = 0$, $r < 0$) ergeben sich spezielle Lösungsformeln für die Werte von c_1 und c_2, diese sollen im folgenden dargestellt werden.

(1) r > 0: c_1 , c_2 sind reell;
allgemeine Lösung: $f(x) = k_1 \cdot e^{c_1 x} + k_2 \cdot e^{c_2 x}$.

(2) r = 0: $c_1 = c_2 = -\frac{a_1}{2}$; allgemeine Lösung: $f(x) = k_1 \cdot e^{c_1 x} + k_2 \cdot x \cdot e^{c_1 x}$.

(3) r < 0: man erhält für c_1, c_2 zwei komplexe Lösungen
$c_1 = v + i\,w$, $c_2 = v - i\,w$ mit
$v = -\frac{a_1}{2}$, $w = \sqrt{|r|}$; v und w sind reell.
Allgemeine Lösung:
$f(x) = e^{v\,x} \cdot [k_1 \cdot \cos(w\,x) + k_2 \cdot \sin(w\,x)]$

Lösungsbeispiele:

(1)

Von der Differentialgleichung $y'' + 4\,y' + 13\,y = 0$ ist die *allgemeine* Lösungsfunktion zu bestimmen.
Dann soll die *spezielle* Lösungsfunktion $y_1(x)$ ermittelt werden, welche für die Argumente $x_1 = 0$, $x_2 = \frac{\pi}{6}$ die beiden Funktionswerte $y(0) = 0$ und $y\left(\frac{\pi}{6}\right) = 0{,}351$ liefert.

Lösungsweg:

zugehörige charakteristische Gleichung:
$c^2 + 4\,c + 13 = 0$, $c_{1,2} = -2 \pm \sqrt{-9}$;
wegen $r = -9 < 0$ verwenden wir die Lösungsformeln aus der Fallunterscheidung (3): $v = -\frac{a_1}{2}$, $w = \sqrt{|r|}$; aus $a_1 = 4$ und $a_0 = 13$ folgt $v = -2$, $w = 3$; diese Werte setzen wir in die Funktionsgleichung f(x) für den Fall r < 0 ein und erhalten:
$y(x) = e^{-2x}\,[k_1 \cdot \cos(3\,x) + k_2 \cdot \sin(3\,x)]$. y(x) ist die allgemeine Lösung unserer vorliegenden Differentialgleichung mit den unbestimmten, reellen Konstanten k_1 und k_2.
Es folgt die Anpassung der Konstanten k_1 und k_2 an die beiden Forderungen $y(0) = 0$, $y\left(\frac{\pi}{6}\right) = 0{,}351$. Wegen $y(0) = 0$ ist $e^0\,[k_1 \cdot \cos(0) + k_2 \cdot \sin(0)] = 0$ und somit $k_1 = 0$.
Wegen $y\left(\frac{\pi}{6}\right) = 0{,}351$ ist $k_2 \cdot e^{\frac{-\pi}{3}} \cdot \sin\left(\frac{\pi}{2}\right) = 0{,}351$; es ist $\sin\left(\frac{\pi}{2}\right) = 1$,

somit folgt $k_2 = 0{,}351 \cdot e^{\frac{\pi}{3}} = 1{,}0$.
Die spezielle Lösungsfunktion ist $y_1(x) = e^{-2x} \cdot \sin(3\,x)$.

(2)
Gesucht ist die allgemeine Lösung von $3\,y'' = -48\,y$.

Lösungsweg:
Umschreiben in die normierte Form: $y'' + 16\,y = 0$; für die Koeffizienten dieser linearen Differentialgleichung 2. Ordnung gilt $a_0 = 16$, $a_1 = 0$, $a_2 = 1$.
Die charakteristische Gleichung $c^2 + 16 = 0$ hat die komplexen Lösungen $c_{1,2} = \sqrt{-16}$. Wegen $r = -16 < 0$ trifft die Fallunterscheidung (3) des vorangehenden Abschnitts zu, die hier dargestellten Lösungsformeln $v = -\frac{a_1}{2}$ und $w = \sqrt{|\,r\,|}$ liefern dann sofort die allgemeine Lösungsfunktion
$f(x) = k_1 \cdot \cos(4\,x) + k_2 \cdot \sin(4\,x)$ der obigen Differentialgleichung.

(3)
Vorgegeben ist die Differentialgleichung $y'' - 9\,y' + 14\,y = 0$. Gesucht ist die spezielle Lösung $y = y\,(x)$, welche den zusätzlichen Forderungen $y\,(0) = 2$ und $y'(0) = 0$ (sog. "Anfangsbedingungen") genügt.

Lösungsweg:
Zugehörige charakteristische Gleichung: $c^2 - 9\,c + 14 = 0$;
$c_{1,2} = 4{,}5 \pm \sqrt{6{,}25}$, $c_1 = 7$, $c_2 = 2$.
Wegen $r = 6{,}25 > 0$ gilt die Fallunterscheidung (1) des vorangehenden Abschnitts, gemäß den dortigen Angaben folgt:
$\boldsymbol{f(x) = k_1\, e^{7x} + k_2\, e^{2x}}$ ist die allgemeine Lösung der Differentialgleichung.
Die unbestimmten Konstanten k_1 , k_2 werden nun an die oben geforderten Anfangsbedingungen angepaßt.
Aus $y\,(0) = 2$ folgt $k_1 \cdot e^0 + k_2 \cdot e^0 = 2$ und somit $k_1 + k_2 = 2$.
Aus $y'(0) = 0$ folgt $7 \cdot k_1 \cdot e^0 + 2 \cdot k_2 \cdot e^0 = 0$ und somit $7\,k_1 + 2\,k_2 = 0$.
$k_2 = -3{,}5\,k_1$, $k_1 + (-3{,}5\,k_1) = 2$, $k_1 = -0{,}8$, $k_2 = 2{,}8$.
$\boldsymbol{y\,(x) = -0{,}8 \cdot e^{7x} + 2{,}8 \cdot e^{2x}}$ ist die in (3) gesuchte spezielle Lösungsfunktion.

20.3 BEISPIELE AUS NATUR UND TECHNIK

Ein zentrales Thema der Physik ist die Beschreibung des Bewegungsablaufes eines Körpers mit der Masse m, auf den bestimmte Kräfte einwirken. Hierbei werden der zurückgelegte Weg (s) oder die momentane Geschwindigkeit (v) in Abhängigkeit von der Bewegungszeit (t) gesucht. Die auf den Körper wirkende Gesamtkraft (F) erteilt diesem eine Beschleunigung (a), es gilt das Newtonsche Kraftgesetz $\boldsymbol{F = m \cdot a}$.
Weiterhin gelten die physikalischen Aussagen $v(t) = s'(t)$ und $a(t) = v'(t)$.

Beispiel
Ein Fallschirmspringer öffnet seinen Fallschirm, seine Fallgeschwindigkeit (v) beträgt in diesem Augenblick 21 m/s. Der Luftwiderstand F_r (Reibungskraft) wird durch das physikalische Gesetz $F_r = k \cdot v^2$ beschrieben, hier gilt

$k = 11 \frac{N s^2}{m^2}$.

Gesamtmasse (m) des Springers einschließlich des Fallschirms: m= 121 kg.

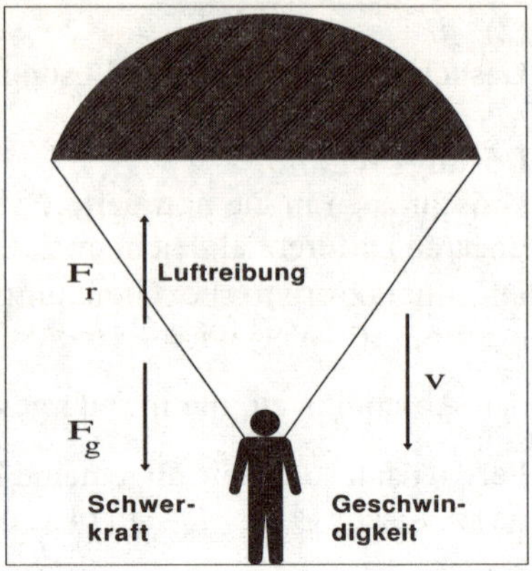

Welche Geschwindigkeiten hat der Springer nach 1 s, 2 s, 10 s?

Zur Beantwortung dieser Frage benötigen wir die Geschwindigkeit (v) als Funktion von der Zeit (t). Diese Funktion v = v(t) kann als Lösung einer Differentialgleichung ermittelt werden.

Herleitung der Differentialgleichung

Schwerkraft (Gewicht) der Gesamtmasse m: $F_g = m \cdot g$, $g = 9{,}81\ {}^m\!/\!_{s^2}$. Die Luftreibung wirkt der Schwerkraft entgegen; also gilt die hier wirkende Gesamtkraft (F)

$\boldsymbol{F = m \cdot g - k \cdot v^2}$

Nach Einsetzen von $F = m \cdot a$ und a = v' in die obige Gleichung erhalten wir

$\boldsymbol{m \cdot v' = m \cdot g - k \cdot v^2}$

In dieser Gleichung erscheint die gesuchte Funktion v(t) zusammen mit ihrer 1. Ableitung v'(t); es liegt somit eine Differentialgleichung von 1. Ordnung vor.

Nach Einsetzen der vorgegebenen Zahlenwerte ergibt sich

$121\, v' = 1187 - 11\, v^2$, zugehörige Anfangsbedingung: v(0) = 21.

Zur rechnerischen Vereinfachung soll eine Differentialgleichung von völlig gleichem Typ mit einfacheren Zahlen gelöst werden.

$\boldsymbol{10\, v' = 20 - 5\, v^2}$ Anfangsbedingung: v(0) = 8.

$2\, v' = 4 - v^2$; mit $v' = \frac{dv}{dt}$ (Leibniz - Schreibweise) folgt $2 \frac{dv}{dt} = 4 - v^2$. Nach Trennung der Variablen und Integration beider Seiten gilt dann

$$\int \frac{dv}{v^2 - 4} = -\frac{1}{2} \int dt = -\frac{1}{2} t + C$$

Hierbei ist C eine unbestimmte Integrationskonstante. Unter Beachtung des Grundintegrals

$\int \frac{dx}{x^2 - a^2} = \frac{1}{2a} \cdot \ln \frac{x-a}{x+a}$ für | x| > a folgt

$\frac{1}{4} \cdot \ln \frac{v-2}{v+2} = -\frac{1}{2} t + C$

Anfangsbedingung: Für t = 0 ist v = 8; hiermit können wir C zahlenmäßig festlegen:

$\frac{1}{4} \cdot \ln\left(\frac{6}{10}\right) = C$; es folgt C = – 0,1277 und somit

$$\ln \frac{v-2}{v+2} = -2t - 0{,}5108$$

Beide Seiten dieser Gleichung werden nun als Exponent zur Basis e gesetzt, es folgt

$$\frac{v-2}{v+2} = 0{,}6\, e^{-2t}$$

Die Umstellung der letzten Gleichung nach v ergibt für die hier zu lösende Differentialgleichung die Lösungsfunktion

$$v = 2 \cdot \frac{1 + 0{,}6\, e^{-2t}}{1 - 0{,}6\, e^{-2t}}$$

Entladungsstrom in einer RLC - Schaltung

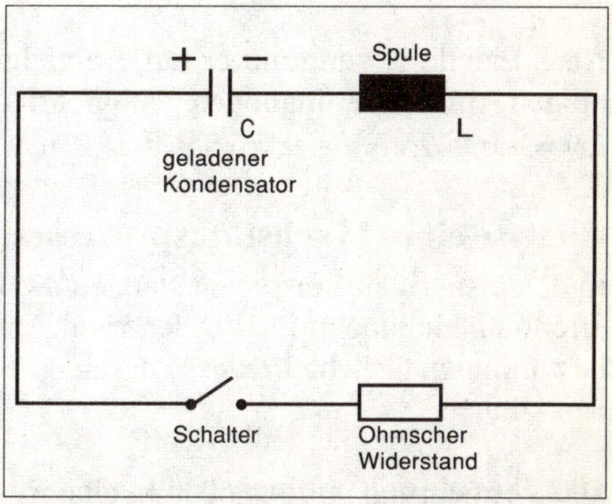

Wir betrachten eine Reihenschaltung aus einem Kondensator (C = 1/18 F), einer Spule (L = 2 H) und einem Ohmschen Widerstand (R = 20 Ohm). Der Kondensator ist geladen, der zunächst geöffnete Schalter verhindert eine Entladung.

Nach dem Schließen des Schalters tritt ein zeitlich veränderlicher Entladungsstrom i(t) auf.

Diese Funktion i = i(t) ist Lösung der Differentialgleichung

$$\boldsymbol{L \cdot i'' + R \cdot i' + \frac{1}{C} \cdot i = 0}$$

Lösung:

$$i'' + \frac{R}{L} \cdot i' + \frac{1}{L\,C} \cdot i = 0$$

Vorgegebene Zahlen einsetzen: i'' + 10 i' + 9 i = 0.

Die Lösung der zugehörigen charakteristischen Gleichung

$c^2 + 10\,c + 9 = 0$ ergibt $c_1 = -1$, $c_2 = -9$.

Allgemeine Lösung: $i(t) = k_1 \cdot e^{-t} + k_2 \cdot e^{-9t}$.

Jede beliebige Zahlenbelegung der beiden unbestimmten Konstanten k_1 , k_2 ergibt eine spezielle Lösung der vorliegenden Differentialgleichung.

Die beiden *Anfangsbedingungen* **i(0) = 0 , i'(0) = – 0,5** sollen nun im obigen Beispiel erfaßt werden:

$i(0) = k_1 \cdot e^0 + k_2 \cdot e^0 = 0$ $\qquad k_1 + k_2 = 0$

$i'(t) = -k_1 \cdot e^{-t} - 9\,k_2 \cdot e^{-9t}$ $\qquad i'(0) = -k_1 - 9\,k_2 = -0{,}5$

Wegen $k_1 = -k_2$ folgt aus der letzten Gleichung $k_1 = -0{,}0625$.

Als spezielle Lösung dieser Differentialgleichung, welche zusätzlich den beiden obigen Anfangsbedingungen genügt, erhält man somit
$i(t) = -0{,}0625\,e^{-t} + 0{,}0625\,e^{-9t}$.

Analyse eines Wachstumsprozesses

In den bisherigen Beispielen standen die Lösungsmethoden für vorgegebene Differentialgleichungen im Vordergrund. Das folgende Beispiel soll zeigen, *warum* bestimmte natürliche Prozesse durch eine Differentialgleichung beschrieben werden können.

Die Vermehrung von Amöben in einem Aquarium wird von Biologen untersucht. Zu Beginn dieses Experimentes befinden sich 50 Amöben im Aquarium. Nach jeweils 2 Tagen wird die Anzahl der vorhandenen Tierchen neu bestimmt.

Beobachtungsergebnis nach 14 Tagen:

Anzahl der Tage	0	2	4	6	8	10	12	14
Anzahl der Amöben	50	65	84	109	141	183	238	309

Bezeichnungen:
n(t) : momentane Anzahl der Tierchen nach t Tagen, z.B. ist n(10) = 183.
Δn: Zuwachs der Tierchen in der Zeitspanne Δt.
In den ersten beiden Tagen nach Beginn des Experiments kommen 15 neue Tierchen hinzu (Δn = n(2) – n(0) = 15).
In der gleichen Zeitspanne Δt zwischen dem 6. und 8. Tag beträgt der Zuwachs schon Δn = 32 Amöben, und im Zeitraum Δt zwischen dem 12. und 14. Tag kommen sogar 71 neue hinzu (es ist stets Δt = 2 Tage). Die Zuwachsrate $\frac{\Delta n}{\Delta t}$ (Neuzuwachs Δn pro Zeitspanne Δt) nimmt hier ständig zu, es liegt eine stark beschleunigte Wachstumsentwicklung vor.
Die hier beschriebene Entwicklung ist ein typisches Beispiel für einen exponentiellen Wachstumsprozess. Ähnliche mathematische Gesetzmäßigkeiten gelten übrigens auch für viele Bevölkerungsgruppen in der 3. Welt.
Wir haben diesen Wachstumsprozess soweit mathematisch aufbereitet, daß wir nun die wesentlichen Begriffe zur Formulierung der gesuchten Differentialgleichung besitzen. Durch Auswertung der vorherigen Tabelle folgt die Tabelle für die Zuwachsrate $\frac{\Delta n}{\Delta t}$ der Amöbenentwicklung:

Zeitspanne	0. - 2. Tag	6. - 8. Tag	12. - 14. Tag
Amöbenanzahl am Anfang der Zeitspanne	50	109	238
Zuwachsrate (Amöben pro Tag)	7,5	16	35,5

Auswertungsbeispiel: $\frac{n(8) - n(6)}{2} = 16$. Das Verhältnis $k = \frac{\Delta n}{\Delta t} : n\,(t)$ ergibt für jede der 3 Tabellenspalten den gleichen Wert k = 0,15 (gerundet). Somit wächst die Zuwachsrate im gleichen Verhältnis, also proportional zur momentanen Amöbenzahl n(t): $\frac{\Delta n}{\Delta t} \sim$ n(t).

Umschreibung dieser Proportionalität als Gleichung: $\frac{\Delta n}{\Delta t} = k \cdot n(t)$.

Hierbei ist k = 0,15 die aus der Tabelle ermittelte Konstante.
Wird das Zeitintervall Δt sehr klein, so betont man dieses durch Verwendung der Schreibweise dt statt Δt und entsprechend dn statt Δn. Die letzte Gleichung wird somit umgeschrieben: $\boldsymbol{\frac{dn}{dt} = k \cdot n(t)}$

Dieses ist eine Differentialgleichung 1. Ordnung, wobei die Ableitung der Funktion n = n(t) in der Leibniz - Schreibweise erscheint. Formulierung in der Schreibweise nach Newton: $\boldsymbol{n'(t) = k \cdot n(t)}$.

Die Lösungsfunktion n(t) beschreibt den Wachstumsverlauf der vorliegenden Amöbenpopulation.

20.4 ÜBUNGSAUFGABEN

1) Die Differentialgleichung $f'(x) + \frac{x}{f(x)} = 0$ ist zu lösen. Welche spezielle Lösungsfunktion besitzt den Kurvenpunkt ($\sqrt{5}$; 2)?

2) **Gedämpfte harmonische Schwingung**
Ein Eisenkörper (m = 0,5 kg) hängt an einer Feder (Federkonstante D = 13 N/m) und befindet sich zudem vollständig in einem Behälter mit Öl.
Nach einem kurzen Anstoß führt dieser eine gedämpfte Schwingung aus. Der Reibungseinfluß des Öls wird hier durch die Konstante r = 1 Ns/m erfaßt.

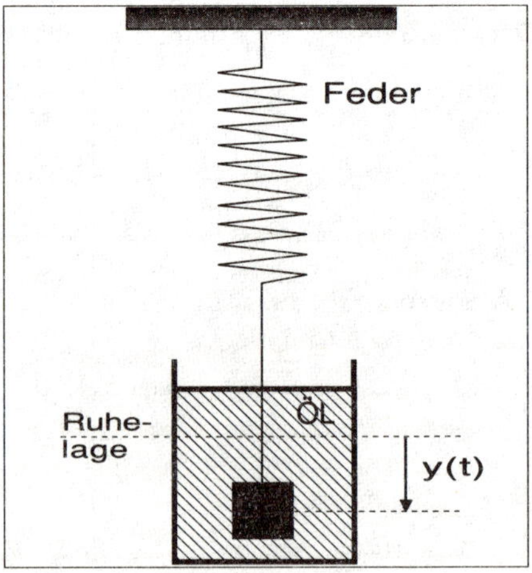

Die momentane Auslenkung y(t) bezieht sich auf die Ruhelage des Körpers; t ist die Zeit seit Beginn des Experiments (Startzeitpunkt: t = 0).
Wir finden diese Funktion y(t) als Lösung der folgenden Differentialgleichung 2. Ordnung:
$\boldsymbol{m \cdot y'' + r \cdot y' + D \cdot y = 0}$
Die Herleitung dieser Differentialgleichung erfordert zusätzliche physikalische Überlegungen und soll hier nicht erfolgen.

Bestimmen Sie die Lösungsfunktion unter Berücksichtigung der beiden Anfangsbedingungen

$0{,}5\, y'' + y' + 13\, y = 0 \qquad y(0) = 0 \qquad y'(0) = 0{,}5\, \frac{m}{s}$!

3) Bestätigen Sie durch Einsetzen von y, y', y'':
$y(t) = e^{-3t} \cdot [k_1 \cdot \cos(4t) + k_2 \cdot \sin(4t)]$ ist die allgemeine Lösung von
$y'' + 6\, y' + 25\, y = 2 \sin(6\, t)$!

4) Berechnen Sie die Lösungsfunktion, berücksichtigen Sie die dabei die Anfangsbedingungen.

$121\, v' = 1187 - 11 v^2 \qquad v(0) = 21\, \frac{m}{s}$ ist zu lösen.

5) Berechnen Sie die Lösungen der Differentialgleichungen:
a) $0{,}5 \cdot y' + 1{,}5 \cdot y = 0$ b) $3\, y' = 1{,}5\, y$
c) $2 \cdot y'' + 6 \cdot y' + 4\, y = 0$

LÖSUNGEN

1) Trennung der Variablen: $\frac{dy}{dx} = -\frac{x}{y} \qquad -\int y\, dy = \int x\, dx$

$\frac{1}{2} y^2 = -\frac{1}{2} x^2 + C_1 \qquad y^2 + x^2 = C_2$ beschreibt eine Kreisschar um den Ursprung, Radien: $r = \sqrt{C_2}$.
Auflösung nach y: $y_1(x) = \sqrt{C_2 - x^2} \qquad y_2(x) = -\sqrt{C_2 - x^2}$.

2) $y'' + 2\, y' + 26\, y = 0$; charakteristische Gleichung: $C^2 + 2\, C + 26 = 0$;
$C_{1,2} = -1 \pm \sqrt{-25}$ (r < 0)
Gemäß den Lösungsformeln folgt:
$v = -1,\ w = \sqrt{25} = 5$; $y(t) = e^{-t} \cdot [k_1 \cdot \cos(5t) + k_2 \cdot \sin(5t)]$ ist die allgemeine Lösung.
Aus $y(0) = 0$ und $e^0 \cdot [k_1 \cdot \cos(0) + k_2 \cdot \sin(0)] = 0$ folgt $k_1 = 0$. Es verbleibt

$y(t) = k_2 \cdot e^{-t} \sin(5\,t)$; aus $y\,'(0) = 0{,}5$ ergibt sich $k_2 = 0{,}1$.
Lösungsfunktion: $y(t) = 0{,}1\, e^{-t} \cdot \sin(5t)$.

3) Nach Einsetzen von y, y', y'' in die Differentialgleichung fällt auf der rechten Gleichungsseite durch Subtraktionen fast alles weg, nur $2 \sin(6\,t)$ bleibt übrig.

4) Der Lösungsweg ist analog zur Lösung des Beispiels "Fallschirmspringer".
Lösungsfunktion: $v(t) = 10{,}39\,\dfrac{1 + 0{,}3379\, e^{-1{,}889\,t}}{1 - 0{,}3379\, e^{-1{,}889\,t}}$.

5) a) $y = k\, e^{-3x}$ b) $y = k\, e^{0{,}5x}$
c) $y = k_1 \cdot e^{-x} + k_2 \cdot e^{-2x}$

21. COMPUTER UND MATHEMATIK

Viele Berechnungsverfahren der Mathematik beruhen auf der häufigen Wiederholung des gleichen Grundschrittes.

Beispiel:
Der Flächeninhalt zwischen dem Graphen einer Funktion und der x-Achse ist mit dem Streifenverfahren(S) zu berechnen. Um eine hohe Genauigkeit zu erreichen, wird hierbei die zu berechnende Fläche mit einer großen Anzahl von entsprechend schmalen Rechteckstreifen ausgelegt. Der hier vorliegende Grundschritt besteht in der Flächenberechnung eines einzelnen Rechteckstreifens. Die schriftliche Berechnung einer großen Anzahl von gleichen Grundschritten nur unter Einsatz eines einfachen Taschenrechners ist für uns prinzipiell möglich und zumeist auch gedanklich einfach, aber sehr zeitaufwendig.

Ein Computer kann diese Aufgabenstellung dank seiner äußerst hohen Rechengeschwindigkeit in kürzester Zeit fehlerfrei bewältigen. Die vorliegende Aufgabenstellung muß dem Computer zuvor in geeigneter Form mitgeteilt werden, hierzu benötigt man eine Programmiersprache.

Zu den Programmiersprachen,die auch für mathematische Zwecke gut geeignet sind,gehören insbesondere PASCAL, BASIC, C und FORTRAN77. Wir behandeln in diesem Kapitel die sehr verbreitete Sprache PASCAL.

21.1 AUFBAU EINER EDV-ANLAGE

Statt der Bezeichnung "Computer" verwendet man auch häufig den Begriff "elektronische Datenverarbeitungsanlage", kürzer: "EDV-Anlage".

Die wesentlichen Bestandteile einer EDV-Anlage sind

(1) der *Prozessor*: dieser führt die einzelnen Rechenschritte aus und koordiniert ("steuert") weiterhin einen Teil der Arbeitsabläufe in der Anlage;

(2) der *Arbeitsspeicher*: hier sind die Programme und Daten während ihrer Bearbeitung durch den Prozessor gespeichert;

(3) die *Ein-/Ausgabegeräte*: z.B. Tastatur, Maus, Bildschirm, Drucker, ...

(4) die *externen Speicher*: z.B. Festplatte, Diskettenlaufwerk,...

Prozessor und Arbeitsspeicher bilden zusammen die *Zentraleinheit* (engl. "central processing unit", kurz: CPU), diese ist der wichtigste Bestandteil eines Computers.

Der Computer benötigt zur Koordinierung und Steuerung der vielen technischen Abläufe (z.B. Bildschirmansteuerung, Speichervorgänge, Ausgabe von Fehlermeldungen, Steuerung des Druckers, Formatierung einer Diskette, ...) eine Anzahl spezieller Programme. Diese Programme bezeichnet man als das *Betriebssystem* des Computers.

Schematischer Aufbau einer EDV-Anlage:

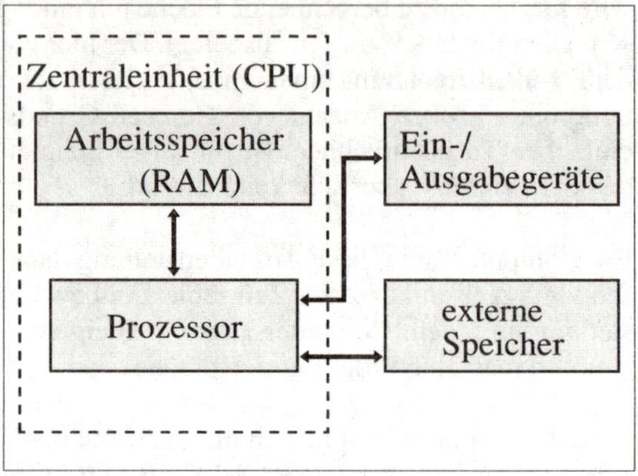

Zugriff auf RAM und externe Speicher

Der Arbeitsspeicher besteht aus einer großen Anzahl einzelner Speicherzellen. Jede einzelne Speicherzelle hat eine eigene Adresse ("Zellennummer") und kann vom Prozessor direkt angesprochen bzw. "adressiert" werden.
Diesen unmittelbaren Zugang des Prozessors auf jede beliebige Speicherzelle bezeichnet man auch als *wahlfreien Speicherzugriff* (engl. "random access memory"). Statt der Bezeichnung Arbeitsspeicher wird häufig das Kürzel **RAM** verwendet.
Im Arbeitsspeicher sind die Informationen durch elektronische Schaltzustände verschlüsselt ("codiert"); der RAM ist ein *flüchtiger* Speicher, er verliert seinen Inhalt nach Ausschalten der Betriebsspannung.

Die externen Speicher müssen in ihrer Wirkungsweise streng unterschieden werden vom Arbeitsspeicher.
Festplatten und Disketten sind Dauerspeicher von gleicher physikalischer Art, die Informationen werden hier durch sehr feine Magnetisierungen auf der Plattenoberfläche gespeichert.

Der Datentransport zwischen der CPU und der Festplatte ist erheblich schneller als der Datentransport zwischen der CPU und einem Diskettenlaufwerk, zudem kann die Festplatte sehr viel mehr Daten speichern.

Der Prozessor hat einen direkten und sehr schnellen Zugriff auf die Informationen im RAM.
Dagegen sind die einzelnen Informationsteile auf einer Festplatte vom Prozessor nicht direkt erreichbar, sie müssen ihm auf Umwegen zugeleitet werden.
Der Prozessor kann sich Daten aus dem RAM in viel kürzerer Zeit als von der Festplatte besorgen.

Um ein auf der Festplatte oder Diskette befindliches Programm starten zu können, muß der Computer dieses erst in seinen Arbeitsspeicher laden.

21.2 PROGRAMMIEREN IN PASCAL

Die Programmiersprache PASCAL ist eine *universelle* Sprache, sie kann in sehr unterschiedlichen Anwendungsbereichen eingesetzt werden. Mit PASCAL ist es z.B. möglich, eine spezielle Datenbank zur Verwaltung einer Kundendatei zu schaffen, ein Steuerprogramm zur Überwachung eines Druckers zu schreiben oder ein Programm zu erstellen, welches von einer mathematischen Funktion eine Funktionstabelle erstellt.
Wir beschränken uns in diesem Kapitel überwiegend auf die mathematischen Anwendungen dieser Sprache.

Ein PASCAL-Programm besteht aus festgelegten PASCAL-Wörtern, Symbolen und m.E. frei wählbaren Bezeichnern.
Die *PASCAL-Wörter* ("reservierte" Wörter, "Schlüsselwörter") sind Bestandteile dieser Programmiersprache und haben eine eindeutig festgelegte Funktion innerhalb eines Programms. Beispiele für PASCAL-Wörter sind *program, var, begin, end, repeat, for,function, procedure, while, ...*
Bezeichner (engl. identifier), häufig auch Namen genannt, können vom Programmierer unter Einhaltung bestimmter Vorgaben frei gewählt werden.

```
PROGRAM Quadervolumen;
VAR a,b,c,Vol : real;

BEGIN
  a:=17; b:=7.91; c:=3.5
  Vol:=a*b*c;
  write( Vol );
END.
```

Das nebenstehende einfache Programm soll diese Begriffe verdeutlichen; es berechnet das Produkt Vol = a · b · c, der Befehl *write (Vol)* bewirkt die Ausgabe des in der Variablen Vol gespeicherten Ergebnisses auf dem Bildschirm.
PASCAL-Wörter sind hier*: program, var, real, begin, write, end.*
Bezeichner sind: Quadervolumen, a, b, c.

PASCAL macht keine inhaltliche Unterscheidung zwischen Groß- und Kleinschreibung; z.B. bedeuten Vol, VOL, vol in einem Programm ein- und dieselbe Variable.

Alle in einem PASCAL-Programm verwendeten Variablen müssen zuvor angemeldet bzw. *vereinbart* werden. Das erfolgt hier durch die Variablenvereinbarung *var a,b,c,Vol : real;* mit dem PASCAL-Wort *real* kennzeichnet man a,b,c,Vol als reelle Variable.
Die Belegung der Variablen a mit einem Zahlenwert erfolgt über die *Wertzuweisung a:=17;* gesprochen: "belege a mit 17" oder "bringe 17 nach a".
Die (leider) häufiger zu hörende Sprechweise "a gleich 17" gibt nicht die eigentliche Wirkungsweise dieses "Transportbefehls" wieder.
Durch das Semikolon (;) am Ende einer jeden Anweisung kann der Computer die einzelnen Anweisungen voneinander unterscheiden.

Im obigen Programm namens "Quadervolumen" werden die Variablen a,b,c innerhalb des Programms fest belegt. Die Belegung kann auch in der Weise erfolgen, daß die Zahlen noch nicht im Programm, sondern erst später vom laufenden Programm abgefragt und dann über die Tastatur eingegeben werden.

```
PROGRAM Volumen2;
VAR a,b,c,Vol : real;

BEGIN
  write('a,b,c eingeben:');
  read(a,b,c);
  Vol:=a*b*c;
  write('Vol = ', Vol );
END.
```

Nach dem Start des Programms "Volumen2" meldet sich dieses mit dem Bildschirmtext a,b,c eingeben: und wartet auf die Zahleneingabe.

Gibt man nun z.B. die drei Zahlen 2, 3 und 1.5 ein, so erscheint das Ergebnis in der Form Vol=9 auf dem Bildschirm.

Der Befehl *write('Vol = ', Vol)* bewirkt die Ausgabe der Zeichenkette *Vol* = und des Variableninhalts von Vol auf dem Bildschirm.
Eine Zeichenkette, auch *String* genannt, wird durch jeweils ein Apostroph (Hochkomma) eingeleitet und abgeschlossen.

Die Zahlenausgabe durch den Befehl *write(x)*, wobei x eine reelle Variable ist, erscheint in einem Format, das oft nicht erwünscht ist; soll der Wert von x beispielsweise mit 3 Nachkommastellen und der Gesamtlänge (Anzahl aller Zeichen) 9 erscheinen, so muß im Programm *write(x:9:3)* stehen. Soll allgemein eine reelle Zahl x mit der Gesamtlänge g und n Nachkommastellen ausgegeben werden, so kann das durch *write(x:g:n)* erreicht werden.

Das folgende Programm "Wurzel" berechnet die Quadratwurzeln aus den beiden Zahlen 2 und 3, die Bildschirmausgabe der Wurzeln erfolgt mit der Gesamtlänge 9 und 5 Nachkommastellen.

Die Funktion *sqrt( )* ist als Standardfunktion in PASCAL vorgegeben und berechnet die Quadratwurzel (engl. : squareroot) aus dem eingegebenen Argument. Die Wertbelegungen von Variablen können sich innerhalb eines Programms ändern; das ist hier der Fall für die Variablen x und w.
Der Ausgabebefehl *writeln(w:9:5)* bewirkt die Ausgabe des Wertes von w und einen anschließenden Zeilensprung in der Bildschirmanzeige; die folgende Datenausgabe erscheint somit in der nächsten Zeile("writeln" ist eine Kurzfassung von write line).

```
PROGRAM Wurzel;
VAR x,w : real;

BEGIN
  x:= 2;
  w:=sqrt(x);
  writeln(w:9:5);
  x:=3;
  w:=sqrt(x);
  write(w:9:5);
END.
```

Die Datentypen real, integer und string

Bisher hatten wir nur *reelle* Variable (Datentyp *real*) verwendet. Für die ganzen Zahlen ist in PASCAL der Datentyp *integer* vorgesehen.
Zeichenketten (Strings) können in Variablen vom Datentyp *string* gespeichert werden.
Im folgenden Programm benötigen wir die Formel z = (k · i · p) : 100; mit dieser kann man die Zinsen (z) berechnen, welche ein Kapital (k) nach i Jahren bei einem Zinssatz von p Prozent erbringt (einfache Zinsrechnung ohne Zinseszins).

Das Programm "Zinsen1" berechnet die Zinsen für die programmintern festgelegten Werte und belegt weiterhin die Stringvariable "Name" mit einer Zeichenkette.

Der Schrägstrich "/" ist das Divisionszeichen in PASCAL.

Durch den Befehl *write(Name, z)* bewirkt man die Ausgabe der Zeichenkette "Maier" und der berechneten Zinsen auf dem Bildschirm, allerdings in einem hier ungünstigen Zahlenformat.

```
PROGRAM Zinsen1;
VAR k, z    : real;
       i    : integer;
     Name   : string;

BEGIN
  Name:='Maier';
  k:=2000; i:=2;
  z:= k*i*4.5/100;
  write(Name, z);
END.
```

Im Programm "Zinsen2" werden die Variablen k, i, na mittels der Eingabeanweisungen *readln(k, i)* bzw. *readln(na)* über die Tastatureingabe belegt.
Die Integer-variable i darf nur mit ganzen Zahlen belegt werden, eine Belegung von i mit einer Dezimalzahl (z.B. 3.25) verursacht i. allg. eine Fehlermeldung.

Der Befehl *writeln* ohne weitere Angaben bewirkt einen Zeilenvorschub auf dem Bildschirm.
Wird die Stringvariable na mit "Maier" belegt, so bewirkt die Anweisung *writeln('Kunde', na, ' erhält')* die Bildschirmausgabe "Kunde Maier erhält".

```
PROGRAM Zinsen2;
VAR   k, z : real;
         i  : integer;
        na  : string;

BEGIN
  write('na:');readln(na);
  write('k, i eingeben:');
  readln(k, i);
  z:=k*4.5*i/100;
  writeln;
  writeln('Kunde ', na, ' erhält');
  write(z:8:2,'DM Zinsen.');
END.
```

Arithmetische Operationen

Die 4 Grundrechenarten werden in PASCAL durch die Operatoren + , - , * , / ausgeführt. In der Mathematik gelten Vorrangregeln wie "Punkt- vor Strichrechnung" und Klammerregeln, diese sind in PASCAL übernommen worden.

Das Programm "Rechnen" bewirkt die Ausgabe der Zahlenwerte 1.25 und 6 auf dem Bildschirm.

```
PROGRAM Rechnen;
VAR e1, e2, x, y, z : real;

BEGIN
  x:=0.5; y:=1.5; z:=3;
  e1:=x + y - x * y;
  e2:=2*(x + y) + z/y;
  write(e1, e2);
END.
```

Die bisher verwendeten Datentypen integer, real und string gehören in PASCAL zu den *einfachen Datentypen (integer, real, char, string, boolean).*

Eine Variable vom Typ *char* (von engl. character = Zeichen) kann ein einzelnes, beliebiges Zeichen aus dem Zeichenvorrat (Zeichensatz) des Computers enthalten.
Variable vom Typ *Boolean* heißen auch logische Variable; diese können nur durch einen der beiden Werte *true* (wahr) oder *false* (falsch) belegt werden.

Aufbau eines PASCAL-Programms

Die bisher dargestellten PASCAL-Programme zeigen alle bezüglich ihres Aufbaus eine gemeinsame Struktur:

(1) Am Anfang steht das Schlüsselwort PROGRAM, gefolgt von einem (frei wählbaren) Programmnamen.

(2) Es folgt der Vereinbarungsteil; hier werden insbesondere die im Programm benötigten Variablen vereinbart.

(3) Hinter dem Vereinbarungsteil folgt der Verarbeitungsteil (auch: Anweisungsteil), dieser wird durch BEGIN ... END umfaßt.

(4) Jedes PASCAL-Programm endet mit einem Punkt.

Die hier genannte Reihenfolge der einzelnen Programmteile muß in einem PASCAL-Programm grundsätzlich eingehalten werden.

Auswahl
Es gibt viele Aufgabenstellungen, wo eine Auswahl aus mehreren Möglichkeiten zu treffen ist; dieser Auswahl liegt ein Entscheidungskriterium zugrunde.

Die folgenden Programmbeispiele beinhalten jeweils eine Situation, wo eine Entscheidung vom Computer zu treffen ist.
In PASCAL sind für diese Zwecke die IF-THEN-Anweisung (einseitige Auswahl) und die IF-THEN-ELSE-Anweisung (zweiseitige Auswahl) vorgesehen.

Beispiel:
Eine Großhandlung verkauft einen bestimmten Artikel zum Einzelpreis von 830 DM. Kauft ein Kunde mindestens 10 Stück, so verringert sich der Einzelpreis auf 790 DM.

```
PROGRAM Kaufpreis;
VAR     Preis, Betrag  : real;
                 Zahl  : integer;

BEGIN
   Preis:=830;
   write('Stückzahl eingeben:');
   read( Zahl );
   IF Zahl > 9 THEN Preis:=790;
   Betrag:=Zahl*Preis;
   writeln;
   write('Sie zahlen ', Betrag:8:2,' DM');
END.
```

Das Programm "Kaufpreis" berechnet nach Eingabe der Stückzahl den zu zahlenden Betrag und gibt diesen in formatierter Darstellung auf dem Bildschirm aus.

Die Bezeichnungen für die Variablen sind in diesem Programm ihrer Bedeutung entsprechend gewählt; dieses bewirkt eine bessere Lesbarkeit des Programms.

Struktogramme
Bei größeren oder komplizierteren Programmieraufgaben ist es oft hilfreich, sich vor dem Schreiben des Programms eine geeignete Gliederung der Aufgabe zu erstellen; hierzu gibt es graphische Hilfsmittel.

Eine häufig verwendete graphische Methode zur Problemgliederung ist die Darstellung durch *Struktogramme*.

Wir beschreiben und gliedern im folgenden die Lösung einer quadratischen Gleichung von der Form $x^2 + p\,x + q = 0$ mit Hilfe eines Struktogramms. Anschließend soll das zugehörige PASCAL-Programm auf der Grundlage dieses Struktogramms geschrieben werden.

Die möglichen Lösungen x_1, x_2 der quadratischen Gleichung können mit Hilfe der —> p-q-Formel berechnet werden:

$$x_{1,2} = -\frac{p}{2} \pm \sqrt{(p/2)^2 - q}$$

hierbei ist $(p/2)^2 - q$ der Radikand der Wurzel.

Für r < 0 gibt es keine reellen Lösungen (hier soll das Programm einen entsprechenden Text ausgeben), im anderen Falle ist die Gleichung in **R** lösbar.

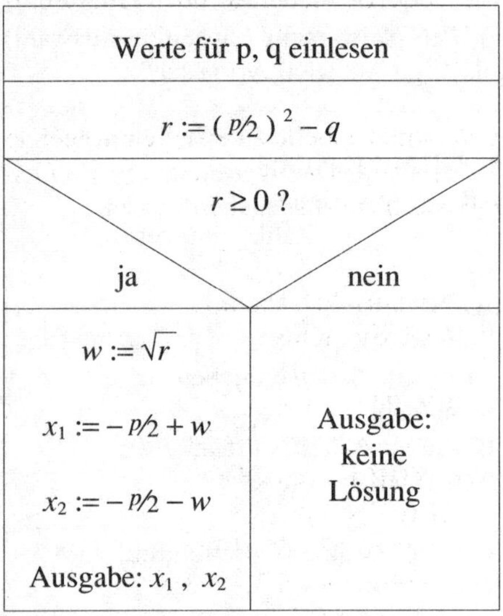


```
PROGRAM P_Q_Formel;
VAR p,q,r,w,x1,x2 : real;

BEGIN
  write('p,q eingeben:');
  readln(p,q);
  r:=(p/2)*(p/2) - q;
  IF r = 0
  THEN
    BEGIN
      w:=sqrt(r); x1:= -p/2 + w;
      x2:= -p/2 - w;
      write(x1, x2);
    END
  ELSE
  write('keine Lösung');
END.
```

Im Programm "P_Q_Formel" sind hinter THEN vier Anweisungen durch BEGIN...END zu einem *Anweisungsblock* (Verbundanweisung) zusammengefaßt. Falls der Rechner hier den THEN-Zweig anwählt, wird somit stets der vollständige Block abgehandelt.

PASCAL macht bezüglich der Programmschreibweise relativ wenig Einschränkungen; so können wir z.B. alle Befehle linksbündig oder wahlweise auch am rechten Rand schreiben. Es ist guter Programmierstil, daß ein Programm *strukturiert* geschrieben wird. Hierzu gehört insbesondere das Einrücken bzw. schreibtechnische Abgrenzen von zusammengehörigen Programmteilen oder Blöcken.

Die zweiseitige Auswahl wird durch den folgenden Struktogramm-Grundbaustein dargestellt. Dabei kann je nach Größe der einzelnen Anweisungen bzw. Anweisungsblöcke die vertikale Trennlinie nach links oder rechts verschoben werden.

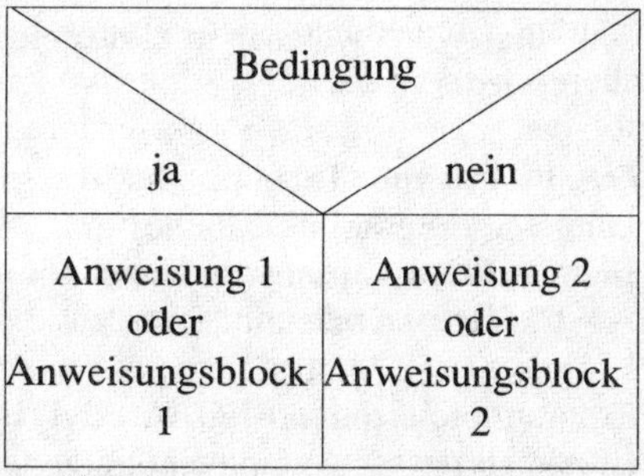

Wiederholungsanweisungen
In vielen Programmen müssen bestimmte Programmteile wiederholt durchlaufen werden. Dieses erreicht man durch Verwendung von einer der drei in PASCAL vorgesehenen Wiederholungsanweisungen FOR-DO, REPEAT-UNTIL oder WHILE-DO.
Eine Wiederholungsanweisung zusammen mit dem zu wiederholenden Programmteil bezeichnet man auch als *Schleife*.

Beispiel:
Für die Funktion $y = 0.125\,x - 1.9$ ist eine Funktionstabelle zu erstellen; folgende x-Werte sind zu wählen: $-4, -3.5, -3, \dots 3, 3.5, 4$. Die Wertepaare x, y sollen formatiert (3 Nachkommastellen) auf dem Bildschirm ausgegeben werden.

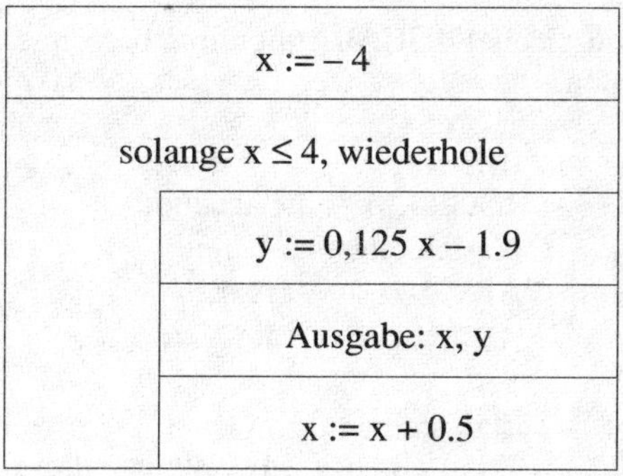


```
PROGRAM Tabelle1;
VAR x,y : real;

BEGIN
  x:= – 4;
  WHILE x <= 4 DO
  BEGIN
    y:=0.125*x – 1.9;
    writeln(x:6:3,y:8:3);
    x:=x + 0.5;
  END;
END.
```

Im Programm "Tabelle1" erscheint hinter WHILE-DO ein aus drei Anweisungen bestehender Anweisungsblock, der durch BEGIN ... END umfaßt wird. Dieser Block wird im vorliegenden Programm solange wiederholt durchlaufen, bis erstmalig $x > 4$ der Fall ist (<= bedeutet "kleiner gleich"). Der Befehl x:=x + 0.5 im obigen Block erhöht in jedem neuen Durchlauf den vorliegenden Wert von x um 0.5. Die Wirkungsweise dieses Befehls kann man wie folgt kennzeichnen: "Erhöhe den alten Wert, welcher in x gespeichert ist, um 0.5 und speichere diesen neuen Wert wieder in x ab."

Das Programm "Tabelle2" hat die gleiche Wirkung wie Programm "Tabelle1". In diesem Programm verwenden wir eine REPEAT-UNTIL Anweisung. Eine zusätzliche "Einklammerung" des zu wiederholenden Programmteils durch BEGIN...END ist hier überflüssig, da dessen Anfang und Ende schon eindeutig durch die Stellungen von REPEAT und UNTIL gekennzeichnet ist.

```
PROGRAM Tabelle2;
VAR x,y : real;

BEGIN
  x:= – 4;
  REPEAT
    y:=0.125*x – 1.9;
    writeln(x:6:3,y:8:3);
    x:=x + 0.5;
  UNTIL x > 4
END.
```

FOR-DO-Schleife

Das Wachstum einer Zellkultur in einer Nährlösung wird von Forschern untersucht. Am Anfang hat die Zellkultur die Masse 15 mg, nach der 1. Woche beträgt die Masse 21 mg, nach der 2. Woche 29.4 mg, nach der 3. Woche 41.16 mg usw.
Die Zahlen 15, 21, 29.4, 41.16, ... bilden eine —> geometrische Folge; man erhält hier das jeweils nächste Folgenglied durch Multiplikation des Vorgängers mit dem festen Faktor 1.4.
Die ersten 20 Zahlen dieser Folge sollen durch ein PASCAL-Programm berechnet und auf dem Bildschirm ausgegeben werden.

Das Programm "Zellwachstum" beinhaltet eine FOR-DO-Schleife. Diese bewirkt hier, daß der aus zwei Anweisungen bestehende Block hinter DO insgesamt 20 Mal durchlaufen wird.

Durch *(*...*)* werden *Kommentare* in das Programm eingebaut, diese dienen nur der besseren Dokumentation und haben für die eigentliche Programmfunktion keine Bedeutung.

Die Anweisung *m:=1.4*m* berechnet die nächste Folgenzahl.

Genauer betrachtet veranlaßt *m:=1.4*m* den Rechner zur Multiplikation des alten Wertes von m mit 1.4 und zur anschließenden Speicherung des neuen Zahlenwertes

```
PROGRAM Zellwachstum;
(*Variablen vereinbaren*)
VAR       m   : real;
          j   : integer;

BEGIN
  (*Anfang des Anweisungsteils:*)
  m:=15;
  FOR j:=1 TO 20 DO
  BEGIN
    writeln(j,'te Zahl:', m );
    (*nächste Zahl berechnen:*)
    m:= 1.4 * m;
  END;
END.
```

wieder in der Variablen m. Jeder Variablen des Programms ist ein kleiner Speicherbereich im —> RAM zugeordnet, wo der zugehörige Variablenwert gespeichert wird.

Struktogramme sind graphische Darstellungsmittel zur Gliederung einer Aufgabenstellung. Man kann sie auch verwenden, um die Wirkungsweise von PASCAL-Anweisungen anschaulich zu beschreiben.
Wir stellen im folgenden die drei verschiedenen Wiederholungsanweisungen mit Hilfe der zugehörigen Struktogramm-Grundbausteine in allgemeiner Form dar.

WHILE-Anweisung als Struktogramm.
Die WHILE-Anweisung prüft vor dem Durchlaufen des WHILE-Blocks die Bedingung. Solange diese Bedingung erfüllt, also "wahr" ("true") ist, wird der WHILE-Block durchlaufen.

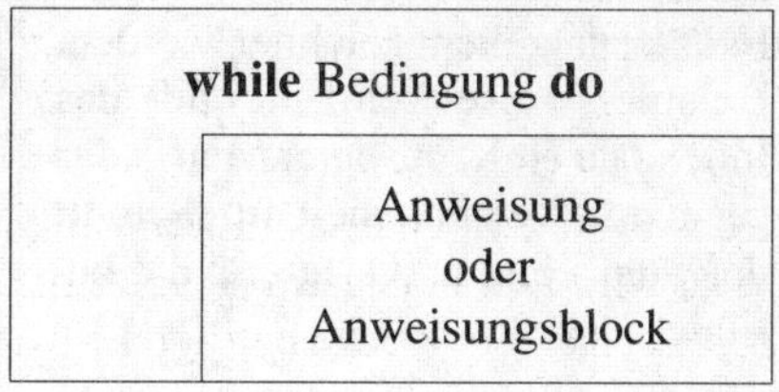

REPEAT-Anweisung als Struktogramm.
Bei der REPEAT-Anweisung erfolgt die Abfrage der Bedingung erstmalig nach einem vollen Durchlauf des REPEAT-Blocks. Der Anweisungsblock zwischen REPEAT und UNTIL wird solange wiederholt, wie die Bedingung nicht erfüllt, also "falsch" ("false") ist. Die REPEAT-Schleife endet, wenn die Bedingung erfüllt ("wahr") ist.

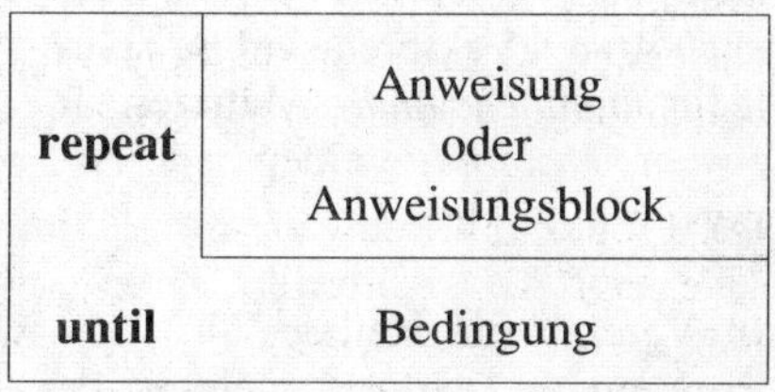

FOR-Anweisung als Struktogramm.
Bei der FOR-Anweisung liegt die Anzahl der Durchläufe vor Eintritt in die Schleife schon fest. Die Variable zwischen FOR und DO bezeichnet man als Laufvariable, sie muß eine ganze Zahl sein. m ist der (ganzzahlige) Anfangswert, von diesem aus zählt die FOR-Schleife in 1-Schritten bis zur (ganzzahligen) Obergrenze n.

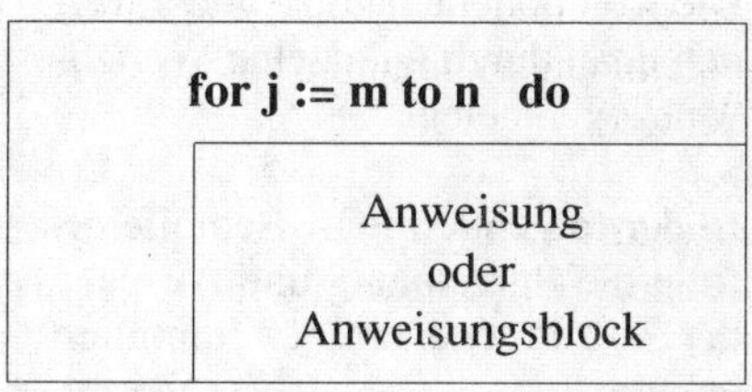

Indizierte Variable

In der Mathematik werden häufig mehrere Zahlen zu einem Gebilde zusammengefaßt, Beispiele hierfür sind Vektoren oder Matrizen.

Ein Vektor im Raum kann durch ein Zahlentripel (x_1 , x_2 , x_3) dargestellt werden.

Quadratische, 3-zeilige Matrizen sind geordnete Schemata von 9 Zahlen. Die einzelnen Vektorkomponenten bzw. Matrixelemente können durch einen Index bzw. ein Indexpaar gekennzeichnet werden. Beispielsweise kennzeichnet das Indexpaar (j ; k) bei einer Matrix das Element, welches sich im Schnitt der j-ten Zeile und k-ten Spalte befindet.

```
PROGRAM Array1;
VAR      a,b,c  : array[1..3] of real;
             j  : integer;

BEGIN
  (*Komponenten von a belegen: *)
  a[1]:=4.23; a[2]:=2.1; a[3]:=7;
  (*Komponenten von b belegen: *)
  b[1]:=9.2; b[2]:=5; b[3]:=4.12;
  FOR j:=1 TO 3 DO
  BEGIN
    c[j]:=a[j]+b[j]; writeln(c[j]);
  END;
END.
```

Ein Gebilde, welches aus gleichartigen, indizierten Elementen besteht, bezeichnet man als *Feld* oder auch *Array*. Vektoren sind Beispiele für *eindimensionale*, Matrizen für *zweidimensionale* Felder bzw. Arrays.

Im Vereinbarungsteil des Programms "Array1" werden die Vektoren a, b, c festgelegt als eindimensionale Felder, bestehend aus 3 reellen Zahlen.

Die Komponenten von a und b werden dann durch 6 einzelne Wertzuweisungen belegt.

In der folgenden FOR-Schleife erfolgt die Berechnung und Ausgabe der 3 Komponenten des Summenvektors c.

```
PROGRAM Array2;
VAR      Mat  : array[1..3,1..4] of real;
           x  : real;
         z,s  : integer;
BEGIN
  x:=0;
  (* Matrix zeilenweise belegen: *)
  FOR z:=1 TO 3 DO
    FOR s:=1 TO 4 DO
    BEGIN
      (* Matrixelement belegen: *)
      Mat[z,s]:=exp(x);
      (* x-Wert erhöhen: *)
      x:=x + 0.1;
    END;
    (* Ende der Matrixbelegung *)
  write('welche Zeile ausgeben?');
  readln( z );
  FOR s:=1 TO 4 DO write(Mat[z,s] :9:3);
END.
```

Im Programm "Array2" (vorige Seite) vereinbaren wir die Matrix mit dem von uns gewählten Namen "Mat" als ein zweidimensionales Feld mit 3 Zeilen und 4 Spalten. Die Elemente dieses Feldes sind reelle Zahlen.

Über eine verschachtelte (zweifache) DO-Schleife belegen wir die einzelnen Matrixelemente mit Werten der Exponentialfunktion $y = e^{x}$ ("e-Funktion"), diese hat in PASCAL die Darstellung *exp(x)*. In der ersten Matrixzeile stehen die Werte exp(0), exp(0.1), exp(0.2), exp(0.3), in der zweiten Zeile die Werte exp(0.4), exp(0.5), usw.

Die Doppelschleife wird in der Weise abgearbeitet, daß zu jedem Indexwert von z (äußerer Laufindex, hier der Zeilenindex) alle 4 Indexwerte von s (innerer Laufindex) durchlaufen werden. Somit erfolgt die Matrixbelegung zeilenweise.

Abschließend erfolgt die Ausgabe einer einzelnen Matrixzeile (4 Zahlen) auf dem Bildschirm, wobei deren Zeilennummer zuvor über read eingegeben wurde.

Standardfunktionen

Häufig vorkommende mathematische Funktionen sind in PASCAL standardmäßig vorhanden. Hierzu gehören abs(x) für $|x|$, sqr(x) für x^2, sin(x), cos(x), exp(x) für e^{x}, ln(x) als natürlicher Logarithmus, arctan(x), round(x) zum Runden von x auf ganzzahlige Werte.

Der mathematische Term $\sin(2x + 1) \cdot \sqrt{|x| + 2}$ hat in PASCAL die Form *sin(2*x + 1)*sqrt(abs(x)+2)*.

Algorithmus

Eine Aufgabenstellung wie z.B. die Lösung einer quadratischen Gleichung muß, bevor sie dem Computer mitgeteilt werden kann, zunächst in eine Anzahl von einzelnen Arbeitsschritten zerlegt werden.

Man erhält somit eine Folge von Arbeitsaufträgen bzw. Befehlen, deren Ausführung die vorgegebene Aufgabenstellung löst.

Eine solche Folge von eindeutig formulierten Befehlen zur Lösung einer Aufgabenstellung heißt ein *Algorithmus*.

Der Algorithmus kann in verschiedenen Formen dargestellt werden, z.B. als Struktogramm oder auch in rein umgangssprachlicher Formulierung.

Die spezielle Formulierung eines Algorithmus in der Sprache PASCAL ist eine dem Computer angepaßte Darstellungsform.

21.3 ÜBUNGSAUFGABEN

1) Jedes der folgenden4 Programme bewirkt eine Ausgabe von Variablenbelegungen auf dem Bildschirm.
Geben Sie die Bildschirmausgaben an. Dieses sollte durch Nachvollziehen der Programme ohne Einsatz eines Computers erfolgen.

a)

```
PROGRAM Rechnen1;
VAR x,y,z,sum,prod : real;

BEGIN
   x:=1.5; y:=2;
   z:=2*x + y;
   sum:= x + y + z;
   writeln('sum=', sum:8:2);
   prod:=x*y*(z + z);
   writeln('prod=',prod:8:2);
END.
```

b)

```
PROGRAM Rechnen2;
VAR j,k,m,e1,e2 : integer;

BEGIN
   j:=10; k:=j + 15;
   m:=j + k;
   e1:=(j +  m)*j;
   e2:=j*(m – j);
   writeln('e1=',e1,' e2=',e2);
END.
```

c)

```
PROGRAM Rechnen3;
VAR j,k,m : integer;

BEGIN
   j:=2; k:=10*j + j;
   IF (k – 22) > 0
      THEN m:= j
      ELSE m:=k;
   (* kein";" vor ELSE !*)
   writeln('m=',m );
END.
```

d)

```
PROGRAM Rechnen4;
VAR     Zeichen : char;
        Z_Kette : string;

BEGIN
   Zeichen:= 'j';
   (* ":=" und "=" haben *)
   (* unterschiedliche
     Bedeutung*)
   IF Zeichen = 'j'
     THEN Z_Kette:='wahr'
     ELSE Z_Kette:='falsch';
   writeln('Zeichen=',Zeichen );
   writeln('Z_Kette=',Z_Kette);
END.
```

2) Geben Sie die Bildschirmausgaben an, welche von den beiden Programmen "Schleife1" und "Schleife2" erzeugt werden.

a)

```
PROGRAM Schleife1;
VAR x,y : real;

BEGIN
  x:=0;
  WHILE x <= 1 DO
  BEGIN
    y:=x*x;
    writeln(y:8:3);
    x:=x+0.2;
  END;
END.
```

b)

```
PROGRAM Schleife2;
VAR  j : integer;
       a  : array[1..5] of integer;

BEGIN
  j:=1;
  REPEAT
    a[j]:=j*j – 1;
    j:=j + 1;
  UNTIL ( j = 6);
  FOR J:=1 TO 5 DO writeln(a[j]);
END.
```

LÖSUNGEN

1) a) sum=8.5 prod=30
   b) e1=450 e2=250
   c) m=22
   d) Zeichen=j Z_Kette=wahr

2) a) 0 / 0.04 / 0.16 / 0.36 / 0.64 / 1.0
   b) 0 / 3 / 8 / 15 / 24

22. KOMBINATORIK

22.1 GRUNDBEGRIFFE

Die Kombinatorik ist ein Teilgebiet der Mathematik, das Fragen nach Anordnung und Auswahl von Elementen aus einer Menge beantwortet. Für Aufgabenstellungen aus diesem Gebiet liegt die Schwierigkeit häufig in der Klassifizierung der einzelnen Möglichkeiten: Handelt es sich um eine Permutation, Variation oder Kombination? Der rechnerische Lösungsaufwand ist zumeist recht gering.

Beispiele für kombinatorische Fragestellungen:
Ein Kombinationsschloß besteht aus vier Ringen mit den Ziffern 0 - 9. Wie viele Möglichkeiten gibt es, eine Sicherheitszahl zu programmieren?
Wie viele Zahlen muß ein Dieb im ungünstigsten Falle durchprobieren, wenn Zahlen mit mehr als zwei gleichen Ziffern ausgeschlossen werden können?
Wie groß ist die Anzahl der Möglichkeiten bestimmter Konstellationen beim Skat oder beim Lotto?

Viele Probleme der Kombinatorik lassen sich auf zwei grundsätzliche Fragen zurückführen:
1. Auf wie viele Arten lassen sich die Elemente einer Menge M bzgl. einer gegeben Eigenschaft anordnen? Dieses betrifft z.B. die Anordnung (Reihenfolge) der Ziffern beim Kombinationsschloß.
2. Wie viele verschiedene Teilmengen bzw. Auswahlen von k Elementen aus einer Grundmenge M gibt es? Die Anordnung bzw. Reihenfolge ist in diesem 2. Falle ohne Bedeutung, es kommt nur auf die Auswahl an. Hier finden wir z.B. eine Antwort auf die Chancen beim Lotto (6 aus 49 auswählen).

Viele kombinatorische Aussagen können über einen Vergleich der vorliegenden Aufgabe mit dem Urnenmodell gewonnen werden.

Urnenmodell:
Eine Urne ist ein Gefäß mit mehreren gleich großen Kugeln, die durch unterschiedliche Farben oder Zahlen gekennzeichnet sind. Es gibt zwei Arten, der Urne Kugeln zu entnehmen:
1. Ziehen ohne Zurücklegen:
   Man zieht nacheinander je eine Kugel, notiert das besondere Merkmal und (falls erforderlich) auch die Reihenfolge, bis die vorgesehene Anzahl entnommen worden ist. Keine Kugel wird zurückgelegt!
2. Ziehen mit Zurücklegen:
   Man zieht nacheinander je eine Kugel, aber nach dem Notieren der

gewünschten Daten wird jede Kugel wieder unmittelbar in die Urne zurückgelegt. Auf diese Weise können dieselben Elemente mehrfach vorkommen.

22.2 PERMUTATIONEN

PERMUTATIONEN OHNE WIEDERHOLUNG

Bei einem 200 m - Lauf werden die 6 Bahnen unter den 6 Teilnehmern des Wettkampfes ausgelost. Dieses Auslosen erfolgt für jede Bahn durch Ziehen des Namenzettels aus einer Urne (Ziehen ohne Zurücklegen). Dabei ergeben sich folgende Möglichkeiten für die einzelnen Bahnen:

1. Bahn: 6 Möglichkeiten, da jeder Läufer noch an der Ziehung beteiligt ist.
2. Bahn: 5 Möglichkeiten;

...

6. Bahn: 1 Möglichkeit.

Da jede Möglichkeit von Bahn 1 mit jeder Möglichkeit von Bahn 2 kombiniert werden kann, hat man hier bereits $6 \cdot 5 = 30$ verschiedene Belegungspaare für die ersten beiden Bahnen.
Insgesamt ergeben sich $6 \cdot 5 \cdot 4 \cdot 3 \cdot 2 \cdot 1 = 720$ verschiedene Zuordnungsmöglichkeiten von 6 Läufern auf 6 Bahnen. Jede dieser einzelnen Möglichkeiten nennt man eine *Permutation* oder auch ein *6 - Tupel*.
Man kann bei diesem Beispiel die Fragestellung auch vereinfachen, ohne den mathematischen Inhalt zu ändern: Wie viele verschiedene Anordnungen von 6 Personen in einer Reihe gibt es?
Hierbei erhält man $P(6) = 720$ verschiedene Permutationen.
Entsprechend kann man n Personen auf $P(n) = n \cdot (n-1) \cdot (n-2) \cdot ... \cdot 3 \cdot 2 \cdot 1$ verschiedene Weisen in einer Reihe aufstellen. Für dieses Produkt führt man die Schreibweise n ! (lies: n Fakultät) ein.

Aus n verschiedenen Elementen kann man

$$\mathbf{P(n) = n! = n \cdot (n-1) \cdot (n-2) \cdot ... \cdot 3 \cdot 2 \cdot 1}$$

verschiedene *Permutationen ohne Wiederholung* bilden.

Jede dieser Permutationen unterscheidet sich in der Reihenfolge ihrer Elemente von den anderen Permutationen; man bezeichnet eine Permutation aus n Elementen auch als ein n-Tupel.

Die Fakultäten für die ersten 10 natürlichen Zahlen sind:

1! =	1	6! =	720
2! =	2	7! =	5040
3! =	6	8! =	40320
4! =	24	9! =	362880
5! =	120	10! =	3628800

Zusätzlich definiert man 0 ! = 1.

Beispiel:
Wie viele "Wörter" kann man aus den Buchstaben des Wortes BAND bilden, wenn stets alle vier benutzt und keine wiederholt werden sollen?
(Vergleich mit dem 1. Urnenmodell: Ziehen ohne Zurücklegen).
Hier gibt es insgesamt P(4) = 4 ! = 24 mögliche Permutationen. Diese findet man am einfachsten, indem man die lexikographische Reihenfolge wählt:

ABDN	ABND	ADBN	ADNB	ANBD	ANDB
BADN	BAND	BDAN	BDNA	BNAD	BNDA
DABN	DANB	DBAN	DBNA	DNAB	DNBA
NABD	NADB	NBAD	NBDA	NDAB	NDBA

Bisher war kein Element einer Permutation mehrfach vorhanden, wir betrachteten stets Permutationen ohne Wiederholung. Der andere Fall ist aber auch von praktischer Bedeutung.

PERMUTATIONEN MIT WIEDERHOLUNG

Wie viele "Wörter" kann man aus den Buchstaben des Wortes BANN bilden, wenn nur diese vier Buchstaben zur Verfügung stehen und jeweils alle vier benutzt werden müssen?
(Urnenmodell: Ziehung ohne Zurücklegen; die Urne enthält vier Kugeln, von denen zwei nicht zu unterscheiden sind.)
Man kennzeichnet die doppelt vorkommenden Buchstaben durch ein Merkmal, z.B. durch einen Index: BAN_1N_2 und bildet sämtliche Wörter in lexikographischer Anordnung. Durch die Kennzeichnung gleicher Elemente mit einem Index kann man zunächst unter Beachtung der lexikographischen Reihenfolge 4 ! = 24 verschiedene Permutationen erzeugen.
Streicht man nun das unterscheidende Merkmal, so sind jeweils zwei "Wörter" gleich, da man den vorderen der beiden gleichen Buchstaben nicht von dem hinteren unterscheiden kann. Somit kommen alle "Wörter" mit zwei gleichen Buchstaben doppelt vor, da man zwei Elemente auf P(2) = 2 ! = 1 · 2 = 2 nicht

unterscheidbare Weisen anordnen kann.
Hier sind nur die mit A beginnenden "Wörter" genannt:

ABNN ABNN ANBN ANNB ANBN ANNB

Da 2 Elemente gerade P(2) = 2 ! = 2 Anordnungen bilden können, sind jeweils 2 "Wörter" identisch. Somit erhält man nur 12 verschiedene "Wörter":

$$\frac{4\,!}{2\,!} = \frac{1 \cdot 2 \cdot 3 \cdot 4}{1 \cdot 2} = \frac{24}{2} = 12$$

Sind in einem Wort drei gleiche Buchstaben vorhanden, so sind alle "Wörter" untereinander gleich, die man durch verschiedene Anordnung dieser drei Buchstaben an denselben Positionen innerhalb des Wortes erhalten kann. Dies sind aber jeweils P(3) = 3 ! = 1 · 2 · 3 = 6 identische "Wörter". Somit ist die Gesamtanzahl aller Möglichkeiten noch durch 3 ! zu dividieren.

Für eine Grundmenge M mit n Elementen, unter denen einige mehrfach auftreten, z.B. a gleiche der 1. Sorte, b gleiche der 2. Sorte und c gleiche der 3. Sorte, ist die Gesamtanzahl der verschiedenen *Permutationen mit Wiederholung*: $\boldsymbol{P(n/a, b, c) = \frac{n\,!}{a\,! \cdot b\,! \cdot c\,!}}$

Beispiel:
Wie viele Morsebuchstaben mit 5 Zeichen könnte man aus 3 Strichen und 2 Punkten bilden?
Die obige Formel ergibt:

$$P(5/3, 2) = \frac{5\,!}{3\,! \cdot 2\,!} = \frac{1 \cdot 2 \cdot 3 \cdot 4 \cdot 5}{1 \cdot 2 \cdot 3 \cdot 1 \cdot 2} = 10$$

Es können also 10 verschiedene Buchstaben codiert werden.

22.3 VARIATIONEN

VARIATIONEN OHNE WIEDERHOLUNG

Bei einem Trabrennen sind 12 Pferde am Start, die alle recht gute Chancen auf den Sieg haben. Wieviel mögliche Gruppierungen (1., 2. und 3. Platz) gibt es für den Zieleinlauf?
(Urnenmodell: Ziehung ohne Zurücklegen, mit Berücksichtigung der Anordnung; die Urne enthält 12 Kugeln mit den Zahlen 1 - 12)
Für die Vergabe des 1. Platzes hat man 12 Möglichkeiten, für die des 2. Platzes 11 und für den 3. Platz gibt es dann noch 10 Möglichkeiten.
Insgesamt ergeben sich 12 · 11 · 10 = 1320 mögliche Gruppierungen.

Wie viele Möglichkeiten gibt es, aus einer Menge M mit n Elementen Teilmengen mit je k Elementen (unter Berücksichtigung der Anordnung) zu ziehen?
Jede solche Auswahl ist eine *Variation zur Klasse k* bzw. k - ter Ordnung.

Die Anzahl der *Variationen von n Elementen zur Klasse k* beträgt:

$$\mathbf{V(n, k) = n \cdot (n-1) \cdot (n-2) \cdot \ldots \cdot (n-k+1).}$$

Bezogen auf das obige Beispiel gilt: n = 12, k = 3 und somit
$V(12,3) = 12 \cdot 11 \cdot 10 = 1320$.

VARIATIONEN MIT WIEDERHOLUNG

Ein Aktenkoffer hat ein Kombinationsschloß aus vier Zahlenringen mit den Ziffern 0 - 9. Wie viele Möglichkeiten gibt es, eine Sicherheitszahl zu programmieren?
(Urnenmodell: Ziehung mit Zurücklegen, mit Berücksichtigung der Anordnung; die Urne enthält 10 Kugeln mit den Zahlen 0 - 9)
Da alle vier Ringe voneinander unabhängig eingestellt werden können und jeder von ihnen 10 Ziffern und damit 10 Einstellmöglichkeiten besitzt, gibt es insgesamt
$10 \cdot 10 \cdot 10 \cdot 10 = 10^4 = 10\,000$ Möglichkeiten für die Programmierung.

Jede Anordnung von k beliebig oft wiederholbaren Elementen aus einer Menge M mit n Elementen heißt eine *Variation zur Klasse k mit Wiederholung*. Ihre Gesamtzahl beträgt:

$$\mathbf{V^*(n, k) = n \cdot n \cdot n \cdot \ldots \cdot n = n^k}$$

Beispiel:
Es wird mit drei Würfeln gewürfelt, einem roten, einem blauen und einem gelben. Dabei steht jede Farbe für eine Stelle in einer dreistelligen Zahl: rot für die Hunderter, blau für die Zehner und gelb für die Einer. Wie viele Würfe muß man mindestens ausführen, um alle nur möglichen dreistelligen Zahlen zu werfen, die nur die Ziffern 1 - 6 enthalten? Es gilt: $V^*(6,3) = 6 \cdot 6 \cdot 6 = 6^3 = 216$.

22.4 KOMBINATIONEN

KOMBINATIONEN OHNE WIEDERHOLUNG

Lotto spielen heißt, aus den Zahlen von 1 - 49 sechs Zahlen auszuwählen (6 aus 49). Wie steht es nun mit den Gewinnchancen bei diesem Spiel? Es soll hier zunächst nur die Frage nach dem 1. Rang, nämlich 6 Richtige, beantworten werden. Die übrigen Ränge sollen dann später im Übungsteil behandelt werden.

Wie viele Tippreihen müßte man ausfüllen, um garantiert 6 Richtige zu haben? Die Urne enthält 49 Kugeln, die mit den Zahlen von 1 - 49 versehen sind. Da jede Zahl nur einmal vorkommen kann, handelt es sich um eine Ziehung ohne Zurücklegen (—> Variation ohne Wiederholung).

Damit gibt es $V(49,6) = 49 \cdot 48 \cdot 47 \cdot 46 \cdot 45 \cdot 44$ Möglichkeiten 6 Zahlen aus 49 zu ziehen.

Da aber die Reihenfolge, in der diese 6 Zahlen gezogen werden, keine Rolle spielt, fallen jeweils $P(6) = 6\,!$ Möglichkeiten zusammmen, d.h. man muß insgesamt

$$K(49,6) = \frac{49 \cdot 48 \cdot 47 \cdot 46 \cdot 45 \cdot 44}{1 \cdot 2 \cdot 3 \cdot 4 \cdot 5 \cdot 6} = 13\,983\,816$$

Tippscheine verschieden ausfüllen, um sicher zu gehen, 6 Richtige zu haben. Jede mögliche Tippreihe nennt man eine Kombination 6. Klasse ohne Wiederholung.

Jede Auswahl von k Elementen (ohne Berücksichtigung der Anordnung) aus einer Menge M mit n jeweils nur einmal vorkommenden Elementen heißt eine *Kombination zur Klasse k ohne Wiederholung*.

(Urnenmodell: Ziehung ohne Zurücklegen, ohne Berücksichtigung der Anordnung)

Die Anzahl der *Kombinationen von n Elementen zur Klasse k ohne Wiederholung* beträgt

$$\boldsymbol{K(n,k) = \frac{n \cdot (n-1) \cdot (n-2) \cdot \ldots \cdot (n-k+1)}{1 \cdot 2 \cdot 3 \cdot \ldots \cdot k}}$$

Da dieser Ausdruck häufiger auftritt, führt man folgende Kurzschreibweise ein:

$$\frac{n \cdot (n-1) \cdot (n-2) \cdot \ldots \cdot (n-k+1)}{1 \cdot 2 \cdot 3 \cdot \ldots \cdot k} = \binom{n}{k}$$ (lies: n über k)

Die Terme der Form $\binom{n}{k}$ heißen —> *Binomialkoeffizienten*, da sie bei der Berechnung binomischer Ausdrücke vorkommen; z.B. ist $\binom{5}{3} = \frac{5 \cdot 4 \cdot 3}{1 \cdot 2 \cdot 3} = 10$

Beispiel:
Für die Wahl des Betriebsrates, der aus drei Mitgliedern der Belegschaft besteht, stellen sich sieben Kollegen zur Wahl. Da sich das Auszählen der Stimmen erfahrungsgemäß bis in die späten Abendstunden hinzieht, man für die am nächsten Morgen erscheinende Extraausgabe der Betriebszeitung aber bereits mit dem Wahlergebnis ein aktuelles Foto präsentieren will, muß der Fototermin vorverlegt werden. Wieviel verschiedene Aufnahmen müssen gemacht werden, damit der neugewählte Betriebsrat garantiert dabei ist?
Da die Reihenfolge der gewählte Kollegen nicht von Bedeutung ist, handelt es sich um eine Kombination ohne Wiederholung. Damit ergibt sich:

$$K(7,3) = \binom{7}{3} = \frac{7 \cdot 6 \cdot 5}{1 \cdot 2 \cdot 3} = 35$$

KOMBINATIONEN MIT WIEDERHOLUNG

Wieviel verschiedene Würfe sind mit zwei gleichen Würfeln möglich?
(Urnenmodell: Ziehung mit Zurücklegen, ohne Berücksichtigung der Anordnung; die Urne enthält 6 Kugeln mit den Zahlen 1 - 6)
Nimmt man zunächst wieder farbige Würfel, z.B. einen roten und einen blauen, so sind die $6 \cdot 6 = 36$ folgenden Würfe möglich:

	6	(6/1)	(6/2)	(6/3)	(6/4)	(6/5)	(6/6)
	5	(5/1)	(5/2)	(5/3)	(5/4)	(5/5)	(5/6)
	4	(4/1)	(4/2)	(4/3)	(4/4)	(4/5)	(4/6)
roter Würfel	3	(3/1)	(3/2)	(3/3)	(3/4)	(3/5)	(3/6)
	2	(2/1)	(2/2)	(2/3)	(2/4)	(2/5)	(2/6)
	1	(1/1)	(1/2)	(1/3)	(1/4)	(1/5)	(1/6)
		1	2	3	4	5	6

blauer Würfel

Verzichtet man bei den Würfeln auf das unterscheidende Merkmal, so kommen alle Würfe mit verschiedenen Zahlen doppelt vor (In der Tabelle grau unterlegt). Da aber *alle* Würfe mit *gleichen* Zahlen auch zur gesuchten Anzahl gehören, ist eine schlichte Halbierung der 36 Ausgangswürfe nicht möglich.
Die gesuchte Anzahl der Würfe mit zwei gleichen Würfeln ergibt sich als

$$K^*(6{,}2) = \binom{6+2-1}{2} = \frac{7 \cdot 6}{1 \cdot 2} = 21 \,.$$

Jede Auswahl von k zum Teil gleichen Elementen aus einer Menge M mit n beliebig oft wiederholbaren Elementen, wobei die Reihenfolge keine Rolle spielt, heißt eine *Kombination zur Klasse k mit Wiederholung*. Ihre Gesamtzahl ergibt sich zu

$$\boldsymbol{K^*(n\,,k) = \binom{n+k-1}{k}}.$$

22.5 DER BINOMISCHE SATZ

PASCALSCHES DREIECK

In der Mathematik treten häufig Potenzen der Form

$$(a+b)^n = (a+b) \cdot (a+b) \cdot \ldots \cdot (a+b) \qquad \text{mit } n \in \mathbf{N}$$

auf, die als binomische Formeln bekannt sind. Dabei sind die Binome zweigliedrige Ausdrücke der Form $(a + b)$ mit a, b $\in$ **R**. Für kleine Exponenten lassen sich diese Potenzen relativ einfach berechnen:

$$
\begin{array}{ll}
(a+b)^0 & 1 \\
(a+b)^1 & 1\,a + 1\,b \\
(a+b)^2 & 1\,a^2 + 2\,a\,b + 1\,b^2 \\
(a+b)^3 & 1\,a^3 + \mathbf{3}\,\boldsymbol{a}^{\mathbf{2}}\,\boldsymbol{b} + \mathbf{3}\,\boldsymbol{a}\,\boldsymbol{b}^{\mathbf{2}} + 1\,b^3 \\
(a+b)^4 & 1\,a^4 + 4\,a^3\,b + \mathbf{6}\,\boldsymbol{a}^{\mathbf{2}}\,\boldsymbol{b}^{\mathbf{2}} + 4\,a\,b^3 + 1\,b^4 \\
(a+b)^5 & 1\,a^5 + 5\,a^4\,b + 10\,a^3\,b^2 + 10\,a^2\,b^3 + 5\,a\,b^4 + b^5
\end{array}
$$

Wie man leicht sieht, ist jeder *Binomialkoeffizient* (Zahl vor den Potenzen von $a^k\,b^{n-k}$) gleich der Summe der beiden über ihm stehenden.
Dies führt in vereinfachter Form auf das als *Pascalsches Dreieck* bekannte Schema:

		Anzahl der Glieder
n = 0	1	1
n = 1	1 1	2
n = 2	**1 2** 1	3
n = 3	1 **3** 3 1	4
n = 4	1 4 **6 4** 1	5
n = 5	1 5 10 **10** 5 1	6

Damit ergibt sich z.B. für

$$(a+b)^5 = a^5 + 5\,a^4 b^1 + 10\,a^3 b^2 + 10\,a^2 b^3 + 5\,a^1 b^4 + b^5,$$

$$(a-b)^4 = (a+(-b))^4 = a^4 - 4\,a^3 b^1 + 6\,a^2 b^2 - 4\,a^1 b^3 + b^4$$

Es ist leicht einzusehen, daß dieses Verfahren für große Exponenten sehr aufwendig ist. Kombinatorische Überlegungen führen auf den binomischen Satz.

Der Binomische Satz

Die Multiplikation von zwei Klammern
$(a+b)\cdot(a+b) = a^2 + a\,b + b\,a + b^2 = a^2 + 2\,a\,b + b^2$ geschieht, indem man jedes Element der ersten Klammer mit jedem Element der zweiten Klammer multipliziert. Das Kommutativgesetz der Multiplikation erlaubt, die Produkte entsprechend zusammenzufassen. Eine Verallgemeinerung führt auf ein Produkt mit n Faktoren $(a+b)^n = (a+b)\cdot(a+b)\cdot\ldots\cdot(a+b)$. Das Ergebnis besteht aus $n+1$ einzelnen Produkten, die aus jeder Klammer genau ein a oder ein b enthalten. Wie oft kommt dabei ein Produkt der Form $a\cdot a\cdot\ldots\cdot a\cdot b\cdot b\cdot\ldots\cdot b$ vor?

$$\underbrace{a\cdot a\cdot\ldots\cdot a}_{k\text{ - mal}}\cdot\underbrace{b\cdot b\cdot\ldots\cdot b}_{(n-k)\text{ - mal}}$$

Zur Begründung geht man von der Darstellung $(a_1+b)\cdot(a_2+b)\cdot\ldots\cdot(a_n+b)$ aus, in der alle a_i verschieden sein sollen. Dann besteht das obige Problem darin, aus n unterscheidbaren Elementen jeweils k auszuwählen. Dies sind genau $\binom{n}{k}$ Möglichkeiten. (Die (n – k) Faktoren b ergeben sich dann automatisch.)

Streicht man die Indizes, so ergeben alle diese Möglichkeiten das gesuchte Produkt, d.h. es gibt $\binom{n}{k}$ Produkte der Form $a^k\cdot b^{n-k}$. Damit erhält man den binomischen Satz:

$$(a+b)^n = \binom{n}{0} a^n + \binom{n}{1} a^{n-1} b^1 + \binom{n}{2} a^{n-2} b^2 + \ldots$$

$$+ \binom{n}{n-1} a^1 b^{n-1} + \binom{n}{n} b^n$$

oder $(a+b)^n = \sum_{k=0}^{n} \binom{n}{k} a^{n-k} b^k$

Beispiele:

1) $(a+b)^2 = \binom{2}{0} a^2 + \binom{2}{1} a^1 b^1 + \binom{2}{2} b^2 = a^2 + 2ab + b^2$

2) $(a+b)^3 = \binom{3}{0} a^3 + \binom{3}{1} a^2 b + \binom{3}{2} a b^2 + \binom{3}{3} b^3 = a^3 + 3a^2 b + 3ab^2 + b^3$

3) $(a-b)^4 = (a+(-b))^4$

$$= \binom{4}{0} a^4 + \binom{4}{1} a^3 (-b)^1 + \binom{4}{2} a^2 (-b)^2 + \binom{4}{3} a(-b)^3 + \binom{4}{4} (-b)^4$$

$$= a^4 - 4a^3 b + 6a^2 b^2 - 4ab^3 + b^4$$

22.6 ÜBUNGSAUFGABEN

1) Wie viele Anordnungen der Buchstaben des Wortes
a) BOND b) ABRAKADABRA führen zu neuen "Wörtern"?

2) Beim Staffellauf treten 4 Mannschaften an. Die Bahnverteilung wird wie üblich ausgelost. Wie viele verschiedene Verteilungen gibt es?

3) Um den täglichen Nörgeleien beim Essen - Wer sitzt neben wem? - aus dem Weg zu gehen, verabreden die Mitglieder einer 7 - köpfigen Familie, die Sitzordnung täglich zu ändern. Wann haben sie alle Möglichkeiten durchprobiert, wenn sie mit ihrem Vorhaben am 1. Januar 1992 gestartet sind?

4) Bei einem Rennen gehen 16 Pferde an den Start. Wie viele mögliche Gruppierungen gibt es für den Zieleinlauf, wenn man sich auf die ersten vier Plätze festlegen soll?

5) Mehrere Damen treffen sich beim Skat. Während des Abends kommt die Frage auf, wie oft wohl die Karten gleich verteilt sein könnten? Berechnen Sie die möglichen Spielverteilungen beim Skat über die Anzahl der Kombinationen (Auswahl von dreimal 10 und einmal 2 Karten)

6) Um garantiert 6 Richtige zu haben, muß man 13 983 816 Tippscheine verschieden ausfüllen. Wieviel Scheine sind es dann für die Ränge 2 (5 Richtige), 3 (4 Richtige) und 4 (3 Richtige)?
5 Richtige (2. Rang) heißt:
Von den 6 gezogenen Zahlen müssen 5 angekreuzt sein und eine muß aus dem Bereich der 43 nicht gezogenen Zahlen dabei sein. Das ergibt für 5 aus 6: K(6,5) = 6 Möglichkeiten und für 1 aus 43: K(43,1) = 43 Möglichkeiten; insgesamt sind dies dann $6 \cdot 43 = 258$ Möglichkeiten.

7) Wieviel verschiedene Würfe sind mit 3 gleichen Würfeln möglich?

LÖSUNGEN

1) a) P(4) = 24
b) P(11 / 5,2,2) = 83 160

2) P(4) = 24

3) P(7) = 5040 mögliche Sitzordnungen, wenn bereits das Vertauschen der Plätze von zwei Personen als neue Sitzordnung gilt. Damit ergibt sich ein Zeitraum von 5040 Tagen, das bedeutet den 22. Oktober 2005, wenn man das Jahr zu 365 Tagen rechnet.

4) V(16,4) = 43 680

5) $K(32,10) \cdot K(22,10) \cdot K(12,10) : P(2) \approx 6{,}88 \cdot 10^{16}$
Da auch die Anordnung der drei Spielerinnen am Tisch unwichtig ist, fallen jeweils 3 ! "Sortierungen" zusammen:
$6{,}88 \cdot 10^{16} : 3\,! \approx 1{,}147 \cdot 10^{16}$

6) 3. Rang (4 Richtige): $\binom{6}{4} \cdot \binom{43}{2} = 13\,545$

4. Rang (3 Richtige): $\binom{6}{3} \cdot \binom{43}{3} = 185\,115$

7) $K^*(6,3) = \binom{6+3-1}{3} = 56$

23. WAHRSCHEINLICHKEITSRECHNUNG

Die Wahrscheinlichkeitsrechnung hat ihren Ursprung in Untersuchungen über die Chancenverteilung beim Glücksspiel, wie Karten- oder Würfelspielen. Erste Aufzeichnungen finden sich bereits Anfang des 16. Jahrhunderts bei dem italienischen Mathematiker G. Gardano. In den nachfolgenden Jahrhunderten haben diese Fragen die Mathematiker immer wieder beschäftigt: Pascal, Fermat, Euler oder Laplace, um nur einige zu nennen. Sie alle waren von dem Problem fasziniert, Gesetzmäßigkeiten bei Ereignissen zu entdecken, die vom Zufall bestimmt sind. Mit Beginn des technischen Zeitalters rückten andere Fragestellungen in den Vordergrund, z.B. die Bestimmung von Gesetzmäßigkeiten bei Massenerscheinungen, wie die Bestimmung des Ausschußanteils in der Produktion von Massengütern oder die Berechnung von Versicherungsprämien.

23.1 GRUNDLAGEN

Die klassische Naturwissenschaft beschäftigt sich weitgehend mit den Abläufen in der Natur, ihrer Deutung und der Ermittlung von Gesetzmäßigkeiten. Zur Klärung dieser Zusammenhänge haben die Forscher das Experiment erdacht. Es stellt ein Modell des Ablaufs dar, das aber wesentlich einfacher verläuft als der Vorgang in der Natur. Dabei ist es unter gleichen Bedingungen beliebig oft wiederholbar (*reproduzierbar*) und zeigt dieselben Ergebnisse wie die Naturvorgänge. Ist der Ausgang (Ausfall) eines Experiments mit Sicherheit vorhersagbar, so spricht man von einem *kausalen Experiment*.
Das Fallen eines Steines aus bestimmter Höhe ist ein solches kausales Experiment. Es läßt sich nicht nur mit Sicherheit vorhersagen, daß der Stein nach Öffnen der Halterung zu Boden fallen wird, sondern man kann auch seine Auftreffgeschwindigkeit auf dem Boden exakt vorherbestimmen: $v = \sqrt{2\,g\,h}$ (Erdbeschleunigung $g = 9{,}81\ ^{m}/_{s^2}$).
Ist der Ausgang des Experiments nicht eindeutig vorhersagbar, da mehrere Ausfälle möglich sind, so spricht man von einem *Zufallsexperiment*.
Von einer bestimmten Menge spaltbaren Materials weiß man zwar, wieviel Substanz in der nächsten Minute zerfallen wird, aber man weiß nicht, welches der Atome als nächstes zerfällt.
Beim Werfen eines Würfels weiß man zwar, daß er bei gültigem Wurf eine der Zahlen 1 - 6 zeigen wird, aber man kann nicht mit Sicherheit sagen, welche dies sein wird.

Jedes mögliche Ergebnis eines Zufallsexperiments nennt man einen Ausfall oder ein *Elementarereignis* E.
Die Menge aller Elementarereignisse E_1, E_2, E_3, ..., E_n bildet den Ereignisraum $S = \{E_1, E_2, E_3, \ldots, E_n\}$.

Zwei Ereignisse E und $\overline{E}$ heißen *Gegenereignisse*, wenn folgendes gilt:
1. E und $\overline{E}$ bestehen aus verschiedenen Elementarereignissen,
2. E und $\overline{E}$ ergänzen sich zum Ereignisraum S.

23.2 ZUFALLSEXPERIMENTE

Klaus überredet seine Schwester Janette, mit ihm zu würfeln. Sie vereinbaren folgende Spielregeln:
Janette gewinnt, wenn die Augensumme von zwei Würfen 2, 3, 4, 10, 11 oder 12 beträgt. Klaus gewinnt, wenn sie 5, 6, 7, 8 oder 9 beträgt. Nach jeder Spielrunde "zahlt" der Verlierer einen Bonbon an den Gewinner.

Klaus macht seiner Schwester das Spiel dadurch schmackhaft, daß er ihr die kleinen und die großen Zahlen als Gewinnzahlen gibt. Außerdem erhält sie eine Zahl mehr als er.
Nach einer Weile gibt Janette enttäuscht auf, weil Klaus ihr fast alle Bonbons abgenommen hat und sie außerdem das Gefühl hat, daß das Spiel nicht fair war, sie also "überfahren" worden ist.
Hat Janette recht?
Dieses Problem kann die Mathematik klären helfen. Zunächst sollen alle möglichen Würfe mit zwei Würfeln und die zugehörigen Augensummen im Diagramm dargestellt werden.

Mögliche Würfe mit zwei Würfeln

6	(6,1)	(6,2)	(6,3)	(6,4)	(6,5)	(6,6)
5	(5,1)	(5,2)	(5,3)	(5,4)	(5,5)	(5,6)
4	(4,1)	(4,2)	(4,3)	(4,4)	(4,5)	(4,6)
3	(3,1)	(3,2)	(3,3)	(3,4)	(3,5)	(3,6)
2	(2,1)	(2,2)	(2,3)	(2,4)	(2,5)	(2,6)
1	(1,1)	(1,2)	(1,3)	(1,4)	(1,5)	(1,6)
	1	2	3	4	5	6

Mögliche Augensummen

6	7	8	9	10	11	12
5	6	7	8	9	10	11
4	5	6	7	8	9	10
3	4	5	6	7	8	9
2	3	4	5	6	7	8
1	2	3	4	5	6	7
	1	2	3	4	5	6

Janette hat zwar von den 11 möglichen Gewinnzahlen 6 erhalten, doch die einzelnen Augensummen treten verschieden oft auf. Dadurch hat Klaus einen Riesenvorteil.

Insgesamt gibt es $6 \cdot 6 = 36$ verschiedene Ausfälle beim Würfeln, da jede Zahl des 1. Würfels mit jeder Zahl des 2. Würfels kombiniert werden kann. Von diesen 36 Möglichkeiten entfallen nur 12 auf Janette aber 24 auf Klaus. Dafür sagt man auch: Die Wahrscheinlichkeit, daß Klaus gewinnt beträgt 24 von 36 Möglichkeiten, daß Janette gewinnt 12 von 36 Möglichkeiten.
Allgemein gilt:
Unter der *Wahrscheinlichkeit w(A)* für ein bestimmtes Ereignis A versteht man den Quotienten aus der Anzahl der für A günstigen Ereignisse h(A) zur Anzahl aller Ereignisse n:

$$w(A) = \frac{\text{Anzahl der für A günstigen Ereignisse}}{\text{Anzahl aller Ereignisse}} = \frac{h(A)}{n}$$

Dabei gilt $0 \leq w(A) \leq 1$, d.h. die Wahrscheinlichkeit kann nicht kleiner werden als 0 und nicht größer sein als 1, mit $w(E_0) = 0$ als *unmöglichem Ereignis* und $w(E_1) = 1$ als *sicherem Ereignis*.

Damit betragen die Gewinnwahrscheinlichkeiten für Klaus: $w(K) = 24/36 = 2/3$ und für Janette: $w(J) = 12/36 = 1/3$.

Allerdings setzt dies voraus, daß die Zahlen 1 - 6 bei jedem Würfel gleiche Chancen haben. Einen solchen Würfel nennt man einen *Laplace - Würfel*.

Ein Experiment, bei dem sämtliche Ausfälle dieselbe Chance haben, heißt *Laplace - Experiment*, die zugehörigen Wahrscheinlichkeiten *Laplace - Wahrscheinlichkeiten*.

Beispiel:
Wie groß sind die Wahrscheinlichkeiten für das Auftreten sämtlicher Augensummen beim Werfen mit zwei Würfeln?

Augensumme s	2	3	4	5	6	7	8	9	10	11	12
Anzahl der für s günst. Ausfälle h(s)	1	2	3	4	5	6	5	4	3	2	1
Wahrscheinlichkeit w(s)	1/36	2/36	3/36	4/36	5/36	6/36	5/36	4/36	3/36	2/36	1/36

Addiert man sämtliche Wahrscheinlichkeiten dieses Experiments "Werfen mit zwei Würfeln", so erhält man den Wert 1, das *sichere Ereignis*, d.h. eine der Augensummen 2 - 12 tritt mit Bestimmtheit ein.

Welche Bedeutung die Wahrscheinlichkeiten für die Praxis haben, soll an zwei weiteren Beispielen gezeigt werden.

RELATIVE HÄUFIGKEIT UND WAHRSCHEINLICHKEIT

Wie oft erscheint beim Werfen mit einer Münze die Seite mit dem Wappen, wie oft die mit der Zahl? (Laplace - Münze: Wappen und Zahl haben die gleiche Chance).

Die Fragen sind schnell beantwortet. Da nur 2 Ereignisse mit gleicher Chancenverteilung möglich sind, gilt: $w(Z) = 1/2$ und $w(W) = 1/2$ mit $w(Z) + w(W) = 1$

Um festzustellen, ob sich dieser Wert in der Praxis bestätigen läßt, wird eine Münze n - mal geworfen und die Einzelergebnisse in einer Tabelle festgehalten. Eine solche Anzahl von Versuchen nennt man eine Stichprobe vom Umfang n, da man nur einen Teil der möglichen Versuche herausgreift. Die Anzahlen h(W) und h(Z) mit denen die beiden Seiten der Münzen auftreten, nennt man die *absoluten Häufigkeiten*.

n = 10
W Z Z Z W W W Z W Z mit h(W) = 6 und h(Z) = 4

n = 50
W W W Z W Z Z W W W
Z W Z W Z W W W W Z
Z W W Z W W Z Z Z W
Z Z W Z Z W Z Z W Z
W W W Z W W W W Z Z mit h(W) = 28 und h(Z) = 22

n = 100
Z W W W Z W W Z W Z
Z W W Z W Z W W Z Z
Z Z Z W Z Z Z Z W Z
W W W Z Z Z Z Z W Z
W W W Z Z Z Z W Z W
W Z Z W W Z W Z Z Z
Z Z Z Z W Z Z Z W W
Z Z **W W W W W W W** Z
Z W Z W W W W W Z Z
W W Z Z W W Z Z W Z mit h(W) = 47 und h(Z) = 53

In der drittletzten Zeile tritt siebenmal Wappen hintereinander auf, man könnte nun der Meinung sein, daß beim achten Mal garantiert die Seite mit der Zahl fallen muß.

Die Wahrscheinlichkeit w(W) = w(Z) = 1/2 bedeutet aber auch für den folgenden 80. Wurf noch Chancengleichheit, d.h. beide Ereignisse sind trotz ihrer Vorgeschichte gleich wahrscheinlich.

Das Experiment soll mit höheren Wurfzahlen fortgesetzt werden. Es werden allerdings nicht mehr die Einzelergebnisse festgehalten, sondern nur noch die absoluten Häufigkeiten und deren Abweichungen angegeben. Da das Werfen bei so großen Anzahlen sehr mühsam ist, soll für das Herausgreifen der Stichproben der Zufallsgenerator eines Computers genutzt werden.

Anzahl Würfe n	10	50	100	1000	10.000	100.000
Wappenseite h(W)	6	28	54	511	5.036	50.036
Zahlseite h(Z)	4	22	46	489	4.964	49.964
Differenz h(W) – h(Z)	2	6	8	22	72	72

Wenn man nur den Unterschied zwischen den beiden Werten betrachtet, so kann man zu zwei Schlüssen kommen:
1. Je häufiger man wirft, desto größer ist die Abweichung.
2. In den beiden letzten Versuchsreihen ist die Abweichung gleich groß.

Das ist mathematisch betrachtet zwar richtig, hat aber nur dann einen Sinn, wenn man gleichzeitig angibt, wie oft man geworfen hat. Ist es doch ein gewaltiger Unterschied, ob die Abweichung bei einer Serie von 10.000 einzelnen Würfen 72 beträgt, oder ob diese Abweichung bei einer Serie von 100.000 Würfen aufgetreten ist.
Setzt man die absolute Häufigkeit h(W) bzw. h(Z) und Anzahl der Versuche n ins Verhältnis zueinander, so erhält man die *relative Häufigkeit* r(W) bzw. r(Z):

$$r(W) = \frac{\text{Anzahl der Würfe mit Wappenseite}}{\text{Anzahl aller Würfe der Serie}} = \frac{h(W)}{n}.$$

Entsprechendes gilt für r(Z).

Ergänzt man die Tabelle um diese Werte, so erhält man:

Anzahl Würfe n	10	50	100	1000	10.000	100.000
rel. Häufigkeit r(W)	0,6	0,56	0,54	0,511	0,504	0,500
rel. Häufigkeit r(Z)	0,4	0,44	0,46	0,489	0,497	0,500

Man erkennt aus der Darstellung, daß sich die Werte für die relativen Häufigkeiten immer stärker dem Wert der Wahrscheinlichkeiten von Wappen und Zahl beim Werfen einer Münze annähern.

Diese Betrachtung legt folgende Vereinbarung nahe:

Für eine kleine und mittlere Anzahl von Versuchen stellt die relative Häufigkeit r(E) eines Ereignisses E einen *Schätzwert* für die Wahrscheinlichkeit dar.
Für eine große Anzahl von Versuchen, sind relative Häufigkeit r(E) und Wahrscheinlichkeit w(E) kaum noch zu unterscheiden:

$$w(E) \approx \frac{h(E)}{n} = r(E)$$

Das Buffonsche Nadelproblem
Ein Blatt Papier wird durch Parallelen im Abstand l in Steifen unterteilt. Dann wirft man eine Nadel der Länge 1 beliebig oft "zufällig" auf das Papier. Wie groß ist die Wahrscheinlichkeit, daß die Nadel eine der Parallelen schneidet?
(a): Treffer (b): kein Treffer

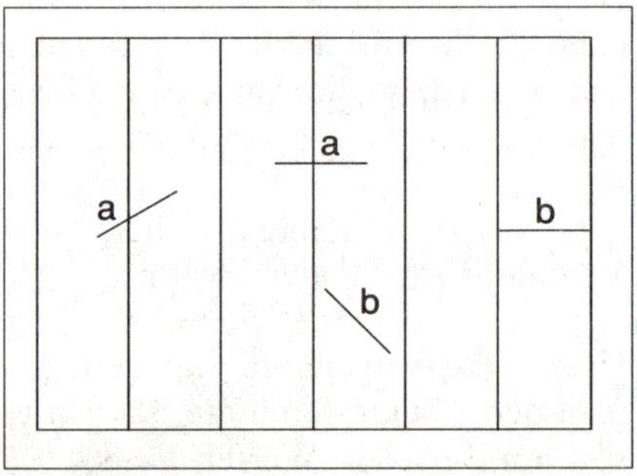

Bei diesem Experiment soll die Wahrscheinlichkeit über eine große Anzahl von Würfen bestimmt werden. Auch in diesem Fall wird das "Werfen" über einen Computer simuliert. Die Ergebnisse sind in der folgenden Tabelle zusammengestellt.

Anzahl Würfe n	10	100	1000	10000	100000	1000000
Treffer h(T)	6	55	617	6359	63683	636614
rel. Häufigkeit $r(T) = \frac{h(T)}{n}$	0,6	0,55	0,617	0,6359	0,6368	0,6366

Man erkennt, daß sich der Wert für die relative Häufigkeit bei 0,6366 stabilisiert. Die exakte Berechnung der Wahrscheinlichkeit führt auf den Wert $w(T) = \frac{2}{\pi}$ (ohne Herleitung). Dies führt auf den Wert: $r(T) = \frac{h(T)}{n} \approx \frac{2}{\pi} \Rightarrow \pi \approx \frac{2n}{h(T)}$

Ergänzt man die Tabelle entsprechend, so erhält man:

n	10	100	1000	10000	100000	1000000
$\frac{2n}{h(T)}$	3,33333	3,63636	3,24149	3,14515	3,14056	3,14162

Man hat damit auch ein weiteres Verfahren gefunden, um die Zahl $\pi \approx 3{,}141592$ näherungsweise zu bestimmen.

23.3 WIEDERHOLTE DURCHFÜHRUNG EINES ZUFALLSEXPERIMENTS

Hat ein Experiment nur eine geringe Anzahl von Ausfällen (Ereignisse), so kann man den Ablauf durch ein *Baumdiagramm* übersichtlich veranschaulichen. Dies soll am Beispiel "Werfen zweier Münzen" veranschaulicht werden. Die Wahrscheinlichkeit Wappen oder Zahl zu werfen, beträgt für eine Münze (Laplace - Münze) w(W) = w(Z) = 1/2. Bei zwei Münzen gilt dies für jede der beiden. Für das Gesamtergebnis ist es unwichtig, ob man zwei Münzen gleichzeitig oder nacheinanderwirft. Man kann sogar eine Münze zweimal nacheinander werfen. Damit erhält man folgende Darstellung:

Baumdiagramm:

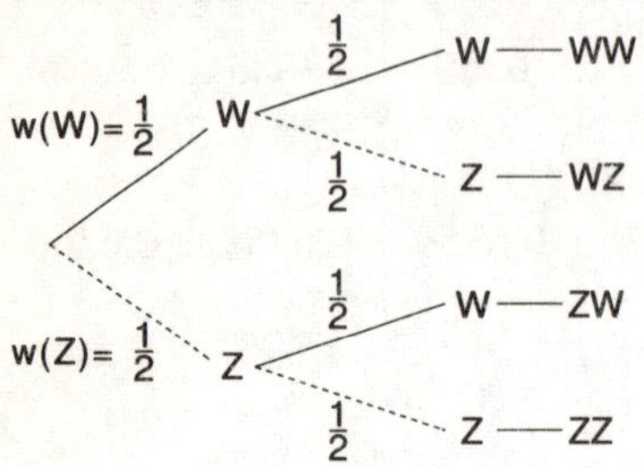

mit

$$w(WW) = \frac{1}{4}$$
$$w(WZ) = \frac{1}{4}$$
$$w(ZW) = \frac{1}{4}$$
$$w(ZZ) = \frac{1}{4}$$

Im Baumdiagramm stellt jeder Pfad ein Elementarereignis des Experiments "Werfen mit zwei Münzen" dar. Um die Wahrscheinlichkeit für den Ausfall (WZ) zu bestimmen, muß man die Wahrscheinlichkeit $w(W) = 1/2$ für Wurf 1 mit $w(Z) = 1/2$ für Wurf 2 multiplizieren $w(WZ) = 1/2 \cdot 1/2 = 1/4$.

Pfadregel:
Um die Wahrscheinlichkeit für ein beliebiges Ereignis zu bestimmen, muß man die Wahrscheinlichkeiten für jede Stufe (Zweig) des Experiments entlang eines Pfades multiplizieren.

Für das Ergebnis einmal Wappen und einmal Zahl ergibt sich die Wahrscheinlichkeit $w(WZ\ , ZW) = w(WZ) + w(ZW) = 1/4 + 1/4 = 2/4$, d.h. zwei von vier Möglichkeiten.

Besteht ein Ereignis aus mehreren Elementarereignissen, so erhält man die Gesamtwahrscheinlichkeit, indem man die Einzelwahrscheinlichkeiten addiert.

So ergibt sich beispielsweise die Wahrscheinlichkeit für mindestens einmal Zahl als:
$w(Z- , -Z) = w(WZ) + w(ZW) + w(ZZ) = 1/4 + 1/4 + 1/4 = 3/4$

Die Summe der Wahrscheinlichkeiten sämtlicher Elementarereignisse ist 1, d.h. sie stellt das sichere Ereignis dar.

Beispiele:

1)Bei zwei Würfeln (Laplace - Würfel) sind gegenüberliegende Flächen jeweils gleich eingefärbt. Es gibt drei Farben: rot, weiß, blau.
Wie groß ist die Wahrscheinlichkeit zwei gleichen Farben zu würfeln?

Die Wahrscheinlichkeit für jede Farbe beträgt bei jedem Würfel
$w(r) = w(w) = w(b) = 2/6 = 1/3$

Damit ergibt sich folgendes Baumdiagramm:

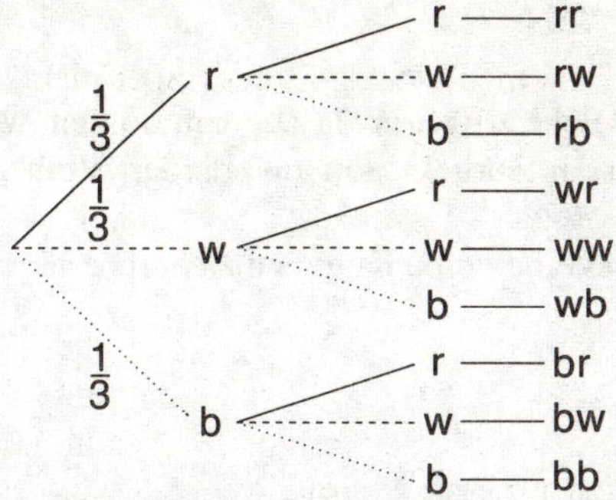

mit $w(rr) = 1/3 \cdot 1/3 = 1/9$
$w(rw) = \ .\ .\ .\ = 1/9$
.
.
.
.
.
.
.
$w(bb) = \ .\ .\ .\ = 1/9$

1

Es gibt insgesamt $3 \cdot 3 = 9$ Möglichkeiten.

Die Wahrscheinlichkeiten zwei gleiche Farben zu würfeln beträgt
$w(^{**}) = w(rr) + w(ww) + w(bb) = 1/9 + 1/9 + 1/9 = 1/3$

2)Eine —> Urne enthält eine rote, zwei schwarze und drei gelbe Kugeln.
Wie groß ist die Wahrscheinlichkeit bei zweimaligem Ziehen
a) mit Zurücklegen b) ohne Zurücklegen
eine rote und eine gelbe Kugel zu erhalten?

Um die Anzahl der Pfade im Baumdiagramm gering zu halten, faßt man alle gleichartigen Ausfälle zusammen:
Möglichkeiten für rot: 1 von 6d.h. $w(r) = 1/6$
schwarz: 2 von 6d.h. $w(s) = 2/6 = 1/3$
gelb: 3 von 6 d.h. $w(g) = 3/6 = 1/2$

Dies läßt die möglichen Pfade im Falle (a) von 36 (6 für die erste Kugel mal 6 für die zweite Kugel) auf $3 \cdot 3 = 9$ und im Falle (b) von 30 auf 8 schrumpfen.

a)

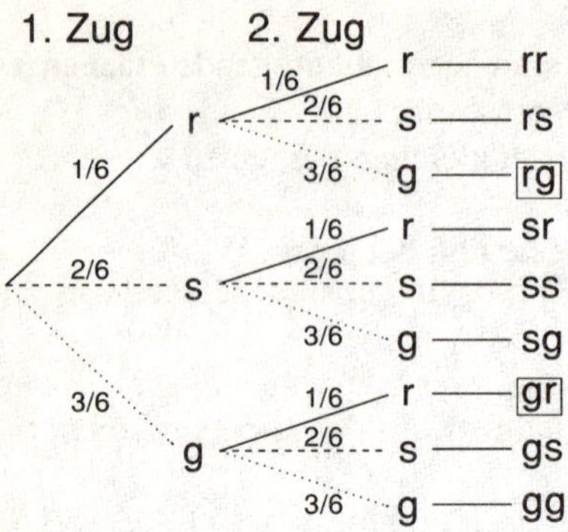

mit

$w(rr) = 1/36$
$w(rs) = 2/36$
$w(rg) = 3/36$

$w(sr) = 2/36$
$w(ss) = 4/36$
$w(sg) = 6/36$

$w(gr) = 3/36$
$w(gs) = 6/36$
$w(gg) = 9/36$

Es ist für den 2. Zug unerheblich, welche Kugel im 1. Zug entnommen worden ist, da die Wahrscheinlichkeit durch das Zurücklegen unverändert bleibt.

Die Wahrscheinlichkeit eine rote und eine gelbe Kugel zu ziehen beträgt:
$w(rg) + w(gr) = 3/36 + 3/36 = 6/36 = 1/6$

b)

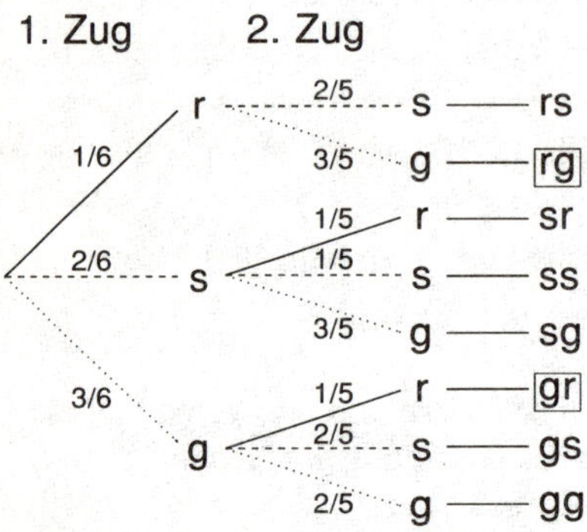

mit

$w(rs) = 2/30$
$w(rg) = 3/30$

$w(sr) = 2/30$
$w(ss) = 2/30$
$w(sg) = 6/30$

$w(gr) = 3/30$
$w(gs) = 6/30$
$w(gg) = 6/30$

Ist die 1. gezogene Kugel rot, so steht für den 2. Zug keine rote mehr zur Verfügung. Unter den fünf restlichen Kugeln befinden sich nur noch 2 schwarze und 3 gelbe Kugeln mit den Wahrscheinlichkeiten: $w(s) = 2/5$ und $w(g) = 3/5$.

Die Wahrscheinlichkeiten für den 2. Zug hängen somit vom Ausfall des 1. Zuges ab.
Die Wahrscheinlichkeit, im Falle (b) eine rote und eine gelbe zu ziehen, beträgt: $w(rg) + w(gr) = 3/30 + 3/30 = 6/30 = 1/15$.

Zwei Ereignisse E_1 und E_2 heißen *abhängig*, wenn das Eintreffen von E_2 vom Ausgang des Ereignisses E_1 abhängt.
Im anderen Fall nennt man E_1 und E_2 *unabhängig*.

Stellt man das Experiment über ein Urnenmodell dar, so bedeutet dies:

Zwei Ereignisse E_1 und E_2 sind unabhängig, wenn sie sich durch eine Ziehung mit Zurücklegen darstellen lassen. Die Verhältnisse in der Urne sind dann für jeden Zug unverändert.

Wenn es sich um eine Ziehung ohne Zurücklegen handelt, sind die Ereignisse abhängig, da die Verhältnisse in der Urne stets vom vorhergehenden Zug bestimmt werden.

In diesem Sinne handelt es sich im Fall (a) um unabhängige und im Fall (b) um abhängige Ereignisse.

WAHRSCHEINLICHKEITSVERTEILUNG

Häufig steht bei einem Zufallsexperiment nicht das einzelne Elementarereignis im Vordergrund, sondern die Bewertung eines bestimmten Merkmals.
Ordnet man beispielsweise beim zweimaligen Werfen einer Münze dem Merkmal "Anzahl der Wappen" die zugehörige Wahrscheinlichkeit zu, so ergibt sich die eindeutige Zuordnung:

Anzahl der Wappen x	0	1	2	
Wahrscheinlichkeit w(x)	1/4	2/4	1/4	I

Diese Zuordnung heißt *Wahrscheinlichkeitsverteilung* des Merkmals Wappen.

Ordnet man beim Werfen mit zwei Würfeln jeder auftretenden Augensumme ihre Wahrscheinlichkeit zu, so ergibt sich:

Augensumme x	2	3	4	5	6	7	8	9	10	11	12	
Wahrscheinlichkeit w(x)	1/36	2/36	3/36	4/36	5/36	6/36	5/36	4/36	3/36	2/36	1/36	II

Diese Zuordung ist die Wahrscheinlichkeitsverteilung des Merkmals Augensumme beim Werfen zweier Würfel.

Wie jede eindeutige Zuordnung oder Funktion kann man auch die Wahrscheinlichkeitsverteilung eines Merkmals im Koordinatensystem darstellen:

(I) Merkmal Anzahl der Wappen

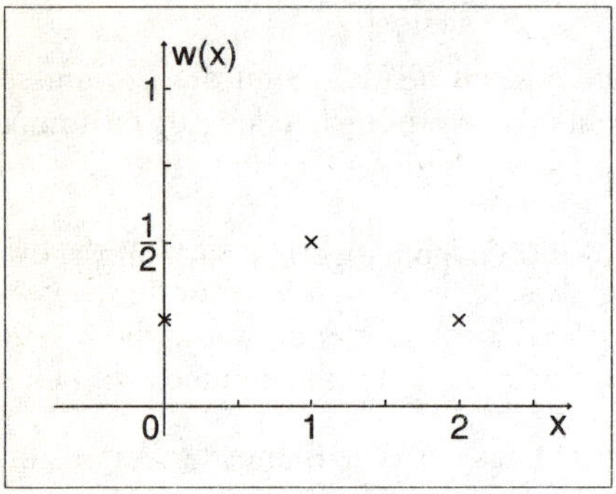

(II) Merkmal Augensumme

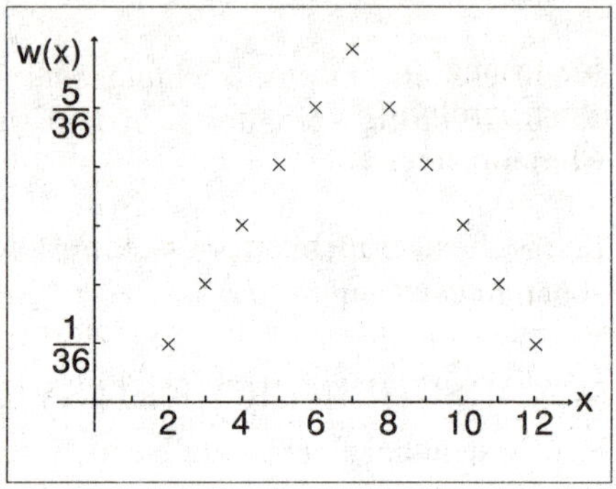

Gebräuchlicher ist die Darstellung in Form eines Stabdiagramms:

(I)

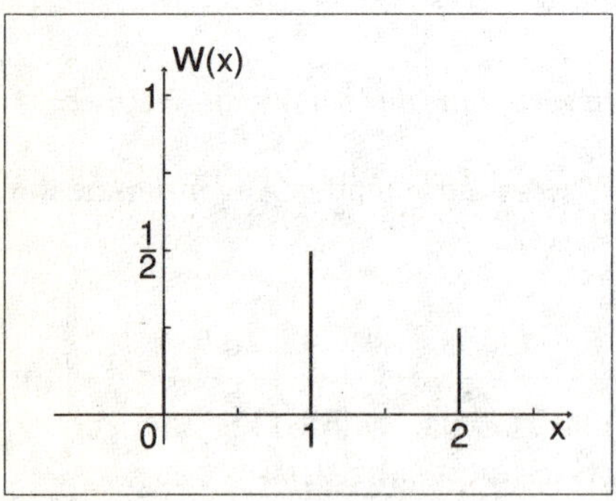

(II)

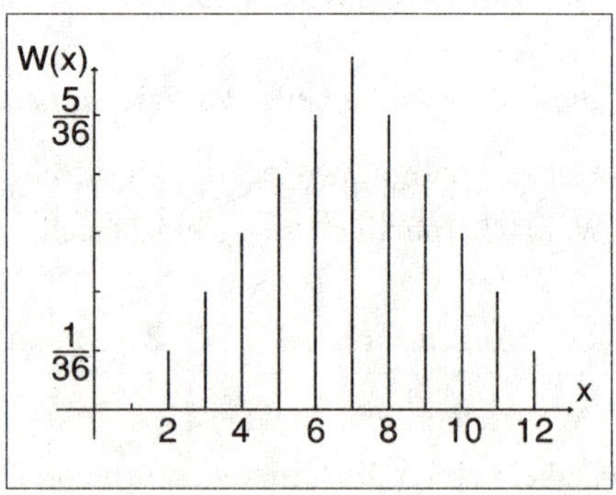

BINOMIALVERTEILUNG

Bernoulli - Experimente

Ein Zufallsexperiment mit genau zwei Ausfällen A und $\overline{A}$ heißt *Bernoulli - Experiment*. Dabei ist $\overline{A}$ das Gegenereignis zu A.

Beispiele:

	A	$\overline{A}$
Werfen einer Münze	Wappen	Zahl
Werfen eines Würfels	gerade	ungerade Augenzahl
Roulette	gerade	ungerade Zahl
	rot	schwarz
Verlosung	Gewinn	Niete
Warenprüfung	ok	nicht ok
Maschineneinsatz	läuft	läuft nicht

Die Wahrscheinlichkeit p = w(A) des Ereignisses A heißt *Treffer- oder Grundwahrscheinlichkeit*. Gilt w(A) = p, so ist "automatisch" w($\overline{A}$) = 1 – p für die *Gegenwahrscheinlichkeit*. Wird ein Bernoulli-Experiment n-mal wiederholt (die Grundwahrscheinlichkeit bleibt dabei von Stufe zu Stufe unverändert), so nennt man es eine *n-stufige Bernoulli-Kette*.

Beispiel:

Ein zwölfflächiger Würfel (Dodekaeder) ist auf 4 Seiten mit einer 1 und auf 8 Seiten mit einer 0 beschriftet. (Auf die Beschriftung der verdeckten Seiten wurde verzichtet)
Er wird achtmal nacheinander geworfen.

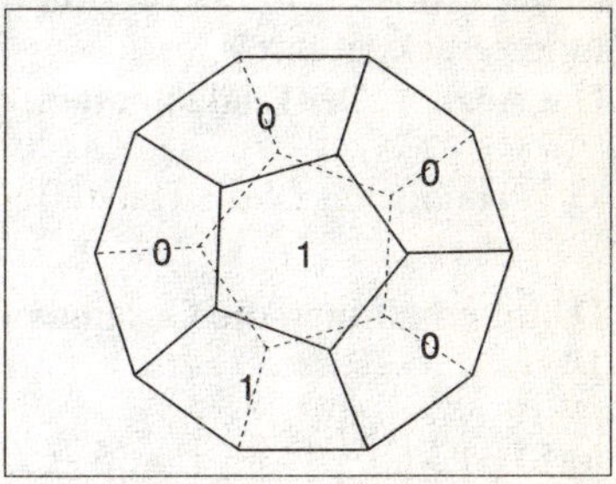

Wie groß ist die Wahrscheinlichkeit, daß genau dreimal eine 1 fällt?

Das einmalige Werfen des "Würfels" stellt ein Bernoulli-Experiment mit den beiden Ereignissen x = 0 und x = 1 dar. Die Wahrscheinlichkeiten betragen:

x	0	1
w(x)	$8/12 = 2/3$	$4/12 = 1/3$

Dabei beträgt die Grundwahrscheinlichkeit (bezogen auf Treffer) $p = 1/3$.
Wiederholt man das Experiment achtmal, so ergibt sich eine achtstufige

Bernoulli-Kette. Jeder Ausfall kann durch ein 8-Tupel dargestellt werden, z.B. 1 0 1 0 0 0 1 0.

Da ein Baumdiagramm $2^8 = 256$ Pfade aufweisen würde, ist eine Darstellung des Gesamtbaumes nicht möglich, deshalb soll nur der Pfad, der zum Ausfall 10100010 gehört, auszugsweise dargestellt werden.

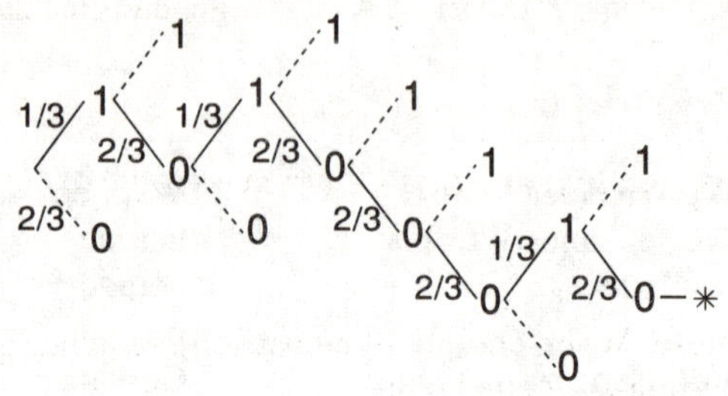

∗ − 10100010

Nach der Pfadregel ergibt sich für die Wahrscheinlichkeit des obigen Experiments:

$$w(10100010) = \tfrac{1}{3} \cdot \tfrac{2}{3} \cdot \tfrac{1}{3} \cdot \tfrac{2}{3} \cdot \tfrac{2}{3} \cdot \tfrac{2}{3} \cdot \tfrac{1}{3} \cdot \tfrac{2}{3} = (\tfrac{1}{3})^3 \cdot (\tfrac{2}{3})^5$$

Für jeden anderen Pfad, der zum gesuchten Ausfall "genau dreimal 1" gehört, ergibt sich dieselbe Wahrscheinlichkeit, da die Zahlen 1 und 0 nur anders sortiert sind. Um die Anzahl der Pfade mit diesem Ausgang zu bestimmen, numeriert man die acht Plätze der achtstufigen Kette mit den Zahlen 1 - 8. Dann sind alle Möglichkeiten zu finden, genau drei Plätze anzukreuzen, an denen eine 1 stehen soll. (Damit ist das Problem auf die Bestimmung der Anzahl der Kombination ohne Wiederholung zurückgeführt.)
Die Anzahl aller Pfade mit dem gesuchten Ausfall ergibt sich dann als

$$\binom{8}{3} = \frac{8 \cdot 7 \cdot 6}{1 \cdot 2 \cdot 3} = 56$$

Damit erhält man die Gesamtwahrscheinlichkeit für das Ereignis "genau dreimal 1" zu

$$b_3(8) = \binom{8}{3} \cdot \left(\frac{1}{3}\right)^3 \cdot \left(\frac{2}{3}\right)^5 = 56 \cdot 0{,}037 \cdot 0{,}132 = 0{,}273.$$

Die Schreibweise $b_8(3)$ bedeutet: Bernoulli-Wahrscheinlichkeit (b) bei einer achtstufigen Kette (b_8) mit drei Treffern.

Bei einer n - stufigen Bernoulli - Kette mit der Grundwahrscheinlichkeit p ergibt sich die Gesamtwahrscheinlichkeit für genau x Treffer zu:

$$b_n(x) = \binom{n}{x} \cdot p^x \cdot (1-p)^{n-x}$$

Binomialverteilung

Wirft man den obigen Dodekaeder (mit viermal 1 und achtmal 0) achtmal und ordnet dem Merkmal "Genau x-mal 1" die zugehörige Wahrscheinlichkeit $b_8(x)$ zu, so ergibt sich:

x	0	1	2	3	4	5	6	7	8
$b_8(x)$	0,039	0,156	0,273	0,273	0,171	0,068	0,017	0,002	0,000

Diese Wahrscheinlichkeitsverteilung einer Bernoulli - Kette heißt Binomialverteilung.
Das zugehörige Stabdiagramm ergibt nebenstehende Darstellung:

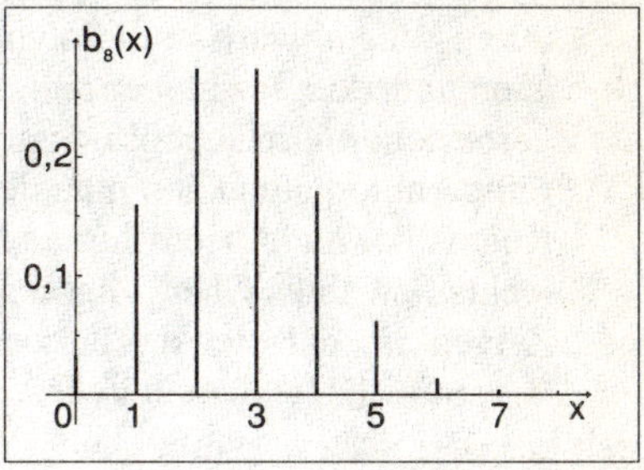

Beispiel:
Im verkehrsberuhigten Teil der Stadt beträgt die Höchstgeschwindigkeit 30 km/h.
Man schätzt, daß sich 80% der Autofahrer daran halten. Nach einer Verkehrserziehungswoche wird eine Stichprobe mit 20 zufällig ausgewählten Fahrern gemacht. Wie groß ist die Wahrscheinlichkeit, daß mindestens 16 Fahrer die erlaubte Höchstgeschwindigkeit beachten?
Mindestens die Hälfte bedeutet die Trefferanzahl x = 16, 17, 18, 19, 20.
Außerdem gilt die Grundwahrscheinlichkeit p = 80 % = $^{80}\!/_{100}$ = 0,8.

x	16	17	18	19	20
$b_{20}(x)$	0,218	0,205	0,136	0,058	0,012

w(16, 17, 18, 19, 20) = 0,629

23.4 ÜBUNGSAUFGABEN

1) Wie groß ist die Wahrscheinlichkeit, bei dreifachem Werfen mit einer Münze (Laplace - Münze) mindestens zweimal "Zahl zu werfen"?

2) Beim Werfen mit zwei Würfeln wird folgende Gewinnregel vereinbart: A gewinnt bei allen Primzahlen. B gewinnt bei den restlichen Zahlen. Ist das Spiel fair?

3) Von zwei Fertigungsstraßen für dasselbe Produkt schafft die erste die Hälfte der zweiten. Dafür ist der Ausschußanteil der zweiten Straße mit 5 % um 3 % höher als der der ersten.
Wie groß ist die Wahrscheinlichkeit, daß ein Teil die Warenkontrolle
a) mit ok b) mit nicht ok verläßt?

4) Die Anordnung stellt ein verkleinertes Galtonbrett dar. Es erinnert an einen einfachen Flipperautomaten. Fällt eine Kugel in die obige Öffnung, trifft sie auf ihrem Weg abwärts auf Hindernisse und kann an jedem links oder rechts vorbeifallen. Im Gegensatz zum Flipperautomaten kann man den Weg der Kugel aber nicht beeinflussen, so daß für rechts bzw links Chancengleichheit herrscht.

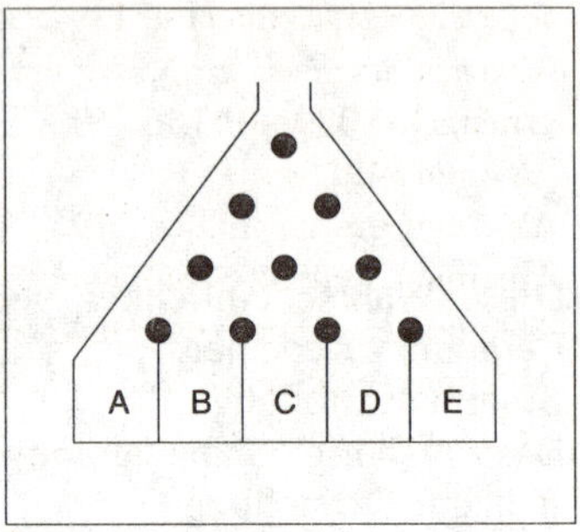

Zeigen Sie, daß sich das dargestellte Experiment als vierstufige Bernoulli-Kette deuten läßt.

LÖSUNGEN

1) Das Ereignis A "Mindesten zweimal Zahl" heißt (ZZ-), (Z-Z), (-ZZ), (ZZZ)
Damit ergeben sich die Wahrscheinlichkeiten zu:
$w(A) = w(WZZ) + w(ZWZ) + w(ZZW) + w(ZZZ) = \frac{1}{8} + \frac{1}{8} + \frac{1}{8} + \frac{1}{8} = \frac{1}{2}$

2) $w(A) = \dfrac{15}{36}$ $\qquad w(B) = \dfrac{21}{36}$

3) Straße I produziert $\frac{1}{3}$ und Straße II $\frac{2}{3}$ der Produktion. Die Ereignisse defekt und ok sind für jede Maschine Gegenereignisse: Damit gilt für
Straße I: defekt 2 %, ok 98 %
Straße II: defekt 5 %, ok 95 %.
a) w(ok) = 0,327 + 0,633 = 0,960
b) w(~~ok~~) = 0,007 + 0,033 = 0,040

4) Bei jeder Stufe hat man bei jeder Entscheidung die Wahrscheinlichkeiten $w(r) = w(l) = \dfrac{1}{2}$. Da diese Entscheidung unabhängig vom Weg jeweils viermal entschieden wird, handelt es sich um eine vierstufige Bernoulli - Kette.

A

B

C

D

E

F

L

M

N

O

P

T